ALLE · ZEIT · WACH · 1842

Andreas Agster

Färberei- und textilchemische Untersuchungen

Zehnte Auflage

Reprint

Springer-Verlag Berlin Heidelberg New York 1983

Professor Dr. Andreas Agster
Staatliches Technikum für Textilindustrie Reutlingen
Deutsche Forschungsinstitute für Textilindustrie an der Technischen Hochschule Stuttgart

ISBN-13:978-3-642-64979-0 e-ISBN-13:978-3-642-64978-3
DOI: 10.1007/978-3-642-64978-3

CIP-Kurztitelaufnahme der Deutschen Bibliothek:
Agster, Andreas: Färberei- und textilchemische Untersuchungen/Andreas Agster. -
10. Aufl., Reprint. - Berlin; Heidelberg; New York: Springer, 1983

2060/3014 - 5 4 3 2

Vorwort zur Reprintausgabe

Die „Färberei- und textilchemische Untersuchungen" sind wieder einmal vergriffen. Da die Nachfrage nach dem Buch nach wie vor anhält, die Neubearbeitung aber noch einige Zeit in Anspruch nehmen wird, machte mir der Springer-Verlag den Vorschlag, den Bedarf bis zum Erscheinen der Neuauflage durch eine Reprintausgabe abzudecken. Dem Vorschlag stimme ich gerne zu, zumal die Weiterentwicklung auf dem textilchemischen Untersuchungsektor im letzten Jahrzehnt durch den wirtschaftlichen Rückgang der Textilindustrie nicht mehr in derselben Intensität vor sich ging wie in früheren Jahren.

Begünstigend sollte sich auch auswirken, daß die Bearbeitung der letzten Auflage besonders gründlich erfolgte. Des weiteren, daß zu dem gebrachten Prüfverfahren – die meisten sind ja mittlerweile schon fast „klassisch" geworden – immer auch Erläuterungen gegeben und auf die Reaktionsvorgänge näher eingegangen wurde. Dadurch dürfte zumindest teilweise die Möglichkeit bestehen, auch neu hinzugekommene Farbstoffe, Faserstoffe usw. in die entsprechenden Gruppenreaktionen einzustufen und in die Untersuchung mit einzubeziehen. Eine zu weit gehende Detaillierung der Untersuchungsgänge und zu starke Ausweitung der Einzelverfahren ist sowieso für ein allgemeines Untersuchungsbuch wie den „AGSTER" nur von Nachteil; sie sollte der einschlägigen Industrie, d.h. den Spezialisten der Farbwerke, Textilhilfsmittelhersteller usw. vorbehalten bleiben.

Von den Verfahren, die unbedingt neu aufzunehmen wären, ist vor allem eines hervorzuheben: das EWNN-Verfahren. In der 10. Auflage wurde dieses, da es uns in der damaligen Ausführungsform hinsichtlich der Lösefähigkeit für hochpolymere Zellulosen noch nicht befriedigte, nur am Rande erwähnt. Inzwischen konnte aber der Mangel durch Auflösen der Zellulose unter Kühlung und zeitweiligem Umschütteln so sehr verbessert werden, daß das Verfahren nunmehr exakte und gut reproduzierbare Werte liefert. Das Verfahren wurde bereits genormt.

Die trotz dieser erschwerten Bedingungen anhaltende Nachfrage nach dem „AGSTER" zeigt, daß dieses Buch trotz der zwischenzeitlich erfolgten Normung vieler Untersuchungsverfahren weiterhin am Arbeitsplatz benötigt wird. Ich bin sicher, daß auch die Reprintausgabe ihre Freunde finden wird.

Reutlingen, im Dezember 1982 Andreas Agster

Färberei- und textilchemische Untersuchungen

Von

Professor Dr. Andreas Agster
Staatliches Technikum für Textilindustrie Reutlingen
und Deutsche Forschungsinstitute für Textilindustrie
an der Technischen Hochschule Stuttgart

Zehnte
völlig neubearbeitete und erweiterte Auflage

Mit 51 Abbildungen

Springer-Verlag
Berlin / Heidelberg / New York
1967

Vorwort

Die neunte Auflage des vorliegenden Buches ist schon seit Jahren vergriffen. Daß die zehnte so lange auf sich warten ließ, ist u. a. auf die ständige Ausweitung und rasche Weiterentwicklung des textilchemischen Untersuchungsgebiets zurückzuführen. Dadurch mußten sehr viele Prüfverfahren neu aufgenommen und wesentliche Teile des Buches umgearbeitet, häufig sogar neu geschrieben werden. Als sehr zeitraubend erwies sich vor allem, daß alle neu aufgenommenen Verfahren und Nachweisreaktionen von uns vorher auf ihre Brauchbarkeit überprüft wurden.

An der bisherigen Gepflogenheit, die Ausführung der Prüfverfahren nicht nur in der Art eines Rezeptbuches zu bringen, sondern möglichst auch auf den Reaktionsmechanismus etwas einzugehen und Erläuterungen zu geben, wurde festgehalten. Bei der Kompliziertheit vieler Verfahren ist nämlich bei ihrer praktischen Durchführung immer mit gewissen Schwierigkeiten zu rechnen, und diese lassen sich meist nur dann beheben, wenn die Reaktionsvorgänge und die Störmöglichkeiten bekannt sind.

Nachstehend sei eine kurze Übersicht über die erfolgten Abänderungen gegeben.

Neu aufgenommen wurden die elektrometrischen Titrationsverfahren (Konduktometrie, Potentiometrie), die Bestimmung von Natriumbromit, Peressigsäure, Persulfat, Kaliumhydrogenperoxysulfat („Caroat"), die Bestimmung des Netzvermögens von Tensiden nach der Blasenmethode, die Untersuchung von Alginaten, der Nachweis von Silikonen, die papier- und dünnschichtchromatographische Untersuchung von Kunstharzausrüstungen, die Bestimmung der Viskositätszahl und des Polymerisationsgrades nach dem Cuenverfahren, die Chloramin/Benzidinblau-Reaktion zum Nachweis von Eiweißspuren, die Harnstoff/Bisulfit-Löslichkeit, die Säurezahl und die Bestimmung des Cystin-, Cystein- und Cysteinsäuregehalts zur quantitativen Erfassung von Wollschädigungen, das Extrapolationsverfahren zur Bestimmung des p_H-Wertes von Fasermaterial, der Nachweis und die Unterscheidung von Teer- und Schmierölflecken, der Nachweis von Reaktivfärbungen, die Bestimmung des Filzvermögens von loser Wolle und Kammzug, der Graumaßstab zur Bewertung des Anblutens und der Farbänderung bei den Farbechtheitsprüfungen, die Bestimmung des Mercerisationsgrades, der Nachweis von Honigtau auf Baumwolle, die Bestimmung der Faserschädigung durch zurückgehaltenes Chlor u. a. m.

Umgearbeitet oder neu gefaßt wurden die Abschnitte Säuren, Laugen, Salze, Bleichmittel, Untersuchung der Schmälzmittel, Appretur- und Beschichtungsmittel, Kunststoffappreturen, die qualitative und quantitative Faseranalyse, die Untersuchung der Faserbegleitsubstanzen sowie die von Färbungen auf synthetischen Faserstoffen.

Auch bei der neuen Auflage erfreute ich mich der Anregung zahlreicher Fachkollegen aus Hochschul- und Industriekreisen, so insbesondere von Herrn Prof. Dr.-Ing. H. ZAHN, Deutsches Wollforschungsinstitut Aachen, bei der Abfassung des Abschnitts ,,Geschädigte Wolle", Fräulein Dipl.-Chem. M.-L. BUMILLER, Rhodiaceta Freiburg, bei der qualitativen Analyse von Synthetiks und Azetatfasern und Herrn A. BODE, Farbwerke Hoechst, bei der Untersuchung von Färbungen aus synthetischen Faserstoffen. Ihnen allen sei auch an dieser Stelle herzlichst gedankt. Ich verbinde damit die Bitte, mich auch weiterhin mit Hinweisen und kritischen Bemerkungen zu unterstützen.

Besonderen Dank schulde ich meinen Assistenten, den Herren Text.-Ing. M. GEBHARDT, Text.-Ing. J. MILKEREIT, Dipl.-Chem. W. PESCHKE, Text.-Ing. E. RÖSSLER und Dr. A. ZAHN, für die Überprüfung oder Ausarbeitung neuer Prüfverfahren und teilweise auch für die Mithilfe bei den Korrekturarbeiten.

Schließlich möchte ich auch noch dem Springer-Verlag für das großzügige Eingehen auf meine Wünsche betreffs der Ausstattung des Buches bestens danken.

Reutlingen, im Januar 1967 **Andreas Agster**

Inhaltsverzeichnis

Allgemeiner Teil

Untersuchung von Chemikalien und Textilhilfsmitteln

Allgemeiner Teil

Die Wasserstoffionenkonzentration, der p_H-Wert

Etwa um das Jahr 1930 tauchte in den textilchemischen Fachbüchern und Zeitschriften erstmals der Begriff p_H oder p_H-*Wert* (lat. „pondus hydrogenii" = Menge der Wasserstoffionen) auf, und dieser hat sich dann in der Zwischenzeit so sehr eingebürgert, daß er im großen und ganzen Allgemeingut geworden ist. Auch in der Textilveredlung spielt er bei sehr vielen Arbeitsprozessen (oxydative Bleichen, Entschlichten, Färben mit Naphtholen, Ausrüsten mit Kunstharzen usw.) eine wichtige Rolle. Weiterhin ist er von Bedeutung bei der Beurteilung von Faserschädigungen, und schließlich muß bei vielen textilchemischen Prüfverfahren und auch Forschungsarbeiten der p_H-Wert auf eine bestimmte Größe eingestellt werden. Es ist nicht Aufgabe dieses Buches, auf die theoretischen Grundlagen erschöpfend einzugehen; zum besseren Verständnis der verschiedenen Methoden der p_H-Messung soll aber doch eine kurze Einführung vorausgehen.

Säuren dissoziieren in Wasserstoffionen und Säurerestionen. Der Grad dieses Zerfalls, der sog. *Dissoziationsgrad*, ist sehr verschieden. Bei den starken Säuren, wie z. B. Salz- und Schwefelsäure, ist er groß, und die wäßrigen Lösungen dieser Säuren haben eine hohe Wasserstoffionenkonzentration. Schwache Säuren, wie z. B. Essigsäure, sind nur wenig dissoziiert, ihre Wasserstoffionenkonzentration ist klein.

$$\underset{20\%\ \text{undissoziiert}}{HCl} \rightleftarrows \underset{80\%\ \text{dissoziiert}}{H^+ + Cl^-} \quad \text{(hohe H-Ionenkonz., starke Säure)}$$

$$\underset{99\%\ \text{undissoziiert}}{CH_3COOH} \rightleftarrows \underset{1\%\ \text{dissoziiert}}{H^+ + CH_3COO^-} \quad \text{(niedere H-Ionenkonz., schwache Säure)}$$

Die Stärke einer Säure, die sog. *aktuelle oder wirksame Azidität*, ist also bestimmt durch die Konzentration an H-Ionen und damit durch den Dissoziationsgrad.

Trotz dieses großen Stärkeunterschiedes (80:1) verhalten sich Salz- und Essigsäure bei der Titration vollkommen gleich. Zur Neutralisation von 20 ml $^1/_{10}$n-Salzsäure verbraucht man dieselbe Menge $^1/_{10}$n-Natronlauge wir für 20 ml $^1/_{10}$n-Essigsäure, d. h. die *Titrations- oder potentielle Azidität* ist gleich. Bei gleicher potentieller Azidität kann also die aktuelle Azidität sehr verschieden sein. Durch Titration bestimmt man alle in einer Säure ersetzbaren H-Atome, gleichgültig, ob diese vor der Titration als H-Ionen vorliegen oder im undissoziierten Molekül enthalten sind, bei der p_H-Messung dagegen nur die entsprechend dem Dissoziationsgrad vorhandenen H-Ionen.

Nicht nur die Säuren, auch das Wasser ist, wenn auch nur in geringem Maße, dissoziiert[1]:

$$H_2O \rightleftarrows H^+ + OH^- \qquad (1)$$

Es entstehen dabei genauso viele H-Ionen wie OH-Ionen, und unter Anwendung des Massenwirkungsgesetzes kann man sich daraus die Gleichung ableiten:

$$[H^+] \cdot [OH^-] = K_W \qquad (2)$$

Hierin bedeutet K_W eine Konstante, die *Dissoziationskonstante* des Wassers. Die Gleichung besagt, daß das Produkt aus H- und OH-Ionenkonzentration konstant ist. Bei Zimmertemperatur hat K_W ungefähr

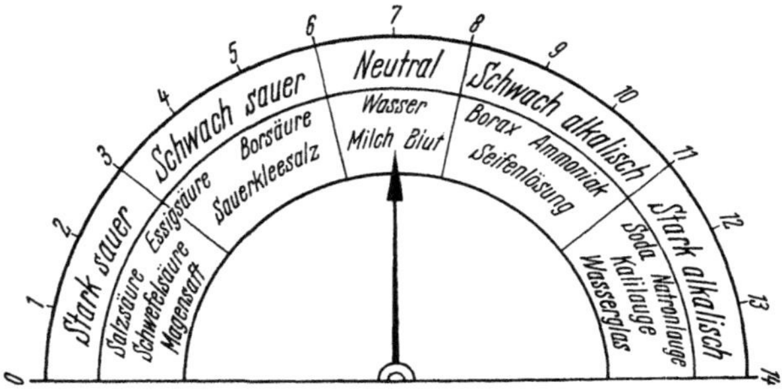

Abb. 1. p_H-Uhr

den Wert 10^{-14}, und daraus ergibt sich, daß in reinem Wasser sowohl die H- als auch OH-Ionenkonzentration 10^{-7} beträgt. Mit anderen Worten: Der $10^{-7} = \frac{1}{10^7} = \frac{1}{10\,000\,000}$-ste Teil des Wassers ist dissoziiert oder 10 Millionen Liter Wasser enthalten 1 g H-Ionen.

Die Gl. (2) gilt für alle wäßrigen Lösungen. Setzt man dem Wasser Säure zu, so erhöht sich die H-Ionenkonzentration, und um die Konstanz zu wahren, muß dann die OH-Ionenkonzentration entsprechend kleiner werden. Bei Laugenzusatz erhöht sich umgekehrt die OH-Ionenkonzentration und vermindert sich die H-Ionenkonzentration. Gleich bleibt in beiden Fällen nur das Produkt der beiden Ionenkonzentrationen. Aus dem Gesagten erhellt, daß man wäßrige Lösungen dadurch charakterisieren kann, daß man ihre H-Ionenkonzentration angibt, z. B. $[H^+] = 10^{-7,51}$ oder $[H^+] = 10^{-2,34}$. Um aber nicht immer mit diesen umständlichen Potenzen arbeiten zu müssen, hat man den *p_H-Wert* eingeführt. Man versteht darunter den *negativen Logarithmus der H-Ionenkonzentration*, also

$$\boxed{p_H = -\log[H^+]}$$

Für reines Wasser ist $[H^+] = 10^{-7}$ und damit $p_H = -\log 10^{-7} = 7$. (Neutralpunkt)
Bei einer $^1/_{10}$n-HCl ist $[H^+] = 10^{-1}$ und damit $p_H = -\log 10^{-1} = 1$.
Bei einer $^1/_{100}$n-NaOH ist $[H^+) = 10^{-12}$ und damit $p_H = -\log 10^{-12} = 12$.

[1] Richtiger $2\,H_2O \rightleftarrows H_3O^+ + OH^-$, aber des besseren Verständnisses wegen wollen wir hier bei der einfacheren Schreibweise bleiben.

Einfacher ausgedrückt: Statt $[H^+] = 10^{-12}$ schreibt man $p_H = 12$, d. h., man läßt die Zahl 10 und das Minuszeichen einfach weg. Der Neutralpunkt liegt also bei $p_H = 7$; saure Lösungen zeigen p_H-Werte kleiner als 7, alkalische größer als 7. Diese Zusammenhänge sind in der p_H-Uhr (Abb. 1) leicht zu übersehen.

Die ganze p_H-Skala umfaßt demnach Werte zwischen 0 und 14, und der p_H-Wert ist damit nichts anderes als ein zahlenmäßiger Ausdruck dafür, ob eine Lösung sauer, neutral oder alkalisch reagiert, also ein zahlenmäßiges Erfassen der Reaktionsweise.

Methoden der p_H-Messung[1]

Man unterscheidet *kolorimetrische und elektrometrische* (potentiometrische) Meßmethoden. Welche von diesen man wählt, hängt von der angestrebten Genauigkeit, der bequemen Handhabung und letzten Endes auch von der Art der zu untersuchenden Lösung selbst ab. Im Betrieb benützt man meist die einfacheren kolorimetrischen Methoden. Werden sehr große Anforderungen an die Genauigkeit gestellt, so sind — abgesehen von wenigen Ausnehmen — die elektrometrischen vorzuziehen.

Die kolorimetrischen Methoden

Bei diesen Methoden setzt man der Untersuchungslösung *Indikatoren* zu. Es sind dies schwach sauer bzw. basisch reagierende organische Substanzen, die je nach dem p_H-Wert der Lösung verschieden stark

Tabelle 1. *Indikatoren*

Indikator	Umschlagsbereich	Umschlagsfarben	Herstellung der Indikatorlösung
Thymolblau . .	1,2— 2,8	rot-gelb	0,04 g in 100 ml Alkohol
Tropäolin 00 . .	1,3— 3,2	rot-gelb	0,1 g in 100 ml Wasser
Dimethylgelb . .	2,9— 4,0	rot-gelb	0,1 g in 100 ml Alkohol 90% ig
Bromphenolblau	3,0— 4,6	gelb-blau	0,04 g in 20 ml Alkohol, dann 80 ml Wasser
Methylorange .	3,1— 4,8	rot-gelb	0,1 g in 100 ml Wasser
Methylrot . . .	4,2— 6,3	rot-gelb	0,05 g in 100 ml Alkohol 50% ig
Bromkresolpurpur . . .	5,2— 6,8	gelb-violett	0,04 g in 100 ml Alkohol
Bromthymolblau	6,0— 7,6	gelb-blau	0,04 g in 100 ml Alkohol
Lackmus (Azolithmin) . . .	5,0— 8,0	rot-blau	1,0 g in 100 ml Wasser
Phenolrot . . .	6,4— 8,2	gelb-rot	0,02 g in 100 ml Alkohol
α-Naphtholphthalein . .	7,4— 8,8	rosa-grün	0,1 g in 100 ml Alkohol 50% ig
Thymolblau . .	8,0— 9,6	gelb-blau	0,04 g in 100 ml Alkohol
Phenolphthalein	8,2—10,0	farblos-rot	0,1 g in 60 ml Alkohol, dann 40 ml Wasser
Thymolphthalein	9,3—10,5	farblos-blau	0,1 g in 100 ml Alhohol 75% ig
Alizaringelb R .	10,1—12,1	gelb-braunrot	0,1 g in 100 ml Wasser
Nitramin . . .	10,8—13,0	farblos-braun	0,02 g in 100 ml Alkohol

[1] Bestimmung des p_H-Wertes von Faserstoffen s. S. 411.

dissoziieren und, da der dissoziierte Teil anders gefärbt ist als der nichtdissoziierte, je nach dem p_H eine verschiedene Färbung annehmen. Aus der auftretenden Färbung kann man dann umgekehrt auf den p_H-Wert rückschließen, d. h. ihn durch Vergleich mit geeichten Standardskalen ermitteln. Charakteristisch für jeden Indikator ist seine *Umschlagsfarbe* und außerdem das p_H-Gebiet, in dem er von der einen nach der anderen Farbe umschlägt, der *Umschlagsbereich oder das Umschlagsintervall.* Dieses ist bei den einzelnen Indikatoren so verschieden, daß man durch geeignete Auswahl fast die gesamte p_H-Skala bestreichen kann. Die wichtigsten Indikatoren mit ihren Umschlagsfarben und -bereichen sind in Tabelle 1 zusammengefaßt.

Außerdem kennt man noch Mischungen von mehreren Indikatoren, sog. *Universalindikatoren.* Sie haben den Vorteil, daß sie einen größeren p_H-Bereich umfassen (Beispiel: „Universalindikator flüssig Merck", p_H-Bereich 4,0—10,0).

Durchführung der kolorimetrischen p_H-Messung. Man verwendet sowohl mit Indikatoren getränkte Papierstreifen (Indikatorpapiere, p_H-Papiere) als auch Indikatorlösungen.

Bei den *Indikatorpapieren* unterscheidet man die Universalindikatorpapiere (Meßbereich meist p_H 1 bis 10 oder 1 bis 11; Ablesegenauigkeit 0,5 p_H-Einheiten) und die Spezialindikatorpapiere (Meßbereich etwa 1,5 bis 2,5 p_H-Einheiten; Ablesegenauigkeit 0,2 p_H-Einheiten). Die Anwendung derselben ist denkbar einfach: Man taucht das Papier in die zu untersuchende Lösung und vergleicht die auftretende Färbung mit der zugehörigen Farbskala.

Folienkolorimeter nach WULFF (Fa. F. u. M. Lautenschläger, München 15). An Stelle der Papierstreifen arbeitet man mit durchsichtigen, chemisch indifferenten und abwaschbaren Folien. Man taucht diese 1 bis 2 Minuten in die Meßlösung und liest den p_H durch Vergleich mit einer geeichten Standardskala ab. Meßbereich p_H 1,6 bis 12,2. Meßgenauigkeit $\pm 0{,}2\ p_H$. Bei gefärbten oder stark getrübten Lösungen (Latexmilch, Melasse, Farbflotten, Marmelade u. dgl.) kann die Folie vor dem Vergleich mit der Skala, ohne Veränderung des p_H, kurz abgespült werden. Dies ist ein Vorteil gegenüber den gewöhnlichen Indikatorpapieren. Nicht meßbar sind chlorhaltige Lösungen, da diese den Indikator zerstören, und außerdem schlecht gepufferte Wässer aller Art zwischen p_H 5 und 8. In diesem Bereich macht sich bereits die H-Ionenkonzentration des Indikators, der ja selbst eine Farbsäure oder Farbbase darstellt, störend bemerkbar.

Die *p_H-Messung* mit Universalindikatorlösungen ist ebenfalls sehr einfach: Auf einer Palette oder in einer weißen Porzellanschale legt man etwa 5 ml Untersuchungslösung vor, setzt 2 Tropfen Indikatorlösung zu und vergleicht mit der Farbskala.

Die *p_H-Messung mittels gewöhnlicher Indikatorlösungen* erfordert, da der Umschlagsbereich der Indikatoren nur etwa 2 p_H-Einheiten umfaßt, einen etwas größeren Zeitaufwand, bietet aber andererseits auch eine größere Genauigkeit. Man arbeitet hier meist mit sog. „Pufferlösungen" (Näheres s. S. 5) und geht folgendermaßen vor: Zuerst wird mit

Indikatorpapier der ungefähre p_H der Untersuchungslösung bestimmt. Dann sucht man einen Indikator (s. Indikatorentabelle), der in diesem p_H-Bereich umschlägt, und stellt sich eine Reihe von Pufferlösungen her, die sowohl nach der sauren als auch alkalischen Seite über diesen p_H hinausreicht. Zu gleichen Mengen Pufferlösung und Untersuchungslösung gibt man dann jeweils gleich viel Indikatorlösung zu und vergleicht die entstehenden Farbtöne miteinander, und zwar visuell oder mit einem Kolorimeter.

Beispiel: Vorprobe ergab einen p_H von ungefähr 9. Geeigneter Indikator: Phenolphthalein. Darauf setzt man sich Pufferlösungen an mit den p_H-Werten 8,6;-8,8; 9,0; 9,2 und 9,4, gibt von jeder 5 ml in ein Reagenzglas und versetzt jeweils mit der gleichen Menge Indikator (3 bis 5 Tropfen sind meist richtig) Dasselbe macht man auch mit der Untersuchungslösung und vergleicht die auftretende Färbung mit der Pufferreihe. Genauigkeit ungefähr 0,1 p_H; bei Messung in einem Kolorimeter 0,02 bis 0,05 p_H.

Pufferlösungen. Unter *Pufferlösungen* versteht man allgemein Lösungen, die bei irgendwelchen Zusätzen ihren p_H nicht oder nur sehr wenig verändern. Sie werden meist in der Weise hergestellt, daß man eine schwache Säure mit einem ihrer Salze (z. B. Essigsäure mit Natriumazetat) oder eine schwache Base ebenfalls mit einem ihrer Salze (z. B. Ammoniak mit Ammonchlorid) mischt. Ganz ähnlich wirken auch Lösungen von Eiweiß, Gelatine, Leim, Aminosäuren u. dgl. Infolge ihres amphoteren Verhaltens binden diese Substanzen sowohl Säuren als auch Basen und wirken damit stark abpuffernd.

Pufferlösungen werden bei der praktischen p_H-Messung wegen ihrer p_H-Beständigkeit und leichten Einstellmöglichkeit viel verwendet, teils als Vergleichslösungen teils auch zur Kontrolle der Meßgeräte bei den elektrometrischen Verfahren. Bei wissenschaftlichen Untersuchungen dienen sie vielfach zur Konstanthaltung des p_H-Wertes.

Einige der wichtigsten Pufferlösungen sind in der Tab. 2 wiedergegeben. Zu ihrer Herstellung werden — abgesehen von n/10-HCl und n/10-NaOH — die folgenden Stammlösungen benötigt:

Lösung a: 7,505 g Glykokoll + 5,85 g Natriumchlorid auf 1 l Wasser.

Lösung b: 21,008 g Zitronensäure ($C_6H_8O_7 \cdot H_2O$) in 200 ml n-NaOH auf 1 l aufgefüllt (Zitratlösung).

Lösung c: 21,008 g Zitronensäure auf 1 l Wasser (0,1 m-Zitronensäure).

Lösung d: 35,62 g sek. Natriumphosphat ($Na_2HPO_4 \cdot 2H_2O$) auf 1 l Wasser (0,2 m-Lösung).

Lösung e: 11,876 g sek. Natriumphosphat ($Na_2HPO_4 \cdot 2H_2O$) auf 1 l Wasser.

Lösung f: 9,078 g primäres Kaliumphosphat (KH_2PO_4) auf 1 l Wasser.

Lösung g: 1,769 g Borsäure + 5,266 g Diäthylbarbitursäure + 6,008 g Zitronensäure + 3,893 g primäres Kaliumphosphat (KH_2PO_4) auf 1 l Wasser.

Die Stammlösungen werden wie in Tab. 2 angegeben miteinander vermischt, wobei jeweils 100 ml Pufferlösung vom gewünschten pH-Wert resultieren.

Standardazetatlösung nach Michaelis. Zu 350 ml dest. Wasser gibt man 100 ml n-Essigsäure und 50 ml n-NaOH. Der p_H-Wert dieser Lösung ist 4,62.

Die Fa. Merck, Darmstadt, bringt neuerdings ,,Puffer-Titrisole" in den Handel, teils zur Herstellung von Pufferstammlösungen teils für gebrauchsfertige Pufferlösungen mit ganzzahligen p_H-Abstufungen (p_H 1 bis 13).

Tabelle 2. *Pufferlösungen*

p_H bei 18°C	Glykokollpuffer nach SÖRENSEN		Zitratpuffer nach SÖRENSEN		Zitronensäure/Phosphatpuffer nach McILVAINE		Phosphatpuffer nach SÖRENSEN		Universalpuffer nach KRUTZSCH	
	Glykokoll (Lösung a)	n/10-HCl	Zitrat (Lösung b)	n/10-HCl	Zitronensäure (Lösung c)	Phosphat (Lösung d)	sekundäres Phosphat (Lösung e)	primäres Phosphat (Lösung f)	Lösung g	n/10-NaOH
1,08	0 ml	100 ml	0 ml	100 ml	—	—	—	—	—	—
1,2	15	85	11,0	89,0	—	—	—	—	—	—
1,4	29	71	19,8	80,2	—	—	—	—	—	—
1,6	38	62	24,5	75,5	—	—	—	—	—	—
1,8	46	54	28,2	71,8	—	—	—	—	—	—
2,0	52	48	30,9	69,1	—	—	—	—	—	—
2,2	58	42	32,8	67,2	98,0	2,0	—	—	—	—
2,4	64	36	34,8	65,2	93,8	6,2	—	—	—	—
2,6	70	30	36,5	63,5	89,1	10,9	—	—	98,8	1,2
2,8	76	24	38,3	61,7	84,1	15,9	—	—	94,4	5,6
3,0	82	18	40,4	59,6	79,4	20,6	—	—	90,0	10,0
3,2	87	13	42,8	57,2	75,3	24,7	—	—	86,4	13,6
3,4	91,5	8,5	45,8	54,2	71,5	28,5	—	—	83,3	16,7
3,6	—	—	48,4	51,6	67,8	32,2	—	—	80,8	19.2
3,8	—	—	52,0	48,0	64,5	35,8	—	—	78,3	21,7
4,0	—	—	56,0	44,0	61,4	38,6	—	—	75,9	24,1
4,2	—	—	60,8	39,2	58,6	41,4	—	—	73,6	26,4
4,4	—	—	68,0	32,0	55,9	44,1	—	—	71,0	29,0
4,6	—	—	76,0	24,0	53,2	46,8	—	—	68,5	31,5
4,8	—	—	88,0	12,0	50,7	49,3	—	—	66,5	31,5
—	—	—	—	n/10-NaOH	—	—	—	—	—	—
5,0	—	—	96,0	4,0	48,5	51,5	—	—	64,6	35,4
5,2	—	—	85,0	15,0	46,4	53,6	—	—	62,5	37,5
5,4	—	—	76,5	23,5	44,3	55,7	3,1	96,9	60,7	39,3

5,6	—	—	69,0	31,0	42,0	58,0	5,0	95,0	58,8	41,2
5,8	—	—	64,0	36,0	39,6	60,4	8,0	92,0	57,2	42,8
6,0	—	—	59,5	40,5	36,9	63,1	12,0	88,0	55,8	44,2
6,2	—	—	56,5	43,5	33,9	66,1	18,5	81,5	54,3	45,7
6,4	—	—	54,4	45,6	30,8	69,2	26,2	73,8	53,0	47,0
6,6	—	—	—	—	27,3	72,7	36,0	64,0	51,7	48,3
6,8	—	—	—	—	22,8	77,2	50,0	50,0	50,5	49,5
7,0	—	—	—	—	17,7	82,3	61,0	39,0	49,4	50,6
7,2	—	—	—	—	13,1	86,9	72,0	28,0	48,2	51,8
7,4	—	—	—	—	9,2	90,8	80,8	19,2	47,2	52,8
7,6	—	—	—	—	6,4	93,6	87,0	13,0	46,2	53,8
7,8	—	—	—	—	4,3	95,7	91,5	8,5	45,1	54,9
8,0	—	—	—	—	2,8	97,2	94,5	5,5	44,0	56,0
8,2	—	—	—	—	—	—	—	—	43,0	57,0
8,4	—	—	—	—	—	—	—	—	42,3	57,7
8,6	—	—	—	—	—	—	—	—	41,7	58,3
8,8	—	n/10-NaOH	—	—	—	—	—	—	41,1	58,9
9,0	89,0	11,0	—	—	—	—	—	—	40,5	59,5
9,2	85,0	15,0	—	—	—	—	—	—	39,9	60,1
9,4	79,5	20,5	—	—	—	—	—	—	39,4	60,6
9,6	73,5	26,5	—	—	—	—	—	—	39,0	61,0
9,8	68,0	32,0	—	—	—	—	—	—	38,6	61,4
10,0	62,5	37,5	—	—	—	—	—	—	38,2	61,8
10,2	59,0	41,0	—	—	—	—	—	—	37,9	62,1
10,4	56,0	44,0	—	—	—	—	—	—	37,7	62,3
10,6	—	—	—	—	—	—	—	—	37,4	62,6
10,8	—	—	—	—	—	—	—	—	37,1	62,9
11,0	—	—	—	—	—	—	—	—	36,7	63,3
11,2	—	—	—	—	—	—	—	—	36,1	63,9
11,4	—	—	—	—	—	—	—	—	35,4	64,6
11,6	—	—	—	—	—	—	—	—	34,4	65,6
11,8	—	—	—	—	—	—	—	—	33,0	67,0
12,0	—	—	—	—	—	—	—	—	30,7	69,3

Die elektrometrischen (potentiometrischen) Methoden

Diese Methoden haben sich, seitdem die Apparate in handlicher Form herausgebracht werden, auf Grund ihrer Genauigkeit und universellen Anwendbarkeit — insbesondere bei Verwendung der Glaselektrode — immer mehr eingebürgert. Man kann damit in kürzester Zeit den p_H von Lösungen bestimmen, bei denen die kolorimetrischen Methoden infolge zu starker Färbung der Lösung oder Zerstörung des Indikators versagen können (z. B. Sulfitablaugen und Hypochloritbleichbäder). Ein weiterer Vorteil ist der, daß man damit im Fabrikationsbetrieb (Bleichflotten, Fällbäder bei der Reyonherstellung u. a.) den p_H kontinuierlich verfolgen und überwachen kann. Durch ein Schreibgerät werden die p_H-Werte laufend aufgezeichnet, so daß auch später noch Nachprüfungen möglich sind. In Verbindung mit einem p_H-Regelgerät können sogar die Zusätze an Chemikalien automatisch erfolgen.

Prinzip: Taucht man eine *Meßelektrode* in eine Lösung, so nimmt sie entsprechend dem p_H dieser Lösung eine bestimmte Spannung (Potential) an. Verbindet man diese p_H-abhängige Meßelektrode mit einer Elektrode von konstantem Potential, einer sog. *Bezugselektrode,* so muß die Potentialdifferenz dieser Elektrodenkette, je nach dem p_H der Meßlösung, einen verschiedenen Wert annehmen, und man kann umgekehrt aus diesem Wert den p_H der Meßlösung berechnen, aus Tabellen entnehmen oder — bei neueren Geräten — sofort ablesen. Als Bezugselektroden verwendet man meist die *Kalomelelektrode* und bei den kombinierten Glaselektroden die *Silber/Silberchlorid-Elektrode.* Gebräuchliche Meßelektroden sind die Platin/Wasserstoff-, die Chinhydron-, die Antimon- und neuerdings vor allem die Glaselektrode.

Bei der *Platin/Wasserstoff-Elektrode* taucht eine mit fein verteiltem Platin (Platinmohr) überzogene und mit gasförmigem Wasserstoff umspülte Platinelektrode in die Untersuchungslösung. Das Arbeiten mit dieser Elektrode ist ziemlich umständlich. Außerdem kann sie nicht oder nur bedingt verwendet werden, wenn die Meßlösung Elektrodengifte (Schwefelwasserstoff, Blausäure, Chlor u. a.), stark oxydierende bzw. reduzierende Substanzen (Permanganat, Nitrit, schweflige Säure, Hypochlorit u. a.) oder Verbindungen von Metallen enthält, die in der VOLTAschen Spannungsreihe über dem Wasserstoff stehen (Kupfer, Silber, Quecksilber usw.).

Bei der Chinhydronelektrode taucht eine nicht platinierte Platinelektrode in die mit Chinhydron (Verbindung aus äquivalenten Mengen Chinon und Hydrochinon) gesättigte Untersuchungslösung. *Vorteile:* rasche und einfache Arbeitsweise bei großer Genauigkeit. *Nachteile:* stark oxydierende bzw. reduzierende Lösungen sind nicht meßbar, da das Verhältnis Chinon/Hydrochinon und damit auch das Potential verändert wird; in alkalischem Medium sehr empfindlich gegen Sauerstoff, so daß Messungen nur bis etwa p_H 8, in günstigen Fällen bis p_H 9 durchgeführt werden können. *Meßbereich:* p_H 0 bis 8, bei gut gepufferten Lösungen und schneller Ablesung bis p_H 9.

Die Antimonelektrode. Als Elektrode dient ein Stab aus geschmolzenem Antimon, der in die Untersuchungslösung taucht und sein Potential, entsprechend dem p_H, verändert. Hauptanwendungsgebiet ist die kontinuierliche p_H-Kontrolle. Von Nachteil ist, daß die Elektrode im Gegensatz zu der Platin/Wasserstoff- und Chinhydronelektrode mit Hilfe von Pufferlösungen geeicht werden muß und daß Hypochloritbleichbäder nicht gemessen werden können. Meßbereich: p_H 1 bis 14, über p_H 12 und unter p_H 2 ist aber die Meßgenauigkeit geringer.

Die Glaselektrode. Die Glaselektrode hat in letzter Zeit die anderen Meßelektroden immer mehr verdrängt. Die Elektrode besteht aus einer hauchdünnen Glasmembran. Befindet sich diese zwischen zwei Lösungen von verschiedener H-Ionenkonzentration, so entsteht eine Potentialdifferenz, die zwar nur gering ist, aber mit empfindlichen Geräten doch exakt gemessen werden kann. *Vorteile:* universelle Anwendbarkeit, Eignung zur kontinuierlichen Messung, keine Störung durch oxydierend bzw. reduzierend wirkende Bestandteile, Elektrodengifte und Schwermetallsalze, daher besonders geeignet bei chlor-. peroxyd- oder sulfithaltigen Bleichbädern.

Die anfänglichen Nachteile, wie leichte Zerbrechlichkeit der Elektroden und geringe Widerstandsfähigkeit gegen Alkali, sind in der Zwischenzeit behoben worden. *Meßbereich:* p_H 0 bis 14. Genauigkeit: 0,01 bis 0,1 p_H, je nach der Empfindlichkeit des Gerätes.

Bei den sog. *kombinierten Glaselektroden* ist die Bezugselektrode — der geringeren Temperaturempfindlichkeit wegen wird meist die Silber/Silberchlorid-Elektrode verwendet — in die Meßelektrode eingebaut. Die Elektroden sind dadurch besonders handlich und können so klein gehalten werden, daß man noch kleinste Flüssigkeitsmengen — 1 ml und weniger — damit messen kann.

Elektrometrische p_H-Meßgeräte werden je nach dem Verwendungszweck und der erforderlichen Genauigkeit in verschiedenen Ausführungsformen unter den Bezeichnungen „*p_H-Meter*", „*Ionometer*", „*Potentiometer*", „*Ionograph*", „*p_H-Acidometer*" u. a. in den Handel gebracht.

Literatur über p_H-Messung sowie Anwendung u. Bedeutung in der Textilveredlung

Umfassende Literaturzusammenstellung bis zum Jahre 1958 s. SVF-Fachorgan **14** (1959) 40—43.

Literatur ab 1958:

AGSTER, A.: Wie bestimmt man den p_H-Wert von Fasermaterial? Melliand Textilber. **40** (1959) 1448—1451.

BRUNNSCHWEILER, E.: Hilfsmittel u. Apparate zur p_H- u. Redoxmessung, SVF-Fachorgan **14** (1959) 39.

CLIBBENS, D. A.: The properties of textile materials: VIII About p_H. J. Text. Inst. **50** (1959) 522—542.

FIEDLER, K.: Der p_H-Wert u. seine Bedeutung in der Wollveredlung. Spinner u. Weber **77** (1959) 776 u. 828.

HILDEBRAND, D.: p_H u. Wolle. SVF-Fachorgan **14** (1959) 34—38.

HILDEBRAND, D. u. M. HIRTZ: Zur Bestimmung des Säure/Alkaligehaltes von Wolle durch p_H-Messungen an wäßrigen Extrakten. Z. ges. Textilind. **62** (1960) 705—710.

MÜLLER, W.: Die theoretische Grundlage und Bedeutung der p_H-Wert-Messung. Z. ges. Textilind. **61** (1959) 546–548.
NEBE, E.: Exakte p_H-Messung von Wollextrakten. Spinner u. Weber **78** (1960) 344–345.
RATH, H.: Über den Einfluß des p_H bei der Veredlung von Zellulosefaserstoffen. SVF-Fachorgan **14** (1959) 21–29.
SCHWABE, K.: Fortschritte in der p_H-Meßtechnik. Berlin: VEB Verlag Technik 1958.
THURNER, K.: Dissertation. Über die Messung des p_H an Faserstoffen u. des Redoxpotentials an Farbstoffreduktions- u. Bleichmitteln. T.H. Stuttgart, 1959.
WOLF, S.: p_H-Meßketten u. ihre Einsatzmöglichkeiten. SVF-Fachorgan **14** (1959) 15–20.

Das Redoxpotential, der r_H-Wert

Der p_H-Wert wurde eingeführt, um die Alkalität bzw. Azidität einer Lösung in einfachen und exakten Zahlen ausdrücken zu können. In ähnlicher Weise kann man oxydierend oder reduzierend wirkende Lösungen durch Angabe des Oxydations-Reduktionspotentials (kurz „Redoxpotential") charakterisieren.

In der Textilveredlung gewinnt die r_H-Messung immer mehr an Bedeutung, so zur Kontrolle der für die Küpenfärberei so wichtigen Reduktionskraft der Küpe, zur Einhaltung der günstigsten Bleichbedingungen, zur Erfassung der beim Abkochen und Beuchen auftretenden Reduktionskräfte, zur Ermittlung der unter diesen Bedingungen ausblutenden Farbstoffe usw.

Kurze Begriffserläuterung. Unter einer Oxydation versteht man ganz allgemein die Abgabe, unter einer Reduktion die Aufnahme von Elektronen. Oxydationsmittel sind dadurch gekennzeichnet, daß sie leicht Elektronen aufnehmen; Reduktionsmittel neigen umgekehrt zur Elektronenabgabe.

Tauchen wir einen blanken Platindraht in eine reduzierend oder oxydierend wirkende Lösung ein, so nimmt er ein ganz bestimmtes Potential an. Unter dem *Redoxpotential* (Bezeichnung E) versteht man nun das Potential dieser blanken Platinelektrode gegenüber einer Wasserstoffelektrode (mit Wasserstoff von 1 Atm. Druck umspülte Platinelektrode), die in eine Lösung gleichen p_H-Wertes eintaucht. Aus diesem Redoxpotential errechnet sich der r_H-Wert durch Division mit der Zahl 29.[1] Es ist also

$$r_H = \frac{\text{Redoxpotential}\, E \text{ (in Millivolt)}}{29}$$

Bei wissenschaftlichen Arbeiten bezieht man das Redoxpotential vorzugsweise auf die Normal-Wasserstoffelektrode, d. h. eine Wasserstoffelektrode, deren H-Ionenkonzentration „normal", deren p_H-Wert also gleich Null ist. Dieses

[1] Der Wert ist etwas temperaturabhängig und beträgt bei 0 °C = 27, bei 10° = 28, bei 20° = 29, bei 30° = 30 und bei 40° = 31.

Redoxpotential wird meist mit E_H bezeichnet. Da jede Änderung des p_H-Wertes um eine Einheit bei 18° einer Potentialänderung um 57,7 Millivolt entspricht, ist die gegenseitige Umrechnung durch folgende Gleichungen möglich:

$$\boxed{E = E_H + p_H \cdot 57{,}7} \quad \text{oder} \quad \boxed{E_H = E - p_H \cdot 57{,}7}$$

E Potential der blanken Platinelektrode gegen Wasserstoffelektrode, die in Lösung gleichen p_H-Wertes eintaucht.

E_H Potential der blanken Platinelektrode gegen Normal-Wasserstoffelektrode ($p_H = 0$).

Die ganze *r_H-Skala* (s. Abb. 2) umfaßt Werte zwischen 0 (Wasserstoffelektrode) und etwa 54 (NaOCl-Lösung). Durch noch stärkere

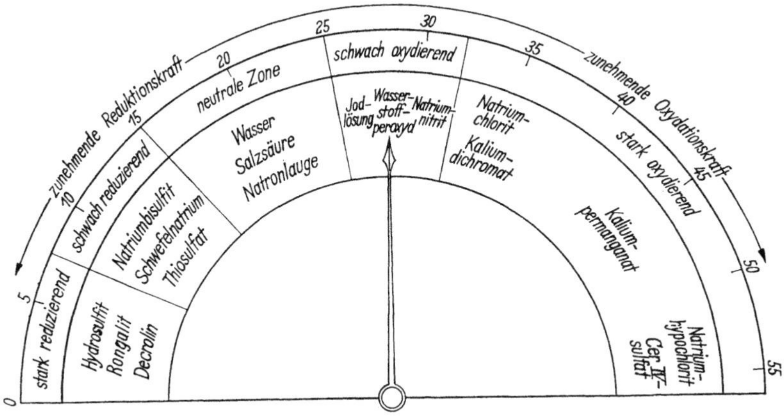

Abb. 2. r_H-Uhr

Reduktions- bzw. Oxydationsmittel können diese Werte in beiden Richtungen noch etwas überschritten werden.

Im Gegensatz zu der p_H-Skala ist es bei der r_H-Skala nicht möglich, einen genauen Neutralpunkt anzugeben. Die Begriffe Oxydation und Reduktion sind sehr relativ, und es kommt ganz auf den jeweiligen Partner an.

Beispiel: Eine Lösung mit $r_H = 35$ wirkt normalerweise oxydierend; gegenüber einer noch stärker oxydierenden Lösung, z. B. vom $r_H = 40$, wird sie sich aber reduzierend verhalten. Oder: Eine Lösung vom $r_H = 10$ gilt im allgemeinen als reduzierend; gegenüber einer solchen vom $r_H = 3$ wirkt sie oxydierend.

Im großen und ganzen kann man aber Lösungen unter $r_H = 15$ als deutlich reduzierend, über $r_H = 25$ als deutlich oxydierend bezeichnen. Dazwischen liegt die neutrale Zone.

Die Messung des r_H-Wertes

Wie bei der p_H-Messung, so unterscheidet man auch hier kolorimetrische und elektrometrische (potentiometrische) Methoden.

Kolorimetrische Methoden

Zur r_H-Messung benötigt man Farbstoffe, sog. ,,Redoxindikatoren", die bei einem bestimmten Redoxpotential, also auch einem bestimmten r_H-Wert, nach einer anderen Farbe umschlagen oder ihre Farbe verlieren. Da der Farbumschlag in einem sehr engen Intervall erfolgt und die Färbung zudem sehr leicht beeinflußt wird, ist ein Vergleich mit Standardfarben, so wie dies bei der kolorimetrischen p_H-Messung üblich ist, normalerweise nicht möglich. Man begnügt sich meist mit der Feststellung, welcher Indikator von der Untersuchungslösung vollkommen, welcher nur teilweise und welcher überhaupt nicht entfärbt wird.

Beispiel: Wird Methylenblau (Umschlagsintervall $r_H = 13{,}5$ bis 15,5) durch die zu untersuchende Lösung entfärbt, so muß deren r_H-Wert unter 13,5 liegen. Man wird dann einen Indikator wählen, dessen Umschlagsbereich etwas tiefer liegt, z. B. das Indigotrisulfonat ($r_H = 9{,}5$ bis 12). Tritt hierbei keine Enrfärbung ein, so liegt der r_H der Lösung zwischen 12 und 13,5. Zur weiteren Eingrenzung kommt ein Indikator in Frage, der bezüglich des Farbumschlages zwischen dem Methylenblau und dem Indigotrisulfonat liegt, z. B. das Indigotetrasulfonat ($r_H = 11{,}5$ bis 13,5).

Tabelle 3. *Redoxindikatoren*

Indikator	Umschlags-bereich r_H	Umschlagsfarben		Herstellung der Indikatorlösung (jeweils für 100 ml Lösung)
		oxydiert	reduziert	
Neutralrot	2,0— 4,5	rot	farblos	0,05 g in 60% igem Alkohol
Safranin T	4,0— 7,5	rot	farblos	0,05 g in Wasser
Indigosulfonat . . .	8,6—10,6	blau	gelblich	0,05 g in Wasser
Indigotrisulfonat . .	9,5—12,0	blau	gelblich	0,05 g in Wasser
Indigotetrasulfonat	11,5—13,5	blau	gelblich	0,05 g in Wasser
Methylenblau . . .	13,5—15,5	blau	farblos	0,05 g in Wasser
Thionin	15,0—17,0	violett	farblos	0,05 g in 65% igem Alkohol
Toluylenblau . . .	16,0—18,1	blauviolett	farblos	0,05 g in 60% igem Alkohol
Thymol-indophenol.	17,5—20,0	blau	farblos	0,02 g in 60% igem Alkohol
m-Kresol-indophenol	19,0—21,5	blau	farblos	0,02 g in 60% igem Alkohol
2,6-Dichlorphenol-indophenol . . .	20,0—22,5	blau	farblos	0,02 g in Wasser
Diphenylamin-sulfonsäure	27,0—29,0	violett	farblos	0,05 g in Wasser

Zum Farbumschlag ist noch zu sagen, daß jeder Redoxindikator in einer gefärbten und einer reduzierten, meist farblosen Form (Leukoform) auftreten kann. Im Umschlagsbereich existieren beide Formen nebeneinander, sie befinden sich im Gleichgewicht. Dieses Gleichgewicht verschiebt sich mit sinkendem r_H-Wert nach der farblosen, mit steigendem nach der gefärbten Form hin.

Das zur Einstellung der Farbküpen viel verwendete *Indanthrengelb-Papier* schlägt bei der Reduktion nach Blau um. Umschlagsbereich $r_H = 4{,}0$ bis 7,5.

Bemerkungen zur kolorimetrischen r_H-Messung

a) Die Lösungen der Redoxindikatoren sind alle mehr oder weniger sauerstoff- und teils auch lichtempfindlich. Sie sollen deswegen möglichst frisch angesetzt verwendet werden. Länger haltbar sind sie nur, wenn der Ansatz mit ausgekochtem, luftfreiem Wasser erfolgt und die Lösung in dunklen Flaschen aufbewahrt wird. Die über der Indikatorlösung befindliche Luft ist durch Stickstoff zu verdrängen.

b) Orientierende r_H-Messungen können in Luftatmosphäre erfolgen; bei genaueren ist ein Arbeiten unter Luftausschluß (am besten unter Stickstoff) erforderlich.

c) Man verwende möglichst wenig Indikatorflüssigkeit, da sonst der r_H-Wert schon durch den Indikator verändert wird. Etwa 1 Tropfen auf 2 bis 3 ml Untersuchungslösung genügt.

Potentiometrische r_H-Messung

Zur potentiometrischen Bestimmung des r_H-Wertes muß man mit der Untersuchungslösung zwei Messungen durchführen:

a) Messung des Potentials (Gesamtpotential) und

b) Messung des p_H-Wertes.

Zur Bestimmung des Gesamtpotentials eignet sich jedes p_H-Meßgerät, das neben der p_H-Skala auch eine Millivoltskala besitzt. Als Meßelektrode dient die blanke Platinelektrode, als Bezugselektrode meist die Kalomelelektrode und bei kombinierten Platinelektroden die Silber-Silberchloridelektrode. Da die Wasserstoffelektrode bei stark oxydierend oder reduzierend wirkenden Lösungen nicht brauchbar ist, wird die p_H-Messung am besten mit der Glaselektrode durchgeführt. Im letzteren Falle kann das dem gemessenen p_H-Wert entsprechende Potential für die Wasserstoffelektrode, das zur Berechnung des Redoxpotentials benötigt wird (s. Definition des Redoxpotentials auf S. 10), aus der Tab. 4 entnommen werden.

Beispiel für Berechnung:

Gesamtpotential (blanke Platinelektrode gegen Kalomelelektrode) . . . . —314 Millivolt

p_H-Wert der Lösung (Glaselektrode gegen Kalomelelektrode = 9,2, entsprechend (siehe Tab. 4) . . . . —781 Millivolt

Das Redoxpotential beträgt also —314—(—781) . . . . =+467 Millivolt

$$\text{und der } r_H = \frac{467}{29} = \underline{16{,}1}.$$

Temperaturabhängigkeit des Potentials der Kalomelelektrode:

Temp. °C	15	18	20	25	35	40	50	60	70	80	90	100
Potential in mV	250,8	248,9	247,6	244,3	237,6	234,2	227,1	219,8	212,3	204,6	196,6	188,4

Temperaturabhängigkeit des Potentials der Silber-Silberchloridelektrode:

Temp. °C	20	30	40	50	60	70	80	95
Potential in mV	203	204	205	205	206	207	208	209

Tabelle 4. *Potentiale der Platin-Wasserstoffelektrode im Vergleich zur n-Kaliumchlorid-Kalomelelektrode bei 20°.*

p_H-Wert	Millivolt	p_H-Wert	Millivolt	p_H-Wert	Millivolt
0,0	−250	5,0	−539	10,0	−828
0,2	263	5,2	551	10,2	839
0,4	274	5,4	562	10,4	851
0,6	286	5,6	574	10,6	862
0,8	298	5,8	585	10,8	873
1,0	308	6,0	597	11,0	886
1,2	320	6,2	608	11,2	897
1,4	331	6,4	620	11,4	908
1,6	343	6,6	631	11,6	920
1,8	354	6,8	643	11,8	931
2,0	366	7,0	655	12,0	943
2,2	377	7,2	666	12,2	955
2,4	389	7,4	677	12,4	966
2,6	401	7,6	689	12,6	978
2,8	412	7,8	701	12,8	990
3,0	424	8,0	712	13,0	1002
3,2	435	8,2	724	13,2	1013
3,4	447	8,4	735	13,4	1025
3,6	458	8,6	747	13,6	10 6
3,8	470	8,8	758	13,8	1047
4,0	481	9,0	770	14,0	1059
4,2	393	9,2	781		
4,4	504	9,4	793		
4,6	516	9,6	804		
4,8	527	9,8	816		

Allgemeine Bemerkungen zur r_H-Messung

Da man sich über die Bedeutung des Redoxpotentials bzw. des r_H-Wertes, über die Schlüsse, die daraus gezogen werden können, und vor allem auch über die Zusammenhänge mit der Konzentration, dem p_H-Wert usw. vielfach ganz falsche Vorstellungen macht — nicht zuletzt auf Grund unrichtiger Angaben in der Literatur —, sei nachstehend das Wichtigste nach dem neuesten Stand der Forschung kurz aufgezeigt.

Der r_H-Wert eines Oxydations- oder Reduktionsmittels ist oft stark p_H-abhängig (s. Tab. 5) und zur eindeutigen Kennzeichnung des Redoxzustandes muß deswegen stets auch der p_H mit angegeben werden.

Tabelle 5. *p_H-Abhängigkeit der r_H-Werte, Temp. 20°*

Oxydationsmittel bzw. Reduktionsmittel	r_H-Werte bei			
	$p_H = 3$	$p_H = 5$	$p_H = 7$	$p_H = 9$
Natriumchlorit	35,5	37,0	39,5	41,0
Natriumhypochlorit . .	54,0	52,5	51,0	50,0

Auch die Temperatur spielt eine wesentliche Rolle. Hydrosulfit entfaltet z. B. seine größte Reduktionswirkung schon bei 25 °C, und durch Temperaturerhöhung kann diese nicht mehr gesteigert werden. Das

Rongalit C hingegen zeigt eine starke Temperaturabhängigkeit und erreicht seine höchste Reduktionswirkung erst bei Kochtemperatur.

Bei den Oxydationsmitteln geht überraschenderweise der r_H-Wert mit steigender Temperatur zurück. Das Natriumchlorit hat z. B. bei 20 °C einen r_H-Wert von ~35, bei 70 °C von ~32 und bei 100 °C von ~28; das Wasserstoffperoxyd bei 20 °C von ~30, bei 70 °C von ~25 und bei 100 °C von ~21. Die Gründe hierfür sind noch nicht bekannt. Möglicherweise ist es die verstärkte Polarisation der Meßelektrode.

Als besonders wichtig muß hervorgehoben werden, daß das Redoxpotential, entgegen anderslautenden Literaturangaben, von der Konzentration praktisch unabhängig ist. Ob wir beispielsweise 0,1 ml Wasserstoffperoxyd in 1 l Wasser auflösen oder die 10- oder 100fache Menge davon, ist gleichgültig, denn alle Lösungen zeigen etwa das gleiche Potential. Es geht daraus hervor, daß Redoxmessungen zur Charakterisierung und Überwachung von Bleichflotten oder Küpen völlig ungeeignet sind, denn für den Bleich- und Reduktionseffekt ist selbstverständlich die Konzentration von ausschlaggebender Bedeutung. Will man bei den Kontinueverfahren die Bleichbäder oder Küpen auf eine bestimmte Konzentration einstellen und dabei halten, so ist dies nur durch laufende Titrationen möglich.

Auch die Höhe des Redoxpotentials bzw. r_H-Wertes erlaubt keine Schlüsse hinsichtlich des Effekts. Das Natriumchlorit zeigt z. B. die höchsten r_H-Werte im alkalischen, den besten Bleicheffekt dagegen im sauren Gebiet. Über $p_H = 8{,}5$ wirkt es trotz des hohen r_H-Wertes überhaupt nicht mehr bleichend.

Ein anderes Beispiel: Das Natriumhypochlorit weist die höchsten r_H-Werte bei einem p_H von etwa 3 auf, den besten Bleicheffekt jedoch in der Nähe des Neutralpunktes.

Das einzige, was man auf Grund von Redoxmessungen aussagen kann, ist, ob zwei Substanzen miteinander reagieren, denn hierbei kommt es auf die Potentialdifferenz an, und welche der Substanzen dabei oxydierend und welche reduzierend wirkt.

Zusammenfassend läßt sich sagen, daß Angaben des Redoxpotentials oder des r_H-Wertes ohne gleichzeitige Hinweise auf den p_H-Wert und die Meßtemperatur keinen großen Sinn haben; zumindest kann man nicht viel damit anfangen.

Bei Reduktionsmitteln vom Typus Hydrosulfit oder Rongalit C ist möglichst auch noch die Zeit vom Auflösen der Substanz bis zur Messung mit anzugeben, des weiteren in welcher Atmosphäre die Messung erfolgte und ob während der Messung umgerührt wurde.

Literatur über Potential- bzw. r_H-Messung sowie Anwendung und Bedeutung in der Textilveredlung

AGSTER, A.: Die Messung des Redoxpotentials oxydativ wirkender Bleichmittel — Zusammenhänge mit dem Bleicheffekt und dem Schädigungsgrad. Textil-Praxis **19** (1964) 810.

BIGLER, N.: Die theoretischen Grundlagen des Redoxpotentials. SVF-Fachorgan **10** (1955) 18, 147, 252 u. 365.

BRUNNSCHWEILER, E.: Redoxpotentiale. Metrohm Service Bull. 1, **2** (1950). — r_H-Messungen in der Textilindustrie. SVF-Fachorgan **9** (1954) 234 u. 263.
EDELMANN, K.: Die Messung der Redoxpotentiale. Faserforschg. und Textiltechn. **4** (1953) 337.
EISELE, J. u. S. HAFENRICHTER: Versuche mit Redoxpotentialmessungen auf textilchemischem Gebiet. Melliand Textilber. **35** (1954) 756.
GREUTER, E.: Das Redoxpotential und seine praktische Bedeutung in der Textilindustrie. SVF-Fachorgan **12** (1957) 239. — Das Redoxpotential. Metrohm Serv. Bull. 2 (1955) 4.
HAFENRICHTER, S.: Die Redoxtitrationskurven von Küpenfarbstoffen — ein Charakteristikum ihrer färberischen Eigenschaften. Melliand Textilber. **38** (1957) 1257. — Untersuchungen über das Verhalten und über den Verbrauch des Hydrosulfits in der Küpenfärberei und über die Möglichkeiten einer genauen Ermittlung und Steuerung des Hydrosulfitbedarfes. Textil-Praxis **14** (1959) 168.
KORDATZKI, W.: Einführung in die r_H-Messung. München 1952.
Fa. Merck, Darmstadt: Die Bestimmung des Redoxpotentials mit Indikatoren.
MEYER, G.: Die elektrometrische Bestimmung des r_H-Wertes. SVF-Fachorgan **13** (1958) 492.
THURNER, K.: Dissertation. Über die Messung des p_H an Faserstoffen und des Redoxpotentials an Farbstoffreduktions- und Bleichmitteln. T.H. Stuttgart, 1959.
WEINGARTEN, R.: Messung des Redoxpotentials. Melliand Textilber. **38** (1957) 913.
ZUBER, C.: Les applications du p_H et du r_H en teinture. Teintex **17** (1952) 347.

Umfassende Literaturzusammenstellung bis zum Jahre 1958 s. SVF-Fachorgan **14** (1959) 43.

Die Gewichtsanalyse (Gravimetrie)

Prinzip: Die zu bestimmende Substanz wird durch Zugabe geeigneter Reagenzien in einen Niederschlag bekannter Zusammensetzung übergeführt. Dieser wird dann abfiltriert, ausgewaschen, getrocknet oder geglüht und gewogen. Aus dem Gewicht kann die Menge des zu bestimmenden Stoffes berechnet werden. Um die Löslichkeit des entstandenen Niederschlags zu erniedrigen, wird dabei das Fällungsmittel meist im Überschuß angewendet (Löslichkeitserniedrigung durch Zusatz gleichioniger Elektrolyte). Die näheren Vorschriften sind in diesem Buch jeweils bei den zu bestimmenden Substanzen angegeben.

Die gravimetrischen Verfahren liefern meist sehr genaue Ergebnisse; sie sind aber umständlich und zeitraubend und werden deswegen nur dann angewendet, wenn geeignete maßanalytische oder kolorimetrische Verfahren nicht zur Verfügung stehen bzw. in ihrer Genauigkeit nicht befriedigen.

Die Maßanalyse

Prinzip: Zu der Untersuchungslösung gibt man gerade so viel Kubikzentimeter einer ihrer Stärke nach bekannten Reagenzlösung (Maßlösung), als für die quantitative Umsetzung erforderlich ist. Den Endpunkt der Reaktion erkennt man meist an der Farbänderung von zugesetzten Indikatoren. Aus der verbrauchten Menge der Maßlösung kann der Gehalt der Untersuchungslösung leicht berechnet werden.

Meßgefäße. Für maßanalytische Bestimmungen benötigt man Gefäße von ganz bestimmtem Inhalt, wie z. B. Meßkolben, Meßzylinder, Pipetten und Büretten. *Meßkolben* sind enghalsige Glaskolben, deren Rauminhalt durch eine kreisförmige Markierung am Kolbenhals abgegrenzt ist. Sie sind fast immer für eine bestimmte Temperatur (15° oder 20°) auf „*Einguß*" geeicht und werden vorzugsweise zum Ansetzen der Maßlösungen und zum Verdünnen von Lösungen verwendet. Hierbei ist stets die auf dem Kolben angegebene Temperatur zu beachten. Bei den *Meßzylindern* handelt es sich um graduierte Glaszylinder, die ebenfalls auf Einguß geeicht sind. Sie sind aber nur für gröbere Abmessungen geeignet. Unter *Pipetten* versteht man gläserne Saugröhren mit bestimmtem Rauminhalt. Man unterscheidet dabei Vollpipetten und Meßpipetten. Die *Vollpipetten* erlauben jeweils nur die Abmessung eines auf der Pipette angeschriebenen Volumens, z. B. 10, 20, 25 usw. ml. Die abgemessene Flüssigkeitsmenge läßt man auslaufen, wobei der letzte Tropfen nach etwa 15 Sek. Wartezeit an der Gefäßwand abgestreift wird. Bei den *Meßpipetten* handelt es sich um graduierte Röhren, denen man beliebige Flüssigkeitsmengen entnehmen kann. Sie sind aber nicht so genau wie die Vollpipetten. Als *Büretten* bezeichnet man Meßpipetten, die am unteren Ende mit einem Glashahn versehen sind. Sie fassen meist 50 ml und sind in ihrer ganzen Länge in Zehntelmilliliter unterteilt. Um ein schärferes Ablesen zu ermöglichen, besteht die Rückwand oft aus Milchglas, auf welchem ein blauer Längsstreifen (Schellbachstreifen) angebracht ist. Beim Ablesen ist zu beachten, daß sich Auge und Flüssigkeitsniveau in gleicher Höhe befinden. Läuft die Flüssigkeit an der Bürettenwand nicht glatt, sondern tröpfchenförmig ab, so muß die Bürette „entfettet" werden.

Dies geschieht am besten mit hochkonz. Salpetersäure ($d = 1{,}52$) oder einer mit Natronlauge versetzten, halbkonz. Permanganatlösung. Man füllt die Büretten damit, läßt über Nacht einwirken und spült anschließend gut aus. Bei Verwendung der Permanganatlösung muß der an den wegoxydierten Schmutzstellen gebildete Braunstein mit Salzsäure entfernt werden.

Maßlösungen. Unter Maßlösungen versteht man Lösungen von einem ganz bestimmten Gehalt oder *Titer*. Um die Berechnung möglichst einfach zu gestalten, setzt man diese aber nicht in beliebiger Stärke an, sondern macht sie unter sich in chemischer Hinsicht gleichwertig, „äquivalent". Man löst von den in Frage kommenden Substanzen jeweils ein „*Grammäquivalent*" in genau 1 l Wasser auf und erhält eine sog. „*Normallösung*" ($^1/_1$ n-Lösung). Solche Normallösungen sind einander vollkommen gleichwertig. Zur Titration von 20 ml $^1/_1$ n-Säure verbraucht man genau 20 ml $^1/_1$ n-Lauge, gleichgültig, um welche Säure oder Lauge es sich auch handelt.

Unter dem *Grammäquivalent* (1 val) versteht man das Äquivalentgewicht irgendeiner Substanz, ausgedrückt in Gramm. Der tausendste Teil davon ist das Milligrammäquivalentgewicht (1 mval). Das *Äquivalent- oder Normalgewicht* ergibt sich aus folgenden Beziehungen:

$$\text{Äquivalentgewicht eines Elementes} = \frac{\text{Atomgewicht}}{\text{Wertigkeit}}$$

$$\text{Äquivalentgewicht einer Säure} = \frac{\text{Molekulargewicht}}{\text{Wertigkeit der Säure}}$$

$$\text{Äquivalentgewicht einer Base} = \frac{\text{Molekulargewicht}}{\text{Wertigkeit der Base}}$$

$$\text{Äquivalentgewicht eines Salzes} = \frac{\text{Molekulargewicht}}{\text{Summe der auf das Metall entfallenden Wertigkeiten}}$$

Beispiele:

$$\text{Natrium} = \frac{23}{1} = 23; \qquad \text{Calcium} = \frac{40{,}08}{2} = 20{,}4;$$

$$HCl = \frac{36{,}465}{1} = 36{,}465; \qquad H_2SO_4 = \frac{98{,}08}{2} = 49{,}04;$$

$$CH_3COOH = \frac{60{,}052}{1} = 60{,}052; \qquad NaOH = \frac{40{,}005}{1} = 40{,}005;$$

$$Ca(OH)_2 = \frac{74{,}10}{2} = 37{,}05; \qquad NaCl = \frac{58{,}454}{1} = 58{,}454;$$

$$Na_2CO_3 \cdot 10\,H_2O = \frac{286{,}164}{2} = 143{,}082.$$

Beim praktischen Arbeiten ist es meist zweckmäßiger, an Stelle von $^1/_1$ n-Lösungen $^1/_2$ n-, $^1/_5$ n-, $^1/_{10}$ n- usw. Lösungen zu verwenden. Diese enthalten dann im Liter statt des Äquivalentgewichtes nur die Hälfte, ein Zehntel usw. davon.

In den Betrieben arbeitet man sehr oft mit Lösungen, deren Stärke man so einstellt, daß die zur Titration verbrauchten Kubikzentimeter z. B. gleich dem *Prozentgehalt* entsprechen. Dies ist besonders vorteilhaft für laufende Titrationen und dann, wenn die Maßlösung nur für diesen einen Zweck gebraucht wird.

In der Tab. 6 sind die *Molekular- bzw. Äquivalentgewichte* der in der Maßanalyse wichtigsten Säuren, Basen und Salze angegeben (Äqui-

Tabelle 6

Substanz	Formel	Molekular-gewicht	Äquivalent-gewicht
Salzsäure	HCl	36,465	36,465
Schwefelsäure	H_2SO_4	98,08	49,04
Essigsäure	CH_3COOH	60,052	60,052
Oxalsäure	$(COOH)_2 \cdot 2\,H_2O$	126,068	63,034
Natronlauge	$NaOH$	40,005	40,005
Kalilauge	KOH	56,104	56,104
Calciumhydroxyd	$Ca(OH)_2$	74,10	37,05
Bariumhydroxyd	$Ba(OH)_2$	171,38	85,69
Ammoniak	NH_4OH	35,048	35,048
Natriumkarbonat	Na_2CO_3	106,004	53,002
Kaliumkarbonat	K_2CO_3	138,202	69,101
Kaliumbikarbonat	$KHCO_3$	100,114	100,114
Silbernitrat	$AgNO_3$	169,888	169,888
Natriumchlorid	$NaCl$	58,454	58,454

valentgewichte der Oxydations- und Reduktionsmittel s. Abschnitt Oxydimetrie).

Die Maßanalyse unterteilt man in folgende Gebiete:

1. Neutralisationsverfahren (Alkalimetrie/Azidimetrie),
2. Oxydations- und Reduktionsverfahren (Oxydimetrie),
3. komplexometrische Verfahren,
4. Fällungsverfahren,
5. Elektrometrische Verfahren.

1. Neutralisationsverfahren (Alkalimetrie/Azidimetrie)

Beim Titrieren von Salzsäure mit Natronlauge geht folgende Reaktion vor sich:

$$HCl + NaOH = NaCl + H_2O.$$

Dasselbe in Ionenform:

$$H^+ + Cl^- + Na^+ + OH^- = Na^+ + Cl^- + H_2O.$$

Läßt man in dieser Gleichung die Ionen, die auf beiden Seiten vorkommen, weg, so geht sie über in:

$$H^+ + OH^- = H_2O.$$

Der chemische Vorgang bei der Neutralisation besteht also darin, daß sich die Wasserstoffionen der Säure mit den Hydroxylionen der Lauge zu undissoziiertem Wasser vereinigen.

Titriert man eine starke Säure mit einer starken Lauge, z. B. Salzsäure mit Natronlauge, so resultiert ein neutral reagierendes Salz (NaCl), und die Lösung zeigt die Reaktion des Wassers, also $p_H = 7$. Der *Äquivalenzpunkt* (der Punkt, in dem sich Säure und Lauge äquivalent sind) fällt mit dem *Neutralpunkt* zusammen. Dies ist aber durchaus nicht bei allen Säuren und Basen der Fall. Gibt man z. B. zu 20 ml $^1/_1$ n-Essigsäure 20 ml $^1/_1$ n-Natronlauge, so ist damit zwar der Äquivalenzpunkt erreicht, die entstandene Lösung reagiert aber nicht neutral, sondern alkalisch, genauso, wie wenn man reines Natriumazetat in Wasser auflöst. Grund: Natriumazetat erleidet in Wasser nach der Gleichung

$$CH_3COONa + H_2O \rightleftarrows NaOH + CH_3COOH$$

Hydrolyse, wobei Natronlauge und Essigsäure entstehen. Die Natronlauge ist eine starke Base (stark dissoziiert, große OH-Ionenkonzentration), die Essigsäure dagegen eine schwache Säure (schwach dissoziiert, geringe H-Ionenkonzentration), und infolgedessen muß die Lösung alkalisch reagieren. Der Äquivalenzpunkt liegt ungefähr bei p_H 9. Aus demselben Grund reagiert Ammonchlorid NH_4Cl sauer, der Äquivalenzpunkt liegt bei p_H 5,1.

Diese mehr oder weniger große Differenz zwischen Äquivalenz- und Neutralpunkt ist von großer Wichtigkeit bei der Auswahl der Indikatoren. Wie bereits früher angegeben (s. kolorimetrische p_H-Messung), sind Indikatoren organische Substanzen, die innerhalb eines ganz bestimmten p_H-Bereiches ihre Farbe ändern. Methylorange z. B. zwischen p_H 3,1 und 4,8, Phenolphthalein zwischen p_H 8,2 und 10,0.

Bei der Titration von starken Säuren mit starken Basen und umgekehrt kann man beide Indikatoren verwenden. Es entsteht ein neutral reagierendes Salz, der Äquivalenzpunkt fällt mit dem Neutralpunkt zusammen. Titriert man aber z. B. die schwache Essigsäure mit der starken Natronlauge, so liegt der Äquivalenzpunkt bei p_H 9, und man muß infolgedessen einen Indikator wählen, dessen Umschlag in diesem p_H-Gebiet erfolgt, also Phenolphthalein. Würde man in diesem Falle mit Methylorange titrieren, so wäre der Natronlaugeverbrauch wesentlich geringer, da der Indikator schon weit vor dem Äquivalenzpunkt umschlägt.

Ein besonders schönes Beispiel für diese Verhältnisse ist die Phosphorsäure. Titriert man diese mit Natronlauge, so entsteht stufenweise zuerst das Mono-, dann das Di- und schließlich das Trinatriumphosphat.

1. Stufe: $H_3PO_4 + NaOH = NaH_2PO_4 + H_2O$
2. Stufe: $NaH_2PO_4 + NaOH = Na_2HPO_4 + H_2O$
3. Stufe: $Na_2HPO_4 + NaOH = Na_3PO_4 + H_2O$

Das Mononatriumphosphat reagiert sauer, sein Äquivalenzpunkt liegt bei p_H 4,4. Will man nur das erste H-Atom titrieren, so hat dies mit Methylorange als Indikator zu geschehen. Das in der zweiten Stufe entstehende Dinatriumphosphat zeigt dagegen alkalische Reaktion (Äquivalenzpunkt p_H 9,6), und als Indikator kommt nur Phenolphthalein in Frage.

Indikatoren

Die bei den Neutralisationsverfahren weitaus am häufigsten benützten Indikatoren sind Methylorange und Phenolphthalein, und nur in besonderen Fällen sind noch einige andere heranzuziehen, wie z. B. Dimethylgelb, Methylrot, Bromphenolblau u. a. (Indikatorentabelle s. S. 3).

Methylorange. Man löst 0,1 g in 100 ml heißem Wasser und titriert, möglichst auf weißer Unterlage und bei Tageslicht, in der Kälte (höchstens bei 30°) unter Zusatz von 5 bis 10 Tropfen Indikator auf 100 ml Lösung. Umschlagsbereich: p_H 3,1 bis 4,8. Umschlagsfarben: Rot (sauer) über Orange nach Gelb (alkalisch). Man titriert auf Orange, am besten unter Zuhilfenahme einer Vergleichslösung.

Methylorange eignet sich zur Titration von starken und schwachen Basen (für Ammoniak ist Methylrot vorzuziehen), insbesondere zur Bestimmung des Gesamtalkalis bei Ätzalkalien, alkalischen Erden, Karbonaten, Bikarbonaten, Boraten, Sulfiden und fettsauren Alkalien. Weiterhin für starke Säuren. Ungeeignet ist es bei schwachen und organischen Säuren (Oxal-, Essig-, Wein-, Zitronensäure usw.). An Stelle von Methylorange kann mit gleicher Genauigkeit auch Dimethylgelb verwendet werden. Liegt der Äquivalenzpunkt in der Gegend von p_H 5, so ist Methylrot vorzuziehen.

Phenolphthalein. Man löst 0,1 g in 60 ml Alkohol und gibt dann 40 ml Wasser zu. Zur Titration, welche auch bei künstlichem Licht und in der Hitze — allerdings mit etwas geringerer Genauigkeit — erfolgen kann, setzt man für 100 ml Lösung ungefähr 10 Tropfen Indikatorlösung zu. Umschlagsbereich: p_H 8,2 bis 10,0. Umschlagsfarben: Farblos (sauer) nach Rot (alkalisch).

Phenolphthalein kann zur Titration von starken Basen sowie starken, schwachen und organischen Säuren verwendet werden. Für schwache Basen, wie Ammoniak, ist es ungeeignet. Bei Gegenwart von Kohlensäure, schwefliger Säure, Schwefelwasserstoff, Borsäure u. a. ist der Umschlag unscharf; die Indikatorfarbe verschwindet langsam wieder.

Dimethylgelb. Sehr guter Indikator, der dem Methylorange vielfach vorgezogen wird. Man löst 0,01 g in 100 ml 90%igem Alkohol und gibt auf 100 ml Lösung 25 bis 30 Tropfen Indikatorlösung zu. Umschlagsbereich: p_H 2,9 bis 4,0. Umschlagsfarben: Rot (sauer) nach Gelb (alkalisch).

Methylrot. Man löst 0,05 g in 75 ml Alkohol und verdünnt mit Wasser auf 100 ml. Zur Titration verwendet man 0,2 ml (etwa 10 Tropfen) auf 100 ml Titrierflüssigkeit. Methylrot ist der beste Indikator für Ammoniaktitrationen, KJELDAHL-Bestimmungen usw. Um den Umschlag von Rot nach Gelb deutlicher zu machen, empfiehlt BOŽIĆ (Chemie 1942, S. 215), statt reiner Methylrotlösung eine Mischung mit Methylenblau zu verwenden (80 ml 0,03%ige Methylrotlösung + 40 ml 0,1%ige Methylenblaulösung). Der Umschlag erfolgt sehr scharf von Rotviolett nach Grün.

Bromphenolblau. Man löst 0,04 g in 20 ml Alkohol und verdünnt mit Wasser auf 100 ml. Auf 100 ml Titrierlösung verwendet man 0,5 ml (etwa 15 Tropfen) des Indikators.

Thymolphthalein. Man löst 0,1 g in 100 ml 90%igem Alkohol. Zur Titration benötigt man 10 bis 20 Tropfen auf 100 ml Lösung; bei alkoholhaltigen Flüssigkeiten setzt man etwas mehr zu, und zwar bis zu 1 ml (55 Tropfen).

Herstellung der Normallösungen

Normallösungen erhält man durch Auflösen von 1 Grammäquivalent irgendeiner Substanz in 1 l Wasser. Die Substanzen müssen aber für diesen Zweck sehr rein sein und eine bekannte, unveränderliche Zusammensetzung haben, so daß sich nur verhältnismäßig wenige eignen. Man bezeichnet diese als *Urtitersubstanzen* oder *Ursubstanzen*. Die wichtigsten davon sind: Oxalsäure, Natriumkarbonat, Kaliumbikarbonat, Natriumoxalat, Quecksilberoxyd, Kaliumbichromat, Kaliumjodat, Kaliumbromat, Arsentrioxyd und Silbernitrat.

Herstellung einer Normaloxalsäure ($^1/_1$n-Oxalsäure). Man löst in einem 1000 ml-Meßkolben 1 Grammäquivalent krist. Oxalsäure $\left(\frac{126,05}{2} = 63,025\text{ g}\right)$ in heißem, dest. Wasser auf, verdünnt mit kaltem Wasser fast bis zur Marke und läßt auf die Eichtemperatur des Meßkolbens abkühlen. Darauf füllt man nochmals bis zur Marke auf und schüttelt gut durch.

Zur Herstellung einer $^1/_{10}$n-Oxalsäure bringt man 100 ml dieser $^1/_1$n-Oxalsäure in einen Litermeßkolben und füllt zur Marke auf, wobei wieder die Eichtemperatur beachtet wird.

Herstellung einer Normalnatronlauge ($^1/_1$ n-NaOH). Da es zur genauen Einstellung einfacher ist, eine stärkere Lösung zu verdünnen als eine schwächere zu konzentrieren, stellt man sich zunächst eine etwas stärkere Lauge her. Man bringt 46 bis 50 g reinstes Ätznatron (dieses enthält meist etwa 10% Wasser) in einen Litermeßkolben, löst in ausgekochtem und wieder erkaltetem Wasser und füllt bis zur Marke auf. Nach gutem Durchschütteln ermittelt man den genauen Titer durch Titration mit $^1/_1$ n-Oxalsäure und Phenolphthalein als Indikator. Hierzu bringt man 20 ml $^1/_1$ n-Oxalsäure in einen ERLENMEYER-Kolben, verdünnt auf etwa 100 ml, fügt 2 bis 3 Tropfen Phenolphthalein hinzu und titriert mit der angesetzten Lauge bis zur bleibenden Rotfärbung. Aus 2 bis 3 Bestimmungen nimmt man den Mittelwert.

Beispiel für die Berechnung: Vorgelegt wurden 20 ml $^1/_1$ n-Oxalsäure; Titrationsverbrauch 19,6 ml Natronlauge.

Die Natronlauge ist also etwas stärker als normal, und um eine $^1/_1$ n-NaOH herzustellen, müssen zu 19,6 ml Lauge jeweils 0,4 ml Wasser hinzugefügt werden. Zu 100 ml also $\frac{0{,}4 \cdot 100}{19{,}6} = \underline{\underline{2{,}04 \text{ ml}}}$.

Normalerweise verdünnt man aber nicht weiter, sondern ermittelt den „*Faktor*", mit dem man multiplizieren muß, um auf eine $^1/_1$ n-NaOH zu kommen. In unserem Falle ist der Faktor $\frac{20}{19{,}6} = \underline{\underline{1{,}020}}$. Verbraucht man z. B. bei der Titration einer unbekannten Säure 18,1 ml dieser Lauge, so entsprechen diese $18{,}1 \cdot 1{,}020 = 18{,}5$ ml $^1/_1$ n-NaOH.

Soll die $^1/_1$ n-NaOH völlig karbonatfrei sein (Ätznatron ist fast immer karbonathaltig), so verdünnt man nach dem Auflösen nicht gleich auf 1 l, sondern gibt vorher etwas klare Barytlösung (Bariumhydroxyd) zu, und zwar so lange, bis keine Trübung mehr entsteht. Darauf fällt man das überschüssige Bariumhydroxyd mit etwas Glaubersalz im Überschuß, füllt bis zur Marke auf und läßt zur Klärung absitzen. Die Lösung wird dann filtriert und wie beschrieben eingestellt. Zur Herstellung einer $^1/_{10}$ n-NaOH entnimmt man 100 ml dieser Lösung und verdünnt im Meßkolben auf das Zehnfache.

Herstellung einer Normalsalzsäure ($^1/_1$ n-HCl). Man verdünnt die konz. HCl so, daß man eine ungefähr 4%ige Lösung erhält, und titriert diese mit einer genau eingestellten Soda- oder Kaliumbikarbonatlösung. Das DAB 6 schreibt zur Einstellung der Säuren Kaliumbikarbonat vor, das in folgender Weise gereinigt wird: „1 Teil Kaliumbikarbonat wird in 4,5 Teilen Wasser von Zimmertemperatur gelöst. Die filtrierte Lösung wird mit 2 Teilen Weingeist versetzt. Die abgeschiedenen Kristalle werden abgesaugt und im Exsikkator über Schwefelsäure getrocknet. Sie werden sodann fein gepulvert und nochmals im Exsikkator getrocknet." Nach dem Glühen von 1 g des Salzes muß der Rückstand 0,6303 g wiegen.

Zur Einstellung der $^1/_1$ n-HCl wiegt man etwa 2 g des Salzes auf $\pm$ 0,1 mg genau ab, löst in etwa 20 ml Wasser und titriert nach Zusatz von 2 Tropfen Methylorange mit der einzustellenden Säure.

Chem. Vorgang: $KHCO_3 + HCl = KCl + H_2O + CO_2$.

Ein Grammäquivalent $KHCO_3$ (100,11 g) verbraucht ein Grammäquivalent Salzsäure, gleichbedeutend mit 1000 ml $^1/_1$ n-HCl.

Hat man z. B. 2,1800 g $KHCO_3$ abgewogen, so würden diese $\frac{1000 \cdot 2,18}{100,11} = \underline{21,78 \text{ ml}}$ $^1/_1$ n-HCl verbrauchen. Wurden bei der Titration aber nur 20,2 ml Säure verbraucht, so errechnet sich daraus ein Faktor von $\frac{21,78}{20,2} = \underline{1,078}$.

Herstellung von Normallösungen mit Hilfe von Fixanal- oder Titrisol-Ampullen. Da die Herstellung von Normallösungen mittels Urtitersubstanzen ziemlich umständlich und zeitraubend ist, bedient man sich sehr häufig der Fixanal- (Riedel-de Haën A.G., Berlin) oder Titrisol-Ampullen (Merck A.G., Darmstadt). Es handelt sich dabei um kleine Ampullen aus Kunststoff oder Glas, die eine genau abgewogene Menge irgendeiner Substanz enthalten. Die Ampullen werden einfach auf den Hals des Meßkolbens aufgesetzt und die Enden mit einem Glasstab durchstoßen. Was in der Ampulle zurückgeblieben ist, wird mit dest. Wasser in den Meßkolben gespritzt und dieser dann unter Beachtung der Eichtemperatur bis zur Marke aufgefüllt. Der Wirkungswert ist jeweils auf der Flasche angegeben. Die Vorteile dieser Fixanal- bzw. Titrisol-Substanzen sind:

1. Sehr einfache und schnelle Herstellung der Lösungen; zeitraubendes Reinigen, Abwiegen und Einstellen entfällt.
2. Garantierte Genauigkeit des Titers auf $2^0/_{00}$.
3. Große Haltbarkeit der Chemikalien, da die Ampullen zugeschmolzen sind.

Benötigt man laufend größere Mengen Maßlösungen, so ist es vorteilhaft, diese selbst herzustellen und durch Fixanal- bzw. Titrisol-Lösungen zu überprüfen, d. h. ihren Faktor zu bestimmen.

Was ist beim Titrieren zu beachten? 1. Die Konzentration der Untersuchungslösung ist möglichst so einzustellen, daß bei einer Vorlage von 20, 25 oder 30 ml ungefähr gleich viel Milliliter Maßlösung verbraucht werden.

2. Bei der Entnahme aus Büretten ist mit dem Ablesen so lange zu warten, bis die an der Glaswand haftende Flüssigkeit nachgelaufen ist (20 bis 30 Sek. genügen meist). Dies spielt insbesondere dann eine Rolle, wenn man größere Mengen entnimmt.

3. Je konzentrierter die Maßlösung, um so schärfer der Umschlag; deswegen möglichst nur mit $^1/_1$ n- bis $^1/_{10}$ n-Lösungen titrieren und unter Umständen *Mikrobüretten* verwenden.

4. Schwache Säuren sind mit starken Basen, schwache Basen mit starken Säuren zu titrieren. Die Kombination schwache Base — schwache Säure ist zu vermeiden, da der Umschlag sehr unscharf ist. Einigermaßen befriedigende Werte erhält man nur dann, wenn man unter Zuhilfenahme eines bei ungefähr p_H 7 umschlagenden Indikators mit Vergleichspufferlösungen arbeitet und auf Farbgleichheit titriert.

5. Bei der Auswahl der Indikatoren ist der Äquivalenzpunkt des bei der Titration entstehenden Salzes zu beachten. Titriert man schwache

Säuren mit starken Basen, so sind Indikatoren zu verwenden, die zwischen p_H 8 und 10 umschlagen (z. B. Phenolphthalein), bei der Titration von schwachen Basen mit starken Säuren solche mit einem Umschlagspunkt zwischen p_H 4 und 6 (z. B. Methylorange oder Methylrot).

6. Indikatoren, die unter p_H 3 oder über p_H 11 umschlagen, sind wesentlich unempfindlicher und daher für genauere Titrationen nur bedingt brauchbar.

7. Ein Indikatorüberschuß ist zu vermeiden, da die Indikatoren selbst schwache Säuren oder Basen darstellen und damit die Titrationsgenauigkeit herabgesetzt wird.

8. Mit steigender Temperatur werden die Indikatoren im allgemeinen unempfindlicher, deswegen möglichst bei Zimmertemperatur titrieren. Methylorange ist in der Hitze unbrauchbar, Phenolphthalein geht zur Not, ist aber ungenauer, und nur Bromphenolblau eignet sich ebensogut in der Hitze wie in der Kälte.

9. Zur Titerstellung bzw. Ermittlung des Faktors ist der Indikator zu verwenden, mit dem später auch die laufenden Titrationen durchgeführt werden.

2. Oxydations-Reduktionsverfahren (Oxydimetrie)

Der Textilchemiker benötigt hauptsächlich folgende Oxydationsmittel: Kaliumpermanganat (Manganometrie), Jod (Jodometrie), Kaliumbichromat, Kaliumbromat und neuerdings auch Cerisulfat. Von den Reduktionsmitteln sind die Oxalsäure und die arsenige Säure zu erwähnen.

Redoxindikatoren

Soweit die Oxydationsmittel bei der Titration nicht selbst ihre Farbe verändern und dadurch den Endpunkt anzeigen, verwendet man die sog. *Redox-Indikatoren* (s. a. Tab. 4). Es sind dies Substanzen, die in oxydiertem Zustand eine andere Farbe haben als in reduziertem und innerhalb eines bestimmten Potentialbereiches umschlagen. Die wichtigsten Redox-Indikatoren sind:

Ferroin. (Tri-o-phenanthrolin-Eisen(II)-sulfat.)

$$\underset{\text{rot}}{[Fe^{II}(C_{12}H_8N_2)_3]^{++}} \underset{\text{Reduktion}}{\overset{\text{Oxydation}}{\rightleftarrows}} \underset{\text{blau}}{[Fe^{III}(C_{12}H_8N_2)_3]^{+++}}$$

Herstellung: Man löst 1,624 g o-Phenanthrolinhydrochlorid und 0,695 g krist. Ferrosulfat in 100 ml Wasser. Die Lösung ist gut haltbar. Eine gebrauchsfertige Ferroinlösung liefert die Fa. Merck, Darmstadt.

Diphenylamin.

$$\underset{\text{(farblos)}}{\text{Diphenylamin}} \underset{\text{Reduktion}}{\overset{\text{Oxydation}}{\rightleftarrows}} \underset{\text{(tiefblau)}}{\text{Diphenylbenzidinviolett}}$$

Herstellung: 0,2 bis 1,0 g Diphenylamin aufgelöst in 100 ml konz. Schwefelsäure.

Noch geeigneter als Diphenylamin ist die Diphenylamin-p-sulfosäure bzw. ihr Natriumsalz. Dieser Indikator ist wasserlöslich und zeigt einen noch schärferen Umschlag. Konzentration: 0,2%ige wäßrige Lösung.

Erioglaucin A, Eriogrün B, Setozyanin O. Wasserlösliche, blaue bis grüne Farbstoffe, von denen auf 100 bis 200 ml Titrierflüssigkeit 0,5 ml einer 0,1 % igen Lösung zugesetzt werden. Durch 0,1 bis 0,3 ml $^1/_{100}$n-Permanganatlösung erfolgt ein deutlicher Farbumschlag nach Rot bzw. Orange. Der Umschlag ist reversibel.

Normallösungen der Oxydimetrie

In der Alkalimetrie/Azidimetrie versteht man unter Normallösungen solche, die ein Grammäquivalent (Äquivalentgewicht in g) pro Liter enthalten. Das Äquivalentgewicht bei Salzen ist dabei definiert als Molekulargewicht dividiert durch die Summe der auf das Metall entfallenden Wertigkeiten. Demzufolge wäre das Äquivalentgewicht des Kaliumdichromates $(K_2Cr_2O_7) = \frac{\text{Mol.-Gew.}}{2} = \frac{294{,}21}{2} = \underline{147{,}1}$.

Im Gegensatz dazu kommt es in der Oxydimetrie nicht auf die Summe der metallischen Wertigkeiten an, sondern auf die oxydierende bzw. reduzierende Wirkung. Man spricht in diesen Fällen von *Oxydations-* und *Reduktionsäquivalenten.*

Titriert man z. B. in saurer Lösung ein Ferrosalz mit Kaliumdichromat, so geht folgende Reaktion vor sich:

$$Cr_2O_7'' + 6\,Fe^{++} + 14\,H^+ = 2\,Cr^{+++} + 6\,Fe^{+++} + 7\,H_2O.$$

Das sechswertige Chrom geht also in das dreiwertige über. Da es 2 Chromatome sind, werden insgesamt $2 \cdot 3 = 6$ Wertigkeiten abgegeben. Gleichzeitig nehmen die 6 Ferroionen je eine Wertigkeit auf und gehen in Ferriionen über. Zur Herstellung einer in der Oxydimetrie verwendeten $^1/_1$n-Kaliumdichromatlösung hat man deswegen nicht die Hälfte, sondern ein Sechstel des Mol.-Gew., also $\frac{294{,}21}{6} = 49{,}035$ g einzuwiegen. Dieselben Überlegungen gelten auch für andere Oxydations- und Reduktionsmittel.

Manganometrie

Herstellung einer $^1/_{10}$n-Kaliumpermanganatlösung. In schwefelsaurer Lösung und in Gegenwart eines oxydierbaren Stoffes geht das im Permanganat siebenwertige Mangan in zweiwertiges über:

$$2\,KMn^{VII}O_4 + 3\,H_2SO_4 = 2\,Mn^{II}SO_4 + K_2SO_4 + 3\,H_2O + 5\,O.$$

Von 1 Permanganation werden also 5 Wertigkeiten abgegeben, und das Äquivalentgewicht ist $\frac{\text{Mol.-Gew.}}{5} = \frac{158{,}03}{5} = \underline{31{,}61\text{ g}}$.

Eine $^1/_1$n-Lösung enthält demnach 31,61 g, eine $^1/_{10}$n-Lösung 3,161 g $KMnO_4$ im Liter. In der Praxis arbeitet man meist mit der $^1/_{10}$n-Lösung.

Da der Titer einer frisch bereiteten Permanganatlösung in den ersten Tagen immer etwas abnimmt (im dest. Wasser enthaltene oxydable Substanzen, Staubteilchen, Spuren von Ammoniak u. a.), stellt man sich zunächst nur eine annähernd $^1/_{10}$n-Lösung her. Man löst 3,2 bis 3,3 g $KMnO_4$ in einem Liter dest. Wasser und läßt die Lösung 14 Tage stehen oder erhitzt eine Viertelstunde zum Sieden (nicht im Meßkolben). Nach dem Abkühlen filtriert man durch ein feinporiges, sauberes Glasfilter (Papierfilter sind ungeeignet), gibt die Lösung in den Meßkolben und füllt bis zur Marke auf. Das Filtrieren ist sehr wichtig, da sonst der bei der Oxydation der Staubteilchen entstehende Braunstein eine katalytische Zersetzung bewirkt. Die Permanganatlösung wird im Dunkeln aufbewahrt (braune Flasche). Die Glasstöpsel dürfen nicht eingefettet sein.

Einstellung der $^1/_{10}$n-Permanganatlösung: Man legt 20 ml $^1/_{10}$n-Oxalsäure vor, gibt etwas 10 bis 20%ige Schwefelsäure hinzu, erwärmt auf ungefähr 70° und läßt die Permanganatlösung aus einer Bürette tropfenweise und unter fortwährendem Umschwenken bis zur bleibenden schwachen Rotfärbung zufließen.

Chemischer Vorgang:

$$2KMnO_4 + 3H_2SO_4 + 5(COOH)_2 = 2MnSO_4 + K_2SO_4 + 10CO_2 + 8H_2O.$$

Anmerkung: Die ersten Tropfen Permanganat werden nur langsam entfärbt. Ist die Reaktion aber einmal in Gang gekommen, so geht die Entfärbung durch die katalysierende Wirkung der entstandenen Manganoionen immer schneller vor sich. Färbt sich die Lösung bei der Titration durch ausgeschiedenen Braunstein bräunlich, so muß mehr Schwefelsäure zugesetzt und unter Umständen etwas stärker erwärmt werden. Die Ablesung an der Bürette erfolgt bei konzentrierten, dunklen Lösungen an der oberen Grenze des Flüssigkeitsspiegels, bei verdünnten, helleren an der unteren Grenze des Meniskus.

Einstellung mit $^1/_{10}$n-Natriumthiosulfat. Kaliumpermanganat scheidet in schwefelsaurer Lösung aus Kaliumjodid Jod aus, und dieses wird unter Zusatz von Stärke als Indikator mit Thiosulfat titriert.

Chemischer Vorgang:

$$2KMnO_4 + 10KJ + 8H_2SO_4 = 2MnSO_4 + 6K_2SO_4 + 8H_2O + 5J_2$$

$$5J_2 + 10\,Na_2S_2O_3 = 10NaJ + 5Na_2S_4O_6.$$

Ausführung: Man säuert eine wäßrige Lösung von 2 bis 3 g KJ mit 5 bis 10 ml verd. Schwefelsäure an, gibt 30 ml der einzustellenden Permanganatlösung zu, schüttelt um, verdünnt mit Wasser auf 100 bis 150 ml und titriert das ausgeschiedene Jod unter lebhaftem Umschwenken des Kolbens mit $^1/_{10}$n-Thiosulfatlösung. Gegen Ende der Reaktion, wenn die Lösung nur noch schwach gelblich erscheint, setzt man einige Tropfen Stärkelösung zu und titriert bis zum Verschwinden der Blaufärbung (Herstellung der Stärkelösung s. Jodometrie).

Verwendung findet die $^1/_{10}$n-Permanganatlösung zur Titration des Wasserstoff- bzw. Natriumperoxydes, der Persulfate, Perkarbonate, Perborate, der Oxalsäure und ihrer Salze, der Ferri- und Ferroverbindungen, der Nitrite u. a. m.

Jodometrie

Mit den vielseitigen und infolge des scharfen Umschlagspunktes sehr exakten jodometrischen Verfahren kann man sowohl Reduktions- als auch Oxydationsmittel titrieren.

Reduktionsmittel, wie z. B. Schwefelwasserstoff, Sulfide, schweflige Säure, Bisulfite, Thiosulfate u. a., bestimmt man in der Weise, daß man eine Jodlösung darauf einwirken läßt, wodurch diese oxydiert werden. Das Jod wird dabei zum Jodion reduziert.

Beispiel: $H_2S + J_2 = 2HJ + S$

oder $J_2 = 2J'$.

Oxydationsmittel, wie z. B. Wasserstoffperoxyd, Hypochlorit, Chlorat, Permanganat, Chromat u. a., läßt man auf eine angesäuerte Kaliumjodidlösung einwirken. Dadurch wird eine äquivalente Menge Jod in Freiheit gesetzt, welche titriert werden kann.

Beispiel: $H_2O_2 + H_2SO_4 + 2KJ = K_2SO_4 + 2H_2O + J_2$

oder $2J' = J_2$.

In der Jodometrie benötigt man eine Jodlösung, eine Thiosulfatlösung und als Indikator eine Stärkelösung. Da Jod und Jodkalium ziemlich teuer sind, empfiehlt sich das Arbeiten mit $^1/_{10}$n- oder $^1/_{100}$n-Lösungen.

Herstellung der Stärkelösung. 1 g „lösliche Stärke" (zur Not geht auch Kartoffelstärke) und etwa 5 mg Quecksilberjodid (zur Konservierung) werden mit wenig kaltem Wasser zu einem Brei angerieben. Diesen gibt man dann in 500 ml siedendes Wasser, kocht noch einige Minuten, läßt abkühlen und filtriert eventuell vorhandene ungelöste Teilchen ab. Zur Titration verwendet man auf 100 ml ungefähr 2 ml Stärkelösung. Die Stärke gibt mit freiem Jod bei Gegenwart von Jodidionen eine intensive Blaufärbung.

Herstellung einer $^1/_{10}$n-Jodlösung. Da das Jod sehr oft durch Spuren von Chlor-, Brom- und Cyanjod sowie Feuchtigkeit verunreinigt ist, verzichtet man meist auf seine Reinigung und stellt sich nur eine annähernd $^1/_{10}$n-Lösung her, die man dann mit $^1/_{10}$n-Thiosulfat einstellt.

Ausführung: Man gibt 12,8 bis 13,0 g Jod (Äquivalentgewicht 126,93) in einen Litermeßkolben, in dem man 20 bis 25 g jodatfreies KJ in ungefähr 50 ml Wasser aufgelöst hat. Der verschlossene Kolben wird so lange geschüttelt, bis alles Jod in Lösung gegangen ist, und erst dann füllt man mit Wasser bis zur Marke auf.

Zur Einstellung dieser Lösung entnimmt man 20 ml, verdünnt mit etwa 30 ml Wasser und titriert mit $^1/_{10}$n-Thiosulfat. Kurz vor dem Äquivalenzpunkt, wenn die Lösung nur noch schwach gelb gefärbt ist, gibt man 1 bis 2 ml Stärkelösung zu und titriert bis zum Verschwinden der Blaufärbung.

Chemischer Vorgang:

$$J_2 + 2Na_2S_2O_3 = 2NaJ + Na_2S_4O_6.$$

Das Thiosulfat geht dabei in Tetrathionat über.

Die Jodlösung wird in einer braunen, mit Glasstöpsel versehenen Flasche, am besten an einem dunklen und kühlen Ort aufbewahrt. Sie ist dann ziemlich lange titerbeständig. Wegen der Flüchtigkeit des Jods soll man die Flasche zur Entnahme nur kurz öffnen und weiterhin nicht in Bechergläsern, sondern enghalsigen ERLENMEYER-Kolben titrieren.

Herstellung einer $^1/_{10}$n-Thiosulfatlösung. Äquivalentgewicht des Natriumthiosulfats ($Na_2S_2O_3 \cdot 5H_2O$) = 248,05. Da das Salz oft verunreinigt ist und sich außerdem der Titer in den ersten Tagen infolge Schwefelausscheidung etwas verändert, stellt man sich auch wieder eine ungefähr $^1/_{10}$n-Lösung her und bestimmt den Titer nach einem der nachstehend angegebenen Verfahren.

Man löst etwa 25 g Natriumthiosulfat in 1 l ausgekochtem, dest. Wasser auf, läßt in verschlossener, vorher gut gereinigter Flasche einige Tage stehen und filtriert den ausgeschiedenen Schwefel mit einem Glasfilter ab. Die Lösung soll möglichst im Dunkeln aufbewahrt werden. Zur Erhöhung der Titerbeständigkeit empfiehlt sich ein Zusatz von 3,8 g krist. Borax oder 0,2 g Soda.

Die *Einstellung der Thiosulfatlösung* kann erfolgen:

1. Mit $^1/_{10}$n-Jodlösung (am besten Fixanallösung, Ausführung s.w.o.).
2. Mit $^1/_{10}$n-$KMnO_4$ (s. unter Einstellung der Permanganatlösung).
3. Kaliumjodat.
4. Mit Kaliumbromat.

Einstellung mit Kaliumjodat.

Kaliumjodat reagiert in salzsaurer Lösung mit Kaliumjodid in folgender Weise:

$$KJO_3 + 5KJ + 6HCl = 6KCl + 3H_2O + 3J_2.$$

Das ausgeschiedene Jod dient zur Titerstellung der Thiosulfatlösung.

Ausführung: Man löst 0,08 bis 0,1 g genau abgewogenes, reinstes KJO_3 im ERLENMEYER-Kolben in 200 ml Wasser, gibt etwa 1 g KJ zu, säuert mit verd. HCl an und titriert mit Thiosulfatlösung, wobei man, wie üblich, gegen Ende der Reaktion 1 bis 2 ml Stärkelösung zusetzt.

Zur Berechnung: Wie aus obiger Reaktionsgleichung hervorgeht, beträgt das Äquivalentgewicht des $KJO_3 = \frac{\text{Mol.-Gew.}}{6} = \underline{\underline{35,661.}}$ 1 ml $^1/_{10}$n-Thiosulfat entspricht also 3,5661 mg KJO_3. Hat man z. B. 90,2 mg KJO_3 eingewogen, so wäre der Titrationsverbrauch bei einer genau $^1/_{10}$n-Thiosulfatlösung $\frac{90,2}{3,566} = 25,3$ ml. Wurden von der einzustellenden Thiosulfatlösung aber z. B. nur 25,1 ml benötigt, so ist diese Lösung stärker als $^1/_{10}$n, und der Faktor beträgt $\frac{25,3}{25,1} = 1,008$.

Einstellung mit Kaliumbromat.

Statt KJO_3 kann man auch das billigere $KBrO_3$ verwenden. Die zu titrierende Lösung muß aber etwas stärker angesäuert werden.

Chemischer Vorgang:

$$KBrO_3 + 6KJ + 6HCl = KBr + 6KCl + 3H_2O + 3J_2.$$

$$\text{Äquivalentgewicht d. } KBrO_3 = \frac{\text{Mol.-Gew.}}{6} = 27,835.$$

Ausführung: Man löst 0,06 bis 0,08 g $KBrO_3$ in etwa 50 ml Wasser, säuert mit verd. HCl stark an und titriert in der üblichen Weise.

1 ml $^1/_{10}$n-Thiosulfat = 2,7835 mg $KBrO_3$.

Andere Möglichkeit: Man stellt sich eine $^1/_{10}$n-Kaliumbromatlösung her und löst zu diesem Zweck 2,7835 des reinen und bei 150° getrockneten Salzes in 1 l Wasser. Von dieser Lösung entnimmt man 25 ml, gibt 0,8 bis 1,0 g KJ hinzu, säuert mit 5 ml verd. HCl an und titriert das ausgeschiedene Jod mit der einzustellenden Thiosulfatlösung wie üblich.

Bemerkungen zu den jodometrischen Verfahren. Beim Titrieren von Jodlösungen mit Thiosulfat kann man in vielen Fällen ein Nachblauen der Stärkelösung beobachten. Die Ursachen für diese Erscheinung sind mannigfacher Art (Oxydation der HJ durch den Luftsauerstoff, Vorhandensein mehrwertiger Metalle, wie z. B. Kupfer, Spuren nitroser Gase u. a. m.). Es geht daraus hervor, daß das Ablesen der verbrauchten Kubikzentimeter Titrierlösung *nach der ersten Entfärbung* erfolgen soll.

Die Reaktion zwischen KJO_3 und KJ in saurem Medium kann man auch azidimetrisch auswerten und die Stärke von Säuren jodometrisch bestimmen. Aus dem KJO_3/KJ-Gemisch setzt die Säure immer eine ihr äquivalente Menge Jod in Freiheit, welches mit Thiosulfat titriert wird. Bei Laugen säuert man mit einer überschüssigen Menge $^1/_{10}$n-Säure an und titriert den Überschuß jodometrisch zurück.

Oxydation mit Kaliumdichromat

Das Kaliumdichromat ist als starkes und zudem beständiges Oxydationsmittel für die Oxydimetrie sehr geeignet. Da der Farbumschlag beim Übergang vom Chrom(VI) -zum Chrom(III)-salz nicht genügend kontrastiert, empfiehlt sich bei der Titration der Zusatz eines Redoxindikators.

Herstellung einer $^1/_{10}$n-Kaliumdichromatlösung. Wie bereits früher ausgeführt (s. S. 25), wird das Dichromation durch Reduktionsmittel in saurer Lösung zum Chrom(III)-ion reduziert. Das Äquivalentgewicht des $K_2Cr_2O_7$ ist $\frac{\text{Mol.-Gew.}}{6} = \frac{294,21}{6} = \underline{49,035}$. Zur Herstellung einer $^1/_{10}$n-Lösung werden 4,9035 g reines, bei 130° getrocknetes Kaliumdichromat in 1 l Wasser gelöst. Der Titer ist vollkommen beständig. Als Indikatoren dienen *Redoxindikatoren* wie z. B. Ferroin, Diphenylamin, Diphenylamin-p-sulfosäure u. a. (Näheres s. S. 24).

Kaliumdichromat verwendet man hauptsächlich zur Bestimmung von Ferrosalzen, zur Einstellung der $^1/_{10}$n-Thiosulfatlösung und bei der Zellulosenaßverbrennung.

Cerimetrie

Das Cerisulfat ist ein sehr starkes Oxydationsmittel (s. a. Abb. 2, S. 11), und seine Lösungen werden wegen ihrer Titerbeständigkeit dem Permanganat vielfach vorgezogen. Im Gegensatz zum Permanganat kann man damit auch in stark salzsauren Lösungen titrieren.

Die Oxydationswirkung beruht darauf, daß das vierwertige Cer ein Elektron aufnimmt und in das dreiwertige übergeht:

$$Ce^{4+} + \ominus \rightarrow Ce^{3+}$$

Das Ceri-Ion ist gelblich gefärbt, das Cero-Ion farblos. Der Farbumschlag ist also nicht leicht zu erkennen. Bei Zusatz eines geeigneten Redoxindikators — sehr bewährt hat sich das Ferroin — erhält man aber einen einwandfreien Umschlag, und es sind sehr genaue Titrationen möglich.

Herstellung einer $^1/_{10}$n-Cerisulfatlösung. Das Cerisulfat ist ein ebenso kräftiges Oxydationsmittel wie Permanganat, hat aber dem letzteren gegenüber den Vorteil der Titerbeständigkeit. Das vierwertige Cer geht bei der Titration in dreiwertiges über. Das Äquivalentgewicht ist gleich dem Mol.-Gew., also

$$Ce(SO_4)_2 \cdot 4\,H_2O = \underline{\underline{404{,}31}}.$$

Man löst 41 g Cerisulfat „pro analysi" unter beständigem Umrühren in einer warmen Mischung von 30 ml konz. Schwefelsäure und 500 ml Wasser, läßt abkühlen, filtriert, gibt die filtrierte Lösung in einen Litermeßkolben und füllt bis zur Marke auf.

Zur *Einstellung* dieser Lösung werden 0,15 bis 0,20 g reines Arsentrioxyd genau abgewogen und in 15 ml 8%iger NaOH unter gelindem Erwärmen aufgelöst. Die wieder abgekühlte, klare Lösung wird mit 25 ml etwa 20%iger Schwefelsäure angesäuert und auf 100 ml verdünnt. Vor der Titration mit der Cerisulfatlösung setzt man als Indikator 1 Tropfen Ferroinlösung (Merck, Darmstadt) und als Katalysator 3 Tropfen einer Lösung zu, die in 100 ml 0,5%iger Schwefelsäure 0,25 g Osmiumtetroxyd enthält. Man titriert bis zum Umschlag von Rot nach Blaßblau.

Chemischer Vorgang:

$$2\,Ce(SO_4)_2 + H_2O + H_3AsO_3 = Ce_2(SO_4)_3 + H_3AsO_4 + H_2SO_4.$$

$$1\text{ ml } ^1/_{10}\text{n-Cerisulfat} = 4{,}946\text{ mg } As_2O_3.$$

Das Cerisulfat kann im großen und ganzen zu denselben Titrationen verwendet werden wie das Permanganat, also für Wasserstoffperoxyd, Persalze, Oxalsäure, Ferrosalze, Nitrite usw.

Herstellung einer $^1/_{10}$n-Arsenitlösung. Die arsenige Säure geht in schwach alkalischer Lösung durch Oxydationsmittel wie Jod, Hypochlorit u. dgl., leicht in Arsensäure über:

$$H_3AsO_3 + H_2O + J_2 \rightleftarrows H_3AsO_4 + 2\,HJ.$$

Die Reaktion ist umkehrbar und verläuft nur dann vollständig nach rechts, wenn die entstehende Jodwasserstoffsäure durch Neutralisation mit schwachem Alkali (meist wird Natriumbikarbonat verwendet; geeignet sind aber auch Natriumborat und sekundäres Natriumphosphat) gebunden wird:

$$HJ + NaHCO_3 = NaJ + CO_2 + H_2O.$$

Stärkere Alkalien, wie Soda oder Natronlauge, können nicht verwendet werden, da sie Jod unter Bildung von Jodid oder Hypojodit verbrauchen:

$$2\,NaOH + J_2 \rightleftarrows NaJ + NaOJ + H_2O.$$

Ansatz der $^1/_{10}$n-Arsenitlösung: Man löst 4,9480 g reinstes As_2O_3 in möglichst wenig heißer NaOH auf, bringt die Lösung quantitativ in einen Litermeßkolben, versetzt mit ein paar Tropfen Phenolphthalein und dann tropfenweise mit verd. Schwefelsäure, bis die Rotfärbung verschwunden ist. Darauf gibt man eine Lösung von 50 g reinem Natriumbikarbonat in *kaltem* Wasser zu und füllt mit dest. Wasser bis zur Marke auf. Die Titerstellung erfolgt mit $^1/_{10}$n-Jodlösung oder $^1/_{10}$n-Cerisulfat. Die $^1/_{10}$-arsenige Säure dient hauptsächlich zur Bestimmung des ,,aktiven Chlors" in Hypochloritbleichbädern.

Literatur

PETZOLD, W.: Die Cerimetrie. Weinheim/Bergstr.: Verlag Chemie GmbH 1955. Herausgeber: Fa. Merck AG, Darmstadt.

3. Komplexometrische Verfahren

Durch die komplexometrischen Verfahren nach G. SCHWARZENBACH ist es möglich geworden, eine ganze Reihe von Kationen (Mg, Ca, Sr, Ba, Fe, Co, Ni, Zn, Mn, Pb, Hg usw.) und sogar Anionen (Sulfate, Phosphate, Halogene u. a.) in einfachster Weise titrimetrisch zu bestimmen. Wegen der universellen Anwendbarkeit haben diese Verfahren sehr schnell Eingang in die analytische Untersuchungspraxis gefunden und gewinnen laufend an Bedeutung.

Theoretische Grundlagen. Zur Wasserenthärtung können bekanntlich neben den Fällungs- und Basenaustauschverfahren auch die sog. Komplexbildner (Trilon A, Trilon B u. dgl.) verwendet werden. Diese haben die Eigenschaft, das in ihnen enthaltene Natrium gegen die Calcium- und Magnesiumionen des Wassers auszutauschen. Die Härtebildner werden dadurch in dem Komplex maskiert und so fest gebunden, daß sie mit anderen Substanzen nicht mehr in Reaktion treten können. Auf Zusatz von Seifenlösung entsteht dann z. B. keine Kalkseife mehr. Dieselben Komplexbildner werden auch in der Komplexometrie verwendet. Es sind dies:

a) 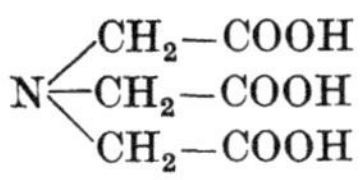 *Nitrilotriessigsäure* (Komplexon I, Titriplex I),

b) 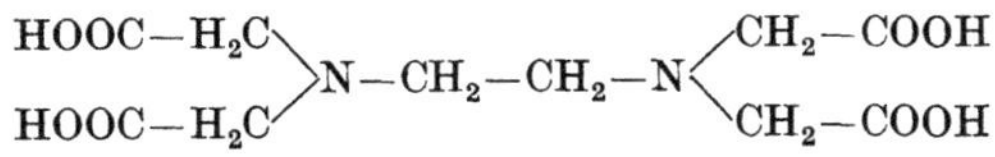

Äthylendiamintetraessigsäure (Komplexon II, Titriplex II).

c) Das *Dinatriumsalz der Äthylendiamintetraessigsäure* (Komplexon III, Titriplex III).

Komplexon III reagiert mit Mg-Ionen z. B. in folgender Weise:

$$Na_2\text{-Komplexonat} + Mg^{++} = Mg\text{-Komplexonat} + 2\,Na^+.$$

Zur Erkennung des Endpunktes der Umsetzung, d. h., wenn alle Magnesiumionen im Komplexon gebunden sind, können Farbindikatoren dienen, die mit dem zu bestimmenden Ion selbst Metallkomplexe bilden, und zwar von anderer Farbe als die freien Farbstoffe. Ein solcher ist z. B. das Eriochromschwarz T.

Versetzt man beispielsweise eine Magnesiumsulfatlösung bei $p_H = 10$ mit wenigen Tropfen Eriochromschwarzlösung, so bildet sich der weinrote Eriochromschwarz-Magnesium-Komplex. Läßt man dann aus einer Bürette Komplexonlösung zufließen, so werden zunächst nur die freien Magnesiumionen gebunden, und erst wenn dies quantitativ erfolgt ist, wird das Magnesium auch dem Eriochromschwarz entrissen. Dadurch schlägt aber der Indikator nach Blau um, die Titration ist beendet.

Reaktionsvorgänge:

1. Mg^{++} + Eriochromschwarz (blau) = Eriochromschwarz-Magnesium-Komplex (weinrot).
2. Mg^{++} + Komplexon = Magnesium-Komplexonat.
3. Eriochromschwarz-Magnesium-Komplex (weinrot) + Komplexon = Magnesium-Komplexonat + Eriochromschwarz (blau)

Ist die direkte Titration mit Komplexon mangels eines scharfen Umschlages nicht möglich, so behilft man sich so, daß man der Lösung ein anderes gut titrierbares Metall zugibt (Verdrängungsmethoden). Reine Calciumsalzlösungen lassen sich z. B. mit Eriochromschwarz als Indikator nicht direkt titrieren. Gibt man jedoch Zink- oder Magnesiumionen zu, so reagieren bei der Titration zuerst die Calcium- und dann erst die Zink- oder Magnesiumionen, und dadurch wird der Umschlag wieder scharf. Die zugesetzten Magnesium- oder Zinkionen müssen bei der Berechnung selbstverständlich wieder berücksichtigt werden. Man zieht sie von dem Gesamtverbrauch an Komplexon ab oder gibt schon beim Titrieren eine äquivalente Menge Komplexon zu. Zweckmäßiger und einfacher ist es jedoch, gleich das käufliche Mg- oder Zn-Komplexonat zu verwenden. Im letzteren Falle wird aus dem Mg- bzw. Zn-Komplexonat durch die in Lösung vorhandenen Calciumionen eine äquivalente Menge Mg- bzw. Zn-Ionen ausgeschieden, und diese ermöglichen dann den exakten Farbumschlag. Voraussetzung für Titrationen dieser Art ist, daß das zu titrierende Metall mit dem Komplexon einen stabileren Komplex bildet als Zink oder Magnesium.

Bei Titrationen mit Komplexon I oder Komplexon II wird bei der Komplexbildung nach

$$Mg^{++} + \text{Komplexon-}H_2 = \text{Mg-Komplexonat} + 2H^+$$

eine äquivalente Menge H-Ionen in Freiheit gesetzt, welche dann alkalimetrisch oder nach Zusatz einer Jodid/Jodat-Lösung auch jodometrisch bestimmt werden kann.

Herstellung einer 0,1 m-Komplexon III-Lösung

37,22 g Komplexon III (Mol.-Gew. 372,2) werden in dest. Wasser zum Liter aufgelöst. Die Lösung zeigt einen p_H von etwa 5 und ist in ausgedämpften Kolben aus Jenaer Glas praktisch unbegrenzt titerkonstant. Für Mikrotitrationen werden häufig verdünntere Lösungen angesetzt.

Ein besonderes Titerstellen ist bei Verwendung von reinem Komplexon III oder Titriplex III nicht notwendig. Sollte das Präparat etwas Wasser angezogen haben, so kann dieses durch Trocknen bei Temperaturen nicht über 50° leicht entfernt werden. Ansatz der Pufferlösung s. S. 64.

Indikatoren

Die wichtigsten sind: Eriochromschwarz T (Chromogenschwarz), Murexid, Tiron und Phthaleinkomplexon. Da die wäßrigen Lösungen der beiden erstgenannten Indikatoren nicht beständig sind, arbeitet man besser mit einer „festen Verdünnung". Zu diesem Zweck vermischt man einen Teil Indikatorfarbstoff mit 200 Teilen reinem Kochsalz und verreibt in der Reibschale innig miteinander. Zu jeder Titration benötigt man davon eine Spatelspitze voll. Die Fa. Merck bringt die Indikatoren z. T. in Mischung mit Puffersalzen als „Indikator-Puffertabletten" in den Handel.

Die komplexometrischen Verfahren haben sich bei den textilchemischen Untersuchungen besonders zur Bestimmung der Wasserhärte sehr gut bewährt. Näheres s. S. 64.

Literatur

SCHWARZENBACH, G.: Die komplexometrische Titration. 4. Aufl. Stuttgart: Enke-Verlag 1960.

Broschüre der Fa. Merck, Darmstadt: Komplexometrische Bestimmungsmethoden mit Titriplex.

Broschüre der Fa. Siegfried Zofingen (Schweiz): Komplexone.

4. Fällungsverfahren

Bei den maßanalytischen Fällungsverfahren wird die zu bestimmende Substanz durch Zugabe eines geeigneten Reagenses in einen unlöslichen Niederschlag übergeführt. Man bestimmt aber nicht das Gewicht dieses Niederschlags, wie in der Gravimetrie üblich, sondern die zur quantitativen Ausfällung erforderliche Menge Reagenslösung (Maßlösung), und zwar auf titrimetrischem Wege. Besonders geeignet sind diese Verfahren zur Bestimmung der Chlor-, Brom-, Jod-, Cyan- und Rhodanionen sowie des Silbers und Quecksilbers. An Maßlösungen werden verwendet: $^1/_{10}$n-Silbernitrat, $^1/_{10}$n-Natriumchlorid und $^1/_{10}$n-Ammonrhodanid. Als Indikatoren dienen: Kaliumchromat. Ferriammonsulfat und Fluoreszein.

Herstellung einer $^1/_{10}$n-Silbernitratlösung. Man löst 16,9888 g (Äquivalentgewicht = 169,888) reines, bei 150° bis zur Gewichtskonstanz getrocknetes Silbernitrat in Wasser und füllt zu einem Liter auf. Die Lösung wird durch Licht zersetzt und ist deswegen in einer braunen Flasche aufzubewahren.

Herstellung einer $^1/_{10}$n-Natriumchloridlösung. Chemisch reines Natriumchlorid erhält man dadurch, daß man in eine klare, gesättigte NaCl-Lösung gasförmigen Chlorwasserstoff einleitet. Das dabei ausfallende Salz wird abfiltriert, erst mit wenig verd. HCl und dann mehrmals mit wenig kaltem Wasser ausgewaschen, getrocknet und bis zur Gewichtskonstanz auf ungefähr 500° erhitzt.

Nach dem Erkalten im Exsikkator wiegt man 5,8454 g ab, löst im Litermeßkolben in Wasser und füllt bis zur Marke auf. Diese Lösung ist vollkommen titerbeständig und kann zur Einstellung und später zur laufenden Kontrolle der $^1/_{10}$n-Silbernitratlösung dienen.

Einstellung der $^1/_{10}$n-Silbernitratlösung. a) Nach MOHR.

Man gibt 20 ml $^1/_{10}$n-Kochsalzlösung in einen 100 ml-ERLENMEYER-Kolben, fügt 2 bis 4 Tropfen einer kalt gesättigten Kaliumchromatlösung zu und titriert unter fortwährendem Umschütteln mit der Silbernitratlösung bis eine bleibende rötliche Färbung eintritt. Das zugesetzte Silbernitrat bildet mit den in der Lösung vorhandenen Chlorionen sofort unlösliches, weißes Silberchlorid:

$$NaCl + AgNO_3 = AgCl + NaNO_3.$$

Bei weiterem Zusatz von $AgNO_3$ entsteht an der Eintropfstelle neben Silberchlorid auch rotbraunes Silberchromat, welches aber beim Umschütteln so lange wieder verschwindet und sich zu AgCl umsetzt, als noch Chlorionen vorhanden sind:

$$K_2CrO_4 + 2\,AgNO_3 = Ag_2CrO_4 + 2\,KNO_3,$$
$$Ag_2CrO_4 + 2\,NaCl = 2\,AgCl + Na_2CrO_4.$$

Sind alle Chlorionen ausgefällt, so bleibt der rotbraune Niederschlag von Ag_2CrO_4 bestehen und zeigt damit das Ende der Reaktion an. Zur Erkennung des Endpunktes ist stets ein kleiner Silbernitratüberschuß (ungefähr 0,2 ml) notwendig, und bei der Berechnung muß dieser von der verbrauchten Menge wieder abgezogen werden. Noch genauer ist es, den Überschuß durch einen Blindversuch (20 ml Wasser + gleich viel Tropfen Indikator wie beim Hauptversuch) zu ermitteln.

Die MOHRsche Methode kann sowohl zur Bestimmung der Chloride (mit $^1/_{10}$n-$AgNO_3$) als auch von Silber (mit $^1/_{10}$n-NaCl) dienen. Zu beachten ist, daß die Titrationslösung neutral reagieren soll. Saure Lösungen sind mit Natriumbikarbonat oder Borax abzustumpfen, da sonst das Chromat in Dichromat übergeht, welches mit Silber kein unlösliches Salz bildet. Ebenso darf die Lösung nicht zu stark alkalisch reagieren, da sonst Silberhydroxyd bzw. -oxyd ausfällt. Zulässig sind p_H-Werte zwischen 6,5 und 10,5.

$$1\text{ ml } ^1/_{10}\text{n-}AgNO_3 = 3{,}546\text{ mg Cl} = 5{,}845\text{ mg NaCl},$$
$$1\text{ ml } ^1/_{10}\text{n-NaCl} = 10{,}788\text{ mg Ag} = 16{,}989\text{ mg } AgNO_3.$$

b) Nach FAJANS.

Bei dieser Methode erkennt man den Endpunkt mit Hilfe von Adsorptionsindikatoren wie Fluoreszein (0,2%ige alkoholische Lösung) oder Fluoreszeinnatrium (0,2%ige wäßrige Lösung).

Titriert man eine chloridhaltige Lösung mit $AgNO_3$, so entsteht Silberchlorid, und dieses lädt sich durch Adsorption von überschüssigen Chlorionen negativ auf. Sind aber alle Chlorionen ausgefällt (Äquivalenzpunkt), so werden vom nächsten Tropfen Silbernitrat Silberionen adsorbiert. Dadurch resultiert eine positive Aufladung, und diese bewirkt eine Adsorption von Fluoreszein und damit einen Farbumschlag von Gelbgrün nach Rosa.

Ausführung: Man legt 20 ml $^1/_{10}$n-Natriumchloridlösung vor, gibt 2 bis 4 Tropfen Indikator zu und titriert mit $^1/_{10}$n-Silbernitrat bis zum Farbumschlag nach Rosa. In der gleichen Weise kann man alle chloridhaltigen Lösungen bestimmen. Für je 10 ml Titrierlösung verwendet man 1 bis 2 Tropfen Indikator. Die zu titrierende Lösung muß neutral reagieren, und die Konzentration der Chlorionen soll nicht zu gering sein. Eine Chloridbestimmung des Trinkwassers ist z. B. nicht mehr möglich; hierfür eignet sich aber die MOHRsche Methode.

Herstellung einer $^1/_{10}$n-Ammonrhodanidlösung. Da Ammonrhodanid hygroskopisch ist und sich beim Trocknen leicht zersetzt, stellt man sich nur eine ungefähr $^1/_{10}$n-Lösung her. Hierzu löst man etwa 8 g reines Ammonrhodanid in 1 l Wasser auf und ermittelt den genauen Titer durch Titration mit $^1/_{10}$n-Silbernitrat. Als Indikator dient eine Ferriammonsulfatlösung (1 Teil Ferriammonsulfat, $Fe(NH_4)(SO_4)_2 \cdot 12\,H_2O$, aufgelöst in einer Mischung aus 8 Teilen Wasser und 1 Teil Salpetersäure 25% ig).

Chemischer Vorgang: Titriert man eine Silbernitratlösung bei Gegenwart von Ferriammonsulfat mit Ammonrhodanid, so bildet sich an der Eintropfstelle zuerst das blutrot gefärbte Ferrirhodanid:

$$3\,NH_4SCN + Fe(NH_4)(SO_4)_2 = Fe(SCN)_3 + 2\,(NH_4)_2SO_4 .$$

Beim Umschütteln verschwindet aber diese Färbung wieder, indem das Eisenrhodanid mit dem Silbernitrat unter Ausfällung von Silberrhodanid in Reaktion tritt:

$$Fe(SCN)_3 + 3\,AgNO_3 = 3\,AgSCN + Fe(NO_3)_3 .$$

Ist alles Silbernitrat aufgebraucht, so ist der Äquivalenzpunkt erreicht, und die rote Färbung bleibt bestehen.

Einstellung der Rhodanidlösung: 20 ml $^1/_{10}$n-Silbernitrat verdünnt man mit etwa 100 ml Wasser, gibt 1 ml Ferriammonsulfatlösung und so viel 20 bis 30% ige Salpetersäure ($d = 1{,}12$ bis $1{,}19$) zu, daß eine farblose Lösung entsteht. Darauf titriert man unter beständigem Umschütteln mit der einzustellenden Rhodanidlösung bis zur schwachen Rotfärbung.

Die Titration mit Rhodanid- und Silbernitratlösung dient zur Bestimmung von Chloriden, Bromiden und Jodiden (*Verfahren nach* VOLHARD).

Beispiel: Man versetzt die chloridhaltige Lösung mit einer überschüssigen Menge $^1/_{10}$n-Silbernitrat, schüttelt einige Minuten gut durch und filtriert das entstandene AgCl ab. Im Filtrat bzw. einem aliquoten Teil davon wird dann das nicht verbrauchte Silbernitrat mit der $^1/_{10}$n-Rhodanidlösung zurücktitriert. Das Abfiltrieren ist unerläßlich, weil sonst das ausgefällte AgCl mit dem Ferrirhodanid in Reaktion tritt und dadurch die Lösung immer wieder entfärbt wird:

$$3\,AgCl + Fe(SCN)_3 \rightleftarrows 3\,AgSCN + FeCl_3 .$$

1 ml $^1/_{10}$n-Silbernitrat = 3,546 mg Cl = 7,9916 mg Br = 12,692 mg J.

Literatur über Maßanalyse

AUTENRIETH-KELLER: Quant. chemische Analyse, 10. Aufl., Darmstadt: Steinkopff 1959.

BILTZ-FISCHER: Ausführung quantitativer Analysen. 8. Aufl., Stuttgart: Hirzel 1960.

Jander-Jahr: Maßanalyse, Sammlung Göschen Bd. 221/221a, 9. Aufl., Berlin: Walter de Gruyter 1961.
Lux, H.: Praktikum der quant. anorgan. Analyse, 3. Aufl., München: Bergmann 1959.
Mediens-Poethke: Kurze Anleitung zur Maßanalyse, 16. Aufl., Darmstadt: Steinkopff 1961.
Müller, G.-O.: Praktikum der quant. chem. Analyse, 5. Aufl., Stuttgart: Hirzel 1959.

5. Elektrometrische Titrationsverfahren

In der analytischen Chemie gibt es viele Reaktionen, die mangels eines geeigneten Indikators titrimetrisch noch nicht erfaßt werden können. Andererseits nützen aber auch die besten Indikatoren nichts, wenn die zu titrierenden Lösungen z. B. gefärbt oder stark getrübt sind. Und in diesen Fällen, d. h. wenn die klassischen Methoden der Maßanalyse versagen, bedient man sich vielfach der elektrometrischen Titrationsverfahren. Hierbei unterscheidet man in der Hauptsache zwei Möglichkeiten:

1. Erkennung des Endpunktes durch Bestimmung der Leitfähigkeit (Konduktometrie) und
2. Erkennung durch Messung des Potentials (Potentiometrie).

Konduktometrie. Wäßrige Lösungen von Säuren, Basen oder Salzen leiten bekanntlich den elektrischen Strom. Zurückzuführen ist diese Eigenschaft auf die durch Dissoziation dieser Substanzen entstehenden Ionen. Je höher der Dissoziationsgrad, um so mehr Ionen sind in der Lösung und um so größer ist die Leitfähigkeit. Abgesehen von der Konzentration, hängt die Leitfähigkeit aber auch noch von der Beweglichkeit der Ionen, der sog. ,,Wanderungsgeschwindigkeit“ ab, und schließlich spielt auch noch die Wertigkeit eine gewisse Rolle, denn ein mehrwertiges Ion vermag natürlich mehr elektrische Ladungen zu transportieren als ein einwertiges.

Beispiel für eine konduktometrische Titration und ihre Auswertung. Titriert man Salzsäure mit Natronlauge, so bilden sich Kochsalz und Wasser. Reaktionsgleichung in Ionenform:

$$H^+ + Cl^- + Na^+ + OH^- \rightarrow Na^+ + Cl^- + H_2O.$$

Da das Kochsalz ebenso stark dissoziiert ist wie die Salzsäure und die Natronlauge, besteht der Vorgang bei der Neutralisation lediglich darin, daß die H-Ionen der Säure mit den OH-Ionen der Lauge zusammentreten. Das entstehende Wasser ist praktisch undissoziiert, leitet also den elektrischen Strom nicht.

Die Salzsäure hingegen besitzt eine ausgezeichnete Leitfähigkeit, denn einmal ist sie stark dissoziiert und zum anderen haben die entstehenden H-Ionen eine sehr große Wanderungsgeschwindigkeit. Beim Titrieren mit der Natronlauge werden die H-Ionen der Säure immer mehr durch die Na-Ionen der Lauge ersetzt. Dadurch nimmt die Leitfähigkeit fortwährend ab, denn das entstehende Kochsalz ist wohl auch stark dissoziiert, aber das Na-Ion hat eine rund 7mal kleinere Wanderungsgeschwindigkeit als das H-Ion. Die niedrigste Leitfähigkeit resultiert also dann, wenn alle H-Ionen durch Na-Ionen ersetzt sind, d. h. im Äquivalenzpunkt. Bei weiterem Laugenzusatz steigt sie dann wieder an, bedingt durch die zusätzliche Leitfähigkeit der überschüssigen Na- und OH-Ionen.

Trägt man die gemessenen Leitfähigkeitswerte in Abhängigkeit von der zugesetzten Laugenmenge in ein Koordinatensystem ein, so kommt man zu dem in Abb. 3 schematisch wiedergegebenen Kurvenbild.

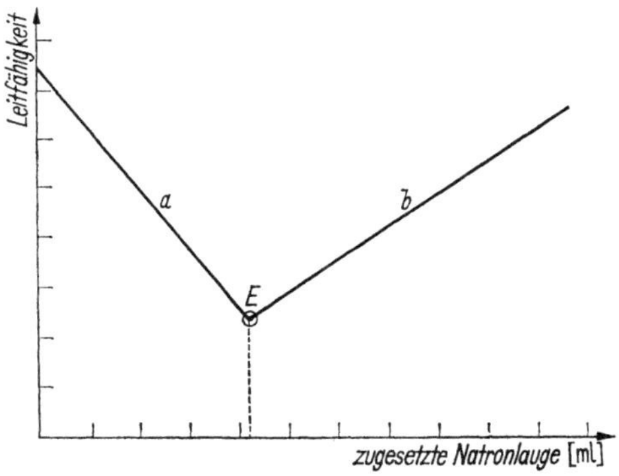

Abb. 3. Konduktometrische Titration

Der Äquivalenzpunkt E ergibt sich als Schnittpunkt der Geraden *a* (Leitfähigkeitsabnahme während der Neutralisation) mit der Geraden *b* (Leitfähigkeitszunahme durch überschüssige Natronlauge). Die verbrauchten ml Natronlauge können auf der Abszisse abgelesen werden.

Die konduktometrischen Verfahren sind sehr vielseitig in der Anwendung und eignen sich neben den Neutralisationsreaktionen auch für Verdrängungs-, Fällungs-, Komplexbildungs- und Redoxreaktionen.

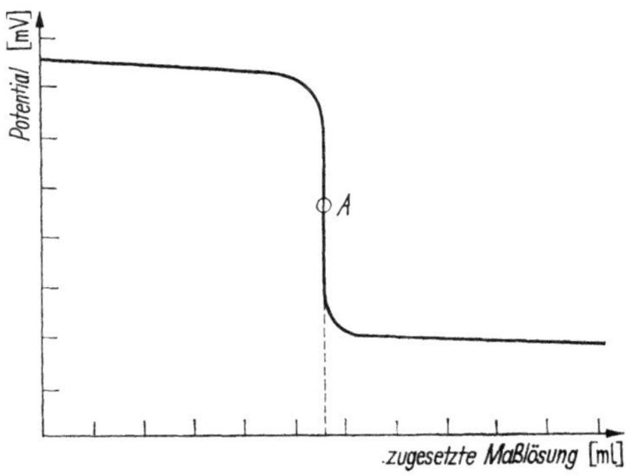

Abb. 4. Potentiometrische Titration

Potentiometrie. Die potentiometrischen Verfahren beruhen auf den Potentialänderungen, die während einer Titration auftreten und durch eine geeignete Elektrode (Indikatorelektrode) angezeigt werden können. Werden die gemessenen Potentiale in Abhängigkeit von der zugesetzten Menge Reagenslösung graphisch aufgezeichnet, so erhält man einen Kurvenlauf, wie er in Abb. 4 wiedergegeben ist.

Charakteristisch ist die sprunghafte Potentialänderung gegen Ende der Titration. Der Wendepunkt der Kurve (in Abb. 4 mit *A* bezeichnet) ist identisch mit dem Äquivalenzpunkt. Die verbrauchten ml Maßlösung ergeben sich durch senkrechte Projektion des Punktes *A* auf die Abszisse.

Als Indikatorelektroden verwendet man bei den Neutralisationstitrationen meist die Glaselektrode, bei den Redoxtitrationen einen blanken Platindraht (s. auch potentiometrische r_H-Messung S. 13) und für argentometrische Fällungsanalysen eine Silberelektrode.

Literatur

Kortüm, G.: Lehrbuch der Elektrochemie. Wiesbaden: Dietrich'sche Verlagsbuchhandlung1948.
Jander, G.: Maßanalyse. Sammlung Göschen, Bd. 1002. Berlin: Walter de Gruyter & Co. 1948.
Jander u. Pfundt: Die konduktometrische Maßanalyse. Stuttgart: Enke 1945.
Müller: Die potentiometrische Maßanalyse. Dresden: Steinkopff 1942.
Glasstone: An Introduction to Electrochemistry. New York: D. van Nostrand Company 1946.
Kolthoff u. Laitinen: p_H-and Electro-Titrations. New York: John Wiley and Sons 1942.
Bulletins der Fa. Metrohm AG, Herisau (Schweiz).

Aräometrie

Die aräometrischen Verfahren werden wegen ihrer Einfachheit in den Betrieben viel angewendet. Sie beruhen im Prinzip auf einer Bestimmung des spez. Gewichtes (Volumgewichtes) von Flüssigkeiten mit Hilfe von sog. *Aräometern* oder *Spindeln.* Es sind dies zugeschmolzene Glasröhren, deren unteres Ende mit Bleischrot oder Quecksilber beschwert ist, damit sie in der Flüssigkeit stehend schwimmen. Eine derartige Spindel taucht in verd. Lösungen immer tiefer ein als in konz., und aus der Eintauchtiefe kann man leicht Rückschlüsse ziehen auf die Konzentration bzw. diese an einer im Innern der Spindel angebrachten Skala ablesen. Die Skalen sind bei uns meist so geeicht, daß sie entweder das *spez. Gewicht* oder *Baumégrade* (° Bé) angeben. Da das spez. Gewicht mit steigender Temperatur stark abnimmt, ist beim Ablesen zu beachten, daß die Temperatur der zu spindelnden Flüssigkeit mit der Eichtemperatur der Spindel übereinstimmt. Zur Umrechnung der Baumégrade in das spez. Gewicht und umgekehrt können die Tab. 7 und 8 dienen (s. S. 39).

In England ist die Aräometereinteilung nach Twaddle gebräuchlich. Hierbei hat man das spez. Gewicht zwischen 1 und 2 in 200 Grad Twaddle eingeteilt, so daß einem Grad Twaddle jeweils eine Änderung des spez. Gewichtes um 0,005 entspricht.

Beispiel:

0° Twaddle = spez. Gew. 1,000

1° Twaddle = spez. Gew. 1,005

5° Twaddle = spez. Gew. 1,025

200° Twaddle = spez. Gew. 2,000

Reicht die Substanzmenge zum Spindeln nicht aus, so kann man das spez. Gewicht u. a. leicht auch so bestimmen, daß man eine beliebige Menge der Flüssigkeit abpipettiert und deren Gewicht feststellt. Das spez. Gewicht ergibt sich dann aus der Beziehung:

$$\text{spez. Gew.} = \frac{\text{Gewicht in g}}{\text{Volumen in ml}}$$

Tabelle 7. *Flüssigkeiten schwerer als Wasser*

Grade Baumé	Spez. Gew.	Grade Baumé	Spez. Gew.	Grade Baumé	Spez. Gew.	Grade Baumé	Spez. Gew.
0	1,000	17	1,134	34	1,308	51	1,540
1	1,007	18	1,142	35	1,320	52	1,563
2	1,014	19	1,152	36	1,332	53	1,580
3	1,022	20	1,162	37	1,345	54	1,597
4	1,029	21	1,171	38	1,357	55	1,615
5	1,037	22	1,180	39	1,370	56	1,634
6	1,045	23	1,190	40	1,383	57	1,652
7	1,052	24	1,200	41	1,397	58	1,672
8	1,060	25	1,210	42	1,410	59	1,691
9	1,067	26	1,220	43	1,424	60	1,711
10	1,075	27	1,231	44	1,438	61	1,732
11	1,083	28	1,241	45	1,453	62	1,753
12	1,091	29	1,252	46	1,468	63	1,774
13	1,100	30	1,263	47	1,483	64	1,796
14	1,108	31	1,274	48	1,498	65	1,819
15	1,116	32	1,285	49	1,514	66	1,842
16	1,125	33	1,297	50	1,530		

Tabelle 8. *Flüssigkeiten leichter als Wasser*

Grade Baumé	Spez. Gew.	Grade Baumé	Spez. Gew.	Grade Baumé	Spez. Gew.
10	1,000	27	0.896	44	0,811
11	0,993	28	0,890	45	0,807
12	0.987	29	0,885	46	0,802
13	0,980	30	0,880	47	0,798
14	0,973	31	0,874	48	0,794
15	0,967	32	0,869	49	0,789
16	0,961	33	0,864	50	0,785
17	0,954	34	0,859	51	0,781
18	0,948	35	0,854	52	0,777
19	0,942	36	0,849	53	0,773
20	0,936	37	0,844	54	0,768
21	0,930	38	0,839	55	0,764
22	0,924	39	0,834	56	0,760
23	0,918	40	0,830	57	0,757
24	0,913	41	0,825	58	0,753
25	0,907	42	0,820	59	0,749
26	0,901	43	0,816	60	0,745

Aus Tabellen, die in diesem Buch jeweils bei den einzelnen Lösungen angegeben sind, kann man dann den Prozentgehalt ablesen.

Bezüglich des Prozentgehaltes unterscheidet man „*Gewichtsprozente*", „*Raumprozente*" und „*Volumprozente*". Es bedeuten:

Gewichtsprozente = Gramm gelöste Substanz in 100 g Lösung

Raumprozente = Gramm gelöste Substanz in 100 ml Lösung

Volumprozente = ml gelöste Substanz in 100 ml Lösung

Sind nur „Prozente" angegeben, so versteht man darunter stets Gewichtsprozente. Die Bezeichnung Volumprozente sollte nur für Gas-

und Flüssigkeitsgemische verwendet werden, was aber bis jetzt noch nicht einheitlich gehandhabt wird.

Die Umrechnung von Raum-% in Gew.-% und umgekehrt erfolgt nach den Gleichungen:

$$\text{Gew.-\%} = \frac{\text{Raum-\%}}{\text{spez. Gew.}} \quad \text{oder} \quad \text{Raum-\%} = \text{Gew.-\%} \cdot \text{spez. Gew.}$$

Kolorimetrie

Ist die Lösung einer Substanz gefärbt oder läßt sich die Substanz durch eine geeignete Reaktion in eine lösliche, gefärbte Verbindung überführen, so kann die Konzentration auf kolorimetrischem Wege, d. h. durch Farbvergleich mit einer Lösung von bekanntem Gehalt bestimmt werden.

Prinzip der Kolorimetrie: Leitet man einen Lichtstrahl durch eine gefärbte Lösung, so wird ein Teil des Lichtes absorbiert. Die absorbierte Menge ist dabei proportional der Farbstoffkonzentration und der Schichtdicke (LAMBERTsches Absorptionsgesetz). Es ergibt sich daraus die Möglichkeit, die Konzentration gefärbter Lösungen dadurch zu bestimmen, daß man den durch die Absorption entstehenden Lichtverlust ermittelt. Hierzu gibt es zwei Verfahren: a) visuelle und b) lichtelektrische.

a) Visuelle Verfahren. Bei dem meist verwendeten Tauchstabkolorimeter (s. Abb. 5) läßt man einen Teil des Lichtes durch die zu messende Lösung und den anderen durch die Vergleichslösung gehen und stellt durch Drehen der Meßtrommeln, d. h. durch Variierung der Schichtdicke, auf Farbgleichheit ein. Zeigen beide Lösungen dieselbe Farbtiefe und Farbnuance, dann ist das Produkt aus Konzentration und Schichthöhe dasselbe (BEERsches Gesetz). Bezeichnet man die Konzentration der bekannten Lösung mit c_1, die dazugehörende Schichthöhe mit h_1 und weiterhin die Konzentration der unbekannten Lösung mit c_x und deren Schichthöhe mit h_2, so gilt die Beziehung:

$$c_1 \cdot h_1 = c_x \cdot h_2$$

oder

$$c_x = \frac{c_1 \cdot h_1}{h_2}.$$

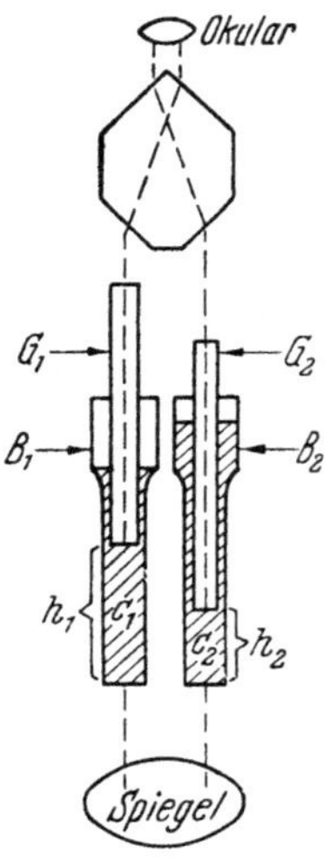

Abb. 5. Tauchstabkolorimeter

Bei der praktischen Messung wird zuerst der Spiegel (s. Abb. 5) so eingestellt, daß die im Okular zu sehenden Halbkreisfelder in gleicher Helligkeit erscheinen. Darauf gibt man Untersuchungs- und Vergleichslösung in die beiden Eintauchgefäße B_1 und B_2 und stellt durch Eintauchen der Glasstäbe G_1 und G_2 Farbgleichheit her. Dabei geht man am besten so vor, daß man bei der verdünnteren Lösung eine große Schichthöhe wählt und dann bei der konzentrierteren einmal von der dunkleren und einmal von der helleren Seite auf Gleichheit „einpendelt". Die Schichthöhen h_1 und h_2 können am Kolorimeter abgelesen werden. Man macht mehrere Messungen und nimmt den Mittelwert.

Beispiel:

Konzentration der Vergleichslösung	$c_1 = 20$ mg/l
Schichthöhe der Vergleichslösung	$h_1 = 50$
Schichthöhe der Untersuchungslösung	$h_2 = 32$

Die Konzentration der Untersuchungslösung ist dann

$$c_x = \frac{20 \cdot 50}{32} = \underline{\underline{31{,}25 \text{ mg/l.}}}$$

Im einzelnen ist bei den Messungen folgendes zu beachten:

Die Konzentrationen der zu vergleichenden Lösungen sollen nicht zu weit auseinander liegen (höchstens 3:1 bzw. 1:3, sonst Verdünnung notwendig). Die Lösungen müssen vollkommen klar sein; Trübungen sind durch Filtration oder durch Kompensationseinrichtungen auszuschalten. Um gleiche Verhältnisse zu schaffen, sind im ersteren Falle beide Lösungen zu filtrieren, auch wenn die eine davon vielleicht vollkommen klar erscheint. Um Verluste, die durch Adsorption an Papierfiltern entstehen können, zu vermeiden, geschieht das Filtrieren am besten mit Glasfiltern. Die Temperatur der zu messenden Lösungen soll ungefähr gleich sein; Unterschiede von wenigen Graden können aber vernachlässigt werden. Da sich grüne und blaue Farbtöne zum Kolorimetrieren besser eignen als gelbe bis braune, kann die Meßgenauigkeit durch Verwendung von Komplementärfiltern erhöht werden.

b) Lichtelektrische Verfahren. Der Verlust, den ein Lichtstrahl beim Durchgang durch eine gefärbte Lösung erfährt, läßt sich mit Hilfe von Photozellen leicht messen, und aus der

$$\text{Extinktion } E = \log \frac{\text{Intensität des einfallenden Lichtes}}{\text{Intensität des ausfallenden Lichtes}}$$

die Konzentration der gelösten Substanz berechnen oder nach Aufstellung einer Eichkurve auch direkt ablesen.

Die kolorimetrischen Methoden gewinnen als Schnellmethoden immer mehr an Bedeutung. Sie sind insbesondere dann angebracht, wenn die gravimetrischen oder maßanalytischen Methoden zu ungenau sind. Der Textilchemiker bedient sich ihrer mit Vorliebe zur Bestimmung von sehr geringen Mengen Eisen, Kupfer und Mangan und weiterhin zur Messung des Flottenauszuges bei Färbeprozessen.

Bei den visuellen Verfahren hängt die Genauigkeit etwas von der Sehtüchtigkeit des Beobachters ab, und die bei längeren Untersuchungsreihen auftretenden Ermüdungserscheinungen des Auges wirken sich natürlich auch nicht zum Vorteil aus. Für objektive Messungen sind daher — vor allem auch für Serienmessungen und laufende Betriebskontrollen — die lichtelektrischen Verfahren vorzuziehen. Die letzteren sind zudem einfacher in der Durchführung, und ihre Empfindlichkeit ist so groß, daß Absorptionen von 1% und weniger, auf die das Auge nicht mehr anspricht, noch exakt gemessen werden können.

Literatur

LANGE, B.: Kolorimetrische Analyse. 5. Auflage. Weinheim: Verlag Chemie GmbH.
KORTÜM, G.: Kolorimetrie, Photometrie und Spektrometrie. 4. Aufl. Berlin/Göttingen/Heidelberg: Springer 1962.
SNELL, F. C.: Colorimetric methods of analyses including some turbidimetry and nephelometric methods. 3. Aufl., New York 1959.

Die Papierchromatographie

Die Papierchromatographie hat sich in den letzten Jahren zur analytischen Trennung kleinster Mengen von Substanzgemischen, so z. B. Aminosäuren, Zuckern, Farbstoffen usw., immer mehr eingeführt. Sie ist in erster Linie eine qualitative Untersuchungsmethode, kann jedoch in gewissen Fällen, insbesondere in Kombination mit anderen Untersuchungsverfahren, auch zur quantitativen Bestimmung dienen.

Theoretische Grundlagen

Bringt man einen Tropfen einer Farbstofflösung, enthaltend die Farbstoffe A und B, auf einen Papierstreifen auf und taucht dann diesen nach dem Eintrocknen des Tropfens mit einem Ende in ein geeignetes Lösungsmittel ein, so steigt dieses in dem Papierstreifen hoch, und die Farbstoffe wandern in dem Lösungsmittel mit verschiedener Geschwindigkeit mit. Sie können dadurch völlig voneinander getrennt werden. Die papierchromatographische Trennung erfolgt also auf Grund der verschiedenen Wanderungsgeschwindigkeit.

Der R_f-Wert. Als Maß für die Wanderungsgeschwindigkeit dient der sog. R_f-Wert, der sich ergibt, wenn man den von der Substanz zurückgelegten Weg durch den Weg des Lösungsmittels dividiert.

$$R_f = \frac{\text{zurückgelegter Weg der Substanz}}{\text{zurückgelegter Weg des Lösungsmittels}}$$

In der Abb. 6 hat der Farbstoff A den Weg a, der Farbstoff B den Weg b und das Lösungsmittel den Weg c zurücklegt. Der R_f-Wert des Farbstoffs A ist damit $R_{f\,\mathrm{A}} = \frac{a}{c}$, der des Farbstoffs B $R_{f\,\mathrm{B}} = \frac{b}{c}$. Je größer die Wanderungsgeschwindigkeit, um so größer ist auch der R_f-Wert. Nach der obigen Definition muß er jedoch stets Werte zwischen Null und Eins annehmen.

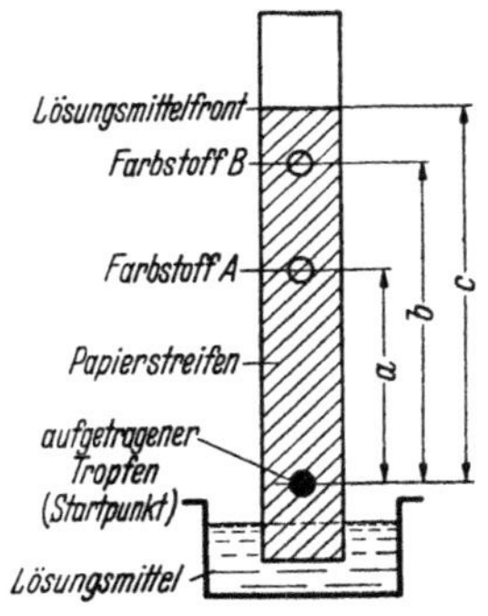

Abb. 6. Aufsteigende Methode

Zum Verständnis der Papierchromatographie muß man sich vor Augen halten, daß es sich in der Hauptsache um einen Verteilungsvorgang handelt zwischen einer wäßrigen, stationären Phase, nämlich dem feuchten Papier, und einer an ihr vorbeifließenden organischen

Phase, dem Lösungsmittel. Die zu trennenden Substanzen müssen einerseits etwas wasserlöslich sein, damit sie von dem Papier aufgenommen und festgehalten werden, andererseits aber auch eine gewisse Löslichkeit in dem organischen Lösungsmittel zeigen, denn sonst ist keine Verteilung möglich und der Fleck wandert überhaupt nicht. Am günstigsten ist eine gleichmäßige Verteilung in beiden Phasen. Ist die Wasserlöslichkeit zu groß, so wird die auf den Papierstreifen aufgebrachte Substanz zu wenig abgehoben; die Wanderungsgeschwindigkeit und der R_f-Wert werden dann zu klein. Bei zu großer Löslichkeit in der organischen Phase ist es umgekehrt: die Substanz wandert zu schnell, der R_f-Wert wird zu groß. Bei R_f-Werten $> 0{,}8$ sind die Chromatogramme zur Auswertung meist nicht mehr geeignet. Neben dem Verteilungsvorgang spielen im übrigen auch Adsorptionseffekte eine gewisse Nebenrolle. Sie können jedoch im allgemeinen vernachlässigt werden.

Damit sich die wäßrige Phase an dem Papierstreifen ausbilden kann, ist es unbedingt erforderlich, daß die verwendeten organischen Lösungsmittel wasserhaltig sind, d. h., eine gewisse Menge Wasser aufnehmen können. Auch unbeschränkt mit Wasser mischbare Lösungsmittel wie Alkohol, Azeton, Tetrahydrofuran u. dgl. sind geeignet, wenn sie eine ausreichende Menge Wasser enthalten.

Die Messung des R_f-Wertes

Die Papierchromatographie ist eine Mikromethode. Brauchbare Ergebnisse erhält man nur bei Verwendung sehr kleiner Substanzmengen, und zwar normalerweise nicht über 60γ ($1\gamma = 10^{-6}$ g). Bei darüberliegenden Mengen wird der auf dem Chromatogramm erzeugte Fleck zu groß und unscharf. Die Bestimmung des R_f-Wertes wird dann ungenau. Im allgemeinen arbeitet man mit Substanzmengen zwischen 10 und $40\,\gamma$.

Die Substanzlösung soll bezüglich der in ihr enthaltenen Einzelkomponenten etwa 1%ig sein. Größere Schwankungen sind allerdings ohne weiteres zulässig. 10 bis $40\,\gamma$ entsprechen dann 1 bis 4 mm^3 Untersuchungslösung. Der aufgebrachte Fleck (Startpunkt) soll im Durchmesser 1,5 cm nicht übersteigen. Zu sehr verdünnte Lösungen können dadurch konzentriert werden, daß man die Tropfen einzeln auf das Papier bringt und dazwischen jeweils eintrocknen läßt. Durch Anblasen mit warmer Luft (Föhn) kann das Eintrocknen stark beschleunigt werden.

Anorganische Salze und Ionen müssen, wenn sie in größeren Mengen zugegen sind, vorher entfernt werden. Sie bewirken sonst eine Veränderung der Phasengleichgewichte und damit auch der R_f-Werte. Die Entfernung ist möglich durch Dialyse oder mit Hilfe von Ionenaustauschern, eventuell auch durch chemische Ausfällung und Abfiltration.

Die Lösungsmittel müssen, wie bereits angeführt, stets eine bestimmte Menge Wasser enthalten. Geeignet sind z. B. mit Wasser gesättigtes Phenol, Alkohol, Butanol, Pyridin u. a. Bei zu kleinen

R_f-Werten erhöht man entweder den Wassergehalt oder arbeitet mit Lösungsmittelgemischen.

Auch bei den Filterpapieren muß eine Auswahl getroffen werden. Als Standardpapiere gelten die Sorten Whatman Nr. 1 und Schleicher Schüll Nr. 2043 b. Daneben gibt es noch verschiedene Typen für Spezialzwecke.

Aufsteigende Methode (s. Abb. 6). Auf einen Papierstreifen von etwa 5 cm Breite und 30 cm Länge bringt man ungefähr 3 cm von dem einzutauchenden Ende weg mit einer Mikropipette 1 bis 4 mm^3 (5 mm^3 entsprechen etwa einem Tropfen) Untersuchungslösung auf und

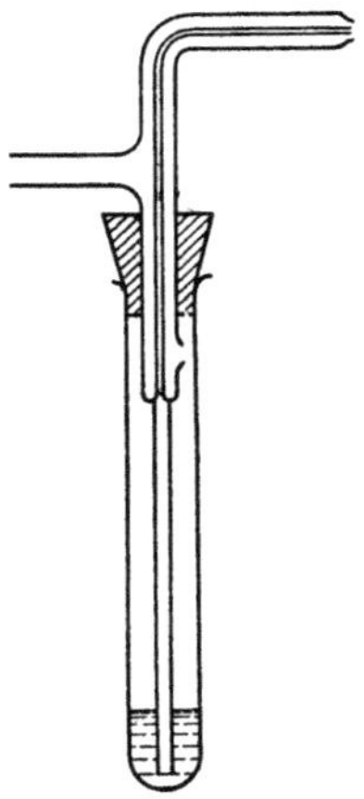

Abb. 7. Sprüher

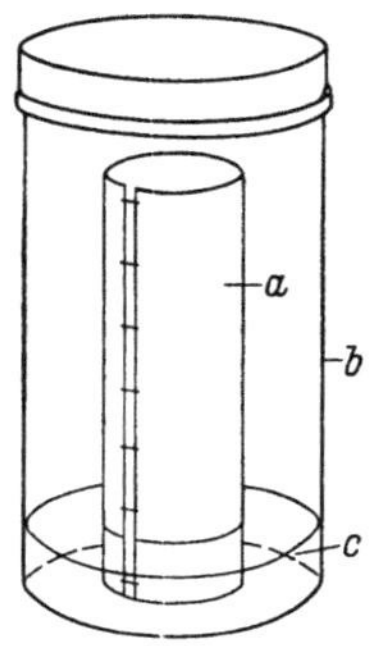

Abb. 8. Zylinder-Methode
a Papierzylinder; *b* Weckglas; *c* Lösungsmittel

läßt den entstehenden runden Fleck eintrocknen. Dann wird mit einem Bleistift die Startlinie angezeichnet, das kurze Ende des Streifens in das Lösungsmittel eingetaucht und das andere frei aufgehängt und in geeigneter Weise oben festgehalten. Da während des Chromatographierens kein Lösungsmittel aus dem Papierstreifen verdunsten darf, muß die ihn umgebende Luft mit den Dämpfen des Lösungsmittels gesättigt sein. Das Ganze muß sich also in einer geschlossenen Apparatur befinden. Geeignet hierfür sind Weckgläser, große Standflaschen, abgedeckte Batteriekästen u. dgl. Der eingetauchte Streifen rollt sich anfangs meist etwas ein. Sobald er jedoch mit den Lösungsmitteldämpfen durchtränkt ist, was etwa 5 bis 10 Min. in Anspruch nimmt, hängt er sich senkrecht.

Hat sich das Lösungsmittel eine ausreichende Strecke hochgesaugt (beim aufsteigenden Chromatogramm beträgt die Laufzeit für eine Strecke von 20 cm je nach Lösungsmittel und Papiersorte 4 bis 10 Std.), so nimmt man den Streifen heraus, markiert die Front des Lösungsmittels und trocknet an der Luft, im Trockenschrank oder mit einem Föhn.

Sind die Flecke auf dem Chromatogramm nicht sichtbar, so müssen sie „entwickelt" werden. Zu diesem Zweck besprüht (s. Abb. 7) man sie ganz leicht — ein Abtropfen muß vermieden werden — mit einem geeigneten Reagens. Bei Aminosäuren kann dies z. B. mit Ninhydrinlösung, bei Zuckern mit ammoniakalischer Silbernitratlösung geschehen. In vielen Fällen ist anschließend ein Trocknen bei höheren Temperaturen notwendig.

Sollen mehrere Substanzen nebeneinander chromatographiert werden, so geht man folgendermaßen vor: Auf einem Stück Filterpapier in Größe von etwa 30 × 30 cm markiert man 3 cm vom Rand entfernt die einzelnen Startpunkte. Sie sollen ungefähr 3 cm auseinanderliegen. Dann trägt man die Untersuchungslösungen auf, läßt eintrocknen, rollt zu einem Zylinder zusammen, der mit Heftklammern zusammengehalten wird, taucht diesen in das Lösungsmittel (s. Abb. 8) und verfährt weiter wie üblich.

Läßt sich mit *einem* Lösungsmittel keine genügende Trennung der Komponenten erreichen, so dreht man das getrocknete Chromatogramm um 90°, rollt es in der anderen Richtung zusammen und chromatographiert mit einem zweiten Lösungsmittel. Es entstehen dann zweidimensionale Chromatogramme.

Absteigende Methode (s. Abb. 9). Sind die Unterschiede in den R_f-Werten zu gering, so kann man es mit der absteigenden Methode versuchen. Der Papierstreifen wird hierbei oberhalb der Startlinie abgebogen und das kurze Ende über den Rand eines geeigneten Behälters in das Lösungsmittel eingetaucht. Das lange Ende hängt frei herab. Der Abstand der aufgetragenen Substanzen vom Ende des Streifens muß hier etwas größer (~6 cm) gewählt werden.

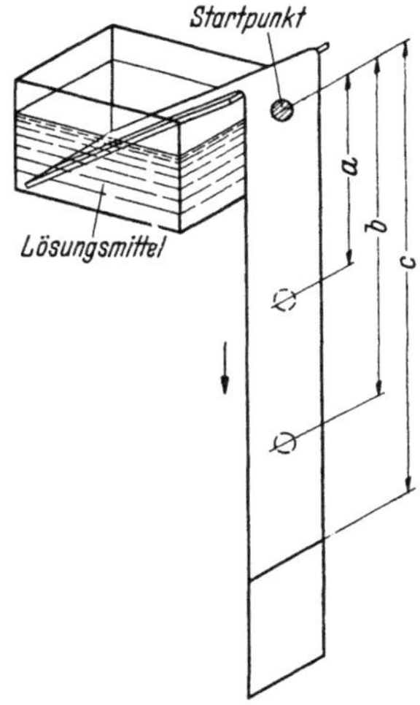

Abb. 9. Absteigende Methode

Rundfilter-Chromatographie (nach PFITZNER). Das Rundfilterpapier befindet sich zwischen zwei genau aufeinandergelegten, plangeschliffenen Glasplatten (25 × 25 cm). Die obere Glasplatte hat in der Mitte ein Loch (~6 mm Durchmesser), durch welches die zu trennende Substanz mit einer Mikropipette oder einer Kapillare aufgetragen wird. Nach dem Eintrocknen läßt man aus einer Pipette (Inhalt ~6 ml, innerer Durchmesser der Ausflußspitze 2 mm, äußerer 4 mm), die man an der Lochstelle auf das Papier leicht aufsetzt, das Lösungsmittel ausfließen. Die Ausflußgeschwindigkeit kann durch mehr oder weniger starkes Aufeinanderpressen der Glasplatten etwas variiert werden. Statt der üblichen Flecke erhält man bei dieser Methode konzentrische Kreise.

Eine Modifizierung und Weiterentwicklung der aus Abb. 10 ersichtlichen, normalerweise durchgeführten Rundfilterchromatographie ist der „DESAGA-Rundfilter-Entwickler" der Fa. DESAGA, Heidelberg (Literatur: H. WEIHRAUCH, Chemiker-Ztg. 1956, 415). Als besondere Vorzüge sind zu erwähnen:

a) Extrem scharfe Trennung, da das zu untersuchende Substanzgemisch mit Hilfe einer kleinen Zellulosepulversäule vorgetrennt wird.

b) Einstellbare Wanderungsgeschwindigkeit der Lösungsmittelfront.

c) Manuell bedienbare Justiervorrichtung zur Feineinstellung des Kontaktes zwischen der Zellulosepulversäule und dem Filterpapier.

d) Die Apparaturteile bestehen alle aus Glas.

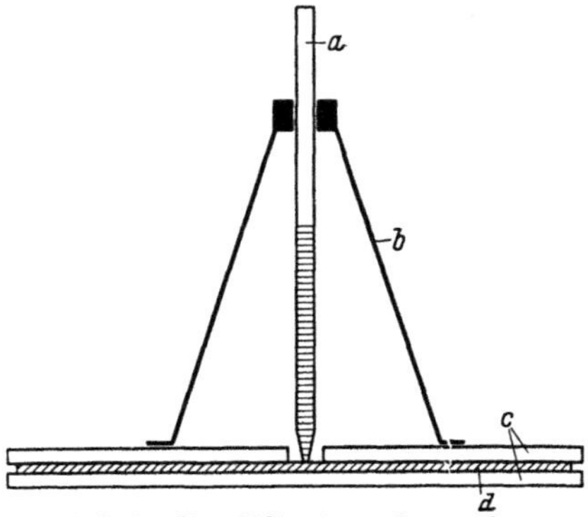

Abb. 10. Rundfilterchromatographie
a Pipette; *b* Haltevorrichtung; *c* Glasplatten; *d* Papierfilter

Die besonderen Vorteile der Rundfilter-Chromatographie sind u. a.: sehr rasche Arbeitsweise, besserer Trenneffekt als bei der auf- oder absteigenden Methode und die Möglichkeit, mit größeren Substanzmengen zu arbeiten.

Zur weiteren Einarbeitung auf diesem Gebiet, insbesondere auch hinsichtlich der quantitativen Auswertung, der Papierelektrophorese, der speziellen Bestimmung von Aminosäuren, Zuckern, Farbstoffen usw. sei das Buch „Papierchromatographie" von FRIEDR. CRAMER, 4. Aufl. Weinheim/Bergstraße.: Verlag Chemie G.m.b.H 1958, empfohlen. Die zur Chromatographie benötigten Geräte können von der Fa. Hormuth Vetter, Heidelberg, bezogen werden.

Oberflächen- und Grenzflächenspannung

Durch die starken Anziehungskräfte der Moleküle treten in der Oberfläche einer Flüssigkeit besondere Verhältnisse auf. Im Innern der Flüssigkeit ist ein Molekül nach allen Richtungen von gleichartigen Molekülen umgeben, und die gegenseitigen Anziehungskräfte heben sich dadurch wieder auf. Liegt das Molekül aber in der Oberfläche, so ist es nur halbseitig von Flüssigkeit umgeben und grenzt zur anderen Hälfte an ein Gas. Die Anziehungskräfte des gasförmigen Teils sind aber viel geringer als die des flüssigen, und dadurch kommt eine Resultante zustande, welche bestrebt ist, das Molekül senkrecht zur Oberfläche ins Innere der flüssigen Phase hineinzuziehen. Dieser Kraft folgend werden soviel wie möglich Moleküle aus der Oberfläche ins Innere der Flüssigkeit abgegeben, die Flüssigkeit sucht ihre Oberfläche zu verkleinern, es tritt eine Spannung auf: die Oberflächenspannung. Die Oberflächenschicht wirkt dadurch wie ein elastisches Häutchen, das sich zusammenzuziehen sucht (vgl. Seifenblasen). Ein Flüssigkeitstropfen, der allen anderen Einflüssen, insbesondere der

Schwerkraft, entzogen ist, wird demzufolge stets die Gestalt mit der kleinsten Oberfläche, d. h. Kugelgestalt annehmen.

Denkt man sich eine Strecke von 1 cm in der Oberfläche angezeichnet, so versteht man unter der Oberflächenspannung definitionsgemäß die Kraft, die notwendig ist, um die Oberfläche der Flüssigkeit senkrecht zu diesem Zentimeter auszudehnen. Die physikalische Maßeinheit ist dyn/cm.

Die Werte für die Oberflächenspannung bewegen sich bei den meisten Flüssigkeiten zwischen 20 und 50 dyn/cm. Wasser bildet mit etwa 70 dyn/cm eine Ausnahme.

Messung der Oberflächenspannung

a) Mit Glaskapillaren. Taucht man eine Glaskapillare in eine Flüssigkeit ein, so sind zwei Effekte möglich: Wird die Wandung der Kapillare von der Flüssigkeit benetzt (Normalfall), so steigt diese in der Kapillare in die Höhe; tritt jedoch keine Benetzung ein (z. B. beim Quecksilber), so weicht die Flüssigkeit in der Kapillare zurück. Im ersteren Falle steht dann der Meniskus der Flüssigkeit in der Kapillare höher als in dem Gefäß, und aus der Steighöhe h, dem Radius der Kapillaren r und dem spez. Gew. der Flüssigkeit s kann dann die Oberflächenspannung σ nach

$$\boxed{\sigma = \tfrac{1}{2}\, r\, h\, s}$$

berechnet werden.

b) Mit dem Stalagmometer nach TRAUBE. Man füllt das Stalagmometer mit der zu messenden Flüssigkeit und bestimmt dann die Zahl der Tropfen, wenn der Flüssigkeitsmeniskus von der oberen bis zur unteren Marke abgesunken ist Je größer die Oberflächenspannung, um so größer ist der abfallende Tropfen und um so kleiner die Tropfenzahl. Wasser dient meist als Vergleichsbasis. Bei den Messungen ist auf das Einhalten gleicher Temperaturen zu achten.

Die meisten Arbeitsprozesse der Textilveredlung spielen sich in wäßrigen Medien ab. Wasser hat aber eine hohe Oberflächenspannung, und damit nun die Bleich-, Wasch-, Färbe- usw. Flotten besser in die luftgefüllten kapillaren Räume des Fasermaterials eindringen können und die Faser benetzt wird, werden in vielen Fällen Stoffe zugesetzt, welche die Oberflächenspannung herabsetzen. Solche kapillar- oder oberflächenaktive Stoffe bezeichnet man als „Netzmittel". Über Zusammenhänge zwischen Oberflächenspannung und Netzwirkung s. S. 190.

Auch bei zwei aneinandergrenzenden Flüssigkeiten tritt eine solche Spannung auf, die man aber nicht als Oberflächen-, sondern als *Grenzflächenspannung* bezeichnet. Von Bedeutung ist diese bei der Herstellung von Emulsionen. Will man z. B. ein Mineralöl in Wasser so fein verteilen, daß sich eine beständige Emulsion bildet, so muß ein Stoff zugegeben werden, der die Grenzflächenspannung herabsetzt. Mittel dieser Art führen die Bezeichnung „*Emulgatoren*".

Viskosität oder Zähigkeit

Definition: Unter der *Viskosität* oder *Zähigkeit* oder *inneren Reibung* versteht man die Eigenschaft einer Flüssigkeit, der gegenseitigen Verschiebung zweier benachbarter Schichten einen Widerstand entgegenzusetzen. Je dickflüssiger damit eine Substanz, um so größer ist ihre Viskosität und um so langsamer wird sie aus einer Kapillare ausfließen. Umgekehrt kann man aus der Ausflußzeit die Viskosität berechnen.

Maßeinheiten

Im Gebrauch sind teils absolute, teils konventionelle Maße. Da diese aber einander nicht proportional sind, kommen für exakte Angaben nur die absoluten Maße in Frage; die konventionellen eignen sich nur als Vergleichszahlen für Betriebszwecke.

Absolute Maße: a) Die *kinematische Viskosität* ν.

Ihre Einheit bezeichnet man nach dem Engländer STOKES als *Stok* (St), den hundertsten Teil davon als *Centistok* (cSt). Ihre Dimension ist cm^2/sec. Bei Mineralölen ist die Angabe in cSt üblich.

b) Die *dynamische Viskosität* η.

Ihre Einheit ist das *Poise* (P), benannt nach dem Franzosen POISEUILLE. Der hundertste Teil ist das *Centipoise* (cP). Die Dimension ist $\frac{g_{(\text{Masse})}}{\text{cm} \cdot \text{sek}}$.

Zwischen den beiden absoluten Maßeinheiten gilt die Beziehung

$$\boxed{\text{kinematische Viskosität } \nu = \frac{\text{dynamische Viskosität } \eta}{\text{spez. Gewicht}}}$$

so daß beide leicht ineinander umgerechnet werden können. Da die Viskosität mit steigender Temperatur stark abnimmt, hat diese Beziehung nur bei gleicher Temperatur Gültigkeit, und zu Viskositätsangaben gehört deswegen immer auch die Meßtemperatur.

Beispiele:

$$\text{Wasser } \eta_{20^\circ} = 1{,}005 \text{ cP}$$
$$\text{oder Wasser } \eta_{20,2^\circ} = 1 \text{ cP}$$
$$\text{oder Leinöl } \eta_{50^\circ} = 17{,}4 \text{ cP}$$

Konventionelle Maße. a) *Englergrade* (E°). Man erhält diese dadurch, daß man die Ausflußzeit von 200 ml Öl bei Meßtemperatur durch die Ausflußzeit von 200 ml Wasser bei 20° dividiert.

$$E^\circ = \frac{\text{Ausflußzeit von 200 ml Öl bei Meßtemperatur}}{\text{Ausflußzeit von 200 ml Wasser von } 20^\circ}.$$

Die Bestimmung erfolgt im ENGLER-Viskosimeter, das in fast allen europäischen Ländern, außer in England, im Gebrauch ist.

b) *Sayboltsekunden* (S''). Diese geben die Ausflußzeit aus dem SAYBOLT-Viskosimeter an, welches man vielfach noch in den USA antrifft.

c) *Redwoodsekunden* (R''). Man versteht darunter die Auslaufzeit aus dem in England benützten REDWOOD-Viskosimeter.

Zur Umrechnung der verschiedenen Maßeinheiten kann die Tab. 9 dienen.

Tabelle 9

Absolutes Maß	Konventionelle Maße		
Kinematische Zähigkeit ν cm^2/sec	Energiegrade E sec/sec	Redwoodsekundenzahl R sec	Sayboltsekundenzahl S sec
0,101	1,00	29,2	31,1
0,018	1,10	30,5	32,9
0,028	1,20	32,8	35,6
0,039	1,30	35,4	38,8
0,050	1,40	38,2	42,1
0,0625	1,50	41,4	46,0
0,0745	1,60	44,9	49,6
0,085	1,70	48,2	53,8
0,096	1,80	51,0	57,8
0,107	1,90	54,5	62,1
0,118	2,00	57,9	66,3
0,128	2,10	61,1	70,0
0,138	2,20	64,5	73,6
0,148	2,30	67,8	77,2
0,157	2,40	70,8	81,2
0,166	2,50	73,7	85,2
0,211	3,00	89,0	104
0,254	3,50	105	122
0,293	4,00	119	140
0,333	4,50	133	157
0,373	5,00	149	174
0,412	5,50	163	192
0,451	6,00	178	209
0,529	7,00	206	242

Die Tafelwerte sind unabhängig von der Meßtemperatur. Für Werte größer als 7 E gelten die Beziehungen:

$$\nu = 0{,}076\ \mathrm{E},$$

$$\mathrm{R} = 29{,}2\ \mathrm{E},$$

$$\mathrm{S} = 34{,}5\ \mathrm{E}.$$

Die dynamische Viskosität η erhält man aus der kinematischen mit Hilfe der Gleichung:

$$\underline{\text{dynamische Viskosität } \eta}$$

$$\underline{= \text{kinematische Viskosität } \nu \cdot \text{spez. Gew.}}$$

Die bei uns gebräuchlichen Viskosimeter sind: Das ENGLER-Viskosimeter (Normalviskosimeter), das UBBELOHDE-Viskosimeter (s. Abb. 46 auf S. 376), das VOGEL-OSSAG-Viskosimeter, das HÖPPLER-Viskosimeter und das OSTWALD-Viskosimeter. (OSTWALD-Viskosimeter zur DP-Messung s. Abb. 45, S. 373.) Beim HÖPPLER-Viskosimeter bestimmt man nicht die Ausflußzeit aus einer Kapillare, sondern die Fallzeit einer Kugel in der zu messenden Flüssigkeit.

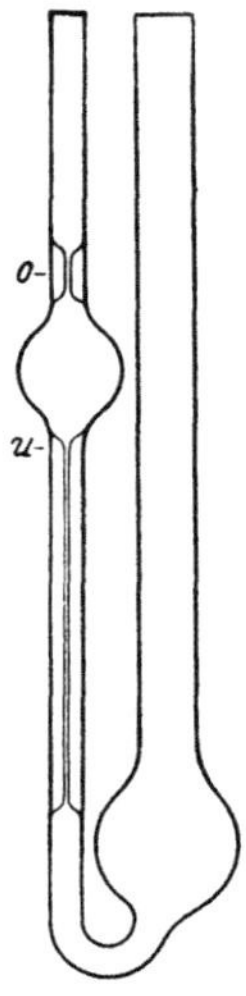

Abb. 11. Viskosimeter nach OSTWALD

Viskositätsmessungen spielen eine große Rolle bei der Beurteilung von Schmierstoffen (Spindelöle, Webstuhlöle u. dgl.) sowie der Bestimmung des Polymerisationsgrades von Textilfasern und Kunststoffen (s. u. Faserschädigungen).

Rotationsviskosimeter. Bei diesem neuen Viskosimetertyp befindet sich die Meßflüssigkeit meist in einem schmalen Spalt (zylindrischer Mantel) zwischen zwei koaxial angeordneten, beweglichen Zylindern. Durch die Adhäsion haftet die Flüssigkeit an beiden Zylindern. Läßt man einen Zylinder rotieren, so wird die anliegende Flüssigkeitsschicht mitgenommen, und diese Bewegung überträgt sich auf den anderen Zylinder. An diesem entsteht dann ein Drehmoment, welches der Viskosität der Meßflüssigkeit proportional ist und leicht gemessen werden kann. Welcher von den beiden Zylindern angetrieben wird, ist im Prinzip gleichgültig. Wichtig ist nur, daß die eingestellte Rotationsgeschwindigkeit bei der Messung konstant bleibt.

Die Rotationsviskosimeter haben in den letzten Jahren sehr an Bedeutung gewonnen. Man kann damit die Viskosität aller Flüssigkeiten messen und dabei gleichzeitig erkennen, ob es sich um NEWTONsche, strukturviskose, thixotrope usw. Lösungen handelt. Auch zur kontinuierlichen Viskositätsüberwachung, z. B. in der Mineralölindustrie, sind sie sehr gut geeignet.

Literatur

GREEN, H.: Industrial Rheology and Rheological Structures. New York: John Wiley and Sons. — London: Chapman and Hall 1949.

HEINZ, W.: Grundlagen und Verfahren der Viskositätsmessungen, aus „Süßwaren" H. 4 bis 5 (1957). Hamburg: W. Benecke.

MESKAT, W.: Strukturviskoses Fließen. Ullmanns Encyklopädie der Technischen Chemie 1952.

PHILIPPOFF, W.: Viskosität der Kolloide. Darmstadt: Th. Steinkopff 1942.

UBBELOHDE, L.: Zur Viskosimetrie. Stuttgart: Hirzel-Verlag 1943.

UMSTÄTTER, H.: Einführung in die Viskosimetrie und Rheometrie. Berlin/Göttingen/Heidelberg: Springer 1952.

Untersuchung von Chemikalien und Textilhilfsmitteln

Wasser

Allgemeine Anforderungen an ein Wasser

Da sich die meisten Veredlungsprozesse in wäßrigen Medien abspielen, kommt dem Wasser in der Textilveredlung eine sehr große Bedeutung zu. Die gestellten Anforderungen richten sich dabei ganz nach dem Verwendungszweck. Von einem Kesselspeisewasser verlangt man etwas ganz anderes als von einem Betriebswasser, und ein Wasser für die Wäscherei muß wieder anders beschaffen sein als ein solches für die Bleicherei oder Färberei.

Kesselspeisewasser. Das Kesselspeisewasser soll möglichst frei sein von Härtebildnern (*Kesselsteinbildung*) und Stoffen, die eine Korrosion des Eisens bewirken können. Der Aufbereitung dieses Wassers fällt damit die Aufgabe zu, die Calcium- und Magnesiumsalze, die freie Kohlensäure, den Luftsauerstoff, das Eisen sowie ölige und trübende Schwebestoffe zu entfernen. Bei Hochdruckkesseln ist außerdem eine Beseitigung der Kieselsäure notwendig, da sonst die Turbinen „verkieseln". Um die korrodierende Wirkung soweit wie möglich zurückzudrängen, stellt man das Kesselspeisewasser auf eine bestimmte Alkalität ein — ausgedrückt durch die *Natronzahl* bzw. *Alkalitätszahl* — und gibt ihm noch zusätzlich eine Schutzimpfung mit Phosphaten.

Betriebswasser. Auch bei diesem können keine allgemeingültigen Normen aufgestellt werden. Vor allem soll das Wasser klar und frei von Schwebestoffen sein, die sich gegebenenfalls in der Ware festsetzen und Schäden verschiedener Art verursachen. Weiterhin soll das in der Textilveredlung verwendete Wasser möglichst weich sein. Hartes Wasser hat den Nachteil, daß beim Arbeiten im alkalischen Medium, insbesondere bei höheren Temperaturen (Beuchen, Färben mit Schwefelfarbstoffen, Indanthrenen usw.), die Härtebildner ausflocken und sich auf der Ware absetzen, wodurch schlechter Griff, Schreiben und Stauben, trübes Aussehen und beim Färben Unegalität verursacht werden. Auch entstehen beim Waschen mit Seife die gefürchteten Kalkseifen, die sich ebenfalls auf der Ware festsetzen, den Griff verschlechtern, den Glanz trüben usw.

Hartes Wasser — es genügen aber 2 bis 5 Härtegrade — benötigt man fast nur beim Bleichen mit Wasserstoffperoxyd. Hier wirkt nämlich das als Stabilisator zugesetzte Wasserglas nur bei Gegenwart von Calcium- und Magnesiumsalzen. Der eigentliche Stabilisator ist nicht das Wasserglas, sondern das sich bildende Calcium-Magnesium-Silikat. Eisen- und Mangansalze sollen im Wasser möglichst überhaupt nicht enthalten sein, da sie zu Ausscheidungen und Verfärbungen der

Ware führen und bei der Bleiche den Zerfall des Bleichmittels katalysieren. Mangan bewirkt als Kautschukgift außerdem ein vorzeitiges Altern der gummierten Ware.

Die Untersuchung des Wassers

Die zur Untersuchung des Wassers in Frage kommenden chemischen, physikalischen und biologischen Verfahren wurden in dem Buch „Deutsche Einheitsverfahren zur Wasseruntersuchung" (Herausgeber: Fachgruppe Wasserchemie in der Gesellschaft Deutscher Chemiker E. V.; Verlag Chemie G. m. b. H., Weinheim/Bergstraße **1954**) zusammengefaßt. Dazuhin hat auch noch der Deutsche Normenausschuß verschiedene Normblätter herausgebracht, die vom Beuth-Vertrieb G. m. b. H., Köln, Friesenplatz 16, bezogen werden können.

Außer der eigentlichen chemischen Untersuchung des Wassers interessiert mehr oder weniger auch die Charakterisierung hinsichtlich Farbe, Geruch und Klarheit. Im allgemeinen begnügt man sich dabei mit Angaben wie farblos, bräunlich, trübe, mit unlöslichen Schwebeteilchen durchsetzt, fauliger Geruch usw.

Färbung und Klarheit. Man bringt das Wasser in ein sauberes Reagenzglas und beobachtet gegen einen weißen Hintergrund. Die Schichtdicke des Wassers soll etwa 10 cm betragen. Die Beurteilung erfolgt nach der Stärke und Nuance der Färbung bzw. Trübung.

Reaktion des Wassers. Ein normales Wasser reagiert gegen Methylorange alkalisch, gegen Lackmus neutral und gegen Phenolphthalein sauer. Es zeigt also p_H-Werte zwischen 6 und 8. Zur genaueren Bestimmung des p_H bedient man sich der verschiedenen Indikatorpapiere oder der kolorimetrischen oder elektrometrischen Methoden (Näheres s. Abschnitt über p_H-Messung, S. 3).

Schwebestoffe (Unlösliches). Die Bestimmung kommt nur bei trüben Wässern in Frage. 1 l des gut umgeschüttelten Wassers (bei schwacher Trübung entsprechend mehr) wird durch einen bei 105° getrockneten und gewogenen Filtertiegel filtriert und der Rückstand nach dem Trocknen bei 105° und dem Erkalten im Exsikkator gewogen. Angabe in mg/l.

Gesamtrückstand. 100 ml oder auch eine größere Menge des gut umgeschüttelten Wassers werden in einer Porzellan- oder Platinschale auf dem Wasserbad eingedampft und der Rückstand bei 105° bis zur Gewichtskonstanz getrocknet und nach dem Erkalten im Exsikkator gewogen. Der Gesamtrückstand setzt sich zusammen aus dem Gehalt an Schwebestoffen und dem Abdampfrückstand.

Abdampfrückstand (Gesamtlösliches). Man verfährt wie bei der Bestimmung des Gesamtrückstandes, nur wird das Wasser vor dem Eindampfen zur Abtrennung der Schwebestoffe durch ein angefeuchtetes quantitatives Filter (z. B. Schleicher u. Schüll, Weißband 589) filtriert.

Glührückstand. Der gewogene Abdampfrückstand wird bei etwa 700° (dunkle Rotglut) geglüht. Bei größeren Mengen organischer Substanzen ist der Rückstand etwas dunkel gefärbt. Gibt man jedoch beim Glühen — nach vorheriger Abkühlung des Tiegels — ab und zu ein paar Tropfen konz. Salpetersäure zu, so wird die organische Substanz restlos verbrannt, und es hinterbleibt eine weiße Asche.

Organische Stoffe (Oxydierbarkeit). a) Aus dem Kaliumpermanganatverbrauch. Man versetzt in einem vorher mit schwefelsaurer Permanganatlösung ausgekochten ERLENMEYER-Kolben 100 ml Probewasser mit 5 ml 25%iger Schwefelsäure und einer kleinen Messerspitze ausgeglühtem Bimssteinpulver oder ein paar Glasperlen, erhitzt zum Sieden, läßt 15 ml n/100-Permanganatlösung zufließen und kocht genau 10 Min. lang. Die Lösung soll am Schluß noch deutlich rot gefärbt sein, sonst muß mehr Permanganat zugegeben werden. Darauf setzt man 15 ml n/100-Oxalsäure zu und titriert in der Hitze mit der n/100-Permanganatlösung bis zur bleibenden Rotfärbung zurück.

Bei einem Verbrauch von weniger als 3 ml n/100-Permanganatlösung ist von einer größeren, bei mehr als 10 ml n/100-Permanganatlösung von einer kleineren Wassermenge auszugehen.

1 ml n/100 $KMnO_4$-Lösung entspricht 0,316 mg $KMnO_4$ oder 0,8 mg Sauerstoff.

Angabe der Ergebnisse in verbrauchten Milligrammen Permanganat oder der äquivalenten Menge Sauerstoff (auf 1 l Wasser). Da Ferrosalze, salpetrige Säure und Schwefelwasserstoff ebenfalls Permanganat verbrauchen, sind vom Gesamt Permanganatverbrauch gegebenenfalls abzuziehen:

Für 1 mg FeO . . . . 0,57 mg $KMnO_4$,
für 1 mg N_2O_3 . . . . . . 1,66 mg $KMnO_4$ und
für 1 mg H_2S . . . . . . 1,86 mg $KMnO_4$.

b) Aus dem Glühverlust. Aus der Differenz zwischen dem Abdampf- und dem Glührückstand errechnet sich der Glühverlust, und dieser gibt ebenfalls — wenigstens annähernd — den Gehalt an organischen Substanzen wieder.

Calcium. *Qualitativer Nachweis.* Das Wasser wird mit verd. Essigsäure angesäuert und mit Ammonoxalat versetzt. Weißer, kristalliner Niederschlag zeigt Calcium an.

Quantitative Bestimmung. Ausfällung als Oxalat oder komplexometrisches Verfahren (Näheres s. S. 103).

Magnesium. *Qualitativer Nachweis.* Zu 1 ml Wasser gibt man 8 bis 10 Tropfen einer 0,01 bis 0,02%igen alkoholischen Chinalizarinlösung und dann tropfenweise verd. Natronlauge, bis die rote Farbe nach Blau umschlägt. Nach kurzem Aufkochen und anschließendem Stehenlassen scheidet sich ein kornblumenblauer Niederschlag aus, der sich am Boden absetzt.

Quantitative Bestimmung. Diese kann sowohl gravimetrisch als auch komplexometrisch (s. S. 102) erfolgen.

Eisen und Aluminium. *Qualitativer Nachweis des Eisens.* Man versetzt die Untersuchungsprobe mit ein paar Tropfen Wasserstoffperoxyd, erwärmt etwas, säuert mit verd. Salzsäure an und gibt Ammon- oder Kaliumrhodanidlösung zu. Blutrote Färbung, die mit Äther oder Amylalkohol ausgeschüttelt werden kann, zeigt Eisen an. Zweiwertiges

Eisen, wie es im Wasser meist vorliegt, gibt ohne vorherige Oxydation mit dem Peroxyd keine Rotfärbung, dagegen bei Zugabe von Kaliumferricyanid in salzsaurem Medium einen blauen Niederschlag (Turnbulls Blau).

Qualitativer Nachweis des Aluminiums. Die Wasserprobe wird mit Essigsäure angesäuert und mit wenigen Tropfen alkoholischer Morinlösung versetzt, dann erwärmt und unter der Wasserleitung wieder abgekühlt. Bei Vorhandensein von Aluminium tritt grünliche Fluoreszenz auf.

Quantitative Bestimmung (Fe + Al). Das mit dem Waschwasser vereinigte Filtrat von der Kieselsäurebestimmung wird mit etwas Wasserstoffperoxydlösung versetzt und aufgekocht. Bei Zugabe von verd. Ammoniak fallen dann Eisen und Aluminium als Hydroxyde aus (nähere Ausführung s. S. 112 und S. 107). Die letzteren werden dann abfiltriert, ausgewaschen und verascht. Die Asche besteht aus Fe_2O_3 und Al_2O_3. Nach Abzug des getrennt bestimmten Eisengehaltes ergibt sich der Gehalt an Aluminium.

Quantitative Bestimmung des Eisens.

a) Kolorimetrisch als Eisenrhodanid. 100 ml Probewasser werden nach Zugabe von 3 ml konz. Salzsäure und einigen Tropfen Wasserstoffperoxyd 5 Min. aufgekocht. Nach dem Erkalten gibt man 3 ml 10%ige Kaliumrhodanidlösung zu und bringt die Lösung in einen Meß- oder Kolorimeterzylinder. In einem zweiten Meßzylinder versetzt man 100 ml dest. Wasser mit 3 ml konz. HCl und 3 ml 10%iger Kaliumrhodanidlösung und läßt dann aus einer Bürette tropfenweise so lange eine Ferrisalzlösung bekannten Gehaltes zufließen, bis dieselbe Farbtiefe erreicht ist wie im ersten Zylinder. Jeder verbrauchte Milliliter Ferrisalzlösung entspricht dann 0,1 mg Eisen.

Herstellung der Ferrisalzlösung: Man löst 0,7022 g krist. Eisen(II)-Ammoniumsulfat ($FeSO_4 \cdot (NH_4)_2SO_4 \cdot 6H_2O$) in 50 ml 25%iger Schwefelsäure, versetzt zur Oxydation mit verdünnter Kaliumpermanganatlösung (n/10 bis n-Lösung) bis zur bleibenden schwachen Rotfärbung und füllt mit dest. Wasser zu 1 Liter auf. 1 ml dieser Lösung entspricht 0,1 mg Fe.

Sind größere Mengen organischer Substanzen vorhanden, so müssen diese vorher zerstört werden. Zu diesem Zweck wird das Wasser eingedampft und der Rückstand mit etwas Kaliumpersulfat geschmolzen, bis keine SO_3-Dämpfe mehr entweichen. Darauf nimmt man mit etwas Salzsäure auf und verdünnt in gewünschtem Maße.

Bei sehr geringen Eisengehalten geht man von einer größeren Wassermenge aus und engt diese entsprechend ein. Bei Eisengehalten von über 10 bis 15 mg/l ist eine Verdünnung notwendig, und bei solchen über 150 mg/l ist eine maßanalytische oder gravimetrische Bestimmung zweckmäßiger (s. S. 112).

b) Kolorimetrisch mit Sulfosalicylsäure. Eisen bildet mit Sulfosalicylsäure Komplexverbindungen, die in alkalischer Lösung gelb, in saurer rot gefärbt sind und sich zur Kolorimetrierung gut eignen. Da diese Reaktion sehr empfindlich ist und durch die im Gebrauchswasser enthaltenen Substanzen nicht gestört wird, ist diese Methode vor allem zur Bestimmung des Eisengehaltes im Wasser zu empfehlen.

Bei hohen Eisengehalten kann das Wasser direkt zur Bestimmung verwendet werden, bei niedrigeren wird es teilweise eingedampft oder vom Abdampf- oder Glührückstand ausgegangen.

Die Gelbfärbung im alkalischen Medium (Extinktionsmaximum bei 424 mμ) wird von Eisen(III)- und Eisen(II)-salzen gegeben (die letzteren werden durch den Luftsauerstoff in Eisen(III)-salz übergeführt), die Rotfärbung im sauren Medium hingegen nur von den Eisen(III)-salzen. Das Extinktionsmaximum im sauren Medium liegt bei 505 mμ, Es besteht dadurch die Möglichkeit, Eisen(III)- und Eisen(II)-salze auch nebeneinander quantitativ zu bestimmen. Zur Einstellung der sauren Lösung setzt man verd. Salzsäure zu bis Kongopapier nach Blau umschlägt.

Durchführung (Gesamteisen): Den Abdampfrückstand löst man in 5 ml konz. Salzsäure, setzt 3 Tropfen 30%iges Wasserstoffperoxyd zu und verdünnt mit etwa 20 ml dest. Wasser. Die Lösung wird dann 15 Min. lang schwach gekocht (mit Uhrglas abdecken), nach dem Abkühlen in einen 100 ml-Meßkolben übergeführt und dieser bis zur Marke mit dest. Wasser aufgefüllt.

Ein aliquoter Teil (z. B. 25 ml) wird entnommen, mit 5 ml 40%iger Salicylsäure und 2 ml 20%iger Hydroxylaminhydrochlorid-Lösung versetzt, mit 25%igem Ammoniak bis zum Umschlag nach Gelb neutralisiert und weitere 20 ml 25%iges Ammoniak zugegeben. Die je nach Eisenkonzentration hellgelb bis rot gefärbte Lösung wird dann kolorimetriert. Die Lösung ist mehrere Stunden stabil.

Die Messung geschieht am besten mit einem lichtelektrischen Kolorimeter. Die Erfassungsgrenze beträgt etwa 0,01 mg Fe/l. Durch Verwendung von Filtern kann die Genauigkeit noch erheblich gesteigert werden. Bei geringeren Genauigkeitsanforderungen genügt auch ein Tauchstabkolorimeter.

Der Eisengehalt wird an Hand einer vorher aufgestellten Eichkurve abgelesen. Hierzu stellt man sich Eisenlösungen geeigneter Konzentration her, indem man z. B. 100 mg reines Eisen in wenigen Millilitern verd. Schwefelsäure auflöst und die Lösung im Meßkolben zu 1 l auffüllt. 1 ml dieser Lösung entspricht 0,1 mg Fe.

Mangan. Man dampft 500 ml Wasser auf ungefähr 50 ml ein, säuert mit verd. Schwefelsäure im Überschuß an, gibt etwa 2 ml $^1/_{10}$n-Silbernitratlösung und 2 bis 3 g Ammoniumpersulfat (die Oxydation mit Bleidioxyd ist weniger zuverlässig) zu und erwärmt $^1/_4$ bis $^1/_2$ Stunde auf dem Wasserbade. Dadurch wird das Mangan zu violettem Permanganat oxydiert. Nach dem Abkühlen unter der Wasserleitung gibt man die Lösung in einen 100 bis 500 ml-Meßkolben, füllt bis zur Marke auf, filtriert eventuell und bestimmt den Mangangehalt kolorimetrisch durch Vergleich mit einer Permanganatlösung von bekanntem Gehalt (s. Abschnitt Kolorimetrie und Mangan in Spuren). Das zugesetzte Silbernitrat dient zur Ausfällung evtl. vorhandener Chloride und als Katalysator bei der Oxydation. Bei sehr hohem

Chloridgehalt ist seine Menge so zu erhöhen, das die Lösung stets etwas Silberionen im Überschuß enthält.

1 ml n/100-Kaliumpermanganatlösung entspricht 0,11 mg Mn.

In Ermangelung eines Kolorimeters kann man auch folgendermaßen verfahren: Man gibt die auf dem Wasserbad erhaltene Permanganatlösung nach dem Abkühlen in einen Meßzylinder und vergleicht direkt mit einer in einem zweiten Meßzylinder befindlichen Permanganatlösung, und zwar in der Weise, daß man in den zweiten Zylinder genau so viel Wasser gibt, wie sich im ersten Permanganatlösung befindet, und dann tropfenweise und unter Umschütteln so lange $^1/_{100}$n-Permanganatlösung zufließen läßt, bis die beiden Farbtöne identisch sind. Der Mangangehalt ergibt sich unmittelbar aus der Anzahl der verbrauchten Milliliter $^1/_{100}$n-Permanganatlösung.

Kieselsäure. *Qualitativer Nachweis.* Das Wasser wird im Reagenzglas mit verd. Salzsäure angesäuert und eine Messerspitze festes Ammonmolybdat zugegeben. Bei Gegenwart von Silikaten tritt Gelbfärbung auf. 20 γ/ml sind noch gut nachweisbar. Phosphate geben die gleiche Reaktion.

Quantitative Bestimmung. Man dampft 1 l Wasser (wenn trübe, so vorher filtrieren) nach Zusatz von etwa 6 ml konz. Salzsäure in einer Platin- oder Porzellanschale auf dem Wasserbad zur Trockene ein. Der Rückstand wird wiederholt mit konz. Salzsäure befeuchtet, jeweils wieder getrocknet und schließlich 3 bis 4 Std. im Trockenschrank bei 105 bis 110° erhitzt. Nach dem Erkalten nimmt man mit 5 ml konz. Salzsäure und 50 ml dest. Wasser auf und filtriert die ausgefallene Kieselsäure durch ein Papierfilter ab. Der Filterrückstand wird bis zum Verschwinden der Chloridreaktion ausgewaschen, getrocknet und dann verascht und gewogen.

Da die abgeschiedene Kieselsäure noch Spuren von Eisen-, Aluminium- oder Calciumoxyd enthalten kann, wird sie bei sehr genauen Analysen mit etwas Flußsäure im Platintiegel (nicht Porzellantiegel!) auf dem Wasserbad abgeraucht. Die Kieselsäure verflüchtigt sich hierbei als gasförmiges Silikofluorid. Die zurückbleibenden Verunreinigungen werden geglüht und gewogen. Aus der Differenz ergibt sich der Gehalt an reiner Kieselsäure.

Chloride. *Qualitativer Nachweis.* Wasser mit verd. Salpetersäure ansäuern und einige Tropfen Silbernitratlösung zugeben. Es entsteht ein weißer, käsiger Niederschlag von Silberchlorid.

Quantitative Bestimmung (nach MOHR). 100 ml Wasser werden mit etwa 1 ml 10%iger Kaliumchromatlösung versetzt und mit n/10-Silbernitratlösung bis zur bleibenden Rotbraunfärbung titriert. (Näheres s. S. 71.)

1 ml n/10-Silbernitratlösung = 3,546 mg Cl′.

Sulfate. *Qualitativer Nachweis.* Die Wasserprobe wird mit verd. Salzsäure angesäuert und mit Bariumchloridlösung versetzt. Sind Sulfationen vorhanden, so entsteht ein weißer, krist. Niederschlag von Bariumsulfat.

Quantitative Bestimmung. 100 bis 500 ml werden mit etwa 5 ml verd. Salzsäure angesäuert und dann zum Sieden erhitzt, eventuell etwas eingeengt. In die siedende Lösung läßt man tropfenweise und unter Umrühren so lange 10% ige Bariumchloridlösung einfließen, bis bei weiterer Zugabe kein Niederschlag mehr entsteht. Man gibt noch einen kleinen Überschuß an Bariumchloridlösung zu, läßt $^1/_2$ Std. bei kleingestellter Flamme weiter sieden und dann langsam erkalten. Darauf wird durch ein aschefreies, quantitatives Papierfilter, z. B. Schleicher & Schüll Blauband, filtriert und der Niederschlag mit kleinen Mengen Wasser so lange ausgewaschen, bis das Waschwasser auf Zusatz von verd. Schwefelsäure keinen Niederschlag mehr gibt. Man verascht dann das Filter bei reichlichem Luftzutritt, um eine Reduktion zu Bariumsulfid zu vermeiden, im Platin- oder Porzellantiegel und glüht bei voller Bunsenflamme (Temperatur etwa 800 °C) bis zur Gewichtskonstanz. Nach dem Erkalten im Exsikkator wird gewogen.

Nitrite. Qualitative Nachweise. a) *Nach* Griess.

Reagens: 0,1 g α-Naphthylamin werden mit 20 ml Wasser aufgekocht, die farblose Lösung von dem blauen Rückstand abgegossen und mit 150 ml verd. Essigsäure versetzt. Außerdem löst man 0,5 g Sulfanilsäure in 100 ml verd. Essigsäure, gießt beide Lösungen zusammen und bewahrt sie in einer dunklen Flasche auf.

Ausführung: Zu 5 ml der Reagensmischung gibt man einige Tropfen des zu untersuchenden Wassers. Ist Nitrit zugegen, so tritt fast augenblicklich eine Rotfärbung auf. Reaktionsvorgang: Bei Gegenwart von salpetriger Säure wird die Sulfanilsäure diazotiert und das entstehende Diazoniumchlorid kuppelt mit dem a-Naphthylamin unter Bildung eines roten Azofarbstoffes.

b) Nach Pfeiffer.

Reagens: 2 g Nitrin (o-Aminobenzalphenylhydrazon) werden unter Zusatz von 2 ml 10% iger Salzsäure in 10 ml Äthylalkohol gelöst. Die Lösung ist in brauner Flasche aufzubewahren. Tritt Verfärbung nach Gelbbraun ein, so ist sie frisch anzusetzen.

Ausführung: Zu 50 ml Wasser gibt man 30 ml 25% ige Schwefelsäure, 20 ml Äthylalkohol und nach genügender Durchmischung schließlich noch 1 ml Nitrinlösung. Bei Gegenwart von Nitrit tritt eine intensive Violettfärbung auf, die nach einigen Minuten über Rotbraun in ein mehr oder weniger dunkles Gelb übergeht (Diazotierung des Nitrins und Bildung eines Antidiazoniumhydroxyds). Stärker nitrithaltige Wässer sind vorher zu verdünnen.

Quantitative Bestimmung. Der Nitritnachweis mit Nitrin eignet sich sehr gut auch zur kolorimetrischen Bestimmung. Man stellt sich Natriumnitritlösungen bekannten Gehaltes (1 bis 5 mg/l) her, verfährt mit diesen genauso wie mit der Untersuchungslösung und vergleicht die auftretenden Gelbfärbungen.

Nitrate. *Qualitativer Nachweis.* Man versetzt etwa 2 ml des zu untersuchenden Wassers im Reagenzglas unter Kühlung und Umschütteln mit etwa 5 ml konz. Schwefelsäure, fügt eine Messerspitze voll Brucin zu und schüttelt um. Sind Nitrate zugegen, so färbt sich die Lösung rot.

Quantitative Bestimmung: Eine solche kommt in der Regel nicht in Betracht. Bei größeren Salpetersäuremengen bediente man sich früher der Indigo-Titrationsmethode. Wegen der Umständlichkeit führt man heute lieber die *Nitron*-Methode wie folgt aus: Man versetzt 100 ml des Wassers mit etwa 15 Tropfen 10%iger Schwefelsäure, erhitzt fast zum Sieden und versetzt alsdann mit 10 ml einer 10%igen Lösung von *Nitron* (Mol.-Gew. 312, $C_{20}H_{16}N_4$) in 5%iger Essigsäure. Das schwerlösliche *Nitronnitrat* (Mol.-Gew. 375) fällt in dünnen, seidenglänzenden Nädelchen aus und wird nach 1stündiger Kühlung in kaltem Wasser über einen gewogenen Filtertiegel abfiltriert und nach Trocknung bei 105 bis 110° gewogen. 1 mg Nitronnitrat entspricht 0,1653 mg NO_3'.

Phosphate. *Qualitativer Nachweis.* Zu 5 ml mit konz. Salpetersäure angesäuerter Ammonmolybdatlösung (5%ig) gibt man etwa 1 ml des zu untersuchenden Wassers und erwärmt. Bei Vorhandensein von Phosphationen entsteht ein gelber Niederschlag.

Die quantitative Bestimmung des Phosphats kommt nur bei Kesselspeise- und Abwasser in Frage (s. S. 67).

Sauerstoff im Wasser. Das WINKLERsche Verfahren beruht darauf, daß der in einem bestimmten Volumen enthaltene Sauerstoff Mangan(II)-salz zu Mangan(IV)-salz oxydiert und dieses eine äquivalente Menge Jod frei macht, das mit Thiosulfat titriert wird.

Ausführung: Man füllt eine 250 ml fassende, sehr gut schließende Glasstöpselflasche, deren Volumen vorher durch Wägung des Wasserinhaltes genau festgestellt ist, nach Verdrängung der Luft mit dem Probewasser bis zum obersten Rand, füllt dann mit einer genau justierten, engröhrigen Pipette von 1 ml Inhalt, die nahe bis an den Boden des Gefäßes reicht, 1 ml Jodkalium-Natronlauge (1 g reinstes nitritfreies Natriumhydroxyd + 2 ml Wasser + 0,2 g Jodkalium), dann 1 ml Mangan(II)-chloridlösung (4 g reinstes, eisenfreies, kristallisiertes Manganchlorid, $MnCl_2 \cdot 4H_2O$, in 10 ml Wasser) ein, verschließt die Flasche luftblasenfrei, mischt den Inhalt durch mehrmaliges Wenden der Flasche und läßt den Niederschlag absetzen. Dann gibt man aus einer langröhrigen Pipette etwa 5 ml konz. Salzsäure zu, verschließt die Flasche und mischt den Inhalt, wobei sich der Niederschlag schnell löst. Schließlich titriert man einen aliquoten Teil der von ausgeschiedem Jod gelb gefärbten Flüssigkeit mit 1/100n-Thiosulfatlösung.

1 ml verbrauchte 1/100n-Thiosulfatlösung = 0,055825 ml Sauerstoff (bei 0° und 760 mm).

Salpetrige Säure, Eisen und organische Substanz wirken störend und müssen gegebenenfalls gesondert bestimmt und durch Korrektur berücksichtigt werden.

Ammoniak. *Nachweis mit* NESSLERs *Reagens.* Man setzt dem zu prüfenden Wasser im Reagenzglas ein paar Tropfen NESSLERs Reagens zu und schüttelt um. Bei geringen Mengen Ammoniak färbt sich die Lösung gelbbraun, bei größeren Mengen bildet sich ein brauner Niederschlag. Sollte das Wasser stark sauer reagieren, so ist es vor der Reagenszugabe mit verd. Natronlauge alkalisch zu stellen.

Quantitative Bestimmung (kolorimetrisch). 100 ml des zu untersuchenden Wassers versetzt man in einem Becherglas, Meßzylinder oder Kolorimeterrohr mit 2 ml Seignettesalzlösung (50 g Seignettesalz + 2 ml NESSLERs Reagens in 100 ml Wasser) und 2 ml NESSLERs Reagens und schüttelt gut um. Dasselbe macht man in einem Parallelversuch mit 100 ml ammoniakfreiem dest. Wasser und setzt dann tropfenweise so viel einer ihrer Stärke nach bekannten Ammonchloridlösung zu, bis die Färbungen der beiden Lösungen übereinstimmen. Ergibt sich ein Ammoniakgehalt von mehr als 1 mg/l, so ist das Untersuchungswasser mit dest. Wasser entsprechend zu „verdünnen“.

Ansatz der Ammonchloridlösung. 0,3141 g Ammonchlorid werden in 1 l dest. Wasser aufgelöst. 1 ml dieser Lösung entspricht 0,1 mg NH_3. Soll 1 ml davon 0,1 mg/l NH_4^+-Ion entsprechen, so sind 0,2966 g Ammonchlorid aufzulösen.

Herstellung des NESSLER-*Reagens.* Man hält sich zu diesem Zweck am besten käufliches *Quecksilberjodid* vorrätig, löst hiervon 10 g in 50 ml 10%iger Jodkaliumlösung und gibt noch 50 ml reinste 40%ige Natronlauge zu. — Hat man kein Quecksilberjodid vorrätig, so bereitet man sich das Reagens in wenigen Minuten wie folgt. Man löst 6 g Quecksilberchlorid in 50 ml heißem Wasser und setzt noch warm 7,4 bis 7,5 g Jodkalium in 50 ml Wasser hinzu. Das schwerlösliche Quecksilberjodid scheidet sich als schwerer Bodenkörper ab und wird nach dem Abkühlen, Absetzen und dreimaligem Dekantieren (mit je 20 ml kaltem Wasser) in 5 g Jodkalium (in 50 ml Wasser) gelöst, mit 20 g reinstem Ätznatron (in wenig Wasser gelöst) versetzt und zuletzt auf 100 ml aufgefüllt. Man bewahrt das Reagens gut verschlossen im Dunkeln auf.

Schwefelwasserstoff. Die Bestimmung erfolgt qualitativ und quantitativ mit dem Schwefelwasserstoffreagens (10 g krist. Seignettesalz + 10 g krist. Ammoniumchlorid + 0,1 g Bleiazetat in 5%igem Ammoniak zu 100 ml gelöst). Man versetzt 100 ml des zu prüfenden Wassers mit 5 ml der Reagenslösung und vergleicht gegebenenfalls die auftretende Braunfärbung mit einer Schwefelnatriumlösung von bekanntem Gehalt, wobei man in ähnlicher Weise verfährt wie bei der kolorimetrischen Ammoniakbestimmung. Zur Herstellung der Schwefelnatriumlösung löst man 0,1 g krist. Schwefelnatrium ($Na_2S \cdot 9\,H_2O$) unter Zusatz von einigen Tropfen Ammoniak in so viel konz. Natriumnitratlösung, daß 100 ml Lösung entstehen. Die Lösung muß stets frisch angesetzt werden.

Alkalität. Die Alkalität des Wassers (Gehalt an Soda, Bikarbonat und Ätznatron) wird ausgedrückt durch den Verbrauch an n/10-Salzsäure bezogen auf 100 ml Untersuchungswasser. Man unterscheidet a) *Methylorangealkalität* oder *Gesamtalkalität* des Wassers = MA, b) die *Phenolphthaleinalkalität* = PA und die c) *Ätz-Alkalität* = A.

Bestimmung der Phenolphthaleinalkalität (PA) und der Methylorangealkalität (MA) = Gesamtalkalität:

100 ml des zu untersuchenden Wassers werden nach Zusatz von 3 Tropfen Phenolphthaleinlösung mit n/10-Salzsäure bis zur Entfärbung titriert. Die verbrauchten Milliliter n/10-Säure ergeben die Phenolphthaleinalkalität (PA), den sog. „*p*-Wert".

Darauf setzt man der Lösung 3 Tropfen Methylorangelösung zu und titriert weiter bis zum Farbumschlag von Gelb nach Orange. Der Gesamtverbrauch an n/10-Salzsäure entspricht der Methylorangealkalität (MA) = Gesamtalkalität, dem sog. „*m*-Wert".

Zur Vermeidung von Kohlendioxydverlusten und Erhöhung der Genauigkeit empfiehlt es sich, bei der Bestimmung der Phenolphthaleinalkalität nach jedem Säurezusatz den Kolben zu verschließen, gut umzuschütteln und erst dann weiterzutitrieren.

Bestimmung der Ätzalkalität (A):

Die Ätzalkalität errechnet sich aus der Beziehung:

$$\boxed{A = 2\,PA - MA}$$

Alkalitätsgrade. Durch Multiplikation der Alkalitäten (MA, PA, A) mit 2,8 werden die sog. *Alkalitätsgrade* erhalten.

MA · 2,8 = Gesamt-Alkalitätsgrade (°MA),
PA · 2,8 = Phenophthalein-Alkalitätsgrade (°PA),
A · 2,8 = Ätzalkalitätsgrade (°A).

Berechnung des Karbonat-, Bikarbonat- und Hydroxylionengehalts: Der Gehalt an Karbonat-, Bikarbonat- und Hydroxylionen ergibt sich aus den bei der Titration ermittelten *p*- und *m*-Werten. Die Zusammenhänge sind aus der Tab. 10 ersichtlich.

Tabelle 10. *Auswertung der Titrationen*

Bei der Titration gefunden	Gehalt des Wassers an		
	Ätzalkali	Karbonat	Bikarbonat
$p = m$	m	—	—
$2p > m$	$2p - m$	$2(m - p)$	—
$2p = m$	—	$2p$	—
$2p < m$	—	$2p$	$m - 2p$
$p = 0$	—	—	m

Die für p und m gefundenen Werte sind in die Formeln der Tab. 10 einzusetzen und mit den entsprechenden Äquivalentgewichten ($CO_3'' = 30$ $HCO_3' = 61$ und $OH' = 17$) zu multiplizieren.

Beispiel:

Gefunden: $p = 0{,}34$ und $m = 1{,}72$.
Da in diesem Falle $2p < m$ ist, ergibt sich daraus ein Karbonationengehalt von $2p$, d. h. $2 \cdot 0{,}34 \cdot 30 = 20{,}4$ mg/l CO_3'' und ein Bikarbonationengehalt von $m - 2p$, d. h. $(1{,}72 - 2 \cdot 0{,}34) \cdot 61 = 63{,}4$ mg/l HCO_3'. Hydroxylionengehalt = 0.

Säureverbrauch des Wassers. Im Normenvorschlag DIN 19641 (Entwurf Januar 1960) wurde der Begriff „Alkalität" durch „Säureverbrauch" ersetzt. Man versteht darunter die Anzahl Milliäquivalent (mval) Salz- oder Schwefelsäure, die bei der Titration von 1 l Wasser verbraucht werden (= ml verbrauchte n/10-Säure für 100 ml Wasser), und unterscheidet wieder den *p*-Wert (Phenolphthalein als Indikator) und den *m*-Wert (Methylorange als Indikator).

Halbgebundene Kohlensäure (Bikarbonatkohlensäure). Die halbgebundene Kohlensäure läßt sich aus der Gesamtalkalität (MA) berechnen (s. d.). Man titriert 100 bis 250 ml Wasser mit $^1/_{10}$n-Salzsäure gegen Methylorange und bringt den bei einem Blindversuch mit der gleichen Menge dest. Wassers erhaltenen Säureverbrauch in Abzug. Je 1 ml $^1/_{10}$n-Salzsäure = 4,4 mg halbgebundene Kohlensäure. Bei Anwendung von 100 ml zur Titration enthält das Wasser demnach MA · 44 mg/l halbgebunden Kohlensäure.

Freie Kohlensäure (DIN 8105). Man füllt mit einem bis auf den Boden reichenden Gummischlauch einen 100 ml-Mischzylinder mit dem zu untersuchenden Wasser und läßt es etwa 10 Min. überlaufen, um das anfänglich mit der Luft in Berührung gewesene Wasser zu verdrängen. Nach Einstellung auf die Marke 100 fügt man 0,1 ml Phenolphthaleinlösung (3,75 g Phenolphthalein in 1 l neutralisiertem Methanol) hinzu und träufelt dann aus der Bürette in den Zylinder etwas $^1/_{50}$n-Natronlauge, verschließt den Mischzylinder mit dem Glasstopfen und kippt langsam um (nicht schütteln!), so daß das Wasser in drehende Bewegung kommt. Dann setzt man erneut etwas von der gleichen Natronlauge zu, verschließt den Zylinder, kippt ihn um und fährt so fort, bis die Flüssigkeit eine auch nach 5 Min. langem Stehen nicht mehr verblassende, schwache, aber deutlich rosenrote Färbung zeigt. Nach dieser Vorbestimmung kann man dann die zweite, genauere Bestimmung vornehmen, indem man gleich bei Beginn des Titrierens fast die ganze Menge Natronlauge, die beim ersten Versuch verbraucht wurde, auf einmal zur Wasserprobe gibt und die Bestimmung durch Hinzuträufeln von einigen wenigen Tropfen $^1/_{50}$n-Natronlauge beendet. Diese zweite Bestimmung ist genauer als die erste, da bei der ersten etwas Kohlensäure (etwa 5% der vorhandenen) verlorengeht.

1 ml $^1/_{50}$n-Natronlauge = 0,88 mg CO_2; bei Anwendung von 100 ml Wasser also 8,8 mg/l Kohlensäure.

Eisenhaltiges, stark karbonathartes (etwa 25° KH) oder bei der Titration sich trübendes Wasser wird vor Ausführung der Titration a) mit 1 bis 2 ml gesättigter und gegen Phenolphthalein neutralisierter Seignettesalzlösung (= Kaliumnatriumtartrat, 100:200 Wasser) versetzt oder b) mit dem gleichen Vol. dest. Wassers verdünnt.

Kalkaggressive Kohlensäure (nach HEYER). Eine mit dem Probewasser gefüllte Literflasche wird mit 3 g Marmorstaub, der vorher mit dest. Wasser ausgekocht worden ist, versetzt und unter häufigem Schütteln 5 Tage aufbewahrt. Dann ermittelt man in einer filtrierten Probe des so behandelten Wassers den Gehalt an gebundener Kohlensäure (s. o.). Die Differenz zwischen der im ursprünglichen Wasser vorhandenen und der in der Probe bestimmten Menge an gebundener Kohlensäure (Werte in mg/l) ergibt den Gehalt des geprüften Wassers an kalkaggressiver Kohlensäure.

Die Härte des Wassers

Unter der *Härte* versteht man die im Wasser enthaltenen löslichen Erdalkaliverbindungen. Meist handelt es sich um Calcium- und Magnesiumsalze. Man unterscheidet dabei:

Gesamthärte = GH	Magnesiumhärte = MgH
Karbonathärte = KH	Strontiumhärte = SrH
Nichtkarbonathärte = NKH	Bariumhärte = BaH
Kalkhärte = CaH	

Die Karbonathärte ist bedingt durch den Gehalt an Calcium- und Magnesiumbikarbonaten. Durch Aufkochen kann diese Härte beseitigt werden, da dann die wasserlöslichen Bikarbonate in die unlöslichen Karbonate übergehen. Man bezeichnet deswegen die Härte auch als vorübergehende oder temporäre Härte.

Die Nichtkarbonathärte umfaßt alle anderen Calcium- und Magnesiumsalze. Sie kann durch Kochen nicht beseitigt werden und wird daher auch bleibende oder permanente Härte — oder auch Gipshärte, da meist durch Gips verursacht — genannt.

Die Gesamthärte entspricht der Summe der Karbonat- und Nichtkarbonathärte oder auch der Summe der Erdalkalieinzelhärten, also GH = KH + NKH oder GH = MgH + CaH + SrH + BaH.

Die Härte wird ausgedrückt in „Graden", und zwar versteht man unter einem *deutschen Härtegrad* (°dH) die Anzahl von Gewichtsteilen CaO in 100000 Gewichtsteilen Wasser, oder — was dasselbe ist — die Milligramme CaO in 100 ml Wasser.

1° deutsche Härte entspricht also 1 mg CaO in 100 ml oder 10 mg CaO im Liter Wasser.

Vorhandene Magnesiumsalze (mg/l MgO) werden durch Multiplikation mit 1,4 in die stöchiometrische Menge CaO umgerechnet (1 Teil MgO = 1,4 Teile CaO).

Neben den deutschen gibt es noch französische, englische und amerikanische Härtegrade. Es bedeuten:
1 franz. Härtegrad = 1 °fH = 10 mg $CaCO_3$ in 1 l Wasser,
1 engl. Härtegrad = 1 °eH = 10 mg $CaCO_3$ in 0,7 l Wasser (= 1 grain (0,0648 g) in 1 engl. Gallone (4,5436 l) Wasser),
1 amerik. Härtegrad = 1 ppm = 1 mg $CaCO_3$ in 1 l Wasser (1 ppm = parts per million).
Neuerdings wird als Maßeinheit für die Härte das Milliäquivalent/l (mval/l) empfohlen.
1 mval/l Calciumhärte (CaH) = 20,04 mg/l Ca^{++}
1 mval/l Magnesiumhärte (MgH) = 12,61 mg/l Mg^{++}
1 mval/l Strontiumhärte (SrH) = 43,82 mg/l Sr^{++}
1 mval/l Bariumhärte (BaH) = 68,68 mg/l Ba^{++}
1 mval Erdalkaliionen/l (1 ml n/10-HCl pro 100 ml Wasser) = 2,8 °dH.

Die Zusammenhänge zwischen den verschiedenen Härteeinheiten und die Umrechnungsfaktoren sind aus der Tab. 11 ersichtlich.

Tabelle 11

Härtegrade				mval/l Erdalkaliionen
deutsche	französische	englische	amerikanische (ppm)	
1,00	1,78	1,25	17,8	0,356
0,56	1,00	0,70	10,0	0,20
0,80	1,43	1,00	14,3	0,285
0,056	0,10	0,07	1,00	0,02

Allgemeine Bezeichnung: Wasser von weniger als 8 °dH gilt als weich, von 8 bis 16° als mittelhart, von 16 bis 30° als hart und über 30° als sehr hart.

Berechnung der Härte. Am genauesten wird die Härte eines Wassers aus dem chemisch-analytischen Befund des Wassers durch Berechnung ermittelt.

Die *Kalkhärte*, CaH, ergibt sich aus dem Kalkgehalt des Wassers (mg/l CaO), indem man die in 1 l Wasser gefundenen Milligramm Kalk durch 10 dividiert. Beispiel: 100 mg Kalk im Liter Wasser, also 100:10 = 10 °Kalkhärte = 10 °CaH.

Die *Magnesiumhärte*, MgH, des Wassers wird aus dem ermittelten Magnesiumgehalt des Wassers (mg/l MgO) berechnet, indem man zuerst den Magnesiumgehalt (mg/l) des Wassers durch Multiplikation mit 1,4 in die äquivalente Menge Kalk umrechnet (1 Teil MgO = 1,4 Teile CaO) und das Produkt durch 10 dividiert. Beispiel: 20 mg MgO im Liter Wasser. 20 mg MgO entsprechen = 20 · 1,4 = 28 mg CaO; durch 10 dividiert = 2,8. Die Magnesiumhärte ist also 2,8 °MgH.

Die *Gesamthärte* entspricht, wenn Barium- und Strontiumsalze fehlen, was meist der Fall ist, der Summe von Kalk und Magnesiumhärte; im vorliegenden Beispiel 10 + 2,8 = 12,8 °GH.

Die *Karbonathärte*, KH, wird aus der Gesamtalkalität oder der Methylorangealkalität (MA, s. S. 59) wie folgt berechnet: Je 1 ml verbrauchter $^1/_{10}$n-Salzsäure bei der Alkalitätsbestimmung entspricht 2,8 mg CaO als Bikarbonat (+ äquivalente Menge MgO) in der titrierten Wassermenge. Bei Anwendung von 100 ml Wasser sind also 2,8 mg CaO (+ äquivalente Menge MgO) als Bikarbonat in 100 ml Wasser enthalten, d. h., das Wasser hat 2,8 °Karbonathärte, KH. Die berechnete Karbonathärte entspricht also der ermittelten Methylorangealkalität · 2,8 und damit auch zugleich den Gesamtalkalitätsgraden (s. S. 60). Weitere Umrechnung ergibt, daß bei der Titration von 100 ml Wasser dem Verbrauch von je 0,357 ml $^1/_{10}$n-Salzsäure je 1 °KH entspricht.

Alkalibikarbonat. Ist die aus der Alkalität errechnete Karbonathärte (MA · 2,8 = KH) ausnahmsweise höher als die Gesamthärte (GH), so gilt die ermittelte Gesamthärte als Karbonathärte, und der Überschuß wird als Natriumbikarbonat angenommen. Der Gehalt an Natriumbikarbonat beträgt damit in mg/l:

$$\frac{\text{KH} - \text{GH}}{2{,}8} \cdot 84$$

Die *Nichtkarbonathärte*, NKH, ergibt sich unmittelbar aus der Differenz von Gesamthärte und Karbonathärte, GH — KH = NKH. Ist KH ausnahmsweise größer als GH, so enthält das Wasser noch Alkalikarbonat oder Alkalihydroxyd.

Zur Berechnung von °CaH, °MgH, °GH, °KH, °NKH sind also im allgemeinen nur analytische Befunde erforderlich, und zwar über den Kalkgehalt (mg/l CaO), Magnesiumgehalt (mg/l MgO) und die Gesamtalkalität (MA). Bei phenolphthaleinalkalischen und ätzalkalischen Wässern, die alkalisch gereinigt sind, treten Verschiebungen und Komplikationen in bezug auf die Berechnung der KH ein.

Bestimmung der Wasserhärte

Palmitatverfahren nach Blacher (Gesamthärte). Setzt man dem harten Wasser etwas Kaliumpalmitatlösung zu, so werden die Härtebildner nach der Reaktionsgleichung

$$Ca(HCO_3)_2 + 2\,C_{15}H_{31}COOK = (C_{15}H_{31}COO)_2Ca + 2\,KHCO_3$$

als unlösliches Calcium- bzw. Magnesiumpalmitat ausgefällt. Da Kaliumpalmitat infolge Hydrolyse alkalisch reagiert, erkennt man den Endpunkt der Umsetzung an dem Farbumschlag des zugegebenen Indikators.

Herstellung der $^1/_{10}$n-Palmitatlösung. Man löst 25,63 g reine Palmitinsäure in 400 ml Äthylalkohol und 250 ml Glycerin unter Erwärmen auf dem Wasserbad auf, neutralisiert nach Zusatz von etwas Phenolphthalein mit alkoholischer Kalilauge und füllt nach dem Erkalten mit Alkohol zu einem Liter auf. Die Lösung ist titerfest. Zur genauen Einstellung, die sich jedoch bei Verwendung reiner Substanzen erübrigt, eignet sich eine $^1/_{10}$n-Bariumchloridlösung (12,22 g $BaCl_2 \cdot 2H_2O$ im Liter Wasser).

Ausführung. 100 ml Wasser werden nach Zugabe von 2 bis 3 Tropfen Methylorange mit $^1/_{10}$n-HCl bis zur deutlichen Rotfärbung versetzt. Die in Freiheit gesetzte Kohlensäure wird durch 10 Min. langes Kochen oder Hindurchleiten von Luft entfernt. Sollte hierbei die Rotfärbung wieder verschwinden, so ist nochmals mit $^1/_{10}$n-HCl nachzustellen. Aus den bei der Titration verbrauchten Millilitern n/10-HCl kann die Karbonathärte berechnet werden. 1 ml n/10-HCl = 2,8 mg CaO, bei Anwendung von 100 ml Wasser also = 2,8 °dH.

Nach dem Abkühlen der Lösung setzt man 1 ml einer 0,04%igen alkoholischen Phenolphthaleinlösung zu, dann tropfenweise verd. Natronlauge bis zur schwachen Rosafärbung und titriert mit n/10-Kaliumpalmitatlösung bis zu einer bleibenden, kräftigen Rotfärbung. Die Rotfärbung muß durch Zugabe von 2 bis 3 Tropfen $^1/_{10}$n-HCl wieder verschwinden, andernfalls ist zuviel Palmitatlösung zugegeben worden.

1 ml $^1/_{10}$n-Palmitatlösung entspricht 2,8 mg CaO = 2,8 °dH.

Nach dem Palmitatverfahren erhält man im allgemeinen sehr brauchbare Werte. Die Fehlergrenze liegt bei 0,2 bis 0,4 °dH. Für Wässer unter 1 °dH ist das Verfahren weniger geeignet. In diesem Fall ist das Komplexonverfahren oder die gravimetrische Bestimmung des Calciums und Magnesiums vorzuziehen.

Komplexometrisches Verfahren nach Schwarzenbach (Gesamt-, Kalk- und Magnesiumhärte). Die komplexometrische Bestimmung der Wasserhärte zeichnet sich durch große Genauigkeit (0,05 °dH) und einfache und rasche Durchführung aus. (Theoretische Grundlagen der Komplexometrie s. S. 31.) Verwendet man Eriochromschwarz als Indikator, so erhält man die Gesamthärte (Calcium + Magnesium), mit Murexid dagegen nur die Kalkhärte (Calcium).

Erforderliche Reagenzien. 1. Maßlösung 6,64 g Komplexon III oder Titriplex III werden zum Liter Wasser aufgelöst. Enthält das zu bestimmende Wasser keine Magnesiumsalze, so setzt man bei der Titration eine gemessene Menge Zn- oder Mg-Salz zu und zieht diese vom Gesamtverbrauch an Komplexon wieder ab. Noch einfacher ist es, schon der Maßlösung 5 g des käuflichen Magnesium- oder Zinkkomplexonates zuzugeben.

2. Indikatoren. Da die wäßrigen Lösungen meist ziemlich unbeständig sind, verwendet man am besten eine „feste Verdünnung" aus 1 Teil Indikatorfarbstoff (Eriochromschwarz bei der Gesamthärte und Murexid bei der Kalkhärte) und 200 Teilen reinem Kochsalz. Die Mischung wird in der Reibschale innig verrieben. Zur Titration genügt jeweils eine Messerspitze voll.

3. Pufferlösung. 54 g Ammonchlorid und 350 ml 25%iges Ammoniak werden mit dest. Wasser zum Liter gelöst. Die Pufferung bei der Titration geschieht, um p_H-Änderungen zu vermeiden.

a) Bestimmung der Gesamthärte. Zu 100 ml des zu prüfenden Wassers gibt man 5 ml Pufferlösung und eine Messerspitze voll Indikator-

Kochsalz-Mischung zu, erwärmt auf 40 bis 50° und titriert von Weinrot nach Blau. Etwa vorhandene Schwermetallsalze können durch Zusatz von etwas KCN-Lösung maskiert werden. Alkalische Wässer sind vor Zugabe der Pufferlösung mit verd. Salzsäure, saure mit verd. Natronlauge zu neutralisieren.

1 ml Maßlösung (6,64 g/l Komplexon III) entspricht 1 mg CaO, bei Anwendung von 100 ml Wasser also genau 1 °dH. Diese Maßlösung ist besonders für weiches Wasser geeignet. Für hartes Wasser verwendet man besser eine 0,1 m-Komplexonlösung (Ansatz s. S. 32). 1 ml davon entspricht bei Einsatz von 100 ml Wasser genau 5,6 °dH.

b) Bestimmung der Kalkhärte. Zu 100 ml Wasser gibt man einige Milliliter verd. Natronlauge (der p_H-Wert soll mindestens 12 betragen) und eine Messerspitze Murexid-Kochsalz-Mischung zu und titriert mit der Komplexonlösung bis zum Farbumschlag von Rotviolett nach Blauviolett.

1 ml Komplexonlösung (6,64 g/l) = 1 mg CaO = 1 °dH.

c) Bestimmung der Magnesiumhärte. Die Magnesiumhärte ergibt sich aus der Differenz der Gesamthärte und der Kalkhärte.

Verfahren nach Boutron und Boudet (Gesamthärte). Das Verfahren beruht darauf, daß beim Schütteln des harten Wassers mit einer Seifenlösung erst dann ein bleibender Schaum entsteht, wenn alle Härtebildner als Calcium- oder Magnesiumseifen ausgefällt sind. Reaktionsgleichung siehe Palmitatverfahren S. 63. Die Genauigkeit dieses Verfahrens läßt zwar etwas zu wünschen übrig, aber als Orientierungsmethode und zur laufenden Kontrolle des enthärteten Wassers ist sie gut geeignet.

Benötigte Geräte und Chemikalien. Alkoholische Seifenlösung nach Boutron-Boudet, Schüttelflasche mit Ringmarken bei 10, 20, 30 und 40 ml (Abb. 12) und ein Hydrotimeter (Meßrohr H DIN 12685) mit Einteilung in deutsche Härtegrade (Abb. 13).

Ausführung. In die Schüttelflasche bringt man 40 ml des zu untersuchenden Wassers, gibt einen Tropfen Phenolphthaleinlösung und dann tropfenweise so lange verd. Natronlauge zu, bis eine schwache Rosafärbung eintritt. Dem so neutralisierten Wasser setzt man tropfenweise aus dem Hydrotimeter Seifenlösung zu und schüttelt nach jeder Zugabe kräftig durch. Dies wird so lange fortgesetzt, bis sich über dem Wasser mehrere Minuten lang beständig bleibender Schaum gebildet hat. Die Härtegrade können an der Skala des Hydrotimeters direkt abgelesen werden.

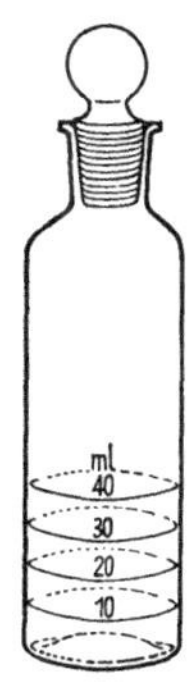

Abb. 12 Schüttelflasche

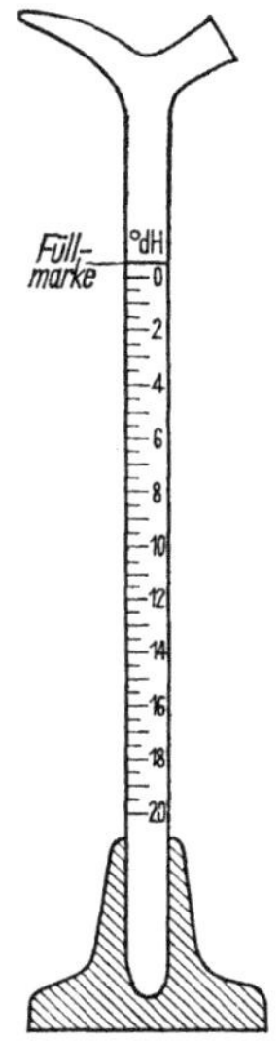

Abb. 13 Hydrotimeter

Das Hydrotimeter ist nicht bis zur Nullmarke, sondern der darüber befindlichen Ringmarke aufzufüllen. Bei Härten über 10 bzw. 20°

nimmt man zur Untersuchung nur 20 bzw. 10 ml Wasser und füllt jeweils mit dest. Wasser auf 40 ml auf.

Genauigkeit bei Anwendung von 40 ml Wasser:

Bei Wässern von 0—2 °dH: 0—0,2 °dH,
von 2—12 °dH: 0,2—0,5 °dH,
von über 12 °dH: 0,5—1 °dH.

Bestimmung der Karbonathärte (KH). 100 ml Wasser werden nach Zugabe von 2 bis 3 Tropfen Methylorange (0,1%ig) mit $^1/_{10}$n-Salzsäure titriert, bis die gelbe Farbe nach Orange umgeschlagen hat. Die titrierte Lösung kann zur Bestimmung der Gesamthärte nach dem Palmitat- oder Komplexonverfahren weiter verwendet werden.

1 ml $^1/_{10}$n-HCl entspricht 2,8 mg CaO, bei Verwendung von 100 ml Wasser also 2,8 °dH.

Die Nichtkarbonathärte (NKH) ergibt sich aus der Differenz der Gesamthärte und der Karbonathärte: NKH = GH — KH.

Betriebs- und Kesselspeisewasser

Abdampf- und **Glührückstand** s. S. 52.

Alkalität. Man unterscheidet wieder die Methylorangealkalität (MA) = Gesamtalkalität und die Phenolphthaleinalkalität (PA). Beim Betriebs- und Kesselspeisewasser wird die Alkalität meist durch die Alkalitätszahl (AZ) und neuerdings vor allem die Alkalischutzzahl (ASZ) ausgedrückt.

Alkalitätszahl, Die Alkalitätszahl (AZ) ergibt sich durch Multiplikation der Phenolphthaleinalkalität (p-Wert, s. S. 59) mit der Zahl 40, also

$$AZ = p \cdot 40.$$

Alkalischutzzahl. Zur Berechnung der Alkalischutzzahl (ASZ) benötigt man den p_H-Wert des zu untersuchenden Wassers. Diesen Wert zieht man von der Zahl 14,0 ab und erhält dadurch den p_{OH}-Wert bzw. die Hydroxylionenkonzentration. Daraus ergibt sich dann die Alkalischutzzahl durch Multiplikation mit der Zahl 10^6.

Beispiel:

p_H-Wert des Wassers	$= 9,0$
p_{OH}-Wert	$= 14,0 - 9,0 = 5,0$
Hydroxylionenkonzentration[OH']	$= 10^{-5}$
$ASZ = 10^{-5} \cdot 10^6 = 10^{+1} + 10.$	

Erkennung der Resthärte. In 100 ml Wasser löst man eine Indikator-Puffertablette Merck und fügt 1 ml konz. Ammoniak hinzu. Es treten folgende Farbtöne auf:

0 °dH = Grünfärbung mit grauem Unterton
0 bis 0,01 °dH = graue bis grauviolette Mischfarbe
0,5 °dH = rosarote Färbung.

Bestimmung der Resthärte. *a) Resthärten von weniger als* 0,5 *°dH (Verfahren nach Splittgerber und Mohr).* 500 ml des zu untersuchenden Wassers werden in einem Schüttelzylinder von 600 ml Inhalt mit 3 Tropfen Phenolphthaleinlösung versetzt und durch Zugabe von verd. Natronlauge oder verd. Salzsäure — je nach der Reaktion des Wassers — auf schwache Rosafärbung eingestellt. Bei Vorliegen von Kondenswasser gibt man außerdem 0,2 g Kochsalz zu. Aus dem Hydrotimeter (s. Abb. 13) läßt man dann Seifenlösung nach SPLITTGERBER/MOHR zufließen und schüttelt nach jeder Zugabe gut durch. Der Endpunkt der Reaktion ist erreicht, wenn sich ein etwa 1 bis 2 cm dicker, mindestens 2 Min. lang beständiger Schaum gebildet hat. Die Seifenlösung besteht aus 1 Teil CLARKscher Lösung und 4 Teilen 56%igem Alkohol (Hersteller: Merck, Darmstadt)

$$1 \text{ ml Seifenlösung} = 0{,}003\ °\text{dH}.$$

Werden mehr als 50 ml Seifenlösung verbraucht, so rechnet man für jeden weiteren Milliliter mit 0,01 °dH.

b) Resthärten von mehr als 0,5 °dH. Geeignet ist das Verfahren nach BOUTRON-BOUDET und vor allem die komplexometrische Titration (Näheres s. S. 64 und 65).

Bestimmung des Phosphatgehalts. Die quantitative Phosphatbestimmung kann gravimetrisch, komplexometrisch (s. S. 93) oder auch kolorimetrisch erfolgen. Bei Kesselspeisewasser wird meist die letztere bevorzugt.

Ausführung (nach Merck, Chem.-techn. Untersuchungsmethoden): 20 ml des zu untersuchenden Wassers werden mit 0,1 ml Zitronensäurelösung, 0,4 ml Bisulfitlösung, 0,8 ml Ammoniummolybdatlösung und 0,8 ml Reduktionslösung versetzt. Nach einer Wartezeit von 30 Min. erfolgt der Vergleich mit Phosphatlösungen, die in je 20 ml 0,2; 0,4; 0,8; 1,2 und 2,0 ml verdünnte Phosphatvergleichslösung, entsprechend 0,02; 0,04; 0,08; 0,12 und 0,2 mg P_2O_5 enthalten und wie die Wasserprobe behandelt werden. Zur Ausführung der Prüfung sind Reagenzgläser von gleicher lichter Weite erforderlich.

Reagenzien:

Ammoniummolybdatlösung: 5 g Ammoniummolybdat werden in einer Mischung aus 100 ml dest. Wasser und 5 ml konz. Schwefelsäure ($d = 1{,}84$) gelöst.

Bisulfitlösung: 35 g Natriumpyrosulfit, trocken, z. Anal. Merck werden in 100 ml dest. Wasser gelöst.

Zitronensäurelösung: 20 g Zitronensäure, gelöst in 80 ml dest. Wasser.

Reduktionslösung: 2 g Photo-Rex Merck (Monomethyl-p-aminophenolsulfat), gelöst in einer Mischung aus 100 ml dest. Wasser und 0,1 ml konz. Schwefelsäure ($d = 1{,}84$).

Phosphatvergleichslösung: 14,73 g Natriumammoniumhydrogenphosphat ($NaNH_4HPO_4$) z. Anal. Merck werden in einem Meßkolben von 1000 ml Inhalt in dest. Wasser gelöst. Die Lösung wird bis zur Marke mit dest. Wasser aufgefüllt. 1 ml dieser Phosphatlösung = 5 mg P_2O_5.

Verdünnte Phosphatvergleichslösung: 1 ml Phosphatlösung wird im Meßkolben mit dest. Wasser zu 50 ml verdünnt. 1 ml = 0,1 mg P_2O_5.

Literatur

Deutsche Einheitsverfahren zur Wasser-, Abwasser- und Schlammuntersuchung. Weinheim/Bergstraße: Verlag Chemie GmbH. 1954.

Normblätter zur Untersuchung von Wasser. Beuth-Vertrieb GmbH., Köln, Friesenplatz 16.

Standard Methods for the examination of water and sewage. Amer. Publ. Health Association u. Amer. Water Works Association, New York, 9. Aufl. 1949, übersetzt von Fr. SIERP. München: R. Oldenburg 1951.

CZENSNY, R.: Untersuchungsverfahren zur chemischen Wasseranalyse. Stuttgart: Verlagsbuchhandlung E. Schweizerbart 1943.

KEHREN, M.: Wasser und Abwasser in der Textilindustrie. Herausgegeben von der Schweiz. Vereinigung von Färbereifachleuten 1951.

Säuren

Schwefelsäure, H_2SO_4. Mol.-Gew. = 98,08. Starke zweibasische Säure; in reiner und konzentrierter Form eine wasserklare, ölige, oxydierend wirkende Flüssigkeit. Die konzentrierte Säure ist stark hygroskopisch und mit Wasser in jedem Verhältnis mischbar. Wegen der hierbei auftretenden starken Wärmeentwicklung und der damit verbundenen Gefahr des Verspritzens darf man bei der Herstellung verdünnter Lösungen nie das Wasser zur Säure geben. Immer ist umgekehrt zu verfahren, und zwar so, daß man die Säure in dünnem Strahl und unter Umrühren in das Wasser einfließen läßt.

Die handelsübliche konz. Schwefelsäure ist 96%ig (66 °Bé), entsprechend einem spez. Gew. von 1,84. Die überkonzentrierte, *rauchende Schwefelsäure* (*Oleum*) enthält meist 20 bis 30% SO_3.

Verwendung in der Textilindustrie: In der Hauptsache zum Färben von tierischen Fasern mit Säure- und Chromierungsfarbstoffen, zum Karbonisieren der Wolle, Entwickeln von Anthrasolfärbungen und Absäuern.

Verunreinigungen: Spuren von Salzsäure, schwefliger Säure, Blei und Eisen, die für die Zwecke der Textilveredlung jedoch meist belanglos sind. Die konz. Säure ist vielfach leicht bräunlich gefärbt, bedingt durch die Verkohlung hineingefallener organischer Substanzen (Staub, Strohteile und dergleichen).

Quantitative Bestimmung:

a) Alkalimetrisch. 10 bis 15 ml konz. Schwefelsäure werden in einem Wägegläschen genau abgewogen und dann in einen 1000 ml-Meßkolben, der bereits zur Hälfte mit dest. Wasser gefüllt ist, gegeben. Das Wägegläschen ist gut nachzuspülen. Nach dem Erkalten der Lösung wird der Meßkolben bis zur Marke aufgefüllt. 50 ml dieser Lösung werden abpipettiert und nach Zusatz von 2 bis 3 Tropfen Methylorange- oder Phenolphthaleinlösung mit n-Natronlauge titriert.

$$1 \text{ ml n-Natronlauge} = 49{,}04 \text{ mg } H_2SO_4.$$

Beispiel für die Berechnung

Einwaage: 25,102 g konz. Säure.
Verbrauch für 50 ml der verd. Lösung: 24,9 ml n-NaOH.
Verbrauch für 1000 ml der verd. Lösung: $\frac{24{,}9 \cdot 1000}{50} = 498{,}0$ ml n-NaOH.
Damit Schwefelsäuregehalt:

$$498{,}0 \cdot 0{,}049 = 24{,}402 \text{ g} \quad \text{oder} \quad \frac{24{,}402 \cdot 100}{25{,}102} = 97{,}2\% \text{ (Gew.-\%)}.$$

Man kann auch so verfahren, daß man 25 ml der konz. Säure abpipettiert (Vorsicht! Evtl. Wasserstrahlpumpe zu Hilfe nehmen), auf 1 l verdünnt und hiervon 25 ml entnimmt und titriert. Bei der Berechnung erhält man dann Raum-% bzw. g/l. Raum- und Gewichtsprozente kann man mittels der Beziehung

$$\text{Gew.-\%} = \frac{\text{Raum-\%}}{\text{spez. Gew.}}$$

leicht ineinander umrechnen oder aus der Tab. 12 ablesen.

Tabelle 12. *Spez. Gew. und Konzentration der Schwefelsäure*

Spez. Gew. bei 15°	°Bé	Gew.-% H_2SO_4	Raum-% H_2SO_4	Spez. Gew. bei 15°	°Bé	Gew.-% H_2SO_4	Raum-% H_2SO_4	Spez. Gew. bei 15°	°Bé	Gew.-% H_2SO_4	Raum-% H_2SO_4
1,000	0,0	0,09	0,1	1,380	39,8	48,00	66,2	1,760	62,3	82,44	145,1
1,010	1,4	1,57	1,6	1,390	40,5	49,06	68,2	1,770	62,8	83,51	147,8
1,020	2,7	3,03	3,1	1,400	41,2	50,11	70,2	1,780	63,2	84,50	150,4
1,030	4,1	4,49	4,6	1,410	42,0	51,15	72,1	1,790	63,7	85,70	153,4
1,040	5,4	5,96	6,2	1,420	42,7	52,15	74,0	1,800	64,2	86,92	156,5
1,050	6,7	7,37	7,7	1,430	43,4	53,11	75,9	1,805	64,4	87,60	158,1
1,060	8,0	8,77	9,3	1,440	44,1	54,07	77,9	1,810	64,6	88,30	159,8
1,070	9,4	10,19	10,9	1,450	44,8	55,03	79,8	1,815	64,8	89,16	161,8
1,080	10,6	11,60	12,5	1,460	45,4	55,97	81,7	1,820	65,0	90,05	163,9
1,090	11,9	12,99	14,2	1,470	46,1	56,90	83,7	1,821	—	90,20	164,3
1,100	13,0	14,35	15,8	1,480	46,8	57,83	85,6	1,822	65,1	90,40	164,7
1,110	14,2	15,71	17,5	1,490	47,4	58,74	87,6	1,823	—	90,60	165,1
1,120	15,4	17,01	19,1	1,500	48,1	59,70	89,6	1,824	65,2	90,80	165,6
1,130	16,5	18,31	20,7	1,510	48,7	60,65	91,6	1,825	—	91,00	166,1
1,140	17,7	19,61	22,3	1,520	49,4	61,59	93,6	1,826	65,3	91,25	166,6
1,150	18,8	20,91	23,9	1,530	50,0	62,53	95,7	1,827	—	91,50	167,1
1,160	19,8	22,19	25,7	1,540	50,6	63,43	97,7	1,828	65,4	91,70	167,6
1,170	20,9	23,47	27,5	1,550	51,2	64,26	99,6	1,829	—	91,90	168,1
1,180	22,0	24,76	29,2	1,560	51,8	65,20	101,7	1,830	—	92,10	168,5
1,190	23,0	26,04	31,0	1,570	52,4	66,09	103,8	1,831	65,5	92,43	169,2
1,200	24,0	27,32	32,8	1,580	53,0	66,95	105,8	1,832	—	92,70	169,8
1,210	25,0	28,58	34,6	1,590	53,6	67,83	107,8	1,833	65,6	92,97	170,4
1,220	26,0	29,84	36,4	1,600	54,1	68,70	109,9	1,834	—	93,25	171,0
1,230	26,9	31,11	38,2	1,610	54,7	69,56	112,0	1,835	65,7	93,56	171,7
1,240	27,9	32,28	40,0	1,620	55,2	70,42	114,1	1,836	—	93,90	172,2
1,250	28,8	33,43	41,8	1,630	55,8	71,27	116,2	1,837	—	94,25	173,0
1,260	29,7	34,57	43,5	1,640	56,3	72,12	118,2	1,838	65,8	94,60	173,9
1,270	30,6	35,71	45,4	1,650	56,9	72,96	120,4	1,839	—	95,00	174,8
1,280	31,5	36,87	47,2	1,660	57,4	73,81	122,5	1,840	65,9	95,60	175,9
1,290	32,4	38,03	49,0	1,670	57,9	74,66	124,6	1,8405	—	95,95	176,5
1,300	33,3	39,19	51,6	1,680	58,4	75,50	126,8	1,8410	—	96,38	177,4
1,310	34,2	40,35	52,9	1,690	58,9	76,38	128,9	1,8415	—	97,35	179,2
1,320	35,0	41,50	54,8	1,700	59,5	77,17	131,2	1,8410	—	98,20	180,8
1,330	35,8	42,66	56,7	1,710	60,0	78,04	133,4	1,8405	—	98,52	181,4
1,340	36,6	43,74	58,6	1,720	60,4	78,92	135,7	1,8400	—	98,72	181,6
1,350	37,4	44,82	60,5	1,730	60,9	79,80	138,1	1,8395	—	98,77	181,7
1,360	38,2	45,88	62,4	1,740	61,4	80,68	140,4	1,8390	—	99,12	182,3
1,370	39,0	46,94	64,3	1,750	61,8	81,56	142,7	1,8385	—	99,31	182,6

Bevorzugt man das Titrieren mit n/10-Natronlauge, so wiegt man nur den zehnten Teil an konz. Schwefelsäure ein und verfährt im übrigen wie oben angegeben.

1 ml n/10-Natronlauge = **4,904** mg H_2SO_4.

b) Gravimetrisch. Die Schwefelsäure wird als Bariumsulfat gefällt und gewogen. Da der Niederschlag leicht Fremdstoffe adsorbiert und u. U. so feinkörnig ausfällt, daß er durch das Filter läuft, sind die Arbeitsbedingungen möglichst genau einzuhalten.

Ausführung: Zu 50 ml der nach a) hergestellten verd. Schwefelsäurelösung gibt man in einem geräumigen Becherglas (400 bis 500 ml) 200 ml dest. Wasser und 5 ml 10% ige Salzsäure. Die Lösung wird zum Sieden erhitzt und dann tropfenweise so lange mit 10% iger Bariumchloridlösung versetzt, als noch ein Niederschlag entsteht. Darauf rührt man gut durch, hält noch einige Zeit heiß und läßt an einem mäßig warmen Ort, am besten über Nacht, absetzen. Die über dem Niederschlag befindliche klare Flüssigkeit filtriert man ab, dekantiert den Rückstand mehrmals mit etwas heißem Wasser, bringt den Hauptniederschlag aufs Filter und wäscht mit warmem Wasser aus, bis das Filtrat mit Schwefelsäure keine Trübung mehr gibt. Das Filter mit dem noch feuchten Niederschlag wird in einem vorher gewogenen Porzellantiegel zuerst vorsichtig erhitzt und dann bei voller Bunsenflamme (Gebläse ist zu vermeiden) bis zur Gewichtskonstanz geglüht. Nach dem Erkalten im Exsikkator wird gewogen.

$$1\ \text{g}\ BaSO_4 = 0{,}4115\ \text{g}\ SO_4 = 0{,}4202\ \text{g}\ H_2SO_4.$$

c) Aräometrisch (s. Tab. 12). Bei sehr hohen Konzentrationen ist die Spindelung unbrauchbar, da das höchste spez. Gew. der Schwefelsäure bei 97 bis 98% ($s = 1{,}8415$) liegt, während die 100%ige Säure nur etwa 1,838 spindelt.

Salzsäure, HCl. Mol.-Gew. 36,465. Sehr starke, einbasische Säure. Die rauchende konz. Salzsäure des Handels hat das spez. Gew. 1,19 und enthält 36 bis 38% Chlorwasserstoff.

Verwendung in der Textilindustrie: Zum Absäuern nach alkalischen Arbeitsprozessen (Beuchen, Bleichen, Mercerisieren), zur Karbonisation, zum Diazotieren u. a.

Verunreinigungen: Schwefelsäure, Eisen, Arsen.

Quantitative Bestimmung:

a) Alkalimetrisch. In ein Wägegläschen gibt man 30 bis 50 ml dest. Wasser und wiegt genau ab. Darauf läßt man etwa 5 g konz. Salzsäure einfließen, verschließt das Gläschen sofort und wiegt nochmals ab. Die Differenz zwischen den beiden Wägungen ergibt die Einwaage an konz. HCl. Der Inhalt des Gläschens wird dann unter gutem Nachspülen in einen 1000 ml-Meßkolben gegeben und dieser mit dest. Wasser bis zur Marke aufgefüllt. Zur Titration entnimmt man 50 ml, setzt 2 bis 3 Tropfen Methylorange- oder Phenolphthaleinlösung zu und titriert mit n/10-Natronlauge.

1 ml n/10-Natronlauge = 3,6465 mg HCl.

b) Aräometrisch (s. Tab. 13). Die Verunreinigungen der Salzsäure werden am besten im Abdampfrückstand bestimmt.

Tabelle 13. *Spez. Gew. und Konzentration der Salzsäure*

Spez. Gew. bei 15°	°Bé	Gew.-% HCL	Spez, Gew. bei 15°	°Bé	Gew.-% HCL	Spez. Gew. bei 15°	°Bé	Gew.-% HCL
1,000	0,0	0,16	1,075	10,0	15,16	1,145	18,3	28,61
1,005	0,7	1,15	1,080	10,6	16,15	1,150	18,8	29,57
1,010	1,4	2,14	1,085	11,2	17,13	1,152	19,0	29,95
1,015	2,1	3,12	1,090	11,9	18,11	1,155	19,4	30,55
1,020	2,7	4,13	1,095	12,4	19,06	1,160	19,8	31,52
1,025	3,4	5,15	1,100	13,0	20,01	1,163	20,0	32,10
1,030	4,1	6,15	1,105	13,6	20,97	1,165	20,3	32,49
1,035	4,7	7,15	1,110	14,2	21,92	1,170	20,9	33,46
1,040	5,4	8,16	1,115	14,9	22,86	1,171	21,0	33,65
1,045	6,0	9,16	1,120	15,4	23,82	1,175	21,4	34,42
1,050	6,7	10,17	1,125	16,0	24,78	1,180	22,0	35,39
1,055	7,4	11,18	1,130	16,5	25,75	1,185	22,5	36,31
1,060	8,0	12,19	1,135	17,1	26,70	1,190	23,0	37,23
1,065	8,7	13,19	1,140	17,7	27,66	1,195	23,5	38,16
1,070	9,4	14,17	1,1425	18,0	28,14	1,200	24,0	39,11

Bestimmung von Chloridionen bzw. löslichen Chloriden.

a) Gravimetrisch. Die Chloridlösung wird auf ungefähr 150 ml verdünnt, mit 1 bis 2 ml verd. Salpetersäure (etwa 15%ig) versetzt und dann tropfenweise mit $^1/_{10}$n-Silbernitratlösung gefällt, bis kein Niederschlag mehr entsteht. Dann erhitzt man unter Umrühren auf etwa 80° und läßt ein paar Stunden im Dunkeln stehen. Die erhaltene klare Flüssigkeit wird durch ein Glasfilter, Filtertiegel od. dgl. filtriert und der Niederschlag mit schwach salpetersaurem Wasser so lange gewaschen, bis eine Probe des Filtrates mit verd. Salzsäure keine Trübung mehr entstehen läßt. Darauf wird mit wenig reinem Wasser nachgewaschen und der Niederschlag bei 120 bis 130° bis zur Gewichtskonstanz getrocknet und nach dem Erkalten gewogen.

$$1\text{ g } AgCl = 0{,}2474\text{ g } Cl^-.$$

b) Maßanalytisch nach Mohr. Methode eignet sich hauptsächlich für kleine Chloridmengen. Die chloridhaltige Lösung wird mit Natriumbikarbonat neutralisiert, mit 2 bis 4 Tropfen einer kalt gesättigten Kaliumchromatlösung versetzt und mit $^1/_{10}$n-Silbernitratlösung bis zur bleibenden Rotbraunfärbung titriert (Näheres s. Einstellung der $^1/_{10}$n-Silbernitratlösung S. 34).

$$1\text{ ml } ^1/_{10}\text{n-}AgNO_3 = 3{,}546\text{ mg } Cl^-.$$

c) Maßanalytisch nach Volhard. Man gibt zu der in einem 100 ml-Meßkolben befindlichen Chloridlösung eine überschüssige, aber gemessene Menge $^1/_{10}$n-Silbernitratlösung, füllt mit Wasser bis zur Marke auf, schüttelt gut durch und filtriert. Die ersten 20 ml des Filtrates werden verworfen. Von der Hauptmenge entnimmt man 50 ml mit der Pipette, gibt etwas verd. Salpetersäure und 1 ml Ferriammonsulfatlösung zu und titriert unter beständigem Umschütteln bis zur schwachen Rotfärbung mit $^1/_{10}$n-Ammoniumrhodanidlösung (Herstellung s. S. 35). Sind insgesamt *a* ml Silbernitratlösung zugegeben und *b* ml Rhodanidlösung verbraucht worden, so beträgt der Chloridgehalt:

$$(a - 2b) \cdot 3{,}546 \text{ mg}.$$

Von dem so ermittelten Wert sind noch 0,7% (konstante Korrektur nach KOLTHOFF) in Abzug zu bringen.

Reaktionsvorgänge s. S. 35.

Man kann auch ohne zu filtrieren arbeiten, indem man das Silberchlorid durch Schütteln des Reaktionsgemisches mit Äther zum Zusammenballen bringt und den Silberüberschuß sofort mit Rhodanidlösung zurücktitriert.

$$1 \text{ ml } ^1/_{10}\text{n-Silbernitratlösung} = 3{,}546 \text{ mg } Cl^-.$$

Unlösliche Chloride. Man kocht die Salze mit konz., chlorfreier Sodalösung bzw. Kali- oder Natronlauge, filtriert, neutralisiert das Filtrat und bestimmt das Chlor nach einem der vorbeschriebenen Verfahren.

Salpetersäure, HNO_3. Mol.-Gew. = 63,016. Die reine, wasserfreie HNO_3 ist eine farblose, an der Luft stark rauchende Flüssigkeit vom spez. Gew. 1,52 (Sdp. 86°). Die ,,konz. Salpetersäure“ des Handels ist dagegen nur 68% ig und hat das spez. Gew. 1,41 (Sdp. 120°). In der Textilveredlung wird die Salpetersäure nur selten gebraucht.

Quantitative Bestimmung:

In ein Wiegeglas gibt man 30 bis 50 ml dest. Wasser, wiegt genau ab, läßt 3 bis 5 g konz. Salpetersäure einfließen, verschließt und wiegt nochmals. Die Differenz zwischen den beiden Wägungen ergibt die Einwaage. Der Inhalt des Gläschens wird dann unter gutem Nachspülen in einen 1000 ml-Meßkolben gegeben und dieser mit dest. Wasser bis zur Marke aufgefüllt. Man entnimmt 50 ml, setzt 2 bis 3 Tropfen Indikatorlösung (Methylorange oder Phenolphthalein) zu und titriert mit n/10-Natronlauge.

$$1 \text{ ml n/10-Natronlauge} = 6{,}3016 \text{ mg } HNO_3.$$

Ameisensäure, HCOOH. Mol.-Gew. = 46,026. In wasserfreier Form ist es eine farblose, stechend riechende, schwach rauchende Flüssigkeit. Mit Wasser in jedem Verhältnis mischbar. Sdp. = 100,8 °C; Smp. = 8,3 °C. Die Ameisensäure ist eine ziemlich starke, aber trotzdem leicht flüchtige Säure. Sie wirkt kräftig reduzierend und kann daher mit Permanganat direkt titriert werden. Die Säure kommt meist 85 bis 90% ig und in vorzüglicher Reinheit in den Handel. Verwendung in der Textilindustrie: Wollfärberei, Abziehen von Wolle mit Decrolin, Chloritbleiche u. a.

Qualitativer Nachweis: a) Bei Zugabe von Silbernitrat und anschließendem Erwärmen bildet sich ein weißer Niederschlag. Setzt man dieser Lösung etwas Alkali zu (p_H über 4), so wird Silber ausgeschieden, und der Niederschlag färbt sich schwarz.

b) Beim Versetzen mit Quecksilber(II)-chlorid entsteht ein weißer Niederschlag von Quecksilber(I)-chlorid.

c) Mit Quecksilber(I)-nitrat bildet sich eine weißer Niederschlag, der in der Wärme schwarz wird (Ausscheidung von Quecksilber).

Quantitative Bestimmung:

a) *Alkalimetrisch.* In ein Wägegläschen gibt man 30 bis 50 ml dest. Wasser, wiegt genau ab, läßt 3 bis 5 g konz. Ameisensäure einfließen, verschließt und wiegt nochmals. Die Differenz der beiden Wägungen ergibt die Einwaage. Der Inhalt des Gläschens wird unter gutem Nachspülen in einen 1000 ml-Meßkolben übergeführt und dieser dann mit dest. Wasser bis zur Marke aufgefüllt. Zur Titration entnimmt man 50 ml, setzt 2 bis 3 Tropfen Phenolphthaleinlösung zu und titriert mit n/10-Natronlauge.

1 ml n/10-Natronlauge = 4,6026 mg HCOOH.

b) *Oxydimetrisch.* Ameisensäure wird durch Permanganat zu Kohlendioxyd und Wasser oxydiert.

Reaktionsgleichung:

$$2KMnO_4 + 5HCOOH + 3H_2SO_4 = K_2SO_4 + 2MnSO_4 + 5CO_2 + 8H_2O.$$

Der Überschuß an Permanganat kann mit Oxalsäure zurücktitriert werden.

Ausführung: Etwa 2 g konz. Ameisensäure werden, wie unter *a*) beschrieben, im Wägegläschen genau abgewogen und im Meßkolben zu 1 l aufgefüllt. Man entnimmt davon 20 ml, stellt sie mit verd. Sodalösung alkalisch, versetzt mit einem Überschuß an n/10-$KMnO_4$ und erwärmt 5 bis 10 Min. auf dem Wasserbad. Falls die über dem braunen Niederschlag stehende Flüssigkeit nicht mehr violett gefärbt sein sollte, gibt man noch etwas Permanganatlösung zu und erwärmt nochmals 5 bis 10 Min. Bleibt die Violettfärbung bestehen, so säuert man mit verd. Schwefelsäure an, gibt n/10-Oxalsäure zu bis zur Entfärbung der Lösung und Auflösung des Niederschlags und titriert mit n/10-$KMnO_4$ bis zur bleibenden Rotfärbung.

1 ml n/10-$KMnO_4$ = 2,3013 mg HCOOH.

Berechnung:

Wurden *a* ml n/10-$KMnO_4$ und *b* ml n/10-Oxalsäure zugegeben, so beträgt die Menge an Ameisensäure für die vorgelegten 20 ml Lösung $(a - b) \cdot 2{,}3013$ mg.

c) *Aräömetrisch* (s. Tab. 14).

Tabelle 14. *Spez. Gew. und Konzentration der Ameisensäure bei 15 °C*

Spez. Gew.	Gew.-% Säure	Spez. Gew.	Gew.-% Säure	Spez. Gew.	Gew.-% Säure	Spez. Gew.	Gew.-% Säure
1,0025	1	1,0225	9	1,1150	45	1,1900	80
1,0050	2	1,0250	10	1,1240	50	1,2020	85
1,0075	3	1,0390	15	1,1380	55	1,2130	90
1,0100	4	1,0530	20	1,1470	60	1,2170	92
1,0125	5	1,0665	25	1,1570	65	1,2190	94
1,0150	6	1,0800	30	1,1700	70	1,2230	97
1,0175	7	1,0925	35	1,1820	75	1,2270	100
1,0200	8	1,1050	40				

Bestimmung der Ameisensäure in Formiaten. Die Ameisensäure kann aus ihren Salzen durch eine stärkere und vor allem weniger flüchtige Säure wie Phosphorsäure ausgetrieben werden.

Ausführung: 3 bis 5 g des Formiates werden im Wiegegläschen genau abgewogen und im Meßkolben mit dest. Wasser zu 1 l gelöst. 50 ml dieser Lösung gibt man in einen KJELDAHL-Kolben (s. Abb. 14 auf S. 80), setzt 50 ml 89%ige Phosphorsäure zu, destilliert bis fast nichts mehr übergeht, gibt dann 50 ml dest. Wasser zu und destilliert nochmals in gleicher Weise. Die Vorlage beschickt man mit 50 ml n/10-Natronlauge und einigen Tropfen Phenolphthalein. Nach Beendigung der Destillation wird der Kühler mit dest. Wasser nachgespült und die überschüssige Natronlauge in der Vorlage mit n/10-Salzsäure zurücktitriert.

1 ml n/10-Natronlauge = 4,6026 mg HCOOH.

Essigsäure, CH_3COOH. Mol.-Gew. = 60,052. Farblose, in konz. Form stechend riechende Flüssigkeit. Im wasserfreien Zustand führt sie die Bezeichnung „Eisessig“. Mit Wasser in jedem Verhältnis mischbar. Abgesehen vom Eisessig (meist 99 bis 100% ig) kommt sie noch 30- und 60%ig in den Handel. Die „Essigessenz“ ist ungefähr 80%ig. In wäßrigen Lösungen ist die Essigsäure nur sehr schwach dissoziiert. Verwendung in der Textilveredlung: Wollfärberei und bei vielen Arbeitsprozessen, wenn eine schwache Säure benötigt wird.

Quantitative Bestimmung:

a) Alkalimetrisch. Man wiegt von der 100%igen Essigsäure 4 bis 6 ml (von der verdünnteren entsprechend mehr) im gut verschlossenen Wägegläschen genau ab, verdünnt die Säure im Wägeglas so weit wie möglich mit dest. Wasser, spült alles quantitativ in einen 1000 ml-Meßkolben und füllt diesen bis zur Marke auf. Davon werden 25 ml abpipettiert, mit 2 Tropfen Phenolphthaleinlösung versetzt und mit n/10-Natronlauge titriert.

1 ml n/10-Natronlauge = 6,0052 mg CH_3COOH.

b) Aräometrisch. Die Essigsäure zeigt bei 43% und 100% das gleiche spez. Gew., nämlich $s = 1{,}0553$. Ihr höchstes spez. Gew. hat sie zwischen 77 und 80%. Beim Spindeln ist daher Vorsicht geboten: Ist das spez. Gew. größer als 1,0553, so muß nach einer geringen Verdünnung mit Wasser nochmals gespindelt werden. Nimmt das spez. Gew. durch das Verdünnen ab, so ist die Säure schwächer als 77 bis 80%ig, nimmt es aber zu, so ist sie stärker (s. Tab. 15).

Tabelle 15. *Spez. Gew. und Konzentration der Essigsäure bei 15 °C*

Spez. Gew.	Gew.-%	Spez. Gew.	Gew.-%	Spez. Gew.	Gew.-%	Spez. Gew.	Gew.-%
1,0007	1	1,0185	13	1,0553	43	1,0746	75
1,0022	2	1,0228	16	1,0571	45	1,0748	77—80
1,0037	3	1,0284	20	1,0615	50	1,0739	85
1,0052	4	1,0350	25	1,0653	55	1,0713	90
1,0067	5	1,0412	30	1,0685	60	1,0660	95
1,0098	7	1,0470	35	1,0712	65	1,0553	100
1,0142	10	1,0523	40	1,0733	70		

Bestimmung der Essigsäure in Azetaten. Da es sich bei der Essigsäure um eine schwache und leicht flüchtige Säure handelt, kann sie durch starke und weniger flüchtige Säuren wie Schwefel- und Phosphorsäure aus ihren Verbindungen ausgetrieben werden.

Ausführung wie die Bestimmung der Ameisensäure in Formiaten (s. S. 73).

$$1\ \text{ml n/10-Natronlauge} = 6{,}0052\ \text{mg}\ CH_3COOH.$$

Schweflige Säure, H_2SO_3. S. unter Bleichmittel auf S. 139.

Milchsäure, $CH_3 \cdot CHOH \cdot COOH$. Mol.-Gew. = 90,078. Mittelstarke, leicht wasserlösliche Säure; in der Textilveredlung nur noch sehr wenig verwendet. Die techn. Milchsäure kommt in Konzentrationen von 50, 60 oder 80% in den Handel. Sie enthält neben der freien Säure stets auch noch sog. „Lactylmilchsäure". Es sind dies Ester, die sich aus zwei Molekülen Milchsäure unter Wasseraustritt bilden:

$$\begin{array}{ll} CH_3 \cdot CH\,OH \cdot COOH & \qquad CH_3 \cdot CH \cdot COOH \\ & \rightarrow \qquad\quad | \\ +\ H\,OOC \cdot CHOH \cdot CH_3 & \qquad\quad OOC \cdot CHOH \cdot CH_3 \end{array}$$

Lactylmilchsäure

Quantitative Bestimmung. Titriert man die techn. Milchsäure mit Natronlauge bei Zimmertemperatur, so wird nur die freie Säure neutralisiert, die Lactylmilchsäure bleibt aber unverändert. Letztere wird erst gespalten, wenn man mit überschüssiger Natronlauge aufkocht.

Ausführung: Man wiegt etwa 18 g von der 50%igen oder etwa 12 g von der 80%igen Milchsäure im Wägegläschen genau ab, überführt in einen 1000 ml-Meßkolben und füllt mit dest. Wasser bis zur Marke auf.

25 ml dieser Lösung werden nach Zusatz von 2 Tropfen Phenolphthaleinlösung mit n/10-Natronlauge bis zur bleibenden Rotfärbung titriert. (1. Titration; der Verbrauch sei a ml).

Der neutralisierten Lösung setzt man 30 ml n/10-Natronlauge zu, kocht 10 Min. auf, fügt dann 40 ml n/10-Schwefelsäure zu, kocht zur Vertreibung der Kohlensäure nochmals kurz auf und titriert nach dem Erkalten der Lösung mit n/10-Natronlauge wieder zurück. (2. Titration; der Verbrauch bei der Rücktitration sei b ml).

$$1\ \text{ml n/10-Natronlauge} = 9{,}0078\ \text{mg Milchsäure}.$$

Berechnung:

Die abpipettierten 25 ml verd. Milchsäurelösung enthalten demnach

$a \cdot 9{,}0078$ mg freie Milchsäure,

$(b - 10) \cdot 9{,}0078$ mg Lactylmilchsäure und

$(a + b - 10) \cdot 9{,}0078$ mg Gesamtmilchsäure.

Oxalsäure, $HOOC \cdot COOH \cdot 2H_2O$. Mol.-Gew. = 126,068. Die Oxalsäure kristallisiert stets mit zwei Molekülen Wasser aus, das erst bei 100 °C abgegeben wird. Es ist eine ziemlich starke — ihr Dissoziationsgrad ist z. B. größer als der der Ameisensäure —, zweibasische, reduzierend wirkende Säure. In der Textilindustrie wird sie kaum noch verwendet.

Verunreinigungen des Handelsprodukts: Eisen-, Kupfer- und Bleisalze sowie Schwefelsäure.

Quantitative Bestimmung:

a) Alkalimetrisch. Etwa 5 g der krist. Säure werden genau abgewogen und im Meßkolben mit dest. Wasser zu 1 l aufgelöst. Davon entnimmt man 25 ml, setzt 2 Tropfen Phenolphthalein zu und titriert mit n/10-Natronlauge.

1 ml n/10-Natronlauge = 6,3034 mg krist. Oxalsäure.

b) Oxydimetrisch. 25 ml der nach *a)* im Meßkolben hergestellten Lösung versetzt man mit 5 bis 10 ml 10%iger Schwefelsäure, erwärmt auf etwa 70 °C und titriert mit n/10-Kaliumpermanganatlösung bis zur bleibenden schwachen Rotfärbung. Reaktionsvorgänge s. S. 26.

1 ml n/10-Kaliumpermanganatlösung = 6,3034 mg krist. Oxalsäure.

Weinsäure (Rechtsweinsäure), HOOC · CHOH · CHOH · COOH. Mol.-Gew. = 150,088. Weiße Kristalle vom Schmelzpunkt 170 °C, leicht wasserlösliche, mittelstarke, schwach reduzierend wirkende Säure. In der Textilveredlung nur noch gelegentlich in der Druckerei verwendet.

Quantitative Bestimmung. Etwa 5 g werden genau abgewogen und im Meßkolben zu 1 l aufgelöst. Man legt 25 ml dieser Lösung vor, setzt 2 Tropfen Phenolphthalein zu und titriert mit n/10-Natronlauge.

1 ml n/10-Natronlauge = 7,5044 mg Weinsäure.

Zitronensäure, $HOOC \cdot CH_2 \cdot \underset{\displaystyle COOH}{\overset{}{\underset{|}{C}OH}} \cdot CH_2 \cdot COOH \cdot H_2O$. Mol.-Gew. = 210,16. Farblose, leicht wasserlösliche Kristalle, kristallisiert aus wäßrigen Lösungen immer als Monohydrat aus; dreibasische Säure, etwas schwächer als Weinsäure. Im Handel teils fest und teils in flüssiger Form (25 bis 32%ig). In der Textilindustrie wie die Wein-, Milch- und Oxalsäure nur noch sehr wenig verwendet.

Quantitative Bestimmung: Man wiegt etwa 4 g der kristallisierten oder 12 bis 16 g der flüssigen Säure in einen 1000 ml-Meßkolben ein, füllt bis zur Marke auf und schüttelt gut durch.

25 ml werden davon entnommen, mit 2 Tropfen Phenolphthalein versetzt und mit n/10-Natronlauge titriert.

1 ml n/10-Natronlauge = 7,0053 mg krist. Zitronensäure (Monohydrat).

Laugen

Natriumhydroxyd, Ätznatron, Natronlauge, NaOH. Mol.-Gew. = 40,005. Im Handel als festes Ätznatron und in wäßriger Lösung als Natronlauge (38 bis 40 °Bé). Das Ätznatron ist stark hygroskopisch und nimmt begierig Kohlendioxyd aus der Luft auf (Karbonatbildung).

Verunreinigungen: Soda, Silikate, Chloride, Sulfate, Aluminate und Eisensalze.

Verwendung in der Textilveredlung: Praktisch immer dann, wenn eine starke Lauge benötigt wird, so insbesondere beim Mercerisieren, Beuchen, Färben mit Küpenfarbstoffen, Naphtholen usw.

Quantitative Bestimmung.

a) Azidimetrisch. Vom *festen Ätznatron* werden in einem gut verschlossenen Wägegläschen etwa 4 g genau abgewogen und im 1000 ml-Meßkolben mit kohlensäurefreiem, also ausgekochtem dest. Wasser zu 1 l gelöst. Zur Titration entnimmt man 25 ml, versetzt mit 2 Tropfen Phenolphthalein- oder Methylorangelösung und titriert mit n/10-Salzsäure.

Von der *konz. techn. Natronlauge* wiegt man etwa 12 g ein und verfährt im übrigen wie vorstehend beschrieben. In beiden Fällen wird sonst noch enthaltenes Alkali (Soda, Silikat, Aluminat u. dgl.) natürlich mittitriert.

1 ml n/10-Salzsäure = 4,0005 g NaOH.

b) Aräometrisch (s. Tab. 16).

Tabelle 16. *Spez. Gew. und Konzentration der Natronlauge bei 15 °C* (Lunge)

Spez. Gew.	°Bé	Gew.-% NaOH	Raum-% NaOH	Spez. Gew.	°Bé	Gew.-% NaOH	Raum-% NaOH
1,007	1	0,59	0,60	1,220	26	19,65	23,97
1,014	2	1,20	1,20	1,231	27	20,60	25,36
1,022	3	1,85	1,89	1,241	28	21,55	26,74
1,029	4	2,50	2,57	1,252	29	22,50	28,17
1,036	5	3,15	3,26	1,263	30	23,50	29,68
1,045	6	3,79	3,96	1,274	31	24,48	31,19
1,052	7	4,50	4,73	1,285	32	25,50	32,77
1,060	8	5,20	5,50	1,297	33	26,58	34,47
1,067	9	5,86	6,25	1,308	34	27,65	36,17
1,075	10	6,58	7,07	1,320	35	28,83	38,06
1,083	11	7,30	7,91	1,332	36	30,00	39,96
1,091	12	8,07	8,80	1,345	37	31,20	41,96
1,100	13	8.78	9,66	1,357	38	32,50	44,10
1,108	14	9,50	10,53	1,370	39	33,73	46,21
1,116	15	10,30	11,49	1,383	40	35,00	48,41
1,125	16	11,06	12,44	1,397	41	36,36	50,79
1,134	17	11,84	13,40	1,410	42	37,65	53,09
1,142	18	12,69	14,50	1,424	43	39,06	55,62
1,152	19	13,50	15,55	1,438	44	40,47	58,20
1,162	20	14,35	16,67	1,453	45	42,02	61,06
1,171	21	15,15	17,74	1,468	46	43,58	63,98
1,180	22	16,00	18,88	1,483	47	45,16	66,97
1,190	23	16,91	20,12	1,498	48	46,73	70,00
1,200	24	17,81	21,37	1,514	49	48,41	73,29
1,210	25	18,71	22,64	1,530	50	50,10	76,65

Bestimmung des Sodagehaltes in der Natronlauge. Da die techn. Natronlauge durch Aufnahme von Kohlendioxyd aus der Luft größere Mengen Soda enthalten kann, insbesondere, wenn sie längere Zeit im Gebrauch gestanden hat (z. B. Mercerisier- und Krepplaugen), ist oft eine Bestimmung des Sodagehaltes notwendig. Dies kann nach folgenden Verfahren geschehen:

1. *Bestimmung nach Winkler.* In einem 1000 ml-Meßkolben löst man 3 bis 4 g Ätznatron (von der techn. Lauge ungefähr 10 g oder auch 10 ml) in kohlensäurefreiem Wasser und füllt bis zur Marke auf.

a) Von dieser Lösung entnimmt man 25 ml und titriert nach Zusatz von Methylorange mit n/10-HCl. Der Verbrauch ergibt das *Gesamtalkali* (Ätzalkali + Soda).

b) Man entnimmt nochmals 25 ml und läßt in der Kälte und unter Umschwenken eine überschüssige Menge verdünnter, neutral reagierender Bariumchloridlösung zufließen. Dadurch wird die Soda als unlösliches Bariumkarbonat ausgefällt:

$$Na_2CO_3 + BaCl_2 = BaCO_3 + 2 NaCl.$$

Ohne den Niederschlag abzufiltrieren, setzt man Phenolphthalein zu und titriert langsam und unter ständigem Umrühren bis zur Entfärbung. Der Verbrauch ergibt das *Ätzalkali.*

$$1 \text{ ml n/10-Salzsäure} = 4{,}0005 \text{ mg NaOH}$$

$$1 \text{ ml n/10-Salzsäure} = 5{,}3002 \text{ mg } Na_2CO_3.$$

Beispiel für die Berechnung. Einwaage: 4,163 g Ätznatron. Verbrauch bei a) (Gesamtalkali): 23,1 ml n/10-HCl; Verbrauch bei b) (Ätzalkali): 22,4 ml n/10-HCl. Von den 23,1 ml n/10-HCl entfallen also 22,4 ml auf das Ätzkali und 23,1 — 22,4 = 0,7 ml n/10-HCl auf das Karbonat.

Damit beträgt die Gesamtalkalität (als NaOH berechnet):

$$23{,}1 \cdot 4{,}0005 \cdot 40 = 3696 \text{ mg NaOH} \quad \text{oder} \quad \frac{3696 \cdot 100}{4163} = 88{,}8\,\%.$$

Ätznatrongehalt:

$$22{,}4 \cdot 4{,}0005 \cdot 40 = 3584 \text{ mg NaOH} \quad \text{oder} \quad \frac{3584 \cdot 100}{4163} = 86{,}1\,\%.$$

Sodagehalt:

$$0{,}7 \cdot 5{,}3002 \cdot 40 = 148 \text{ mg } Na_2CO_3 \quad \text{oder} \quad \frac{148 \cdot 100}{4163} = 3{,}55\,\%.$$

2. *Bestimmung nach Warder.* Titriert man eine kalte, stark verd. Sodalösung tropfenweise mit HCl, so entweicht kein CO_2, sondern es bildet sich zunächst das Natriumbikarbonat:

$$Na_2CO_3 + HCl = NaHCO_3 + NaCl.$$

Dieses Bikarbonat reagiert gegen Phenolphthalein neutral, d. h., wenn man eine sodahaltige Natronlauge mit Phenolphthalein versetzt und mit Säure titriert, so verschwindet die Rotfärbung, wenn alle NaOH und die Hälfte der Na_2CO_3 (bis zum Bikarbonat) neutralisiert ist. Titriert man dann nach Zusatz von Methylorange bis zu dessen Farbumschlag weiter, so wird auch vollends die andere Hälfte neutralisiert:

$$NaHCO_3 + HCl = NaCl + H_2O + CO_2.$$

Beispiel: Von der technischen Natronlauge entnimmt man 10 ml und verdünnt im Meßkolben auf 1000 ml. Hiervon pipettiert man 25 ml ab, setzt 2 Tropfen Phenolphthalein zu und titriert bis zur Entfärbung mit n/10-HCl (Verbrauch beispielsweise 17,2 ml). Darauf versetzt man mit 2 Tropfen Methylorange und führt die Titration zu Ende (Verbrauch beispielsweise weitere 3,3 ml n/10-HCl). Zur Neutralisation des gesamten Alkalis wurden also 17,2 + 3,3 = 20,5 ml Säure verbraucht. Davon entfallen 2 · 3,3 = 6,6 ml auf die Soda und 20,5 — 6,6 = 13,9 ml auf das Ätzkali. Berechnung wie üblich.

$$1 \text{ ml n/10-HCl} = 4{,}0005 \text{ mg NaOH} \quad \text{oder} \quad = 5{,}3002 \text{ mg } Na_2CO_3.$$

Das Verfahren nach WARDER ist trotz der einfachen Durchführung für Betriebsanalysen (Mercerisier-, Krepplaugen u. dgl.) meist von ausreichender Genauigkeit. Man muß aber unbedingt darauf achten, daß kalt titriert wird.

Kaliumhydroxyd, Ätzkali, Kalilauge, KOH. Mol.-Gew. = 56,104. Im Handel als festes Ätzkali (meist in Form von Stangen, Plätzchen oder Stücken) oder in wäßriger Lösung als Kalilauge (meist etwa 49 °Bé). Die Kalilauge entspricht in ihren Eigenschaften fast völlig der Natronlauge. In der Textilveredlung wird sie aber wegen des höheren Preises nur sehr selten verwendet.

Die quantitative Bestimmung geschieht wie bei der Natronlauge.

1 ml n/10-Salzsäure = 5,6104 mg KOH.

Ammoniak, NH_3. Mol.-Gew. = 17,032. Im Handel als flüssiges Ammoniak in Stahlbomben oder als ,,konz. Ammoniak", einer 25% igen wäßrigen Lösung (spez. Gew. = 0,91). Die letztere wird in der Praxis vielfach auch als ,,Salmiakgeist" bezeichnet.

Ammoniak ist ein farbloses, stechend riechendes Gas. In Wasser löst es sich außerordentlich leicht (in 1 l Wasser bei 0° und 760 mm etwa 1142 l NH_3) auf, kann aber durch längeres Kochen wieder völlig ausgetrieben werden. Beim Auflösen in Wasser geht es teilweise in Ammoniumhydroxyd, NH_4OH, eine schwache, nur zu etwa 1% dissoziierte Base über.

Verwendung in der Textilveredlung: Meist dann, wenn eine schwache oder auch leicht flüchtige Base benötigt wird, so z. B. beim Waschen, Bleichen und teilweise auch beim Färben der alkaliempfindlichen Wolle.

Quantitative Bestimmung.

a) Azidimetrisch. Vom konz. Ammoniak (25% ig) wiegt man in einem verschlossenen Wägegläschen etwa 5 g genau ab, gibt es in einen 1000 ml-Meßkolben und füllt diesen zur Marke auf. Zur Titration entnimmt man 25 ml, setzt 2 Tropfen Methylorange- oder Methylrotlösung zu (Phenolphthalein ist ungeeignet!) und titriert mit n/10-Salzsäure.

1 ml n/10-Salzsäure = 1,7032 mg NH_3 = 3,5048 mg NH_4OH.

b) Kolorimetrisch. Die kolorimetrische Bestimmung wird mit NESSLERS Reagens durchgeführt und kommt hauptsächlich für sehr kleine Ammoniakkonzentrationen, z. B. Ammoniak im Wasser, in Frage. Durchführung s. S. 58 (Ammoniak im Wasser) nach entsprechender Verdünnung.

c) Aräometrisch (s. Tab. 17).

Bestimmung des Ammoniaks in Ammoniumsalzen durch Destillation nach KJELDAHL. Als schwache und leicht flüchtige Base kann das Ammoniak aus seinen Salzen durch Erhitzen mit Natronlauge völlig ausgetrieben werden. Man destilliert in eine Vorlage über, die eine gemessene Menge n/10-Salzsäure enthält und titriert den Säureüberschuß mit n/10-Natronlauge zurück.

Ausführung: Man wiegt 1 bis 2 g des zu untersuchenden Ammonsalzes genau ab, löst es in einem 500 ml-KJELDAHL-Kolben in etwa 200 ml

Tabelle 17. *Spez. Gew. und Konzentration wäßriger Ammoniaklösungen bei 15 °C*

Spez. Gew.	Gew.-% NH_3	Raum-% NH_3	Spez. Gew.	Gew.-% NH_3	Raum-% NH_3
1,000	0,00	0,00	0,960	9,91	9,51
0,998	0,45	0,45	0,958	10,47	10,03
0,996	0,91	0,91	0,956	11,03	10,54
0,994	1,37	1,36	0,954	11,60	11,07
0,992	1,84	1,82	0,952	12,17	11,59
0,990	2,31	2,29	0,950	12,74	12,10
0,988	2,80	2,77	0,948	13,31	12,62
0,986	3,30	3,25	0,946	13,88	13,13
0,984	3,80	3,74	0,944	14,46	13,65
0,982	4,30	4,22	0,942	15,04	14,17
0,980	4,80	4,70	0,940	15,63	14,69
0,978	5,30	5,18	0,938	16,22	15,21
0,976	5,80	5,66	0,936	16,82	15,74
0,974	6,30	6,14	0,934	17,42	16,27
0,972	6,80	6,61	0,932	18,03	16,81
0,970	7,31	7,09	0,930	18,64	17,34
0,968	7,82	7,57	0,928	19,25	17,86
0,966	8,33	8,05	0,926	19,87	18,42
0,964	8,84	8,52	0,924	20,49	18,93
0,962	9,35	8.99	0,922	21,12	19,47

Wasser auf, gibt einige Siedesteinchen hinzu, setzt den Destillieraufsatz (s. Abb. 14) auf, läßt aus dem Tropftrichter etwa 50 ml 20 % ige Natronlauge zufließen und erhitzt langsam zum Sieden, und zwar so, daß in 1 Stunde ungefähr zwei Drittel des Kolbeninhalts überdestilliert sind. Das Destillat wird in einem mit 50 ml n/10-Salzsäure und 2 bis 3 Tropfen

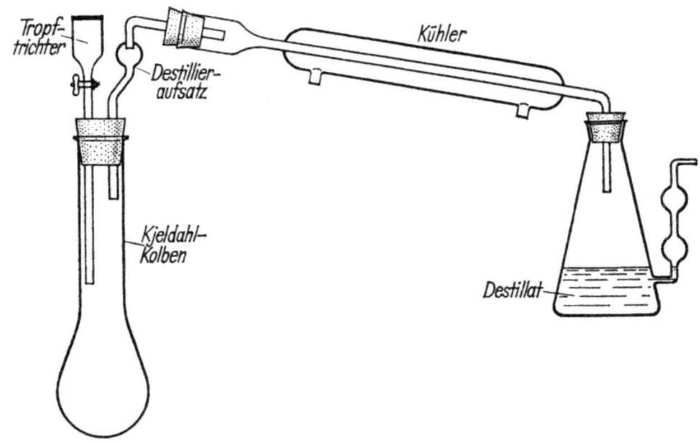

Abb. 14. Ammoniakdestillation nach KJELDAHL

Methylorange- oder Methylrotlösung beschickten Absorptionsgefäß nach VOLHARD-FRESENIUS aufgefangen. Das Absorptionsgefäß muß vorher so mit dest. Wasser aufgefüllt werden, daß die seitliche Öffnung gegen die Luft abschließt. Nach beendeter Destillation, wenn also zwei Drittel der Flüssigkeit überdestilliert sind, wird die überschüssige Säure mit n/10-Natronlauge zurücktitriert. Bei ungünstigen Lichtverhältnissen ist der „Mischindikator 5“ von Merck zu empfehlen, welcher von Rotviolett nach Grün umschlägt.

$$1 \text{ ml n/10-Salzsäure} = 1{,}703 \text{ mg } NH_3 = 1{,}804 \text{ mg } NH_4 = 1{,}4008 \text{ mg N.}$$

Calciumoxyd (Ätzkalk, CaO) bzw. Calciumhydroxyd ($Ca(OH)_2$)

Wenn man Calciumkarbonat (Kalk) auf Temperaturen von 900 bis 1200 °C erhitzt, so spaltet sich CO_2 ab, und es hinterbleibt das Calciumoxyd (gebrannter Kalk, Ätzkalk). Dieser bildet harte, gelbliche bis graue Brocken, die an der Luft Wasser und CO_2 aufnehmen und dadurch in ein Gemisch aus Calciumhydroxyd und Calciumkarbonat übergehen. Setzt man dem gebrannten Kalk eine äquivalente Menge Wasser zu, so geht er in Calciumhydroxyd (gelöschter Kalk) über. Dieser stellt eine starke Base dar, ist aber in Wasser nur schwer (Löslichkeit bei Zimmertemperatur 1:600) löslich. Mit etwas mehr Wasser erhält man aus dem gelöschten Kalk einen weißen Brei, den „Kalkbrei“, und bei noch stärkerer Verdünnung die „Kalkmilch“. Gibt man schließlich so viel Wasser zu, daß sich der gelöschte Kalk klar auflöst, dann spricht man vom „Kalkwasser“.

Verwendung in der Textilindustrie: Enthärten von Wasser (Kalk- bzw. Kalk/Soda-Verfahren.

Quantitative Bestimmung des Ätzkalks.

Da der technische Ätzkalk keine homogene Masse darstellt, muß auf ein gutes Durchschnittsmuster geachtet werden. Man entnimmt z. B. von mehreren Brocken kleinere Bruchstücke, zerkleinert und pulverisiert diese und mischt gut durcheinander.

Etwa 100 g dieser Durchschnittsprobe werden genau abgewogen, in einen 500 ml-Meßkolben gegeben und dieser mit kohlensäurefreiem dest. Wasser zur Marke aufgefüllt. Nach gutem Umschütteln entnimmt man 100 ml, gibt wieder in einen 500 ml-Meßkolben und füllt auch diesen bis zur Marke auf. Zur Titration werden 25 ml der milchigweißen Suspension abpipettiert, mit 2 Tropfen Phenolphthalein versetzt und mit n-Salzsäure titriert.

Die Entfärbung tritt ein, wenn alles Calciumhydroxyd neutralisiert ist. Man muß aber schnell arbeiten, damit evtl. enthaltenes Calciumkarbonat nicht mitreagiert.

$$1 \text{ ml n-HCl} = 28{,}04 \text{ mg CaO.}$$

Bestimmung des Calciumkarbonatgehaltes im Ätzkalk.

Etwa 1 g der wie oben hergestellten Durchschnittsprobe werden genau abgewogen und mit 100 ml dest. Wasser abgelöscht. Diesem Brei setzt man 50 ml n-Salzsäure und einige Tropfen Methylorangelösung zu und titriert den Säureüberschuß mit n-Natronlauge zurück.

Berechnung:

Bei der Titration gegen Methylorange werden CaO- und $CaCO_3$-Gehalt zusammen erfaßt. Zieht man von den dabei verbrauchten ml n-Salzsäure die gegen Phenolphthalein verbrauchten (siehe Bestimmung des Ätzkalks; Berechnung jeweils auf 1 g Einwaage) ab, so erhält man die dem Karbonatgehalt entsprechenden Milliliter.

$$1 \text{ ml n-Salzsäure} = 50{,}045 \text{ mg } CaCO_3.$$

Quantitative Bestimmung von Kalkwasser.

50 ml Kalkwasser werden abpipettiert und nach Zugabe von 2 bis 3 Tropfen Phenolphthalein mit n/10-Salzsäure titriert.

1 ml n/10-Salzsäure = 2,804 mg CaO.

Salze

Ammoniumsalze

Qualitativer Nachweis. a) Zusatz von starken Laugen: Die zu prüfende Lösung oder auch feste Substanz wird in einem kleinen Becherglas mit etwas verd. Natron- oder Kalilauge versetzt. Man bedeckt dann das Becherglas mit einem Uhrglas, auf dessen beide Seiten man senkrecht zueinander je einen Streifen angefeuchtetes rotes Lackmuspapier legt, und läßt einige Minuten stehen. Die Natronlauge treibt das Ammoniak aus dem Ammonsalz aus, wodurch sich der innere Lackmuspapierstreifen blau färbt. Der äußere Streifen dient nur zur besseren Erkennung des Farbumschlages.

b) Mit NESSLERs Reagens (Herstellung des Reagenses s. S. 59): Man erhält eine orangerot gefärbte Lösung, in größeren Konzentrationen einen braunroten Niederschlag. Da auch andere Niederschläge auftreten können, führt man den Nachweis am besten im Kohlendioxyd-Nachweisapparat durch. In dem einen Reagensglas versetzt man die auf Ammoniak zu prüfende Lösung mit verd. Natronlauge und im anderen legt man NESSLERs Reagens vor. Die Reaktion ist sehr empfindlich und dient daher auch zum Nachweis des Ammoniaks im Wasser (s. S. 58).

Ammoniumchlorid, Salmiak, NH_4Cl. Mol.-Gew. = 53,496. Leicht wasserlösliches, hygroskopisches Salz. Im Handel als weißes Pulver oder in Form kleiner Kristalle. In 100 ml Wasser lösen sich bei

°C	0	10	20	30	40	60	80	100
g NH_4Cl	28,4	32,8	37,3	41,7	46,2	55,0	63,9	72,8

Die wäßrigen Lösungen reagieren infolge hydrolytischer Spaltung sauer (p_H etwa 5). Beim Kochen entweicht Ammoniak, so daß die Azidität zunimmt. Erhitzen des trockenen Salzes bewirkt thermische Dissoziation in Ammoniak und Chlorwasserstoff.

Quantitative Bestimmung:

KJELDAHL-Verfahren (s. S. 79) oder Chloridbestimmung (s. S. 71).

1 ml n/10-Salzsäure = 5,35 mg NH_4Cl (KJELDAHL-Verfahren)
1 ml n/10-Silbernitratlösung = 5,35 mg NH_4Cl (Chloridbestimmung).

Ammoniumsulfat, $(NH_4)_2SO_4$. Mol.-Gew. = 132,14. Farbloses, leicht wasserlösliches, nicht hygroskopisches Salz. Die wäßrigen Lösungen reagieren sauer (p_H etwa 5). Beim Kochen entweicht Ammoniak und wird Schwefelsäure frei, wodurch der p_H-Wert weiter absinkt. Wegen dieser Eigenschaft Verwendung des Salzes beim Färben von schwer egalisierenden Säurefarbstoffen und evtl. bei der Chloritbleiche zur Verschiebung des p_H-Wertes.

Löslichkeit: In 100 ml Wasser lösen sich bei

°C	0	10	20	30	40	50	60	70	80	90	100
g$(NH_4)_2SO_4$	71,0	73,7	76,3	79,0	81,6	84,3	86,9	89,6	92,2	94,6	97,5

Quantitative Bestimmung:
Entweder Ammoniakgehalt nach KJELDAHL (s. S. 79) oder gravimetrische (s. S. 70) bzw. komplexometrische (s. quantitative Bestimmung des Natriumsulfats auf S. 86) Sulfatbestimmung.

Zur Berechnung:
1 ml n/10-HCl = 6,607 mg $(NH_4)_2SO_4$ (KJELDAHL-Verfahren).
1 g $BaSO_4$ = 0,5661 g $(NH_4)_2SO_4$ (gravimetrische Bestimmung).
1 ml $^1/_{10}$ molare $BaCl_2$-Lösung = 13,214 mg $(NH_4)_2SO_4$ (komplexometrische Bestimmung).

Ammoniumpersulfat, $(NH_4)_2S_2O_8$. S. unter Bleichmittel auf S. 130.

Ammoniumazetat, CH_3COONH_4. Mol.-Gew. = 77,084. Weißes, leicht wasserlösliches, hygroskopisches Salz. Die wäßrigen Lösungen reagieren neutral. Beim Kochen entweicht zuerst Ammoniak. In der Textilindustrie nur wenig verwendet, z. B. zum Färben von 2:1-Metallkomplexfarbstoffen.

Ammoniumrhodanid, NH_4SCN. Mol.-Gew. = 76,118. Farblose, leicht zerfließliche Kristalle. In 100 ml Wasser lösen sich bei 0 °C 122 g, bei 20 °C 162 g des Salzes. In der Textilindustrie noch in der Druckerei verwendet, da es beim Dämpfen Säure abspaltet; auch zum Färben der Wolle mit Indigosolen.

Nachweis des Rhodanids. Zusatz von Ferrichlorid ergibt in salzsaurer Lösung eine blutrote Färbung von $Fe(SCN)_3$, die mit Äther oder Amylalkohol ausschüttelbar ist.

Gehaltsbestimmung. Der Rhodanidgehalt wird am besten nach VOLHARD bestimmt (s. auch S. 71.): Man versetzt die Rhodanidlösung mit einem Überschuß n/10-Silbernitratlösung, säuert mit verd. Salpetersäure an, gibt etwas Ferriammonsulfatlösung zu und titriert unter beständigem Umschütteln den Silbernitratüberschuß mit n/10-Rhodanidlösung zurück.

1 ml n/10-Silbernitrat = 7,612 mg NH_4SCN.

Natriumsalze[1]

Natriumkarbonat, Soda, Na_2CO_3. Weißes, leicht wasserlösliches Salz. Im Handel in wasserfreiem Zustand als „kalzinierte" Soda (Na_2CO_3) und teilweise auch mit 10 Kristallwasser als krist. Soda oder Kristallsoda ($Na_2CO_3 \cdot 10\,H_2O$). Die kalzinierte Soda ist etwas hygroskopisch, während die Kristallsoda umgekehrt Wasser abgibt, also verwittert. In beiden Fällen bildet sich das Monohydrat. Mol.-Gew.: Na_2CO_3 = 106,004 bzw. $Na_2CO_3 \cdot 10\,H_2O$ = 286,164.

Die Soda ist leicht wasserlöslich. Die wäßrigen Lösungen reagieren infolge Hydrolyse stark alkalisch (p_H 11 bis 11,5).

---

[1] Natriumhypochlorit, Natriumchlorit, Natriumperoxyd, Natriumperborat, Natriumsulfit, Natriumbisulfit, Natriumdithionit (Hydrosulfit) s. unter Bleichmittel auf S. 125ff. Natriumhydroxyd s. unter Laugen auf S. 76.

Löslichkeit: 100 ml Wasser lösen bei

°C	0	10	20	30	40	50	70	80	100
g Na_2CO_3	7,1	12,6	21,4	40,9	49,7	47,5	45,8	45,2	45,1

Verwendung in der Textilindustrie: Soda wird bei sehr vielen Arbeitsprozessen verwendet, so vor allem in der Wäscherei, Färberei und Druckerei.

Tabelle 18. *Spez. Gew. und Konzentration reiner Sodalösungen bei 15 °C*

Spez. Gew.	°Bé	Gew.-%		Spez. Gew.	°Bé	Gew.-%	
		Na_2CO_3	$Na_2CO_3 \cdot 10H_2O$			Na_2CO_3	$Na_2CO_3 \cdot 10H_2O$
1,007	1	0,67	1,807	1,083	11	7,88	21,252
1,014	2	1,33	3,587	1,091	12	8,62	23,248
1,022	3	2,09	5,637	1,100	13	9,43	25,432
1,029	4	2,76	7,444	1,108	14	10,19	27,482
1,036	5	3,43	9,251	1,116	15	10,95	29,532
1,045	6	4,29	11,570	1,125	16	11,81	31,851
1,052	7	4,94	13,323	1,134	17	12,61	34,009
1,060	8	5,71	15,400	1,142	18	13,16	35,493
1,067	9	6,37	17,180	1,152	19	14,24	38,405
1,075	10	7,12	19,203				

Quantitative Bestimmung der Soda:

Etwa 4 g der wasserfreien oder 10 bis 11 g der krist. Soda werden im Wägegläschen genau abgewogen und im Meßkolben zu 1 l gelöst. 25 ml dieser Lösung werden abpipettiert, mit 2 bis 3 Tropfen Methylorange oder besser Methylrot versetzt und mit n/10-Salzsäure titriert.

1 ml n/10-Salzsäure = 5,3002 mg Na_2CO_3 = 14,3082 mg $Na_2CO_3 \cdot 10H_2O$.

Reaktionsvorgang

$$Na_2CO_3 + 2HCl = 2NaCl = H_2CO_3.$$

Natriumhydrogenkarbonat, Natriumbikarbonat, $NaHCO_3$. Mol.-Gew. = 84,015. Weißes, krist. Pulver, leicht wasserlöslich. Die wäßrigen Lösungen zeigen p_H-Werte zwischen 8 und 8,5; sie reagieren also gegen Lackmus alkalisch, gegen Phenolphthalein ganz schwach sauer (leichte Rotfärbung). Stärkere Rotfärbung deutet darauf hin, daß das Bikarbonat auch Karbonat enthält. Beim Kochen geht das Bikarbonat unter CO_2-Abspaltung in das Karbonat über; Phenolphthalein schlägt dann nach einem kräftigen Rot um.

Das im Handel befindliche technische Bikarbonat ist immer etwas karbonathaltig, reagiert also gegen Phenolphthalein alkalisch.

In 100 g Wasser lösen sich bei

°C	0	10	20	30	40	50	60
g $NaHCO_3$	6,5	8,2	9,6	11,1	12,7	14,5	16,4

Verwendung in der Textilindustrie: Meist nur zum Abstumpfen und Abpuffern stark alkalischer Lösungen.

Quantitative Bestimmung des Bikarbonats.

Etwa 5 g werden genau abgewogen und im Meßkolben mit ausgekochtem und wieder erkaltetem dest. Wasser zu 1 l gelöst. Der Lösung entnimmt man 25 ml, setzt 2 Tropfen Methylorange zu und titriert mit n/10-Salzsäure.

1 ml n/10-Salzsäure = 8,4015 mg $NaHCO_3$.

Reaktionsvorgang:

$NaHCO_3 + HCl = NaCl + H_2CO_3$ (bzw. $H_2O + CO_2$).

Enthält das Bikarbonat größere Mengen Karbonat (Rotfärbung von Phenolphthalein), so ist wie folgt zu verfahren:

Bestimmung von Bikarbonat neben Karbonat. a) 25 ml der wie oben verd. Bikarbonatlösung versetzt man mit 2 Tropfen Phenolphthalein und titriert bei Zimmertemperatur mit n/10-Salzsäure. Der Verbrauch sei *a* ml; er ergibt den Karbonatgehalt.

1 ml n/10-Salzsäure = 5,3002 mg Na_2CO_3.

Darauf gibt man 2 Tropfen Methylorange zu und titriert bis zu dessen Farbumschlag weiter. Der Verbrauch sei *b* ml. Aus der Differenz (*b* — *a*) errechnet sich der Bikarbonatgehalt.

1 ml n/10-Salzsäure = 8,4015 mg $NaHCO_3$.

Reaktionsvorgang:
Beim Titrieren gegen Phenolphthalein: $Na_2CO_3 + HCl = NaHCO_3 + NaCl$ und gegen Methylorange: $NaHCO_3 + HCl = NaCl + H_2CO_3$.

b) 25 ml der verd. Bikarbonatlösung werden mit 2 Tropfen Methylorange versetzt und mit n/10-Salzsäure titriert. Die verbrauchte Säuremenge entspricht der Summe von Karbonat- und Bikarbonatgehalt.

Zu weiteren 25 ml der Lösung gibt man 20 ml n/10-Natronlauge sowie 10 ml einer 10%igen Bariumchloridlösung und läßt etwa 5 Min. stehen. Die überschüssige Lauge wird dann nach Zugabe von 2 Tropfen Phenolphthalein mit n/10-Salzsäure zurücktitriert.

1 ml n/10-Natronlauge = 8,4015 mg $NaHCO_3$

Reaktionsvorgänge:
Vorgänge bei der Titration gegen Methylorange s. unter a).
Die im Überschuß zugegebene Lauge reagiert mit dem Bikarbonat nach

$$NaHCO_3 + NaOH = Na_2CO_3 + H_2O,$$

und das hierbei entstandene und natürlich auch das schon vorher enthaltene Natriumkarbonat wird durch das Bariumchlorid in unlösliches Bariumkarbonat übergeführt:

$$Na_2CO_3 + BaCl_2 = BaCO_3 + 2NaCl.$$

Berechnung:
Verbrauch bei Titration gegen Methylorange = *a* ml n/10-HCl.
Verbrauch bei Rücktitration = *b* ml n/10-HCl.

Bikarbonatgehalt: $(20 - b) \cdot 8{,}4015$ mg $NaHCO_3$.

Karbonatgehalt: $(a + b - 20) \cdot 5{,}3002$ mg Na_2CO_3.

Natriumchlorid, Kochsalz, NaCl. Mol.-Gew. = 58,454. Weißes, leicht wasserlösliches, nicht hygroskopisches Salz. Im Handel als *Kochsalz* (98 bis 99%ig) oder *Steinsalz* (96 bis 97%ig), Verunreinigungen: Gips,

Magnesiumsulfat, Magnesium- und Kaliumchlorid. Viehsalz ist ein mit Eisenverbindungen vergälltes Kochsalz.

Verwendung in der Textilindustrie: Beim Färben von sehr vielen Farbstoffklassen als Elektrolyt.

In 100 ml lösen sich bei

°C	0	20	40	60	80	100
g NaCl	35,6	35,8	36,3	37,1	38,0	39,1

Die Löslichkeit ist also von der Temperatur nur wenig abhängig. Die wäßrigen Lösungen reagieren neutral. Siedepunkt der gesättigten Kochsalzlösung = 107 °C.

Quantitative Bestimmung:

a) *Gravimetrisch* durch Fällung als AgCl (Durchführung s. S. 71)

$$1\ \text{g AgCl} = 0{,}2474\ \text{g Cl} = 0{,}4078\ \text{g NaCl}.$$

b) *Maßanalytisch* nach Mohr oder Volhard (Durchführung s. S. 71)

$$1\ \text{ml n/10-Silbernitratlösung} = 5{,}8454\ \text{mg NaCl}.$$

Natriumsulfat, Glaubersalz, Na_2SO_4. Mol.-Gew. = 142,05 bzw. = 322,22 ($Na_2SO_4 \cdot 10\,H_2O$). Weißes, wasserlösliches Salz. Im Handel in kristalliner Form mit 10 Kristallwasser als „Natriumsulfat krist." bzw. „Glaubersalz krist." und auch wasserfrei als „Natriumsulfat calc." bzw. „Glaubersalz calc." Letzteres wird teilweise auch noch als „Duisburger Natriumsulfat" bezeichnet. Das Dekahydrat gibt an der Luft Wasser ab, es „verwittert", während das wasserfreie Salz hygroskopisch ist und Wasser aufnimmt. Das krist. Glaubersalz ist wesentlich reiner als das kalzinierte. Verunreinigungen: Natriumhydrogensulfat, Kochsalz, Eisensulfat, Calcium- und Magnesiumsulfat. Verwendung in der Textilveredlung: In großen Mengen zum Färben.

Löslichkeit: Im 100 ml Wasser lösen sich bei

°C	0	10	20	32,4	35	40	50	100
g Na_2SO_4	4,5	8,24	16,1	33,2	33,1	32,5	31,8	29,9

Die Wasserlöslichkeit erreicht also bei 32,4 °C ein Maximum.

Quantitative Bestimmung:

a) *Gravimetrisch.* Fällung der Sulfationen als Bariumsulfat. Durchführung siehe gravimetrische Bestimmung der Schwefelsäure (S. 70).

$$1\ \text{g}\ BaSO_4 = 0{,}6086\ \text{g}\ Na_2SO_4 = 1{,}3804\ \text{g}\ Na_2SO_4 \cdot 10\,H_2O.$$

b) *Komplexometrisch.* 6 bis 8 g Natriumsulfat wasserfrei oder 12 bis 16 g Natriumsulfat krist. ($Na_2SO_4 \cdot 10\,H_2O$) werden im Wägegläschen genau abgewogen und im Meßkolben mit dest. Wasser zu 1 l gelöst. Man entnimmt 25 ml, säuert mit verd. Salzsäure an, erhitzt zum Sieden, versetzt mit 25 ml $^1/_{10}$-molarer Bariumchloridlösung, erhitzt nochmals zum Sieden und erwärmt 15 Min. auf dem kochenden Wasserbad.

Nach dem Erkalten gibt man etwa das gleiche Volumen Methanol oder Äthanol sowie 5 ml konz. Ammoniaklösung (25% ig) und 2 bis 3 Tropfen Indikatorlösung (s. w. u.) zu und titriert die überschüssigen Bariumionen mit $^1/_{10}$-molarer Komplexon III- bzw Titriplex III-Lösung zurück. Der Umschlag ist scharf und erfolgt von Violett nach Gelbgrün.

1 ml $^1/_{10}$-molare $BaCl_2$-Lösung = 9,606 mg SO_4-Ionen
= 14,205 mg Na_2SO_4
= 32,222 mg $Na_2SO_4 \cdot 10H_2O$.

Reaktionsvorgänge:

Die SO_4-Ionen werden durch die $BaCl_2$-Lösung als $BaSO_4$ ausgefällt. Bei der Titration reagieren die überschüssigen Bariumionen mit dem Komplexon III. Näheres s. unter komplexometrische Verfahren auf S. 31.

Benötigte Reagenzien:

$^1/_{10}$-molare $BaCl_2$-Lösung = 24,431 g $BaCl_2 \cdot 2H_2O$, aufgelöst im Meßkolben zu 1 l.

Indikatorlösung: 0,1 g Phenolphthaleinpurpur, 0,005 g Methylrot und 0,05 g Diamingrün B werden in 1 bis 2 ml konz. Ammoniaklösung (25% ig) gelöst. Die Lösung wird mit dest. Wasser auf 100 ml verdünnt. Haltbarkeit: Etwa eine Woche.

$^1/_{10}$-molare Komplexon III- bzw. Titriplexlösung s. S. 32.

Natriumhydrogensulfat, Natriumbisulfat, $NaHSO_4$. Mol.-Gew. = 120,06. Weißes, leicht wasserlösliches Salz. Die wäßrigen Lösungen reagieren stark sauer. Im Handel als „Natriumbisulfat wasserfrei" bzw. „Natriumbisulfat krist." ($NaHSO_4 \cdot H_2O$; Mol.-Gew. = 138,08). Verwendung in der Textilindustrie: Gelegentlich zum Färben von Wolle mit gut egalisierenden Säurefarbstoffen statt Schwefelsäure + Glaubersalz. Früher wurde das Bisulfat auch als Ersatz für Weinstein beim Beizen von Wolle mit Chromsalzen verwendet, daher auch die irreführende Bezeichnung „Weinsteinpräparat".

Quantitative Bestimmung:

a) Alkalimetrisch. Etwa 10 g des Salzes werden im Wägegläschen genau abgewogen und im Meßkolben mit dest. Wasser zu 1 l gelöst. Der Lösung entnimmt man 20 ml, setzt 2 bis 3 Tropfen Methylorange zu und titriert mit n/10-Natronlauge.

1 ml n/10-Natronlauge = 12,006 mg $NaHSO_4$ = 13,808 mg $NaHSO_4 \cdot H_2O$.

Reaktionsvorgang:

$$NaHSO_4 + NaOH = Na_2SO_4 + H_2O.$$

b) Komplexometrisch. Von der im Meßkolben angesetzten Bisulfatlösung entnimmt man 25 ml und verfährt bei der Titration wie bei der Gehaltsbestimmung des Natriumsulfats beschrieben (s. w. o.)

1 ml $^1/_{10}$-molare Bariumchloridlösung = 9,606 mg SO_4-Ionen
= 12,006 mg $NaHSO_4$
= 13,808 mg $NaHSO_4 \cdot H_2O$.

Natriumthiosulfat, unterschwefligsaures Natron, Antichlor. $Na_2S_2O_3 \cdot 5H_2O$. Mol.-Gew. = 248,20. Farblose, leicht wasserlösliche, etwas salzig und bitter schmeckende Kristalle. Die wäßrigen Lösungen reagieren etwa neutral.

Verwendung in der Textilindustrie: Als „*Antichlor*" in der Bleicherei zur Entfernung des auf der Faser verbliebenen Hypochlorits.

Des weiteren in der Druckerei, z. B. beim Reservedruck mit Indigosolen.

Löslichkeit: In 100 ml Wasser lösen sich bei

°C	0	20	50	100
g Natriumthiosulfat	52	70	170	260

Nachweis des Thiosulfats:

1. Zusatz von Silbernitrat: Weißer Niederschlag von $Ag_2S_2O_3$, der rasch gelb und schließlich schwarz wird (Bildung von Ag_2S).
2. Jodlösung wird entfärbt.
3. Säurezusatz bewirkt Abscheidung von Schwefel und Entwicklung von Schwefeldioxyd.

Quantitative Bestimmung.

Etwa 25 g des Salzes werden im Wägegläschen genau abgewogen, im Meßkolben mit dest. Wasser zu 1 l aufgelöst und 20 ml davon unter Zusatz von Stärkelösung mit n/10-Jodlösung titriert.

$$1 \text{ ml n/10-Jodlösung} = 24{,}82 \text{ mg } Na_2S_2O_3 \cdot 5H_2O.$$

Reaktionsvorgang:

$$2Na_2S_2O_3 + J_2 = Na_2S_4O_6 + 2NaJ.$$

Natriumsulfid, Schwefelnatrium, Na_2S. Farbloses bis gelbbraunes oder graugrünes, wasserlösliches, stark hygroskopisches und reduzierend wirkendes Salz. An der Luft zersetzt es sich durch Oxydation zu $NaHSO_3$, und dieses geht langsam in $NaHSO_4$ über. Natriumsulfid ist daher trocken und gut verschlossen aufzubewahren. Die wäßrigen Lösungen reagieren stark alkalisch und sind nur wenige Tage haltbar.

Im Handel als „Natriumsulfid krist.“ ($Na_2S \cdot 9H_2O$; Mol.-Gew. = 240,20) mit einem Na_2S-Gehalt von 30 bis 32% sowie in geschmolzener, kalzinierter Form als „Natriumsulfid trocken“ (Na_2S; Mol.-Gew. = 78,05) mit einem Gehalt von 55 bis 60%. Auch das kalzinierte Salz ist jedoch nicht völlig wasserfrei, sondern enthält stets größere Mengen Kristallwasser.

Verunreinigungen: Natriumsulfat, Natriumhydrogensulfat, Natriumhydrogensulfit, Eisensulfid.

Verwendung: In der Textilindustrie beim Färben von Schwefelfarbstoffen als Reduktionsmittel; sonst noch bei der Herstellung der Schwefelfarbstoffe, zum Entschwefeln der Viskosefaser und in der Gerberei als Enthaarungsmittel.

Löslichkeit: In 100 ml Wasser lösen sich bei

°C	0	20	40	60	80	92
g Na_2S calc.	12,4	18,6	29,0	39,1	49,2	62,9

Nachweis des Sulfids:

1. Mit Silbernitrat oder Bleiazetat erhält man schwarze Niederschläge von Ag_2S bzw. PbS.
2. Auf Zusatz von Nitroprussidnatrium färbt sich die alkalisch gestellte Lösung intensiv violettrot.
3. Zusatz von Salzsäure bewirkt Entwicklung von Schwefelwasserstoff.

Quantitative Bestimmung. In einen ERLENMEYER-Kolben gibt man 25 ml n/10-Jodlösung, verdünnt mit dest. Wasser auf 100 ml, säuert mit verd. Salzsäure an, setzt etwas Stärkelösung zu und titriert mit der zu untersuchenden Na_2S-Lösung bis zur Entfärbung.

Ansatz der Na_2S-Lösung: Vom Natriumsulfid trocken (kalz., geschmolzen) werden 11 bis 12 g, vom krist. Natriumsulfid etwa 35 g im Wägegläschen genau abgewogen und im Meßkolben mit dest. Wasser zu 1 l aufgelöst.

1 ml n/10-Jodlösung = 3,9025 mg Na_2S = 12,01 mg $Na_2S \cdot 9H_2O$.

Noch genauer wird die Bestimmung, wenn man 25 ml n/10-Jodlösung vorlegt, mit etwa 20 ml verd. Salzsäure ansäuert, 10 ml der angesetzten Sulfidlösung zugibt und den Jodüberschuß mit n/10-Thiosulfatlösung zurücktitriert. Als Indikator dient Stärkelösung.

Reaktionsvorgänge:
Durch das Ansäuern wird aus dem Sulfid Schwefelwasserstoff frei, und dieser reagiert mit dem Jod nach

$$H_2S + J_2 = 2HJ + S.$$

Natriumchlorat, $NaClO_3$. Mol.-Gew. = 106,454. Farblose, leicht wasserlösliche, etwas hygroskopische Kristalle. Starkes Oxydationsmittel. Wegen der besseren Wasserlöslichkeit wird es vielfach dem Kaliumchlorat vorgezogen.

Verunreinigungen des Handelsproduktes: Kochsalz, Calciumchlorid.

Verwendung in der Textilindustrie: Oxydationsmittel beim Indigosoldruck, Färben und Drucken von Anilinschwarz.

Löslichkeit: In 100 ml Wasser lösen sich bei

°C	0	20	40	60	80	100	120
g $NaClO_3$	81,9	99,0	123,5	147,1	175,6	232,6	333,3

Nachweis des Chlorats:

1. Übergießen mit konz. Schwefelsäure: Bildung eines gelbgrünen Gases (ClO_2). Nicht erwärmen, sonst explosionsartiger Zerfall des Chlordioxyds in Chlor und Sauerstoff.
2. Kaliumjodid + verd. Schwefelsäure: Jodausscheidung.
3. Mit Silbernitrat in salpetersaurer Lösung kein Niederschlag. Bei Zugabe von einigen Tropfen schwefliger Säure Reduktion des Chlorats zu Chlorid, dann weißer Niederschlag von AgCl, der sich in konz. Salpetersäure im Gegensatz zu Ag_2SO_3 nicht löst.

Quantitative Bestimmung. Die Gehaltsbestimmung erfolgt am besten jodometrisch. 1 bis 1,5 g Natriumchlorat werden genau abgewogen und im Meßkolben mit dest. Wasser zu 1 l gelöst. Man entnimmt davon 25 ml, setzt 20 ml einer 10%igen Kaliumbromidlösung und schnell 30 ml konz. Salzsäure zu, läßt 10 Min. stehen, fügt dann etwa 10 ml 10%iger Kaliumjodidlösung zu, läßt weitere 5 Min. stehen, verdünnt das Ganze mit 100 bis 200 ml dest. Wasser und titriert das ausgeschiedene Jod, am Schluß unter Zusatz von Stärkelösung, mit n/10-Thiosulfatlösung.

1 ml n/10-Thiosulfatlösung = 1,7742 mg $NaClO_3$.

Reaktionsvorgänge s. Bestimmung des Chloratgehaltes in Hypochloritlösungen (S. 134).

Natriumnitrit, $NaNO_2$. Mol.-Gew. = 69,005. Leicht wasserlösliche, schwach hygroskopische, weiße bis gelbliche Kristalle. In 100 ml Wasser lösen sich bei 15 °C etwa 83 g des Salzes. Die Handelsprodukte enthalten durchschnittlich 96 bis 98% $NaNO_2$.

Verunreinigungen: Natriumnitrat, Natriumchlorid, Natriumsulfat.

Verwendung in der Textilindustrie: Zum Diazotieren (Entwicklungs- und Diazotierungsfarbstoffe) und als Oxydationsmittel beim Färben mit Indigosolen.

Nachweis des Nitrits:

1. Beim Versetzen mit verd. Schwefelsäure entwickeln sich braune, stechend riechende Dämpfe (nitrose Gase).

2. Fügt man einer angesäuerten Nitritlösung Ferrosulfatlösung zu, so färbt sich die Lösung braun.

3. Sulfanilsäure/α-Naphthylamin-Reaktion: Im Reagenzglas legt man 3 bis 5 ml des Sulfanilsäure/α-Naphthylamin-Reagens vor und setzt tropfenweise die auf Nitrit zu prüfende Lösung zu. Bei Gegenwart von Nitrit tritt eine rote Färbung auf (Bildung eines roten, wasserlöslichen Azofarbstoffes).

Ansatz des Reagens: Man kocht etwa 0,1 g α-Naphthylamin mit 20 bis 30 ml dest. Wasser, gießt die farblose Lösung vom blauvioletten Rückstand ab, setzt etwa 150 ml verd. Essigsäure zu und gibt diese Lösung zu einer Lösung von 0,5 g Sulfanilsäure in 150 ml verd. Essigsäure. Das Reagens ist in verschlossener, dunkler Flasche gut haltbar.

Quantitative Bestimmung. Natriumnitrit wirkt gegenüber Reduktionsmitteln oxydierend und scheidet z. B. aus einer angesäuerten Kaliumjodidlösung Jod aus, gegenüber sehr starken Oxydationsmitteln wie Permanganat verhält es sich aber reduzierend. Der r_H-Wert wäßriger Lösungen liegt bei etwa 30. Zur quantitativen Bestimmung eignet sich am besten die Titration mit Kaliumpermanganat. Wegen der leichten Zersetzlichkeit angesäuerter Nitritlösungen wird dabei umgekehrt verfahren, d. h., man legt die Permanganatlösung vor und titriert mit der Nitritlösung.

Ausführung: In einem Erlenmeyer-Kolben legt man 20 ml n/10-Kaliumpermanganatlösung vor, verdünnt mit dest. Wasser auf etwa 100 ml, säuert mit etwa 20 ml 10%iger Schwefelsäure an, erwärmt auf 40 bis 45 °C und titriert mit der zu untersuchenden Nitritlösung bis zur bleibenden Entfärbung.

Ansatz der Nitritlösung: 4 bis 5 g Natriumnitrit werden genau abgewogen und im Meßkolben mit dest. Wasser zu 1 l aufgelöst.

$$1\ \text{ml n/10-}KMnO_4 = 3{,}45\ \text{mg}\ NaNO_2.$$

Reaktionsvorgänge:

$$2KMnO_4 + 5NaNO_2 + 3H_2SO_4 = K_2SO_4 + 2MnSO_4 + 5NaNO_3 + 3H_2O.$$

Natriumphosphate. Die Orthophosphorsäure bildet als dreibasische Säure drei Reihen von Salzen: Mono-, Di- und Trisalze bzw. primäre, sekundäre und tertiäre. Die Alkalisalze sind alle leicht wasserlöslich.

Das *Mononatriumphosphat* (NaH_2PO_4) reagiert in wäßriger Lösung sauer. Der Äquivalenzpunkt liegt bei $p_H = 4{,}4$. Im Handel als $Na_2HPO_4 \cdot H_2O$ (Mol.-Gew. = 138,012).

Das *Dinatriumphosphat* (Na_2HPO_4) zeigt eine schwach alkalische Reaktion; Äquivalenzpunkt $p_H = 9{,}6$. Im Handel als $Na_2HPO_4 \cdot 12\,H_2O$ (Mol.-Gew. = 358,17) oder $Na_2HPO_4 \cdot 2\,H_2O$ (Mol.-Gew. = 178,01).

Verwendung: Als mildes Alkali bei einigen Färbe- und Druckverfahren, zum Erschweren der Naturseide.

Trinatriumphosphat (Na_3PO_4) reagiert stark alkalisch. Im Handel als $Na_3PO_4 \cdot 10\,H_2O$ (Mol.-Gew. = 344,13).

Verwendung: Enthärten von Wasser, vor allem zur Verwendung als Kesselspeisewasser.

Polyphosphate. Erhitzt man primäre und sekundäre Orthophosphate, so entstehen unter Wasserabspaltung die „kondensierten" oder „polymeren" Phosphate, die allgemein auch als „Polyphosphate" bezeichnet werden. Aus 1 Mol Mono- und 2 Mol Dinatriumphosphat bildet sich z. B. das Tripolyphosphat:

$$NaH_2PO_4 + 2\,Na_2HPO_4 = \underset{\text{Tripolyphosphat}}{Na_5P_3O_{10}} + 2\,H_2O\,.$$

Je nach dem Mischungsverhältnis und den Reaktionsbedingungen bei dieser thermischen Kondensation entstehen ringförmige Metaphosphate („echte" Metaphosphate wie z. B. Tri- und Tetrametaphosphat), kettenförmige Polyphosphate oder auch verzweigte Polyphosphate. Anwendungstechnisch sind nur die kettenförmigen Polyphosphate von Bedeutung. Allgemeine Formel:

$$Na_{n+2}\,P_n\,O_{3n+1}\,.$$

Die wichtigsten Typen davon sind:

a) Natriumpyrophosphat, $Na_4P_2O_7$.

Struktur:

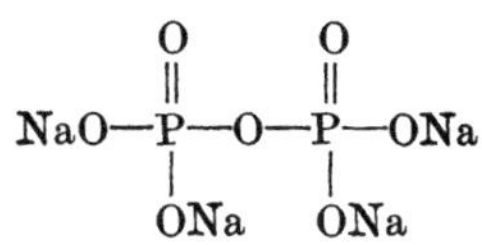

b) Tripolyphosphat, $Na_5P_3O_{10}$.

Struktur:

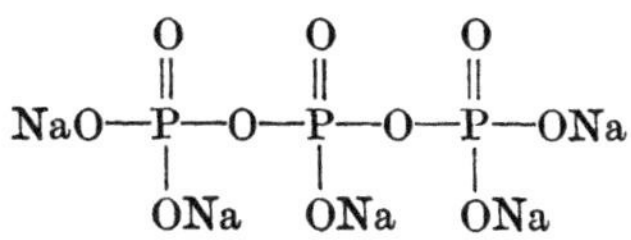

c) Höherpolymere Phosphate, Metaphosphate.

Struktur:

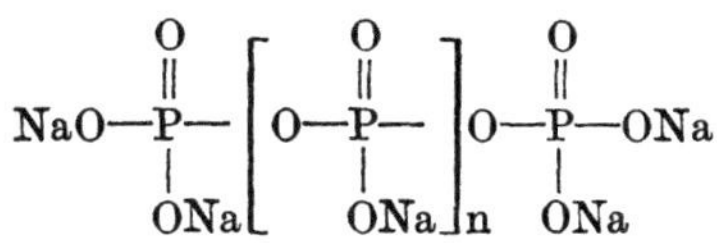

Die Bezeichnung „Metaphosphate" ist nicht ganz richtig, denn es sind keine echten Metaphosphate wie z. B. das obengenannte ringförmige Trimetaphosphat.

Die Polyphosphate zeichnen sich durch eine Reihe bemerkenswerter Eigenschaften aus, so z. B. ein ausgezeichnetes Komplexbildungsvermögen für Erdalkali- und Schwermetallionen, gutes Dispergier-, Emulgier-, Wasch- und Schmutztragevermögen sowie eine stabilisierende Wirkung in Peroxydbleichbädern. Sie finden daher in der Textilindustrie Verwendung zum Weichmachen von Wasser, als Korrosionsschutz, zum Maskieren von Erdalkali- und Schwermetallionen beim Bleichen, Färben und Drucken, als Zusatz zu Waschmitteln usw.

Die Eigenschaften der Polyphosphate hängen weitgehend vom Kondensationsgrad, d. h. der Kettenlänge ab und differieren daher, wie aus nachstehender Zusammenstellung ersichtlich ist, ziemlich stark.

Pyrophosphat: Schlechtes Kalkbindevermögen, gutes Dispergier- Wasch- und Schmutztragevermögen, gute Stabilisierwirkung in Peroxydbleichbädern, aber nur bei Temperaturen bis 60 °C und p_H-Werten bis 9. Im sauren Gebiet ist es dem Wasserglas als Stabilisator überlegen.

Tripolyphosphat: Mittleres Kalkbindevermögen, gutes Dispergier-, Wasch- und Schmutztragevermögen, mäßiges Emulsionsstabilisiervermögen, keine wesentliche Stabilisierwirkung in Peroxydbleichbädern.

Metaphosphat (hochpolymerisierte Phosphate): Sehr gutes Kalkbindevermögen, mäßiges Dispergier-, Wasch- und Schmutztragevermögen, verhältnismäßig gutes Emulsionsstabilisiervermögen, praktisch keine Stabilisierwirkung in Peroxydbädern.

Um alle Vorteile zur Wirkung kommen zu lassen und Produkte mit optimalen Eigenschaften zu erhalten, werden die Polyphosphate vielfach miteinander gemischt. Das bekannteste Handelsprodukt dieser Art ist das *Calgon T*.

Tabelle 19. *Unterscheidung von Pyro-, Tripoly- und Metaphosphaten*

Reagens	Pyrophosphate	Tripolyphosphate	Metaphosphate
Eiweißlösung	keine Ausfällung	in essigsaurer Lösung Ausfällung	in essigsaurer Lösung Ausfällung
Zinkchloridlösung	weißer, amorpher Niederschlag, unlöslich in Essigsäure	weißer, krist. Niederschlag, löslich in Essigsäure	kein Niederschlag
Zephirollösung (Desinfektionssalz H)	kein Niederschlag	weißer Niederschlag, löslich im Überschuß	weißer Niederschlag, unlöslich im Überschuß

Bei Mischungen ist die Unterscheidung natürlich nicht möglich.

Allgemeiner Phosphatnachweis. Da Meta-, Pyro- und Polyphosphate beim Kochen mit Salpetersäure in Orthophosphate bzw. Orthophosphorsäure umgewandelt werden, ist bei allen Phosphaten der Nachweis durch Fällung mit Ammonmolybdatlösung möglich.

Ausführung: Im Reagenzglas legt man einige Milliliter Ammonmolybdatlösung vor, säuert mit konz. Salpetersäure an — der anfangs gebildete weiße Niederschlag muß sich wieder lösen —, erhitzt zum Sieden und gibt die auf Phosphat zu prüfende Lösung, die man vorher mit Salpetersäure angesäuert hat, zu. Bei Gegenwart von Phosphat entsteht ein gelber Niederschlag von $(NH_4)_3PO_4 \cdot 12MoO_3$).

Arsenate geben einen ähnlichen Niederschlag, sind aber normalerweise nicht enthalten. Silikate färben die Lösung gelb, bilden aber keinen Niederschlag.

Gehaltsbestimmung bei Orthophosphaten.

a) Gravimetrisch als Magnesiumpyrophosphat: Etwa 25 g des Phosphats (z. B. $Na_2HPO_4 \cdot 12\,H_2O$ oder $Na_3PO_4 \cdot 10\,H_2O$) wedren genau abgewogen und im Meßkolben mit dest. Wasser zu 1 l gelöst. 20 ml dieser Lösung werden entnommen — sollte die Lösung nicht klar sein, ist sie vorher zu filtrieren —, mit verd. Salzsäure angesäuert und dann mit einem großen Überschuß „Magnesiamixtur" (55 g Magnesiumchlorid und 105 g Ammoniumchlorid, aufgelöst zu 1 l) sowie 10 ml gesättigter Ammoniumchloridlösung versetzt. Man erhitzt zum Sieden und gibt langsam und unter Rühren 2,5%ige Ammoniaklösung zu, bis die Lösung deutlich alkalisch reagiert. Darauf läßt man erkalten, setzt ein Fünftel des Flüssigkeitsvolumens an konz. Ammoniaklösung zu. Nach etwa 10 Min. wird der ausgefallene weiße Niederschlag abfiltriert — am besten im Filtertiegel —, dreimal mit 2,5%iger Ammoniaklösung ausgewaschen, bei 100 °C getrocknet, geglüht und gewogen. Beim Glühen geht das $MgNH_4PO_4$ unter Abspaltung von Ammoniak und Wasser in $Mg_2P_2O_7$ über.

$$\begin{aligned} 1\text{ g } Mg_2P_2O_7 &= 0{,}6379\text{ g } P_2O_5 \\ &= 3{,}2180\text{ g } Na_2HPO_4 \cdot 12\,H_2O \\ &= 3{,}0918\text{ g } Na_3PO_4 \cdot 10\,H_2O \end{aligned}$$

b) Gravimetrisch als Ammoniumphosphormolybdat. Dieses Verfahren ist besonders dann zu empfehlen, wenn die zu untersuchende Substanz oder Lösung Kationen enthält, die in ammoniakalischer Lösung Niederschläge bilden.

Ausführung: 20 ml der im Meßkolben wie oben angesetzten Phosphatlösung werden auf etwa 200 ml verdünnt, mit 30 ml Ammoniumnitratlösung (300 g NH_4NO_3 gelöst zu 1 l) und 10 bis 20 ml 25%iger Salpetersäure ($d = 1{,}153$) versetzt und zum Sieden erhitzt. In diese Lösung läßt man unter fortwährendem Umrühren oder Umschwenken eine ebenfalls zum Sieden erhitzte überschüssige Ammoniummolybdatlösung (30 g Ammonmolybdat gelöst in 1 l; 1 ml davon fällt 1 mg P_2O_5) einfließen. Für die angegebene Menge werden 120 bis 130 ml benötigt. Nach etwa 15 Min. langem Stehen wird der ausgefallene Niederschlag abfiltriert, mit einer besonderen Waschflüssigkeit (50 g Ammoniumnitrat + 40 ml 25%ige Salpetersäure gelöst zu 1 l) ausgewaschen und dann bei 160 °C bis zur Gewichtskonstanz getrocknet. Der gelbe Niederschlag hat die Zusammensetzung $(NH_4)_3PO_4 \cdot 12\,MoO_3$.

$$\begin{aligned} 1\text{ g } (NH_4)_3PO_4 \cdot 12\,MoO_3 &= 0{,}03755\text{ g } P_2O_5 \\ &= 0{,}1909\text{ g } Na_2HPO_4 \cdot 12\,H_2O \\ &= 0{,}1834\text{ g } Na_3PO_4 \cdot 10\,H_2O. \end{aligned}$$

c) Komplexometrisch. Das Phosphat wird als Magnesiumammoniumphosphat gefällt und das Magnesium nach dem Auflösen des Niederschlags komplexometrisch bestimmt.

Ausführung: Man fällt das Phosphat wie unter a) beschrieben als $MgNH_4PO_4$ aus und löst den dreimal mit 2,5%iger Ammoniaklösung ausgewaschenen Niederschlag in heißer verd. Salzsäure auf. Die saure Lösung wird mit 50 ml $^1/_{10}$-molarer Komplexon III- oder Titriplex III-

Lösung versetzt, mit verd. Natronlauge neutralisiert (Indikatorpapier genügt) und mit dest. Wasser auf etwa 100 ml verdünnt. Schließlich setzt man noch 1 Indikator-Puffertablette (Merck) und 1 ml konz. Ammoniaklösung zu und titriert die überschüssige Komplexon III- bzw. Titriplex III-Lösung mit n/10-molarer Zinksulfatlösung zurück.

1 ml $^1/_{10}$-molare Komplexon III- bzw. Titriplex III-Lösung
$= 7{,}0975$ mg P_2O_5
$= 35{,}814$ mg $Na_2HPO_4 \cdot 12H_2O$
$= 34{,}41$ mg $Na_3PO_4 \cdot 10H_2O$.

Gehaltsbestimmung bei Meta-, Pyro- und Tripolyphosphaten. Durch Kochen mit Salpetersäure werden Meta-, Pyro- und Tripolyphosphate in Orthophosphate übergeführt. Die Gehaltsbestimmung kann dann wie bei den Orthophosphaten erfolgen.

Ausführung: Ungefähr 10 g des Salzes werden genau abgewogen und in einem kleinen ERLENMEYER-Kolben oder Becherglas durch 20 Min. langes Kochen in 50 ml dest. Wasser und 20 ml konz. Salpetersäure (d = 1,40) aufgelöst und umgewandelt. Nach dem Erkalten gibt man die Lösung in einen 1000 ml-Meßkolben, füllt mit dest. Wasser bis zur Marke auf, entnimmt 50 ml und bestimmt den Phosphatgehalt nach Verfahren a), b) oder c).

1 g $Mg_2P_2O_7 = 0{,}6379$ g P_2O_5 (Verfahren a)
1 g $(NH_4)_3PO_4 \cdot 12MoO_3 = 0{,}03755$ g P_2O_5 (Verfahren b)
1 ml $^1/_{10}$-molare Komplexon III- bzw. Titriplex III-Lösung $= 7{,}0975$ mg P_2O_5.

Untersuchung stehender Phosphatbäder (Seidenerschwerung). Bei den Phosphatbädern der Seidenfärbereien handelt es sich um stehende Bäder mit 150 bis maximal 200 g krist. Natriumphosphat ($Na_2HPO_4 \cdot 12H_2O$) im Liter. Die Untersuchung erstreckt sich meist auf den Phosphatgehalt, den Sodagehalt und den Zinngehalt.

Phosphatgehalt: Außer den erwähnten Phosphatbestimmungsmethoden ist folgende Betriebsmethode in Anwendung: 25 ml des Phosphatbades von ~50 °C werden mit 25 ml dest. Wasser verdünnt und mit n-Schwefelsäure gegen Methylorange bis zur leichten Rotfärbung titriert und aufgekocht. Nach dem Erkalten setzt man 1 Tropfen Phenolphthalein zu und titriert mit n-NaOH bis zur Rotfärbung zurück.

1 ml verbrauchte n-NaOH $= 358{,}17$ mg $Na_2HPO_4 \cdot 12H_2O$.

Natriumsilikat, Wasserglas. Das techn. Wasserglas ist ein Gemisch aus $Na_2O \cdot 3SiO_2$ und $Na_2O \cdot 4SiO_2$ und entspricht in etwa der Zusammensetzung $Na_2O \cdot 3{,}3SiO_2$. Im Handel als dickflüssige Lösung von 37 bis 40 °Bé und einem SiO_2-Gehalt von etwa 25,5% sowie Alkaligehalt von 7,7% Na_2O.

Das Natriumsilikat ist wasserlöslich, löst sich aber nur kolloidal; die wäßrigen Lösungen sind stark hydrolytisch gespalten und reagieren daher alkalisch (p_H etwa 9 bis 10, je nach Konzentration). Beim längeren Lagern werden die Wasserglaslösungen immer dickflüssiger, da sich unter dem Einfluß der Luftkohlensäure gallertartige Kieselsäure abscheidet.

Verunreinigungen: Kochsalz, Soda, Natriumaluminat.

Verwendung in der Textilindustrie: Als Stabilisator in Peroxydbleichbädern, zur Seidenerschwerung, als Flammschutzmittel u. a.

Nachweis des Natriumsilikats:

1. Zusatz von *Salzsäure*: Gallertartiger weißer Niederschlag von ausgeschiedener Kieselsäure bzw. SiO_2.

2. Zusatz von *Ammonchlorid*: Derselbe Niederschlag wie bei 1.

3. *Ammonmolybdatreaktion:* Die auf Silikat zu prüfende, möglichst stark verdünnte Lösung wird nach Zugabe von 1 Körnchen festem Ammonmolybdat erwärmt und mit verd. Salpetersäure angesäuert. Sind Silikate zugegen, so färbt sich die Lösung unter Bildung einer Heteropolysäure gelb. Empfindliche Reaktion, die auch zum Nachweis von Silikatspuren im Wasser geeignet ist. Zu beachten: Phosphate und Arsenate stören, da sie gelbe Niederschläge bilden. Die Niederschläge sind gegebenenfalls abzufiltrieren.

Quantitative Bestimmung

a) Kieselsäuregehalt: 20 bis 30 g Wasserglas werden im Wägegläschen genau abgewogen und im Meßkolben mit dest. Wasser zu 1 l gelöst. Die Lösung soll klar sein und keine unlöslichen Anteile enthalten. 100 ml der Lösung versetzt man in einer Porzellanschale, einem Becherglas oder Erlenmeyer-Kolben mit einigen ml konz. Salzsäure, dampft auf dem Wasserbad zur Trockene ein, nimmt den Rückstand mit 3 ml konz. Salzsäure auf, dampft nochmals ein und trocknet 1 Std. bei 120 bis 125 °C im Trockenschrank. Der Rückstand (SiO_2) wird dann mit etwa 20 ml Wasser, dem man ein paar Tropfen verd. Salzsäure zugesetzt hat, aufgenommen, abfiltriert (am besten durch Filtertiegel), mit heißem Wasser ausgewaschen, getrocknet, stark geglüht und nach dem Abkühlen gewogen. Angabe in % SiO_2.

Als Probe auf die Reinheit des abgeschiedenen SiO_2 kann der Rückstand mit Flußsäure abgeraucht werden. Das SiO_2 wird dadurch in das flüchtige SiF_4 übergeführt. Bei Wiederholung dieser Operation etwa zurückbleibende, nichtflüchtige Bestandteile werden von dem anfänglich als Kieselsäure gefundenen Wert in Abzug gebracht.

Reaktionsvorgänge: Durch das Eindampfen mit Salzsäure wird aus dem Wasserglas die Kieselsäure ausgeschieden, welche unter Wasserabspaltung in das Siliziumdioxyd übergeht:

$$(1) \quad Na_2SiO_3 + 2\,HCl = H_2SiO_3 + 2\,NaCl,$$

$$(2) \quad H_2SiO_3 = SiO_2 + H_2O.$$

b) An die Kieselsäure gebundenes Alkali: 100 ml der im Meßkolben wie oben angesetzten Wasserglaslösung werden abpipettiert und mit n/10-Salzsäure unter Zusatz von Methylorange titriert.

$$1\text{ ml n/10-HCl} = 3{,}0997\text{ mg } Na_2O = 4{,}0005\text{ mg NaOH}$$

Bestimmung von Wasserglas in Peroxydbleichbädern s. S. 127.

Natriumtetraborat, Borax, $Na_2B_4O_7$. Mol.-Gew. = 201,27. Ist das Natriumsalz der Tetraborsäure ($H_2B_4O_7$). Leicht wasserlösliches, weißes Salz. Die wäßrigen Lösungen reagieren alkalisch (p_H etwa 9). Im Handel in kristalliner Form, und zwar meist als Dekahydrat ($Na_2B_4O_7 \cdot 10\,H_2O$; Mol.-Gew. = 381,44) oder auch wasserfrei als „gebrannter Borax“.

Löslichkeit: In 100 ml Wasser lösen sich bei

°C	0	10	20	40	60	80	100
g $Na_2B_4O_7 \cdot 10\,H_2O$	2,83	4,65	7,88	17,9	40,43	76,2	201,43

Verunreinigungen: Hauptsächlich Soda.

Verwendung in der Textilindustrie: Konservierungsmittel für Schlichten, Appreturen und Hutsteifen, als mildes Alkali in der Wäscherei („Kaiserborax"), Flammschutzmittel u. a.

Nachweis des Borats. Die zu prüfende Substanz wird in einer Porzellanschale mit etwas konz. Schwefelsäure und wenigen Millilitern Methylalkohol übergossen, das Ganze dann mit einem Glasstab umgerührt und angezündet. Bei Gegenwart von Borat färbt sich die Flamme grün (Borsäuretrimethylester).

Quantitative Bestimmung: Da es sich bei der Borsäure um eine sehr schwache Säure (Dissoziationskonstante $= 7 \cdot 10^{-10}$) handelt, können die Borate mit starken Säuren, wie Salzsäure und Schwefelsäure, direkt titriert werden.

Ausführung: 8 bis 10 g krist. Borax ($Na_2B_4O_7 \cdot 10H_2O$) werden genau abgewogen und im Meßkolben mit dest. Wasser zu 1 l gelöst. Man pipettiert 25 ml davon ab und titriert nach Zugabe von 2 bis 3 Tropfen Methylorange oder Methylrot (noch besser geeignet ist der Mischindikator Bromkresolgrün/Methylrot) mit n/10-Salzsäure bis zur leichten Rotfärbung. Bei Abwesenheit von Soda kann das gesamte Alkali als an Borsäure gebunden angenommen werden.

$$1\text{ ml n/10-HCl} = 19{,}072\text{ mg } Na_2B_2O_7 \cdot 10H_2O$$
$$= 10{,}0635\text{ mg } Na_2B_4O_7.$$

Reaktionsvorgänge:

$$Na_2B_4O_7 + 2HCl = 2NaCl + H_2B_4O_7.$$

Die in Freiheit gesetzte Tetraborsäure geht dann unter Wasseraufnahme rasch in Orthoborsäure über:

$$H_2B_4O_7 + 5H_2O = 4H_3BO_3.$$

Sodahaltiger Borax. Ist das zu untersuchende Borat stark sodahaltig, so verfährt man wie folgt: 25 ml der im Meßkolben wie oben angesetzten Boratlösung werden nach Zugabe von 2 bis 3 Tropfen Methylorange oder Methylrot mit n/10-Salzsäure titriert (= Summe von Borat und Soda; Verbrauch sei *a* ml). Der austitrierten Lösung setzt man dann etwa 10 ml gegen Phenolphthalein neutral gestelltes Glyzerin zu, kocht zur Vertreibung der Kohlensäure einige Minuten auf, läßt abkühlen, gibt 2 bis 3 Tropfen Phenolphthalein zu und titriert mit n/10-Natronlauge bis zur beginnenden Rotfärbung (Verbrauch sei *b* ml).

$$1\text{ ml n/10-NaOH} = 9{,}536\text{ mg } Na_2B_4O_7 \cdot 10H_2O$$
$$= 5{,}5029\text{ mg } Na_2B_4O_7.$$

Die Differenz zwischen den beiden Titrationen ($a - b$ ml) ergibt den Sodagehalt.

Reaktionsvorgänge: Die bei der Titration mit Salzsäure in Freiheit gesetzte Orthoborsäure geht unter Wasserabspaltung in Metaborsäure über, und diese reagiert mit der Natronlauge:

(1) $H_3BO_3 = HBO_2 + H_2O$

(2) $HBO_2 + NaOH = NaBO_2 + H_2O$.

Natriumazetat, CH_3COONa. Weißes, leicht wasserlösliches Salz. Die wäßrigen Lösungen reagieren alkalisch (Äquivalenzpunkt $p_H = 8,9$). Im Handel als wasserhaltige Kristalle ($CH_3COONa \cdot 3\,H_2O$, Mol.-Gew. = 136,089) oder als wasserfreies Pulver (Mol.-Gew. = 82,041). 100 g Natriumazetat krist. entsprechen 60 g Natriumazetat wasserfrei.

Verwendung in der Textilindustrie: Gelegentlich als Puffersubstanz in Bleich- und Färbeflotten, auch in Druckpasten zur Säurebindung.

Nachweis von Azetaten:

1. Beim Verreiben mit der 4- bis 6fachen Menge Kaliumbisulfat in der Reibschale wird die Essigsäure in Freiheit gesetzt, die an ihrem Geruch kenntlich ist.

2. Der zu prüfenden Substanz setzt man in einem kleinen Becherglas einige Milliliter Äthylalkohol und etwas konz. Schwefelsäure zu, rührt um und läßt unter Bedeckung mit einem Uhrglas ein paar Minuten stehen. Liegt ein Azetat vor, so tritt ein obstartiger Estergeruch auf.

Quantitative Bestimmung s. Bestimmung der Essigsäure in Azetaten (S. 74).

Natriumformiat, $HCOONa$. Mol.-Gew. = 68,015. Weißes, leicht wasserlösliches Salz, welches etwas reduzierend wirkt. In der Textilindustrie nur selten verwendet.

Quantitative Bestimmung. Die Gehaltsbestimmung kann *alkalimetrisch* oder *oxydimetrisch* erfolgen. Näheres s. S. 73.

Natriumbromit, $NaBrO_2$. Leicht wasserlösliches, schwach gelbliches Pulver ($NaBrO_2$; Mol.-Gew. = 134,913) oder gelbliche Kristalle ($NaBrO_2 \cdot 3\,H_2O$; Mol.-Gew. = 188,961). Beide Salze sind an der Luft nicht beständig; sie ziehen Feuchtigkeit an und zersetzen sich dadurch. Wässerige Bromitlösungen reagieren alkalisch (der Äquivalenzpunkt liegt bei p_H 8,5 bis 9) und sind ebenfalls unbeständig. Alkalizusatz bewirkt eine Stabilisierung.

Das Natriumbromit ist ein sehr starkes Oxydationsmittel. Sein Redoxpotential liegt bei 1360 bis 1480 mV, entsprechend r_H-Werten von etwa 47 bis 51.

Im Handel befindet sich zur Zeit eine durch Alkalizusatz stabilisierte wässerige Lösung mit einer Konzentration von etwa 75 g/l $NaBrO_2$.

Verwendung in der Textilindustrie: Zunehmende Bedeutung zum Abbau von Stärke (Entschlichtungsmittel), insbesondere für Kontinueverfahren.

Quantitative Bestimmung. Bei Bromitkonzentrationen wie sie zur Entschlichtung im Betrieb üblich sind, verfährt man wie nachstehend angegeben. Vom konzentrierten Handelspräparat wird eine entsprechende Menge abgewogen, im Meßkolben verdünnt und ein aliquoter Teil zur Titration entnommen.

Durchführung: In einen Erlenmeyerkolben von 250 oder 300 ml gibt man 10 ml der zu untersuchenden Bromitlösung, versetzt mit einer überschüssigen aber gemessenen Menge n/100-Arsenitlösung, verdünnt mit 150 ml dest. Wasser, fügt 5 volle Spatelspitzen Natriumbikarbonat — die Lösung soll an Bikarbonat gesättigt sein — und einige Tropfen verd. Essigsäure zu, verschließt den Kolben mit einem Schliffstopfen, kühlt ihn unter Umschwenken in fließendem Leitungswasser und titriert mit n/100-Jodlösung. Als Indikator dient Stärkelösung.

1 ml n/100-Arsenitlösung = 0,337 mg $NaBrO_2$ oder
= 0,797 mg aktives Brom.

Reaktionsvorgänge:

(1) $NaBrO_2 + 2\,Na_3AsO_3 \rightarrow NaBr + 2\,Na_3AsO_4$

(2) $Na_3AsO_3 + J_2 + H_2O \rightarrow 2\,HJ + Na_3AsO_4$

Bemerkung: Die handelsüblichen Bromitlösungen und auch die Bromitentschlichtungsflotten enthalten auf Grund der Zersetzung der durch Hydrolyse des $NaBrO_2$ frei gewordenen $HBrO_2$ stets eine geringe Menge Natriumhypobromit. Dieses Hypobromit wird bei obiger Titration miterfaßt. Da es aber normalerweise in diesen Lösungen nur in geringen Mengen vorliegt (maximal 1%), kann der dadurch entstehende Fehler fast immer vernachlässigt werden.

Kaliumsalze

Kaliumkarbonat, Pottasche, K_2CO_3. Mol.-Gew. = 138,202. Weißes, auch in kaltem Wasser leicht lösliches Salz. Im Gegensatz zu Soda stark hygroskopisch. Die wäßrigen Lösungen reagieren ebenfalls stark alkalisch. Im Handel teilweise auch mit 2 Molekülen Kristallwasser ($K_2CO_3 \cdot 2\,H_2O$).

Löslichkeit: In 100 ml Wasser lösen sich bei

°C	0	25	50	100
g K_2CO_3	105	114	121	156

Verwendung: Herstellung von Schmierseife; in der Textilveredlung hauptsächlich in der Druckerei, z. B. Rongalit/Pottasche-Verfahren und Ätzdruck mit Naphtholen, als mildes Alkali in der Wollwäscherei.

Quantitative Bestimmung wie bei Soda (s. S. 84).

1 ml n/10-HCl = 6,9101 g K_2CO_3.

Kaliumhydroxyd, Kalilauge, KOH. S. unter Laugen auf S. 79.

Kaliumchlorat, $KClO_3$. Mol.-Gew. = 122, 553. Weißes, wasserlösliches Salz. Die wäßrigen Lösungen reagieren kräftig oxydierend. In der Textilindustrie nur noch selten verwendet; meist wird das leichter wasserlösliche Natriumchlorat vorgezogen.

Quantitative Bestimmung analog dem Natriumchlorat. Näheres s. S. 89.

Kaliumpermanganat, $KMnO_4$. Mol.-Gew. = 158,03. Violette bis fast schwarze, stark metallisch glänzende, leicht wasserlösliche, aber nicht hygroskopische Kristalle. Die dunkelvioletten wäßrigen Lösungen reagieren sehr stark oxydierend (r_H-Werte liegen zwischen 46 und 49), daher beliebtes Oxydationsmittel in der Maßanalyse. Bei diesen Oxydationsreaktionen geht das Permanganat in alkalischer Lösung in Braunstein ($\varepsilon_0 = + 0{,}57$ Volt):

$$2K\overset{+7}{Mn}O_4 + H_2O \rightarrow 2\overset{+4}{Mn}O_2 + 2KOH + 3O,$$

in saurer Lösung hingegen in Mangan(II)-salz ($\varepsilon_0 = + 1{,}52$ Volt) über:

$$2K\overset{+7}{Mn}O_4 + 3H_2SO_4 \rightarrow K_2SO_4 + 2\overset{+2}{Mn}SO_4 + 3H_2O + 5O.$$

Verwendung in der Textilindustrie: Filzfreie Ausrüstung der Wolle, früher auch zum Bleichen von Wolle und Naturseide.

Quantitative Bestimmung.

a) Mit Oxalsäure. Man legt 20 oder 25 ml n/10-Oxalsäure vor, säuert mit verd. Schwefelsäure stark an, erwärmt auf 60 bis 70 °C und titriert mit einer Lösung von 3 bis 4 g/l Kaliumpermanganat (genau abwiegen und im Meßkolben zu 1 l lösen). Sollte Braunstein ausfallen, so ist noch mehr Schwefelsäure zuzusetzen.

1 ml n/10-Oxalsäure = 3,1606 mg $KMnO_4$.

Reaktionsvorgang:

$$2KMnO_4 + 5(COOH)_2 + 3H_2SO_4 = K_2SO_4 + 2MnSO_4 + 10CO_2 + 8H_2O.$$

b) Jodometrisch. 2 bis 3 g Kaliumpermanganat werden genau abgewogen und im Meßkolben mit dest. Wasser zu 1 l gelöst. Hiervon pipettiert man 25 ml ab, gibt etwa 10 ml verd. Schwefelsäure und überschüssiges Kaliumjodid zu und titriert das ausgeschiedene Jod mit n/10-Thiosulfatlösung, wobei gegen Ende der Titration etwas Stärkelösung zugesetzt wird.

1 ml n/10-Thiosulfatlösung = 3,1606 mg $KMnO_4$.

Reaktionsvorgänge:

(1) $$2KMnO_4 + 10KJ + 8H_2SO_4 = 2MnSO_4 + 6K_2SO_4 + 8H_2O + 5J_2,$$

(2) $$5J_2 + 10Na_2S_2O_3 = 10NaJ + 5Na_2S_4O_6.$$

Kaliumrhodanid, KSCN. Mol.-Gew. = 97,17. Farblose, an der Luft sich leicht rötende, hygroskopische Kristalle. Sehr leicht wasserlöslich. In 100 ml Wasser lösen sich bei 0 °C 177 g, bei 20 °C 217 g KSCN. *Nachweis* und *Gehaltsbestimmung* erfolgen analog dem Ammoniumrhodanid (s. S. 83).

1 ml n/10-$AgNO_3$ = 9,717 mg KSCN.

Kaliumferrocyanid, Ferrocyankalium, gelbes Blutlaugensalz, Tetrakaliumhexacyanoferrat, $K_4[Fe(CN)_6] \cdot 3H_2O$. Mol.-Gew. = 422,388. Weiße bis hellgelbe, luftbeständige, wasserlösliche Kristalle. Die wäßrigen Lösungen wirken reduzierend.

Verwendung in der Textilindustrie: Nur selten, z. B. als Katalysator beim Druck von Anilinschwarz.

Nachweis des Ferrocyanids:

1. Zusatz von $FeCl_3$ ergibt in salzsaurer Lösung einen blauen Niederschlag (Berliner Blau).

2. Mit Silbernitrat erhält man einen weißen Niederschlag von $Ag_4[Fe(CN)_6]$, unlöslich in verd. Salpetersäure und Ammoniak.

Quantitative Bestimmung:

a) Manganometrisch. 18 bis 20 g des Salzes werden genau abgewogen und im Meßkolben mit dest. Wasser zu 1 l gelöst. Man entnimmt 20 ml, verdünnt mit dest. Wasser auf 200 bis 300 ml, setzt 10 ml halbkonz. Schwefelsäure zu und titriert mit n/10-Kaliumpermanganatlösung.

$$1 \text{ ml n/10-}KMnO_4 = 42{,}239 \text{ mg } K_4[Fe(CN)_6] \cdot 3\,H_2O.$$

Reaktionsvorgang:

$$5\,K_4[Fe(CN)_6] + KMnO_4 + 4\,H_2SO_4 = 5\,K_3[Fe(CN)_6] + 3\,K_2SO_4 + MnSO_4 + 4\,H_2O.$$

Durch Verwendung von Redoxindikatoren, wie Erioglaucin und Eriogrün (s. Oxydimetrie S. 24), kann der Umschlag bei der Titration verschärft werden. Außerdem kann man dann auch in größerer Konzentration und bei Verwendung von Eriogrün in salzsaurer Lösung scharf titrieren. Von den 0,1%igen Indikatorlösungen verwendet man ungefähr 0,5 ml auf 100 ml Titrierflüssigkeit.

b) Cerimetrisch. Von der im Meßkolben wie oben angesetzten Ferrocyanidlösung pipettiert man 20 ml ab, verdünnt mit dest. Wasser auf 100 ml, setzt 10 ml konz. Salzsäure und 1 Tropfen Ferroin als Indikator zu und titriert mit n/10-$Ce(SO_4)_2$-Lösung von Orangebraun nach Grüngelb.

$$1 \text{ ml n/10-}Ce(SO_4)_2\text{-Lösung} = 42{,}239 \text{ mg } K_4[Fe(CN_6] \cdot 3\,H_2O.$$

Reaktionsvorgang:

$$2\,K_4[Fe(CN)_6] + 2\,Ce(SO_4)_2 = 2\,K_3[Fe(CN)_6] + Ce_2(SO_4)_3 + K_2SO_4.$$

Kaliumferricyanid, Ferricyankalium, rotes Blutlaugensalz, Trikaliumhexacyanoferrat, $K_3[Fe(CN)_6]$. Mol.-Gew. = 329,25. Dunkelrote, leicht wasserlösliche Kristalle. Kaliumferricyanid ist ein Oxydationsmittel und scheidet z. B. aus angesäuerten Kaliumjodidlösungen Jod aus. Die wäßrigen Lösungen färben sich am Licht dunkel, und im Laufe der Zeit bildet sich ein blauer Niederschlag.

Löslichkeit: In 100 ml Wasser lösen sich bei 15 °C 41 g, bei 100 °C 77,5 g Kaliumferricyanid.

Verwendung in der Textilindustrie: Ätzdruck.

Nachweis des Ferricyanids:

1. Bei Zusatz von Ferrosalzen scheidet sich in saurer Lösung ein blauer Niederschlag (Turnbulls Blau) aus.

2. Mit Silbernitrat entsteht in salpetersaurer Lösung ein orangeroter Niederschlag von $Ag_3[Fe(CN)_6]$, unlöslich in konz. Salpetersäure, löslich in Ammoniak und Kaliumcyanid.

Quantitative Bestimmung. Etwa 20 g des Salzes werden genau abgewogen und im Meßkolben mit dest. Wasser zu 1 l gelöst. 20 ml davon werden abpipettiert, mit einigen Tropfen verd. Salzsäure angesäuert, mit 20 ml Zinksulfatlösung (100 g $ZnSO_4 \cdot 7\,H_2O$ in 1 l Wasser) und überschüssiger Kaliumjodidlösung versetzt, umgeschüttelt und nach

Stärkezugabe in üblicher Weise mit n/10-Thiosulfatlösung titriert. Das Zinksulfat dient zur Bindung des bei der Titration entstehenden Ferrocyanids, da dieses sonst mit dem ebenfalls frei werdenden Jod reagieren würde.

1 ml n/10-Thiosulfatlösung = 32,925 mg $K_3[Fe(CN)_6]$.

Reaktionsvorgänge:

(1) $2K_3(Fe(CN)_6] + 2KJ = 2K_4[Fe(CN)_6] + J_2$,

(2) $K_4[Fe(CN)_6] + 2ZnSO_4 = Zn_2[Fe(CN)_6] + 2K_2SO_4$.

Kaliumhydrogentartrat, Kaliumbitartrat, Weinstein, COOH · CHOH · · CHOH · COOK. Mol.-Gew. = 188,177. Weiße Kristalle oder weißes Pulver, in Wasser nur schwer löslich. Die Lösungen wirken schwach reduzierend.

Löslichkeit: In 100 ml Wasser lösen sich bei

°C	10	50	100
g Kaliumbitartrat	0,3	2,0	5,0

In der Textilveredlung kaum noch verwendet; früher zum Beizen von Wolle.

Nachweis von Tartraten:

1. Beim Erhitzen des trockenen Salzes tritt ein charakteristischer Geruch nach verbranntem Zucker auf und es bleibt Kohle zurück.

2. Mit Silbernitrat erhält man einen weißen, käsigen Niederschlag von Silbertartrat, löslich in Essigsäure (Gegensatz zu Silberoxalat) und Ammoniak.

Quantitative Bestimmung.

Ausführung: Etwa 300 mg Kaliumhydrogentartrat werden genau abgewogen, in 40 bis 50 ml heißem Wasser gelöst und mit n/10-Natronlauge gegen Phenolphthalein titriert.

1 ml n/10-Natronlauge = 18,818 mg Kaliumbitartrat.

Reaktionsvorgang:

$$\begin{array}{l} \text{COOH} \\ | \\ \text{CHOH} \\ | \\ \text{CHOH} \\ | \\ \text{COOK} \end{array} + NaOH = \begin{array}{l} \text{COONa} \\ | \\ \text{CHOH} \\ | \\ \text{CHOH} \\ | \\ \text{COOK} \end{array} + H_2O$$

Magnesiumsalze

Nachweis des Magnesiums.

1. *Ammoniumphosphat* — in ammoniakalischer Lösung weißer, krist. Niederschlag von Magnesiumammoniumphosphat, löslich in Säuren. Grenzkonzentration 1:50000. Das Magnesiumammoniumphosphat hat eine ganz charakteristische Kristallform und kann mikroskopisch leicht erkannt werden.

Ausführung: Der auf Mg^{++} zu prüfenden Lösung gibt man etwas Ammonchlorid zu, stellt mit Ammoniak alkalisch und versetzt dann mit Ammonium- oder Natriumphosphat.

2. *Chinalizarin* — kornblumenblauer Niederschlag (Farblack).

Ausführung: 1 bis 2 ml der zu prüfenden Lösung gibt man 8 bis 10 Tropfen einer 0,01 bis 0,02% igen alkoholischen Chinalizarinlösung und dann verd. Natronlauge zu bis zum Umschlag der Lösung von Rötlich (sauer) nach Violett (alkalisch) und kocht auf. Beim Stehenlassen setzt sich der Niederschlag am Boden ab. Grenzkonzentration 1:200000.

Quantitative Bestimmung.

a) Gravimetrisch als Pyrophosphat. Das Magnesium wird als Magnesiumammoniumphosphat ($MgNH_4PO_4$) ausgefällt und dieses durch Glühen in das Magnesiumpyrophosphat ($Mg_2P_2O_7$) übergeführt.

Ausführung (nach LUX): Die schwach salzsaure Lösung, die nicht mehr als 100 mg MgO enthalten soll, wird in einem Becherglas auf etwa 150 ml verdünnt und mit 10 ml Reagenslösung (25 g NH_4Cl + + 10 g $(NH_4)_2HPO_4$ gelöst in 100 ml dest. Wasser und filtriert) sowie einigen Tropfen Methylrotlösung versetzt. Nun läßt man in der Kälte unter andauerndem Umrühren langsam konz. Ammoniak zutropfen, bis die Lösung gelb erscheint. Das Berühren der Wand mit dem Glasstab ist dabei zu vermeiden. Man rührt, bis die Hauptmenge des Niederschlags ausgeschieden ist und verhindert durch tropfenweisen Ammoniakzusatz, daß die Lösung dabei wieder stärker sauer wird. Schließlich gibt man noch 5 ml konz. Ammoniak zu und rührt *öfters* durch. Nachdem die Lösung wenigstens 4 Std. oder besser über Nacht gestanden hat, filtriert man durch einen Filtertiegel (A_1) ab und wäscht den Niederschlag mit kalter, etwa 1% iger Ammoniaklösung bis zum Ausbleiben der Chloridreaktion und schließlich noch mit ganz wenig 10% iger schwach ammoniakalischer Ammoniumnitratlösung. Im Becherglas festsitzende Kristalle sind mit einem Gummiwischer sorgfältig zu entfernen. Nach dem Trocknen bringt man den Filtertiegel in den elektrischen Tiegelofen, steigert die Temperatur zunächst *sehr langsam*, bis kein Ammoniak mehr zu riechen ist, und glüht schließlich bei 900 °C bis zur Gewichtskonstanz.

$$1\ g\ Mg_2P_2O_7 = 0{,}2185\ g\ Mg$$
$$= 0{,}3623\ g\ MgO.$$

Reaktionsvorgänge:

$$Mg^{++} + NH_4^+ + PO_4''' = MgNH_4PO_4, \quad (1)$$

$$2\,MgNH_4PO_4 = Mg_2P_2O_7 + NH_3 + H_2O. \quad (2)$$

b) Komplexometrisch. Zu 100 ml der Magnesiumsalzlösung, die nicht mehr als 50 mg Magnesium enthalten soll — stark saure Lösungen sind mit verd. Natronlauge annähernd zu neutralisieren — gibt man 10 ml Pufferlösung (Ansatz s. S. 64) sowie eine kleine Spatelspitze voll Eriochromschwarz/Kochsalz-Mischung (s. S. 64) und titriert mit 0,1 molarer Komplexon III- oder Titriplex III-Lösung bis zum Umschlag von Weinrot nach Blau. Gegen Ende der Reaktion ist die Reagenslösung tropfenweise zuzusetzen und nach jedem Zusatz etwas abzuwarten.

Andere Möglichkeit: Der mit verd. Natronlauge annähernd neutralisierten Magnesiumsalzlösung setzt man eine Indikator-Puffertablette (Merck) und nach deren Lösung noch 1 ml konz. Ammoniak zu und titriert mit der Komplexon- bzw. Titriplexlösung bis zum Umschlag von Rot nach Grün.

1 ml 0,1 molare Komplexon III- bzw. Titriplex III-Lösung
= 2,432 mg Mg = 4,032 mg MgO.

Magnesiumchlorid, $MgCl_2 \cdot 6\,H_2O$. Mol.-Gew. = 203,33. Farblose, zerfließliche, stark hygroskopische Kristalle — meist mit 6 Molekülen Kristallwasser —, die sich in Wasser leicht lösen. Die wäßrigen Lösungen reagieren ungefähr neutral. Bei höheren Temperaturen spaltet das Salz Chlorwasserstoff ab und kann deswegen zum Karbonisieren von Wolle verwendet werden.

Löslichkeit: In 100 ml Wasser lösen sich bei

°C	0	20	100
g des Salzes	53	54,5	73

Verwendung in der Textilindustrie: Als Hygroskopikum in Schlichten und Appreturen, gelegentlich zum Karbonisieren von Wolle.

Magnesiumsulfat, Bittersalz, $MgSO_4 \cdot 7\,H_2O$. Mol.-Gew. = 246,49. Weiße, leicht wasserlösliche, nicht hygroskopische Kristalle von bitterem Geschmack („Bittersalz“). Magnesiumsulfat bildet eine ganze Reihe von Hydraten; das weitaus wichtigste davon ist das Heptahydrat.

Löslichkeit: In 100 ml Wasser lösen sich bei

°C	0	15	25	40	50	100
g $MgSO_4 \cdot 7\,H_2O$	26,9	33,8	38,5	45,6	50,3	73,8

Verunreinigungen: Magnesiumchlorid, Natriumsulfat.

Verwendung in der Textilindustrie: Zusatz zu Schlichten und Appreturen, zusammen mit Wasserglas als Stabilisator bei der Peroxydbleiche.

Calciumsalze

Nachweis von Calcium:

1. *Flammenfärbung* — ziegelrot bis blutrot. Nichtflüchtige Calciumverbindungen werden zweckmäßig mit konz. Salzsäure befeuchtet und dadurch in das flüchtige Chlorid übergeführt. Calciumsulfat muß vor der Befeuchtung mit konz. HCl in der klein gestellten Flamme des Bunsenbrenners zum Sulfid reduziert werden.

2. Ammonoxalat — weißer Niederschlag, löslich in Wasser 1 : 170000, unlöslich in Essigsäure, löslich in Salzsäure. Salzsaure Lösungen sind daher mit Natriumazetat abzustumpfen.

Quantitative Bestimmung.

a) Gravimetrisch als Oxalat (nach LUX). Die nicht mehr als 200 mg Calcium enthaltende Lösung wird in einem Becherglas auf etwa 200 ml verdünnt und mit 5 ml konz. Salzsäure und einigen Tropfen Methylrotlösung versetzt. Man erhitzt die Flüssigkeit auf etwa 70 °C, gibt 3 g $(NH_4)_2C_2O_4 \cdot H_2O$ (warm gelöst und filtriert!) hinzu und läßt dann halbkonzentriertes Ammoniak unter dauerndem Umrühren *langsam* zutropfen, bis die Farbe nach Gelb umschlägt. Nachdem die Lösung ohne weiteres Erhitzen 2 Std. gestanden hat, filtriert man durch einen Filtertiegel (A_1) oder ein G_4-Glasfilter, wäscht erst mit 0,1 %iger Ammoniumoxalatlösung aus, dann mit wenig heißem Wasser, dann dreimal mit Azeton und trocknet schließlich bei 105 °C bis höchstens 110 °C 1 Std.

$$1\ \text{g}\ CaC_2O_4 \cdot H_2O = 0{,}2743\ \text{g Ca}$$
$$= 0{,}3838\ \text{g CaO}.$$

b) Manganometrisch (nach Fällung als Oxalat). Man verfährt wie unter a) beschrieben und löst den Oxalatniederschlag nach dem Auswaschen mit heißem Wasser in etwa 100 ml warmer 10 %iger Schwefelsäure, spült das Filter mit Schwefelsäure gut nach, erwärmt auf 60 bis 70 °C und titriert mit n/10-Permanganatlösung.

$$1\ \text{ml n/10-}KMnO_4 = 2{,}004\ \text{mg Ca}$$
$$= 2{,}804\ \text{mg CaO}.$$

Reaktionsvorgänge:

(1) $$\begin{matrix} COO \\ | \\ COO \end{matrix}\!\!>\!Ca + H_2SO_4 = \begin{matrix} COOH \\ | \\ COOH \end{matrix} + CaSO_4$$

(2) $$5\begin{matrix} COOH \\ | \\ COOH \end{matrix} + 2KMnO_4 + 3H_2SO_4 = K_2SO_4 + 2MnSO_4 + 10CO_2 + 8H_2O$$

c) Komplexometrisch.

Ausführung 1: Zu 100 ml Calciumsalzlösung, die nicht mehr als 50 mg Calcium enthalten soll — stark saure Lösungen sind vorher mit verd. Natronlauge, stark alkalische Lösungen mit verd. Salzsäure annähernd zu neutralisieren —, gibt man 5 bis 10 ml Pufferlösung, 1 ml Zink- oder Magnesiumkomplexonatlösung und eine kleine Spatelspitze voll Eriochromschwarz/Kochsalz-Mischung und titriert mit 0,1 molarer Komplexon III- oder Titriplex III-Lösung bis die Farbe von Weinrot nach Blau umschlägt. Gegen Ende der Titration soll die Maßlösung langsam zugesetzt werden.

Ausführung 2: Zu 100 ml der annähernd neutralisierten Calciumsalzlösung gibt man eine Indikator-Puffertablette (Merck) und nach deren Auflösung 1 ml Ammoniaklösung (25 %ig) hinzu und titriert mit der Komplexon III- bzw. Titriplex III-Lösung bis zum Umschlag von Rot nach Grün.

Ausführung 3: Zu 100 ml der annähernd neutral reagierenden Calciumsalzlösung gibt man etwa 5 ml verd. Natronlauge (10 %ig) und eine Messerspitze Murexid/Kochsalz-Mischung und titriert mit der Komplexon III- bzw. Titriplex III-Lösung bis zum Farbumschlag von Rotviolett nach Blauviolett.

1 ml 0,1 molare Komplexon III- oder Titriplex III-Lösung
$$= 4{,}008\ \text{mg Ca} = 5{,}608\ \text{mg CaO}.$$

Herstellung der 0,1 molaren Komplexon III-Lösung, der Pufferlösung und der Indikator/Kochsalz-Mischung s. unter Komplexometrie auf S. 31 und Bestimmung der Wasserhärte auf S. 64.

Calciumkarbonat, kohlensaurer Kalk, Kreide, Schlämmkreide, $CaCO_3$. Weißes Pulver oder weiße Kristalle, in kohlensäurefreiem Wasser fast unlöslich. Bei 18 °C lösen sich z. B. in 1 l kohlensäurefreiem Wasser nur 0,013 g, in kohlensäuregesättigtem aber 0,9 g und bei höherem Druck sogar bis zu 3 g. Beim Auflösen geht das Karbonat in Bikarbonat über. Das Handelsprodukt enthält meist etwas Magnesiumkarbonat.

In der Textilveredlung nur noch selten verwendet, z. B. als säurebindendes Mittel beim Reservedruck von Anilinschwarz.

Gehaltsbestimmung: Man wiegt etwa 1 g Calciumkarbonat genau ab, löst in 25 ml n-HCl und titriert den Säureüberschuß mit n-NaOH zurück.

1 ml verbrauchte n-HCl = 28,04 mg CaO
= 50,045 mg $CaCO_3$.

Calciumsulfat, schwefelsaurer Kalk, Gips, $CaSO_4 \cdot 2H_2O$. Mol.-Gew. = 172,17. Feines, weißes Pulver, in Wasser nur wenig löslich. 100 ml Wasser lösen z. B. bei 18 °C 0,259 g, bei 100 °C 0,222 g $CaSO_4 \cdot 2H_2O$.

Verwendung in der Textilveredlung: Füllmittel in Appreturen.

Gehaltsbestimmung: Sehr verd. Lösung herstellen und Calcium- (siehe weiter oben) oder Sulfatbestimmung (s. S. 86) durchführen.

Calciumazetat, essigsaurer Kalk, $(CH_3COO)_2Ca$. Mol.-Gew. = 158,17. Im Handel auch in wasserhaltiger Form, und zwar als $(CH_3COO)_2Ca \cdot 2H_2O$ (Mol.-Gew. = 194,202). Weißes, leicht wasserlösliches Salz. In der Textilveredlung früher zum Färben und Drucken mit Beizenfarbstoffen verwendet.

Gehaltsbestimmung: Entweder Gehalt an Essigsäure nach der Destillationsmethode (s. S. 74) oder Calciumgehalt (s. w. o.).

Calciumchlorid, $CaCl_2$. Mol.-Gew. = 110,99. Im Handel auch als $CaCl_2 \cdot 6H_2O$ (Mol.-Gew. = 219,09). Das wasserfreie Salz ist sehr hygroskopisch, daher Verwendung als Trocknungsmittel im Exsikkator.

Löslichkeit: In 100 ml Wasser lösen sich bei

°C	0	20	40	60	80	100
g $CaCl_2$ wasserfrei	49,5	74	110	129	142	154

Im Labor dienen Calciumchloridlösungen häufig als Heizbäder für Bleich- und Färbeversuche bei Temperaturen über 100 °C.

Siedepunkt von $CaCl_2$-Lösungen

g $CaCl_2$ in 100 ml Wasser	25	42	56	70	105	138
Siedepunkt der Lösung [°C]	105	110	115	120	130	140

Gehaltsbestimmung: Entweder Calciumgehalt (s. w. o.) oder Chloridgehalt (s. S. 71).

Bariumsalze

Nachweis des Bariums:

1. *Flammenfärbung* — gelbgrün.
2. *Schwefelsäure, Natriumsulfat oder Gipswasser* — weißer, krist. Niederschlag von $BaSO_4$, löslich in Wasser 1:450000, unlöslich in konz. Salzsäure.

3. *Kaliumchromat oder -dichromat* — in essigsaurer Lösung gelber Niederschlag von $BaCrO_4$, löslich in Wasser 1:260000, löslich in Salzsäure. Salzsaure Lösungen sind daher mit Natriumazetat abzustumpfen.

Quantitative Bestimmung.

a) Gravimetrisch als $BaSO_4$. Man säuert die Lösung in einem 400 ml-Becherglas mit etwa 5 ml 10%iger Salzsäure an, verdünnt auf 250 bis 300 ml, erhitzt fast zum Sieden und fällt dann tropfenweise und unter andauerndem Umrühren mit heißer, verd. Schwefelsäure. Um zu erkennen, ob die Fällung beendet ist, läßt man den Niederschlag von Zeit zu Zeit absitzen und gibt dann noch ein paar Tropfen Fällungsreagens zu. Entsteht kein Niederschlag mehr, bedeckt man das Becherglas mit einem Uhrglas und läßt mindestens 2 Std., am besten über Nacht, stehen. Darauf filtriert man durch einen A_1-Filtertiegel ab, wäscht mit kleinen Mengen warmen Wassers so lange aus, bis das Waschwasser keine Chloridreaktion mehr zeigt, trocknet den Niederschlag und erhitzt ihn $^1/_4$ Std. auf mäßige Rotglut (~800 °C).

1 g $BaSO_4$ = 0,5885 g Ba.

b) Komplexometrisch. Die etwa neutral reagierende Lösung — stark saure sind mit verd. Natronlauge zu neutralisieren —, die in 100 ml bis 200 mg Barium enthalten darf, wird mit dem gleichen Volumen Methylalkohol, 10 ml konz. Ammoniaklösung sowie 0,5 ml Phthaleinpurpur-Mischindikatorlösung (Merck) versetzt und mit $^1/_{10}$ molarer Komplexon III- oder Titriplex III-Lösung bis zum Umschlag von Violett nach Gelbgrün titriert.

1 ml $^1/_{10}$ molare Komplexon III- bzw. Titriplex III-Lösung = 13,736 mg Ba.

Bariumchlorid, $BaCl_2 \cdot 2\,H_2O$. Mol.-Gew. = 244,31. Weißes, leicht wasserlösliches Salz, das beim Erhitzen alles Kristallwasser abgibt. Das wasserfreie Salz ist hygroskopisch. In 100 ml Wasser lösen sich bei 15 °C 34,5 g, bei 100 °C 59 g wasserfreies Salz.

Bariumsulfat, Schwerspat, Baryt, Blanc fixe, $BaSO_4$. Mol.-Gew. = 233,42. Weißes, in Wasser nahezu unlösliches, feines Pulver. In 100 ml Wasser lösen sich bei 18 °C nur 0,22 mg.

Verwendung in der Textilindustrie: Füllmittel für Appreturen und im Ätzdruck.

Bariumkarbonat, $BaCO_3$. Mol.-Gew. = 197,37. Weißes, wasserunlösliches Salz. In der Textilveredlung kaum noch verwendet; früher als Füllmittel in Appreturen.

Aluminiumsalze

Nachweis von Aluminium: Man setzt der essigsauren Lösung (stark saure Lösungen sind mit Natriumazetat abzustumpfen) ein paar Tropfen Morinlösung (0,1 g Morin in 100 ml Äthylalkohol) zu. Bei Gegenwart von Aluminium tritt eine grünliche Fluoreszenz auf. Sehr charakteristische und empfindliche Reaktion. Grenzkonzentration 1:1000000.

Unlösliche Aluminiumverbindungen wie Al_2O_3 schmilzt man 5 Min. in einer Sodaperle am Platindraht, löst dann die Perle in verd. Essigsäure auf und prüft die Lösung mit Morin.

Quantitative Bestimmung.

a) Gravimetrisch als Al_2O_3. Das Aluminium wird bei dieser Methode als $Al(OH)_3$ ausgefällt, dann geglüht und als Al_2O_3 zur Wägung gebracht. Zur quantitativen Fällung muß bei einem p_H von ungefähr 6 gearbeitet werden (Umschlag des Methylrots nach Gelb). Damit der Niederschlag nicht in einer unfiltrierbaren Form anfällt, ist darauf zu achten, daß er nach dem Aufkochen sofort filtriert wird und daß außerdem sowohl bei der Fällung als auch beim Auswaschen ein Überschuß von Ammonsalzen vorhanden ist.

Ausführung (BILTZ): Die Lösung, die keine Phosphorsäure und keine anderen mit Ammoniak fällbaren Substanzen enthalten darf, wird in einem Jenaer Becherglas mit 5 bis 8 ml konz. Salzsäure versetzt, auf 150 bis 200 ml verdünnt, zum Sieden erhitzt, dann vom Feuer genommen, die Hauptmenge der Säure mit Ammoniak abgestumpft (wodurch die erforderliche Menge Ammonchlorid gebildet wird) und die noch saure Lösung wie folgt gefällt: Man versetzt die Lösung erst mit einigen Tropfen 0,2%iger alkoholischer Lösung von Methylrot und darauf unter beständigem Umrühren tropfenweise mit reiner (kieselsäurefreier) verd. Ammoniaklösung, bis die Farbe des Methylrots nach Gelb umschlägt (p_H etwa 6,3). Dann wird aufgekocht und die Fällung noch heiß filtriert. Der Niederschlag soll feinflockig, aber nicht gelatinös sein. Er wird unter Dekantieren mit heißem Wasser, das 2% Ammonnitrat und etwas Ammoniak (bis zum Umschlag des Methylrots nach Gelb) enthält, ausgewaschen und zusammen mit dem Filter im Porzellan- oder Platintiegel geglüht, bis er weiß geworden ist. Zum Schluß wird er noch etwa 10 Min. bei bedecktem Tiegel vor dem Gebläse oder im elektrischen Glühofen möglichst stark geglüht und das Al_2O_3 nach dem Abkühlen (ebenfalls im bedeckten Tiegel, da hygroskopisch) gewogen. Die Prüfung auf Gewichtskonstanz geschieht durch nochmaliges Glühen und Wägen. Da sulfathaltige Lösungen die letzten Schwefelsäurereste nur sehr schwer verlieren, empfiehlt es sich, bei Lösungen mit hohem Sulfatgehalt das $Al(OH)_3$ nach dem Auswaschen nochmals in Salzsäure zu lösen und die Ausfällung zu wiederholen.

$$1\ g\ Al_2O_3 = 0{,}5291\ g\ Al.$$

b) Gravimetrisch mit 8-Oxychinolin, $C_9H_6N \cdot OH$. Das 8-Oxychinolin (in der Praxis vielfach auch als ,,Oxin“ bezeichnet) bildet mit einer ganzen Reihe von Metallen Niederschläge, die sich zur quantitativen Bestimmung gut eignen.

8-Oxychinolin

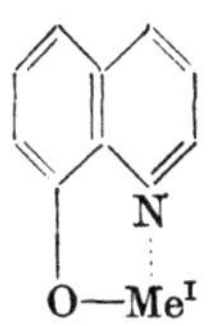

Niederschlag mit einwertigem Metall

Herstellung des Reagens: 5 g 8-Oxychinolin werden in 12 g Eisessig unter schwachem Erwärmen gelöst und die Lösung mit Wasser auf

100 ml verdünnt. Zur Abscheidung von etwa 50 mg Al verwendet man 30 ml des Reagens.

Ausführung (BILTZ): Die ganz schwach mineralsaure Lösung, die in 100 ml etwa 50 mg Al enthält, wird auf ungefähr 70 °C erwärmt, mit 30 ml Reagenslösung versetzt und unter Umrühren eine 15%ige Ammonazetatlösung langsam zugegeben. Zur vollständigen Ausfällung des gelbgrünen Niederschlages gibt man schließlich noch einen Überschuß an Ammonazetatlösung (25 ml zu). Der Niederschlag, der sich gut absetzt, wird nach etwa 1 Std. in einem Glasfilter gesammelt, mit kaltem Wasser gewaschen und 1 bis 2 Std. bei 120 bis 130 °C getrocknet. Formel des Niederschlages: $(C_9H_6ON)_3Al$.

$$1\ g\ (C_9H_6ON)_3Al\ (Oxin) = 0{,}05874\ g\ Al.$$

Kaolin, China Clay, Ton, $Al_2O_3 \cdot SiO_2 \cdot 2\,H_2O$. Mol.-Gew. = 258,09 Weißes, praktisch wasserunlösliches Pulver.

Verwendung: Zum Füllen und Geschmeidigmachen von Appreturen, Reservedruck mit Küpenfarbstoffen u. a.

Aluminiumazetat, essigsaure Tonerde. Da das reine Aluminiumazetat nur wenig beständig ist, befinden sich nur basische Azetate wie $Al(OH)\,(CH_3COO)_2$ oder Sulfazetate wie $Al_2(SO_4)_2\,(CH_3COO)_2$ im Handel.

Verwendung in der Textilindustrie: Als Beizmittel in der Färberei und zur wasserabstoßenden Ausrüstung.

Gehaltsbestimmung: Die Untersuchung erstreckt sich nach den bereits besprochenen Methoden auf den Gehalt an Aluminium (s. w. o.), Essigsäure (s. S. 74) und evtl. Chlorid- und Sulfationen.

Aluminiumchlorid, $AlCl_3$. Mol.-Gew. = 133,34. Im wasserfreien Zustand ein weißes Pulver, das an der Luft infolge Wasseraufnahme und Abspaltung von Chlorwasserstoff stark raucht und sich zersetzt. Aluminiumchlorid ist leicht wasserlöslich, die wäßrigen Lösungen reagieren stark sauer.

Im Handel teils wasserfrei, teils in kristalliner Form als $AlCl_3 \cdot 6\,H_2O$ (Mol.-Gew. = 241,44) und teils auch in Lösungen von 30 °Bé (31 bis 32%ig).

Verwendung in der Textilindustrie: Karbonisieren von Wolle, Katalysator bei Vernetzungsreaktionen mit Formaldehyd u. a.

Quantitative Bestimmung. Man bestimmt entweder den Aluminium- (s. w. o.) oder den Chloridionengehalt (s. S. 71).

Da Aluminiumchloridlösungen stark sauer reagieren, können sie auch mit Natronlauge direkt titriert werden.

Ausführung: 2 bis 3 g $AlCl_3$ oder etwa 5 g $AlCl_3 \cdot 6\,H_2O$ werden im Wägegläschen genau abgewogen und im Meßkolben zu 1 l gelöst. Man entnimmt 25 ml, setzt 2 Tropfen Phenolphthaleinlösung zu und titriert mit n/10-Natronlauge bis zur schwachen Rotfärbung.

$$1\ ml\ n/10\text{-Natronlauge} = 4{,}4447\ mg\ AlCl_3 = 8{,}048\ mg\ AlCl_3 \cdot 6\,H_2O.$$

Reaktionsvorgang:

$$AlCl_3 + 3\,NaOH = 3\,NaCl + Al(OH)_3.$$

Aluminiumsulfat, schwefelsaure Tonerde, $Al_2(SO_4)_3 \cdot 18H_2O$. Mol.-Gew. = 666,41. Weißes, leicht wasserlösliches Salz. Die wäßrigen Lösungen reagieren stark sauer und greifen Metalle wie Eisen, Zink und auch Kupfer, an.

Löslichkeit: In 100 ml Wasser lösen sich bei

°C	10	20	40	60	80	100
g $Al_2(SO_4)_3$ wasserfrei	33,5	36,2	45,7	59,1	73,1	89,1
g $Al_2(SO_4)_3 \cdot 18\,H_2O$	95,8	107,4	167,6	262,6	467,3	1132,0

Im Handel in Form weißer Brocken oder Körner.

Verunreinigungen: Freie Schwefelsäure, Eisen, Spuren Kieselsäure und Tonerde.

Verwendung in der Textilveredlung: Färben mit Beizenfarbstoffen, Puffersubstanz im Ätzdruck, Flockungsmittel bei der Wasserreinigung, wasserabstoßende Ausrüstung, Flammschutzmittel u. a.

Quantitative Bestimmung. Man bestimmt entweder den Aluminium- (s. w. o.) oder den Sulfatgehalt (s. S. 86), evtl. auch den Eisengehalt (s. S. 112).

Aluminiumalaune. Bei den Aluminiumalaunen handelt es sich um Doppelsalze aus Aluminiumsulfat und Alkalisulfaten. Es sind durchweg weiße, leicht wasserlösliche Kristalle oder pulverförmige Substanzen. Die wäßrigen Lösungen reagieren sauer.

Man unterscheidet:

Kalialaun: $K_2SO_4 \cdot Al_2(SO_4)_3 \cdot 24H_2O$. Mol.-Gew. = 948,76.

Natronalaun: $Na_2SO_4 \cdot Al_2(SO_4)_3 \cdot 24H_2O$. Mol.-Gew. = 916,56.

Ammoniakalaun: $[NH_4)_2SO_4 \cdot Al_2(SO_4)_3 \cdot 24H_2O$ Mol.-Gew. = 906,65.

In der Textilveredlung wird meist nur der Kalialaun (kurz „Alaun“ genannt) verwendet, und auch dieser nur noch selten, und zwar in der Färberei als Beizmittel, zur wasserabstoßenden Ausrüstung, als Flammschutzmittel u. a.

Aluminiumformiat, ameisensaure Tonerde, $Al(HCOO)_3 \cdot 3H_2O$. Mol.-Gew. = 216,072. Weiße, wasserlösliche Kristalle. Beim Erhitzen, z. B. Dämpfen, spaltet sich Ameisensäure ab, daher Verwendung in der Druckerei an Stelle von Rhodaniden. Das Handelsprodukt ist in kaltem Wasser nur verhältnismäßig wenig und langsam löslich; bei 20 °C lösen sich z. B. in 1 l Wasser nur 50 g des wasserhaltigen Salzes. In siedendem Wasser lassen sich jedoch bis zu 500 g in Lösung bringen.

Quantitative Bestimmung. Man bestimmt entweder den Gehalt an Aluminium (s. w. o.) oder Ameisensäure (s. S. 73).

Chromsalze

Das Chrom bildet 2 Reihen beständiger Salze, nämlich

1. *Chrom(III)-salze* oder *Chromisalze* wie z. B. $CrCl_3$ und
2. *Chromate* bzw. *Dichromate* wie K_2CrO_4 bzw. $K_2Cr_2O_7$.

In den Chromaten und Dichromaten ist das Chrom sechswertig und liegt im Anion vor. Die Chrom(III)-salze wirken entsprechend der Wertigkeit reduzierend, die Chromate und Dichromate hingegen stark oxydierend; sie können gegenseitig leicht ineinander übergeführt werden.

Nachweis des Chroms:

1. *Oxydationsschmelze* — Schmelze färbt sich gelb.

Ausführung: Die zu prüfende Substanz wird mit etwa der sechsfachen Menge Soda + Salpeter oder Soda + Kaliumchlorat vermischt und das Ganze im Tiegel geschmolzen. Die Gelbfärbung ist durch das gebildete Natriumchromat bedingt.

2. *Wasserstoffperoxydprobe.* Die zu prüfende Lösung wird mit verd. Natronlauge alkalisch gestellt, mit etwas Wasserstoffperoxyd versetzt, mit Äther überschichtet und schließlich mit verd. Schwefelsäure angesäuert. Bei Gegenwart von Chrom färbt sich die Lösung blau, und beim Umschütteln geht die blaue Überchromsäure (Chromperoxyd) in den Äther.

Quantitative Bestimmung von Chrom(III)-salzen. Die Bestimmung erfolgt am besten *gravimetrisch*. Wie das Aluminium, so läßt sich auch das Chrom aus Chrom(III)-salzen mit Ammoniak fällen. Das ausgefallene $Cr(OH)_3$ geht beim Glühen in Cr_2O_3 über.

Ausführung: Siehe Bestimmung des Aluminiums als Al_2O_3 auf S. 107. Die zur Fällung bestimmte Lösung soll in 100 ml 50 bis 100 mg Chrom enthalten.

$$1 \text{ g } Cr_2O_3 = 0{,}6843 \text{ g } Cr.$$

Quantitative Bestimmung von Chromaten und Dichromaten.

a) Gravimetrisch als Cr_2O_3. Etwa 20 ml der Chromat- bzw. Dichromatlösung — sie soll 50 bis 100 mg Chrom enthalten — werden mit 5 ml verd. HCl und etwa derselben Menge reinem Äthylalkohol versetzt und auf dem Wasserbad erhitzt, bis die Farbe rein grün geworden ist. Die Chromate bzw. Dichromate gehen dabei in Chrom(III)-salze über. Die Reduktion dauert ungefähr 15 Min. Darauf wird mit dest. Wasser auf 150 bis 200 ml verdünnt und nach Zugabe von 5 ml konz. HCl mit verd. Ammoniaklösung gefällt. Näheres s. Bestimmung des Aluminiums als Al_2O_3 auf S. 107.

$$1 \text{ g } Cr_2O_3 = 0{,}6843 \text{ g } Cr = 1{,}526 \text{ g } CrO_4'' = 1{,}421 \text{ g } Cr_2O_7''.$$

Reaktionsvorgänge:

$$(1)\quad K_2Cr_2O_7 + 3\,C_2H_5OH + 8\,HCl = 2\,CrCl_3 + 3\,CH_3CHO + 2\,KCl + 7\,H_2O,$$

$$(2)\quad 2\,CrCl_3 + 6\,NH_4OH = 2\,Cr(OH)_3 + 6\,NH_4Cl,$$

$$(3)\quad 2\,Cr(OH)_3 = Cr_2O_3 + 3\,H_2O.$$

b) Jodometrisch. 50 ml der zu untersuchenden Chromat- oder Dichromatlösung, die 20 bis 30 mg Cr enthalten soll, versetzt man in einem ERLENMEYER-Kolben mit 2 g KJ und 8 ml konz. HCl, rührt gut durch, läßt einige Minuten stehen, verdünnt auf 250 bis 300 ml und titriert das ausgeschiedene Jod mit n/10-Thiosulfatlösung. Als Indikator dient Stärkelösung.

$$1 \text{ ml n/10-Thiosulfatlösung} = 1{,}734 \text{ mg } Cr = 2{,}534 \text{ mg } Cr_2O_3.$$

Reaktionsvorgänge:

[1) $K_2Cr_2O_7 + 6KJ + 14HCl = 2CrCl_3 + 8KCl + 3J_2 + 7H_2O$,

oder $2K_2CrO_4 + 6KJ + 16HCl = 2CrCl_3 + 10KCl + 3J_2 + 8H_2O$,

(2) $J_2 + 2Na_2S_2O_3 = Na_2S_4O_6 + 2NaJ$.

Chromfluorid, Fluorchrom, $CrF_3 \cdot 4H_2O$. Mol.-Gew. = 181,074. Grünes, in Wasser leicht lösliches Pulver.

Verwendung: Zum Chromieren und Nachchromieren von Wolle, im Vigoureuxdruck mit Chromierungsfarbstoffen u. a.

Quantitative Bestimmung. Man bestimmt meist den Chromgehalt nach dem oben angegebenen Verfahren, kann aber auch das Fluorid als CaF_2 fällen und zur Wägung bringen.

$$1\text{ g } Cr_2O_3 = 1{,}1911\text{ g } CrF_3 \cdot 4H_2O.$$

Kaliumdichromat, Chromkali, $K_2Cr_2O_7$. Mol.-Gew. = 294,21. Orangerote, leicht wasserlösliche, nicht hygroskopische, sehr beständige Kristalle. Die wäßrigen Lösungen wirken stark oxydierend (r_H-Wert etwa 35), wobei das Dichromat in Chrom(III)-salz übergeht.

Verwendung in der Textilindustrie: Chromieren von Wolle, Nachchromieren von Färbungen, Oxydations- und Ätzmittel beim Färben und Drucken.

Löslichkeit: In 100 ml Wasser lösen sich bei

°C	0	10	20	40	60	80	100
g $K_2Cr_2O_7$	5	9	13	29	51	73	102

Tabelle 20

Spez. Gew. und Konzentration von Kaliumdichromatlösungen bei 20 °C

Spez. Gew.	Gew.-% $K_2Cr_2O_7$	Spez. Gew.	Gew.-% $K_2Cr_2O_7$	Spez. Gew.	Gew.-% $K_2Cr_2O_7$
1,007	1	1,043	6	1,080	11
1,015	2	1,050	7	1,087	12
1,022	3	1,056	8	1,095	13
1,030	4	1,065	9	1,102	14
1,037	5	1,073	10	1,110	15

Quantitative Bestimmung. Der Chromgehalt wird, wie oben angegeben, meist jodometrisch bestimmt.

$$1\text{ ml n/10-Thiosulfatlösung} = 4{,}9035\text{ mg } K_2Cr_2O_7.$$

Natriumdichromat, $Na_2Cr_2O_7 \cdot 2H_2O$. Mol.-Gew. = 298,05. Rote, leicht wasserlösliche, hygroskopische Kristalle. Im Handel auch in wasserfreier Form als Pulver ($Na_2Cr_2O_7$, Mol.-Gew. = 262,018). Verhält sich wie Kaliumdichromat, ist jedoch leichter wasserlöslich. In 100 ml Wasser lösen sich z. B. bei 0 °C 163 g, bei 98 °C 433 g $Na_2Cr_2O_7 \cdot 2H_2O$.

Verwendung: Wie Kaliumdichromat.

Tabelle 21

Spez. Gew. und Konzentration von Natriumdichromatlösungen bei ~20°C

Spez. Gew.	Gew.-% $Na_2Cr_2O_7$	Spez. Gew.	Gew.-% $Na_2Cr_2O_7$	Spez. Gew.	Gew.-% $Na_2Cr_2O_7$
1,007	1	1,141	20	1,280	40
1,035	5	1,171	25	1,313	45
1,071	10	1,208	30	1,343	50
1,105	15	1,245	35		

Quantitative Bestimmung: Analog dem Kaliumdichromat, am besten jodometrisch.

1 ml n/10-Thiosulfatlösung = 4,9675 mg $Na_2Cr_2O_7 \cdot 2H_2O$
= 4,3669 mg $Na_2Cr_2O_7$.

Der Wassergehalt kann durch Trocknen bei 105 °C ermittelt werden.

Kaliumchromat, K_2CrO_4. Mol.-Gew. = 194,20. Gelbe, wasserlösliche Kristalle. Verwendung in Färberei und Druckerei an Stelle von Kaliumdichromat.

Gehaltsbestimmung: Wie Kaliumdichromat.

1 ml n/10-Thiosulfatlösung = 6,473 mg K_2CrO_4.

Natriumchromat, $Na_2CrO_4 \cdot 10\,H_2O$. Mol.-Gew. = 342,164. Gelbe, leicht wasserlösliche, hygroskopische Kristalle. In der Textilveredlung nur wenig verwendet.

Gehaltsbestimmung: Wie Kaliumdichromat.

1 ml n/10-Thiosulfatlösung = 11,4055 mg $Na_2CrO_4 \cdot 10H_2O$.

Eisensalze

Das Eisen tritt in seinen Verbindungen zwei- und dreiwertig auf: zweiwertig in den Ferro- oder Eisen(II)-salzen und dreiwertig in den Ferri- oder Eisen(III)-salzen. Die beiden Wertigkeitsstufen können durch Oxydation bzw. Reduktion leicht ineinander übergeführt werden. In textilchemischer Hinsicht ist beim Eisen zu erwähnen, daß schon geringe Spuren bei der Peroxydbleiche stark katalysierend wirken.

Nachweis der Ferrosalze: Man säuert die Lösung mit Salzsäure an und gibt Kaliumferrizyanid zu. Es entsteht dann ein blauer Niederschlag von Turnbulls Blau.

Nachweis der Ferrisalze:

a) Mit Kaliumferrozyanid erhält man in saurer Lösung einen blauen Niederschlag von Berliner Blau.

b) Zusatz von Ammon- oder Kaliumrhodanid ergibt blutrote Färbung von Eisenrhodanid.

Quantitative Bestimmung.

a) Gravimetrisch als Fe_2O_3. Das Eisen wird mit Ammoniak als rotbraunes $Fe(OH)_3$ gefällt und nach dem Glühen als Fe_2O_3 gewogen. Ferrosalze müssen vor der Fällung zu Ferrisalzen oxydiert werden.

Dies geschieht am besten mit Wasserstoffperoxyd; mit konz. Salpetersäure erhält man nur in konz. Lösungen eine vollständige Oxydation.

Ausführung: Die eisenhaltige Lösung wird mit 1 bis 2 ml möglichst konz. Wasserstoffperoxyd versetzt und zum Sieden erhitzt. Sind alle Ferro- in Ferriionen übergegangen (Prüfung mit Kaliumferrizyanid), so nimmt man vom Feuer und fällt mit überschüssigem Ammoniak, das man unter Umrühren und möglichst tropfenweise zugibt. Nach dem Absetzen wird der Niederschlag abfiltriert und so lange mit heißem Wasser gewaschen, bis das Filtrat neutral reagiert. Bei viel Niederschlag wird dieser zuerst im Trockenschrank vorgetrocknet und dann im Porzellan- oder Platintiegel langsam geglüht; bei wenig Niederschlag schlägt man das Filter zusammen, trocknet im Tiegel über sehr kleiner Flamme und glüht allmählich, am Schluß bei vollem Bunsenbrenner (Gebläse vermeiden). Nach dem Erkalten wird gewogen.

$$1 \text{ g } Fe_2O_3 = 0{,}6994 \text{ g } Fe.$$

b) Manganometrisch. 1. *Ferrosalze* (z. B. Ferrosulfat oder Ferroammonsulfat). Man wiegt ungefähr 5 g des Salzes genau ab, löst im 250 ml-Meßkolben in *kaltem* Wasser unter Zusatz von viel verd. Schwefelsäure und füllt bis zur Marke auf. Dann werden 50 ml entnommen und mit $^1/_{10}$n-Permanganatlösung titriert.

$$1 \text{ ml } ^1/_{10}\text{n-}KMnO_4 = 5{,}584 \text{ mg } Fe = 7{,}184 \text{ mg } FeO = 7{,}984 \text{ mg } Fe_2O_3.$$

Reaktionsvorgang:

$$2\,KMnO_4 + 10\,FeSO_4 + 8\,H_2SO_4 = K_2SO_4 + 2\,MnSO_4 + 5\,Fe_2(SO_4)_3 + 8\,H_2O.$$

Bei *salzsauren oder chloridhaltigen Ferrosalzlösungen* gibt man, um die Chlorentwicklung bei der Titration zu vermeiden, Mangan(II)-salz zu. Außerdem empfiehlt sich noch ein Zusatz von Phosphorsäure, um die durch ihre gelbliche Färbung störend wirkenden Ferriionen in farbloses Ferriphosphat überzuführen. Sehr geeignet für derartige Titrationen ist die REINHARD-ZIMMERMANN-*Lösung*. Ihre Herstellung: 65 g Mangansulfat ($MnSO_4 \cdot 4\,H_2O$) werden in ungefähr $^1/_2$ l Wasser gelöst und die Lösung nach Zusatz von 200 ml Phosphorsäure ($d = 1{,}3$) und 130 ml konz. Schwefelsäure (diese portionsweise zugeben) zu 1 l aufgefüllt. Für je 100 ml Titrationsflüssigkeit verwendet man 2 ml REINHARD-ZIMMERMANN-Lösung.

In salzsaurer Lösung können Ferrosalze sehr leicht auch mit Kaliumdichromat oder Cerisulfatlösung titriert werden. Als Indikatoren benutzt man Redoxindikatoren wie Diphenylamin, Ferroin u. dgl. (Näheres s. Oxydimetrie.)

2. *Ferrisalze.* Ferrisalze müssen vor der Titration zu Ferrosalzen reduziert werden. Man erreicht dies am einfachsten mit metallischem Zink in schwefelsaurer Lösung.

Ausführung: Man löst eine genau abgewogene Menge Ferrisalz (etwa 5 g) im 250 ml-Meßkolben in ungefähr 150 ml Wasser, gibt 50 ml verd. Schwefelsäure zu und füllt zur Marke auf. 50 ml dieser Lösung pipettiert man in einen mit Bunsenventil oder Contat-Göckel-Aufsatz versehenen 100 ml-Erlenmeyer, gibt 2 bis 3 Stückchen eisenfreies Zink zu und erhitzt auf dem Wasserbad so lange, bis keine Ferriionen mehr nachzuweisen sind (Prüfung mit Rhodanidlösung).

Ist dies der Fall, so trennt man die Lösung vom restlichen Zink (Lösung in Becherglas abgießen, Zinkkörner und Erlenmeyer gut nachspülen) und titriert sofort mit $^1/_{10}$n-$KMnO_4$.

Enthält eine Lösung Ferro- und Ferrisalze nebeneinander, so bestimmt man in einer ersten Probe das in Ferroform vorliegende Eisen (direkte Titration mit Permanganat) und in einer zweiten, nach vorheriger Reduktion mit Zink-Schwefelsäure, das Gesamteisen. Aus der Differenz ergibt sich das in Ferriform vorliegende Eisen.

c) Komplexometrisch. Die komplexometrische Bestimmung ist sehr selektiv und kann in Gegenwart von Aluminium, Calcium, Chrom, Kobalt, Kupfer, Mangan, Nickel und Zink ausgeführt werden. Das Eisen muß in dreiwertiger Form vorliegen.

Ausführung (*Merck*): Die Eisen(III)-salzlösung, die bis etwa 20 mg Eisen enthalten kann, wird mit dest. Wasser auf etwa 100 ml verdünnt, die Lösung auf einen p_H-Wert von etwa 2,5 eingestellt (Spezial-Indikatorpapier genügt), mit 1 ml Indikatorlösung (5 g Sulfosalizylsäure gelöst in 95 ml dest. Wasser) versetzt und bis zum Verschwinden der Rotfärbung mit $^1/_{10}$ molarer Komplexon III- oder Titriplex III-Lösung titriert.

Bei der Bestimmung ist darauf zu achten, daß genügend Indikator vorhanden ist, da andernfalls ein zu früher Titrationsendpunkt vorgetäuscht wird. Es ist daher zweckmäßig, am Ende der Titration noch einige Tropfen Indikatorlösung hinzuzusetzen. Bei erneut eintretender Rotfärbung wird die Titration fortgesetzt.

Etwa vorhandene Eisen(II)-salze werden vorher durch Erhitzen mit Salpetersäure zu Eisen(III)-salz oxydiert. Ansatz der Komplexon III-Lösung s. S. 32.

1 ml $^1/_{10}$ molare Komplexon III- oder Titriplex III-Lösung = 5,585 mg Fe.

Sollen Eisen(III)- neben Eisen(II)-verbindungen bestimmt werden, so wird wie folgt verfahren:

Nachdem die Eisen(III)-verbindungen nach obiger Methode bestimmt worden sind, wird eine 2. Probe der zu untersuchenden Lösung mit 1 bis 2 ml Salpetersäure konz. aufgekocht, danach abgekühlt und in oben beschriebener Weise titriert. Die Differenz der Eisenwerte aus beiden Bestimmungen gibt die Menge der vorhandenen Eisen(II)-ionen an.

d) Kolorimetrisch. Ausführung s. Bestimmung des Eisens im Wasser S. 54.

Ferrosulfat, Eisen(II)-sulfat, Eisenvitriol, $FeSO_4 \cdot 7\,H_2O$. Mol.-Gew. = 278,02. Grünliche, wasserlösliche Kristalle, die sich in trockener Luft unter Verwitterung weiß, in feuchter Luft unter Oxydation gelbbraun verfärben. Die wäßrigen Lösungen reagieren infolge Hydrolyse sauer, und das Eisen oxydiert sich allmählich unter Abscheidung von basischem Salz $Fe(OH)SO_4$.

Löslichkeit: In 100 ml Wasser lösen sich bei

°C	25	60	90
g $FeSO_4$	64	144	202
g $FeSO_4 \cdot 7\,H_2O$	117	263	370

In der Textilveredlung kaum noch verwendet; früher diente es zur Reduktion von Küpenfarbstoffen und zum Beizen beim Färben mit Blauholz.

Quantitative Bestimmung. Die Gehaltsbestimmung erfolgt, wie oben angegeben, am einfachsten manganometrisch oder komplexometrisch. Im letzteren Fall ist darauf zu achten, daß alles Ferrosalz zu Ferrisalz oxydiert wird (Prüfung mit Kaliumferrizyanid).

1 g Fe_2O_3 = 3,4802 g $FeSO_4 \cdot 7\,H_2O$ (gravimetrisch nach a),

1 ml n/10-$KMnO_4$ = 27,802 mg $FeSO_4 \cdot 7\,H_2O$ (manganometrisch nach b),

1 ml $^1/_{10}$ molare Komplexon III- bzw. Titriplex III-Lösung
= 27,802 mg $FeSO_4 \cdot 7\,H_2O$ (komplexometrisch nach c).

Ferrisulfat, Eisen(III)-sulfat, $Fe_2(SO_4)_3$. Mol.-Gew. = 399,88. Weißes bis grauweißes, wasserlösliches Pulver, zerfließt an der Luft allmählich zu einer braunen Flüssigkeit. Im Handel als dunkelbraune, leicht zerfließliche Kristalle oder als braunrote Flüssigkeit von 50 °Bé. Die Lösung enthält basische Ferrisulfate wechselnder Zusammensetzung, und zwar $Fe_4(OH)_2(SO_4)_5$ bis $Fe_2(OH)_2(SO_4)_2$, im Mittel etwa $Fe_8(OH)_6(SO_4)_9$, und wird auch als „*Eisenbeize*", „*Schwarzbeize*", „*Rostbeize*", irreführenderweise auch als „*Salpeterbeize*" oder „*salpetersaures Eisen*" bezeichnet.

Verwendung in der Textilindustrie: Nur noch selten verwendet, so z. B. als Oxydationsmittel in der Indigosolfärberei; früher als Beize in Färberei und Druckerei und zum Erschweren der Naturseide.

Quantitative Bestimmung. Man verfährt wie oben angegeben. Zur Berechnung:

1 g Fe_2O_3 = 2,504 g $Fe_2(SO_4)_3$ (gravimetrisch nach a),
1 ml n/10-$KMnO_4$ = 19,994 mg $Fe_2(SO_4)_3$ (manganometrisch nach b),
1 ml $^1/_{10}$ molare Komplexon III- bzw. Titriplex III-Lösung
= 19,994 mg $Fe_2(SO_4)_3$ (komplexometrisch nach c).

Ferrichlorid, Eisen(III)-chlorid, $FeCl_3 \cdot 6\,H_2O$. Mol.-Gew. = 270,32. Schmutziggelbe, zerfließliche. leicht wasserlösliche Kristalle. In 100 ml Wasser lösen sich bei Zimmertemperatur etwa 50 g des Salzes. Die wäßrigen Lösungen reagieren stark sauer und wirken oxydierend. Durch die Hydrolyse entsteht rotbraunes, kolloidales Eisen(III)-hydroxyd.

Verwendung in der Textilindustrie: Oxydationsmittel beim Färben und Drucken mit Indigosolfarbstoffen, auch beim Färben von Anilinschwarz auf Naturseide.

Quantitative Bestimmung. Verfahren s. S. 112ff.
Zur Berechnung:

1 g Fe_2O_3 = 3,385 g $FeCl_3 \cdot 6H_2O$ (gravimetrisches Verfahren),
1 ml n/10-$KMnO_4$ = 27,032 mg $FeCl_3 \cdot 6H_2O$ (manganometrisches Verfahren),
1 ml $^1/_{10}$ molare Komplexon III- bzw. Titriplex III-Lösung
= 27,032 mg $FeCl_6 \cdot 6H_2O$ (komplexometrisches Verfahren).

Zinksalze

Nachweis des Zinks:

1. *Rinmanns Grün* — Ausführung s. S. 407.
2. *Dimethylanilin/Kaliumferricyanid* — Ausführung s. S. 407.

Quantitative Bestimmung.

a) *Gravimetrisch als Zinkammonphosphat oder Zinkpyrophosphat.* Das Zink soll bei dieser Bestimmung als Sulfat, Chlorid oder Nitrat vorliegen, und die Lösung darf außer Alkalisalzen keine anderen Salze enthalten.

Ausführung: Der 0,1 bis 0,3 g Zink enthaltenden sauren Zinksalzlösung gibt man tropfenweise so lange Ammoniak zu, bis Lackmuspapier schwach gebläut wird und versetzt darauf mit 2 bis 3 g Ammonchlorid. Dann säuert man mit verd. Schwefelsäure eben an, verdünnt mit Wasser auf 100 bis 150 ml, erhitzt bis fast zum Sieden, gibt eine filtrierte Lösung von 2 bis 3 g Diammonphosphat zu, die nach Zugabe eines Tropfens Phenolphthalein mit Ammoniak auf schwache Rötung eingestellt ist, und erhitzt weiterhin $^1/_2$ Std. auf dem Wasserbade. Die Lösung soll dann noch schwach alkalisch reagieren. Darauf läßt man 10 Min. abkühlen, sammelt den inzwischen kristallin gewordenen Niederschlag im Glasfilter oder Filtertiegel, wäscht ihn zuerst mit lauwarmer 1% iger Diammonphosphatlösung, bis das Filtrat frei von Chloriden ist, dann zwei-, dreimal mit kaltem Wasser und zuletzt mit 50% igem Alkohol. Der gewaschene Niederschlag wird entweder bei 105 bis 115 °C getrocknet und als $Zn(NH_4)PO_4$ gewogen oder im Porzellantiegel geglüht (zuerst nur sehr schwach, zum Schluß bei voller Bunsenbrennerflamme) und als Zinkpyrophosphat ($Zn_2P_2O_7$) zur Wägung gebracht.

$$1\ g\ Zn(NH_4)PO_4 = 0{,}3664\ g\ Zink,$$
$$1\ g\ Zn_2P_2O_7 = 0{,}4290\ g\ Zink.$$

b) *Fällung als Zinksulfid.* Der schwach mineralsauren Zinksalzlösung gibt man etwas Ammonazetat zu und fällt nach dem Erwärmen auf etwa 60 °C durch Einleiten von Schwefelwasserstoff. Ist alles Zink ausgefällt, so klärt man die trübe Lösung, indem man auf je 200 mg Zink eine Lösung von 50 bis 100 mg Quecksilber(II)-chlorid in 10 ml Wasser zugibt, und zwar in einem Gusse und unter starkem Umrühren. Hierbei fallen ZnS und HgS in einer zum Filtrieren geeigneten Form aus. Das Filter wird zusammen mit dem Niederschlag im Porzellantiegel bei niedriger Temperatur verascht und der Rückstand bei voller Bunsenbrennerflamme, zum Schluß 20 Min. lang im bedeckten Tiegel vor dem Gebläse oder im elektrischen Ofen, geglüht. Das Quecksilbersulfid verflüchtigt sich (wegen der Giftigkeit dieser Dämpfe muß das Glühen unter dem Abzug durchgeführt werden), und das Zinksulfid geht in Zinkoxyd über und wird als solches nach dem Erkalten gewogen.

$$1\ g\ ZnO = 0{,}8034\ g\ Zink.$$

c) *Komplexometrisch.* Die zu titrierende Lösung wird mit dest. Wasser auf 100 ml verdünnt und soll dann 80 bis 120 mg Zn enthalten. Wenn die Lösung stark sauer reagiert, ist sie mit verd. Natronlauge annähernd zu neutralisieren (Indikatorpapier genügt). Zur Titration setzt man eine Indikatortablette (Merck) sowie 1 ml 25% iges Ammoniak zu und titriert mit $^1/_{10}$ molarer Komplexon III- bzw. Titriplex III-Lösung bis zum Farbumschlag nach Grün.

1 ml $^1/_{10}$ molare Komplexon III- bzw. Titriplex III-Lösung = 6,538 mg Zn.

Der Umschlag ist so scharf, daß auch mit $^1/_{100}$ molarer Komplexon III- bzw. Titriplex III-Lösung gearbeitet werden kann. Erdalkalien und Schwermetalle werden mittitriert.

Zinkchlorid, $ZnCl_2$. Mol.-Gew. = 136,29. Weißes, körniges, stark hygroskopisches, sehr leicht wasserlösliches Pulver. Bildet krist. Hydrate mit 1, $1^1/_2$, $2^1/_2$, 3 und $4\,H_2O$. In 100 ml Wasser lösen sich bei 20 °C etwa 81 g $ZnCl_2$. Die wäßrigen Lösungen reagieren sauer und wirken stark antiseptisch. Beim Erhitzen wird Chlorwasserstoff abgespalten.

Im Handel als körniges Pulver und in Lösungen mit einem Gehalt von 42 bis 55% $ZnCl_2$.

Verwendung in der Textilindustrie: Als Konservierungsmittel und Hygroskopikum in Schlichten und Appreturen, beim Reservedruck mit Schwefel- und Küpenfarbstoffen, Stabilisierungsmittel für Diazoniumverbindungen. Konzentrierte Zinkchloridlösungen wirken intramizellar quellend, daher auch Verwendung zur Herstellung von Vulkanfiber.

Quantitative Bestimmung. Die Gehaltsbestimmung ist *gravimetrisch* oder *komplexometrisch* möglich. Ausführung s. w. o.

Zur Berechnung:

1 g $Zn(NH_4)PO_4$ = 0,7640 g $ZnCl_2$,

1 g ZnO = 1,675 g $ZnCl_2$,

1 ml $^1/_{10}$ molare Komplexon III- bzw. Titriplex III-Lösung = 13,629 mg $ZnCl_2$.

Zinksulfat, Zinkvitriol, $ZnSO_4 \cdot 7\,H_2O$. Mol.-Gew. = 287,55. Farblose, sehr leicht wasserlösliche Kristalle. Wäßrige Lösungen reagieren sauer und wirken antiseptisch.

Löslichkeit: In 100 ml Wasser lösen sich bei

°C	10	20	40	50	70	80	100
g $ZnSO_4$	48	53	64	81	89	86	78

Verwendung in der Textilindustrie: Konservierungsmittel für Schlichten und Appreturen, gelegentlich auch beim Reservedruck.

Quantitative Bestimmung. Die quantitative Bestimmung kann gravimetrisch oder komplexometrisch geschehen. Ausführung s. w. o.

Zur Berechnung:

1 g $Zn(NH_4)PO_4$ = 1,612 g $ZnSO_4 \cdot 7\,H_2O$,

1 g ZnO = 3,533 g $ZnSO_4 \cdot 7\,H_2O$,

1 ml $^1/_{10}$ molare Komplexon III- bzw. Titriplex III-Lösung = 28,755 mg $ZnSO_4 \cdot 7\,H_2O$.

Kupfersalze

Das Kupfer ist in seinen Verbindungen normalerweise zweiwertig (Kuprisalze), seltener einwertig (Kuprosalze). Für den Textilchemiker ist von Interesse, daß schon geringe Spuren von Kupfer den Zerfallsprozeß des Wasserstoffperoxyds stark katalytisch beschleunigen und daß auch beim Gummieren (Gummigift) und dem enzymatischen Stärkeabbau (Enzymgift) auf die Abwesenheit von Kupfer zu achten ist.

Nachweis des Kupfers:
1. Ammoniak — tiefblaue Färbung.
2. Kaliumferrozyanid — rotbrauner Niederschlag.
3. Pyridin/Rhodanid — gelbgrüner Niederschlag.
Näheres zur Durchführung s. S. 403.

Quantitative Bestimmung.

a) Gravimetrisch als *Kuprosulfid*. Man versetzt die Lösung, die in 200 ml ungefähr 0,5 bis 1 g Kupfersalz enthalten soll, mit etwa 10 ml konz. HCl oder konz. H_2SO_4, erhitzt zum Sieden und leitet dann bis zum Erkalten Schwefelwasserstoff ein (Becherglas hierbei mit Uhrglas abdecken). Das ausgefallene Kupfersulfid wird sofort abfiltriert und mit schwach mit Essigsäure angesäuertem Schwefelwasserstoffwasser ausgewaschen, bis im Filtrat mit Methylorange keine Salz- oder Schwefelsäure mehr nachgewiesen werden kann. Der ausgewaschene Niederschlag wird im Trockenschrank bei 90 bis 100 °C getrocknet, dann möglichst vollständig vom Filter entfernt und dieses in einem Rose-Tiegel verascht. Nach dem Abkühlen gibt man dem Niederschlag etwas Schwefel zu, mischt gut durch und erhitzt im trockenen Wasserstoffstrom etwa $^1/_2$ Std. lang, anfangs gelinde, später bei voller Bunsenbrennerflamme (500 bis 600 °C). Das Kuprisulfid (CuS) geht dabei in Kuprosulfid (Cu_2S) über. Man läßt im Wasserstoffstrom erkalten und wiegt ab.

$$1 \text{ g } Cu_2S = 0{,}7986 \text{ g Cu}.$$

Andere Möglichkeit: Der ausgewaschene Niederschlag wird in einem Porzellantiegel unter Luftzutritt verascht und geglüht. Das Kuprisulfid geht dabei in ein Gemenge von CuO und Cu_2S über. Da der Prozentgehalt dieser beiden Verbindungen an Kupfer derselbe ist, läßt sich der Kupfergehalt aus dem Glührückstand leicht berechnen unter der Annahme, es handle sich um reines CuO bzw. reines Cu_2S.

b) Gewichtsanalytisch als Kuprorhodanid. Bei Gegenwart von schwefliger Säure wird Kupfer durch eine Rhodanidlösung in schwach saurem Medium quantitativ als Kuprorhodanid ausgefällt.

$$2\,CuSO_4 + 4\,KSCN + H_2O + H_2SO_3 = 2\,K_2SO_4 + 2\,CuSCN + 2\,HSCN + H_2SO_4.$$

Ausführung: Man löst 0,8 bis 0,9 g Substanz in 50 ml Wasser, gibt 25 ml 3%ige schweflige Säure und dann in geringem Überschuß 5%ige Kaliumrhodanidlösung zu. Der weiße Niederschlag von Kuprorhodanid wird im Glasfilter gesammelt, mit kleinen Mengen Wasser ausgewaschen und dann bei 110 bis 120 °C getrocknet und gewogen.

$$1 \text{ g CuSCN} = 0{,}5226 \text{ g Cu}.$$

c) Jodometrisch. Kuprisalze scheiden in saurer Lösung aus Kaliumjodid Jod aus, das mit Thiosulfat titriert wird. Man spart erheblich an KJ, wenn man den größten Teil desselben durch Kalium- oder Ammonrhodanid ersetzt. Es scheidet sich dann das schwer lösliche Kuprorhodanid aus, und der Endpunkt der Titration wird schneller erreicht. Wesentlich ist, daß das Ansäuern *vor* dem Rhodanidzusatz erfolgt. Eisen stört in geringen Mengen (bis 0,2%) nicht; größere Mengen werden durch Zusatz von Natriumpyrophosphat unschädlich gemacht. Nach der Pyrophosphatzugabe wartet man 1 bis 2 Min. ab und gibt erst dann das Kaliumjodid bzw. Rhodanid zu.

Ausführung: Die Kupferlösung wird mit ungefähr 10 ml 10% iger Salz- oder Schwefelsäure angesäuert und dann mit etwa 0,2 g KJ + 2 g KSCN versetzt. Man schüttelt gut um, läßt 2 Min. stehen und titriert dann mit $^1/_{10}$n-Thiosulfatlösung. Stärkelösung wird erst dann zugegeben, wenn die Flüssigkeit nur noch gelblich erscheint. Der Niederschlag der austitrierten Lösung ist meist schmutzigviolett.

1 ml $^1/_{10}$n-Thiosulfatlösung = 6,357 mg Kupfer.

Reaktionsvorgang:

(1) $2\,CuSO_4 + 4\,KSCN = 2\,Cu(SCN)_2 + 2\,K_2SO_4$,

(2) $2\,Cu(SCN)_2 + 2\,KJ = 2\,CuSCN + 2\,KSCN + J_2$.

d) Elektrolytisch. Das elektrolytische Verfahren ist sehr genau und bequem durchführbar. Das Kupfer kann aus schwefelsaurer, salpetersaurer, ammoniakalischer und zyankalischer Lösung zur Abscheidung gebracht werden. In schwefelsaurer Lösung dürfen keine Halogenide und Nitrate, in salpetersaurer Lösung keine Halogenide zugegen sein, andernfalls muß in ammoniakalischer oder zyankalischer Lösung gearbeitet werden.

1. *Abscheidung aus schwefelsaurer Lösung.* Die annähernd neutral reagierende Kupfersalzlösung wird auf ungefähr 100 ml verdünnt und mit 2 bis 3 ml konz. Schwefelsäure versetzt. Dann taucht man die gereinigte und abgewogene Drahtnetzelektrode ein, erhitzt die Lösung auf etwa 70 °C, schließt an einen Bleiakkumulator an und elektrolysiert ungefähr 90 Min. (Prüfung auf vollständige Abscheidung durch Tüpfeln mit H_2S-Wasser oder Ammonsulfid). In kalten Lösungen dauert die Abscheidung mehrere Stunden. Zum Auswaschen der Elektrode nimmt man sie, ohne den Strom zu unterbrechen, aus der Lösung heraus, taucht sie in reines Wasser, läßt den Stromkreis noch einige Minuten geschlossen, unterbricht dann, spült erst mit wenig Wasser und dann mit Alkohol nach und trocknet.

2. *Abscheidung aus salpetersaurer Lösung.* Man neutralisiert die Kupfersalzlösung mit Ammoniak, gibt 2 bis 5 ml konz. HNO_3 zu und elektrolysiert kalt mit etwa 2,5 Volt und 0,5 Amp. Dauer 4 bis 5 Std.

3. *Abscheidung aus ammoniakalischer Lösung.* Man neutralisiert die Kupfersalzlösung mit Ammoniak und gibt dann noch weitere 10 ml konz. Ammoniak zu. War die Lösung nur schwach sauer, so erfolgt zwecks Erhöhung der Leitfähigkeit außerdem noch ein Zusatz von 3 g Ammonsulfat. Als Stromquelle dient ein Bleiakkumulator. Dauer 4 bis 5 Std.

e) Kolorimetrisch. (S. Kupfer in Spuren, S. 416.)

f) Komplexometrisch. Die komplexometrische Bestimmung eignet sich besonders als Mikrotitration. Erdalkalien und Schwermetalle dürfen nicht zugegen sein, da sie mittitriert werden.

Ausführung (Merck): Die zu titrierende Lösung, die in 100 ml nicht mehr als 20 mg Kupfer enthalten soll, wird mit so viel verd. Ammoniaklösung versetzt, daß sich das entstandene Hydroxyd gerade wieder löst. Ein größerer Überschuß ist zu vermeiden; der p_H-Wert 8 darf nicht überschritten werden (Prüfung mit Indikatorpapier genügt). Notfalls ist durch Ammoniumchloridzugabe der p_H-Wert unter 8 zu senken. Nach Zugabe von 1 bis 2 Tropfen Indikatorlösung wird sofort mit $^1/_{100}$ molarer Komplexon III- bzw. Titriplex III-Lösung bis zum Farbumschlag von Orangegelb nach einem kräftigen Violett titriert.

1 ml $^1/_{100}$ molare Komplexon III- bzw. Titriplex III-Lösung = 0,6357 mg Cu.

Kupfersulfat, Kupfervitriol, $CuSO_4 \cdot 5\,H_2O$. Mol.-Gew. = 249,71. Blaue, leicht wasserlösliche Kristalle. Im Handel als Pentahydrat und auch wasserfrei ($CuSO_4$, Mol.-Gew. = 159,63). Die wäßrigen Lösungen reagieren sauer und wirken antiseptisch.

Löslichkeit: In 100 ml Wasser lösen sich bei

°C	0	20	40	60	80	100
g $CuSO_4 \cdot 5\,H_2O$	32	42	57	77	118	203
g $CuSO_4$ wasserfrei	21	27	36	49	75	130

Verunreinigungen: Eisensulfat, seltener Zink- und Nickelsulfat.

Verwendung in der Textilindustrie: Zum Nachkupfern von Färbungen, Färben von Polyacrylnitrilfasern, Herstellung von Kupferfasern.

Quantitative Bestimmung. Sie erfolgt wie oben angegeben.

Zur Berechnung:

1 g Cu_2S = 3,137 g $CuSO_4 \cdot 5H_2O$
1 g CuSCN = 2,053 g $CuSO_4 \cdot 5H_2O$ } (gravimetrisch),

1 ml **n/10**-Thiosulfatlösung = 24,971 mg $CuSO_4 \cdot 5H_2O$ (jodometrisch,

1 g Cu = 3,928 g $CuSO_4 \cdot 5H_2O$ (elektrolytisch),

1 ml $^1/_{100}$ molare Komplexon III- bzw. Titriplex III-Lösung
= 2,497 mg $CuSO_4 \cdot 5H_2O$ (komplexometrisch).

Bleisalze

Nachweis des Bleis:

1. *Schwefelammonium* oder *Schwefelwasserstoff* — schwarzer Niederschlag von PbS.
2. *Natronlauge* — weißer Niederschlag von $Pb(OH)_2$, löslich im Überschuß unter Bildung von Natriumplumbit.
3. *Kaliumchromat* oder *Kaliumdichromat* — gelber, krist. Niederschlag von $PbCrO_4$, unlöslich in Essigsäure, löslich in Natronlauge (Gegensatz zu Barium- und Quecksilberchromat).

Quantitative Bestimmung.

a) Gravimetrisch als Bleisulfat. Zu der bleihaltigen Lösung gibt man einen Überschuß verd. Schwefelsäure und dampft in einer flachen Porzellanschale zuerst auf dem Wasserbad und dann auf dem Asbestdrahtnetz so weit ein, bis weiße Schwefelsäuredämpfe entweichen. Dann läßt man erkalten, gibt dem feuchten Niederschlag etwa 2 ml verd. Schwefelsäure zu, erhitzt nochmals bis zum „Rauchen", verdünnt nach dem Erkalten mit 30 ml Wasser, kocht auf, läßt 3 Std. stehen, sammelt den Niederschlag in einem Filtertiegel, wäscht ihn erst mit kaltem, schwefelsäurehaltigem Wasser, dann mit verd. Alkohol aus und erhitzt ihn schließlich im Tiegel auf schwache Rotglut. Rückstand: $PbSO_4$.

$$1\ g\ PbSO_4 = 0{,}6833\ g\ Pb.$$

b) Jodometrisch. Das Blei wird in essigsaurer Lösung mit einer überschüssigen, aber gemessenen Menge $^1/_{10}$n-Kaliumchromatlösung versetzt und dadurch als Bleichromat ausgefällt. Der Kaliumchromatüberschuß wird jodometrisch zurücktitriert.

Ausführung: Die abgewogene Menge Bleisalz (etwa 0,4 g) löst man in einem 100 ml-Meßkolben in essigsäurehaltigem Wasser auf, gibt eine überschüssige Menge $^1/_{10}$n-Kaliumchromatlösung (40 bis 50 ml) zu, füllt bis zur Marke auf, schüttelt gut durch und läßt 1 Std. absitzen. Dann filtriert man durch ein Faltenfilter und titriert in 50 ml des Filtrates nach Zusatz von 10 ml verd. HCl und überschüssigem KJ den Kaliumchromatüberschuß mit $^1/_{10}$n-Thiosulfatlösung zurück. Gegen Ende der Titration gibt man etwas Stärkelösung zu. Der Bleigehalt berechnet sich aus der zur Ausfällung benötigten Menge an $^1/_{10}$n-K_2CrO_4.

$$1\ ml\ ^1/_{10}\,n\text{-}K_2CrO_4 = 6{,}907\ mg\ Blei.$$

Reaktionsvorgänge:

(1) $Pb^{++} + CrO_4'' = PbCrO_4$,

(2) $2K_2CrO_4 + 6KJ + 16HCl = 2CrCl_3 + 10KCl + 3J_2 + 8H_2O$.

Herstellung der n/10-Kaliumchromatlösung: Man löst 6,474 g K_2CrO_4 in 1 l Wasser. Titerstellung in üblicher Weise durch Titration mit $^1/_{10}$n-Thiosulfatlösung unter Zusatz von verd. HCl, KJ und Stärke.

Man kann auch so verfahren, daß man das Blei in essigsaurer Lösung (salpetersaure Lösungen werden vorher mit Natriumazetat abgestumpft) mit einer gewöhnlichen, verd. Chromat- oder Bichromatlösung ausfällt (hierzu zum Sieden erhitzen und über Nacht stehenlassen), den Niederschlag abfiltriert, nach dem Auswaschen in verd. HCl auflöst und nach Zusatz von KJ mit Thiosulfat titriert.

c) Komplexometrisch (Merck). Die Lösung, die in 100 ml bis etwa 50 mg Blei enthalten kann, wird mit 1 bis 2 g Kaliumnatriumtartrat, 1 Indikator-Puffertablette (Merck) und 1 ml 25% igem Ammoniak versetzt. Der p_H-Wert soll bei 10 bis 10,5 liegen (Spezial-Indikatorpapier p_H 9,5 bis 13), nötigenfalls ist die Ammoniakzugabe zu erhöhen. Die Lösung wird auf etwa 40 °C erwärmt und sogleich mit $^1/_{10}$ molarer Komplexon III- bzw. Titriplex III-Lösung bis zum Farbumschlag von Rot nach Grün titriert.

1 ml $^1/_{10}$molare Komplexon III- bzw. Titriplex III-Lösung = 20,721 mg Pb.

Die Titration läßt sich auch mit $^1/_{100}$ molarer Komplexon III- bzw. Titriplex III-Lösung ausführen. Da andere Schwermetalle und Eisen die Bestimmung stören und auch Erdalkalien und Mangan mittitriert werden, wird in solchen Fällen das Blei als Bleisulfat ausgefällt und dadurch isoliert. Die Gehaltsbestimmung geschieht dann wie folgt: Das Bleisulfat wird nach kurzem Auswaschen mit kaltem Wasser mit Essigsäure 96% ig und konz. Ammoniaklösung (pro 100 mg $PbSO_4$ werden 1 ml Essigsäure 96% ig und 2 ml Ammoniak 25% ig benötigt) versetzt und die Mischung so lange unter leichtem Erwärmen geschüttelt, bis vollständige Lösung eingetreten ist. Nach dem Verdünnen mit etwa 200 ml Wasser werden 1 bis 2 g Kaliumnatriumtartrat, 1 Indikator-Puffertablette (Merck) und 2 ml Ammoniaklösung (25% ig) hinzugefügt. Der p_H-Wert soll bei 10 bis 11 liegen. Darauf wird auf 40 °C erwärmt und mit $^1/_{10}$ molarer Komplexon III- bzw. Titriplex III-Lösung titriert.

Antimonsalze

Nachweis des Antimons:

1. *Schwefelwasserstoff* oder *Schwefelammonium* — orangeroter Niederschlag.

2. *Natronlauge* — weißer Niederschlag, der sich in überschüssiger Natronlauge wieder auflöst.

3. *Metallisches Zink* — fällt aus der salzsauren Lösung metallisches Antimon (schwarzer Nd.) aus.

Quantitative Bestimmung.

a) *Gravimetrisch als Trisulfid.* Man leitet in die schwach salzsaure, erst kalte, dann langsam zum Sieden erhitzte Lösung $^1/_2$ bis $^3/_4$ Std. lang Schwefelwasserstoff ein, entfernt die Flamme und läßt absitzen. Dann filtriert man durch ein Glasfilter (G_4) oder einen Filtertiegel (A_1), trocknet bei 110 bis 120 °C und wiegt den Rückstand nach dem Erkalten. Genauere Resultate werden erhalten, wenn man erst unter Einleiten von Kohlendioxyd bei 100 bis 130 °C trocknet und dann auf 280 bis 300 °C erhitzt, wobei etwa beigemischter Schwefel entfernt und evtl. vorhandenes Pentasulfid in Trisulfid übergeführt wird.

$$1 \text{ g } Sb_2S_3 = 0{,}7169 \text{ g } Sb = 0{,}8582 \text{ g } Sb_2O_3.$$

Liegt das Antimon in der fünfwertigen Stufe vor, so fällt es als Pentasulfid aus und geht beim Erhitzen auf 280 bis 300 °C ebenfalls in das Trisulfid über.

b) *Gravimetrisch als Tetroxyd.* Das nach a) erhaltene Antimontrisulfid wird mit starker Salpetersäure so lange behandelt, bis aller Schwefel oxydiert ist. Der Säureüberschuß der Lösung wird durch Eindampfen entfernt, die Schwefelsäure vorsichtig abgeraucht und der Rückstand im Tiegel stark geglüht und als Tetroxyd (Sb_2O_4) gewogen.

$$1 \text{ g } Sb_2O_4 = 0{,}7919 \text{ g } Sb = 0{,}9480 \text{ g } Sb_2O_3.$$

c) *Jodometrisch.* Man wiegt 0,4 bis 0,5 g Antimon(III)-salz genau ab, löst zusammen mit ungefähr 0,5 g Weinsäure in 100 ml dest. Wasser auf, setzt dann noch etwa 5 g Natriumbikarbonat zu und titriert mit n/10-Jodlösung, am Schluß unter Stärkezugabe.

$$\begin{aligned} 1 \text{ ml n/10-Jodlösung} &= 6{,}088 \text{ mg Sb} \\ &= 7{,}288 \text{ mg } Sb_2O_3. \end{aligned}$$

Reaktionsvorgang:

$$SbO_3''' + J_2 + H_2O = SbO_4''' + 3\,HJ.$$

Liegt das Antimon in der fünfwertigen Stufe vor, so muß es vorher zur dreiwertigen reduziert werden. Zu diesem Zweck setzt man der salzsauren Lösung 1 g KBr und 10 bis 20 ml H_2SO_3 zu und kocht das SO_2 vollständig weg. Nach dem Erkalten verfährt man wie angegeben, setzt also Weinsäure und Bikarbonat zu und titriert mit n/10-Jodlösung.

Kaliumantimonyltartrat, Brechweinstein, KOOC · CHOH · CHOH · · COO(SbO) · $^1/_2 H_2O$. Mol.-Gew. = 333,94. Weiße, leicht wasserlösliche

Kristalle. Die wäßrigen Lösungen schmecken metallisch, sind giftig und rufen Übelkeit und Erbrechen hervor.

Löslichkeit: In 100 ml Wasser lösen sich bei

°C	20	50	100
g Brechweinstein	7,7	16,6	~33

Verwendung in der Textilveredlung: Beim Färben und Drucken mit basischen Farbstoffen, Nachbehandlung von Färbungen mit Säurefarbstoffen auf Polyamidfasern.

Quantitative Bestimmung. Die Gehaltsbestimmung erfolgt wie oben angegeben, am einfachsten jodometrisch.

1 ml n/10-Jodlösung = 16,697 mg Brechweinstein.

Zinnsalze

Das Zinn tritt in seinen Verbindungen in 2 Wertigkeitsstufen auf: zweiwertig in den Zinn(II)- oder Stannosalzen und vierwertig in den Zinn(IV)- oder Stannisalzen. Zinn(II)-salze wirken stark reduzierend. Durch Oxydation bzw. Reduktion lassen sich die beiden Wertigkeitsstufen leicht ineinander überführen.

Nachweis des Zinns:

1. *Leuchtprobe* — kornblumenblaue Fluoreszenz. Näheres s. S. 406.
3. *Natronlauge* — weißer Niederschlag von Zinn(II)- bzw. Zinn(IV)-hydroxyd, löslich im Überschuß.
3. *Metallisches Zink* — fällt in salzsaurer Lösung metallisches Zinn aus, das sich in schwammiger Form teils am Zink und teils in der Lösung abscheidet.

Quantitative Bestimmung.

a) Gravimetrisch als SnO_2. Man setzt der Zinn(IV)-salzlösung einige Tropfen Methylorange und dann vorsichtig bis zum Farbumschlag nach Gelb verd. Ammoniak zu, fällt mit einer gesättigten Ammoniumnitratlösung, verdünnt mit dest. Wasser auf etwa 300 ml, erhitzt zum Sieden, filtriert nach dem Erkalten durch einen A_1-Filtertiegel, wäscht den Niederschlag mit heißem, ammonnitrathaltigem Wasser aus, trocknet und glüht vor dem Gebläse bei etwa 1000 °C. Der Rückstand kommt als SnO_2 zur Auswaage.

$$1 \text{ g } SnO_2 = 0{,}7877 \text{ g } Sn.$$

Liegt das Zinn in der zweiwertigen Stufe, so muß es vor der Fällung oxydiert werden, was durch Zugabe von etwas Bromwasser oder Wasserstoffperoxyd geschehen kann. Der Überschuß an Oxydationsmittel wird weggekocht und dann wie oben beschrieben verfahren.

b) Bromatometrisch nach Zschokke. Das Verfahren ist das einzige, das gestattet, Zinn in phosphathaltigen Bädern (Seidenerschwerung) schnell und sicher zu bestimmen. Es beruht auf der Oxydation von Zinn(II)- zu Zinn(IV)-salz mit Kaliumbromat in salzsaurer Lösung gemäß der Gleichung:

$$3SnCl_2 + HBrO_3 + 6HCl = 3SnCl_4 + HBr + 3H_2O.$$

Wenn die Oxydation beendet ist, reagiert das Bromat in ausreichend salzsaurer Lösung mit der HBr unter Freiwerden von Brom, dessen gelbe Farbe das Ende der Titration anzeigt.

Reaktionsvorgang:

$$HBrO_3 + 5HBr = 3Br_2 + 3H_2O.$$

Schärfer wird das Ende der Reaktion (also der kleinste Überschuß von freiem Brom) angezeigt, wenn man etwas Methylrot oder Methylorange zusetzt, da der Indikator durch das Brom zerstört und die Lösung damit farblos wird.

Um neben dem zweiwertigen auch das vierwertige Zinn mit zu erfassen, wird vor der Titration mit naszierendem Wasserstoff reduziert.

Ausführung: In einem 200-ml-Kölbchen versetzt man 20 ml einer schwach salzsauren Zinnsalzlösung, z. B. Zinn(IV)-chlorid, mit 20 ml einer etwa 25% igen Salzsäure und etwa 0,25 bis 0,35 g Aluminiumgrieß und läßt stehen, bis unter Erwärmen das Schäumen beginnt. Darauf kühlt man unter dem Wasserhahn ab, stülpt einen Kugelaufsatz auf das Kölbchen (Bunsenventil ist unnötig) und erhitzt nach Beruhigung der Reaktion bis alles in Lösung gegangen ist. Die heiße Lösung wird dann sofort mit n/10-Kaliumbromatlösung bis zur leichten Gelbfärbung bzw. — bei Zusatz von Methylrot oder Methylorange — bis zur Entfärbung des Indikators titriert.

$$1 \text{ ml n/10-}KBrO_3 = 5{,}935 \text{ mg Sn.}$$

c) *Manganometrisch* (nur Zinn(II)-salze). Etwa 0,5 g Zinn(II)-salz werden in schwach mit Salzsäure angesäuertem dest. Wasser gelöst und die Lösung mit einem kleinen Überschuß von Eisen(III)chlorid versetzt, um das gesamte Zinn(II)-salz zu Zinn(IV)-salz zu oxydieren. Dabei wird eine äquivalente Menge Eisen(III)-salz zu Eisen(II)-salz reduziert, welches dann unter Zusatz von etwas Mangansulfatlösung oder REINHARD-ZIMMERMANN-Lösung (s. S. 113) titriert wird.

$$1 \text{ ml n/10-Kaliumpermanganatlösung} = 5{,}935 \text{ mg Sn.}$$

Reaktionsvorgänge:

(1) $$SnCl_2 + 2FeCl_3 = SnCl_4 + 2FeCl_2,$$

(2) $$KMnO_4 + 5FeCl_2 + 8HCl = KCl + MnCl_2 + 5FeCl_3 + 4H_2O.$$

Zinn(II)-chlorid, Zinnchlorür, $SnCl_2 \cdot 2H_2O$. Mol.-Gew. = 225,65. Farblose, klare, nicht zerfließliche Kristalle. In wenig Wasser klare Lösung, in viel Wasser Ausscheidung von basischem Salz [Sn(OH)Cl] infolge Hydrolyse. Auf Zusatz von Salzsäure wird die Lösung wieder klar. Die wäßrigen Lösungen reagieren sauer und wirken stark reduzierend.

Verwendung in der Textilveredlung: Reservierungs- und Ätzmittel in der Druckerei, Beizmittel in der Färberei.

Quantitative Bestimmung. Siehe die oben angegebenen Verfahren.

Zur Berechnung:
1 g SnO_2 = 1,497 g $SnCl_2 \cdot 2H_2O$ (gravimetrisch),
1 ml n/10-$KBrO_3$ = 11,2825 mg $SnCl_2 \cdot 2H_2O$ (bromatometrisch),
1 ml n/10-$KMnO_4$ = 11,2825 mg $SnCl_2 \cdot 2H_2O$ (manganometrisch).

Zinn(IV)-chlorid, Zinnchlorid, Chlorzinn, $SnCl_4$. (Mol.-Gew. = 260,53) bzw. $SnCl_4 \cdot 5H_2O$ (Mol.-Gew. = 350,61).

Handelsformen:

„Festes Chlorzinn", $SnCl_4 \cdot 5H_2O$, weiße bis gelbe, zerfließliche Kristalle.

„Wasserfreies Chlorzinn", wasserhelle, an der Luft stark rauchende Flüssigkeit, Sdp. = 115 °C, spez. Gew. = 2,26, Zinngehalt = 45,4%.

„Flüssiges Chlorzinn", Lösung von 50 bis 60 °Bé, entsprechend einem Gehalt von 50 bis 60% $SnCl_4$.

Verunreinigungen: Zinn(II)-chlorid, Kochsalz, Glaubersalz, Eisenchlorid.

Die wäßrigen Lösungen sind stark hydrolysiert und reagieren daher stark sauer. Beim Kochen geht HCl weg und es scheiden sich basische Salze und schließlich SnO_2 bzw. $SnO_2 \cdot xH_2O$ aus.

Tabelle 22

Spez. Gew. und Konzentration von Zinn(IV)-chloridlösungen bei 17,5 °C

Spez. Gew.	Gew.-% $SnCl_4$	Gew.-% $SnCl_4 \cdot 5H_2O$	Spez. Gew.	Gew.-% $SnCl_4$	Gew.-% $SnCl_4 \cdot 5H_2O$
1,012	1,49	2	1,366	37,18	50
1,036	4,46	6	1,468	44,60	60
1,059	7,43	10	1,587	52,00	70
1,124	14,85	20	1,727	59,48	80
1,195	22,28	30	1,893	66,90	90
1,276	29,70	40	1,988	71,50	96

Verwendung in der Textilveredlung: Zum Erschweren der Naturseide („Pinken", daher auch die Bezeichnung „Pinksalz"), als Beizmittel in der Druckerei.

Quantitative Bestimmung. Man verfährt wie oben unter a) und b) beschrieben.

Zur Berechnung:
1 g SnO_2 = 1,7288 g $SnCl_4$ = 2,3265 g $SnCl_4 \cdot 5H_2O$ (gravimetrisch),
1 ml n/10-$KBrO_3$ = 13,026 mg $SnCl_4$ = 17,531 mg $SnCl_4 \cdot 5H_2O$ (bromatometrisch).

Bleichmittel

Wasserstoffperoxyd, H_2O_2. Mol.-Gew. = 34,016. In reinem, wasserfreiem Zustand eine farblose, sirupartige Flüssigkeit. Dichte = 1,4709, Smp. = —1,7°. Zersetzt sich bei höheren Temperaturen und muß daher im Vakuum destilliert werden; Sdp. (28 mm) = 69,7°. Mit Wasser in allen Verhältnissen mischbar. Für Bleichzwecke sind meist 30 bis 40%ige Lösungen im Handel, teilweise unter der Bezeichnung „Perhydrol".

In chemischer Hinsicht ist das Wasserstoffperoxyd eine sehr schwache, zweibasische Säure (Dissoziationskonstante bei 20° = $1,55 \cdot 10^{-12}$) und bildet dementsprechend 2 Reihen von Salzen: Hydrogenperoxyde wie $NaHO_2$ und Peroxyde wie Na_2O_2. Da es leicht Sauerstoff abgibt und in Wasser übergeht, wirkt es normalerweise als Oxydationsmittel.

$$2H_2O_2 \rightarrow 2H_2O + O_2 + 45\,\text{kcal}.$$

Das Oxydationspotential liegt aber nicht sehr hoch (r_H-Wert = 28 bis 30), und sehr starken Oxydationsmitteln wie Kaliumpermanganat oder Natriumhypochlorit gegenüber wirkt es deswegen reduzierend.

Beispiel:

$$H_2O_2 + HOCl = H_2O + HCl + O_2.$$

Der Zerfallsprozeß des H_2O_2 in Wasser und Sauerstoff wird durch Metalle wie Kupfer, Eisen und Mangan stark katalytisch beschleunigt. Auch Alkali und höhere Temperaturen wirken zerfallsbeschleunigend.

Verunreinigungen: Spuren von Schwefelsäure. Als Stabilisierungsmittel wird meist Phosphorsäure zugesetzt.

Verwendung in der Textilindustrie: Zum Bleichen von fast sämtlichen Faserstoffen, zum Oxydieren von Küpen- und Schwefelfärbungen u. a. m.

Quantitative Bestimmung des Wasserstoffperoxyds.

a) Manganometrisch. Man wiegt vom 30%igen H_2O_2 im Wägegläschen 4 bis 5 g genau ab (von weniger konzentrierten Lösungen entsprechend mehr) und verdünnt im Meßkolben zu 1 l. Zur Titration entnimmt man 25 ml, setzt etwa dieselbe Menge 10%ige Schwefelsäure zu und titriert mit n/10-$KMnO_4$-Lösung bis zur bleibenden Rotfärbung. Wenn die Oxydation der ersten Tropfen zu langsam vor sich geht oder sich eine bräunliche Verfärbung bemerkbar macht (Braunsteinbildung), ist noch weitere Schwefelsäure zuzusetzen. Das Verfahren liefert aber nur dann richtige Ergebnisse, wenn keine anderen oxydablen Substanzen zugegen sind, andernfalls ist das jodometrische Verfahren vorzuziehen.

1 ml n/10-Permanganatlösung = 1,7008 mg H_2O_2 = 0,8 mg aktiver Sauerstoff.

Reaktionsvorgang:

$$2KMnO_4 + 5H_2O_2 + 3H_2SO_4 = K_2SO_4 + 2MnSO_4 + 8H_2O + 5O_2.$$

b) Jodometrisch. Man verfährt wie unter a) beschrieben, gibt aber nach dem Schwefelsäurezusatz noch überschüssiges Kaliumjodid und 2 kleine Körnchen festes Ammonmolybdat zu. Anschließend läßt man zur vollständigen Ausscheidung des Jods noch etwa 5 Min. im verschlossenen Gefäß stehen und titriert dann mit n/10-Thiosulfatlösung bis zur Entfärbung, wobei gegen Ende der Titration etwas Stärkelösung zugesetzt wird.

1 ml n/10-Thiosulfatlösung = 1,7008 mg H_2O_2 = 0,8 mg aktiver Sauerstoff.

Reaktionsvorgang:

$$H_2O_2 + 2KJ + H_2SO_4 = K_2SO_4 + 2H_2O + J_2.$$

Zur Berechnung:

Wiegt man das Peroxyd ein, so erhält man stets Gew.-%, wird es aber abpipettiert, so sind es Raum-%. Die Umrechnung kann mit Hilfe des Beziehung

$$\text{Gew.-\%} = \frac{\text{Raum-\%}}{\text{spez. Gew.}}$$

erfolgen. Spez. Gew. der Peroxydlösungen s. Tab. 23.

Tabelle 23. *Spez. Gew. und Konzentration der H_2O_2-Lösungen bei 18 °C*

Spez. Gew.	Gew.-%	Raum-%	g aktiver Sauerstoff im Liter	Volumen aktiver Sauerstoff im Liter
1,0018	1,0	1,0	3,3	4,7
1,0034	1,5	1,5	7,1	5,0
1,0050	2,0	2,0	9,4	6,6
1,0083	3,0	3,0	14,1	10,0
1,0134	4,5	4,55	21,4	15,0
1,0151	5,0	5,1	24,0	17,0
1,0187	6,0	6,15	29,0	20,0
1,0241	7,5	7,7	36,3	25,0
1,0336	10,0	10,35	48,7	34,0
1,0526	15,0	15,8	74,4	52,0
1,0717	20,0	21,45	101,0	70,0
1,0911	25,0	27,3	128,0	90,0
1,1023	27,2	30,0	141,0	100,0
1,1111	30,0	33,33	156,0	110,0
1,1331	35,0	39,7	187,0	132,0
1,1516	40,0	46,25	218,0	153,0
1,2031	50,0	63,15	297,0	208,0
1,3456	80,0	107,65	505,0	355,0
1,4442	100,0	144,4	680,0	475,0

Untersuchung von Peroxydbleichbädern.

1. *Gehalt an H_2O_2 bzw. aktivem Sauerstoff.* 10 ml der Bleichflotte werden abpipettiert, mit etwa 40 ml 10%iger Schwefelsäure versetzt und mit n/10-$KMnO_4$-Lösung titriert.

1 ml n/10-$KMnO_4$ = 1,7008 mg H_2O_2 = 0,8 mg aktiver Sauerstoff.

Die Gehaltsbestimmung ist selbstverständlich auch jodometrisch möglich. Hierzu legt man 10 ml Bleichflotte vor, setzt überschüssiges Kaliumjodid und 2 kleine Körnchen Ammonmolybdat zu, läßt 5 Min. stehen und titriert wie oben beschrieben nach Zusatz von Stärkelösung mit n/10-Thiosulfatlösung.

1 ml n/10-Thiosulfat = 1,7008 mg H_2O_2 = 0,8 mg aktiver Sauerstoff.

2. *Alkalität.* Dem Bleichbad werden 25 ml entnommen und nach Zugabe von Methylorange oder Methylrot mit n/10-Salzsäure titriert. Die verbrauchte Säuremenge entspricht der Gesamtalkalität (Ätznatron, Soda und Wasserglas).

3. *Gehalt an Wasserglas neben Ätznatron. a) Gravimetrische Bestimmung.* 100 ml Bleichflotte werden mit 5 ml konz. HCl versetzt und auf dem Wasserbad zur Trockene eingedampft. Der Rückstand wird zweimal mit je 2 ml konz. HCl + 2 ml dest. Wasser befeuchtet, wieder eingedampft und dann 2 Std. bei 125 °C im Trockenschrank getrocknet. Darauf wird mit warmer, sehr verd. HCl (etwa 5 Tropfen konz. HCl auf 1000 ml Wasser) aufgenommen, abfiltriert, gut ausgewaschen, getrocknet, stark geglüht und nach dem Abkühlen im Exsikkator gewogen. Rückstand = SiO_2.

b) Maßanalytische Bestimmung (nach A. LEHN, DEGUSSA-Umschau 1958, H. 3, S. 9). Zu 10 ml Bleichflotte gibt man 3 Tropfen Methylrot und titriert mit n/2-HCl bis zum Umschlag von Gelb nach Rot. Der Säureverbrauch ergibt die Gesamtalkalität (Ätznatron + Wasserglas).

Berechnung:

$$\text{g/l NaOH} = \text{ml n/2-HCl} \cdot 0{,}02 \cdot 100.$$

Darauf fügt man der Lösung eine überschüssige, aber genau gemessene Menge n/2-HCl zu (etwa das 5- bis 10fache der für die Gesamtalkalität verbrauchten Menge), verdünnt mit dest. Wasser bis zu einem Gesamtvolumen von etwa 100 ml, setzt 5 ml Kaliumfluoridlösung (30%ig) und 3 Tropfen Phenolphthalein zu und schüttelt 1 Min. lang um. Danach wird die überschüssige Salzsäure mit n/2-NaOH zurücktitriert. Die anfangs rote Färbung der Lösung geht dabei in ein Gelb über (Umschlag des Methylrot), und unter dauerndem Schütteln titriert man langsam weiter bis zur Rotfärbung des Phenolphthaleins.

Berechnung:

a = vorgelegte ml n/2-HCl
b = für die Rücktitration verbrauchte ml n/2-HCl.
Damit g SiO_2/l = $(a - b) \cdot 0{,}0075 \cdot 100$.

Reaktionsvorgänge:

(1) $Na_2SiO_3 + 2HCl = 2NaCl + SiO_2 + H_2O$,

(2) $SiO_2 + 6KF + 4HCl = K_2[SiF_6] + 4KCl + 2H_2O$.

Natriumperoxyd, Na_2O_2. Mol.-Gew. = 77,994. Kommt meist als 98- bis 99%iges weißes bis gelbliches Pulver oder in Form von gelblichen Kügelchen in den Handel. Theoretischer Gehalt an aktivem Sauerstoff = 20,51%. Natriumperoxyd wirkt stark oxydierend, da beim Auflösen in Wasser Wasserstoffperoxyd entsteht:

$$Na_2O_2 + 2H_2O = H_2O_2 + 2NaOH.$$

1 kg Na_2O_2 entspricht etwa 1 l 40%igem Wasserstoffperoxyd + 1 kg Ätznatron. Wegen Entzündungsgefahr darf es nicht mit brennbaren Stoffen zusammengebracht werden. Zieht aus der Luft begierig Wasser und Kohlendioxyd an (Hydroxyd- bzw. Karbonatbildung) und ist daher in verschlossenen Behältern aufzubewahren.

Verunreinigungen: Ätznatron, Soda, Spuren von Eisen.

Verwendung in der Textilindustrie: Bleichen und Oxydation von Küpenfärbungen und -drucken.

Quantitative Bestimmung.

a) Manganometrisch. Man wiegt etwa 3 g Natriumperoxyd im verschlossenen Wägegläschen genau ab, löst im 1000-ml-Meßkolben unter andauerndem Umschütteln in etwa 100 ml 10%iger Schwefelsäure und füllt den Kolben bis zur Marke auf.

25 ml werden entnommen, mit etwa derselben Menge 10%iger Schwefelsäure versetzt und mit n/10-Permanganatlösung bis zur bleibenden Rotfärbung titriert.

1 ml n/10-$KMnO_4$ = 3,8997 mg Na_2O_2 = 0,8 mg aktiver Sauerstoff.

Reaktionsvorgänge:

(1) $Na_2O_2 + H_2SO_4 = Na_2SO_4 + H_2O_2$,

(2) $2KMnO_4 + 5H_2O_2 + 3H_2SO_4 = K_2SO_4 + 2MnSO_4 + 8H_2O + 5O_2$.

b) Jodometrisch. Zu der nach *a)* verd. Peroxydlösung gibt man etwa dasselbe Volumen 10% iger Schwefelsäure, überschüssiges Kaliumjodid und 2 kleine Körnchen festes Ammonmolybdat zu, läßt 5 Min. verschlossen stehen und titriert nach Zusatz von etwas Stärkelösung mit n/10-Thiosulfatlösung.

1 ml n/10-Thiosulfat = 3,8997 mg Na_2O_2 = 0,8 mg aktiver Sauerstoff.

Reaktionsvorgang siehe Wasserstoffperoxyd unter *b*).

Natriumperborat, $NaBO_2 \cdot H_2O_2 \cdot 3\,H_2O$. Mol.-Gew. = 153,88. Farblose Kristalle bzw. weißes Pulver, in trockenem Zustand unbegrenzt haltbar. In chemischer Hinsicht ein Anlagerungsprodukt des Wasserstoffperoxyds an Natriummetaborat mit 3 Mol. Kristallwasser. 100 g Wasser lösen bei Zimmertemperatur 2,5 g Perborat. In Wasser zersetzt sich das Perborat langsam, wobei Wasserstoffperoxyd frei wird:

$$NaBO_2 \cdot H_2O_2 \cdot 3\,H_2O = NaBO_2 + H_2O_2 + 3\,H_2O.$$

Wäßrige Perboratlösungen wirken deswegen stark bleichend. Der Sauerstoff wird beim Stehen der Lösungen an der Luft nur sehr langsam abgegeben, schneller beim Erwärmen. Metalle wie Kupfer, Eisen und Mangan katalysieren den Zerfallsprozeß. Silikate und Phosphate hingegen wirken stabilisierend.

Verwendung in der Textilindustrie: Gelegentlich als mildes Bleichmittel, zur Oxydation von Küpenfärbungen, als Aufschlußmittel für Stärke und vor allem als bleichendes Agens in den selbsttätigen Waschpulvern.

Quantitative Bestimmung.

a) Manganometrisch. Man wiegt etwa 5 g Perborat genau ab und löst im Meßkolben unter Zusatz von etwa 50 ml 10% iger Schwefelsäure zu 1 l auf. Zur Titration werden 25 ml entnommen, mit ungefähr derselben Menge 10% iger Schwefelsäure versetzt und mit n/10-Kaliumpermanganatlösung titriert.

1 ml n/10-$KMnO_4$-Lösung = 7,694 mg $NaBO_2 \cdot H_2O_2 \cdot 3\,H_2O$
= 0,8 mg aktiver Sauerstoff.

b) Jodometrisch. 25 ml der im Meßkolben hergestellten, verd. Perboratlösung werden mit etwa derselben Menge 10% iger Schwefelsäure, überschüssiger Kaliumjodidlösung und 2 kleinen Körnchen Ammonmolybdat versetzt. Man läßt 5 Min. stehen und titriert dann nach Zugabe von etwas Stärkelösung mit n/10-Thiosulfatlösung.

1 ml n/10-Thiosulfatlösung = 7,694 mg $NaBO_2 \cdot H_2O_2 \cdot 3\,H_2O$
= 0,8 mg aktiver Sauerstoff.

Reaktionsvorgänge bei beiden Bestimmungen siehe weiter oben unter Wasserstoffperoxyd.

Neben dem gewöhnlichen Natriumperborat mit 3 Mol. Kristallwasser gibt es im Handel auch ein solches ohne und eines mit 2 Molekülen Kristallwasser. Die Gehaltsbestimmung kann ebenfalls manganometrisch oder jodometrisch erfolgen.

1 ml n/10-$KMnO_4$ bzw. 1 ml n/10-Thiosulfat = 6,7932 mg $NaBO_2 \cdot H_2O_2 \cdot 2\,H_2O$
= 4,9916 mg $NaBO_2 \cdot H_2O_2$ (wasserfrei).

Kaliumpersulfat, $K_2S_2O_8$. Mol.-Gew. = 270,31. Kaliumsalz der Peroxydischwefelsäure.

Strukturformel:

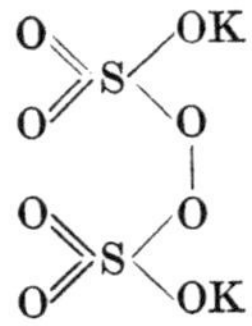

Löslichkeit in Wasser:

bei 10° =	30 g/l
20° =	55 g/l
40° =	120 g/l
60° =	230 g/l

Weißes, krist. Salz, das sich bei Temperaturen über 65 °C unter Sauerstoffabgabe zersetzt. Die wäßrigen Lösungen wirken deswegen bei erhöhten Temperaturen stark oxydierend (r_H-Werte zwischen 32 und 34). Die Handelsprodukte sind meist 96- bis 99%ig und enthalten 5,7 bis 5,9% aktiven Sauerstoff.

Verwendung in der Textilindustrie: Bleich- und Desinfektionsmittel, Oxydationsmittel für Färberei und Druckerei.

Quantitative Bestimmung. Lösungen der Perschwefelsäure und ihrer Salze haben ein verhältnismäßig hohes Oxydationspotential, und eine direkte Titration mit Kaliumpermanganat ist deswegen — im Gegensatz zum Wasserstoffperoxyd und seinen Salzen und Additionsprodukten — nicht möglich. Ferrosalze werden aber durch Persulfat schon in der Kälte und schnell in Ferrisalze übergeführt, und dieses Verhalten dient als Basis für die quantitative Bestimmung. Die Angabe erfolgt in Prozent Persulfat oder Prozent aktivem Sauerstoff.

Ausführung: 8 bis 10 g Kaliumpersulfat werden genau abgewogen und im Meßkolben zu 1 l gelöst. Man entnimmt 25 ml, setzt etwa dieselbe Menge 10%iger Schwefelsäure sowie 25 ml Ferrosalzlösung (Ansatz s. w. u.) zu und titriert mit n/10-Permanganatlösung das überschüssige Ferrosalz zurück.

Berechnung: Die den 25 ml Ferrosalzlösung entsprechende Menge n/10-$KMnO_4$ sei *a* ml (muß durch Blindprobe festgestellt werden); Verbrauch an n/10-$KMnO_4$ bei Rücktitration sei *b* ml. Die Differenz ($a - b$) ergibt den Gehalt an Persulfat bzw. aktivem Sauerstoff.

1 ml n/10-$KMnO_4$-Lösung = 13,5155 mg $K_2S_2O_8$ = 0,8 mg aktiver Sauerstoff.

Reaktionsvorgänge:

(1) $K_2S_2O_8 + H_2SO_4 = K_2SO_4 + H_2S_2O_8$,

(2) $H_2S_2O_8 + 2\,FeSO_4 = Fe_2(SO_4)_3 + H_2SO_4$,

(3) $2\,KMnO_4 + 10\,FeSO_4 + 8\,H_2SO_4 = K_2SO_4 + 2\,MnSO_4 + 5\,Fe_2(SO_4)_3 + 8\,H_2O$

Herstellung der Ferrosalzlösung. Etwa 40 g Ferroammonsulfat (Mohrsches Salz) werden unter Zusatz von 100 ml 10%iger Schwefelsäure im Meßkolben zu 1 l gelöst. Zur Bestimmung des genauen Titers legt man 25 ml vor und titriert mit n/10-$KMnO_4$-Lösung.

Ammoniumpersulfat, $(NH_4)_2S_2O_8$. Mol.-Gew. = 228,2. Weißes, kristallines, schwach hygroskopisches Salz. Strukturformel analog dem Kaliumpersulfat.

Löslichkeit in Wasser:

bei 10° = 495 g/l,
20° = 560 g/l,
40° = 695 g/l,
60° = Beginn der Zersetzung.

Trocken aufbewahrt ist das Salz gut haltbar. In wäßrigen Lösungen zersetzt es sich, vor allem bei erhöhten Temperaturen, ziemlich rasch unter Sauerstoffabspaltung. Die Lösungen wirken daher stark oxydierend (r_H-Wert 33 bis 36). Gehalt an aktivem Sauerstoff etwa 6,9%. Das Salz kommt fast chemisch rein in den Handel.

Verwendung in der Textilindustrie: Zum Bleichen der Faserstoffe, als Oxydationsmittel in Färberei und Druckerei, Aufschlußmittel für Stärke.

Quantitative Bestimmung. Man verfährt wie bei Kaliumpersulfat beschrieben.

1 ml n/10-$KMnO_4$-Lösung = 11,41 mg $(NH_4)_2S_2O_8$ = 0,8 mg aktiver Sauerstoff.

Kaliumhydrogenperoxysulfat, $KHSO_5$. Mol.-Gew. = 152,164. Weißes, feinkörniges Pulver, das von der DEGUSSA mit 4,6% aktivem Sauerstoff unter der Bezeichnung „Caroat" in den Handel gebracht wird. Das „Oxone" von Dupont enthält als oxydative Hauptkomponente ebenfalls $KHSO_5$.

Die wäßrigen Lösungen reagieren stark sauer ($p_H \sim 2$) und haben eine sehr hohe Oxydations- und Bleichkraft (r_H = 49 bis 50). Bleichende Wirkung sowohl bei tiefen als auch hohen p_H-Werten.

Verwendung: Bleich- und Fleckenentfernungsmittel; auch zur Krumpfechtausrüstung der Wolle.

Quantitative Bestimmung. Etwa 10 g Caroat werden im Wägegläschen genau abgewogen und im Meßkolben zu 1 l verdünnt. Man entnimmt 25 ml, setzt etwa dasselbe Volumen 10% ige Schwefelsäure sowie 10 ml 10% ige Kaliumjodidlösung zu und titriert, am Schluß unter Hinzufügung von etwas Stärkelösung, mit n/10-Thiosulfatlösung. Angabe in Prozent aktivem Sauerstoff oder als $KHSO_5$.

1 ml n/10-Thiosulfatlösung = 0,8 mg aktiver Sauerstoff = 7,6082 mg $KHSO_5$.

Reaktionsvorgänge:

(1) $KHSO_5 + H_2SO_4 = KHSO_4 + H_2SO_5$,

(2) $H_2SO_5 + 2HJ = H_2SO_4 + H_2O + J_2$,

(3) $J_2 + 2Na_2S_2O_3 = Na_2S_4O_6 + 2NaJ$.

Peressigsäure, $CH_3-\overset{\overset{\displaystyle O}{\|}}{C}-O-OH$. Mol.-Gew. = 76,05. Stechend riechende, farblose, in konzentrierter Form explosive Flüssigkeit. Smp. = 0,1 °C, Sdp. = 105 °C. Die Säure ist sehr schwach dissoziiert, mit Wasser in allen Verhältnissen mischbar. Die wäßrigen Lösungen reagieren stark oxydierend (r_H-Wert = 34 bis 36).

Im Handel sind wäßrige, meist etwa 40% ige Lösungen, welche auch noch etwas Wasserstoffperoxyd, Essigsäure und geringe Mengen Schwefelsäure enthalten. Betreffs der Lagerung ist zu beachten, daß die Peressigsäure nicht mit oxydablen Substanzen oder katalytisch wirkenden Metallen wie Kupfer, Eisen und Mangan zusammengebracht werden darf.

Verwendung in der Textilindustrie: Bleichmittel — vor allem im sauren Gebiet — sowie Oxydations- und Desinfektionsmittel.

Quantitative Bestimmung. Da die im Handel erhältlichen Peressigsäurelösungen immer einen gewissen Prozentsatz Wasserstoffperoxyd enthalten, ist es notwendig, beide Komponenten nebeneinander zu bestimmen. Hierbei kommt einem zustatten, daß das Wasserstoffperoxyd ein niedrigeres Potential ($r_H = 28$ bis 30) hat wie die Peressigsäure ($r_H = 34$ bis 36). Man kann deswegen das erstere mit Permanganat oder Cer(IV)-salzlösung titrieren, ohne daß die Peressigsäure mitreagiert. In einer 2. Probe werden dann Wasserstoffperoxyd und Peressigsäure zusammen jodometrisch bestimmt. Die Differenz ergibt den Gehalt an Peressigsäure.

a) Jodometrisch (Peressigsäure + H_2O_2*).* 6 bis 8 g Peressigsäure 40%ig werden im Wägegläschen genau abgewogen und im Meßkolben unter Zusatz von 50 ml 10%iger Schwefelsäure zu 1 l verdünnt.

25 ml dieser Lösung werden abpipettiert, mit etwa demselben Volumen 10%iger Schwefelsäure, 2 Körnchen Ammonmolybdat und 15 ml 10%iger Kaliumjodidlösung versetzt und unter Hinzufügung von etwas Stärkelösung mit n/10-Thiosulfatlösung titriert (Verbrauch = *a* ml).

1 ml n/10-Thiosulfatlösung = 1,7008 mg H_2O_2 = 3,8025 mg Peressigsäure.

Reaktionsvorgänge:

(1) $$H_2O_2 + 2\,HJ = 2\,H_2O + J_2,$$

(2) $$CH_3C{\overset{\displaystyle /\!\!/ O}{\underset{\displaystyle \backslash O{-}OH}{}}} + 2\,HJ = CH_3COOH + H_2O + J_2,$$

(3) $$J_2 + 2\,Na_2S_2O_3 = Na_2S_4O_6 + 2\,NaJ.$$

b) Manganometrisch (nur H_2O_2*).* Man legt 25 ml der nach a) hergestellten verd. Peressigsäurelösung vor, gibt etwa das gleiche Volumen 10%iger Schwefelsäure zu und titriert in der Kälte mit n/10-Permanganatlösung (Verbrauch = *b* ml).

1 ml n/10-Permanganatlösung = 1,7008 mg H_2O_2.

Reaktionsvorgang:

$$2\,KMnO_4 + 5\,H_2O_2 + 3\,H_2SO_4 = K_2SO_4 + 2\,MnSO_4 + 8\,H_2O + 5\,O_2.$$

c) Cerimetrisch (nur H_2O_2*).* 25 ml der verd. Peressigsäurelösung werden mit etwa demselben Volumen eisgekühlter 10%iger Schwefelsäure, etwas zerstoßenem Eis und 3 Tropfen einer 0,025 m-Ferroinlösung (F. Merck, Darmstadt) versetzt und mit n/10-Cer(IV)-salzlösung bis zum Umschlag von Rot nach fast Farblos titriert. Die Temp. der Lösung soll hierbei zwischen 0 und 10 °C liegen (Verbrauch = *b* ml).

1 ml n/10-Cer-IV-salzlösung = 1,7008 mg H_2O_2.

Reaktionsvorgang:

$$2\,Ce(SO_4)_2 + H_2O_2 = Ce_2(SO_4)_3 + H_2SO_4 + O_2.$$

Berechnung:

Gehalt an $H_2O_2 = b \cdot 1{,}7008$ mg
Gehalt an Peressigsäure $= (a - b) \cdot 3{,}8025$ mg
} Jeweils für die vorgelegten 25 ml

Natriumhypochlorit, Natronbleichlauge, NaOCl. Mol.-Gew. = 74,454. Da in fester Form sehr unbeständig, kommt es fast ausschließlich in wäßrigen Lösungen, meist mit 140 bis 160 g/l aktivem Chlor, unter den Bezeichnungen „Natronbleichlauge" oder „Griesheimer Lauge" in den Handel. Natriumhypochlorit wurde 1820 von LABARRAQUE erstmals hergestellt, daher auch die alte Bezeichnung „Eau de Labarraque".

Das Natriumhypochlorit ist ein sehr starkes Oxydationsmittel (r_H-Wert 50 bis 54) und wird in der Textilindustrie noch viel zum Bleichen und auch zur filzfreien Ausrüstung der Wolle verwendet. Das bleichende Agens ist die durch Hydrolyse frei werdende unterchlorige Säure. Die wäßrigen Lösungen reagieren, da die unterchlorige Säure eine sehr schwache Säure ist (Dissoziationskonstante $\sim 3 \cdot 10^{-8}$), stark alkalisch (p_H etwa 11,5).

Verunreinigungen: Kochsalz, Natriumhydroxyd und Natriumchlorat.

Die Untersuchung der konz. Hypochloritbleichlauge erstreckt sich auf die Bestimmung des aktiven Chlors, der Alkalität und evtl. des Chloratgehalts

1. Bestimmung des aktiven Chlors. Unter dem „aktiven Chlor" versteht man definitionsgemäß das Chlor, das beim Ansäuern mit Salzsäure nach der Gleichung

$$NaOCl + 2\,HCl = NaCl + H_2O + Cl_2$$

in Freiheit gesetzt wird. Die quantitative Bestimmung erfolgt wie nachstehend beschrieben.

a) Jodometrisch. 25 ml der konz. Bleichlauge (140 bis 160 g/l aktives Chlor) werden im Meßkolben zu 1 l verdünnt. Davon entnimmt man 10 ml, läßt diese unter Umschwenken in etwa 5 ml 10%ige Kaliumjodidlösung einlaufen, säuert mit ungefähr 10 ml 10%iger Salzsäure an und titriert das ausgeschiedene Jod (die Lösung muß völlig klar sein, andernfalls ist noch Kaliumjodidlösung zuzugeben) mit n/10-Thiosulfatlösung, zuletzt unter Zusatz von Stärkelösung als Indikator.

1 ml n/10-Thiosulfatlösung = 3,546 mg aktives Chlor.

Reaktionsvorgänge:

(1) $NaOCl + H_2O \rightleftharpoons NaOH + HOCl$ bzw.

$NaOCl + HCl = NaCl + HOCl,$

(2) $HOCl + 2\,HJ = HCl + H_2O + J_2,$

(3) $J_2 + 2\,Na_2S_2O_3 = 2\,NaJ + Na_2S_4O_6.$

b) Arsenometrisch (Tüpfelverfahren). Man verdünnt die Handelsbleichlauge wie unter *a)* beschrieben, legt von der verdünnten Lösung 10 ml vor und titriert mit n/10-Arsenitlösung (Herstellung s. S. 30) so lange, bis ein mit einem Glasstab entnommener Tropfen der Lösung auf Jodkaliumstärkepapier keine Blaufärbung mehr hervorruft.

1 ml n/10-Arsenitlösung = 3,546 mg aktives Chlor.

Reaktionsvorgang:

$$Na_3AsO_3 + NaOCl = Na_3AsO_4 + NaCl.$$

c) *Nitritmethode nach Kertess-Kaufmann*[1]. Von der nach *a*) verd. Handelsbleichlauge werden 10 ml entnommen und mit n/10-Natriumnitritlösung titriert. Der Endpunkt der Reaktion ergibt sich durch Tüpfeln auf Jodkaliumstärkepapier.

1 ml n/10-Natriumnitritlösung = 3,546 mg aktives Chlor.

Reaktionsvorgang:

$$NaOCl + NaNO_2 = NaCl + NaNO_3.$$

Herstellung der n/10-Natriumnitritlösung: Man löst etwa 20 g Natriumkarbonat und etwa 3,6 g Natriumnitrit in etwas Wasser auf und verdünnt im Meßkolben zu 1 l. Der Titer dieser ungefähr n/10-Lösung wird mit n/10-Permanganatlösung bestimmt. Dazu legt man 25 ml n/10-Permanganatlösung vor, säuert mit etwa 10 ml 10% iger Schwefelsäure an und titriert mit der Nitritlösung unter Umrühren bis zur Entfärbung. Die Nitritlösung ist titerfest.

Reaktionsvorgang:

$$5NaNO_2 + 2KMnO_4 + 3H_2SO_4 = 5NaNO_3 + K_2SO_4 + 2MnSO_4 + 3H_2O.$$

2. Bestimmung der Alkalität. Die Handelsbleichlauge enthält von der Herstellung her beträchtliche Mengen Natriumhydroxyd und Soda. Dieses Alkali kann aber nicht direkt mit Säure titriert werden, da sonst das durch hydrolytische Spaltung aus dem Hypochlorit frei werdende Alkali miterfaßt wird. Man verfährt deswegen so, daß das Hypochlorit vor der Titration durch Zugabe von neutralisiertem Wasserstoffperoxyd zerstört wird nach:

$$NaOCl + H_2O_2 = NaCl + H_2O + O_2.$$

Durchführung: 25 ml der konz. Bleichlauge werden mit der doppelten Menge dest. Wasser verdünnt und dann langsam und unter Umschütteln mit etwa 20 ml 10% igem Wasserstoffperoxyd versetzt. Nach Zugabe von 3 Tropfen Methylorange wird mit n/10-Salzsäure titriert. Der Säureverbrauch ergibt das Gesamtalkali (Ätzalkali + Soda).

Will man Ätzalkali und Soda getrennt ermitteln, so setzt man in einer 2. Bestimmung nach der Peroxydzugabe überschüssige, neutrale Bariumchloridlösung zu, wodurch die Soda als unlösliches Bariumkarbonat gefällt wird, und titriert ohne den Niederschlag abzufiltrieren mit n/10-Salzsäure gegen Phenolphthalein. Der Verbrauch ergibt das Ätzalkali und die Differenz zwischen den beiden Titrationen den Sodagehalt.

3. Bestimmung des Chloratgehalts. Bei der quantitativen Bestimmung von Chlorat neben Hypochlorit geht man davon aus, daß im stark sauren Medium aus einer Kaliumjodidlösung beide Oxydations-

[1] Kertess, Z.: Z. angew. Chemie (1923) 595 — Kaufmann, H.: Leipz. Mschr. Textilind. (1927) 111.

mittel Jod ausscheiden, im schwach sauren Medium hingegen nur das Hypochlorit. Die Genauigkeit bei der Chloratbestimmung kann im übrigen dadurch gesteigert werden, daß man zuerst auf Kaliumbromid einwirken läßt, dadurch Brom ausscheidet, welches aus dem später zugesetzten Kaliumjodid dann Jod frei macht.

Durchführung: In einem 400- oder 500-ml-Erlenmeyer-Kolben mit dicht sitzendem Schliffstopfen legt man etwa 20 ml einer 10%igen Kaliumbromidlösung vor, setzt 10 ml der verd. Bleichlauge (50 ml der Handelsbleichlauge zu 1 l verdünnt) und dann schnell 30 ml konz. Salzsäure zu. Man läßt 10 Min. stehen, fügt etwa 10 ml 10%ige Kaliumjodidlösung hinzu und läßt weitere 5 Min. stehen. Darauf wird das Ganze mit 100 bis 200 ml dest. Wasser verdünnt und das ausgeschiedene Jod — am Schluß unter Stärkezusatz — mit n/10-Thiosulfatlösung titriert. Der Verbrauch sei *a* ml; er entspricht der Summe von Chlorat und Hypochlorit.

In einer weiteren Bestimmung legt man 10 ml der wie oben verd. Bleichlauge vor, setzt 10 ml 10%ige Kaliumjodidlösung zu, säuert mit 30 ml 10%iger Schwefelsäure an und titriert wieder mit n/10-Thiosulfatlösung. Der Verbrauch sei *b* ml; er entspricht dem Gehalt an Hypochlorit.

Berechnung:

1 ml n/10-Thiosulfatlösung = 3,7227 mg NaOCl = 1,7742 mg $NaClO_3$.

Damit Gehalt an Hypochlorit = $b \cdot 3{,}7227$ mg und Gehalt an Chlorat = $(a - b) \cdot 1{,}7742$ mg. } Jeweils für die vorgelegten 10 ml verd. Bleichlauge.

Reaktionsvorgänge:

(1) $HOCl + 2\,HBr = HCl + H_2O + Br_2$,

(2) $HClO_3 + 6\,HBr = HCl + 3\,H_2O + 3\,Br_2$,

(3) $Br_2 + 2\,HJ = 2\,HBr + J_2$,

(4) $J_2 + 2\,Na_2S_2O_3 = Na_2S_4O_6 + 2\,NaJ$.

Bei höchsten Genauigkeitsanforderungen ist, vor allem in sehr verd. Lösungen, wie Hypochlorit- und Chloritbleichbädern, das Verfahren von ZAHN[1] zu empfehlen. Als Reduktionsmittel dient dabei das Natriumarsenit, und die Rücktitration geschieht cerimetrisch.

Untersuchung von Hypochloritbleichbädern. Beim Bleichen mit Natriumhypochlorit arbeitet man normalerweise je nach Fasermaterial und Bleichverfahren mit Konzentrationen zwischen 0,5 und 8 g/l aktivem Chlor. Die Untersuchung der Bleichflotten wird im Prinzip genauso durchgeführt wie bei der konz. Handelsbleichlauge. Neben dem aktiven Chlor und der Alkalität bzw. Azidität interessieren hier auch noch der p_H-Wert und der Gehalt an Chloraminen.

1. *Aktives Chlor.* Man entnimmt dem Bleichbad je nach dem zu erwartenden Chlorgehalt 10, 20, 25 oder 50 ml und bestimmt das aktive Chlor wie oben unter 1a, 1b und 1c angegeben.

2. *Alkalität bzw. Azidität.* 50 ml der Bleichflotte werden langsam und unter Umschütteln mit 5 ml neutralisiertem 10%igem Wasserstoffper-

---

[1] ZAHN, A.: Dissertation, TH Stuttgart 1965.

oxyd versetzt und nach Zugabe von Phenolphthalein oder Methylorange mit n/10-Salzsäure titriert. Näheres siehe Natriumhypochlorit unter 2.

3. *p_H-Wert.* Der p_H-Wert der Hypochloritbleichbäder ist insofern von großer Wichtigkeit, als die Bleichgeschwindigkeit stark von der H-Ionenkonzentration abhängt. Die Bestimmung des p_H-Wertes erfolgt am besten elektrometrisch mit der Glaselektrode. Im alkalischen Bereich ist sie auch mit geeigneten Indikatorpapieren möglich.

4. *Chloramingehalt.* Enthält die Baumwolle noch Eiweißstoffe, z. B. ungebeuchte Baumwolle, so bilden sich bei der Hypochloritbleiche sog. Chloramine:

$$\underset{\text{Eiweiß}}{R\left\langle\begin{matrix}COOH\\NH_2\end{matrix}\right.} + HOCl = \underset{\text{Chloramin}}{R\left\langle\begin{matrix}COOH\\NHCl\end{matrix}\right.} + H_2O$$

In stehenden Bädern können sich diese Chloramine im Laufe der Zeit erheblich anreichern. Da die Chloramine unter den in der Praxis üblichen Bedingungen nicht oder nur sehr wenig bleichend wirken, bei der Bestimmung des aktiven Chlors aber miterfaßt werden (Aufspaltung des Chloramins in Eiweiß und unterchlorige Säure), erhält man bei der jodometrischen Titration zu hohe und nicht der tatsächlichen Bleichkraft entsprechende Werte für den Aktivchlorgehalt. Hypochlorit und Chloramine müssen daher getrennt bestimmt werden. Möglich ist dies auf Grund des unterschiedlichen Verhaltens gegenüber Wasserstoffperoxyd. Setzt man H_2O_2 zu, so wird in der Kälte nur das Hypochlorit zerstört[1], nicht aber das Chloramin, und dadurch kann das letztere für sich bestimmt werden.

Durchführung: a) 50 ml der zu untersuchenden Bleichflotte werden unter Zusatz von etwa 5 ml 10%iger Kaliumjodidlösung sowie ungefähr 10 ml einer 10%igen Schwefelsäure mit n/10-Thiosulfatlösung titriert. Am Schluß wie immer unter Hinzufügung von etwas Stärkelösung. Der Verbrauch an Thiosulfat ergibt das gesamte aktive Chlor (Hypochlorit + Chloramin).

b) Zu weiteren 50 ml der Bleichflotte läßt man langsam und unter Umschütteln überschüssiges, etwa 1%iges Wasserstoffperoxyd zufließen, säuert mit verd. Schwefelsäure an und entfernt den Peroxydüberschuß durch tropfenweise Zugabe von verd. Permanganatlösung bis zur schwachen Rotfärbung. Darauf setzt man, wie unter a) beschrieben, Kaliumjodid- und Stärkelösung zu und titriert mit n/10-Thiosulfatlösung. Der Verbrauch ergibt den Chloramingehalt und die Differenz zwischen den beiden Titrationen das aktive Chlor des Hypochlorits.

Chlorkalk, Bleichkalk. Weißgraues, körniges Pulver mit einem Gehalt von 35 bis 39% aktivem Chlor. Der technische Chlorkalk hat etwa die folgende Zusammensetzung: $Ca\left\langle\begin{matrix}Cl\\OCl\end{matrix}\right. \cdot Ca(OH)_2 \cdot 2\,H_2O$. Durch die Aufnahme von Kohlendioxyd aus der Luft enthält er stets auch mehr oder

[1] KORNREICH, E.: Melliand Textilber. **17** (1936) 227.

weniger Calciumkarbonat. In Wasser ist er nicht klar löslich; der Rückstand besteht aus $Ca(OH)_2$ bzw. $CaCO_3$. Der Chlorkalk ist nicht sehr beständig und zersetzt sich beim Lagern fortwährend unter Abgabe von unterchloriger Säure; daher auch der chlorähnliche Geruch.

Verwendung in der Textilindustrie: Früher viel als Bleichmittel, wurde aber im Laufe der Zeit durch die Natronbleichlauge fast völlig verdrängt. Das bleichende Agens ist die durch Hydrolyse frei werdende unterchlorige Säure.

Bestimmung des aktiven Chlors. Man wiegt etwa 5 g technischen Chlorkalk (auf gute Durchschnittsprobe achten!) im Wägegläschen genau ab, verreibt ihn in der Reibschale mit etwas Wasser zu einem dünnen Brei, überführt diesen in einen 1000-ml-Meßkolben und füllt mit dest. Wasser zur Marke auf. Nach gründlichem Umschütteln entnimmt man der trüben Lösung 25 ml und bestimmt das aktive Chlor entweder jodometrisch, arsenometrisch oder nach der Nitritmethode (siehe Natriumhypochlorit unter 1a, 1b und 1c).

1 ml n/10-Thiosulfatlösung = 1 ml n/10-Arsenitlösung = 1 ml n/10-Natriumnitritlösung = 3,546 mg aktives Chlor.

Die Reaktionsvorgänge sind dieselben wie bei der Titration von Natriumhypochlorit.

Bestimmung der Alkalität. Man arbeitet wie bei Natriumhypochlorit (s. S. 134 unter 2.) näher beschrieben, indem man die unterchlorige Säure des Chlorkalks mit neutralem Wasserstoffperoxyd zerstört und dann mit n/10-Salzsäure gegen Methylorange (Gesamtalkalität) oder Phenolphthalein (Ätzalkali; dabei das Karbonat vorher mit Bariumchloridlösung fällen) titriert.

Calciumhypochlorit, $Ca(OCl)_2$. Trockenes, weißes Pulver mit 70 bis 75% aktivem Chlor. Im Handel u. a. unter der Bezeichnung „Perchloron". Leicht wasserlöslich, bei trockener Lagerung unbeschränkt haltbar. Kann zum Bleichen pflanzlicher Faserstoffe verwendet werden.

Die *Bestimmung des aktiven Chlors* erfolgt in gleicher Weise wie beim Chlorkalk. Statt 5 g werden aber nur 2 bis 3 g eingewogen.

Aktivin. Weißes, leicht wasserlösliches, schwach nach Chlor riechendes organisches Chlorpräparat von guter Haltbarkeit. In chemischer Hinsicht ein p-Toluolsulfochloramidnatrium. Mol.-Gew. = 281,7 (mit 3 Kristallwasser). In Wasser zersetzt es sich bei höheren Temperaturen nach

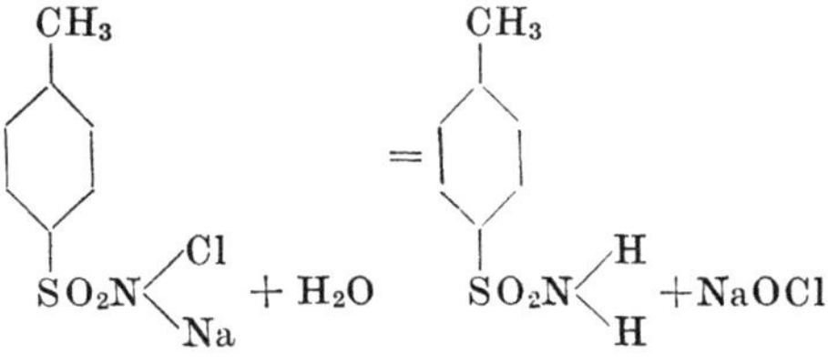

Durch das entstehende Natriumhypochlorit bzw. die unterchlorige Säure wirkt das Aktivin genauso oxydierend und bleichend wie die Natronbleichlauge oder der Chlorkalk, nur wesentlich milder, da die

Zersetzung nur langsam vor sich geht. Der aktive Chlorgehalt beträgt etwa 25%.

Verwendung: Für Bleich- und Desinfektionszwecke sowie zum Aufschließen von Stärke in der Schlichterei und Appretur.

Die *Bestimmung des aktiven Chlors* erfolgt in gleicher Weise wie bei der Natronbleichlauge (s. S. 133).

Natriumchlorit, $NaClO_2$. Mol.-Gew. = 90,454; Äquivalentgewicht = 22,61. Das Natriumchlorit ist ein weißes, schwach hygroskopisches Salz, das als Bleichmittel immer mehr an Bedeutung gewinnt. Es löst sich leicht in kaltem und warmem Wasser, wobei eine schwach alkalische Lösung (p_H etwa 8,5) resultiert. Dissoziationskonstante der $HClO_2$ bei Raumtemperatur $= 1{,}10 \cdot 10^{-2}$. Sowohl die alkalische Lösung als auch das wasserfreie Salz sind gut lagerbeständig. Das Salz ist aber trocken aufzubewahren, und bezüglich seiner Handhabung ist zu beachten, daß es — ähnlich wie Natriumchlorat und Natriumperoxyd — nicht mit brennbaren Substanzen wie Holz, Papier, Textilien usw. in Berührung kommen darf.

Handelsformen: Teils fest (meist 80%ig), teils flüssig (meist 30- oder 50%ige Lösungen).

Verwendung in der Textilindustrie: Zum Bleichen von Faserstoffen aller Art, insbesondere Synthetiks, regenerierten Zellulosefasern und Bastfasern. Tierische Faserstoffe können nicht damit gebleicht werden. Auch zum Abziehen von Färbungen ist das Natriumchlorit sehr gut geeignet.

Die Bleiche mit Natriumchlorit wird in saurem Medium, meist bei p_H-Werten zwischen 3,5 und 4 durchgeführt. Die Reaktionsvorgänge waren bis vor kurzem noch sehr umstritten, konnten aber nunmehr von AGSTER und Mitarbeitern aufgeklärt werden. Danach sind weder das Chlordioxyd noch das Chloritión als bleichendes Agens anzusehen, sondern neben Spuren von HOCl nur die chlorige Säure. In Gegenwart von Bleichgut gibt diese ihren Sauerstoff ab und geht in Salzsäure über:

$$HClO_2 \rightarrow HCl + O_2.$$

Quantitative Bestimmung des Natriumchlorits. Man wiegt 2 bis 3 g des festen Salzes genau ab (bei flüssigen Lösungen entsprechend mehr) und verdünnt im Meßkolben auf 1 l. Hiervon legt man 10 ml vor, gibt 5 ml einer 10%igen Kaliumjodidlösung zu, säuert mit 20 ml 10%iger Schwefelsäure an, läßt 3 Min. im verschlossenen Kolben einwirken und titriert dann das ausgeschiedene Jod mit n/10-Thiosulfat, wobei man gegen Ende der Reaktion etwas Stärkelösung zusetzt. Natriumchlorat wird unter diesen Bedingungen nicht mittitriert.

$$1 \text{ ml n/10-Thiosulfatlösung} = 2{,}261 \text{ mg } NaClO_2.$$

Reaktionsvorgang:

$$HClO_2 + 4HJ = HCl + 2H_2O + 2J_2.$$

Untersuchung von $NaClO_2$-Bleichbädern.

1. *Gehalt an $NaClO_2$*. Man entnimmt der Bleichflotte 10 ml und verfährt im übrigen ohne weiter zu verdünnen wie oben angegeben.

Zwecks Ersparnis an Kaliumjodid empfiehlt es sich, bei Bleichflotten, die bis zu 1 g/l $NaClO_2$ enthalten, 2 ml 10%ige KJ-Lösung und bei stärkeren Lösungen für jedes weitere g/l $NaClO_2$ weitere 0,5 ml KJ-Lösung zuzusetzen. Gleichzeitig muß auch die Säurekonzentration etwas erhöht werden.

2. *p_H-Wert.* Die Messung erfolgt am einfachsten mit Indikatorpapier. Damit der Indikator nicht ausbleicht, darf aber die Temperatur der Bleichflotte nicht über 30 °C liegen. Bei heißeren Lösungen entnimmt man einen Tropfen mit einem Glasstab, läßt ungefähr 10 Sek. abkühlen und gibt ihn dann auf das Indikatorpapier.

Bei größeren Genauigkeitsanforderungen geschieht die p_H-Messung elektrometrisch, am besten mit der Glaselektrode.

Schweflige Säure, H_2SO_3. Mol.-Gew. = 82,08. Das Schwefeldioxyd ist ein farbloses Gas von ganz charakteristischem Geruch nach verbranntem Schwefel. Es löst sich leicht in Wasser, wobei sich schweflige Säure ($SO_2 + H_2O = H_2SO_3$), eine mittelstarke, zweibasische Säure bildet (Dissoziationskonstante etwa $1{,}5 \cdot 10^{-2}$). Durch Erhitzen kann das Schwefeldioxyd aus den wäßrigen Lösungen wieder völlig ausgetrieben werden.

Die schweflige Säure wirkt stark reduzierend und geht bei der Oxydation in Schwefelsäure über.

Im Handel befindet sich flüssiges Schwefeldioxyd in Stahlflaschen und eine wäßrige Lösung mit einem Gehalt von 5 bis 6% SO_2.

Verwendung in der Textilindustrie: Bleichmittel für tierische Faserstoffe.

Quantitative Bestimmung.

a) Alkalimetrisch. Als zweibasische Säure kann die schweflige Säure stufenweise titriert werden. Ersetzt man nur 1 H-Atom, so erhält man das $NaHSO_3$. Dieses reagiert sauer, und zur Titration benötigt man daher einen im sauren Gebiet umschlagenden Indikator (Methylorange). Ersetzt man beide H-Atome, so kommt man zum alkalisch reagierenden Na_2SO_3 (Indikator: Phenolphthalein).

Durchführung: 50 ml der wäßrigen schwefligen Säure des Handels (5 bis 6% SO_2) werden abpipettiert oder abgewogen und im Meßkolben zu 1 l verdünnt. Davon entnimmt man 25 ml, setzt 2 bis 3 Tropfen Methylorange oder Phenolphthalein zu und titriert mit n/10-Natronlauge.

1 ml n/10-Natronlauge gegen Methylorange = 6,406 mg SO_2 = 8,208 mg H_2SO_3,
1 ml n/10-Natronlauge gegen Phenolphthalein = 3,203 mg SO_2 = 4,104 mg H_2SO_3

Reaktionsvorgänge:

$$H_2SO_3 + NaOH = NaHSO_3 + H_2O \text{ (Methylorange)},$$

$$H_2SO_3 + 2\,NaOH = Na_2SO_3 + 2\,H_2O \text{ (Phenolphthalein)}.$$

b) Jodometrisch. In einem kleinen Erlenmeyer-Kolben legt man 25 ml n/10-Jodlösung vor, säuert mit verd. Schwefelsäure etwas an und läßt aus einer Bürette (nicht umgekehrt, da SO_2 sehr leicht verdampft!) von der im Meßkolben verd. schwefligen Säure (siehe unter a)) so lange zufließen — gegen Ende tropfenweise und unter Zusatz von Stärkelösung —, bis die Blaufärbung verschwindet.

$$1 \text{ ml n/10-Jodlösung} = 3{,}203 \text{ mg } SO_2 = 4{,}104 \text{ mg } H_2SO_3.$$

Reaktionsvorgang:

$$H_2SO_3 + J_2 + H_2O = H_2SO_4 + 2\,HJ.$$

Natriumbisulfit, Natriumhydrogensulfit, $NaHSO_3$. Mol.-Gew. = 104,06. Weiße, leicht wasserlösliche, nach Schwefeldioxyd riechende Kristalle. Die wäßrigen Lösungen wirken reduzierend und auch desinfizierend. Durch Oxydationsmittel geht das Bisulfit leicht in Bisulfat über.

Handelsformen: Als „Bisulfitpulver" mit einem SO_2-Gehalt von 60 bis 62% oder als „Bisulfitlauge" 38 bis 40° Bé mit einem SO_2-Gehalt von 24 bis 25%.

Verunreinigungen: Eisensulfat, Natriumsulfit und evtl. Natriumbisulfat.

Verwendung in der Textilveredlung: Bleichmittel für tierische Faserstoffe und zur Zerstörung des überschüssigen Hypochlorits und evtl. vorhandener Chloramine nach der Hypochloritbleiche; beim Ätzdruck mit basischen Farbstoffen.

Quantitative Bestimmung. 8 bis 10 g Bisulfitpulver oder 20 bis 25 ml Bisulfitlauge werden im Wägegläschen genau abgewogen, in einen 1000-ml-Meßkolben übergeführt und dieser bis zur Marke aufgefüllt. Um SO_2-Verluste zu vermeiden, verfährt man bei der Titration umgekehrt wie gewöhnlich, d. h., man legt 25 ml n/10-Jodlösung vor, säuert mit etwa 5 ml 10%iger Salzsäure an und titriert mit der im Meßkolben verd. Bisulfitlösung. Indikator: Stärkelösung.

$$1 \text{ ml n/10-Jodlösung} = 3{,}203 \text{ mg } SO_2 = 5{,}203 \text{ mg } NaHSO_3.$$

Reaktionsvorgang:

$$NaHSO_3 + J_2 + H_2O = NaHSO_4 + 2\,HJ.$$

Es kann auch so vorgegangen werden, daß man einen Überschuß an Jodlösung vorlegt, eine gemessene Menge der verd. Bisulfitlösung zufließen läßt und den Jodüberschuß mit n/10-Thiosulfatlösung zurücktitriert.

Bei reinen Bisulfitlösungen läßt sich der ungefähre Gehalt auch aräometrisch bestimmen (s. Tab. 24).

Tabelle 24. *Spez. Gew. und Konzentration von Bisulfitlösungen bei 15 °C*

Spez. Gew.	°Bé	% $NaHSO_2$	% SO_2	Spez. Gew.	°Bé	% $NaHSO_3$	% SO_2
1,008	1	1,6	0,4	1,171	21	16,5	10,2
1,022	3	2,1	1,3	1,190	23	18,5	11,5
1,038	5	3,6	2,2	1,210	25	20,9	12,9
1,052	7	5,1	3,1	1,230	27	23,5	14,5
1,068	9	6,5	3,9	1,252	29	25,9	15,9
1,084	11	8,0	4,8	1,275	31	28,9	17,8
1,100	13	9,5	5,7	1,298	33	31,7	19,6
1,116	15	11,2	6,8	1,321	35	34,7	22,5
1,134	17	12,8	7,8	1,345	37	38,0	23,6
1,152	19	14,6	9,0				

Enthält die Bisulfitlauge freie schweflige Säure und Natriumsulfit, so verfährt man zur getrennten Bestimmung wie nachstehend angegeben.

1. *Freie schweflige Säure neben Bisulfit.* Je nach Konzentration werden von der Untersuchungslösung 10, 25 oder 50 ml vorgelegt und mit n/10-Natronlauge gegen Methylorange titriert. Der Indikator schlägt um, wenn alle schweflige Säure in $NaHSO_3$ übergeführt ist. Reaktion: $H_2SO_3 + NaOH = NaHSO_3 + H_2O$. Der Verbrauch sei *a* ml. Dann setzt man Phenolphthalein zu und titriert weiter bis zur schwachen Rotfärbung, d. h. bis zu dem Punkt, wo das $NaHSO_3$ in Na_2SO_3 übergegangen ist. Reaktion: $NaHSO_3 + NaOH = Na_2SO_3 + H_2O$. Der Gesamtverbrauch an Lauge (beide Titrationen zusammen) sei *b* ml.

1 ml n/10-Natronlauge (Methylorange) = 8,208 mg H_2SO_3,
1 ml n/10-Natronlauge (Phenolphthalein) = 10,406 mg $NaHSO_3$.

Die vorgelegten Milliliter Untersuchungslösung enthalten damit

$$\text{mg } H_2SO_3 = a \cdot 8{,}208 \quad \text{und} \quad \text{mg } NaHSO_3 = (b - a) \cdot 10{,}406.$$

2. *Sulfit neben Bisulfit.* Man legt wieder eine gemessene Menge Untersuchungslösung vor, setzt Phenolphthalein zu und titriert mit n/10-Natronlauge. Der Verbrauch sei *a* ml.

Reaktion:

$$NaHSO_3 + NaOH = Na_2SO_3 + H_2O,$$

1 ml n/10-Natronlauge = 10,406 mg $NaHSO_3$.

Alsdann wird mit verd. Salzsäure angesäuert und mit n/10-Jodlösung unter Stärkezugabe bis zur Blaufärbung weitertitriert. Der Verbrauch sei *b* ml.

Reaktion:

$$Na_2SO_3 + J_2 + H_2O = Na_2SO_4 + 2\,HJ,$$

1 ml n/10-Jodlösung = 6,3025 mg Na_2SO_3.

Damit beträgt der Gehalt an

$NaHSO_3 = a \cdot 10{,}406$ mg und an $Na_2SO_3 = (b - a) \cdot 6{,}3025$ mg.

Natriumsulfit, $Na_2SO_3 \cdot 7\,H_2O$. Mol.-Gew. = 252,17. Weiße Kristalle mit einem SO_2-Gehalt von 25,5%. Wirkung ähnlich wie Bisulfit, in der Textilindustrie aber kaum verwendet.

Die quantitative Bestimmung erfolgt analog dem Bisulfit am besten jodometrisch. Näheres s. S. 140.

1 ml n/10-Jodlösung = 6,3025 mg Na_2SO_3 = 12,6085 mg $Na_2SO_3 \cdot 7\,H_2O$.

Natriumdithionit, Natriumhyposulfit, Hydrosulfit, $Na_2S_2O_4$. Mol.-Gew. = 174,11. Weißes, leicht wasserlösliches Pulver von ganz charakteristischem Geruch. Durch Wasser wird es schnell zersetzt nach:

$$\underset{\text{(Hydrosulfit)}}{Na_2S_2O_4} + H_2O = \underset{\text{(Natriumsulfoxylat)}}{NaHSO_2} + \underset{\text{(Natriumbisulfit)}}{NaHSO_3}.$$

Die wäßrigen Lösungen reagieren sauer und wirken stark reduzierend. Schon der Luftsauerstoff oxydiert das Sulfoxylat zum Bisulfit. Mit wenig Wasser, z. B. beim Liegenlassen in feuchter Luft, kann die Zersetzung so stürmisch verlaufen, daß es zur Selbstentzündung kommt.

Das Hydrosulfit muß deswegen immer in verschlossenen Gefäßen und völlig trocken aufbewahrt werden.

Handelsformen: Man unterscheidet 3 Gruppen:

a) 90%iges Hydrosulfit. Stellmittel: Kochsalz, Glaubersalz, Soda. Im Handel unter den Bezeichnungen „Hydrosulfit konz. Plv.", „Blankit" u. a. Verwendung: Küpenfärberei, Abziehen von Farbstoffen.

b) 60%iges Hydrosulfit (Mischung aus 60% Hydrosulfit und 40% Natriumpyrophosphat). Im Handel als „Blankit I", „Clarit PSE" u. a. Verwendung: Bleichen von tierischen Faserstoffen.

c) 50%iges Hydrosulfit. Stellmittel: Kochsalz, Glaubersalz, Soda. Handelsbezeichnungen: „Burmol", „Hydrosulfit S", „Hydrosulfit BS" u. a. Verwendung: Bleich-, Flecken- und Rostentfernungsmittel in Wäschereien.

Quantitative Bestimmung des Hydrosulfits. Der wirksame Bestandteil im Hydrosulfit ist das Sulfoxylat, denn nur dieses vermag Küpenfarbstoffe zu reduzieren, nicht aber das Bisulfit. Die Arbeitsbedingungen bei der Titration sind deswegen so zu wählen, daß nur das Sulfoxylat erfaßt wird. Bei der nachstehend beschriebenen jodometrischen und cerimetrischen Bestimmung resultieren nach unseren Erfahrungen sehr gute Werte. Die früher viel durchgeführten Titrationen mit Indigo-Lösung oder Ferrisalz (s. 9. Aufl. dieses Buches) befriedigten uns hingegen nicht.

a) Jodometrische Bestimmung. Bei der direkten Titration mit Jodlösung wird sowohl das Sulfoxylat als auch das Bisulfit oxydiert. Setzt man aber vorher etwas Formaldehyd zu, so werden die beiden Zersetzungsprodukte des Hydrosulfits so gebunden, daß die Jodlösung nur noch auf die Sulfoxylatverbindung (oxymethansulfinsaures Natrium) anspricht.

Reaktionsvorgänge:

$$NaHSO_2 + HCHO = H{-}C{\lt}\begin{matrix}H\\OH\\SO_2Na\end{matrix} \quad \text{(oxymethansulfinsaures Natrium),}$$

$$NaHSO_3 + HCHO = H{-}C{\lt}\begin{matrix}H\\OH\\SO_3Na\end{matrix} \quad \text{(oxymethansulfonsaures Natrium).}$$

Bei der Titration:

$$H{-}C{\lt}\begin{matrix}H\\OH\\SO_2Na\end{matrix} + 2J_2 + 2H_2O = HCHO + NaHSO_4 + 4HJ.$$

Damit der Formaldehyd nicht mitreagiert, ist auf ein saures Medium zu achten. Am besten setzt man die zu titrierende Hydrosulfitlösung gleich unter Zugabe von Formaldehyd an, denn die Stabilität der Lösung gegenüber dem Luftsauerstoff wird dann so stark erhöht, daß man auf ein Arbeiten unter Stickstoff oder ein „Titrieren" mit festem Hydrosulfit (Maßlösung vorlegen und abgewogene Menge festes Hydrosulfit einstreuen) verzichten kann.

Durchführung: In einem 250-ml-Erlenmeyer-Kolben legt man 25 ml n/10-Jodlösung vor, setzt 10 ml 10%ige Schwefelsäure und etwa 40 ml dest. Wasser zu und läßt unter Umschwenken 20 ml der zu titrierenden Hydrosulfitlösung (Ansatz siehe weiter unten) einfließen. Darauf verschließt man mit einem Stopfen oder bedeckt mit einem Uhrglas, läßt

2 bis 3 Min. lang stehen und titriert das überschüssige Jod mit n/10-Thiosulfatlösung, gegen Ende unter Stärkezusatz, langsam zurück.

$$1\ \text{ml n/10-Jodlösung} = 2{,}2015\ \text{mg}\ NaHSO_2 = 4{,}352\ \text{mg}\ Na_2S_2O_4.$$

Ansatz der Hydrosulfitlösung: 4 bis 5 g Hydrosulfit werden im Wägegläschen genau abgewogen und im Meßkolben unter Zusatz von 40 ml 30- bis 40%igem Formaldehyd zu 1 l aufgelöst.

b) Cerimetrische Bestimmung. 20 ml der zu bestimmenden Hydrosulfitlösung werden nach Zugabe von 10 ml einer 10% igen Kaliumjodidlösung und etwa 50 ml Wasser mit n/10-Cer(IV)-sulfatlösung titriert. Als Indikator dient Stärkelösung.

$$1\ \text{ml n/10-Cer(IV)-sulfatlösung} = 2{,}2015\ \text{mg}\ NaHSO_2 = 4{,}352\ \text{mg}\ Na_2S_2O_4.$$

Reaktionsvorgänge:

Cer(IV)-sulfat scheidet aus Kaliumjodidlösung eine äquivalente Menge Jod aus, und dieses oxydiert dann, wie unter a) angegeben, das Sulfoxylat zum Bisulfat.

$$2\,Ce(SO_4)_2 + 2\,KJ = Ce_2(SO_4)_3 + K_2SO_4 + J_2.$$

Formaldehydsulfoxylatverbindungen[1]. Hydrosulfit zersetzt sich mit Wasser nach der Reaktionsgleichung

$$Na_2S_2O_4 + H_2O = NaHSO_2 + NaHSO_3$$

in Natriumsulfoxylat und Natriumbisulfit. Führt man die Zersetzung in Gegenwart von Formaldehyd durch, so lagern sich die beiden Zersetzungsprodukte an den Formaldehyd in folgender Weise an:

(1) $$\text{H—C}\!\left\langle\begin{matrix}\text{H}\\ \text{O}\end{matrix}\right. + NaHSO_2 = \text{H—C}\!\left\langle\begin{matrix}\text{H}\\ \text{OH}\\ SO_2Na\end{matrix}\right.$$

Oxymethansulfinsaures Natrium
(Natriumformaldehydsulfoxylat)

(2) $$\text{H—C}\!\left\langle\begin{matrix}\text{H}\\ \text{O}\end{matrix}\right. + NaHSO_3 = \text{H—C}\!\left\langle\begin{matrix}\text{H}\\ \text{OH}\\ SO_3Na\end{matrix}\right.$$

Oxymethansulfonsaures Natrium
(Natriumformaldehydbisulfit)

Die Anlagerungsprodukte können durch besondere Maßnahmen bei der Herstellung voneinander getrennt werden.

Sulfoxylatverbindungen spielen in der Textilveredlung eine große Rolle. Da bei ihrer Zersetzung wieder $NaHSO_2$ entsteht, wirken sie ähnlich wie Hydrosulfit, also stark reduktiv. Man unterscheidet die nachstehenden Typen:

1. Natriumformaldehydsulfoxylate

$$\text{Formel:}\quad \text{H—C}\!\left\langle\begin{matrix}\text{H}\\ \text{OH}\\ SO_2Na\end{matrix}\right. \cdot 2\,H_2O$$

$$\left(\text{Mol.-Gew.} = 154{,}123,\quad \text{Äquival.-Gew.} = \frac{154{,}123}{4} = 38{,}531\right).$$

Die Handelsprodukte sind meist etwa 90% ig.

[1] Formaldehydsulfoxylatverbindungen sind zwar keine Bleichmittel im engeren Sinne, wirken aber ähnlich wie Hydrosulfit und werden analytisch in gleicher Weise bestimmt. Es ist daher zweckmäßig, sie an dieser Stelle zu bringen.

Die Natriumformaldehydsulfoxylate sind wasserlöslich. Im Gegensatz zu Hydrosulfit entfalten sie ihre Reduktionswirkung erst bei höheren Temperaturen und werden daher vor allem in der Druckerei verwendet.

Handelsprodukte: Rongalit C und CL (BASF), Hydrosulfit R (Ciba), Hydrosulfit FD (Geigy) u. a.

2. Zinkformaldehydsulfoxylate. Man unterscheidet Mono- und Dizinksalze. Die ersteren sind wasserlöslich, die letzteren nicht wasser-, nur säurelöslich. Die Zinksulfoxylate zeichnen sich durch eine größere Säurebeständigkeit aus; sie werden deswegen vorzugsweise zum Reduzieren in saurem Medium, z. B. zum Abziehen von Färbungen auf tierischem Fasermaterial, verwendet.

Monozinkformaldehydsulfoxylate haben die folgende chemische Konstitution:

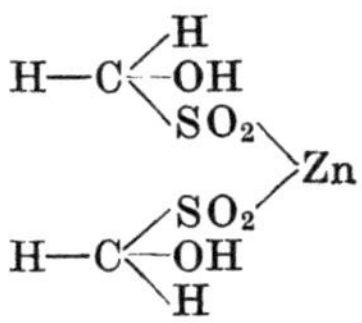

$\left(\text{Mol.-Gew.} = 255{,}568;\ \text{Äquival.-Gew.} = \frac{255.568}{8} = 31{,}946\right)$.

Handelsprodukte: Decrolin lösl. konz. (BASF), Hydrosulfit Z wasserlöslich (Geigy), Redusol Z (Ciba) u. a.

Dizinkformaldehydsulfoxylate sind folgendermaßen konstituiert:

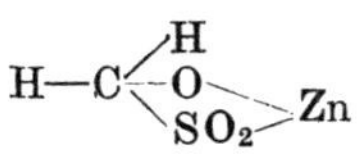

$\left(\text{Mol.-Gew.} = 159{,}466;\ \text{Äquival.-Gew.} = \frac{159{,}466}{4} = 39{,}8665\right)$.

Handelsprodukte: Decrolin (BASF), Hydrosulfit Z (Geigy), Hydrosulfit BZ säurelöslich (Ciba) u. a.

Neben den Natrium- und Zinkformaldehydsulfoxylaten sind auch noch Dicalciumformaldehydsulfoxylate (Rongalit H) und Produkte auf Basis Azetaldehydsulfoxylat (Rongal A) im Handel.

Quantitative Bestimmung von Sulfoxylatverbindungen.

Da der wirksame Bestandteil bei den Sulfoxylatverbindungen die Sulfoxylsäure ist, kann die Bestimmung wie bei Hydrosulfit (s. S. 142) erfolgen. Der Sicherheit wegen empfiehlt sich auch hier der Zusatz von Formaldehyd.

a) *Jodometrisches Verfahren.* In einem 250-ml-Erlenmeyer-Kolben legt man etwa 25 ml n/10-Jodlösung vor, setzt etwa 10 ml 10%ige Schwefelsäure und ungefähr 40 ml dest. Wasser zu und läßt unter Umschwenken 20 ml der zu titrierenden Sulfoxylatlösung (Ansatz s. w. u.) zufließen. Man bedeckt mit einem Uhrglas oder verschließt mit einem Stopfen, läßt 2 bis 3 Min. lang stehen und titriert dann das überschüssige Jod unter Stärkezusatz mit n/10-Thiosulfatlösung zurück.

Ansatz der Sulfoxylatlösung: 3 bis 4 g der zu bestimmenden Sulfoxylatverbindung (Rongalit C, Decrolin lösl. konz. usw.) werden im Wägegläschen genau abgewogen und unter Zugabe von etwa 40 ml Formaldehyd 40%ig im Meßkolben zu 1 l aufgelöst.

Bei wasserunlöslichen Sulfoxylaten, wie z. B. den Dizinksalzen, setzt man zum Auflösen nach der Formaldehydzugabe noch etwas verd. Schwefelsäure zu.

Berechnung:

1 ml n/10-Jodlösung = 2,2015 mg $NaHSO_2$
= 3,853 mg $NaHSO_2 \cdot CH_2O \cdot 2H_2O$ (Natriumformaldehydsulfoxylat)
= 3,195 mg $Zn(HSO_2)_2 \cdot 2CH_2O$ (Monozinkformaldehydsulfoxylat)
= 3,986 mg $ZnSO_2 \cdot CH_2O$ (Dizinkformaldehydsulfoxylat)
= 3,354 mg $CaSO_2 \cdot CH_2O$ (Dicalciumformaldehydsulfoxylat)

b) Cerimetrisch. 20 ml der zu bestimmenden Sulfoxylatlösung (Ansatz s. w. o.) werden nach Zugabe von 10 ml einer 10% igen Kaliumjodidlösung und etwa 50 ml dest. Wasser mit n/10-Cer(IV)-sulfatlösung titriert. Als Indikator dient Stärkelösung.

1 ml n/10-Cer(IV)-sulfatlösung = 1 ml n/10-Jodlösung = den oben angegebenen Mengen der Sulfoxylatverbindungen.

Reaktionsvorgänge:

Bei der Titration zerfallen die Sulfoxylatverbindungen wieder in die ursprünglichen Komponenten, d. h. Formaldehyd- evtl. auch Azetaldehyd- und Natrium-, Zink- oder Calciumsulfoxylat, und die Sulfoxylate werden dann durch das Jod jeweils zu den entsprechenden Bisulfaten oxydiert (s. unter Hydrosulfit auf S. 142).

Sonstige Textilchemikalien

Formaldehyd, Methanal, HCHO. Mol.-Gew. = 30,026. Farbloses, stechend riechendes, sehr leicht wasserlösliches Gas, Smp. —92 °C, Sdp. —21 °C. In 1 l Wasser lösen sich bei Zimmertemperatur über 400 l Formaldehydgas, im Maximum entsteht eine 55% ige Lösung. Formaldehyd wirkt reduzierend und stark antiseptisch, bei Temperaturen über 500 °C Zersetzung in Kohlenoxyd und Wasserstoff.

Im Handel befinden sich 30- bis 40% ige wäßrige Lösungen unter der Bezeichnung „Formalin" und „Formol". Bei längerem Stehen trüben sich reine Formaldehydlösungen infolge Ausscheidung wasserunlöslicher Polymerisationsprodukte („Polyoxymethylene"). Um dies zu verhindern, werden den handelsüblichen Formaldehydlösungen bis zu 15% Methanol zugesetzt.

Verwendung in der Textilindustrie: Quell- und knitterfreie Ausrüstung (meist in Mischung mit Kunstharzen), Nachbehandlung substantiver Färbungen, Stabilisierung von Naphtholbädern, Härten von Kasein- und Polyvinylalkoholfasern, Antiseptikum in Schlichten und Appreturen, Herstellung von Formaldehydsulfoxylat-Verbindungen u. a.

Nachweis von Formaldehyd.

1. *Mit Fuchsin/schwefliger Säure (Schiffs Reagens).* Schon Spuren von Formaldehyd bewirken eine starke Violettfärbung. Grund: Der Formaldehyd entzieht dem Reagens die schweflige Säure (Bindung als $H{-}C{\lt}\begin{smallmatrix}H\\OH\\SO_3H\end{smallmatrix}$), so daß das Fuchsin frei wird.

Herstellung des Reagens: Man löst 0,2 g reines Fuchsin in 120 ml heißem Wasser auf, gibt nach dem Abkühlen 2 g wasserfreies Natriumsulfit in 20 ml Wasser sowie 2 ml konz. Schwefelsäure zu, füllt mit dest. Wasser auf 200 ml auf und läßt bis zur Entfärbung stehen.

2. *Mit Carbazol/Schwefelsäure.* Man löst ein paar Körnchen Carbazol in etwa 2 ml konz. Schwefelsäure auf und gibt dann tropfenweise die auf Formaldehyd zu prüfende Lösung zu. Bei Gegenwart von Formaldehyd färbt sich die Lösung tiefblau.

3. *Mit Chromotropsäure.* Zu 1 Tropfen der auf Formaldehyd zu prüfenden Lösung gibt man 1 bis 2 ml etwa 72%iger Schwefelsäure (hergestellt durch Vermischen von 100 ml dest. Wasser mit 150 ml reiner konz. Schwefelsäure) und einige Körnchen fester Chromotropsäure. Darauf erwärmt man die Lösung im Reagenzglas kurze Zeit über offener Flamme. Bei Gegenwart von Formaldehyd tritt eine intensive Rotviolettfärbung auf. Sehr empfindliche Reaktion (Grenzkonzentration 1:500000), die sich auch zur Kolorimetrierung eignet (s. S. 289).

Quantitative Bestimmung[1].

a) Jodometrisches Verfahren. In schwach alkalischer, verd. Lösung wird Formaldehyd durch Jod quantitativ zu Ameisensäure oxydiert gemäß der Gleichung:

$$HCHO + J_2 + 3NaOH = HCOONa + 2NaJ + 2H_2O.$$

Ausführung: Etwa 4 g des 35- bis 40%igen Formalins (bei geringerer Konzentration entsprechend mehr) werden genau abgewogen, in ungefähr 10 ml n-Natronlauge + 10 ml dest. Wasser unter Umschütteln aufgelöst und im Meßkolben zu 1 l verdünnt. Zu 25 ml dieser Lösung gibt man 30 ml n-Natronlauge sowie 50 ml n/10-Jodlösung und läßt $^1/_4$ Std. stehen, wobei die Lösung bis zum Schluß deutlich gelbbraun gefärbt sein soll (Jodüberschuß). Darauf wird mit verd. Schwefelsäure schwach angesäuert und das überschüssige Jod unter Stärkezusatz mit n/10-Thiosulfatlösung zurücktitriert.

$$1 \text{ ml } n/10\text{-Jodlösung} = 1{,}501 \text{ mg } HCHO.$$

b) Wasserstoffperoxydverfahren. In nicht zu stark verd. Lösungen oxydiert Wasserstoffperoxyd den Formaldehyd quantitativ zu Ameisensäure. Bei Gegenwart von Natronlauge wird die gebildete Ameisensäure gleich gebunden, und aus dem verbrauchten Alkali kann der Formaldehydgehalt berechnet werden.

Reaktionsgleichung:

$$HCHO + H_2O_2 + NaOH = HCOONa + 2H_2O.$$

Ausführung: Man wiegt etwa 3 g 35- bis 40%iges Formalin in einem Wägegläschen genau ab, spült in einen ERLENMEYER-Kolben, gibt 1 Tropfen Phenolphthaleinlösung zu und neutralisiert mit n/10-Natronlauge. Darauf versetzt man mit 50 ml n-Natronlauge und 50 ml gegen

[1] Weitere quantitative Bestimmungsmethoden s. Formaldehyd in Kunstharzappreturen auf S. 287.

Phenolphthalein genau neutralisiertem Wasserstoffperoxyd (3% ig), schüttelt um, läßt 1 Std. stehen oder erwärmt 15 Min. auf dem Wasserbad (Steigrohr mit Natronkalkrohr als Abschluß) und titriert das überschüssige Alkali mit n-Salzsäure zurück.

1 ml n-Natronlauge = 30,026 mg HCHO.

Harnstoff, $H_2N-CO-NH_2$. Mol.-Gew. = 60,06. Farb- und geruchlose, leicht wasserlösliche Kristalle. In 100 ml Wasser lösen sich bei Zimmertemperatur etwa 80 g, bei 100 °C löst sich ein Mehrfaches davon. Auch in Alkohol leicht löslich. Harnstoff ist eine so schwache einsäurige Base, daß die wäßrigen Lösungen praktisch neutral reagieren. Harnstoffsalze sind stark hydrolytisch gespalten und reagieren daher mehr oder weniger sauer. Auf 150 bis 160 °C erhitzt, spaltet der Harnstoff Ammoniak ab und es bildet sich als Zwischenprodukt das „Biuret“:

$$H_2N—CO—NH_2 + H_2N—CO—NH_2 \rightarrow \underset{\text{Biuret}}{H_2N—CO—NH—CO—NH_2} + NH_3.$$

Dieses Biuret bildet mit Kupfersulfat in alkalischer Lösung farbige Komplexverbindungen („Biuretreaktion“, s. w. u.).

Verwendung in der Textilindustrie: Auf Grund seiner hydrotropen Eigenschaften zum Anteigen und Lösen von Farbstoffen (vor allem in der Druckerei), Verhütung der Überoxydation beim Färben mit Indigosolfarbstoffen, zur Knitterfreiausrüstung, Viskositätsverminderung in Schlichteflotten u. a.

Nachweis von Harnstoff.

1. *Biuret-Reaktion.* Man schmilzt etwas Harnstoff im Reagenzglas, läßt erkalten, löst die Schmelze in Wasser, macht mit verd. Natronlauge schwach alkalisch und setzt 1 bis 2 Tropfen verd. Kupfersulfatlösung zu. Ist Harnstoff zugegen, so tritt eine rotviolette Färbung auf (s. auch Nachweis von Eiweiß auf S. 252).

2. *Xanthydrol-Reaktion.* Zu 5 ml einer verd. Harnstofflösung gibt man 3 ml Eisessig und einige Milliliter einer 10% igen Lösung von Xanthydrol in Alkohol. Es entsteht dann ein krist. Niederschlag von Dixanthylharnstoff. Die Fällung mit Xanthydrol ist auch zur quantitativen Bestimmung von Harnstoff geeignet.

3. *Nitritreaktion.* Siehe Erkennung von Harnstoff in Kunstharzen auf S. 279.

Glyzerin, $CH_2OH-CHOH-CH_2OH$. Mol.-Gew. = 92,09. In reinem Zustand eine farblose, sirupartige, süßlich schmeckende, geruchlose, stark hygroskopische Flüssigkeit. Mit Wasser und Alkohol in jedem Verhältnis mischbar, aber unlöslich in Äther, Benzin, Benzol, Chloroform u. dgl. Völlig wasserfrei erstarrt es zu Kristallen, die bei 17 bis 19 °C schmelzen. Sdp. = 290 °C.

Verunreinigungen: Im Rohglyzerin Säuren, Fettsäuren, Salze.

Verwendung in der Textilindustrie: Hygroskopikum für Schlichten, Appreturen und Druckpasten, Lösungsmittel für Farbstoffe.

Nachweis des Glyzerins.

1. *Erhitzen mit konz. Schwefelsäure* — Verkohlung und Bildung des ganz charakteristisch riechenden Akroleins. Beim Erhitzen mit $KHSO_4$ ebenfalls Akroleinbildung, aber ohne Verkohlung.

2. *Zusatz von Kupfersulfat und Natronlauge* — kein Niederschlag von Kupferhydroxyd, sondern kornblumenblaue Färbung der Lösung.

Quantitative Bestimmung.

a) *Oxydation mit Dichromat.* Das Verfahren besteht darin, daß man das Glyzerin in schwefelsaurer Lösung mit einem Überschuß von Kaliumdichromatlösung oxydiert und den Dichromatüberschuß jodometrisch zurücktitriert. Der Oxydationsprozeß verläuft nach der folgenden Gleichung:

$$7\,K_2Cr_2O_7 + 3\,C_3H_8O_3 + 28\,H_2SO_4 = 7\,K_2SO_4 + 7\,Cr_2(SO_4)_3 + 9\,CO_2 + 40\,H_2O.$$

Reaktionsvorgänge bei der Titration:

(1) $K_2Cr_2O_7 + 6\,KJ + 7\,H_2SO_4 = 4\,K_2SO_4 + Cr_2(SO_4)_3 + 3\,J_2 + 7\,H_2O,$

(2) $J_2 + 2\,Na_2S_2O_3 = Na_2S_4O_6 + 2\,NaJ.$

Ausführung: Etwa 2 g Reinglyzerin[1] werden genau abgewogen, in einen 250-ml-Meßkolben gegeben und dieser mit dest. Wasser bis zur Marke aufgefüllt. Man pipettiert 25 ml davon — also höchstens 0,2 g Reinglyzerin entsprechend — in einen 300-ml-Erlenmeyer-Kolben, versetzt mit 25 ml „Dichromat/Schwefelsäure zur Glyzerinbestimmung“, dann mit 50 ml Schwefelsäure vom spez. Gew. 1,23 (Herstellung: 315 g konz. Schwefelsäure + 685 g dest. Wasser), bedeckt den Erlenmeyer-Kolben mit einem umgekehrten Becherglas und stellt ihn 2 Std. in ein siedendes Wasserbad. Darauf läßt man abkühlen, gibt die ganze Lösung in einen 500-ml-Meßkolben und füllt diesen bis zur Marke auf.

Von dieser verd. Lösung entnimmt man 50 ml, setzt sie in einem Erlenmeyer-Kolben einer Lösung von 20 ml 10%iger Kaliumjodidlösung und 50 ml 10%iger Salzsäure zu, rührt um und titriert das ausgeschiedene Jod in üblicher Weise mit n/10-Thiosulfatlösung zurück. Zur Titerstellung der Dichromatlösung wird parallel dazu ein Blindversuch ohne Glyzerin durchgeführt.

Herstellung der „Dichromat/Schwefelsäure zur Glyzerinbestimmung: Man löst 75 g reines Kaliumdichromat in dest. Wasser, setzt langsam 150 ml konz. Schwefelsäure zu, läßt erkalten und füllt zu 1 l auf.

Zur Berechnung:

1 ml n/10-Thiosulfatlösung = 0,6576 mg Glyzerin.

Bei Einhaltung obiger Verdünnungsverhältnisse kann der Glyzeringehalt auch wie folgt berechnet werden:

$$\%\ \text{Glyzerin} = \frac{6{,}576\,(b-a)}{E}$$

Es bedeuten:

E = Einwaage in g,
a = verbrauchte ml n/10-Thiosulfatlösung,
b = verbrauchte ml n/10-Thiosulfatlösung beim Blindversuch.

[1] Unreines Glyzerin muß vorher gereinigt werden.

b) *Aräometrisch.* Siehe Tab. 25. Die aräometrische Bestimmung ist natürlich nur bei reinen Glyzerinlösungen möglich.

Tabelle 25. *Spez. Gew., Konzentration und Siedepunkt wäßriger Glyzerinlösungen bei 15 °C*

Glyzerin %	Spez. Gew.	Siedepunkt	Glyzerin %	Spez. Gew.	Siedepunkt
100	1,265	290°	60	1,157	109°
98	1,262		50	1,129	106°
94	1,250		40	1,102	104°
90	1,240	138°	30	1,075	102,8°
88	1,234		20	1,049	101,8°
80	1,213	121°	10	1,024	100,9°
70	1,186	113,6°			

Glykol, Äthylenglykol, CH_2OH-CH_2OH. Mol.-Gew. = 62,068. Farbloses, dickflüssiges, süßlich schmeckendes, hygroskopisches Öl, mit Wasser in allen Verhältnissen leicht mischbar, in Äther nur wenig löslich, in Benzol und Chloroform unlöslich. Smp. = —11,2 °C, Sdp. = 197,5 °C, Dichte bei 20 °C = 1,1131.

Verwendung in der Textilindustrie: Als Hygroskopikum und Weichmacher in Schlichten und Appreturen, Anteige- und Lösungsmittel für Farbstoffe in der Druckerei.

Nachweis von Glykol.

1. *Jodprobe.* 1 bis 2 ml der zu untersuchenden Substanz werden einige Minuten lang mit etwas Jod geschüttelt. In Glykol löst sich das Jod mit rotbrauner Farbe, in Glyzerin dagegen nur spurenweise, und zwar zu einer schwach hellgelben Lösung.

2. *Gentianaviolettprobe.* 1 bis 2 ml der Untersuchungssubstanz werden mit etwas Gentianaviolett geschüttelt. In Glykol löst sich der Farbstoff mit blauer Farbe, in Glyzerin ist er unlöslich.

3. *Vanillin/Schwefelsäure-Probe.* Zu 1 ml der Substanz gibt man der Reihe nach 2 ml Alkohol, 1 ml alkoholische Vanillinlösung (10% ig), 1 ml konz. Schwefelsäure und schüttelt um. Bei Gegenwart von Glykol färbt sich die Lösung gelbgrün, nach etwa 1 Std. rotviolett; Glyzerin bleibt farblos oder färbt sich höchstens hellviolett.

Sorbit, $CH_2OH \cdot (CHOH)_4 \cdot CH_2OH$. Mol.-Gew. = 182,17. Farblose, krist. Nadeln, mit Wasser in allen Verhältnissen mischbar, geruchlos, ungiftig. In chemischer Hinsicht ein sechswertiger Alkohol. Sorbit gibt mit Wasser zähflüssige, süßlich schmeckende, neutral reagierende Lösungen, die an Stelle von Glyzerin verwendet werden können. Die Hygroskopizität ist geringer als bei Glyzerin und Glykol, das aufgenommene Wasser wird aber trotzdem langsamer abgegeben, daher sehr geeignet zur Konstanthaltung und Stabilisierung der Feuchtigkeit in Präparaten und Faserstoffen. Im Handel in Pulverform und als sirupöse Flüssigkeit (z. B. „Karion F flüssig").

Verwendung in der Textilindustrie: Feuchtigkeitsstabilisator und Weichmacher in der Spinnerei, Weberei, Appretur und Druckerei, Anteige- und Lösungsmittel für Farbstoffe, besonders in der Druckerei.

Methanol, Methylalkohol, CH_3OH. Mol.-Gew. = 32,042. Farblose, leicht bewegliche, typisch riechende, mit Wasser in allen Verhältnissen mischbare Flüssigkeit. Spez. Gew. bei 20° C = 0,7923, Smp. —97 °C, Sdp. 64,5 °C, brennbar mit blaßblauer, nicht rußender Flamme. Methylalkohol ist giftig; schon der Genuß kleiner Mengen führt zu Erblindung; auch das Einatmen von Dämpfen kann in größeren Mengen Gesundheitsschädigungen zur Folge haben.

Verwendung in der Textilindustrie: Lösungs- und Anteigemittel für Farbstoffe.

Tabelle 26. *Spez. Gew. und Konzentration wäßriger Methanollösungen bei 15 °C*

Spez. Gew.	Gew.-% Methanol	Spez. Gew.	Gew.-% Methanol
0,99814	1	0,91932	50
0,99116	5	0,89859	60
0,98327	10	0,87584	70
0,96899	20	0,85122	80
0,95449	30	0,82468	90
0,93802	40	0,79647	100

Nachweis von Methylalkohol. Der Methylalkohol wird mit Kaliumpermanganat in saurem Medium zu Formaldehyd oxydiert, das überschüssige Permanganat mit Oxalsäure reduziert und der Formaldehyd mit Fuchsin/schwefliger Säure nachgewiesen.

Ausführung: Zu 0,5 ml Methanol — bei sehr stark verd., wäßrigen Lösungen wird das Methanol abdestilliert und der zuerst übergehende Anteil zur Prüfung verwendet — gibt man dieselbe Menge konz. Schwefelsäure und 5 ml einer 1%igen Kaliumpermanganatlösung, schüttelt um, läßt 2 Min. stehen, versetzt mit 1 ml 8%iger Oxalsäure und unter Kühlung mit 1 ml konz. Schwefelsäure. Sobald die Lösung farblos geworden ist, werden 5 ml Fuchsin/schweflige Säure (Ansatz s. unter Formaldehyd auf S. 145) hinzugefügt. Bei Vorhandensein von Methanol tritt, je nach dessen Menge, sofort oder erst nach einiger Zeit eine blauviolette Färbung auf.

Zum Nachweis des Formaldehyds eignen sich neben Fuchsin/schwefliger Säure auch Chromotropsäure und Carbazol/Schwefelsäure. Man verfährt hierzu wie auf S. 145 angegeben.

Äthanol, Alkohol, Äthylalkohol, C_2H_5OH. Mol.-Gew. = 46,07. Farblose, leicht bewegliche, angenehm riechende Flüssigkeit. Smp. —112 °C, Sdp. 78,3 °C, spez. Gew. 0,794 (bei 15 °C). Gutes Lösungsmittel für viele organische Stoffe. Mit Wasser in allen Verhältnissen mischbar, wobei Volumkontraktion eintritt. 52 ml Äthylalkohol und 48 ml Wasser geben bei 20 °C nicht 100 ml, sondern nur 96,3 ml Mischung.

Der gewöhnliche, reine Alkohol des Handels enthält 96% Alkohol und 4% Wasser. Er ist wenig besteuert und wird, um ihn für den menschlichen Genuß unbrauchbar zu machen, vergällt. Als Vergällungsmittel dienen Methanol, Pyridin, Toluol, Terpentinöl u. a.

Verwendung in der Textilindustrie: Lösungsmittel für Farbstoffe und Textilhilfsmittel, zum Anteigen von Naphtholen und zur Schaumverhütung.

Nachweis von Äthylalkohol. *Jodoformprobe.* 10 ml der zu prüfenden Flüssigkeit werden nach Zugabe von 1 bis 2 ml 10%iger Natronlauge mit 0,15 g Kaliumjodid und 0,2 g Kaliumpersulfat versetzt und auf 50 bis 60 °C erwärmt. Handelt es sich um Äthylalkohol, so bildet sich nach wenigen Minuten ein gelber Niederschlag von Jodoform, das an seiner Kristallform und dem charakteristischen Geruch erkannt werden kann.

Reaktionsvorgang:

$$C_2H_5OH + 4J_2 + 6NaOH = CHJ_3 + HCOONa + 5NaJ + 5H_2O.$$

Tabelle 27. *Spez. Gew. und Konzentration wäßriger Äthanollösungen bei 15,6 °C*

Spez. Gew.	Vol.-% Alkohol	Spez. Gew.	Vol.-% Alkohol	Spez. Gew.	Vol.-% Alkohol
0,9961	2	0,9570	36	0,8892	70
0,9933	4	0,9541	38	0,8842	72
0,9906	6	0,9510	40	0,8791	74
0,9881	8	0,9478	42	0,8739	76
0,9857	10	0,9444	44	0,8685	78
0,9834	12	0,9409	46	0,8631	80
0,9812	14	0,9373	48	0,8575	82
0,9791	16	0,9335	50	0,8518	84
0,9771	18	0,9295	52	0,8458	86
0,9751	20	0,9254	54	0,8397	88
0,9731	22	0,9213	56	0,8332	90
0,9710	24	0,9170	58	0,8265	92
0,9689	26	0,9126	60	0,8194	94
0,9668	28	0,9082	62	0,8118	96
0,9646	30	0,9036	64	0,8034	98
0,9622	32	0,8990	66	0,7939	100
0,9596	34	0,8941	68	—	—

Anilin, $C_6H_5NH_2$. Mol.-Gew. = 93,12. In reinem Zustand eine farblose, aromatisch riechende Flüssigkeit. Smp. —8 °C, Sdp. 184, spez. Gew. 1,0217 (20 °C). In chemischer Hinsicht eine Base, schwer wasserlöslich (in 100 ml Wasser lösen sich 3 ml Anilin), leicht löslich in organischen Lösungsmitteln.

Handelsformen:

1. *Blauanilin, Blauöl,* ein nahezu chemisch reines Anilin.
2. *Rotanilin, Rotöl,* ein Gemisch etwa folgender Zusammensetzung:
33% Anilin, 23% p-Toluidin, 44% o-Toluidin.
3. *Anilinsalz, salzsaures Anilin,* $C_6H_5NH_2 \cdot HCl$. Graue bis graugrünliche, wasserlösliche Blättchen, Smp. 198 °C.

Verwendung in der Textilveredlung: Blauanilin (nicht Rotanilin) zur Herstellung von Anilinschwarz; Blau- und Rotöl als Lösungs- und Anteigemittel für basische Farbstoffe in der Druckerei.

Nachweis von Anilin.

1 Man kocht die Untersuchungsprobe im Reagenzglas und hält einen mit konz. Salzsäure befeuchteten Glasstab darüber. Handelt es

sich um Anilin, so bilden sich salmiakähnliche, weiße Dämpfe von Anilinchlorhydrat.

2 Versetzt man eine verd., wäßrige Lösung mit Natriumhypochlorit oder Chlorkalk, so entsteht eine purpurrote Färbung.

3. Mischt man 1 Tropfen Anilin mit etwa 6 Tropfen konz. Schwefelsäure und streut feingepulvertes Kaliumdichromat darüber, so entsteht eine Blaufärbung.

Quantitative Bestimmung. Läßt man auf Anilin Brom einwirken, so geht es quantitativ in Tribromanilin über. Aus dem Bromverbrauch kann dann der Anilingehalt berechnet werden. Das Bromieren geschieht in der Weise, daß man zu einer angesäuerten Kaliumbromidlösung eine Kaliumbromatlösung zufließen läßt.

Reaktionsvorgang:

$$5KBr + KBrO_3 + 6HCl = 3Br_2 + 6KCl + 3H_2O.$$

Ausführung: Man wiegt 0,2 bis 0,3 g Anilin oder Anilinsalz genau ab, löst in 200 bis 300 ml mit Salzsäure angesäuertem Wasser, versetzt die Lösung mit 10 ml 20%iger Kaliumbromidlösung und 10 ml konz. Salzsäure und titriert langsam mit n/5-Kaliumbromatlösung (s. S. 28), bis sich ein Überschuß von Bromat durch Bildung von freiem Brom, d. h. eine gelbliche Färbung der Lösung anzeigt. Bei einiger Übung ist die gelbliche Färbung leicht zu erkennen, sonst tüpfelt man zur Erkennung des Endpunktes der Reaktion gegen Jodkaliumstärkepapier, bis dieses durch die Titrierflüssigkeit nicht mehr gebläut wird. Da die letzten Anilinreste nur langsam bromiert werden, soll man am Schluß 2 bis 4 Min. abwarten. Tritt keine Entfärbung ein, ist die Reaktion als abgeschlossen zu betrachten.

1 ml n/5-Kaliumbromatlösung = 6,208 mg Anilin.

Tannin (Gallusgerbsäure, Gerbsäure). Naturgerbstoff wechselnder Zusammensetzung. Dem türkischen Tannin liegt z. B. eine Pentagalloylglukose, dem chinesischen eine Galloyltetradigalloyl-glukose zugrunde. Durch die Häufung von phenolischen Gruppen wirkt das Tannin wie eine schwache Säure (Gerbsäure). Im Handel je nach Reinheitsgrad als weißes bis braunes, charakteristisch riechendes Pulver oder auch in Form von spröden, glasigen Nadeln oder Schuppen, leicht löslich in Wasser, Glyzerin und Alkohol, in Äther fast unlöslich. Die wäßrigen Lösungen reagieren sauer und wirken stark gerbend und adstringierend.

Verwendung in der Textilindustrie: Beizmittel für basische Farbstoffe (Tannin/Brechweinstein-Beize), Nachbehandlung von Färbungen mit Säurefarbstoffen auf Polyamidfasern zur Erhöhung der Wasch- und Schweißechtheit.

Nachweis des Tannins.

1. *Leim, Gelatine und Zelluloseäther* werden aus ihren Lösungen durch Zusatz von Tannin als unlösliche Niederschläge ausgefällt (s. a. Nachweis von Zelluloseäthern auf S. 250).

2. *Basische Farbstoffe* (Methylenblau, Kristallviolett usw.) bilden mit Tannin unlösliche Farblacke (s. a. Nachweis von basischen Farbstoffen auf S. 292).

3. *Zusatz von Eisen*(III)-*chlorid* — blauschwarze bis tiefschwarze Färbung oder Niederschlag. Beim Versetzen mit konz. Salz- oder Schwefelsäure Entfärbung unter Bildung gelbbrauner Niederschläge.

In quantitativer Hinsicht interessiert beim Tannin vor allem der Gerbstoffgehalt. Da die Bedeutung des Tannins in der Textilveredlung aber sehr stark zurückgegangen ist, sei auf die Wiedergabe der Gerbstoffbestimmung hier verzichtet und auf die früheren Auflagen dieses Buches (z. B. 9. Aufl., S. 148) verwiesen.

Bläuemittel und optische Aufheller

Die Textilien weisen auch nach der besten Bleiche immer noch einen leicht gelblichen Stich auf. Behandelt man sie jedoch mit einem blauvioletten Farbstoff in geeigneter Konzentration, so wird das Gelb kompensiert, und es resultiert ein blaustichiges Weiß. Ein solches empfindet aber das menschliche Auge immer weißer als ein gelbstichiges; die gebläute Ware erscheint weißer als die ungebläute. Als Bläuemittel können dienen: anorganische Pigmentfarbstoffe wie Ultramarin, Berliner Blau, Smalte oder auch organische Farbstoffe.

In den letzten 15 Jahren sind diese Bläuefarbstoffe durch die sog. „*optischen Aufhellungsmittel*" fast völlig verdrängt worden. Es handelt sich dabei um weiße, organische Substanzen, die wie substantive Farbstoffe auf die Textilien aufziehen und die Eigenschaft haben, auf der Faser als Lichttransformatoren zu wirken. Das unsichtbare, kurzwellige UV-Licht wird durch sie umgewandelt und als längerwelliges, nunmehr für das Auge sichtbares Licht wieder reflektiert (Fluoreszenzlicht). Die mit diesen Produkten behandelte Ware erscheint dadurch heller. Da das Fluoreszenzlicht im blauvioletten Bereich liegt, können die optischen Aufheller ebenfalls zur Kompensation des gelben Stiches dienen. Sie eignen sich hierfür sogar noch besser als die Bläuemittel. Das erzielte Weiß ist wesentlich reiner und klarer.

Optische Aufhellungsmittel sind neuerdings in fast allen Waschpulvern enthalten, und auch in den gewerblichen Wäschereien und den Veredlungsbetrieben werden sie vielfach angewendet, teils um den Weißeffekt zu steigern, teils um die Brillanz der Färbungen und Drucke zu erhöhen.

Handelsprodukte: Blankophor, Uvitex, Tinopal, Ultraphor, Leukophor u. a.

Nachweis von optischen Aufhellern

Der Nachweis erfolgt auf Grund der Fluoreszenzerscheinung. Man betrachtet z. B. die zu prüfende Weißware zusammen mit einer nur gebleichten, aber nicht optisch aufgehellten Ware, und zwar einmal im künstlichen Licht (Glühbirne) und einmal im hellen Tageslicht (Ultralampe ist noch besser) und achtet auf Helligkeitsunterschiede und Nuancenverschiebungen. Im Vergleich zu der unbehandelten Ware erscheint die optisch aufgehellte unter der Glühbirne nicht so weiß, im Tageslicht oder unter der Ultralampe dagegen wesentlich weißer.

Der Aufhellungseffekt kann mit dem von der Fa. Dr. B. Lange[1] entwickelten *lichtelektrischen Fluorometer* quantitativ gemessen werden.[2] Da jedoch die Fluoreszenzintensität nicht immer dem Weißempfinden des menschlichen Auges parallel geht, wird es oft zweckmäßger sein, sich einen „Weißmaßstab" (Gewebemuster mit abgestumpftem Weißgehalt, Messung mit dem Fluorometer) zu schaffen und durch Vergleich mit diesem den Effekt und die Brauchbarkeit eines optischen Aufhellers zu beurteilen.[3]

Soll aus besonderen Gründen (Reklamationen wegen Nuancenverschiebungen, Aufklärung von Kumulierungserscheinungen, Beurteilung, ob 2 Stücke aus der gleichen oder 2 verschiedenen Partien stammen usw.) die Art des optischen Aufhellers möglichst genau identifiziert werden, so geschieht dies am besten auf chromatographischem Wege.[4]

Umfangreiche Ausführungen über Prüfung und Bewertung von optischen Aufhellungsmitteln s. J. LANTER, SVF **19** (1964) 469.

Fette, Öle und Wachse

Bei den meisten tierischen und pflanzlichen Fetten — teilweise auch den Ölen — handelt es sich um Ester des Glyzerins mit Fettsäuren, und zwar vor allem der Palmitinsäure ($C_{15}H_{31}COOH$), der Stearinsäure ($C_{17}H_{35}COOH$) und der Ölsäure ($C_{17}H_{33}COOH$).

Allgemeine Formel:

$$\begin{array}{l} CH_2\text{—OOC—R} \\ | \\ CH\text{—OOC—R} \qquad R = \text{Alkylrest.} \\ | \\ CH_2\text{—OOC—R} \end{array}$$

Die in der Natur vorkommenden Fette und Öle sind meist nicht einheitlich zusammengesetzt, sondern stellen Ester von verschiedenen Fettsäuren („gemischte Ester", „gemischte Triglyzeride") dar. Alle tierischen Fette enthalten außerdem geringe Mengen Cholesterin, alle pflanzlichen Phytosterin und manche Fette, z. B. Palmfett, auch freie Fettsäuren.

Die Fette und Öle sind wasserunlöslich, lösen sich aber leicht in organischen Lösungsmittel wie Äther, Schwefelkohlenstoff, chlorierte Kohlenwasserstoffe und — abgesehen von Rizinusöl — auch in Petroläther. In absolutem Alkohol sind sie hingegen größtenteils nur wenig löslich, wobei die Alkohollöslichkeit mit zunehmendem Gehalt an Fettsäuren ansteigt.

---

[1] Dr. B. LANGE, Spezialfabrik lichtelektrischer Zellen und Apparate, Berlin-Zehlendorf.

[2] Dr. H. JÖRDER: Melliand Textilber. **40** (1959) 1190. S. auch Dr. A. KLING u. Text.-Ing. J. KURZ: Melliand Textilber. **41** (1960) 339.

[3] Dr. H. JÖRDER u. J. SCHEEL: Z. ges. Textilind. **62** (1960) 941.

[4] L. MECKEL: Textil-Praxis **16** (1961) 737.

Die reinen Fette sind meist völlig geruchlos, zersetzen sich jedoch im Laufe der Zeit durch die Einwirkung von Licht und Luftsauerstoff und werden „ranzig". Durch Behandlung mit Alkali werden die Fette aufgespalten (Hydrolyse, Verseifung) und die neben dem Glyzerin freiwerdenden Fettsäuren bilden mit dem Alkali Seifen.

Im Gegensatz zu den Fetten handelt es sich bei den *Wachsen* um keine Glyzerinester, sondern Ester von hochmolekularen Alkoholen mit ebenfalls hochmolekularen Fettsäuren. Das Bienenwachs besteht z. B. in der Hauptsache aus dem Palmitinsäureester des Myricylalkohols. Außerdem enthalten die Wachse vielfach auch noch freie Alkohole, freie Fettsäuren und z. T. auch Kohlenwasserstoffe.

In der Textilindustrie spielen die Fette, Öle und Wachse eine nicht unbedeutende Rolle. Z. T. sind sie schon im Fasermaterial enthalten (Baumwolle, Flachs, Wolle usw.) und müssen in der Ausrüstung wieder abgelöst werden, z. T. werden sie auf das Fasermaterial nachträglich aufgebracht, um das Aussehen und den Griff zu verbessern oder bestimmte Arbeitsprozesse zu erleichtern (Avivage, Präparation, Schlichte) und schließlich dienen sie auch noch als Weichmacherzusatz in der Appretur.

Untersuchung der Fette, Öle und Wachse

Hinsichtlich der chemischen Zusammensetzung sind die Fette, Öle und Wachse einander sehr ähnlich. Ihre Untersuchung ist daher nicht immer einfach, zumal auch die Genauigkeit der zur Verfügung stehenden Reaktionen im allgemeinen nicht an die in der qualitativen Analyse übliche heranreicht.

In Frage kommen sowohl physikalische (Löslichkeit, spez. Gew., Viskosität usw.) als auch chemische (Unterscheidungsreaktionen, Kennzahlen u. a.) Prüfmethoden. Im nachstehenden sind nur die wichtigsten davon wiedergegeben. Wer sich eingehender mit der Untersuchung von Fetten, Ölen, Seifen u. dgl. befassen muß, sei auf die von der Deutschen Gesellschaft für Fettwissenschaft e. V. Münster/Westfalen herausgegebenen Standardmethoden (DGF-Einheitsmethoden 1950; zu beziehen von der Wissenschaftlichen Verlagsgesellschaft m. b. H. Stuttgart) hingewiesen.

1. Bestimmung des Wassergehalts

Qualitativer Nachweis des Wassers. 3 bis 4 g der Untersuchungsprobe werden in einem Reagenzglas, dessen Wände man vorher mit dem schwach erwärmten Fett benetzt hat, in einem Ölbad bis 160 °C erhitzt. Wasserhaltige Öle zeigen bei der Abkühlung Emulsionsbildung an den benetzten Wandungen des Reagenzglases; außerdem beobachtet man bei höherem Wassergehalt Schäumen und Stoßen.

Quantitative Bestimmung.

a) Trocknungsverfahren. Etwa 5 g der Untersuchungsprobe werden genau abgewogen und in einer flachen Porzellanschale im Luftbad oder Trockenschrank langsam auf 100 °C erwärmt. Um ein zu starkes Stoßen zu vermeiden, gibt man ungefähr 20 g ausgeglühten Quarzsand in die Porzellanschale und rührt mit einem Glasstab öfters um. Vor der Zugabe der Untersuchungsprobe ist die Porzellanschale zusammen mit dem Quarzsand und dem Glasstab genau abzuwiegen. Man trocknet bei 100 °C bis zur Gewichtskonstanz (Gewichtsänderung innerhalb 15 Min. höchstens 0,1 %). Bei Vorliegen oxydierbarer Stoffe wie Leinöl u. dgl. wird im Stickstoff- oder Kohlensäurestrom getrocknet. Der Gewichtsverlust ergibt den Gehalt an Wasser und anderen bei 100 °C flüchtigen Substanzen.

b) *Xylolverfahren.* Je nach dem zu erwartenden Wassergehalt werden 5 bis 100 g der Untersuchungsprobe genau abgewogen und in einem 500-ml-Kurzhals-Rundkolben mit 100 ml wasserfreiem Xylol gemischt. Nach Zugabe von einigen Siedesteinchen oder Tonscherben setzt man das Zwischenstück mit dem graduierten Meßrohr sowie den Kühler (s. Abb. 24, S. 213) auf und erhitzt langsam zum Sieden. Die weggehenden Xylol/Wasser-Dämpfe werden im Kühler kondensiert; das Destillat wird im Meßrohr aufgefangen. Das Xylol soll so im Sieden gehalten werden, daß pro Sekunde 2 bis 4 Tropfen Destillat anfallen. Wenn das Destillat völlig klar abfließt (frühestens nach 15 Min.), unterbricht man das Sieden und läßt abkühlen. An der Wandung des Zwischenstücks haftende Wassertröpfchen werden durch kurzes Erwärmen des Glaswand mit der Bunsenflamme zum Abfließen gebracht und ebenfalls im Meßrohr gesammelt. Nach Abkühlung auf Zimmertemperatur kann das Wasservolumen an der scharfen Trennungslinie zwischen Xylol und Wasser abgelesen werden.

Bei alkoholhaltigen Proben ist das Xylolverfahren nicht anwendbar. In diesem Falle, und allgemein auch dann, wenn der Wassergehalt so klein ist, daß sich unter dem Xylol keine sichtbare Wasserschicht bildet, ist das Karl-Fischer-Verfahren durchzuführen.

c) *Karl-Fischer-Verfahren.* Ausführung s. S. 197.

2. **Gesamtfett** (Ätherextrakt)

a) Ätherextrakt nach Vorbehandlung mit Salzsäure. 3 bis 5 g Fett bzw. seifenhaltige Substanzen werden mit ungefähr 10 ml 25 %iger Salzsäure bis zur bleibenden Rotfärbung von Methylorange am Rückflußkühler erwärmt, bis sich das Fett klar abgeschieden hat und keine Emulsion mehr sichtbar ist. Nach dem Abkühlen des Kolbeninhaltes werden 50 ml Äther durch das Kühlrohr gegossen und damit zugleich die etwa im Kühler kondensierten Fettsäuren in den Kolben gespült. Falls sich durch kurzes Schütteln noch keine klare Fettlösung bildet, wird nochmals gekocht. Die Fettlösung mit dem Sauerwasser wird in einen Scheidetrichter gebracht, das Sauerwasser abgezogen, sobald es sich klar abgesetzt hat, und die ätherische Fettlösung durch wiederholtes Waschen mit 10 %iger Kochsalzlösung mineralsäurefrei gewaschen. Mit Rücksicht auf etwaige Gegenwart wasserlöslicher Fettsäuren (Kokos- und Palmkernfett!) und salzsäureunlöslicher Fremdkörper (die leicht Fett mitreißen) sind die Sauerwässer erschöpfend auszuäthern (Verdampfungsprobe). Sind sonstige, durch Salzsäure schwer angreifbare

Beimengungen vorhanden (Erdalkaliseifen, Beschwerungsmittel), so ist die Behandlung nur mit Salzsäure in der Wärme zu wiederholen. Falls infolge Anwesenheit emulgierender Stoffe keine klare Schichttrennung eintritt, müssen die störenden Anteile durch Filtration unter erschöpfendem Nachwaschen mit Äther entfernt werden.

Die ätherische Lösung wird $^1/_2$ Std. im Erlenmeyer mit entwässertem Natriumsulfat getrocknet und filtriert. Das Natriumsulfat wird mehrmals mit wasserfreiem Äther ausgeschüttelt. Schließlich wird der Äther abdestilliert und mit einem Handgebläse vertrieben. Bei Gegenwart von Palmkern-, Kokosfett u. dgl. wird nicht über 60 °C getrocknet. Der so erhaltene Ätherextrakt enthält auch die als Seifen vorliegenden Fettsäuren.

b) Ätherextrakt ohne Vorbehandlung mit Salzsäure.

α) *Direktes Lösen.* Man löst 3 bis 5 g Fett in 100 ml Äthyläther, trocknet die nötigenfalls filtrierte (Bestimmung des Ätherunlöslichen) Ätherlösung im ERLENMEYER-Kolben mit entwässertem Natriumsulfat usw. wie bei a. Der erhaltene Ätherextrakt enthält außer der eigentlichen Fettsubstanz (Neutralfett, Fettsäuren) auch andere ätherlösliche Stoffe (Harze, Naphthensäure, unverseifbare Stoffe, gegebenenfalls auch Seifen u. a.).

β) *Bestimmung im Extraktionsapparat.* Bei Anwesenheit größerer Mengen Verunreinigungen (schleimiger Substanzen, Stärke, Silikaten u. a.) wird der Ätherextrakt durch Extraktion im SOXHLET-Apparat bestimmt. Die grob zerkleinerte Substanz (5 bis 30 g) wird ohne besondere Vortrocknung in einer Extraktionshülse gewogen und mit Äther erschöpfend extrahiert. Der Extraktionsrückstand ist, mit der halben abgewogenen Menge geglühten Sandes oder Asbestes verrieben, nochmals zu extrahieren. Liegen stark wasserhaltige Stoffe vor, so ist die durch Differenzwägung abgewogene Probe im Mörser mit einer genügenden Menge gebrannten Gipses zu einem möglichst trockenen Pulver zu verreiben, 1 bis 2 Std. stehenzulassen und quantitativ in die Hülse überzuführen. Die ätherische Lösung wird nach a weiterbehandelt.

3. **Unverseifbares** (DGF-Methode)

Unter dem Unverseifbaren versteht man die natürlichen unverseifbaren Begleitstoffe der Fette (Kohlenwasserstoffe, höhere Alkohole u. dgl.) sowie die mit Wasserdampf nicht flüchtigen organischen Stoffe, wie z. B. Mineralöle. Die quantitative Bestimmung geschieht durch Extraktion mit Äthyläther. Die Verwendung von Petroläther ist nur bei Fetten mit geringen Anteilen an Unverseifbarem zulässig.

Extraktion mit Äthyläther. 5 g Fett werden in einem 250 ml fassenden Kolben auf $\pm 0{,}005$ g genau eingewogen, mit 50 ml einer 1 n-alkoholischen Kalilauge versetzt und in der Siedehitze unter Rückflußkühlung 1 Std. verseift, wobei gelegentlich umzuschütteln ist. Die noch warme Lösung spült man mit 100 ml dest. Wasser in einen Scheidetrichter von 500 ml Inhalt, läßt abkühlen und versetzt mit

100 ml peroxydfreiem Äther[1]. Nach kräftigem Durchschütteln läßt man bis zur klaren Trennung der Flüssigkeitsschichten stehen und darauf die untere wäßrige Schicht vollständig in den Verseifungskolben zurücklaufen. Die ätherische Lösung überführt man in einen 2. Scheidetrichter gleicher Größe, in dem sich 40 ml dest. Wasser befinden. Nun wird die Seifenlösung in den 1. Scheidetrichter zurückgebracht und erneut mit 100 ml Äther ausgeschüttelt. Die ätherische Lösung wird nach Trennung der Schichten mit derjenigen im 2. Scheidetrichter vereinigt. In gleicher Weise schließt man eine 3. Ausschüttelung mit 100 ml Äther an.

Die vereinigten Ätherauszüge werden mit dem im Scheidetrichter befindlichen Wasser kräftig geschüttelt, worauf dieses abgetrennt wird. Falls die ätherische Lösung noch feste Bestandteile suspendiert enthält, filtriert man sie sorgfältig und wäscht das Filter mit etwas Äthyläther nach. Sodann wäscht man abwechselnd je zweimal mit 40 ml 0,5 n-wäßriger Kalilauge und 40 ml dest. Wasser. Nach einer weiteren Ausschüttelung mit 40 ml Wasser prüft man dieses mit Phenolphthalein auf seine Reaktion und wiederholt gegebenenfalls das Waschen, bis die Waschwässer neutral reagieren. Die mit den Waschwässern vereinigte Seifenlösung kann für weitere Untersuchungen dienen.

Die ätherische Lösung bringt man quantitativ in einen gewogenen Kolben und entfernt das Lösungsmittel durch Abdestillieren auf dem Wasserbad möglichst weitgehend. Man fügt 6 ml Azeton hinzu und entfernt das Lösungsmittel vollständig aus dem Kolben mit Hilfe eines schwachen Luftstromes, wobei sich das Kölbchen in schräger Lage auf einem siedenden Wasserbad befindet. Das Trocknen wird im Trockenschrank bei 100 °C vorgenommen und so oft wiederholt, bis der Gewichtsverlust zwischen zwei aufeinanderfolgenden Trocknungen und Wägungen unter 0,1% des Kolbeninhaltes liegt.

Zur Prüfung auf Abwesenheit von verseifbaren Bestandteilen löst man den Inhalt des Kolbens in 20 ml Äthanol (neutral) und titriert mit $^1/_{10}$n-alkoholischer Lauge in Gegenwart von Phenolphthalein. Werden dabei mehr als 0,1 ml Lauge gebraucht, so ist die Bestimmung zu wiederholen.

4. **Gesamtfettsäuren** (DGF-Methode)

Die nach der Abtrennung des Unverseifbaren erhaltenen alkoholischen Seifenlösungen und Waschwässer werden vereinigt und eingedampft, bis der Alkohol völlig verjagt ist. Die noch warme Seifenlösung überführt man in einen Scheidetrichter und zersetzt unter kräftigem Schütteln mit heißer, verd. Salzsäure. Nach dem Abkühlen wird mit 50

[1] Prüfung auf Ätherperoxyde. Man löst einige Kristalle Ferrosulfat in wenig kaltem Wasser auf und gibt ein paar Tropfen Ammonrhodanidlösung zu. Die Lösung muß hierbei farblos bleiben, sonst ist das Ferrosulfat schon teilweise zu Ferrisulfat oxydiert worden. Auf Zusatz von Äther darf sich die Lösung nur leicht rosa färben. Tritt eine intensive Rotfärbung auf, so enthält der Äther Peroxyde.

bis 100 ml peroxydfreiem Äther erschöpfend ausgeschüttelt. Die vereinigten Ätherauszüge wäscht man nun mit 10%iger Kochsalzlösung neutral und trocknet $^1/_4$ Std. lang mit einer ausreichenden Menge entwässertem Natriumsulfat, indem man letzteres in die Lösung gibt und von Zeit zu Zeit schüttelt. Sodann wird in einen Kolben von 250 ml Inhalt filtriert, der samt einem Bimssteinstückchen vorher gewogen wurde. Das Entwässerungsmittel wäscht man mit trockenem, fettfreiem Äther nach, der mit der Fettsäurelösung vereinigt wird. Auf dem Wasserbad destilliert man die Hauptmenge des Äthers ab und entfernt die letzten Reste mittels eines Handgebläses. Nun wird kurzzeitig unter Beachtung nachstehender Regeln getrocknet, bis die Gewichtsänderung nach je $^1/_4$ stündiger Trocknungsdauer nicht mehr als 0,005 g beträgt.

Die Trocknungstemperatur richtet sich nach der Art der vorliegenden Fettsäuren. Sie darf 60 °C nicht übersteigen, wenn flüchtige Fettsäuren, wie Palmkern-, Cocosöl-Fettsäuren u. dgl., darin enthalten sind. Leicht oxydierbare Fettsäuren werden im Kohlendioxydstrom getrocknet.

Chemische Kennzahlen von Fetten und Ölen[1]

Vorreinigung der Probe. Vor Ausführung der Bestimmungen sind die Öle bzw. Fette zu reinigen, d. h. von allen Nichtfetten zu befreien. Wasser in geringen Mengen wird durch Erwärmen der Probe mit Alkohol bis zum Verschwinden der Schaumbläschen auf siedendem Wasserbade oder durch Filtration des erwärmten Öles durch ein trockenes Filter, evtl. durch einen Heißwassertrichter, entfernt. Hierbei werden auch Fremdstoffe und Beschwerungsmittel, die mechanische Verunreinigungen bilden, auf dem Filter zurückgehalten. Bei größerem Wassergehalt wird die Hauptmenge des Wassers durch längeres Erhitzen auf dem Wasserbade zum Absetzen gebracht und dann im Scheidetrichter oder durch Abhebern entfernt. Nötigenfalls isoliert man das Fett bei vorherrschenden Mengen von mechanischen Verunreinigungen durch Extraktion der Probe mit flüchtigen Lösungsmitteln und durch Verdampfung der letzteren. Die so vorgereinigten Fette können noch fettähnliche Stoffe enthalten, wie Seifen, Harz usw. Auf diese Verunreinigungen ist zu prüfen. Seife wird z. B. durch den hohen Aschegehalt, Harz durch die Morawskische Reaktion (s. w. u.) nachgewiesen. Mit der reinen Fettsubstanz erst werden die chemischen Konstanten ermittelt.

Säurezahl (Gehalt an freien Fettsäuren).

Begriffsdefinition. Die Säurezahl (SZ) gibt an, wieviel mg Kaliumhydroxyd notwendig sind, um die in 1 g Fett enthaltenen, freien organischen Säuren zu neutralisieren.

Ausführung. 1 bis 3 g der filtrierten, von Wasser und Mineralsäure befreiten Fettprobe werden in etwa 100 ml einer neutralen Mischung aus gleichen Raumteilen Äthanol (95%ig) und Äthyläther gelöst. Nach Zusatz von einigen Tropfen einer 1%igen alkoholischen Phenolphthaleinlösung titriert man rasch mit 0,5n-alkoholischer Kalilauge — im Falle eines kleinen Säuregehaltes mit 0,1n-alkoholischer Lauge — bis zum Farbumschlag des Indikators. Der Endpunkt der Titration ist erreicht, wenn die Rotfärbung der Lösung einige Sekunden bestehenbleibt.

---

[1] Nach DGF-Einheitsmethoden.

Berechnung. Unter Berücksichtigung der verbrauchten ml Kalilauge (= a) und der Einwaage in g (= E) errechnet sich die Säurezahl (SZ) nach:

$$SZ = \frac{a \cdot 28{,}05}{E}$$

Bemerkungen. Bei dunklen Fetten und Ölen macht die Erkennung des Umschlagpunktes Schwierigkeiten. In diesem Falle verwendet man als Indikator statt Phenolphthalein besser Alkaliblau 6 B, und zwar eine 2,5%ige Lösung, von der jeweils 0,3 ml zugesetzt werden.

Verseifungszahl. *Begriffsdefinition.* Die Verseifungszahl (VZ) gibt an, wieviel mg Kaliumhydroxyd notwendig sind, um 1 g Fett zu verseifen.

Ausführung. 2 g der filtrierten, von Wasser und Mineralsäure befreiten Probe werden in einem Kolben von 250 ml Inhalt auf ± 0,005 g genau eingewogen und mit 25,0 ml etwa 0,5n-alkoholischer Kalilauge versetzt. Sodann gibt man in den Kolben ein Siedesteinchen, verbindet mit einem Rückflußkühler und erhitzt unter leichtem Sieden mindestens 30 Min., wobei von Zeit zu Zeit umzuschütteln ist. Die verseifte heiße Lösung versetzt man mit einigen Tropfen einer 1%igen alkoholischen Phenolphthalein-Lösung und titriert mit 0,5n-wäßriger Salzsäure bis zum Farbumschlag des Indikators. Unter den gleichen Bedingungen wird ein Blindversuch ausgeführt.

Berechnung. Unter Berücksichtigung der im Hauptversuch (= a) sowie im Blindversuch (= b) verbrauchten ml 0,5n-Salzsäure ergibt sich die Verseifungszahl (VZ) nach:

$$\mathrm{VZ} = \frac{(b - a) \cdot 28{,}05}{E}$$

Esterzahl. Die Esterzahl ist ein Maß für den Gehalt eines Fettes oder Wachses an Estern. Bei säurefreien Fetten ist sie mit der Verseifungszahl identisch.

Begriffsdefinition. Die Esterzahl (EZ) gibt an, wieviel mg Kaliumhydroxyd notwendig sind, um die in 1 g Fett oder Wachs enthaltenen Ester zu verseifen.

Die Bestimmung der Esterzahl hat nur dann einen Sinn, wenn die zu untersuchende Probe keine Anhydride oder Laktone enthält. Bei Abwesenheit dieser Stoffe ergibt sich die Esterzahl als Differenz zwischen Verseifungszahl und Säurezahl.

Ausführung. Man wägt 2 g der Probe auf ± 0,005 g genau ab, löst in 50 ml eines neutralen Gemisches von Äthanol und Benzol (1:1) und neutralisiert vorsichtig mit etwa 0,5n-alkoholischer Kalilauge bei Gegenwart von Phenolphthalein als Indikator. Sodann fügt man 25 ml etwa 0,5n-alkoholische Kalilauge hinzu und verfährt wie bei der Bestimmung der Verseifungszahl.

Berechnung.

$$\boxed{EZ = VZ - SZ}$$

oder

$$\boxed{EZ = \frac{(b - a) \cdot 28{,}05}{E}}$$

Hierin bedeuten:

a verbrauchte ml 0,5n-Salzsäure im Hauptversuch,
b verbrauchte ml 0,5n-Salzsäure im Blindversuch,
E Einwaage in g.

Mittleres Molekulargewicht der Fettsäuren. Das mittlere Molekulargewicht (M. Mol.-Gew.) ergibt sich durch Verseifung (s. u. Verseifungszahl) von etwa 1 g der abgeschiedenen, vom Unverseifbaren befreiten Gesamtfettsäuren.

Gegeben: VZ Gs. = Verseifungszahl der Gesamtfettsäuren.

Berechnet: M. Mol.-Gew. $= \frac{56110}{\text{VZ Gs.}}$.

Die direkte Berechnung aus den Versuchsdaten ist:

Gegeben: e = Einwaage an Gesamtfettsäuren, a = Verbrauch an $^1/_{10}$n-KOH.

Berechnet: M. Mol.-Gew. $= \frac{10000\,e}{a}$.

Berechnung des Gehaltes an freien Fettsäuren, Gesamtfettsäuren und Neutralfett (auf Grund der Säure-, Verseifungs- und Esterzahl eines Fettes sowie der Verseifungszahl und des Molekulargewichtes seiner Gesamtfettsäuren). Diese Berechnung läßt sich bei Fetten, deren Fettsäuren nur frei oder in Form von Triglyzeriden vorliegen und frei von inneren Estern sowie Anhydriden sind, folgendermaßen durchführen:

Gegeben: SZ = Säurezahl des Fettes, EZ = Esterzahl d. F., VZ = Verseifungszahl d. F., VZ Gs. = Verseifungszahl der Gesamtfettsäuren, M. = M. Mol.-Gew.

Berechnet: % freie Fettsäuren $= \frac{100 \cdot \text{SZ}}{\text{VZ Gs.}}$

% Gesamtfettsäuren $= \frac{100 \cdot \text{VZ}}{\text{VZ Gs.}}$

% Neutralfett $= \frac{100 \cdot \text{EZ}}{\text{VZ Gs.}} \cdot \frac{3\,\text{M.} + 38}{3\,\text{M.}}$

% Glyzerin $= 0{,}0547 \cdot \text{EZ}$.

Reichert-Meissl- und Polenske-Zahl. Die Reichert-Meissl-*Zahl* (R.M.Z.) gibt an, wieviel ml $^1/_{10}$n-Alkalilauge zur Neutralisation der aus genau 5 g Fett erhältlichen, mit Wasserdampf flüchtigen, *wasserlöslichen* Fettsäuren nötig sind. Die Polenske-*Zahl* (Po-Z) gibt an, wieviel ml $^1/_{10}$n-Alkalilauge zur Neutralisation der aus genau 5 g Fett erhältlichen, mit Wasserdampf flüchtigen *wasserunlöslichen* Fettsäuren nötig sind. Diese beiden Zahlen haben mehr Bedeutung für Speisefette und Butter als für technische Fette und Öle.

Jodzahl. Die Jodzahl ist ein Maß für den Gehalt eines Fettes an ungesättigten Verbindungen. Sie beruht auf der Anlagerung von Halogen an die ungesättigten Bindungen der Fettsäuren.

Begriffsdefinition. Die Jodzahl (JZ) gibt an, wieviel Prozent Halogen, als Jod berechnet, eine Substanz unter bestimmten Bedingungen zu binden vermag.

a) Bestimmung nach Hanuš. Die Einwaage richtet sich nach der voraussichtlichen Höhe der Jodzahl und ist folgender Aufstellung zu entnehmen:

Erwartete Jodzahl	Einwaage in g
0— 30	1,0
30— 50	0,6
50—100	0,3
100—150	0,2
150—200	0,15

Ausführung. Das Fett wird in einem sorgfältig gereinigten Kolben von 200 ml Inhalt mit weiter Öffnung und Schliffstopfen (Jodzahlkolben) eingewogen und in 10 ml Chloroform gelöst. Nach Hinzufügen von genau 25 ml Jodmonobromid-Lösung (10 g Jodmonobromid aufgelöst in 500 ml reinem, alkoholfreiem Eisessig) verschließt man den Kolben, schwenkt kurz um und läßt 1 Std. im Dunkeln stehen. Dann fügt man 20 ml einer reinen, jod- und jodatfreien 10%igen Kaliumjodid-Lösung sowie etwa 100 ml dest. Wasser hinzu und titriert das freie Jod mit $^1/_{10}$n-Natriumthiosulfatlösung zunächst bis zur Gelbfärbung und nach Zusatz von Stärkelösung (Blaufärbung) bis zur Farblosigkeit. Gleichzeitig wird in derselben Weise ein Blindversuch angesetzt.

Berechnung. Unter Zugrundelegung der verbrauchten ml $^1/_{10}$n-Thiosulfatlösung im Hauptversuch ($= a$) und im Blindversuch ($= b$) sowie der Einwaage in g ($= E$) errechnet sich die Jodzahl nach

$$\text{JZ} = \frac{(b - a) \cdot 1{,}269}{E}$$

b) Bestimmung nach Kaufmann. Herstellung der Bromlösung. Man löst etwa 12 bis 15 g bei 130 °C getrocknetes Natriumbromid zu 100 ml mit reinem Methylalkohol (reine Markenware, sonst über gebranntem Kalk destilliert) und läßt zu 100 ml dieser klaren Lösung aus einer kleinen Bürette mit Glasstopfen 0,52 ml Brom („zur Analyse“) zufließen. Geht der Titer der Lösung zurück, so kann jederzeit wieder Brom zugefügt werden.

Die Größe der Einwaage ist folgender Aufstellung zu entnehmen:

Erwartete Jodzahl	Einwaage in g
0— 20	0,5 —1,0
20— 60	0,3 —0,5
60—120	0,2
120 u. höher	0,10—0,12

Ausführung. Das Fett wird in einem Miniaturbecherglas abgewogen, mit diesem zusammen in den Jodzahlkolben gebracht und in 10 ml Chloroform gelöst. Hierzu läßt man 25 ml der obigen Bromlösung zufließen, wobei ein Teil des Natriumbromids ausfällt, und läßt 30 Min. (bei hohen JZ 2 Std.) stehen; dann setzt man 15 ml 10%ige Jodkaliumlösung zu und titriert mit $^1/_{10}$n-Thiosulfatlösung zurück. Ein Blindversuch ist in gleicher Weise auszuführen. Berechnung der Jodzahl wie oben.

Rhodanzahl. Die von KAUFMANN eingeführte Rhodanzahl (RhZ) gibt an, wieviel Prozent Rhodan, ausgedrückt durch die äquivalente Menge Jod, ein Fett unter bestimmten Bedingungen zu binden vermag. Sie ist ein Maß für *mehrfach* ungesättigte Verbindungen in Fetten, während die Jodzahl einen Maßstab für den Gehalt an ungesättigten Fetten überhaupt bildet. Da nämlich 1. gesättigte Fettsäuren vom Typus $C_nH_{2n}O_2$ (Stearinsäure, Palmitinsäure u. dgl.) weder Jod noch Rhodan anlagern, 2. einfach ungesättigte Fettsäuren vom Typus $C_nH_{2n-2}O_2$ (Ölsäure und Homologe) Jod und Rhodan in gleicher Menge addieren und 3. zweifach ungesättigte Säuren mit Doppelbindungen vom Typus $C_nH_{2n-4}O_2$ (Linolsäure u. dgl.) nur halb soviel Rhodan anlagern wie Jod, so ist man imstande, in bestimmten Fällen aus dem *Unterschied* von Jod- und Rhodanzahl Schlüsse auf das Vorhandensein mehrfach ungesättigter Fettsäuren zu ziehen. Folgende Beispiele mögen dies erläutern: Linolsäure hat die JZ = 181, die RhZ = 90,5; Ölsäure die JZ = 89,9 und die RhZ = 89,9; Palmitinsäure die JZ = 0 und die RhZ = 0.

Erforderliche Lösungen. 1. *Wasserfreier Eisessig.* Eisessig (analysenrein, 99 bis 100%) wird über Chromsäureanhydrid 2 Std. am Rückflußkühler zum Sieden erhitzt und darauf mit Hilfe einer WIDMER-Kolonne destilliert. Die Fraktion mit Sdp. 118 bis 120° wird gesondert aufgefangen und zur Herstellung der Rhodanlösung benutzt.

2. *Essigsäureanhydrid* wird durch Destillation so oft gereinigt, bis der Rückstand nicht mehr braun gefärbt ist. Ein 2 bis 3maliges Destillieren genügt meist.

3. *Tetrachlorkohlenstoff* wird mehrere Male mit verd. Schwefelsäure und darauf einmal mit 30%iger wäßriger Kalilauge ausgeschüttelt. Nach dem Trocknen über festem Ätzkali fraktioniert man unter Zusatz von 10% Phosphorpentoxyd mit Hilfe einer WIDMER-Kolonne. Die von 76 bis 78° übergehende Fraktion wird gesondert aufgefangen und zur Herstellung der Rhodanlösung benutzt.

4. *Bleirhodanid* muß von größter Reinheit sein, da Verunreinigungen die Haltbarkeit der Rhodanlösungen stark beeinflussen[1]. Zur Herstellung eines brauchbaren Präparates werden 190 g Bleiazetat, analysenrein, in 1 l 30%iger Essigsäure (hergestellt aus reinstem, über Chromsäureanhydrid destilliertem Eisessig) gelöst und filtriert. Unter dauerndem Rühren fügt man eine Lösung von 76 g Ammonrhodanid in 300 ml Wasser hinzu und filtriert nach 5 Min. den ausgefallenen Niederschlag ab. Man wäscht mit verd. Essigsäure erschöpfend aus und trocknet im Vakuumexsikkator aus braunem Glas über Phosphorpentoxyd mindestens 14 Tage, bevor das Präparat benutzt wird.

5. *Brom,* analysenrein, wird zweckmäßig in einer kleinen Bürette mit eingeschliffenem Stopfen vorrätig gehalten.

Herstellung der Rhodanlösung. 6 Volumteile gereinigter Eisessig werden mit 1 Volumteil frisch dest. Essigsäureanhydrid und 3 Volumteilen gereinigtem

---

[1] „Bleirhodanid zur Rhodanzahlbestimmung" wird von der Fa. E. Merck, Darmstadt, geliefert.

Tetrachlorkohlenstoff versetzt. Vor der erstmaligen Benutzung bleibt dieses Gemisch mindestens 14 Tage stehen. In eine bei 100° getrocknete Flasche aus Jenaer Glas von 250 ml Inhalt mit eingeschliffenem Stopfen gibt man 200 ml dieses Gemisches und fügt 6 g Bleirhodanid (Handwaage) hinzu. Dazu läßt man 0,6 ml Brom aus der Bürette zufließen und schüttelt bis zur Entfärbung. Nach dem Filtrieren durch einen Trichter mit Doppelfilter, bei 100° getrocknet, ist die Lösung, welche farblos sein muß, gebrauchsfertig.

Titerstellung. Mit Hilfe einer getrockneten Pipette entnimmt man 20 ml Rhodanlösung und läßt in einen getrockneten Jodzahlkolben fließen. Mit einem Guß werden 25 ml 10%ige Kaliumjodidlösung zugegeben, worauf man gut umschwenkt und mit der gleichen Menge Wasser verdünnt. Das ausgeschiedene Jod titriert man mit $^1/_{10}$n-Thiosulfatlösung und Stärke als Indikator.

Ausführung der Bestimmung. Die Einwaage richtet sich nach der zu erwartenden Rhodanzahl und ist samt den hinzuzufügenden ml Rhodanlösung der nachstehenden Tabelle zu entnehmen:

Tabelle 28

Erwartete Rhodanzahl	Einwaage in g	ml Rhodanlösung
0— 30	0,5	25
30— 50	0,3	25
50—100	0,15	25
100—150	0,2	50
über 150	0,15	50

Das Fett wird in einem Miniaturbecherglas auf ±0,5% der Einwaage genau eingewogen und mit diesem in einen Jodzahlkolben gebracht. Dazu läßt man genau 25 bzw. 50 ml Rhodanlösung zufließen, schwenkt nach Verschließen des Kolbens um und läßt 24 Std. im Dunklen stehen. Darauf gießt man in einem Guß 10%ige Kaliumjodidlösung hinzu, deren Menge ungefähr gleich der angewandten Menge Rhodanlösung sein soll. Das überschüssige Rhodan scheidet eine äquivalente Menge Jod aus:

$$(SCN)_2 + 2KJ = 2KSCN + J_2.$$

Man schüttelt kräftig um, verdünnt mit der gleichen Menge Wasser und titriert das Jod in üblicher Weise mit n/10-Thiosulfatlösung zurück, wobei gegen Schluß der Titration etwa Stärkelösung zugesetzt wird.

Bemerkungen. Sämtliche bei der Bestimmung der Rhodanzahl, bei der Titerstellung usw. benutzten Geräte müssen vollständig trocken sein. Sie werden vor Gebrauch mehrere Stunden lang bei 100 °C im Trockenschrank getrocknet. Die Haltbarkeit der Rhodanlösung ist auf das Ergebnis der Bestimmung von wesentlichem Einfluß. Daher ist die Titerstellung nach Ablauf der Reaktionszeit (24 Std.) zu wiederholen. Lösungen, bei denen ein Titerrückgang von mehr als 0,3% der verbrauchten ml $^1/_{10}$n-Thiosulfatlösung festgestellt wird, sind nicht brauchbar.

Berechnung. Unter Zugrundelegung des Titers der Rhodanlösung stellt man die Anzahl der verbrauchten ml Rhodanlösung fest und berechnet die Rhodanzahl, indem man diesen Verbrauch nach folgender

Formel gleich auf Jod bezieht:

$$\mathrm{RhZ} = \frac{(b - a) \cdot 1{,}269}{E}$$

a verbrauchte ml $^1/_{10}$n-Thiosulfatlösung beim Hauptversuch,
b verbrauchte ml $^1/_{10}$n-Thiosulfatlösung bei der Titerstellung (bei Vorlage von 25 bzw. 50 ml Rhodanlösung),
E Einwaage in g.

Auswertung. Bei Fetten, die neben gesättigten Bestandteilen (*G*, vom Typus der Palmitinsäure) nur einfach ungesättigte Fettsäuren (*O*, vom Typus der Ölsäure) enthalten, ist die Jodzahl gleich der Rhodanzahl. Bei Fetten, die außerdem zweifach ungesättigte Fettsäuren mit Doppelbindungen (*L*, vom Typus der Linolsäure) enthalten, wird der Prozentgehalt der einzelnen Anteile nach folgenden Gleichungen berechnet: Glyzeride:

$$\begin{cases} G = 100 - 1{,}158\,\mathrm{RhZ}, \\ O = 1{,}162\ (2\,\mathrm{RhZ} - \mathrm{JZ}), \\ L = 1{,}154\ (\mathrm{JZ} - \mathrm{RhZ}). \end{cases}$$

Werden der Untersuchung statt der Glyzeride die Gesamtfettsäuren zugrunde gelegt (z. B. bei Fetten mit mehr als 1 % Unverseifbarem), so kommen folgende Formeln zur Anwendung: Fettsäuren:

$$\begin{cases} G = 100 - 1{,}180\,\mathrm{RhZ}, \\ O = 1{,}112\ (2\,\mathrm{RhZ} - \mathrm{JZ}), \\ L = 1{,}104\ (\mathrm{JZ} - \mathrm{RhZ}). \end{cases}$$

Enthalten die Fette außerdem noch ungesättigte Fettsäuren mit drei Doppelbindungen (*Le*, vom Typus der Linolensäure des Leinöls), so können die einzelnen Bestandteile nur unter besonderer Ermittlung der gesättigten Anteile (*G*) nach bestimmten Formeln berechnet werden. Näheres s. DGF-Methoden.

Kennreaktionen der Fette und Öle

Reaktion auf frische Pflanzenfette. Man schüttelt 10 ml konz. Schwefelsäure mit 0,1 g fein gepulvertem Natriummolybdat im Schüttelzylinder 2 Min. kräftig. Mit 1 ml dieses Reagenses (das nach 5 Min. und dann nur $^1/_2$ Std. gebrauchsfähig ist) wird die Lösung von 5 ml Öl in 10 ml Äther in einem trockenen Reagenzglas unterschichtet. Nach kurzem tüchtigem Durchschütteln setzt sich unten eine gelb- bis dunkelgrün (Pflanzenfette), mitunter dunkelblau (Cottonöl) gefärbte Schicht ab. Tierische Fette geben höchstens gelbliche Färbung. Im allgemeinen sind frische und chemisch nicht veränderte Pflanzenfette von 10% aufwärts nachweisbar; ranzige oder chemisch gebleichte Fette geben die Reaktion nicht. Genauer ist die offizielle *Digitonidmethode* (s. DGF-Methoden).

Reaktion auf Cottonöl (modifizierte HALPHENsche Reaktion). Je 2 ml Öl und 1%ige Lösung von Schwefel in Schwefelkohlenstoff-Pyridin (1:1) werden unter Rückfluß in einem Bade von etwa 115 °C erhitzt; unter dem Bade ist die Flamme möglichst zu löschen. Bei Anwesenheit von mehr als 1% Cottonöl färbt sich das Gemisch in kurzer Zeit rot. Falls nach 5 Min. keine Färbung eingetreten ist, fehlt meist Cottonöl. Stark erhitzte und gebleichte Fette geben jedoch diese Reaktion nur schwach oder gar nicht. Kapok- und Baobaböl zeigen ebenfalls eine positive Reaktion; jedoch geben ihre Fettsäuren (5 ml geschmolzen und getrocknet) mit 5 ml absolut-alkoholischer 1% iger Silbernitratlösung beim Schütteln in der Kälte eine intensiv braune Färbung, während die Fettsäuren des Cottonöls höchstens schwach reduzieren.

Prüfung auf Sesamöl („*Sesamöl*-Reaktion" oder modifizierte BAUDOUINsche Reaktion). 5 g Fett werden in 5 ml Petroläther gelöst und mit 0,1 ml alkoholischer 1% iger Furfurollösung und 5 ml Salzsäure (1,19) $^1/_2$ Min. geschüttelt. Mehr als 1% Sesamöl geben sich durch Rotfärbung der Säureschicht zu erkennen; evtl. sind auch noch 0,5% durch eine Rosafärbung erkennbar. Bei Abwesenheit von Sesamöl zeigt sich höchstens gelbe oder braungelbe Färbung. Falls sich schon Salzsäure (1,125) beim Schütteln mit der Fettprobe durch vorhandene Teerfarbstoffe rot färbt, ist das Öl durch die SOLTSIENsche Reaktion zu prüfen. SOLTSIENsche Reaktion: Ist in Zweifelfällen auszuführen, da gewisse Olivenöle positive Sesamölreaktionen geben, ferner ranzige Fette und mit Teerfarbstoffen gefärbte Öle. 1 Vol. Fett, 2 Vol. Benzin (Sdp. 70 bis 80 °C) und 1 Vol. frisches BETTENDORFsches Reagens (5 Teile festes Zinnchlorür und 3 Teile konz., mit Salzsäuregas gesättigte Salzsäure) werden durchgeschüttelt und in Wasser von 40 °C getaucht. Nach dem Absetzen der Zinnchlorürlösung wird das Reagenzglas in Wasser von 80 °C gebracht, so daß möglichst die Benzinschicht aus dem Bad herausragt und nicht siedet. Bei Gegenwart von Sesamöl färbt sich die untere Schicht rot.

Prüfung auf Rizinusöl. Etwa 5 ml Öl werden mit einem erbsengroßen Stückchen Kaliumhydroxyd in einer Nickelschale allmählich erhitzt und durchgeschmolzen (Kalischmelze). Ein charakteristischer Geruch (Oktylalkohol) läßt schon Rizinusöl erkennen. Die Kalischmelze wird in Wasser gelöst und die Lösung direkt mit überschüssiger Magnesiumchloridlösung zur Fällung der Fettsäuren versetzt. Aus dem Filtrat scheidet sich beim Ansäuern mit verd. Salzsäure die für Rizinusöl charakteristische *Sebazinsäure* kristallinisch aus.

Probe auf Erdnußöl, Cottonöl, Sesamöl und Rüböl in Olivenöl u. dgl. 0,6 bis 0,7 ml Öl werden mit 5 ml alkoholischer $^1/_2$n-Kalilauge (Alkohol 96% ig) im graduierten Reagenzglas 2 Min. gekocht; der verdampfte Alkohol wird ergänzt. Bei Gegenwart von viel Erdnuß-, Rüb-, Cotton- oder Sesamöl wird die alkoholische Seifenlösung bei Zimmertemperatur breiig bis gallertartig fest. Merkliche Mengen (über 10 bis 12%) dieser Öle (insbesondere Erdnußöl) verraten sich im Olivenöl, Mohnöl u. dgl. durch flockige Niederschläge, wenn die alkoholische Seifenlösung 15 Min. auf Zimmertemperatur gehalten wird; bei Rizinusöl ist die Seifenlösung in Eiswasser zu stellen. Klarbleiben der Seifenlösung deutet auf Abwesenheit von Erdnuß-, Rüb-, Cotton- und Sesamöl. Bei positivem Ausfall der Reaktion werden Cotton- und Sesamöl durch die charakteristischen Farbreaktionen (s. o.), Rüböl durch die strahlige Struktur der Seifenmasse, evtl. durch niedriges spez. Gew. und niedrige Verseifungszahl erkannt. Sind die Ergebnisse der Prüfungen auf Rüböl, Cotton- und Sesamöl negativ, so rührt die feste Ausscheidung in der alkoholischen Seifenlösung von Erdnußöl her. Die Probe gilt nur für reine, von unverseifbaren Zusätzen freie fette Öle (nicht feste Fette).

Probe auf Sulfurolivenöl in Olivenöl (Standard-„Benzoatprobe" in USA). Man erhitzt etwa 5 g Olivenöl mit 20 mg Silberbenzoat im Ölbade auf 150°. Das Silberbenzoat wird aus heißen Silbernitrat- und Natriumbenzoatlösungen frisch gefällt, mit kaltem Wasser gewaschen und getrocknet. Deutliche Braunfärbung deutet auf $^1/_2$% und mehr, dunkelbraune Färbung auf 10% und mehr

Tabelle 29. *Chemische Kennzahlen von Fetten, Ölen und Wachsen*

Material	Spez. Gew. bei °C	Spez. Gew.	Erstarr.-Punkt °C	Schmelzpunkt °C	Verseifungszahl (VZ)	Jodzahl (JZ)	Azetylzahl (AZ)	Säurezahl (SZ)	Viskosität in Englergraden (°E) bei °C
Baumwollsaatöl (Cottonöl) . . .	15	0,924	5	—	191—196	101—112	7,6—18	0—2	9,3—10,4 (20°)
,, Fettsäure daraus	100	0,847	32—35	32—46	200—205	111—120	—	—	—
Bienenwachs	15	0,964	60—62	62—65	91— 95	8— 11	15	19—21	—
Erdnußöl (Arachisöl) .	15	0,920	sehr versch.	—	185—197	83—103	—	1—3—8 (bei techn. Ölen bis 40)	10—14 (21°)
,, Fettsäure daraus	100	0,846	22—32	27—35	200	90—108	—	—	—
Hammeltalg	15	0,940	36—41	44—51	193—196	35—46	—	1,7—14	—
,, Fettsäure daraus	—	—	43—46	49—50	195—205	35—50	—	—	—
Japanwachs	15	0,97—0,98	48—53	49—56	205—237	4—13	—	18—25	21 (100°) im Ostwald-Viskosimeter
,, Fettsäure daraus	—	—	53—56	56—62	220—230	42	—	—	—
Kokosnußöl	15	0,930	14—22	20—28	245—260	8—10	1—12	5—50	—
,, Fettsäure daraus	100	0,835	16—25	25—27	—	8—10	—	—	—
Leinöl	15	0,934	—10 bis —20	—	187—195	170—190	4,0	1—8	6,5—7,7 (20°)
,, Fettsäure daraus	100	0,861	13—21	13—24	180—200	180—200	—	—	3,2 (50°), 1,76 (100°)
Olivenöl	15	0,916	—6 bis —2	—	188—195	79—92	10,6	2—50	10 (20°)
,, Fettsäure daraus	100	0,843	17—24	19—29	200	85—95	—	—	3,8 (50°), 1,8 (100°)
Palmkernöl	15	0,946	20—24	23—28	240—250	10—18	2—8	8,5	1,45 (4°)
,, Fettsäure daraus	100	0,835	20—26	25—28	—	12—14	—	—	1,443 (60°)
Palmöl.	15	0,924	31—39	27—43	196—210	44—58	18	24—200	
,, Fettsäure daraus	100	0,827	36—46	44—50	200—220	50—60	—	—	—
Rindstalg	15	0,948	27—35	42—46	193—200	35—45	2,7—8,6	2—7 (alte Ware bis 50)	12—13 (100°) im Ostwald-Viskosimeter
,, Fettsäure daraus	100	0,835	38—46	43—44	195—210	50—60	—	—	—
Rizinusöl.	15	0,96—0,97	—10 bis—12	—	180—187	82—90	146—150	0,1—15	200 (15°), 140 (20°)
,, Fettsäure daraus	15	0,95	3	13	195	87—93	—	—	16,5 (50°), 3,8 (100°)
Rüböl	15	0,915	0 bis—5	—	167—178	94—122	14,7	1,4—13,2	11—15° (20°)
,, Fettsäure daraus	100	0,876	8—18	11—12	181—185	99—110	—	—	4—5 (50°), 2 (100°)
Schweinefett	15	0,935	27—30	33—40	195—197	53—68	2,6	0,5—1,5	—
,, Fettsäure daraus	100	0,845	34—42	43—44	200	60—75	—	—	—
Sesamöl	15	0,923	—3 bis —6	—	188—190	102—114	—	0,25—20	9,3—10,5 (20°)
,, Fettsäure daraus	—	—	20—22	24—26	200—210	109—120	—	—	—
Sonnenblumenöl . . .	15	0,923	—17	—	188—198	104—135	—	0—1	8,0—8,5 (20°)
,, Fettsäure daraus	—	—	17—18	17—24	200	130—140	—	—	—
Walrat.	15	0,93	42—47	42—49	130	4	2,5—3	Spuren	—
Wollfett (Wollschweißfett)	17	0,943	—	31—35	80—130	15—29	23,3	13—25	—

Beimengung von Sulfurolivenöl. Bedingung für das Gelingen der Reaktion ist die Gewinnung der Sulfuröle mit Schwefelkohlenstoff.

Nachweis gehärteter Fette. Gehärtete Fette sind vielfach schon durch ihren charakteristischen (blumigen) Härtungsgeruch zu erkennen; in Mischung mit anderen Fetten gleicher Konsistenz (namentlich Talg) ist ihr Nachweis häufig sehr schwierig. Er gelingt auch nicht immer durch die einfache Prüfung auf Nickel, da die Katalysatorsubstanz meist sorgfältig entfernt ist. In diesem Falle ist die *Isoölsäure*probe heranzuziehen.

a) *Nickelprobe.* Möglichst 50 bis 100 g Fett werden mit dem gleichen Vol. konz. Salzsäure $^1/_2$ Std. im Wasserbade erwärmt, hierbei öfters stark umgeschüttelt und dann durch ein feuchtes Filter in eine Porzellanschale filtriert. Der Eindampfungsrückstand wird mit etwas Salzsäure aufgenommen, stark ammoniakalisch gemacht und darauf mit einer Messerspitze Bleidioxyd, einigen Tropfen Natronlauge und 8 bis 10 ml 1% iger Dimethylglyoximlösung versetzt. Das bis zum Kochen erhitzte Gemisch wird filtriert. Je nach der vorhandenen Nickelmenge ist das Filtrat mehr oder weniger rot gefärbt. Ein gelblicher Stich kann von organischen Zersetzungsprodukten herrühren.

b) *Isoölsäureprobe.* Für gehärtete Fette charakteristisch ist der relativ hohe Gehalt an *festen ungesättigten Fettsäuren,* besonders *Isosäuren,* und die hierdurch bedingte *höhere Jodzahl* der nach der Bleisalz-Alkohol-Methode abgeschiedenen *festen Säuren.* Aus dem Fett werden 2 bis 3 g Gesamtfettsäuren (s. u. Gesamtfettsäurebestimmung) abgeschieden, in heißem Alkohol gelöst und mit einer heißen Lösung von etwa 1,5 g Bleiazetat in Alkohol versetzt. Das Gemisch von etwa 100 ml Inhalt läßt man langsam erkalten; es bleibt am besten über Nacht stehen. Die über den Bleiseifen stehende klare Flüssigkeit soll noch Blei enthalten (Prüfung mit Schwefelsäure), sonst muß nochmals Bleiazetat zugesetzt werden. Der Niederschlag wird abgesaugt und mit kaltem Alkohol gewaschen, bis das Filtrat klar abläuft. Man spült ihn dann mit etwa 100 ml Alkohol in ein Becherglas, setzt 0,5 ml Eisessig dazu, erhitzt zum Sieden und läßt auf 15° abkühlen. Die wie oben abfiltrierten und gewaschenen Bleiseifen werden wieder in das Becherglas gebracht und mit Äther vom Filter abgespült. Aus den Bleisalzen werden die festen Fettsäuren mit verd. Salpetersäure abgeschieden und in üblicher Weise ausgeäthert. Die Jodzahl dieser Säuren liegt bei natürlichen Fetten meistens zwischen 1 und 2, bei Talg bis 5 hinauf, dagegen bei gehärteten Fetten von schmalz- bis talgartiger Konsistenz in der Regel um 20 herum, jedoch auch bis 50 und darüber. Eine Jodzahl über 9 spricht für die Anwesenheit von gehärteten Fetten.

Prüfung auf Harzsäuren. a) *Nach Liebermann-Storch.* Eine kleine Probe der Gesamtfettsäuren wird im Reagenzglas unter schwachem Erwärmen und Umschütteln in 1 ml Essigsäureanhydrid gelöst. Nach dem Abkühlen setzt man 1 Tropfen Schwefelsäure vom spez. Gew. 1,53 zu. Bei Gegenwart von Harzsäuren färbt sich das Gemisch vorübergehend rotviolett und wird dann braungelb bis grünlich fluoreszierend. Die Reaktion ist nicht eindeutig, da sie durch Harzöle, gewisse Sterine, Fettsäuren aus grünen Sulfurölen u. a. ebenfalls verursacht werden kann. Erhöhung des spez. Gew. und der optischen Aktivität der Gesamtfettsäuren sind daher für die Anwesenheit von Harzsäuren mitbestimmend. Auch der Geruch kann Harzsäuren verraten.

b) *Nach Halphen-Grimaldi.* Etwa 0,1 g der freien Gesamtfettsäuren werden in einer Porzellanschale mit 0,5 ml einer 50% igen Lösung von Phenol in Tetrachlorkohlenstoff versetzt. In die Schale, deren Wand mit dem Gemisch benetzt ist, läßt man die Dämpfe einer Lösung von Brom in Tetrachlorkohlenstoff (1:4) einfließen. Bei Gegenwart von Harzsäuren entsteht sofort eine tiefblaue Färbung.

Schmälzmittel

Um den Spinnprozeß zu erleichtern und der Faser bei den starken mechanischen Beanspruchungen des Krempelns, Kämmens usw. die notwendige Gleitfähigkeit und Geschmeidigkeit zu geben, wird die

Wolle eingefettet, ein Vorgang, den man als *Schmälzen* (Spicken, Ölen) bezeichnet. Durch dieses Schmälzen wird das Fasermaterial nicht so sehr zerrissen — dies ist insbesondere auch beim Reißen von großer Wichtigkeit — und man erhält ein höheres Rendement und ein gleichmäßigeres und weniger noppiges Garn. Außerdem wird auch die elektrostatische Aufladung herabgesetzt und die Staubentwicklung hintangehalten.

Die Anforderungen, die an ein gutes Schmälzmittel gestellt werden, sind sehr mannigfaltig. Vom *spinntechnischen Standpunkt* aus soll eine Schmälze einerseits die Faser gut einfetten, also gleitfähig und geschmeidig machen, andererseits aber auch wieder die Haftfähigkeit der Fasern aneinander erhöhen. Diese Haftfähigkeit darf aber wiederum nicht in Klebrigkeit ausarten, da sonst in der Spinnerei Wickelbildung auftritt und die Kratzengarnituren verschmiert werden. Dasselbe ist auch der Fall, wenn in der Schmälze feste Ausscheidungen oder koagulierte Teilchen enthalten sind. Die Schmälzen sollen außerdem genügend dünnflüssig sein, damit sie auf der Faser möglichst fein und gleichmäßig verteilt werden können. Es werden deswegen normalerweise keine unverdünnten Öle, sondern Mischungen mit Wasser, sog. „Emulsionen", verwendet, und an diese ist wieder die Forderung zu stellen, daß sie eine hohe Beständigkeit aufweisen und nicht zum Entmischen („Aufrahmen") neigen. Schmälzen dürfen weiterhin nicht zu sauer reagieren, da sonst die Metallkratzen angegriffen werden, und schließlich ist noch von Wichtigkeit, daß sie nicht feuergefährlich sind, d. h. beim Trocknen und Lagern des geschmälzten Fasermaterials keine Selbstentzündung hervorrufen.

Der *Ausrüster* stellt an eine Schmälze wieder ganz andere Anforderungen. Für ihn spielt die Auswaschbarkeit die Hauptrolle, und er muß von einer Schmälze verlangen, daß sie unter betriebsüblichen Bedingungen wieder so weit ausgewaschen werden kann, daß beim nachträglichen Färben keinerlei Schwierigkeiten hinsichtlich Aufziehen des Farbstoffes sowie Egalität und Reibechtheit der Färbung auftreten. Daneben darf die Schmälze nach dem Auswaschen auf der Ware keinen Geruch und auch keine Eigenfarbe hinterlassen, und schließlich soll sie bei Artikeln, die ohne Vorwäsche, d. h. „im Fett" gewalkt werden, den Walkprozeß zumindest nicht erschweren.

Die zum Schmälzen verwendeten Produkte lassen sich — von den weniger wichtigen Neutralölen, Esterölen und Spinnwaschmitteln sei hier abgesehen — in der Hauptsache in zwei große Gruppen einteilen:

a) Olein und emulgierte Oleine („Emulsionsoleine"),

b) Mineralölschmälzen.

Das Olein. Bei dem Olein (früher auch „Elain" genannt), unserem klassischen Schmälzmittel, handelt es sich in chemischer Hinsicht um keinen einheitlichen Körper, sondern um eine technische Ölsäure mit einem mehr oder weniger großen Gehalt an festen Fettsäuren sowie mehrfach ungesättigten Fettsäuren und Neutralfett bzw. Laktonen. Zu seiner Gewinnung wird das in der Stearinindustrie bei der Spaltung von Fetten anfallende Fettsäuregemisch durch Abpressen in feste und flüssige Bestandteile getrennt. Die letzteren kommen dann entweder direkt als *Saponifikatolein* oder nach einer Destillation zwecks Entfernung unerwünschter Begleitsubstanzen als *Destillatolein* in den Handel.

Zur textilen Faserfettung eignet sich von den beiden nur das Destillatolein, und auch dieses nur, wenn es nachstehenden Anforderungen genügt: Säurezahl = 185 bis 200, Verseifungszahl = 190 bis 200, Jodzahl nicht über 93, Gehalt an Unverseifbarem nicht über 2%, Aschengehalt nicht höher als 0,1%, Trübungspunkt nicht über 10 °C. Von besonderer Wichtigkeit ist die Prüfung der Auswaschbarkeit und der Neigung zur Selbstentzündung.

Mineralölschmälzen. Mineralöle haben auch auf Faserstoffen eine ausgezeichnete Schmierwirkung. Sie lassen sich aber nur sehr schwer wieder von der Faser auswaschen und eignen sich deswegen zur textilen Faserfettung nur dann — abgesehen von besonderen Anforderungen hinsichtlich des Viskositätsbereichs, des Flammpunkts, Ölharz- und Schwefelgehalts —, wenn sie mit einer ausreichenden Menge eines guten Emulgators versetzt sind. Schmälzen dieser Art, also Mischungen von Mineralöl mit Emulgatoren, wobei auch noch Olein enthalten sein kann, werden als „Verbundschmälzen" bezeichnet. Als Emulgatoren kommen vorzugsweise Äthylenoxydaddukte zur Anwendung.

Untersuchung der Schmälzmittel

1. Wassergehalt. Die Bestimmung des Wassergehalts erfolgt meist nach dem Xylolverfahren (s. S. 213). Wenn das Schmälzmittel keine bei 100 °C flüchtigen Bestandteile enthält, kann auch das Trocknungsverfahren und wenn keine mit Jod reagierenden Substanzen enthalten sind, auch das Karl-Fischer-Verfahren angewendet werden. Durchführung s. S. 197.

2. Gesamtfettgehalt. a) In Schmälzmittelkompositionen. 3 bis 5 g des Schmälzmittels werden genau abgewogen, in einen ERLENMEYER- oder Rundkolben gegeben, mit 100 ml dest. Wasser und 10 bis 15 ml konz. Salzsäure versetzt und dann am Rückflußkühler so lange gekocht, bis sich eine klare Ölschicht abgeschieden hat. Nach dem Erkalten überführt man das Ganze in einen Scheidetrichter, schüttelt mit einer Äther/Petroläther-Mischung aus, trennt die ätherische Lösung ab, wäscht sie mit dest. Wasser salzsäurefrei und destilliert dann das Lösungsmittel vorsichtig (Langrohrkühler) ab. Der Rückstand wird bei 60 °C getrocknet — nicht höher, da sonst evtl. Gewichtsverluste — und nach dem Erkalten gewogen. Angabe als % Gesamtfett oder, bei reinem Olein, als Gesamtfettsäure, und zwar jeweils bezogen auf die Einwaage.

Schwierigkeiten können entstehen, wenn die Schmälzölkomposition einen säurebeständigen Emulgator enthält. In diesem Falle empfiehlt es sich, die Salzsäurekonzentration zu erhöhen, die Kochzeit zu verlängern und statt Salzsäure evtl. Schwefelsäure zu verwenden. Evtl. kann die Emulsion auch mit einer gesättigten Kochsalzlösung getrennt werden.

b) In Neutralölen und Olein. Bei Neutralölen, Olein und ihren Gemischen ist meist eine einfache Extraktion mit Äther ausreichend.

Ausführung: 3 bis 5 g des Schmälzmittels werden genau abgewogen und in einem kleinen ERLENMEYER-Kolben in etwa 100 ml Äther gelöst. Darauf setzt man zum Trocknen wasserfreies Natriumsulfat zu, läßt 30 Min. einwirken, filtriert ab und wäscht das Salz mit Äther fettfrei. Der Äther wird schließlich vorsichtig (Langrohrkühler) abdestilliert und der Rückstand bei 60 °C getrocknet und gewogen. Angabe als % Ätherextrakt.

3. Gehalt an Unverseifbarem. Die Bestimmung erfolgt wie auf S. 157 unter „3. Unverseifbares" angegeben. Berechnung als % Unverseifbares, bezogen auf die Einwaage.

Olein und Neutralöle enthalten meist nur wenige Prozente Unverseifbares. Bei einem Gehalt von nicht mehr als 2% Unverseifbarem gelten sie als „praktisch vollverseifbar". Bei Mineralölschmälzen kann der Anteil an Unverseifbarem naturgemäß sehr hoch sein.

4. Emulsionsbeständigkeit (Emulgiervermögen). Um einen gleichmäßigen Einfettungseffekt zu gewährleisten, müssen die Schmälzmittelemulsionen eine ausreichende Stabilität aufweisen und dürfen nicht zum Aufrahmen neigen. Eine gute Schmälze soll mit Wasser gemischt selbst nach 24 Std. noch keine wesentliche Trennschicht zeigen.

Zur Beurteilung der Emulsionsstabilität genügt bei Schmälzmitteln im allgemeinen nachstehende einfache Methode: In einem 100-ml-Meßzylinder werden Schmälzmittel und dest. oder enthärtetes Wasser in dem Verhältnis gemischt wie es der Hersteller für die praktische Verwendung vorschreibt. Nach gründlichem Durchschütteln läßt man die Emulsion stehen und beobachtet, ob und nach welcher Zeit eine Entmischung eintritt. Es kann auch angegeben werden, wieviel Öl sich in einer bestimmten Zeit abgeschieden hat.

Die angegebene Methode ist besonders zum Vergleich verschiedener Schmälzmittel geeignet.

5. Härtebeständigkeit. Man verfährt wie unter 4. beschrieben, verwendet aber zum Herstellen der Emulsion kein dest. oder enthärtetes, sondern Wasser von 20° dH. Beurteilung wie bei der Emulsionsbeständigkeit.

Bei nicht härtebeständigen Schmälzmitteln dürfen die Emulsionen für die Verwendung im Betrieb nicht mit hartem Wasser angesetzt werden.

6. p_H-Wert. Damit die Kratzengarnituren in den Spinnereien nicht angegriffen werden und keine Korrosionserscheinungen auftreten, soll der p_H-Wert der Schmälzmittel möglichst zwischen 6 und 9 liegen. Das Schmälzmittel wird wie unter 4. angegeben mit Wasser verdünnt (meist im Verhältnis 1:5) und gründlich durchgeschüttelt. Die Messung des p_H erfolgt elektrometrisch oder mit Spezial-Indikatorpapier.

7. Auswaschbarkeit. Zur Beurteilung der Auswaschbarkeit wird eine bestimmte Schmälzmittelmenge auf das Fasermaterial aufgebracht und nach dem Auswaschen der Waschverlust (Restfettgehalt) ermittelt, und zwar entweder gravimetrisch durch Extraktion mit einem organischen Lösungsmittel oder kolorimetrisch, indem man das Schmälzmittel vorher mit einem öllöslichen Farbstoff anfärbt. Das Auswaschen kann auf einer kleinen Laborwaschmaschine erfolgen oder im Betrieb, indem man die Untersuchungsprobe an eine Betriebspartie annäht, oder nach den „Richtlinien zur Bestimmung der Auswaschbarkeit von Schmälzmitteln" (DIN 53904) auch durch Ausschütteln mit Sodalösung (Schüttelverfahren) oder durch langsames Herauslösen mit Sodalösung (Abheberverfahren).

a) Schüttelverfahren[1]. Das Schüttelverfahren ist schnell durchführbar und durch die gleichzeitige mechanische Bearbeitung beim Auswaschen auch praxisnahe.

Prüfgewebe: Reinwollener, leicht gewalkter Waschflanell mit einem Quadratmetergewicht von etwa 210 g; Gewebedichte: Kette 29, Schuß 27 Fäden je cm.
Ceresviolett BRN-Lösung: 0,32 g Farbstoff[2] gelöst in 1 l Tetrachlorkohlenstoff.

Aufbringen des Schmälzmittels auf das Prüfgewebe: 1 g des zu untersuchenden Schmälzmittels wird in 25 ml Tetrachlorkohlenstoff gelöst — sollte keine klare Lösung eintreten, ist etwas Methylalkohol, Äthylalkohol oder Chloroform zuzusetzen — und die Lösung durch Zugabe von 10 ml Ceresviolett BRN-Lösung angefärbt. Mit dieser Lösung wird dann ein Stück des Prüfgewebes in Größe von 18 × 24 cm in einer trockenen Fotoschale (18 × 24 cm) übergossen und die Schale so lange hin- und herbewegt, bis das Gewebe gleichmäßig und fleckenlos angefärbt und das Lösungsmittel verdunstet ist. Hierbei soll im Freien oder im Abzug gearbeitet werden. Das Gewebe wird flach ausgebreitet und über Nacht liegengelassen.

Um den Auswascheffekt besser sichtbar zu machen, soll die aufgebrachte Schmälzmittelmenge möglichst etwa 10% (wasserfreie Schmälze bezogen auf das Fasermaterial) betragen. Bei wasserhaltigen Präparaten ist die Einwaage entsprechend zu erhöhen.

Auswaschen: Das geschmälzte Prüfgewebe wird in vier gleiche Teile zerschnitten und einer der Abschnitte — jeder wiegt etwa 2,5 g — in einer 250-ml-Pulverflasche mit 100 ml einer 1,3%igen Sodalösung übergossen und 10 Min. stehengelassen.

Anschließend wird die Flasche 20mal kräftig auf und ab geschüttelt und die Lösung dann abgegossen. Das Gewebe bleibt in der Flasche und wird in gleicher Weise 2mal mit je 100 ml dest. Wasser 20mal geschüttelt und schließlich herausgenommen, mit der Hand ausgedrückt und auf Filterpapier getrocknet.

Beurteilung: Aus dem Farbton bzw. der Farbtiefe läßt sich schon mit dem Auge ersehen, ob das Schmälzmittel leicht oder schwer auswaschbar ist. Man kann die auf dem Gewebe verbliebene Schmälze aber auch mit Tetrakohlenstoff ablösen und ihre Menge mit dem Kolorimeter bestimmen. Nach DIN 53904 erfolgt die Beurteilung mit Hilfe des Graumaßstabs „Änderung für das Anbluten" (DIN 53951).

b) Abheberverfahren. Beim Abheberverfahren wird auf die mechanische Bearbeitung des Prüfgewebes verzichtet. Das streifenförmige,

---

[1] SCHÜTTE, TH.: Versuche zur Normierung der Prüfmethoden von Textilhilfsmitteln — Verfahren zur qualitativen Vorprüfung von Schmälzmitteln auf Auswaschbarkeit. Melliand Textilber. **33** (1952) 774.

[2] Hersteller: Farbenfabriken Bayer AG, Leverkusen.

geschmälzte Prüfgewebe wird mit einem kürzeren Teil in die Waschlösung eingetaucht, die kapillaraktiv angesaugt wird. Durch Heberwirkung fließt die Waschlösung dann durch den längeren, frei herabhängenden Teil des Streifens ab, wobei das Schmälzmittel abgelöst und mitgenommen wird. Das Abheberverfahren hat sich insbesondere für Reihenversuche bewährt.

Aufbringen des Schmälzmittels auf das Prüfgewebe: 2 g des Schmälzmittels werden in 50 ml Tetrakohlenstoff — erforderlichenfalls unter Zusatz von etwas Methylalkohol, Äthylalkohol oder Chloroform — gelöst und die Lösung durch Mischen mit 20 ml Ceresviolett BRN-Lösung (Ansatz s. w. o.) angefärbt. Mit dieser Lösung werden 2 Streifen des Prüfgewebes (siehe Schüttelverfahren) von 2,5 cm Breite und 200 cm Länge (Gewicht je etwa 10 g) in einer trockenen Fotoschale übergossen. Die Schale wird so lange hin- und herbewegt, bis die Streifen gleichmäßig und fleckenlos angefärbt sind und das Lösungsmittel sich verflüchtigt hat (im Freien oder im Abzug arbeiten!).

Die Streifen werden darauf in Längen von je 33 cm zerschnitten, auf Filterpapier flach ausgebreitet und über Nacht liegengelassen.

Auswaschen: Für den Auswaschversuch wird einer dieser Streifen von 33 cm Länge mit einem Ende in eine Petrischale (Durchmesser 9 cm, Höhe 1,8 cm, Inhalt 100 ml) so eingelegt, daß sich etwa 7 cm in der Schale befinden und 26 cm frei herunterhängen (s. Abb. 15). Das in der Petrischale befindliche Ende wird durch Beschweren mit einem mit Wasser gefüllten, hohen Becherglas festgehalten und das andere Ende durch Anhängen einer Klammer (Gewicht etwa 35 g) leicht gespannt.

In die Petrischale gibt man dann 30 ml einer 1,3%igen Sodalösung (Temperatur 20 °C), welche von dem Gewebestreifen langsam abgesaugt wird. Beginnt die Lösung am unteren Ende abzutropfen, werden weitere 50 ml Sodalösung zugegeben. Nach völligem Absaugen wird der Streifen in dest. Wasser oder Leitungswasser gut ausgespült, dann mit der Hand ausgedrückt und auf Filterpapier getrocknet.

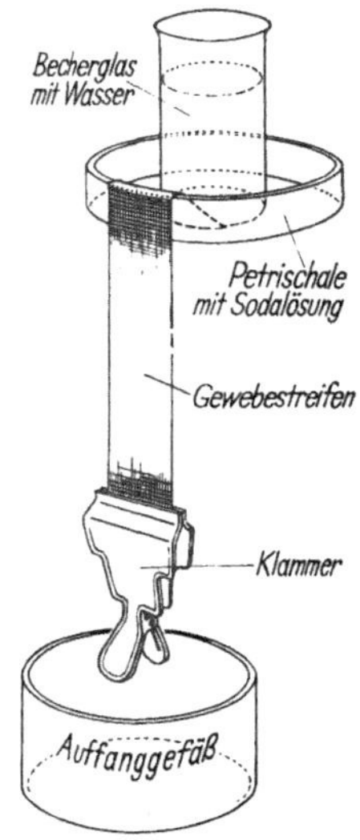

Abb. 15
Abheberverfahren

Beurteilung: In gleicher Weise wie beim Schüttelverfahren. Der in die Petrischale eintauchende Teil des Streifens ist noch stärker angefärbt und wird zur Beurteilung nicht herangezogen.

c) Maschinelle Auswaschmethode. Kehren[1,2] empfiehlt zum Auswaschen von Schmälzen eine Laborwaschwaschine. Er arbeitet mit rein wollenen oder aus 30% Zellwolle und 70% Wolle bestehenden Gewebestreifen (Länge ~80 cm, Breite 5 cm), die mit dem zu untersuchen-

[1] Kehren, M.: Melliand Textilber. **32** (1951) 394.

[2] E. Merck AG.: Chemisch-technische Untersuchungsmethoden für die Textilindustrie, 2. Aufl., S. 98.

den Schmälzmittel, das in Tetrachlorkohlenstoff oder einer Tetrachlorkohlenstoff/Methanol-Mischung aufgelöst ist, so durchtränkt sind, daß 5 bis 10% Schmälze (wasserfrei und bezogen auf das Fasermaterial) auf der Ware verbleiben. Vor dem Auswaschen sollen die imprägnierten Streifen im ausgebreiteten Zustand mindestens 24 Std. an der Luft liegenbleiben.

Der Waschprozeß kann hinsichtlich Flottenverhältnis, Art und Menge des Waschmittels, Dauer usw. weitgehend den Bedingungen der Praxis angepaßt werden. Nach beendeter Wäsche wird der Restfettgehalt durch Extraktion mit Äther/Petroläther (1:1) bestimmt.

8. Prüfung auf Selbsterhitzungsneigung. Nach der Schmälzmittelverordnung vom 3. 12. 1959[1] dürfen Schmälzmittel nur in den Verkehr gebracht, zum Verbrauch abgegeben oder gewerbsmäßig verwendet

Abb. 16. MACKEY-Apparat (links mit Gas, rechts elektrisch beheizt)

werden, wenn sich mit diesen Schmälzmitteln behandelte Faserstoffe unter den üblichen Betriebs- und Lagerbedingungen nicht von selbst entzünden. Als Nachweis für die geforderte Beschaffenheit ist die Bestätigung einer amtlich anerkannten Prüfstelle[2] erforderlich. Hat das Schmälzmittel der Prüfung genügt, so erteilt die Prüfstelle dem Antragsteller ein Prüfzeugnis und übersendet eine Abschrift davon dem Bundesminister für Arbeit und Sozialordnung.

[1] Amtliche Prüfvorschrift und Kommentar dazu s. M. KEHREN, Melliand Textilber. **41** (1960) 352 u. A. AGSTER, Textil-Praxis **15** (1960) 508.

[2] Anerkannte Prüfstellen sind die Bundesanstalt für Materialprüfung in Berlin-Dahlem, die Textilprüfanstalt Mönchen-Gladbach-Rheydt und das Staatl. Prüfamt für Textilstoffe Reutlingen.

Erläuterung: Die Neigung zur Selbstentzündung ist auf den Gehalt des Schmälzmittels an hochungesättigten Verbindungen zurückzuführen. Die Prüfung hierauf erfolgt durch den „Mackey-Test" und die Bestimmung der Differenz zwischen Jod- und Rhodanzahl („Diskrepanz").

I. Mackey-Test

Beim Mackey-Test wird das Schmälzmittel unter festgelegten Bedingungen auf Baumwollwatte aufgebracht und dann bei einer Temperatur von 75 °C (Langprüfung) oder 100 °C (Kurzprüfung) im Mackey-Apparat der oxydierenden Wirkung des Luftsauerstoffs ausgesetzt. Als Maß für die Selbsterhitzungsneigung dient die dabei eintretende Temperatursteigerung.

Apparatur. Die Prüfapparatur[1] (s. Abb. 16, 17 und 18) besteht aus einem kupfernen Luftbad, das mit einem doppelwandigen Deckel verschlossen und durch ein Wasser-

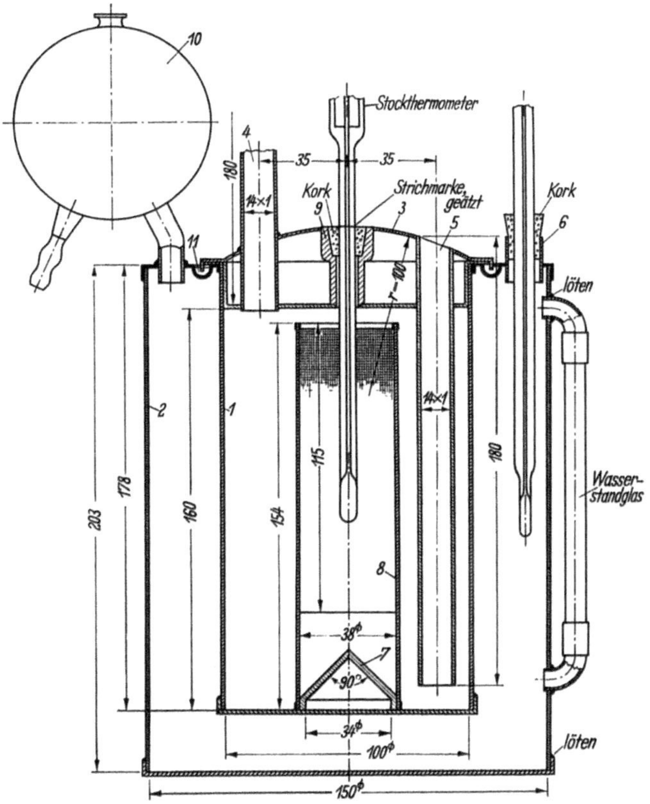

Abb. 17. Mackey-Apparat Bauart BAM

1 Gefäßmantel (innen) aus Kupferblech 0,5; *2* Gefäßmantel (außen) aus Kupferblech 0,5; *3* Deckel aus Kupferblech 0,5; *4* Entlüftungsrohr aus Messingrohr 14 × 1; *5* Belüftungsrohr aus Messingrohr 14 × 1; *6* Messingrohr 10 × 0,5; *7* Aufnahmekonus aus Messing; *8* Drahtzylinder aus Nickelgewebe; Maschenweite 1,0, Drahtstärke 0,34; *9* Buchse aus Messing; *10* Kühler aus Kupferblech 0,5; *11* Flüssigkeitsdichtung aus Woodmetall oder Paraffinöl. Stockthermometer 0–250° 1/1 °C DIN 12781, Stocklänge 150 mm, Strichmarke bei 120 mm

[1] Hersteller: Fa. Walter Herzog, Berlin-Neukölln, Thiemannstr. 1 bis 11.

bad heizbar ist. Durch den Deckel führen Luftzufuhr- und -abzugsröhren sowie ein geeichtes Stockthermometer mit Teilung von 0° bis 250 °C in $^1/_1$°, Stocklänge 150 mm und Stockdurchmesser 8 mm, das durch einen mit der Oberfläche des Deckels genau abschließenden Stopfen gehalten wird. In dem Luftbad steht ein Nickeldrahtnetzzylinder, der auf einen Messingkonus aufgesetzt ist. Im unteren Teil des Zylinders ist ein Nickeldrahtkreuz eingeflochten, auf welches das ge-

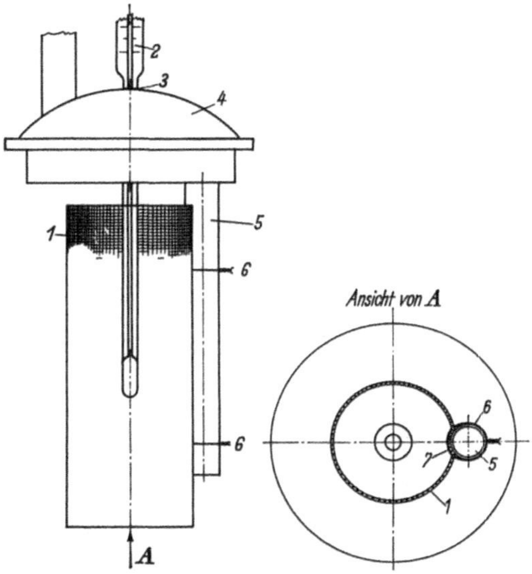

Abb. 18. Anordnung des Drahtnetzzylinders (Durchmesser = 60 mm) im MACKEY-Apparat bei der Langprüfung
1 Nickeldrahtnetzzylinder 60 ∅; *2* Thermometer; *3* Strichmarke; *4* Deckel; *5* Lufteinfallrohr; *6* Nickeldraht zum Befestigen des Drahtnetzzylinders am Lufteinfallrohr; *7* Nickeldrahtnetzzylinder; *8* Ansicht von *A*; *9* eingedrückte Nut; *10* Lufteinfallrohr; *11* Nickeldraht

schmälzte Fasergut aufgebracht wird. Das Stockthermometer ist zur Einhaltung einer gleichbleibenden Einstecktiefe am Stock mit einer Strichmarke bei 120 mm (von unten gemessen) versehen.

Faserstoff. Als Fasergut zum Auftragen des Schmälzmittels ist reine und entfettete Baumwollwatte[1] zu verwenden. Die Entfettung wird im Extraktionsapparat mittels Petroläther vorgenommen.

a) Prüfverfahren bei 100 *°C* (*Kurzprüfung*). Enthält das Schmälzmittel nicht mehr als 10% Wasser, so sind 14 g des Schmälzmittels auf 7 g Watte, die auf einer gereinigten Unterlage (Glasplatte od. dgl.) ausgebreitet ist, möglichst gleichmäßig aufzutropfen. Mit gereinigten Fingern, die nach dem Waschen noch mit einem Wattebausch, der mit dem gleichen Schmälzmittel getränkt ist, abzureiben sind, ist die Watte mehrmals fest zusammenzurollen, um eine völlige Durchtränkung des gesamten Fasermaterials zu erreichen. Dann ist die Watte durch intensives Zerzupfen weitgehend aufzulockern. Eine Schicht des so vorbereiteten Faserstoffes ist zunächst in den Drahtzylinder bis zu einer Höhe von 3 cm einzubringen. Anschließend ist durch einen axial in den Zylinder gestellten Glasstab von etwa 8 mm Durchmesser ein Raum

[1] Sehr geeignet ist Augenwatte, da sich bei dieser die Entfettung erübrigt.

für den Thermometerschaft auszusparen und der übrige Teil des Drahtnetzzylinders mit dem Rest der geschmälzten Watte auszufüllen. Es ist dafür zu sorgen, daß in der Fasermasse kein Hohlraum bleibt und daß sie das Thermometer gut umschließt.

Um einen gleichmäßigen Versuchsbeginn zu ermöglichen, ist es notwendig, den Drahtnetzzylinder mit der eingestopften Watte erst dann in das Luftbad einzusetzen, wenn die Wasserfüllung bei aufgesetztem Deckel eine Zeitlang auf Siedetemperatur gehalten wurde, so daß im Luftbad des Apparates eine Dauertemperatur von mindestens 97 °C erreicht wird. Bei einem Barometerstand, der 760 Torr wesentlich unterschreitet, ist das Einhalten der Versuchstemperatur durch Verwendung höher siedender Lösungen als Heizbadflüssigkeit zu gewährleisten. Die Zeitdauer vom Abheben bis zum Wiederaufsetzen des Deckels muß, um Wärmeverluste zu vermeiden, im Thermostaten möglichst kurz gehalten werden. Es ergibt sich im allgemeinen ein Abfall der Temperatur bis auf etwa 45 °C. Der Zeitpunkt des Wiederanstiegs auf 50 °C ist als Versuchsbeginn zu betrachten. Auf die Einstecktiefe des Stockthermometers bis zur Strichmarke ist besonders zu achten.

Die alle 10 Min. — bei schnellem Anstieg jede Minute — abzulesenden Temperaturwerte sind in einer Temperatur/Zeit-Kurve darzustellen. Es sind mindestens 2 Versuche auszuführen. Die Versuchsdauer beträgt 3 Std.

Anmerkung. Bei einer Schmälze mit einem Wassergehalt von mehr als 10% (Feststellung nach der Xylolmethode) muß diese in entwässertem Zustand der Mackey-Prüfung unterworfen werden. Die Entwässerung ist durch Eindampfen im Vakuum bei 50 °C vorzunehmen. Falls nach Entfernung des Wassers eine halbfeste oder feste Substanz zurückbleibt, die sich in dieser Beschaffenheit nicht auf die Watte aufbringen läßt, sind 15 g der entwässerten Substanz in einem geeigneten flüchtigen Lösemittel, das nicht zur Peroxydbildung neigt, aufzunehmen, auf den Faserstoff aufzubringen und dann das Lösemittel bei 50 °C im Vakuum abzudampfen. Anschließend ist wie beschrieben zu verfahren.

b) Prüfverfahren bei 75 °C *(Langprüfung).* Um die Prüfung an die praktischen Verhältnisse anzugleichen, kann anstelle der Kurzprüfung bei 100 °C die Prüfung bei 75 °C unter Verlängerung der Prüfdauer von 3 auf 48 Std. durchgeführt werden. Hierfür sind 50 g Baumwollwatte mit einer Lösung von 15 g des Schmälzmittels in etwa 100 ml eines geeigneten flüchtigen, nicht zur Peroxydbildung neigenden Lösemittels gleichmäßig zu tränken. Nach Abdampfen des Lösemittels bei 50 °C im Vakuum oder bei Zimmertemperatur in bewegter Luft ist wie beschrieben zu verfahren. Zur Aufnahme dieser geschmälzten Fasermenge dient ein Nickeldrahtnetzzylinder mit einer lichten Weite von 60 mm, dessen Anordnung im Prüfgerät aus Abb. 18 hervorgeht. Zur Einhaltung der Temperaturkonstanz wird empfohlen, einen elektrisch beheizten, mit Kontaktthermometer versehenen Mackey-Apparat zu verwenden.

Anmerkung. Bei wasserhaltigen Emulsionen ist entweder

a) von einer ausreichenden Menge der Probe das Wasser bei 50 °C im Vakuum zu verdampfen (Prüfung mit 15 g des entwässerten Materials wie oben beschrieben) oder

b) eine Menge der angelieferten Emulsion, die 15 g wasserfreie Substanz enthält, mit Wasser auf die zur Durchtränkung der Watte notwendige Menge zu verdünnen und in dieser Form anzuwenden. Die gesamte Wassermenge ist wie oben zu verdampfen.

Beurteilung. Ein Schmälzmittel ist nicht als selbsterhitzungsfähig anzusehen, wenn die Temperatur in dem geschmälzten Faserstoff bei der Mackey-Prüfung 100 °C nicht übersteigt, wobei eine Toleranz von + 5 °C zulässig ist.

Hat das Schmälzmittel bei der Kurzprüfung (Prüftemperatur 100 °C) versagt, so muß es einer nochmaligen Prüfung nach dem Langprüfverfahren (Prüftemperatur 75 °C) unterzogen werden, deren Ergebnis als maßgeblich anzusehen ist.

Einwirkung von Eisen auf die Selbsterhitzungsneigung. Wenn sich der Prüfantrag auf die Zulässigkeit der Verwendung eiserner Behälter, Leitungen und Apparaturen erstreckt, sind außer den vorstehend beschriebenen Prüfungen weitere Versuche zur Ermittlung einer katalytischen Beeinflussung der Selbsterhitzungsneigung des Schmälzmittels durch Eisen durchzuführen. Bei Textil- und Emulsionsoleinen erübrigt sich die Durchführung dieser Versuche, da diese Schmälzmittel als freie Fettsäuren Eisen lösen und deshalb nicht mit Eisen in Berührung gebracht werden dürfen. Dasselbe gilt für andere Schmälzen mit einer Säurezahl von mehr als 25. Bestimmung der Säurezahl s. S. 159.

Eisenstearatprüfung. Bei Schmälzmitteln mit einer Säurezahl von höchstens 25 ist festzustellen, ob die Selbsterhitzung durch Zusatz von Eisen katalytisch gefördert wird. Hierzu werden in der abgewogenen Probe des Schmälzmittels, die 14 bzw. 15 g wasserfreie Substanz enthält, unter gelindem Erwärmen (50 °C) 0,1 g Eisen(III)-stearat (entsprechend etwa 0,04% Fe-Zusatz) gelöst. Mit dem so vorbereiteten Schmälzmittel ist eine Mackey-Prüfung wie beschrieben durchzuführen.

Erweist sich die Probe als nicht selbsterhitzungsfähig (siehe weiter unten unter Beurteilung), so kann das Schmälzmittel in eisernen Behältern usw. verwendet werden. Andernfalls muß der nachstehend beschriebene Eisenlagerversuch durchgeführt werden.

Eisenlagerversuch. Wenn durch Zusatz von Eisenstearat die katalytische Beeinflussung der Selbsterhitzungsneigung erwiesen ist, muß geprüft werden, ob das Schmälzmittel Eisen aufzunehmen imstande ist.

Durchführung: Eine Steilbrustflasche von 100 ml Inhalt mit Schliffstopfen wird mit der Schmälze im Anlieferungszustand zur Hälfte gefüllt. In das Schmälzmittel werden zwei frisch abgeschmirgelte Streifen normalen handelsüblichen Eisenblechs (20 × 75 × 1 mm) so hineingestellt, daß sie zur Hälfte aus dem Schmälzmittel herausragen. Die Bleche verbleiben 4 Wochen bei Raumtemperaturen in den Flaschen, die täglich gelüftet und anschließend 1 Min. lang geschüttelt werden müssen. Nach Ablauf der 4 Wochen ist mit der so vorbereiteten Probe eine Mackey-Prüfung durchzuführen.

Beurteilung. Ein Schmälzmittel darf in eisernen Behältern, Leitungen und Apparaturen hergestellt, befördert, gelagert oder verwendet werden, wenn die Säurezahl (Bestimmung s. S. 159) höchstens 25 beträgt, und wenn außerdem bei der Prüfung mit Eisenstearat oder nach dem anschließenden Eisenlagerversuch keine Selbsterhitzungsneigung festgestellt wurde. In diesem Falle erhält das Prüfzeugnis der amtlichen Prüfstelle noch das Zeichen „E".

II. Bestimmung der Diskrepanz

Die Neigung des Oleins zur Selbstentzündung beruht auf dem Gehalt an mehrfach ungesättigten Fettsäuren, z. B. der Linolensäure. Die Jodzahl ist zur Erkennung dieser Anteile insofern nur sehr bedingt geeignet, als man sie durch Zusatz von Komponenten mit sehr niedrigen Jodzahlen stark herabsetzen kann. Es ist deshalb leicht möglich, daß ein Olein trotz verhältnismäßig niederer Jodzahl stark zur Selbstentzündung neigt. Wesentlich aufschlußreicher ist in diesen Fällen die Rhodanzahl (s. a. S. 163). Da einfach ungesättigte Verbindungen Jod und Rhodan in gleicher Menge anlagern, zweifach ungesättigte Verbindungen dagegen doppelt soviel Jod wie Rhodan, läßt sich aus der Differenz zwischen Jod- und Rhodanzahl (der sog. „Diskrepanz") auf den Gehalt an mehrfach ungesättigten Verbindungen schließen. Nachstehend ist eine von KEHREN[1] modifizierte und für das Olein besonders geeignete Methode beschrieben.

Modifizierte Rhodanzahlbestimmung nach KEHREN. Vorbedingung für das Gelingen der Bestimmung ist zunächst das absolute Trockensein der benutzten Glasgefäße, die im Trockenschrank bei 100 bis 105 °C getrocknet werden müssen. Weiterhin ist streng darauf zu achten, daß die Luftfeuchtigkeit im Arbeitsraum niedrig ist, was ein Vorhandensein von kochenden Wasserbädern, dampfenden Schalen u. dgl. ausschließt. Die äußerste Grenze der relativen Luftfeuchtigkeit beträgt 70%, zuverlässiger ist aber ein Arbeiten bei maximal 65%. An nebligen und regenfeuchten Tagen kann der Raum auch durch Auslegen von Blaugel nicht genügend trocken gehalten werden, weshalb sich in diesen Fällen ein Arbeiten vor einem geöffneten und auf 150 bis 200 °C eingestellten Trockenschrank empfiehlt.

Sämtliche verwendeten Reagenzien müssen absolut wasserfrei sein; sie müssen also, soweit sie nicht genügend wasserfrei beziehbar sind, vor ihrer Verwendung von den letzten Spuren Wassers befreit werden. Es ist zu bedenken, daß schon ganz geringe Mengen davon Hydrolyse oder Polymerisation des Rhodans hervorrufen, erkenntlich an der Gelbfärbung der Rhodanlösung.

Benötigte Geräte und Reagenzien.

1. *Wasserfreier Eisessig.* 1 l Eisessig p. a. (99 bis 100%) wird mit 170 ml Essigsäureanhydrid p. a. versetzt und in einem 2-l-Kolben mit eingeschliffenem Rückflußkühler 1 Std. in gelindem Sieden gehalten.

2. *Bleirhodanid.* Bleirhodanid doppelt gereinigt, neutral, wird fein gepulvert und mindestens 3 bis 5 Tage über Calciumchlorid getrocknet. In den Exsikkator stellt man außerdem noch ein Uhrglas mit 10 bis 20 g Phosphorpentoxyd.

[1] KEHREN, M.: Melliand Textilber. 33 (1952) 852.

3. *Brom.* Brom p. a. (MERCK), wird zweckmäßig nochmals über Phosphorpentoxyd destilliert.

4. *Tetrachlorkohlenstoff,* reinst schwefelfrei (MERCK), wird über Phosphorpentoxyd destilliert.

5. *Kaliumjodidlösung* 5%ig sowie *Stärkelösung* (0,15 g lösliche Stärke in 100 ml Wasser).

6. *Rhodanlösung.* Da eine Rhodanlösung sich niemals lange, höchstens etwa 1 Woche hält, stellt man zweckmäßig nur jeweils 200 ml her und führt mit diesen nach Möglichkeit gleich mehrere Untersuchungen durch, so daß die Lösung immer frisch bereitet werden muß.

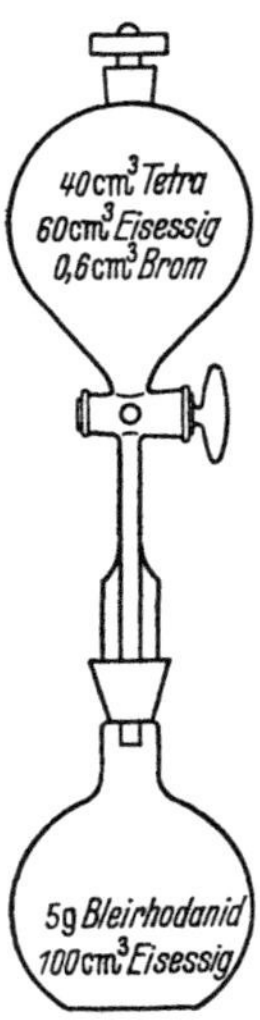

Abb. 19
Spezial-Tropftrichter

Lösung A. Diese Lösung wird mit Hilfe eines besonders konstruierten Tropftrichters von 500 ml Inhalt hergestellt; der Tropftrichter weist ein stark verkürztes Ablaufrohr auf, das 1 cm über den angesetzten Normalschliff hinausreicht. Hierdurch ist die Möglichkeit gegeben, den Trichter dicht auf einen ebenfalls mit Schliff versehenen Kolben aufzusetzen und dadurch das Eindringen der Luftfeuchtigkeit völlig auszuschließen (s. Abb. 19).

Aus einer Bürette mit $^1/_{20}$-Teilung werden genau 0,6 ml Brom in den Tropftrichter eingelassen, die dann in 40 ml Tetrachlorkohlenstoff und 60 ml Eisessig gelöst werden.

Der Eisessig spielt lediglich die Rolle eines indifferenten Lösungsmittels für Brom bzw. Rhodan, während der ebenfalls indifferente Tetrachlorkohlenstoff zur Lösung des zu untersuchenden Fettkörpers dient.

Lösung B. In einen 500-ml-Stehkolben mit Normalschliff (s. Abb. 19) werden 5 g Bleirhodanid und 100 ml Eisessig eingetragen; nach Aufsetzen des die Lösung A enthaltenden Tropftrichters wird die Apparatur auf einer Schüttelmaschine (horizontale Bewegung) eingespannt. Unter dauernd starkem Schütteln läßt man Lösung A in kleinen Portionen zu Lösung B fließen, wobei man vor jeder neuen Zugabe auf Entfärbung warten muß. Da die Rhodanlösung sehr lichtempfindlich ist, empfiehlt sich ein Arbeiten im Dunkeln. Die Reaktion ist in etwa $^3/_4$ Std. beendet; sollte die Raumtemperatur 20 °C unterschreiten, ist das Aufstellen eines elektrischen Heizgerätes in nächster Nähe der Schüttelapparatur empfehlenswert, da die Umsetzung bei einer Temperatur von 20 bis 21 °C schneller verläuft als in der Kälte.

Nach beendeter Durchmischung wird der Tropftrichter abgenommen und der Kolben mit einem Schliffstopfen versehen. Das gebildete Bleibromid und das überschüssige Rhodanid läßt man über Nacht absitzen und filtriert die Rhodanlösung durch ein getrocknetes quant. Filter in eine braune Schliffflasche. Die Lösung muß wasserhell und klar sein; im gegenteiligen Fall ist sie unbrauchbar. Die Aufbewahrung muß im Dunkeln erfolgen.

Zur Vermeidung jeglicher Feuchtigkeitsaufnahme empfiehlt sich beim Hantieren mit den Chemikalien der Lösungen A und B ein Arbeiten vor dem auf 150 °C angeheizten, geöffneten Trockenschrank.

Einstellung. Zu 20 ml 5%iger Kaliumjodidlösung, die sich in einem Jodzahlkolben befinden, läßt man aus einer Bürette 20 ml Rhodanlösung fließen. Nach Zusatz von 50 ml dest. Wasser wird das frei gemachte Jod mit $^1/_{10}$n-Thiosulfatlösung zurücktitriert. Als Indikator dient Stärkelösung. Die verbrauchten ml (= b) ergeben den Titer der Lösung (Blindversuch).

Bestimmung. 0,1 bis 0,2 g wasserfreies Olein werden in einem 300-ml-Jodzahlkolben abgewogen und 20 ml Rhodanlösung hinzugefügt. Nach 16- bis 20stündigem Stehen im Dunkeln, wobei sich allmählich gelbe Rhodanierungsprodukte der Fettsäuren abscheiden, werden zu dem Gemisch 20 ml Kaliumjodidlösung hinzugegeben und mit 50 ml dest. Wasser verdünnt. Die vom nicht verbrauchten, freien Rhodan ausgeschiedene Jodmenge wird mit $^1/_{10}$n-Thiosulfatlösung zurücktitriert (Verbrauch in ml = a).

Berechnung. Die Rhodanzahl (RhZ) ergibt sich aus

$$\boxed{\text{RhZ} = \frac{1{,}269\,(b - a)}{\text{Einwaage (in g)}}}$$

$$\boxed{\text{Diskrepanz} = \text{Jodzahl} - \text{Rhodanzahl}}$$

Die Bestimmung der Jodzahl erfolgt nach HANUŠ (s. S. 162). Bei Textilolein sind Jodzahlen über 93 abzulehnen. Reine Ölsäure hat eine Jodzahl von 89,9.

Beurteilung. Die Diskrepanz darf nicht über 17 liegen, andernfalls ist nach dem Entfernen unverseifbarer Anteile eine erneute Diskrepanzbestimmung erforderlich, welche dann den Höchstwert 14 nicht überschreiten soll.

Zu beachten ist allerdings, daß man durch Zusatz von Antioxydantien (β-Naphthol, Brenzkatechin u. a.) die Neigung zur Selbsterhitzung so stark reduzieren kann, daß auch Schmälzmittel mit einer Diskrepanz von weit über 17 beim Mackey-Test noch gut abschneiden und damit zum Schmälzen von Textilfasern als geeignet anzusehen sind.

Netz-, Wasch- und Dispergiermittel (Tenside)

Die weitaus wichtigste Gruppe unter den Textilhilfsmitteln bilden die Netz-, Wasch- und Dispergiermittel. Es handelt sich dabei um Produkte, welche auf Grund ihrer besonderen Konstitution die Oberflächen- bzw. Grenzflächenspannung wäßriger Lösungen mehr oder weniger stark erniedrigen. Man bezeichnet sie deswegen ganz allgemein auch als oberflächen- oder grenzflächen- oder kapillaraktive Verbindungen und nach der neuesten Nomenklatur zusammenfassend als

Tenside. Für synthetische Produkte dieser Art ist auch die Bezeichnung *Detergentien* gebräuchlich.

Ihre *Einteilung* erfolgt teils nach dem Dissoziationsverhalten in wäßrigen Lösungen (anionaktiv, kationaktiv, nichtionogen und amphoter (s. S. 204 unter Bestimmung der Ionogenität) und teils nach ihrer chemischen Konstitution (Seifen, Alkylsulfonate, Fettsäurekondensate usw.). Die wichtigsten Gruppen sind nachstehend aufgeführt.

1. Seifen. Unter den Seifen im weiteren Sinne versteht man die Salze höherer Fettsäuren, die im Molekül mindestens 8 Kohlenstoffatome enthalten. Im engeren Sinne sind es die Alkalisalze dieser Säuren. Hergestellt werden sie durch Verseifung von Ölen und Fetten (Olivenöl, Palmkernöl, Talg usw.) mit Alkali oder auch direkt aus Fettsäuren (z. B. Ölsäure) durch Neutralisation.

Schematische Formel: ━━━━━━━━━━━━━━━━ COONa

Hierin bedeutet der dicke Strich, wie auch in den folgenden Formeln, je nach seiner Länge eine mehr oder weniger lange, aliphatische Kohlenwasserstoffkette (Schreibweise Dr. SCHWEN). Lücke im dicken Strich = Doppelbindung.

Die Alkaliseifen lösen sich in heißem Wasser, wobei alkalisch reagierende Lösungen entstehen, die stark schäumen und eine gute Netz-, Wasch- und Emulgierwirkung entfalten. Von großem Nachteil ist die Empfindlichkeit der Seife gegen Säuren und Salze, insbesondere gegen die Härtebildner des Wassers. In hartem Wasser entsteht unlösliche „*Kalkseife*", welche keine Netz- und Waschwirkung ausüben kann und — abgesehen von dem dadurch entstehenden Seifenverlust — sich auf der Ware absetzt und dadurch zu mancherlei Beanstandungen (Verschmieren der Ware, schlechter Griff, Glanztrübung, Unegalität beim Färben u. a.) Anlaß gibt. Trotz dieser Nachteile ist aber die Seife immer noch unser universalstes Textilhilfsmittel. Ihre Bedeutung ist allerdings in den Nachkriegsjahren wegen der geringen Härtebeständigkeit stark zurückgegangen. Zur Erhöhung des Emulgier- und Lösevermögens für Mineralöle, Fette, Harze u. dgl. werden den Seifen oft typische Fettlösungsmittel zugesetzt. In Frage kommen z. B. Trichloräthylen, Perchloräthylen, Terpentinöl, Hexalin u. a. Von diesen „*Fettlöserseifen*" sind zu erwähnen: *Verapol* (Stockhausen), *Cycloran* (Oranienburg) und *Lanadin* (Fettchemie und Fewawerke).

2. Öl- und Fettsulfonate bzw. -sulfate. Es handelt sich dabei um Öle und Fette, die durch Sulfonierung mit Schwefelsäure oder Chlorsulfonsäure und anschließende Neutralisation wasserlöslich gemacht werden. Als Ausgangsprodukte dienen Olivenöl, Rizinusöl, Neutralöle, Esteröle, Tran, Talg und sonstige Fette. Je nach dem Ausgangsprodukt, je nach dem Sulfonierungsgrad und je nachdem, ob *Schwefelsäureester* (Sulfate) oder *echte Sulfonate* vorliegen, unterscheiden sie sich mehr oder weniger in ihren Eigenschaften. Je höher der Sulfonierungsgrad, um so besser ist im allgemeinen die Säure- und Kalkbeständigkeit.

Die Öl- und Fettsulfonate finden in der Textilveredlung Verwendung als Beizen, Weichmacher (Avivage, Schlichte- und Appreturzusatz) und, wenn sie höher sulfoniert sind, auch als Netzmittel beim Färben.

Beispiel:

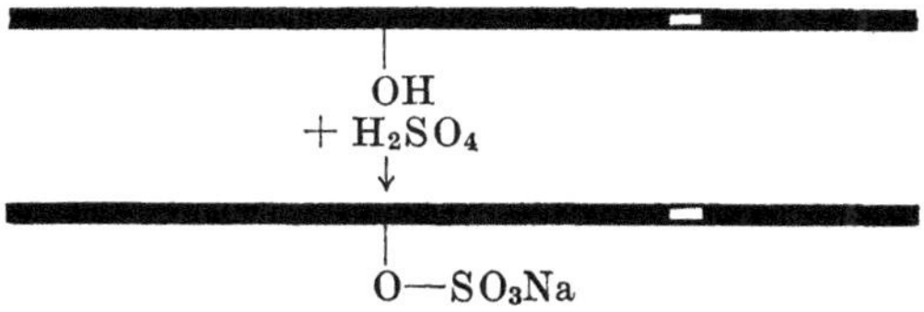

Handelsprodukte: *Türkischrotöl*, *Monopolbrillantöl*, *Tallosan* (Stockhausen), verschiedene *Avirol*-Marken (Fettchemie und Fewawerke) u. a. Ein fettlöserhaltiges Produkt ist das *Tetrapol* (Stockhausen).

3. Alkylsulfonate. Die Alkylsulfonate waren während des letzten Krieges jahrelang die einzige Grundlage zur Herstellung von Waschmitteln. Man geht aus von Kohlenwasserstoffen, wie sie z. B. beim Fischer-Tropsch-Verfahren anfallen, und führt diese durch Sulfochlorierung in Sulfochloride (Mersole) über. Durch Verseifung derselben mit Natronlauge erhält man Natriumsalze von echten Sulfonsäuren (*Mersolate*).

Beispiel:

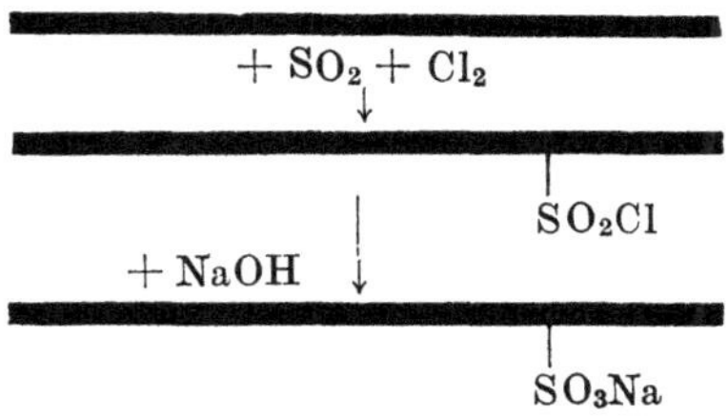

Handelsprodukte: Mersolat H, Levapon T, Witopal u. a.

4. Aralkylsulfonate. *a) Alkylbenzolsulfonate.* Als Ausgangsstoffe dienen Kohlenwasserstoffe, welche zuerst chloriert, dann mit Benzol kondensiert und schließlich sulfoniert und neutralisiert werden.

Beispiel:

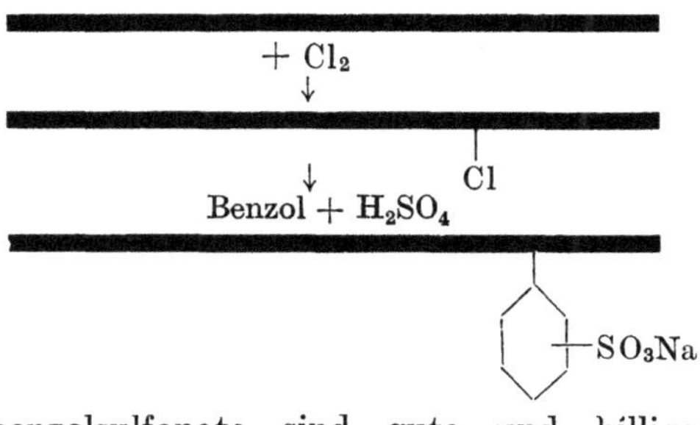

Die Alkylbenzolsulfonate sind gute und billige Waschmittel. Handelsprodukte: Nacconol, Basopal NA, Stokopol N, Marlon E, Silastan u. a.

b) Alkylnaphthalinsulfonate. Man erhält diese Produkte durch Sulfonierung eines Gemisches aus Naphthalin und einem niedermolekularen aliphatischen Alkohol (z. B. Propyl- oder Butylalkohol) und anschließender Neutralisation mit Alkali. Ein typischer Vertreter ist das *Nekal BX*. Dieses besitzt ein ausgezeichnetes Netzvermögen und kann in alkalischem, neutralem oder saurem Medium, in weichem oder hartem Wasser und bei niederer oder hoher Temperatur Verwendung finden. Nekal BX ist außerdem kalkbeständig und kann mit anderen Sulfonaten oder auch Fettlösern wirksam kombiniert werden. Das Waschvermögen ist wenig ausgeprägt.

Beispiel:

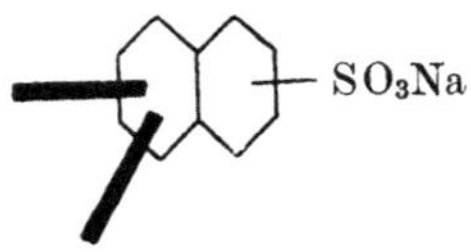

Handelsprodukte: *Nekal BX*, *Nekanil S*, *Leonil DB* u. a.

5. Alkylsulfate (Fettalkoholsulfate bzw. -sulfonate). Verestert man Fettalkohole mit Schwefelsäure, so entstehen saure Alkylschwefelsäureester, deren Salze als primäre Alkylsulfate oder Fettalkoholsulfate bzw. Fettalkoholsulfonate bezeichnet werden.

Formel:

Die Eigenschaften dieser primären Alkylsulfate hängen von der Art des verwendeten Fettalkohols (nieder- oder hochmolekular, gesättigt oder ungesättigt) und auch vom Sulfierungsgrad ab. Im allgemeinen kann man sagen, daß diesen Produkten eine sehr gute Wasch-, Netz- und Dispergierwirkung eigen ist. Ihre Härtebeständigkeit ist ausreichend; Trübungen und Ausfällungen treten meist nur in sehr hartem Wasser auf. Abgesehen von der Verwendung in der Textilveredlung, werden die Fettalkoholsulfate auch zur Herstellung von Feinwaschmitteln (*Fewa*) und Haarshampoons viel verwendet.

Handelsprodukte: *Gardinol*, *CFD*, *Cyclanon*, *Lissapol C*, *Quecopol* u. a.

Lagert man Schwefelsäure an unverzweigte Olefine mit endständigen Doppelbindungen an und neutralisiert anschließend, so entstehen sekundäre Alkylsulfate, die ebenfalls eine gute Waschwirkung aufweisen.

Beispiel:

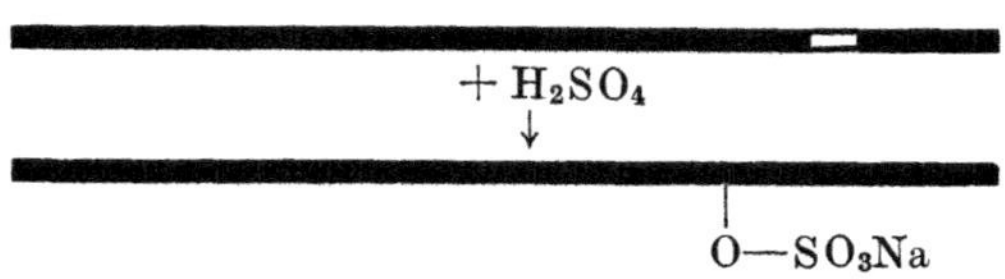

Handelsprodukte: *Teepol*, *Lansex* u. a.

6. Fettsäurekondensationsprodukte. Im Vergleich zu den fettsauren Alkalisalzen, den Seifen, besitzen die Fettsäurekondensationsprodukte eine wesentlich bessere Härte- und Säurebeständigkeit. Dies ist darauf zurückzuführen, daß in diesen Produkten die COOH-Gruppe der Fettsäure durch Veresterung (Hostapon A-Typ) oder Amidierung (Hostapon T-Typ) blockiert ist. Zur Herstellung kondensiert man Fettsäurechloride mit oxyäthansulfonsaurem Natrium, aminoäthansulfonsaurem Natrium oder methylaminoäthansulfonsaurem Natrium.

Beispiele:

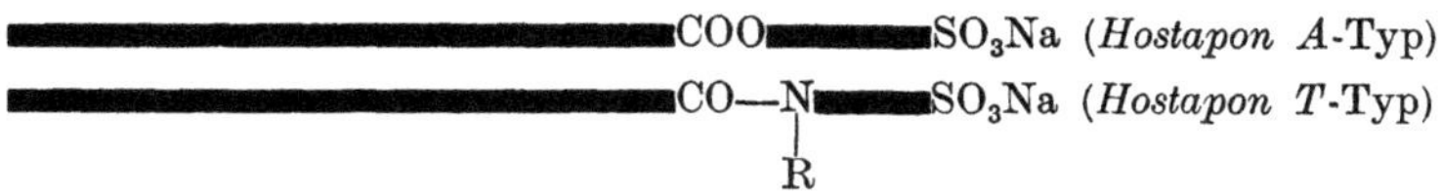

Verwendung als Netz-, Wasch-, Avivage- und Dispergiermittel sowie als Feinwaschmittel für den Haushalt (z. B. *Fex*).

Handelsprodukte: *Hostapon A*, *Hostapon T*, *Lusynton T*, *Ebrolin BG* u. a.

Kondensiert man Fettsäurechloride, vorzugsweise Ölsäurechlorid, mit Eiweißabbauprodukten (Lederabfällen u. ä.), so resultieren Produkte, die vor allem eine gute Dispergier- und Schutzkolloidwirkung aufweisen. Das Waschvermögen ist dagegen etwas weniger ausgeprägt als bei den Hostapon-Typen.

Konstitution:

Handelsprodukte: *Lamepon A*, *Lanasan* u. a.

Ganz ähnlich gebaut sind auch die *Medialane*, welche vorwiegend in der Walke Verwendung finden.

7. Äthylenoxydaddukte (Polyglykoläther). Zur Herstellung dieser wichtigen Produkte geht man von Fettsäuren, Fettalkoholen oder alkylierten Phenolen bzw. Naphtholen aus und lagert an diese Äthylenoxyd an. Durch Variation der Ausgangsstoffe und ihrer Kettenlänge einerseits und der Länge der Äthylenoxydkette andererseits, gelangt man zu Produkten mit den verschiedensten Eigenschaften. Aus Fettalkoholen erhält man Fettalkoholpolyglykoläther wie z. B. *Peregal* 0 und *Nekanil* 0.

Beispiel:

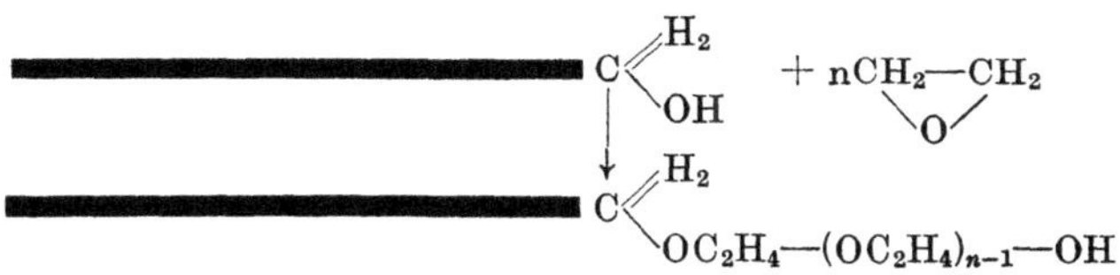

Bei Verwendung von Fettsäuren resultieren Fettsäurepolyglykoläther (*Soromin SG* und *Emulphor A*), und aus Alkylphenolen bzw. Alkylnaphtholen werden Alkylphenol- (*Hostapal C* u. dgl.) bzw. Alkylnaphtholpolyglykoläther erhalten.

Beispiel:

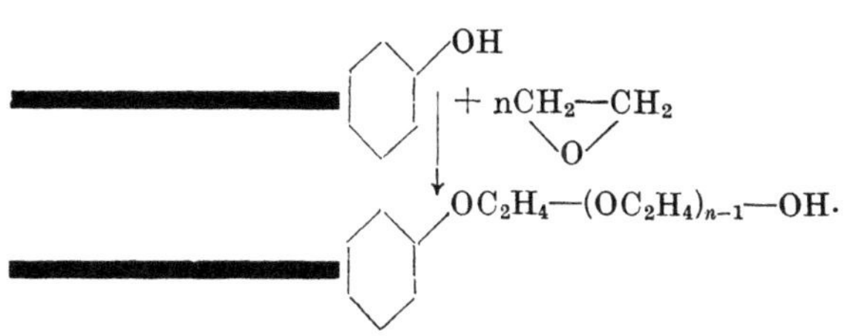

Die Äthylenoxydaddukte finden ausgedehnte Verwendung als Netz-, Wasch-, Emulgier-, Dispergier-, Egalisier- und Avivagemittel.

Handelsprodukte: Außer den schon genannten sind zu erwähnen *Levagal K*, *Lavagent NA*, *Leonil RW*, *Marlipal*, *Lissapol N* u. a.

Untersuchung der Netz-, Wasch- und Dispergiermittel

Die Untersuchung erstreckt sich meist auf folgende Punkte: Netz-, Wasch-, Emulgier-, Egalisier- und Schmutztragevermögen, Schaumkraft, Beständigkeit gegen Säuren, Basen, Oxydations-Reduktionsmittel und hartes Wasser, Reaktionsweise, Wassergehalt, Gehalt an waschaktiver Substanz und schließlich bei unbekannten Produkten auch die Bestimmung der Ionogenität und der Gruppenzugehörigkeit.

1. Bestimmung des Netzvermögens

Unter dem Netzvermögen versteht man die Fähigkeit einer Lösung, die Luft aus den Kapillarräumen des Fasermaterials zu verdrängen und dadurch ein besseres und gleichmäßigeres Eindringen der Wasch-, Bleich-, Färbeflotten usw. zu ermöglichen.

Die Bestimmung des Netzvermögens kann in einfacher Weise so erfolgen, daß man kleine Gewebestückchen oder auch ringförmig zusammengelegte Fäden oder Strängchen auf die Oberfläche der zu prüfenden Lösung auflegt und dann die Zeit stoppt, bis das Fasermaterial untersinkt. Je schneller dies geschieht, um so besser ist die Netzfähigkeit. Um ein umfassenderes Bild zu bekommen, wird man meist noch die Versuchsbedingungen etwas variieren und z. B. die Messungen auch bei verschiedenen Temperaturen und Konzentrationen durchführen, oder an Stelle des dest. Wassers ein mehr oder weniger hartes verwenden.

Nach Landolt[1] erhält man bei dieser Auflegemethode keine so guten Ergebnisse wie bei der Eintauch- bzw. Tauchnetzmethode nach Schwen[2]. Die letztere wurde inzwischen genormt (DIN 53901). Gut reproduzierbare und ausreichend genaue Werte resultieren auch nach der Blasenmethode (s. w. u.).

a) Tauchnetzmethode (nach DIN 53901). Unter dem Tauchnetzvermögen einer Flüssigkeit versteht man ihre Fähigkeit, die Luft aus darin eingetauchtem Textilgut zu verdrängen. Das Tauchnetzvermögen wird gemessen durch die Konzentration des Netzmittels, bei der das in die Lösung eingetauchte Prüfgewebe unter Verdrängung der Luft nach einer bestimmten Zeit (100 Sek.) abzusinken beginnt.

Zur *Bestimmung des Tauchnetzvermögens* wird eine Netzscheibe aus Baumwollgewebe in die Lösung des Textilhilfsmittels eingetaucht. Durch die eingeschlossene Luft erhält die Netzscheibe anfangs einen Auftrieb. Sobald aber die Luft durch Wasser verdrängt ist, beginnt die Netzscheibe zu sinken. Gemessen wird die Zeit vom Eintauchen bis zum Beginn des Sinkens.

---

[1] Landolt: Melliand Textilber. **9** (1928) 762.
[2] Schwen, G.: Melliand Textilber. **32** (1951) 939.

Das Prüfverfahren gilt für Netzmittel, die in neutralen, schwach alkalischen oder sauren Bädern verwendet werden. Netzmittel für stark alkalische Bäder (z. B. Mercerisieren) oder stark saure Bäder (z. B. (Karbonisieren) können nach dieser Vorschrift nicht geprüft werden.

Prüfgewebe, Netzscheiben.

Da die Netzzeiten (Untersinkzeiten) von der Art der Rohbaumwolle (Wachsgehalt) sowie von der Nummer und Drehung der Garne und der Fadenzahl je cm^2 abhängig sind, dürfen Vergleichsversuche nur mit ein und demselben, für diese Zwecke besonders geprüften Gewebe ausgeführt werden[1]. Prüfungen mit verschiedenen Geweben ergeben Netzzeiten, die nicht miteinander vergleichbar sind.

Mit Hilfe einer geeigneten Vorrichtung werden aus dem Baumwollgewebe kreisrunde Netzscheiben von etwa 10 cm^2 Fläche (etwa 35 mm Durchmesser) ausgeschnitten.[2] Sie werden, um den Einfluß der wechselnden Luftfeuchtigkeit auszuschalten, vor der Prüfung mindestens 24 Stunden lang im Exsikkator über Calciumchlorid gelagert.

Prüfgerät

Das Prüfgerät besteht aus einem hohen Becherglas 800 ohne Ausguß DIN 12331. Falls ein anderes Becherglas verwendet wird, ist es so zu füllen, daß die Entfernung des oberen Randes der schwimmenden Netzscheibe bis zur Flüssigkeitsoberfläche 40 mm (s. Abb. 20) beträgt, weil der Druck, unter dem die Netzscheibe steht, die Netzgeschwindigkeit beeinflußt und deshalb bei allen Versuchen gleich sein muß. Es besteht ferner aus einem Bügel aus nichtrostendem Draht von 2 mm Durchmesser, der am unteren Ende mit einer Ringöse mit kegeliger Bohrung versehen ist. Der Bügel hat die gleiche Länge wie das Becherglas; er ist am oberen Ende so gebogen, daß er in den Rand des Becherglases eingehängt werden kann. Auf dem unteren waagrechten Schenkel ist in 30 mm Entfernung vom Innenrand der Ringöse eine Meßmarke angebracht. Ferner sind ein Gummistopfen und ein Perlonfaden erforderlich.

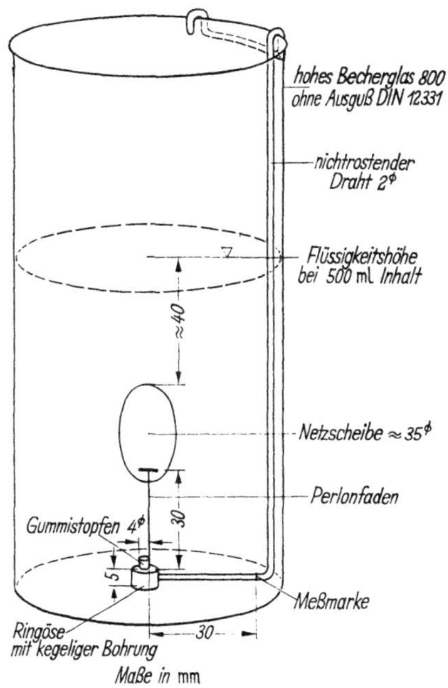

Abb. 20. Prüfgerät

Wasser mit einer Härte von 10 °dH.

Das harte Wasser soll 8,5 °dH Calciumhärte und 1,5 °dH Magnesiumhärte haben. Es besteht aus der Mischung von 2 Lösungen, die wie folgt hergestellt werden:

Lösung A: 40 g Calciumchlorid ($CaCl_2 \cdot 6H_2O$ pro analysi) in 1 l dest. Wasser. 1 ml dieser Lösung in 1 l dest. Wasser ergibt Wasser von 1 °dH Calciumhärte.

Lösung B: 44 g Magnesiumsulfat ($MgSO_4 \cdot 7H_2O$ pro analysi) in 1 l dest. Wasser 1 ml dieser Lösung in 1 l dest. Wasser ergibt Wasser von 1 °dH Magnesiumhärte.

---

[1] Bezugsquellen weist der Fachnormenausschuß Materialprüfung, Stuttgart-O, Cannstatter Str. 212, nach.

[2] Eine Vorrichtung zur Herstellung kreisrunder Gewebeabschnitte wird z. B. von der Fa. Sartorius-Werke AG, Göttingen, unter dem Namen Probenschneider RoHi-PS 1/10 cm^2, hergestellt.

8,5 ml von Lösung A und 1,5 ml von Lösung B werden mit je 450 ml dest. Wasser verdünnt; beide Lösungen werden gemischt und mit dest. Wasser zu 1 l aufgefüllt. Da die Anwesenheit von Kohlensäure im Wasser schwankende Netzzeiten ergeben kann, muß das dest. Wasser vorher gekocht werden. Um zu verhindern, daß sich beim Abkühlen wieder Kohlensäure löst, ist ein Natronkalkrohr aufzusetzen.

Herstellen der zu prüfenden Netzmittellösungen. Das Netzmittel wird in verschiedenen Konzentrationen je nach Anwendungsvorschrift

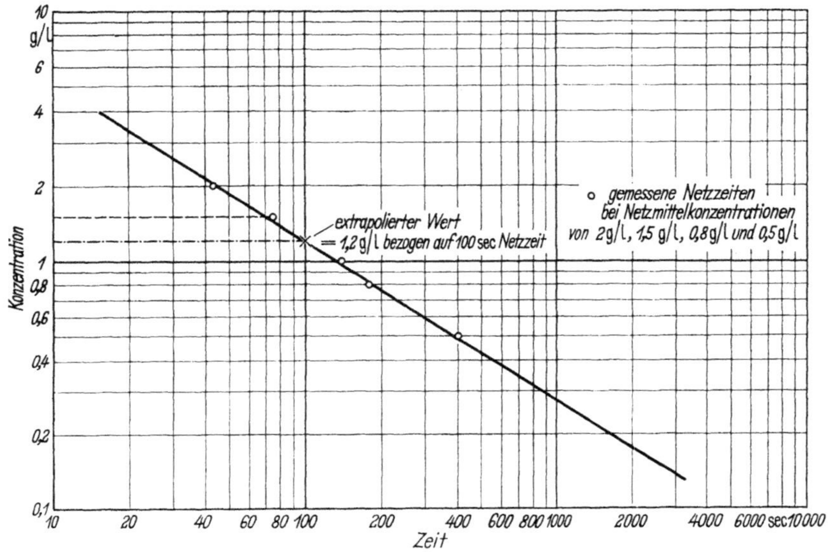

Abb. 21. Auswertungsbeispiel

in dest. Wasser und in Wasser mit einer Härte von 10 °dH gelöst. Hierbei sind die Konzentrationen so zu wählen, daß Netzzeiten unter 3 Sek. und über 300 Sek. vermieden werden.

Anzahl der Prüfungen. Durchzuführen sind je 10 Einzelprüfungen mit den verschiedenen Konzentrationen des Netzmittels. Falls die Wirksamkeit von Netzmitteln bei den in der Praxis üblichen Flotten, z. B. in Färbeküpen, geprüft werden soll, sind dieselben Einzelprüfungen jeweils unter Zusatz von 15 ml Natronlauge (5,25 g NaOH gelöst in 1 l dest. Wasser; der p_H-Wert dieser Lösung liegt etwa bei 13) durchzuführen.

Durchführung der Prüfung. Die Prüfung wird in der Regel bei einer Flüssigkeitstemperatur von 25 $\pm$ 2 °C durchgeführt. Bei sehr abweichender Temperatur ist ein Thermostat zu verwenden.

In das Becherglas werden jeweils 500 ml der Netzmittellösung eingebracht. Durch die Netzscheibe wird nahe am Rand ein Faden aus Perlon gezogen, der an einem Ende mit einem Knoten versehen ist. Das freie Ende des Fadens wird mit Hilfe eines Gummistopfens in die Ringöse des Bügels so eingeklemmt, daß die Länge des frei beweglichen

Fadens 30 mm beträgt. Zur Erleichterung des Abmessens dient die Meßmarke am unteren waagerechten Teil des Bügels.

Gemessen wird die Zeit vom Augenblick des Eintauchens der Netzscheibe bis zum Zeitpunkt, in dem sie zu sinken beginnt.

Auswertung. Aus den Ergebnissen von 10 Einzelversuchen mit gleichen Konzentrationen wird der Mittelwert errechnet. Hierbei werden vom Durchschnitt erheblich abweichende Werte nicht berücksichtigt, sondern durch Ergebnisse aus weiteren Versuchen ersetzt.

Die Mittelwerte der Netzzeiten werden auf Diagrammpapier mit beiderseits logarithmischer Einteilung[1] eingetragen; sie liegen ungefähr auf einer Geraden. Das Netzvermögen eines Textilhilfsmittels wird dann durch den graphisch extrapolierten Wert für die Konzentration des Netzmittels in g/l Prüfflüssigkeit definiert, der einer Netzzeit von 100 Sek. entspricht. Auswertungsbeispiel s. Abb. 21.

Im Prüfbericht sind anzugeben:
Bezeichnung des Netzmittels,
Netzvermögen bezogen auf 100 Sek.
Netzzeit für jede Prüfflüssigkeit in g/l, und zwar auf 0,1 g/l genau,
p_H-Wert der Netzmittellösung,
Auswertungsdiagramm.

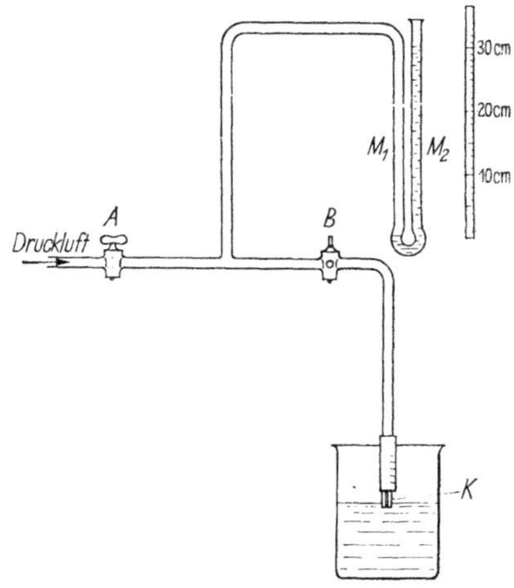

Abb. 22. Apparatur zur Blasenmethode

b) Blasenmethode[2]. Die Tauchnetzmethode hat den Nachteil daß man, wenn gleiche Netzzeiten resultieren sollen, stets auch das gleiche Gewebe verwenden muß. Bei der Blasenmethode ist man hingegen vom Gewebe unabhängig. Im Prinzip handelt es sich bei der Blasenmethode ebenfalls um eine Luftverdrängungsmethode. Bestimmt wird nämlich der Druck, bei dem aus einer in die zu messende Flüssigkeit eintauchenden Kapillare die Luft verdrängt wird, d. h. aus der Kapillare keine Luftblasen mehr austreten. Je geringer die Oberflächenspannung der Meßflüssigkeit, um so kleiner ist der hierfür aufzuwendende Druck.

Durchführung. Die mit Dichromat/Schwefelsäure gut gereinigte Kapillare *K* (s. Abb. 22) läßt man 1 cm in die zu messende Flüssigkeit eintauchen (am besten Markierung anbringen) und erzeugt mit Hilfe von Druckluft durch Öffnen des Hahns *A* und Schließen des Hahns *B* in der Apparatur einen Überdruck. Darauf schließt man Hahn *A* und öffnet Hahn *B*. Treten an der Kapillare *K* keine Luftblasen mehr aus, wird die Differenz der beiden Wassersäulen (M_1 und M_2) abgelesen.

---

[1] Zum Beispiel Papier 369,1/2:1, von Schleicher & Schüll, Düren/Rhld.

[2] Schwen, G.: Melliand Textilber. **32** (1951) 939; **42** (1961) 457 u. 1187 sowie **43** (1962) 75.

Die Oberflächenspannung ergibt sich aus der Beziehung

$$\sigma = \frac{D\,g\,(h - h_1)\,r}{2}$$

Hierin bedeuten:
σ Oberflächenspannung (dyn/cm),
D Dichte des Wassers,
g Erdbeschleunigung (= 981 cm/sec),
h Wassersäule in cm (Differenz M_1 und M_2),
h_1 Eintauchtiefe der Kapillare in cm,
r Radius der Kapillare in cm

Beispiel: Doppelt dest. Wasser; Raumtemperatur 20 °C; $h = 12{,}8$ cm (Mittel aus 10 Messungen); $h_1 = 1{,}0$ cm; $r = 0{,}0125$ cm. Daraus ergibt sich $\sigma = 72{,}4$ dyn/cm.

Zusammenhänge zwischen Netzvermögen und Oberflächenspannung

Da eine gute Netzwirkung stets eine Erniedrigung der Oberflächenspannung voraussetzt, wird zur Beurteilung des Netzvermögens vielfach auch die Messung der Oberflächenspannung herangezogen. Man benutzt hierzu meist das Stalagmometer (s. S. 47). Zur Prüfung des Netzmittels löst man 1 bis 3 g Substanz in 1 l Wasser auf, läßt diese Lösung aus dem Stalagmometer ausfließen und vergleicht die Anzahl der Tropfen mit der Tropfenzahl von reinem Wasser oder einer anderen Netzmittellösung. Je größer die Tropfenzahl, um so kleiner ist die Oberflächenspannung. Es ist auch möglich, die Tropfenzahl in die absoluten Werte der Oberflächenspannung (dyn/cm) umzurechnen.

Ein einfacher Zusammenhang zwischen der Oberflächenspannung und der Netzwirkung besteht jedoch nur in gewissen Fällen, und es ist keineswegs so, daß von 2 Netzmitteln dasjenige, welches die Oberflächenspannung stärker erniedrigt, auch die größere Netzwirkung hat[1]. Der Grund hierfür ist darin zu suchen, daß beim Benetzungsvorgang außer der Oberflächenspannung auch die Grenzflächenspannung Netzflüssigkeit/Textilgut von Bedeutung ist.

Prüfung von Mercerisiernetzmitteln

a) *Auflegemethode.* Man legt kleine Stoffabschnitte oder Faserbündel auf die Oberfläche der Mercerisierlauge und bestimmt die Untersinkzeit. In Parallelversuchen setzt man der Lauge wechselnde Mengen des zu prüfenden Netzmittels zu und vergleicht, evtl. auch noch mit einem Standard-Mercerisierhilfsmittel.

b) *I. G.-Test*[2]. An den beiden Enden eines Baumwollsträngchens werden 2 Haken angebracht, wovon der eine fest an einem Metallstift sitzt, während der andere beweglich und mit einem Hebel verbunden ist. Am Ende dieses Hebels befindet sich eine Schreibfeder, die nach dem Eintauchen des Strängchens in die Mercerisierflotte die entstehende Schrumpfung auf einer rotierenden und mit Millimeterpapier versehenen Trommel aufzeichnet.

2. Bestimmung der Waschkraft

Da die Waschwirkung von einer ganzen Reihe von Einzelfaktoren (Oberflächen- und Grenzflächenspannung, Schaumkraft, Dispergier- und Emulgiervermögen, Art und Oberflächenstruktur des Faser-

[1] STADLER, J.: Textil-Praxis **4** (1949) 128.
[2] SCHWEN, G.: Melliand Textilber. **30** (1949) 351.

materials, Art des Schmutzes usw.) abhängt, ist es nicht möglich, durch Bestimmung von Einzeleffekten ein ausreichendes Bild von der Waschkraft zu bekommen. Man führt deswegen in der Hauptsache praktische Waschversuche durch, wobei, um gut vergleichbare Werte zu erhalten, die Gewebestreifen künstlich angeschmutzt werden.

Das Auswaschen erfolgt am besten in kleinen Laboratoriumswaschmaschinen. Notfalls können die Teststreifen auch an einem Laborrührer befestigt und in dieser Weise bewegt werden. Das Auswaschen von Hand ist mit vielen subjektiven Fehlerquellen behaftet. Bei allen Waschversuchen muß auf völlige Gleichheit der Versuchsbedingungen (Temperatur, Dauer, Konzentration, Härte des Wassers, Flottenverhältnis, p_H-Wert usw.) geachtet werden.

Die *künstlichen Anschmutzungen*[1] bestehen meist aus Mischungen von Graphit, Ruß oder Straßenstaub mit einem Fett oder Mineralöl. Die Anschmutzung des Testgewebes der Farbwerke Hoechst ist eine Mischung aus Talg, Mineralöl und Straßenstaub („Ta-Mi-Stra-Anschmutzung"). Statt des natürlichen Straßenstaubes kann auch ein künstlich hergestellter verwendet werden, z. B. durch Vermahlen von 96,6 g Ton, 2,0 g schwarzem Eisenoxyd, 1,0 g gelbem Eisenoxyd und 0,4 g Lampenruß.

Das Testgewebe der Eidgenössischen Materialprüfungsanstalt (EMPA) St. Gallen ist mit folgender Mischung angeschmutzt: 50 ml Pelikantusche + 100 ml Olivenölemulsion + 10 g Tragantverdicker + 840 ml Wasser.

Die Olivenölemulsion wird mit 5 ml Emulgator D (Ciba) hergestellt. Der genannte Emulgator hat die Eigenschaft, beim Trocknen des Gewebes unwirksam zu werden, so daß der Waschprozeß nicht beeinflußt wird.

Da die Anschmutzungen alle mehr oder weniger schnell altern und dadurch die Auswaschbarkeit herabgesetzt wird, sollen die Teststreifen nur eine bestimmte Zeit lang verwendet werden. Das gleichmäßige Aufbringen des Schmutzes ist nicht ganz einfach, und es empfiehlt sich daher, die Teststreifen von den Farbwerken Hoechst oder der EMPA zu beziehen.

Ausführung der Waschversuche.

1. Baumwoll-Waschmittel. Man arbeitet meist mit Waschmittelkonzentrationen von 0,5 bis 3 g/l. Nach Zugabe des Teststoffes wird die Waschflotte in 15 bis 20 Min. auf 85 °C erhitzt. Man läßt bei dieser Temperatur 15 Min. lang einwirken, spült dann zweimal mit warmem (etwa 60 °C) und einmal mit kaltem Wasser, trocknet an der Luft und bügelt die Probe.

Die Beurteilung des Wascheffektes erfolgt visuell durch Vergleich der gewaschenen mit den ungewaschenen Proben oder durch Bestimmung des Weißgehaltes auf photometrischem Wege. Im letzteren Falle ergibt sich die Waschkraft (WK) aus der Differenz des Weißgehaltes der gewaschenen (WG_g) und der ungewaschenen Probe (WG_b)

[1] STÜPEL, H.: Fette und Seifen **54** (1952) 143. — E. GÖTTE: Melliand Textilber. **35** (1954) 534.

nach

$$\%WK = \%WG_g - \%WG_b$$

oder auch aus dem Waschkraftquotienten nach der Formel[1]

$$\%WK = \frac{\%WG_g - \%WG_b}{\%WG_u - \%WG_b} \cdot 100$$

WG_u Weißgehalt des unbeschmutzten Stoffes.

2. Woll-Waschmittel. Bei der Wolle kommt es weniger auf die Waschwirkung bei Pigmentanschmutzungen als hauptsächlich auf das Herauswaschen von Fetten und fettähnlichen Substanzen (Wollfett, Olein- und Mineralölschmälzen) an. Synthetische Präparate sind hierfür viel geeigneter als Seife.

a) Gravimetrische Bestimmung. Garne oder Gewebestreifen aus Wolle werden mit einer Lösung von Mineralöl in einem organischen Lösungsmittel (z. B. Tetrachlorkohlenstoff) so imprägniert, daß nach dem Trocknen an der Luft etwa 5% Öl auf der Ware verbleiben. Das imprägnierte Fasermaterial wird dann von Hand oder besser auf einer kleinen Laborwaschmaschine bei 45 bis 50 °C mit der Lösung des zu untersuchenden Produktes (meist 2 bis 4 g/l) eine halbe Stunde lang gewaschen und anschließend zuerst mit warmem und dann mit kaltem Wasser gespült und getrocknet. Das auf der Faser verbliebene Mineralöl wird mit reinem Tetrachlorkohlenstoff abgelöst und seine Menge nach dem Eindampfen des Lösungsmittels gravimetrisch bestimmt.

b) Kolorimetrische Bestimmung (KUCKERTZ). Man verfährt wie unter *a)* beschrieben, nur wird das Öl mit 1% Sudanviolett BR oder Sudanrot 7 B[2] angefärbt. Die genannten Farbstoffe besitzen keinerlei Affinität zur Wolle und werden zusammen mit dem Mineral- bzw. Olivenöl wieder von der Faser abgelöst. Nach der Tiefe der Anfärbung vor und nach der Wäsche läßt sich der Wascheffekt beurteilen. Man kann auch das auf der Faser verbliebene, gefärbte Öl mit Tetrachlorkohlenstoff abziehen und seine Menge kolorimetrisch bestimmen.

Soll gleichzeitig auch die Waschkraft für Pigmentschmutz ermittelt werden, so setzt man dem Öl zweckmäßig noch etwas Straßenstaub zu.

3. Bestimmung des Schmutztragevermögens

Unter dem Schmutztragevermögen versteht man die Eigenschaft waschaktiver Flotten, abgelösten Schmutz nicht mehr auf die Faser aufziehen zu lassen. Bei nicht ausreichendem Schmutztragevermögen vergraut die Wäsche.

Die Bestimmung des Schmutztragevermögens erfolgt am besten durch Waschen von Weißtextilien in künstlich beschmutzten Flotten. Je weißer dabei das Waschgut bleibt, um so besser ist das Schmutz-

[1] LINDNER, K.: Textilhilfsmittel und Waschrohstoffe. Stuttgart: Wissenschaftl. Verlagsgesellschaft m. b. H.

[2] Jetzt Ceres-Farbstoffe der Farbenfabriken Bayer Leverkusen.

tragevermögen. Andere Bestimmungsmethoden (z. B. des Suspendier- bzw. Dispergiervermögens oder der Schutzkolloidwirkung) erfassen nur Teilvorgänge und entsprechen zu wenig den Bedingungen der Praxis.

Ausführung: Man bereitet sich zunächst eine Stammemulsion bzw. -dispersion des künstlichen Schmutzes (s. w. u.), gibt davon eine bestimmte Menge, z. B. 5, 10 oder 20 ml in ein Becherglas, verdünnt mit Wasser von 20 °C auf 100 ml und setzt unter leichtem Umrühren die waschaktive Substanz zu. Dann bringt man den Teststreifen ein, erwärmt die Flotte in etwa 20 Min. auf 95 °C und wäscht bei dieser Temperatur 1 Std. lang. Das Waschen erfolgt am besten auf einer Laborwaschmaschine[1]; zur Not genügt auch ein gleichmäßiges Umrühren mit einem Glasstab. Derselbe Versuch wird auch ohne waschaktive Substanz durchgeführt.

Die Berechnung des Schmutztragevermögens geschieht nach der Formel[2]

$$\boxed{\% STV = \frac{\% WG_b - \% WG_w}{\% WG_o - \% WG_w} \cdot 100}$$

Es bedeuten:

STV Schmutztragevermögen;
WG_b Weißgehalt nach dem Waschen in der Schmutzflotte mit waschaktiver Substanz;
WG_w Weißgehalt nach dem Waschen in der Schmutzflotte ohne waschaktive Substanz (Wasserwert);
WG_o Weißgehalt des ungewaschenen, weißen Testtextils.

In einfachster Weise kann das Schmutztragevermögen auch als Differenz der Weißgrade vor und nach der Wäsche angegeben werden. In diesem Falle erübrigt sich die Ermittlung des Wasserwertes.

Herstellung der Stamm-Schmutzsuspension. Die gleichmäßigsten Ergebnisse erhält man nach STÜPEL mit den nachstehenden Ansätzen:

a) 1,0 Gew.-Teile Lampenruß,
0,5 Gew.-Teile Invadin B conc. (Ciba),
100 ml dest. Wasser.
b) 10 g Standard-Micronex (sehr geeignetes Kohlenstoffpigment der Fa. Binney & Smith Co., New York),
0,5 g Alkylnaphthalinsulfonat,
1,0 l dest. Wasser.

4. Bestimmung des Schäumvermögens[3] und der Schaumbeständigkeit (nach DIN 53902)

Bei der praktischen Anwendung von Textilhilfsmitteln kann die Kenntnis ihres Schäumvermögens von Bedeutung sein. In einigen Fällen wird eine bestimmte Schaumbildung verlangt, während sie in anderen unerwünscht ist.

---

[1] STÜPEL, H., u. A. v. SEGESSER: Soap-Perfumery-Cosmetics 24 (1951) 558. — H. STÜPEL: Textil-Praxis 9 (1954) 264.
[2] STÜPEL, H.: Textil-Praxis 9 (1954) 264.
[3] Über weitere Methoden zur Bestimmung des Schäumvermögens s. K. LINDNER: Textilhilfsmittel und Waschrohstoffe. Stuttgart, Wissenschaftl. Verlagsgesellschaft m.b.H.

Als Maß für das Schaumverhalten dienen Schaumvolumen und Schaumbeständigkeit. Der Schaum wird durch Schlagen der Lösungen in einem Standzylinder mit einer an einem Stiel befestigten gelochten Scheibe aus Plexiglas erzeugt (s. Abb. 23). Im allgemeinen wird das Verhalten der Textilhilfsmittel in dest. und auch hartem Wasser bei verschiedenen Temperaturen geprüft. Zum Vergleich dient eine Lösung von Natriumoleat in dest. Wasser.

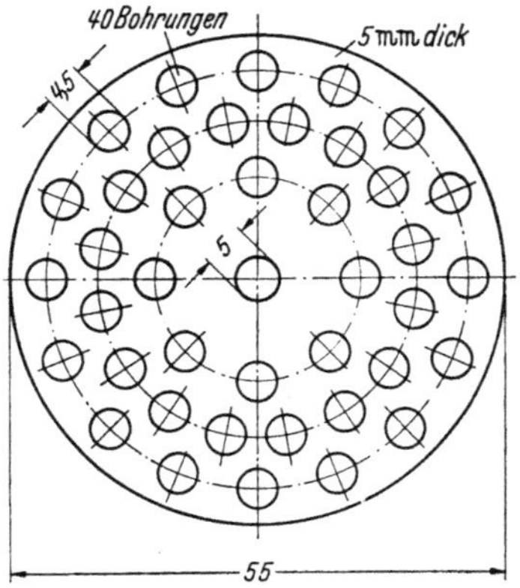

Abb. 23. Lochscheibe

Natriumoleatlösung: 93 g Ölsäure rein Erg. 6 (Merck) werden in eine kochend heiße Lösung von 13 g Natriumhydroxyd pro analysi in ungefähr 300 ml dest. Wasser langsam eingerührt und die Lösung unter Rühren so lange gekocht, bis eine kleine Menge, in Alkohol gelöst, nur noch schwache Rotfärbung mit Phenolphthalein zeigt. Nach dem Abkühlen wird mit dest. Wasser zu einem Liter aufgefüllt.

Diese Stammlösung, die 100 g Natriumoleat (100%ig) je Liter enthält, wird vor jeder Prüfreihe frisch hergestellt. Für die Prüfung werden 20 ml mit dest. Wasser auf 1 l aufgefüllt. Die Vergleichsmessungen mit Natriumoleatlösungen werden nur bei Verwendung von dest. Wasser ausgeführt.

Wasser mit einer Härte von 10 °dH.

Lösung A: 40 g Calciumchlorid ($CaCl_2 \cdot 6\,H_2O$ pro analysi) in 1 l dest. Wasser. 1 ml dieser Lösung in 1 l dest. Wasser ergibt Wasser von 1 °dH Calciumhärte.

Lösung B: 44 g Magnesiumsulfat ($MgSO_4 \cdot 7\,H_2O$ pro analysi) in 1 l dest. Wasser. 1 ml dieser Lösung in 1 l dest. Wasser ergibt Wasser von 1 °dH Magnesiumhärte.

8,5 ml von Lösung A und 1,5 ml von Lösung B werden mit je 450 ml dest. Wasser verdünnt. Beide Lösungen werden gemischt und mit dest. Wasser zu 1 l aufgefüllt. Ist die Prüfung mit Wasser höherer Gesamthärte auszuführen, so sind entsprechende Mengen der Lösungen A und B zu verwenden.

Probenherstellung. Das zu prüfende Textilhilfsmittel wird in dest. Wasser und in Wasser mit einer Härte von 10 °dH gelöst. Im Bedarfsfall kann auch Wasser mit anderen Härtegraden verwendet werden. Bei Textilhilfsmitteln mit großem oder sehr kleinem Schäumvermögen kann die Konzentration dem Gehalt an wirksamer Substanz entsprechend herauf- oder herabgesetzt werden. Im allgemeinen wird eine Lösung von 2 g/l verwendet. Zweckmäßig wird eine Stammlösung von 40 g Textilhilfsmittel in 1 l dest. Wasser angesetzt, von der jeweils als Probe 10 ml verwendet werden. Diese Probe wird mit dest. oder hartem Wasser auf 200 ml aufgefüllt, so daß eine Lösung mit einem Gehalt von 0,2% Textilhilfsmittel vorliegt.

Durchführung. In den Meßzylinder werden 200 ml der zu prüfenden Hilfsmittellösung unter Vermeidung von Schaumentwicklung eingefüllt. Dann werden mit der Lochscheibe 30 gleichmäßige Stöße innerhalb von 30 Sek. ausgeführt, wobei die Scheibe bei jedem Stoß vom Boden des Meßzylinders bis zur Oberfläche der Flüssigkeit geführt werden muß.[1]

[1] Gleichzeitige Schaumerzeugung in mehreren Meßzylindern s. DIN 53902.

Nach Beendigung der Schaumerzeugung wird die Lochscheibe aus dem Zylinder herausgenommen und die zwischen Flüssigkeitsrand und Schaumoberfläche vorhandene Menge Schaum nach Ablauf von 1 Min., nach 5 Min. und nach 10 Min. in ml abgelesen.

Die Prüfung wird im allgemeinen bei Flüssigkeitstemperaturen von 25 ± 2 °C oder 40 ± 2 °C vorgenommen. Nach Vereinbarung kann auch bei höheren Temperaturen geprüft werden.

Auswertung. Die bei verschiedenen Textilhilfsmitteln und Textilhilfsmittelkonzentrationen erhaltenen Ergebnisse werden entweder unter sich oder mit dem Schaumvolumen der Natriumoleatlösung verglichen. Das Schaumvolumen der Natriumoleatlösung nach 1 Min. Stehens wird dabei gleich 100% gesetzt.

Zweckmäßig ist es, die verschiedenen Schaumvolumen in einem Diagramm darzustellen.

5. Bestimmung des Emulgiervermögens

Unter Emulgierung versteht man die feine Verteilung ineinander unlöslicher Flüssigkeiten, z. B. von Mineralöl in Wasser. Damit sich dies ermöglichen läßt und die entstehende Emulsion beständig bleibt und nicht aufrahmt, muß die Grenzflächenspannung der beiden Flüssigkeiten herabgesetzt werden. Substanzen, welche in diesem Sinne wirken, bezeichnet man allgemein als Emulgatoren. Emulgatoren werden hauptsächlich zur Herstellung von Schmälzmitteln benötigt.

Die einfachste Methode zur Bestimmung des Emulgiervermögens besteht darin, daß man in einem Meßzylinder zu einer Mischung von Mineralöl und Wasser eine bestimmte Menge, z. B. 1, 2, 5 oder 10% der zu prüfenden Substanz, zugibt und dann gründlich durchschüttelt. Man läßt einige Zeit stehen und beobachtet dann, ob die Emulsion unverändert geblieben ist oder sich gröbere Teilchen gebildet haben oder sogar eine Entmischung der Komponenten („Aufrahmen") eintrat.

Durch Verwendung von mehr oder weniger hartem Wasser, Veränderung des Mischungsverhältnisses usw. können die Versuchsbedingungen auch mehr dem jeweiligen Verwendungszweck angepaßt werden.

6. Bestimmung der Härtebeständigkeit (nach DIN 53905)

Die Beständigkeit der Textilhilfsmittel gegen die Härtebildner des Wassers ist insofern von großer Bedeutung, als die Textilveredlungsprozesse vielfach in mehr oder weniger hartem Wasser durchgeführt werden. Zur Prüfung der Härtebeständigkeit werden Textilhilfsmittellösungen steigender Konzentration mit Wasser von 20, 30, und 40 °dH gemischt und festgestellt, bei welcher Konzentration und welchem Härtegrad nach einstündigem Stehen noch keine Ausfällung oder Trübung eingetreten ist.

Prüfhilfsmittel und Geräte. a) 5 Reagenzgläser 30 DIN 12395, die bei 50 ml Füllung eine Kennmarke tragen.

b) Lösungen zur Herstellung von hartem Wasser.

Lösung A: 40 g Calciumchlorid ($CaCl_2 \cdot 6H_2O$ pro analysi) in 1 l dest. Wasser. 1 ml dieser Lösung in 1 l dest. Wasser ergibt Wasser von 1 °dH Calciumhärte.

Lösung B: 44 g Magnesiumsulfat ($MgSO_4 \cdot 7H_2O$ pro analysi) in 1 l dest. Wasser. 1 ml dieser Lösung in 1 l dest. Wasser ergibt Wasser von 1 °dH Magnesiumhärte.

c) Wasser mit Härten von 20, 30 und 40 °dH.

Zur Herstellung von Wasser der gewünschten Härte werden entsprechende Mengen der Lösungen A und B (s. nachstehende Tabelle) im Verhältnis 17:3 mit je 450 ml dest. Wasser verdünnt, miteinander gemischt und auf 1 l aufgefüllt.

Gewünschte Wasserhärte		20 °dH	30 °dH	40 °dH
Lösung A	ml	17	25,5	34
Lösung B	ml	3	4,5	6

Herstellung der Probe. Von dem zu prüfenden Textilhilfsmittel wird mit dest. Wasser eine 5%ige Lösung (50 g in 1 l Wasser) hergestellt.

Versuchsdurchführung. 5 ml der 5%igen Probelösung werden in dem Reagenzglas mit Wasser von 20 °dH auf 50 ml aufgefüllt. Die Mischung wird zehnmal durchgeschüttelt und stehengelassen. Der Versuch wird in gleicher Weise mit 2,5 ml, 1,25 ml, 0,65 ml und 0,33 ml der Probelösung durchgeführt. Ebenso wird mit den gleichen Mengen der Probelösung in Wasser mit Härten von 30 und 40 °dH verfahren. Jeweils nach Ablauf 1 Std. wird durch Augenschein festgestellt, ob und bei welcher Konzentration eine Ausfällung oder Trübung eingetreten ist.

Beurteilung. Textilhilfsmittel gelten als

härtebeständig, wenn sie selbst in Wasser von 40 °dH in allen 5 Konzentrationen weder Ausfällungen noch Trübungen ergeben,

bedingt härtebeständig, wenn sie nur in geringeren Konzentrationen und nur bei den Härtegraden 30 und 40 °dH Ausfällungen und bei geringerer Härte Trübungen ergeben,

nicht härtebeständig, wenn sie bei allen 5 Konzentrationen und bei allen 3 Härtegraden des Wassers Ausfällungen ergeben.

7. Bestimmung des Egalisiervermögens

Unter dem Egalisiervermögen versteht man die Eigenschaft eines Textilhilfsmittels, beim Färben den Farbstoff so gleichmäßig auf die Faser aufziehen zu lassen, daß egale Färbungen resultieren.

Zur Prüfung des Egalisiervermögens macht man Ausfärbungen mit und ohne Textilhilfsmittelzusatz und vergleicht die Muster hinsichtlich gleichmäßiger Anfärbung nach einer Färbedauer von 15, 30 und 60 Min. Durch Verwendung von schwer durchzufärbendem Material können die Unterschiede etwas stärker hervorgehoben werden.

8. Beständigkeit gegen Chemikalien
(ASTM-Vorschlag von HARRIS)

a) Säurebeständigkeit. 100 ml der zu prüfenden Lösung (Konzentration = 10 g/l) werden in einem 250-ml-Weithals-Extraktionskolben unter Rückfluß aufgekocht, dann mit 1 ml 10%iger Schwefelsäure versetzt und 15 Min. im Kochen gehalten. Schlechte Säurebeständigkeit macht sich durch Ölabscheidung und nachlassendes Schaumvermögen bemerkbar.

Bleibt die Lösung unverändert, so setzt man 0,5 ml konz. Schwefelsäure zu und kocht wieder 15 Min. Tritt immer noch keine Veränderung ein, so wiederholt man die 15minutige Kochung mit 1,0 ml und schließlich mit 6,5 ml konz. Schwefelsäure.

Bei hoher Säurekonzentration ist es möglich, daß die Ölabscheidung nicht durch Zersetzung, sondern durch Aussalzung bedingt ist. Scheint dies einmal der Fall zu sein, so verdünnt man mit dest. Wasser und schüttelt durch, um die Schaumkraft zu prüfen. Tritt hierbei Auflösung und starkes Schäumen ein, so war das Öl nur ausgesalzen und ist gegen Säure als „stabil" zu bezeichnen. Der Prüfungsbefund lautet: „stabil", „teilweise zersetzt" oder „zersetzt" unter gleichzeitiger Angabe der Säurekonzentration.

b) Alkalibeständigkeit. Man löst 1,0 g der Untersuchungsprobe in 74 ml dest. Wasser, gibt 25,0 g festes Natriumhydroxyd zu und schüttelt um, damit sich das Alkali auflöst. Darauf wird unter Rückfluß 15 Min. gekocht und beobachtet, ob sich Öl abscheidet. Die Lösung läßt man abkühlen, filtriert sie durch ein Papierfilter, spült den Rückstand mit 25 ml dest. Wasser in ein Becherglas, gibt 3 Tropfen Methylorange zu, rührt um und stellt mit verd. Säure auf schwach saure Reaktion ein. Alsdann kocht man nochmals auf, läßt abkühlen und beobachtet die Lösung. Ist keine Ölabscheidung eingetreten, so ist die Lösung als „stabil", andernfalls als „instabil" zu bezeichnen.

Die Alkalibeständigkeit ist ein Maßstab für die Verwendbarkeit von Textilhilfsmitteln in stark alkalischen Medien (Mercerisation, Färben mit Indanthrenfarbstoffen usw.).

9. Bestimmung des Wassergehaltes

a) Maßanalytisch nach Karl Fischer[1]**.** Das Karl-Fischer-Verfahren findet auf Grund seiner Genauigkeit und universellen Anwendbarkeit (Textilhilfsmittel, Fette, Öle, Textilien, Nahrungsmittel, organische Lösungsmittel u. a. m.) immer mehr Eingang in die Betriebslaboratorien. Es eignet sich insbesondere auch für Serienanalysen.

Grundlagen: Das Reagens nach Karl Fischer besteht aus einer Lösung von Schwefeldioxyd in einem Methanol/Pyridin-Gemisch (Lösung A) und von Jod in Methanol (Lösung B). Bei Gegenwart von Wasser reagieren Jod und Schwefeldioxyd miteinander, und die entstehenden Säuren (HJ und H_2SO_4) werden durch das Pyridin gebunden. Bei der Reaktion wird also Jod verbraucht, und die braune Lösung schlägt daher nach Gelb um. Gefärbte Lösungen können elektrometrisch titriert werden.

a) $J_2 + SO_2 + 2H_2O = 2HJ + H_2SO_4$,

b) 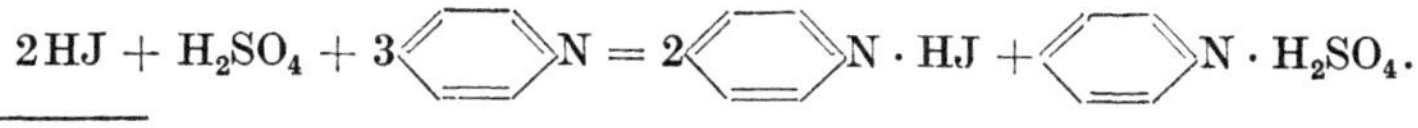

[1] Fischer, K.: Angew. Chemie 48 (1935) 394.

Lösung A[1]: In ein Gemisch aus 1 l Methanol und 1 l Pyridin (beide reinst und wasserfrei), das sich in einer 3-l-Flasche aus braunem Glas befindet, leitet man unter Eiskühlung und Feuchtigkeitsausschluß einen mit konz. Schwefelsäure getrockneten SO_2-Strom so lange ein, bis eine Gewichtszunahme von 240 g eingetreten ist. Die Lösung wird dann durch Umschwenken gut durchgemischt und vor Licht geschützt aufbewahrt.

Lösung B: 250 g Jod p. a. oder DAB 6 werden in 2 l Methanol (reinst und wasserfrei) durch Schütteln auf der Schüttelmaschine aufgelöst. Die Flasche muß durch einen Schliffstopfen gut verschlossen sein.

Titerstellung (DGF-Methode): 1. In einen 100-ml-ERLENMEYER-Kolben mit eingeschliffenem Stopfen pipettiert man 20 ml Methanol (reinst und wasserfrei) und fügt aus einer mit einem Calciumchloridröhrchen abgeschlossenen Bürette[2] 20 ml der Lösung A hinzu. Darauf titriert man mit der Lösung B, welche sich ebenfalls in einer mit Calciumchloridrohr versehenen Bürette befindet, bis zum Farbumschlag von Gelb nach deutlich Rotbraun.

Verbrauchte ml Lösung B $= c$.

2. In einem Meßkolben mit eingeschliffenem Stopfen von 250 ml Inhalt wägt man 1 bis 1,3 g dest. Wasser (Pipette) auf $\pm 0{,}005$ g genau ab und füllt sofort mit Methanol (reinst und wasserfrei) auf, das auf die Eichtemperatur des Meßkolbens gebracht ist. Wassereinwaage in g $= e$.

20 ml dieses Gemisches werden nach Zugabe von 20 ml der Lösung A wie unter 1 beschrieben mit Lösung B bis zum Farbumschlag nach Rotbraun titriert.

Verbrauchte ml der Lösung B $= d$.

1 ml der Lösung B entspricht demnach

$$F = \frac{80\,e}{d - c}\ \text{mg Wasser}$$

Durchführung. In einen ERLENMEYER-Kolben mit eingeschliffenem Stopfen von 100 ml Inhalt wägt man so viel von der zu untersuchenden Probe ein, daß nicht mehr als etwa 100 mg Wasser vorliegen. Dazu gibt man 20 ml der Lösung A und titriert mit Lösung B wie oben angegeben bis zum Farbumschlag nach Rotbraun.

Verbrauchte ml Lösung B $= a$.

In gleicher Weise wird ein Blindversuch mit 20 ml der Lösung A allein ausgeführt. Verbrauchte ml Lösung B $= b$.

Berechnung. Unter Zugrundelegung der Einwaage (E in g) und der verbrauchten ml der Lösung B errechnet sich der Wassergehalt nach

$$\boxed{\%\ \text{Wasser} = \frac{(a - b)\,F}{10\,E}}$$

---

[1] Gebrauchsfertige Lösungen von etwas abweichender Zusammensetzung sind im Handel erhältlich.

[2] Besonders geeignet sind die Decona-Büretten der Fa. Dargatz, Hamburg.

Bemerkungen. Da sich der Wirkungswert des Reagenses durch Feuchtigkeitsaufnahme und vielleicht auch aus anderen, bisher noch nicht genügend geklärten Gründen (eventuell Reaktion der Bestandteile untereinander) laufend ändert, ist eine Titerstellung vor jeder Benutzung unerläßlich.

Feste Fette lösen sich in Lösung A nicht vollständig. Diese bringt man zunächst mit 10 ml Chloroform in Lösung, worauf man Lösung A zusetzt. Im Blindversuch wird die gleiche Menge Chloroform ebenfalls zugesetzt.

Zur Erkennung des Endpunktes beim KARL-FISCHER-Verfahren ist noch folgendes zu sagen: Bei der Titration schlägt die Farbe der Lösung von Braun (Jodfarbe) nach Gelb (Farbe der Reaktionsprodukte) um. Da diese Farbtöne nicht weit auseinanderliegen und zudem der Umschlag nicht sprunghaft erfolgt, läßt die Erkennung des Endpunktes etwas zu wünschen übrig.

Erheblich genauer wird die Titration, wenn wir gegen die nachstehend angegebene Kaliumchromat-Vergleichslösung[1] titrieren. Die maximale Abweichung bei der Titration von 20 ml beträgt dann nur noch $\pm$ 0,01 ml.

Ansatz der Kaliumchromat-Vergleichslösung: In etwa 10 ml Wasser löst man 3 Spatelspitzen Kaliumchromat und etwa dieselbe Menge Natriumazetat und stellt durch Zugabe von Essigsäure auf einen leicht bräunlichen Farbton (p_H = 7,2 bis 7,5) ein. Die Lösung ist unbegrenzt haltbar.

Gefärbte Lösungen können nur elektrometrisch titriert werden. Am besten bewährt hat sich hierbei die sog. „*Dead-Stop-Methode*“[1,2].

b) Trocknungsverfahren. Das Trocknungsverfahren eignet sich nur für Substanzen, die bei der angewandten Temperatur nicht zersetzt werden und sich nicht verflüchtigen.

Durchführung: 5 bis 10 g der Untersuchungsprobe werden in einer flachen Porzellanschale eingewogen und dann im Trockenschrank bei 105 °C (besser im Vakuumtrockenschrank bei 60 °C und 12 mm Hg) bis zur Gewichtskonstanz getrocknet.

c) Xylolverfahren. Durchführung s. S. 213.

10. Bestimmung des Gehaltes an waschaktiver Substanz (WAS)

a) Durch direkte Extraktion. Die Methode beruht auf der Löslichkeit waschaktiver Substanzen in Methanol, Äthanol oder Gemischen mit chlorierten Kohlenwasserstoffen wie Methylenchlorid, Tetrachlorkohlenstoff u. dgl. Für die meisten Fälle genügt 96%iges Äthanol. Die anorganischen Begleitsubstanzen werden hierbei nicht gelöst. Der Extrakt wird nach dem Abfiltrieren eingedampft und der Rückstand gravimetrisch bestimmt.

Ausführung: Von der Untersuchungsprobe wird so viel eingewogen (evtl. Vorversuch anstellen), daß man etwa 1 g waschaktive Substanz erhält. In einem 300-ml-ERLENMEYER wird dann die Probe mit 100 ml

---

[1] AGSTER, A., u. M. WANDEL: Die Bestimmung des Wassergehaltes von Textilien nach dem Karl-Fischer-Verfahren. Melliand Textilber. **38** (1957) 1411.

[2] WERNIMONT, G., u. F. I. HOPKINSON: Industr. Engng. Chem., analyt. Edit. **15** (1943) 272.

Alkohol 1 Std. lang unter Rückfluß gekocht, darauf durch ein Faltenfilter dekantiert und der Rückstand noch zweimal mit je 50 ml Alkohol je 15 Min. aufgekocht. ERLENMEYER-Kolben und Filter werden mit je 25 ml Alkohol nachgespült. Die Filtrate werden vereinigt, der Alkohol abdestilliert und der Rückstand bei 80 °C, besser im Vakuumtrockenschrank bei 50 °C und 12 mm Hg, bis zur Gewichtskonstanz getrocknet und gewogen.

Enthält die Versuchsprobe kristallwasserhaltige, anorganische Salze, z. B. $Na_2SO_4 \cdot 10\,H_2O$, so ist sie, da sich diese Salze in Alkohol lösen, vor der Alkoholextraktion bei 105 °C zu trocknen. Es ist auch möglich, den getrockneten Extraktionsrückstand nochmals mit 50 ml Alkohol 15 Min. lang aufzukochen, dann zu filtrieren und aus dem Filtrat die waschaktive Substanz zu bestimmen.

b) Durch Extraktion nach vorheriger Aufspaltung mit Säure. Viele kapillaraktive Substanzen werden durch Kochen mit Säure aufgespalten. Die hierbei ausgeschiedenen Fettsäuren oder Fettalkohole lösen sich in Äther und können auf diese Weise abgetrennt und dann gravimetrisch bestimmt werden. Bei nicht spaltbaren Verbindungen, z. B. den Äthylenoxydkondensaten, versagt die Methode.

Ausführung (KÜNTZEL): 4 bis 8 g der Untersuchungsprobe werden in 25 ml dest. Wasser gelöst und nach Zugabe von 50 ml Salzsäure (1:4) in einem mit Rückflußkühler versehenen Extraktionskolben mindestens 1 Std. lang gekocht, und zwar bis zur klaren Abscheidung der Fettsäure bzw. des Fettalkohols. Im Scheidetrichter wird dann die Lösung 2- bis 3mal mit je 25 ml Äther ausgeschüttelt. Die ätherischen Auszüge werden vereinigt, mit 10% iger Kochsalzlösung säurefrei gewaschen, über wasserfreiem Natriumsulfat getrocknet und nach dem Abdestillieren des Äthers und Trocknung bei 60 °C der Rückstand bestimmt.

c) Durch Titration mit p-Toluidinchlorhydrat. Anionaktive Substanzen können in einfacher und exakter Weise durch Titration mit einer kationaktiven Verbindung oder einem aromatischen Amin quantitativ bestimmt werden. MARRON und SCHIFFERLI[1] verwenden für Aralkylsulfonate das p-Toluidinchlorhydrat und STÜPEL und VON SEGESSER[2] empfehlen dieses auch für andere anionaktive Textilhilfsmittel.

Reaktionsvorgänge:

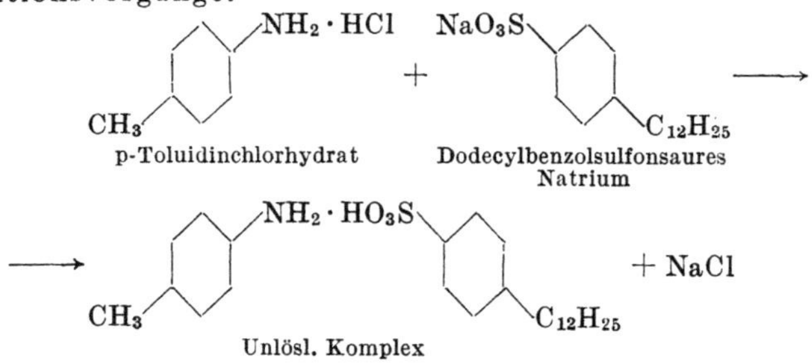

---

[1] MARRON u. SCHIFFERLI: Industr. Eng. Chem. analyt. Edit. **18** (1946) 49.

[2] STÜPEL, H., u. A. v. SEGESSER: Fette und Seifen **53** (1951) 260 u. 327; Helv. Chim. Acta **34** (1951) 1362.

Es tritt also eine gegenseitige Ausflockung ein. Der entstandene unlösliche Komplex kann mit Natronlauge titriert werden, wobei sich wieder das sulfonsaure Natrium bildet und das Amin abgespalten wird:

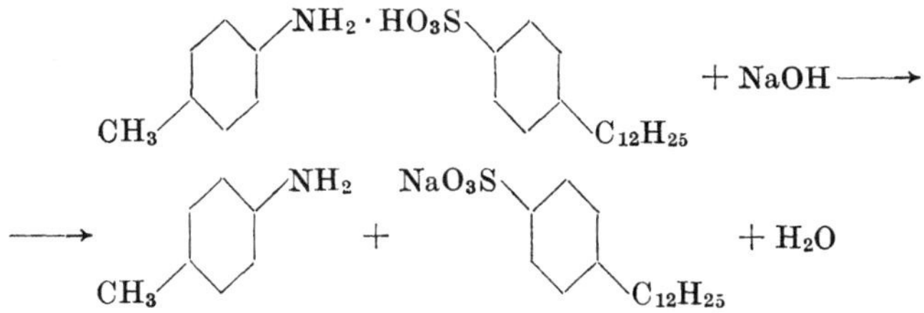

Das Titrationsverfahren nach STÜPEL und VON SEGESSER[1] ist verhältnismäßig einfach und läßt sich auch leicht durchführen. Als nachteilig erweist sich jedoch, daß die wichtige Klasse der primären Alkylsulfate nicht quantitativ erfaßt wird und daß die Titrationsergebnisse nur dann ausgewertet werden können, wenn das Äquivalentgewicht der zu bestimmenden Substanz bekannt ist. In vielen Fällen liegen aber unbekannte Substanzen, unter Umständen sogar Gemische verschiedener Substanzen vor.

WICKBOLD[2] hat das STÜPEL/VON SEGESSER-Verfahren weiter entwickelt, und in seiner jetzigen Form ermöglicht es die Bestimmung aller wichtigen anionaktiven Textilhilfsmittel, auch ihrer Gemische untereinander. Das Äquivalentgewicht der waschaktiven Substanz braucht dabei nicht bekannt zu sein. Nachstehend sind 2 Arbeitsvorschriften wiedergegeben, und zwar eine für Substanzen mit bekanntem und eine für solche mit unbekanntem Äquivalentgewicht.

Benötigte Reagenzien:

p-Toluidin-Reagens: 100 g p-Toluidin werden mit 78 ml konz. Salzsäure versetzt und mit dest. Wasser zu 1 l aufgefüllt. Der p_H der Lösung soll nicht über 2 liegen, andernfalls ist noch Salzsäure zuzusetzen.

Indikatorlösung: 0,1 % o-Kresolrot (Kresolsulfophthalein) in Methanol.

a) Arbeitsweise bei Substanzen mit bekanntem Äquivalentgewicht. Eine etwa 1 bis 2 g waschaktiver Substanz entsprechende Menge der homogenen Probe wird eingewogen, in etwa 80 ml dest. Wasser gelöst und in einen 250-ml-Scheidetrichter übergeführt. Die Lösung wird mit Salzsäure versetzt, bis Kongopapier nach Blau umschlägt. Man setzt sodann 15 ml p-Toluidin-Reagens und 50 ml Äther zu und schüttelt kräftig, wobei der Trichter öfter gelüftet werden muß. Sobald sich die Schichten schnell trennen, läßt man die wäßrige Phase in einen 2. Scheidetrichter ab und wiederholt darin die Ausschüttelung mit weiteren 25 ml Äther. Die nunmehr von der waschaktiven Substanz befreite wäßrige Phase wird abgelassen und kann gegebenenfalls zur Bestimmung des Natriumsulfats verwendet werden. Man vereinigt sodann den 2. Ätherauszug mit dem 1. und spült den Scheidetrichter mit Äther nach. Die im 1. Scheidetrichter vereinigten Ätherauszüge,

[1] Ausführung s. 9. Auflage dieses Buches, S. 194.

[2] WICKBOLD, R.: Fette und Seifen 54 (1952) 394.

vermehrt um den Spüläther, werden noch einmal mit einem Gemisch von 10 ml p-Toluidin-Reagens und 40 ml Wasser kräftig durchgeschüttelt. Nach Schichtentrennung wird die wäßrige Phase verworfen.

In einem 500-ml-ERLENMEYER-Kolben hat man inzwischen 100 ml Äthylalkohol mit etwa 15 Tropfen Indikatorlösung versetzt und mit n/10-Natronlauge auf Indikatorumschlag nach Violett gestellt. Dahinein gibt man die Ätherauszüge, spült den Scheidetrichter mit wenig Äther nach und fügt auch diese Menge hinzu. Der Indikator schlägt dabei wieder nach Gelb um. Unter kräftigem Umschütteln titriert man nun mit n/10-Natronlauge bis zum Farbumschlag nach Violett. Mit fortschreitender Titration beginnt die Lösung sich zu trüben und zu emulgieren. Das hat zur Folge, daß der Farbumschlag schon einige Tropfen vor dem Äquivalenzpunkt erfolgt, beim Schütteln aber wieder zurückgeht. Es muß auf alle Fälle auf bleibende Umfärbung titriert werden. Der Verbrauch an n/10-Natronlauge sei a ml.

Die austitrierte Lösung wird zur Ermittlung der Chlorkorrektur mit 1 ml 10%iger Kaliumchromatlösung versetzt und mit n/10-Schwefelsäure auf ein reines Gelb gestellt. Dann titriert man mit n/10-Silbernitratlösung in üblicher Weise bis zur eben erkennbaren rötlich-braunen Verfärbung. Der Verbrauch an Silbernitrat sei b ml.

Berechnung: (WAS = waschaktive Substanz)

$$\% \text{ WAS} = \frac{(a - b)\ \text{Äquivalentgewicht der WAS}}{\text{Einwaage in g} \cdot 100}$$

b) Arbeitsweise bei Substanzen mit unbekanntem Äquivalentgewicht. Bei *Anwesenheit von Neutralöl* (= Unsulfiertes) wird wie folgt verfahren: Eine 2 bis 4 g waschaktive Substanz enthaltende Probemenge wird in etwa 50 ml dest. Wasser gelöst, die Lösung mit Salzsäure gegen Kongopapier eben sauer gestellt und mit 50 ml Methanol versetzt. Man schüttelt diese Lösung in einem 250-ml-Scheidetrichter mit 25 ml Petroläther kräftig durch und wartet Schichtentrennung ab. Sollte hierbei eine Emulsion (Trübung) auftreten, so läßt sich diese durch Zugabe von wenig Äthylalkohol unter leichtem Umschwenken schnell zerstören. Die wäßrig-alkoholische Lösung wird in einen 2. Scheidetrichter abgelassen und darin noch einmal mit 20 ml Petroläther ausgeschüttelt. Aus der nunmehr neutralölfreien Lösung muß vor der eigentlichen WAS-Bestimmung der zugesetzte Alkohol durch Eindampfen auf dem Wasserbad oder besser im Trockenschrank entfernt werden.

Nach dem Abkühlen überführt man die Lösung in einen 250-ml-Scheidetrichter, fügt 25 ml p-Toluidin-Reagens und 50 ml Äther hinzu und schüttelt kräftig durch, wobei der Trichter öfter gelüftet wird. Sobald sich die Schichten schnell trennen, wird die wäßrige Phase in einen 2. Scheidetrichter abgelassen und darin nochmals mit 25 ml Äther ausgeschüttelt. Die wäßrige Phase wird abgelassen und kann nötigenfalls zur Sulfatbestimmung herangezogen werden. Die im 1. Scheidetrichter vereinigten Ätherauszüge, vermehrt um den Äther, der zum

Nachspülen des 2. Scheidetrichters diente, werden mit 10 ml p-Toluidin-Reagens und 40 ml Wasser versetzt und kräftig durchgeschüttelt. Nach Schichtentrennung läßt man die wäßrige Phase ab und verwirft sie. Die Ätherphase wird über ein Schwarzbandfilter in einen 200-ml-Meßkolben gegeben. Man spült den Scheidetrichter mit wenig Äther nach und fügt auch diesen Anteil hinzu. Darauf wird mit Äther zur Marke aufgefüllt und gut durchgemischt. Mit einer Pipette entnimmt man sodann 25 ml und gibt sie in eine gewogene Kristallisierschale. Der Äther wird auf dem Wasserbad zum größten Teil verjagt, den Rest bläst man mit Luft oder Stickstoff aus. Die Kristallisierschale wird darauf in einen Vakuumexsikkator, der mit frischer konz. Schwefelsäure beschickt ist, gestellt. Man evakuiert an der Wasserstrahlpumpe, und nach 3 bis 4 Stunden ist der Rückstand wägungskonstant. Die Auswaage betrage c mg.

Zur Titration versetzt man in einem 500-ml-ERLENMEYER-Kolben 100 ml Äthylalkohol mit etwa 15 Tropfen o-Kresolrotlösung und stellt mit n/10-Natronlauge auf Farbumschlag nach Violett ein. Darauf gibt man 100 ml der im Meßkolben befindlichen Ätherlösung zu, worauf der Indikator nach Gelb umschlägt, und titriert unter Umschütteln mit n/10-Natronlauge bis zum Farbumschlag nach Violett. Der Verbrauch sei a ml.

Die austitrierte Lösung wird mit 1 ml 10%iger Kaliumchromatlösung versetzt, mit n/10-Schwefelsäure auf ein reines Gelb eingestellt und mit n/10-Silbernitratlösung bis zur ersten Verfärbung nach Rötlichbraun titriert. Der Verbrauch betrage b ml.

Sind in der zu untersuchenden Substanz *nur unwesentliche Mengen Neutralöl* enthalten, z. B. in Waschpulvern, so arbeitet man folgendermaßen:

Eine etwa 2 bis 4 g waschaktiver Substanz entsprechende Probemenge wird genau abgewogen, in etwa 80 ml dest. Wasser gelöst und die Lösung mit Salzsäure gegen Kongopapier sauer gestellt. Man gibt die Lösung dann in einen 250-ml-Scheidetrichter, fügt 25 ml p-Toluidin-Reagens und 50 ml Äther hinzu und verfährt wie oben beschrieben.

Berechnung:

1. *Äquivalentgewicht*

$$\text{Äquivalentgew. des p-Toluidinsalzes der WAS} = \frac{a - b}{40c - 143{,}5b}$$

$$\text{Äquivalentgew. des Natriumsalzes (= WAS)} = \frac{40c - 143{,}5b}{a - b} - 85$$

2. *Gehalt an waschaktiver Substanz*

$$\%\ \text{WAS} = \frac{(a - b)\ \text{Äquivalentgew. der WAS} \cdot 2}{\text{Einwaage in g} \cdot 100}$$

11. Bestimmung der Ionogenität

Auf Grund ihres ionogenen Verhaltens lassen sich die grenzflächenaktiven Substanzen in 4 Gruppen einteilen:
anionaktive, *kationaktive*, *nichtionogene* und *amphotere* Verbindungen.

a) Anionaktive Verbindungen. Bei den anionaktiven Substanzen bildet der die grenzflächenaktiven Eigenschaften bestimmende Molekülanteil das Anion. Hierzu zählen die Seifen, Alkylsulfate, Alkyl- bzw. Aralkylsulfonate usw.

Beispiel:

$$\underset{\text{Seife}}{C_{15}H_{31}COONa} \xrightarrow{\text{dissoz.}} \underset{\text{Anion}}{C_{15}H_{31}COO^-} + \underset{\text{Kation}}{Na^+}.$$

Die Mehrzahl der Tenside ist anionaktiv.

b) Kationaktive Verbindungen. Im Gegensatz zu den anionaktiven Substanzen steckt bei den kationaktiven der die grenzflächenaktiven Eigenschaften bedingende Molekülanteil im Kation. Es handelt sich dabei in der Hauptsache um Salze substituierter Amine. Phosphonium-, Sulfonium- und Oxoniumverbindungen haben keine nennenswerte Bedeutung.

Beispiel:

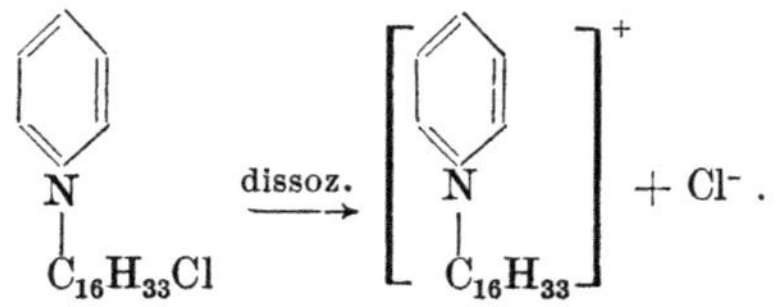

Fixanol (Cetyl-pyridiniumchlorid) Kation Anion

Durch ihre den Textilien entgegengesetzte elektrische Ladung besitzen die kationaktiven Verbindungen eine besonders hohe Affinität zum Fasermaterial und werden deswegen als substantive Avivage- und Präparationsmittel, Antistatika und zur Nachbehandlung substantiver Färbungen und Drucke verwendet.

Handelsprodukte: Fixanol, Repellat, Solidogen BSE, Soromin A u. a.

c) Nichtionogene Verbindungen[1]**.** Die nichtionogenen Verbindungen sind dadurch charakterisiert, daß sie in wäßriger Lösung keine Ionen bilden. Ihre Wasserlöslichkeit verdanken sie den gehäuften Sauerstoffbrücken im Molekül. Zu den nichtionogenen Substanzen zählen die Polyäthylenoxydaddukte, Fettsäure-, Alkylolamin- und Polyalkoholkondensate u. ä.

Handelsprodukte: Hostapal-Marken, Peregal O u. a.

---

[1] WURZSCHMITT zählt die Polyäthylenoxydaddukte nicht zu den nichtionogenen, wie dies normalerweise üblich ist, sondern zu den kationaktiven Verbindungen und begründet dies damit, daß sie in wäßriger Lösung als Polyoxoniumverbindungen vorliegen und dann schwach kationaktiv reagieren können.

d) Amphotere Verbindungen (Ampholyte). Die amphoteren Verbindungen haben im gleichen Molekül eine anionische und eine kationische Gruppe, stellen also innere Ester (Betainstruktur) dar.

Beispiel:

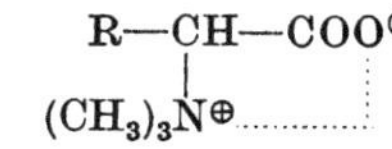

In saurer Lösung reagieren diese Verbindungen kationaktiv, in alkalischer anionaktiv. Verwendung: Gelegentlich als Avivagemittel, Emulgatoren und als Desinfektionsmittel mit Waschwirkung.

Handelsprodukte: Tego.

Die *Prüfung auf die Ionogenität* beruht darauf, daß sich anion- und kationaktive Substanzen gegenseitig ausfällen und unlösliche Niederschläge bilden.

Prüfung auf Anionaktivität

Reagens: 1%ige wäßrige Lösung einer kationaktiven Substanz wie Solidogen BSE (Cassella), Levogen WW (Bayer), Methylenblau u. ä.

Ausführung: Man legt im Reagenzglas einige Milliliter der etwa 1%igen Untersuchungslösung vor und gibt tropfenweise und unter Umschütteln das Reagens zu. Entsteht ein Niederschlag, so handelt es sich um eine anionaktive Substanz.

Prüfung auf Kationaktivität

Reagens: 1%ige wäßrige Lösung von Nekal BX (BASF), Invadin BL (CIBA) oder irgendeiner anderen anionaktiven Substanz.

Ausführung: Man versetzt wie oben beschrieben die 1%ige Untersuchungslösung tropfenweise und unter Umschütteln mit dem Reagens. Bildet sich ein weißer bis gelblicher Niederschlag, so liegt eine kationaktive Verbindung vor.

Bemerkungen: Da die Anion/Kation-Ausfällungen sich sowohl im Überschuß eines anion- als auch kationaktiven Stoffes wieder auflösen, zeigt sich bei der Durchführung der Reaktionen, daß der an der Eintropfstelle entstehende Niederschlag anfangs immer wieder verschwindet. Man gibt dann weiter Reagens zu bis zur maximalen Ausfällung. Ein Überschuß ist zu vermeiden, da sonst auch wieder Auflösung eintritt.

Fallen die Prüfungen auf Anion- bzw. Kationaktivität negativ aus, so handelt es sich mit großer Wahrscheinlichkeit um eine nichtionogene Verbindung, denn die Ampholyte haben nur eine geringe Bedeutung.

12. Bestimmung der Gruppenzugehörigkeit

Bei der Vielzahl und großen konstitutionellen Unterschiedlichkeit der im Handel befindlichen kapillaraktiven Textilhilfsmittel ist die qualitative Analyse, d. h. die Bestimmung der Gruppenzugehörigkeit, meist erheblich schwieriger als die quantitative Bestimmung. Es sind deswegen auch schon von verschiedenen Seiten Untersuchungsgänge ausgearbeitet worden[1,2,3]. In einfacheren Fällen wird man fast immer mit dem evtl. durch einige Spezialreaktionen ergänzten Analysengang nach LINSENMEIER auskommen, in schwierigeren wird man nach WURZSCHMITT vorgehen müssen.

A. Untersuchungsgang nach LINSENMEIER[4]

LINSENMEIER teilt die grenzflächenaktiven Verbindungen in 11 Gruppen ein, und zwar:

I. Seifen und Fettlöserseifen (z. B. Marseiller Seife, Lanapol extra usw.).
II. Sulfierte Öle (z. B. Türkischrotöl, Monopolbrillantöl usw.).
III. Ölsäuresarcoside- und Phosphorsäureester (Medialan A, Lanigan W).
IV. Hochsulfierte oder kondensierte Öle (Avirol AH extra, Lunetzol A).
V. Eiweißfettsäurekondensate (Lamepon A, Tephal A).
VI. Bernsteinsäureester (Aerosol OT, Nacomol LAL, Rapidnetzer BASF).
VII. Primäre und sekundäre Alkylsulfate (Gardinol, Teepol).
VIII. Fettsäurekondensate (Hostapon T u. a.).
IX. Alkylsulfonate (Mersolate).
X. Alkyl-Arylsulfonate: a) Alkylnaphthalinsulfonate (Nekal BX) b) Alkylbenzolsulfonate (Basopal NA, Silastan A).
XI. Äthylenoxydkondensate (Foryl S, Peregal OK, Hostapal-Marken).

Diese Gruppen umfassen in etwa alle auf dem Markt befindlichen Netz- und Waschmittel, zumal auch fettlöserhaltige und solche mit aktivem Sauerstoff in diese eingereiht und nachgewiesen werden können.

Bei der Untersuchung wird nach Tab. 30 vorgegangen. Die Reaktionen müssen hierbei mit geringen Substanzmengen durchgeführt werden, damit eine eindeutige Beurteilung gewährleistet ist. Bei festen Substanzen nimmt man, sofern nichts anderes angegeben, eine kleine Spatelspitze voll (etwa 30 mg), während bei flüssigen Produkten etwa 3 bis 5 Tropfen genügen. Die Produkte werden in der jeweils angegebenen Menge dest. Wasser, notfalls unter Erwärmen, gelöst und nach dem Erkalten zur Prüfung verwendet. Nur beim Nachweis der Sulfogruppe bei Gruppe VII oder VIII löst man etwa 0,5 g der getrockneten Substanz in 6 bis 8 ml Alkohol[5].

---

[1] LINSENMEIER, K.: Melliand Textilber. **21** (1940) 468.

[2] HOEVE, J. A. VAN DER: Kalender für Riechstoffe, Aromen und Kosmetika (1950) 271 und Rec. Trav. chim. Pays-Bas 67 (1948) 649 sowie J. Dyers and Colour. **70** (1954) 145.

[3] WURZSCHMITT, B.: Systematik und qualitative Untersuchung kapillaraktiver Substanzen. Berlin/Göttingen/Heidelberg: Springer 1950.

[4] Erweiterte Fassung nach LINSENMEIER, K., u. M. MORGENROTH: Melliand Textilber. **43** (1962) 1320.

[5] Unter Alkohol wird immer 96 bis 98% iger Äthylalkohol, möglichst unvergällt, verstanden.

Tabelle 30. *Qualitative Unterscheidung von Netz- und Waschmitteln nach* LINSENMEIER/MORGENROTH

1. Die Substanz wird in 1 ml dest. Wasser gelöst und mit 5%iger Essigsäure kurz aufgekocht.
2. Die gleiche Substanzmenge (also 1 Prise oder 3 Tropfen) wird nach Auflösung in 1 ml dest. Wasser mit 10 ml $CaCl_2$-Lösung von 20 °d. H. kurz aufgekocht, und *zwar beide Male*.

<table>
<tr>
<td>*Deutliche Trübung oder Fällung:*
I. Seifen
II. Sulfatierte Öle
III. Ölsäuresarcoside und Phosphorsäureester</td>
<td colspan="3">*Lösung bleibt klar:*
IV. Hochsulfonierte Öle
V. Eiweißfettsäurekondensate
VI. Bernsteinsäureester
VII. Primäre und sekundäre Alkylsulfate
VIII. Fettsäurekondensate
IX. Alkylsulfonate
X. a) Alkylnaphthalinsulfonate, b) Alkylbenzolsulfonat
XI. Äthylenoxydkondensate
Je eine Prise oder 3 Tropfen in 3 ml dest. Wasser lösen und kalt 1 Tropfen konz. Salzsäure zusetzen:</td>
</tr>
<tr>
<td></td>
<td>*Starke Trübung:*
IV. Hochsulfonierte Öle
V. Eiweißfettsäurekondensate
VI. Bernsteinsäureester</td>
<td colspan="2">*Lösung bleibt klar:*
VII. Primäre und sekundäre Alkylsulfate
VIII. Fettsäurekondensate
IX. Alkylsulfonate
X. Alkylarylsulfonate
a) Alkylnaphthalinsulfonate
b) Alkylbenzolsulfonate
XI. Äthylenoxydkondensate
Eine Prise oder 3 Tropfen der ursprünglichen Substanz in 2 ml dest. Wasser lösen, mit 5 ml konz. HCl versetzen und dreimal kurz aufkochen, dazwischen jeweils 2–3 Min. stehenlassen, dann unter Umrühren in 10 ml dest. Wasser schütten.</td>
</tr>
<tr>
<td></td>
<td></td>
<td>*Starke Trübung:*
VII. Primäre u. sek. Alkylsulfate
X. a) und b)
Alkylarylsulfonate (AAS)</td>
<td>*Unzersetzt:*
VIII. Fettsäurekondensate
IX. Alkylsulfonate
XI. Äthylenoxydkondensate</td>
</tr>
<tr>
<td>*Untergruppe A*
Getrocknete Subst. in konz. Alkohol lösen, nach Filtrieren eindampfen und veraschen. Nur II. gibt Asche m. SO_4-Reaktion. III. gibt N-Reaktion nach *Lassaigne* u. evtl. P-Nachweis in der Asche</td>
<td>*Untergruppe B*
Nur V. gibt Biuretreaktion.
VI. Substanz + Ammoniak zur Trockene verdampft und erhitzt bis zur Verkohlung: Ein in HCl getauchter Fichtenspan (Streichholz) i. d. Dampf gehalten wird rosa: Pyrrolreaktion.
Ferner (VI.) Substanz und eine Prise Resorcin mit konz. H_2SO_4 erhitzen bis braun; nach Erkalten verdünnen (in dest. Wasser schütten) + NH_3: rötl. grüne Fluoreszenz</td>
<td>*Untergruppe C*
Nur X. a) gibt mit $CuSO_4$ (grüne) Fällung. Alkoholische Lösung von AAS [X. a) oder b)] nach Filtrieren eindampfen auf geringes Volumen + 3 bis 5 Plätzchen KOH, erhitzen bis Schaum bricht; nach Abkühlen ausäthern, Äther verdunsten, in Alkohol aufnehmen + 1 Plätzchen KOH und nach gutem Abkühlen wäßrige Lösung von Echtbordosalz BD zugeben: Rote Färbung oder Niederschlag = Alkylbenzolsulfonat
Blaue Färbung oder Niederschlag = Alkylnaphthalinsulfonat</td>
<td>*Untergruppe D*
VIII. N-Nachweis nach *Lassaigne*. Ferner in Alkohol gelöst und verascht, weißer Rückstand mit SO_4-Nachweis, im Gegensatz zu XI.
XI. gibt mit wäßriger Phenollösung weiße, käsige Fällung</td>
</tr>
</table>

Als Gruppenreagenzien werden verwendet:

a) 5%ige Essigsäure,
b) Wasser von 20 °dH (396 mg $CaCl_2$ oder 781 mg $CaCl_2 \cdot 6\,H_2O$ jeweils gelöst in 1 l dest. Wasser),
c) Konz. Salzsäure.

Weitere spezifische Reaktionen. Die Unterscheidung von Gruppe II und IV erfolgt durch Netzversuche in kaltem Wasser von 20 °dH. Eine bei dieser Härte auftretende Trübung (s. Tab. 30) ist nämlich noch kein sicheres Kriterium, da oft auch die beständigen hochsulfonierten Öle stark opaleszieren. Dagegen ermöglicht die Netzprobe eine klare Unterscheidung. Sie wird zweckmäßig mit 4 g/l der Produkte in der Kälte mit einzelnen Fäden eines möglichst ungeschlichteten Rohbaumwollgarns durchgeführt.

Gruppe II zeigt nach 15 Min. noch keine Netzwirkung,

Gruppe V Rohbaumwollgarn sinkt fast augenblicklich unter.

Eiweißfettsäurekondensate (Gruppe V): Abgesehen von der Biuretreaktion (Violettfärbung mit NaOH und ganz wenig $CuSO_4$; s. Nachweis von Eiweißschlichten auf S. 252), ist auch ein Erhitzen mit konz. Salzsäure charakteristisch. Die Lösung zersetzt sich dabei unter Gelb- bis Braunfärbung, und außerdem tritt ein typisch fischartiger Geruch auf.

Fettsäurekondensationsprodukte (Gruppe VIII) entfärben eine n/10-$KMnO_4$-Lösung fast sofort bzw. bewirken einen Umschlag nach Gelb, während Fettalkoholsulfate (Gruppe VII) dies erst nach längerem Stehen tun. Eine Prise der Produkte wird in 10 ml dest. Wasser gelöst und 5 Tropfen der $KMnO_4$-Lösung hinzugegeben. Hiermit lassen sich auch sauerstoffhaltige Produkte von den anderen unterscheiden. Sie verbrauchen nämlich die 5- bis 10fache Menge Permanganat, wobei die Lösung völlig entfärbt wird.

Unterscheidung zwischen Fettalkoholsulfonaten (Gruppe VII) *und Mersolaten* (Gruppe IX). Beim Kochen mit konz. Salzsäure (s. Tab. 30) werden Fettalkoholsulfonate zersetzt und es bilden sich an der Oberfläche dunkle Abscheidungen. Die Mersolate sind hingegen beständig, bilden eine Emulsion und Schäumen beim Umschütteln.

Äthylenoxydkondensate (Gruppe XI) lassen sich noch durch die Kalischmelze oder auch durch Erhitzen mit ziemlich konz. Schwefelsäure von den anderen Gruppen unterscheiden. Das mit Wasser versetzte Reaktionsprodukt zeigt beim Schütteln nach wie vor einen starken Schaum, was besagt, daß diese Gruppe auch durch diesen starken Eingriff nicht zerstört wird. Am charakteristischsten ist aber das Verbrennen der alkoholischen Lösung ohne Hinterlassung von Asche bzw. der Niederschlag mit Phenol in wäßriger Lösung.

Einige Spezialprodukte, z. B. Pyridinbasen (Tetracarnit, Penetrazit u. ä.), lassen sich, abgesehen vom Geruch, nur durch spezielle Reaktionen nachweisen. Sie gehören aber auf Grund ihrer Eigenschaften auch nicht in die Netz- und Waschmittelgruppe.

B. Untersuchung nach Wurzschmitt[1]

Die Gruppenzugehörigkeit ergibt sich aus dem Verhalten der Untersuchungsgruppe bei 8 Reaktionen, die in der Tab. 31) zusammengestellt sind.

Die Hauptreaktionen des Wurzschmittschen Untersuchungsganges sind in der Tab. 31 zusammengestellt.

Tabelle 31

Stoffklasse	Kationprobe	Anionprobe	Erwärmungsprobe 1	Erwärmungsprobe 2	Tanninprobe 1	Tanninprobe 2	Tanninprobe 3	Jodprobe
Polyalkoholkondensate	—	—	—	—	—	—	—	—
Alkylolaminkondensate	—	—	—	—	—	—	—	—
Anionaktive Stoffe	+	—	—	—	—	—	—	—
Kationaktive Stoffe[2]	—	+	—	—	+	—	+	+
Polyalkyleniminaddukte[3]	—	+	—	+	+	+	+	—
Polyalkylenoxydaddukte bis 10 Mol Ä. O., unsulfoniert	—	—	+	+	+	+	+	—
Dasselbe über 10 Mol. Äthylenoxyd, unsulfoniert	—	—	—	+	+	+	+	—
Polyalkylenoxydaddukte, sulfoniert	+	—	—	—	—	—	+	—

Die angegebenen Reaktionen fallen immer eindeutig positiv oder negativ aus. Sollte dies einmal ausnahmsweise nicht der Fall sein, so liegen Gemische von mehreren Stoffklassen vor.

Vorbereitung der Untersuchungsprobe. Zur Untersuchung verwendet man nur die reine waschaktive Substanz. Da die Handelsprodukte vielfach auch noch anorganische Salze, Schmutzträgersubstanzen, sauerstoffabgebende Mittel usw. enthalten, welche die Nachweisreaktionen stören können, wird eine Extraktion mit Alkohol vorgenommen. Hierzu wird die Untersuchungsprobe zuerst bei 100 bis 110 °C getrocknet und dann mit wasserfreiem Methyl- oder Äthylalkohol extrahiert. Die kapillaraktive Substanz geht bei dieser Behandlung in Lösung. Nach dem Eindampfen wird der Rückstand bei 100 bis 110 °C getrocknet. Man stellt sich dann 1%ige wäßrige, evtl. auch 2%ige methanolische Lösungen her und führt mit diesen die Reaktionen durch.

Kationprobe (Prüfung auf Anionaktivität). Durchführung s. S. 205.

Anionprobe (Prüfung auf Kationaktivität). Durchführung s. S. 205.

Erwärmungsprobe 1. Einige ml der wäßrigen 1%igen Lösung der Substanz werden in einem größeren Reagenzglas (Durchmesser etwa 12 bis 13 mm) über kleiner Flamme langsam erwärmt. Die Reaktion ist positiv (+), wenn man folgende Erscheinungen beobachtet: Vom erwärmten Boden des Reagenzglases her trübt sich die Lösung und wird

[1] Wurzschmitt, B.: Systematik u. qualitative Untersuchung kapillaraktiver Substanzen. Berlin/Göttingen/Heidelberg: Springer 1950.

[2] Ternäre und quaternäre Verbindungen.

[3] Nichtquaternäre Ammoniumverbindungen.

beim Sieden völlig trüb. Beim Abkühlen kehrt die ursprüngliche Klarheit wieder zurück. Der Versuch kann beliebig oft wiederholt werden.

Evtl. Blindversuch mit nicht erwärmter Probe durchführen!

Bemerkungen. Der positive Ausfall der Reaktion bedeutet die Anwesenheit von nichtsulfonierten Äthylenoxydanlagerungsprodukten mit maximal etwa 10 Äthylenoxydmolekülen. Die auftretende Trübung ist um so stärker, je länger und größer der oxäthylierte Rest ist. Nicht oxäthylierte Produkte oder sulfonierte Oxäthylierungsprodukte geben diese Reaktion nicht. Bei Polyalkyleniminaddukten ist sie dagegen wieder meist positiv.

Erwärmungsprobe 2. *Reagenzien.* 10%ige wäßrige Lösung von Salzen wie Natriumchlorid, Ammoniumchlorid, Calciumchlorid, Bariumchlorid usw.

Ausführung. Von der wäßrigen Lösung der Untersuchungsprobe gibt man einige ml in ein Reagenzglas und setzt dann etwa $^1/_3$ bis $^1/_2$ des Volumens Salzlösung zu. Bleibt die Lösung bei Zimmertemperatur klar, so wird die Erwärmungsprobe 1 durchgeführt. Entsteht nach Zugabe der Salzlösung jedoch ein Niederschlag, so kann dies von der Anwesenheit kation- bzw. anionaktiver Verbindungen herrühren. Man hat dann 2 Möglichkeiten zum weiteren Vorgehen:

a) Man versetzt so lange mit der Salzlösung, bis kein weiterer Niederschlag mehr entsteht und ein Überschuß des Reagenses vorhanden ist, filtriert und prüft das klare Filtrat nach Erwärmungsprobe 1.

b) Man sucht sich eine Salzlösung aus, die in der Kälte keinen Niederschlag ergibt, und führt dann ebenfalls die Erwärmungsprobe 1 durch.

Bemerkungen. Die Prüfung ist bei positivem Ausfall spezifisch für alle Polyalkylenoxyd- und Polyalkyleniminaddukte, unabhängig vom Oxyäthylierungs- bzw. Polyimierungsgrad und der Länge des oxäthylierten bzw. polyimierten Restes, soweit sie nicht sulfoniert sind. Am Zentralatom oxäthylierte kationaktive Verbindungen geben negative Reaktion.

Tanninprobe 1. *Reagenzien.* 5%ige wäßrige Lösung von Tannin (Acidum tannicum-Gerbsäure DAB. 6), die mit verd. Natronlauge auf p_H 7 bis 7,5 (Indikatorpapier genügt) eingestellt und wenn notwendig filtriert wird.

Ausführung. Einige ml der wäßrigen Lösung der Substanz werden tropfenweise mit der Tanninlösung versetzt. Der Ausfall der Reaktion wird als positiv angesehen, wenn dabei eine starke, meist milchige Ausscheidung erfolgt. Gelegentlich beobachtet man, daß sich der bei den ersten Tropfen an der Einfallstelle bildende Niederschlag wieder auflöst. Man gibt dann so lange Reagens zu, bis er bestehenbleibt. Hat man etwa dieselbe Menge Reagens wie das Volumen der zu prüfenden Lösung beträgt zugegeben, ohne daß ein bleibender Niederschlag entsteht, so wird die Reaktion als negativ bewertet.

Bemerkungen. Positive Reaktion erhält man bei Polyglykolen etwa vom Mol.-Gew. 998 ab, bei den ternären und quaternären kationaktiven Verbindungen, auch wenn sie oxäthyliert sind, sowie bei allen nicht sulfonierten Polyäthylenoxydaddukten, Polyäthyleniminen und Polyalkyleniminaddukten.

Tanninprobe 2. *Reagenzien.* 5%ige wäßrige Lösung von Tannin (Acidum tannicum-Gerbsäure DAB. 6), die, wenn nötig, filtriert wird. Der p_H-Wert der Lösung soll etwa bei 2,5 liegen.

Ausführung. Wie bei Tanninprobe 1. Hat man das gleiche Volumen an Reagens zugegeben, wie man Untersuchungslösung vorlegte, und ist immer noch kein bleibender Niederschlag entstanden, so wird die Reaktion ebenfalls als negativ bewertet.

Bemerkungen. Positive Reaktion erhält man bei den Polyglykolen schon vom Mol.-Gew. 392 ab, bei den nicht sulfonierten Polyäthylenoxyd- bzw. Polyalkyleniminaddukten und den Polyäthyleniminen. Im Gegensatz zu der Tanninprobe 1 fällt sie aber bei den ternären und quaternären kationaktiven Verbindungen negativ aus.

Soweit anionaktive Stoffe, wie z. B. Seifen, durch Säuren zerlegt werden, geben sie mit sauren Reagenzien natürlich positive Reaktion.

Tanninprobe 3. *Reagenzien.* 5%ige wäßrige Lösung von Tannin (Acidum tannicum-Gerbsäure DAB. 6), der gleichzeitig auch 5% Natriumazetat zugemischt sind. Die Lösung wird erforderlichenfalls filtriert. Der p_H-Wert soll bei etwa 4,5 liegen.

Ausführung. Wie bei Tanninprobe 1. Bewertung analog.

Bemerkungen. Die Reaktion fällt positiv aus bei Polyglykolen vom Mol.-Gew. 392 ab, bei Polyäthyleniminen, Polyalkyleniminaddukten, ternären und quaternären kationaktiven Stoffen, auch wenn sie oxäthyliert sind, und allen Äthylenoxydaddukten, unabhängig vom Oxyäthylierungsgrad und der Größe des oxäthylierten Restes und von evtl. Sulfonierung.

Durch Säure zersetzbare anionaktive Stoffe, z. B. Seifen, geben ebenfalls positive Reaktion.

Jodprobe. *Reagenzien.* Gesättigte Lösung von Jod in dest. Wasser. Überschüssige Jodkörnchen schaden nicht. Die Lösung soll in brauner Flasche aufbewahrt werden.

Ausführung. Man versetzt etwa 1 ml der wäßrigen Untersuchungslösung mit dem Reagens. Die Reaktion gilt als positiv, wenn die Lösung dabei trüb wird und sich innerhalb einiger Minuten eine gelblich gefärbte, kolloidale Ausscheidung oder ein Niederschlag bildet. Wegen der geringen Konzentration des Reagens müssen manchmal bis zu 20 ml der Jodlösung zugesetzt werden.

Bemerkungen. Positive Reaktion erhält man nur bei ternären und quaternären kationaktiven Stoffen.

Weitere wichtige Erkennungsreaktionen (Schwefel, Phosphor, Chlor und Stickstoff). Zum Nachweis von Schwefel, Phosphor und Chlor muß die Untersuchungssubstanz zuerst mit Soda und Salpeter (beide chlorid- und sulfatfrei) aufgeschlossen werden.

Aufschluß. In einen Porzellantiegel von etwa 20 ml Inhalt gibt man eine etwa 3 mm dicke Schicht eines Gemisches aus 1 Gew.-Teil kalz. Soda und 3 Gew.-Teilen Kaliumnitrat. Auf diese Schicht tropft man ungefähr 5 ml der methanolischen Untersuchungslösung und gibt dann nochmals eine 3 mm dicke Soda-Salpeter-Schicht darüber. Der Tiegel wird dann auf einem Tondreieck leicht angewärmt; die entweichenden Methanoldämpfe läßt man abbrennen. Nachdem dies geschehen ist, erhitzt man langsam weiter bis zum Schmelzfluß. Ist nach einigen Minuten die Schmelze klar geworden, läßt man erkalten, gibt bis zur Hälfte des Tiegels dest. Wasser zu, erhitzt, um die Schmelze in Lösung zu bringen, mit klein gestellter Flamme zum Kochen und filtriert schließlich. Mit dem Filtrat werden die nachstehenden Reaktionen durchgeführt.

Prüfung auf Schwefel. Man säuert das Filtrat mit verd. Salzsäure an, kocht nach Zugabe von einigen Tropfen Perhydrol kurz auf und versetzt mit etwas Bariumchloridlösung. Entsteht ein weißer Niederschlag, so enthält die Substanz gebundenen Schwefel.

Prüfung auf Phosphor. Das Filtrat wird mit verd. Salpetersäure angesäuert und nach Zugabe von etwas festem Ammonnitrat mit Ammonmolybdatlösung (Ansatz: 7 g Ammonmolybdat werden in 50 ml dest. Wasser aufgelöst, dann 12 ml konz. Salpetersäure [$D = 1{,}4$] und 7 g Ammonnitrat zugegeben. Die Lösung wird zu 100 ml aufgefüllt und filtriert) versetzt und zum Sieden erhitzt. Ein gelber Niederschlag zeigt Phosphor an.

Prüfung auf Chlor. Das Filtrat wird mit verd. Salpetersäure angesäuert und dann etwas Silbernitratlösung zugegeben. Bei Vorhandensein von Chlorionen entsteht ein weißer Niederschlag von Silberchlorid. Eine schwache Opaleszenz kann durch Spuren von Kochsalz bedingt sein, die bei der Vorbereitung der Untersuchungsprobe in den Methanolextrakt gelangt sind.

Prüfung auf Stickstoff. 3 ml der 2%igen methanolischen Untersuchungslösung werden in einem größeren Reagenzglas (Durchmesser etwa 20 mm, Inhalt 35 bis 40 ml) mit 2 bis 3 ml gereinigtem Triäthylenglykol (Siedepunkt 276 °C) versetzt und unter kräftigem Schütteln langsam zum Sieden erhitzt. Die entweichenden Methanoldämpfe zündet man an und läßt sie abbrennen.

a) Leicht gebundener Stickstoff (z. B. Ammon- und Aminsalze). Nach dem Abbrennen des Methanols gibt man ungefähr 0,3 g festes Magnesiumoxyd zu (am besten aus einem Röhrchen, damit die oberen Teile des Reagenzglases sauber bleiben) und prüft sofort mit angefeuchtetem rotem Lackmuspapier auf das Entweichen von Ammoniak oder leicht flüchtigen Aminen. Bleibt das Lackmuspapier unverändert, so erhitzt man die Reaktionsflüssigkeit zum Sieden und prüft nochmals. Unter Umständen muß sogar noch einige Minuten gekocht werden.

b) Fest gebundener Stickstoff. War die Reaktion mit Magnesiumoxyd positiv, dann kocht man so lange, bis sie negativ ausfällt, was meist nach einigen Minuten der Fall ist. Bei größeren Mengen leicht gebundenen Stickstoffs kann es erforderlich werden, nochmals 2 bis 3 ml Triäthylenglykol und gegebenenfalls auch etwas Magnesiumoxyd nachzusetzen. Ist die Reaktion eindeutig negativ geworden, so gibt man der heißen Lösung etwa 1 g festes Kaliumhydroxyd (7 bis 8 Plätzchen) zu, schüttelt gut um, wobei die Lösung stark ins Sieden kommt, und prüft erneut mit angefeuchtetem Lackmuspapier. Evtl. muß auch hier einige Minuten gekocht werden.

WURZSCHMITT bringt in seiner „Systematik und qualitative Untersuchung kapillaraktiver Substanzen" noch eine sehr große Anzahl ausgezeichneter Einzelreaktionen, insbesondere zum Nachweis von Polyglykolen und Polyäthylenoxydaddukten, so daß sogar bei Mischungen aus verschiedenen Stoffklassen eine eindeutige Identifizierung möglich wird.

Untersuchung von Seifen

Unter den Seifen versteht man die Alkalisalze von höheren aliphatischen Fettsäuren mit meist 12 bis 18 Kohlenstoffatomen. Die Fettsäuren können gesättigt (z. B. Palmitin- oder Stearinsäure) oder auch ungesättigt (Ölsäure, Linolsäure usw.) sein. Die technischen Seifen enthalten vielfach noch geringe Mengen unverseifbarer Stoffe, die bereits im Rohstoff (natürliche Fette oder Öle) vorhanden sind, weiterhin durch die Herstellung bedingte Stoffe (Alkali, Glyzerin) und schließlich auch noch Zusätze, die sich nach dem jeweiligen Verwendungszweck richten (Geruchstoffe, Füllmittel, Lösungsmittel usw.). In den Waschpulvern sind die Seifen meist mit Soda, Wasserglas oder Phosphaten, und fast immer auch mit sauerstoffabgebenden Mitteln (Perborate, Perkarbonate u. a.), Schmutzträgersubstanzen (Zelluloseabkömmlinge) und optischen Aufhellungsmitteln vermischt.

Bei der Untersuchung von Seifen interessieren: Gehalt an Gesamtfettsäuren, freien Fettsäuren, Neutralfett, Unverseifbarem, Glyzerin, Gesamtalkali, gebundenes und freies Alkali, Wassergehalt, Trübungs- und Erstarrungspunkt, Waschwirkung u. a. Bei den Waschpulvern ist außerdem der Gehalt an „aktivem" Sauerstoff von Bedeutung.

Probeentnahme. Die Untersuchungsprobe muß stets dem Innern der Seife entnommen werden. Je größer das ganze Seifenstück, um so größer soll auch die Untersuchungsprobe sein. Pulver- und pastenförmige sowie flüssige Seifen werden vorher gründlich durchgemischt.

Bestimmung des Wassergehalts

a) Xylolverfahren. 10 bis 50 g Seife (möglichst so viel, daß 3 bis 5 ml Wasser erhalten werden) werden in einen Rundkolben eingewogen und dann 100 bis 200 ml nicht getrocknetes Xylol und einige Siedesteinchen zugegeben. Dem 500-ml-Rundkolben wird ein besonderer, graduierter Destillieraufsatz und diesem ein Rückflußkühler aufgesetzt (s. Abb. 24) und der Kolbeninhalt dann langsam zum Sieden erhitzt. Das verdampfende Wasser sammelt sich in

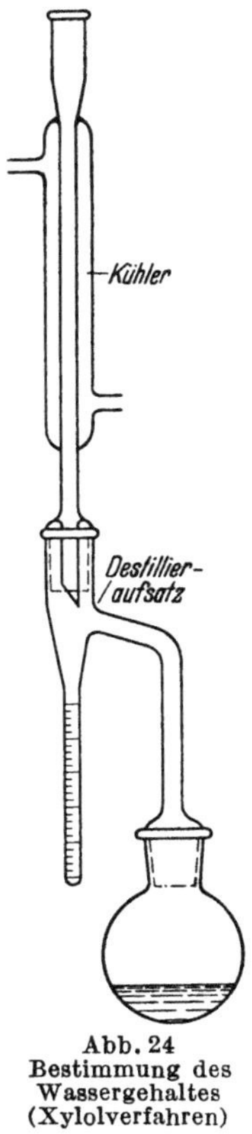

Abb. 24 Bestimmung des Wassergehaltes (Xylolverfahren)

dem graduierten Teil des Destillieraufsatzes an. Sobald das im Kühler zurückfließende Kondensat klar erscheint — ein Zeichen dafür, daß das Wasser bereits übergegangen ist —, wird die Destillation unterbrochen. Nach dem Abkühlen und erfolgter Schichtentrennung kann die Wassermenge direkt abgelesen und dann in Prozent umgerechnet werden. Genauigkeit des Verfahrens: $\pm 0{,}5\%$. Bei Seifen mit flüchtigen, wasserlöslichen Stoffen, wie z. B. Alkohol, ist das Xylolverfahren nicht anwendbar.

b) Trocknungsverfahren. Falls außer Wasser keine anderen flüchtigen Bestandteile zugegen sind, kann der Wassergehalt auch durch Trocknen bei 100 bis 105 °C bestimmt werden. 5 bis 8 g gut zerkleinertes Probematerial werden am besten in einer flachen Platin- oder Porzellanschale nebst etwas ausgeglühtem Sand oder Bimsstein sowie einem Glasstäbchen (das zum zeitweiligen Umrühren der Seifenmasse dient) abgewogen und erst bei 60 bis 70 °C und schließlich bei 100 bis 105 °C zu Ende getrocknet. Gegen Schluß der Trocknung werden zweckmäßig ein paar ml Alkohol zugesetzt, um die Verdampfung der letzten Wasserreste zu beschleunigen. Schmierseifen und Seifen mit erheblichem Ätzkaligehalt werden zweckmäßig im Erlenmeyer mit vorgelegtem Natronkalkrohr getrocknet, um die Luftkohlensäure abzuschließen.

c) Karl-Fischer-Verfahren. Durchführung s. S. 197.

Bestimmung der Gesamtfettsäuren (DGF-Methode)

Der Gehalt an Gesamtfettsäuren kann nach dem Äther- oder auch dem Wachskuchenverfahren bestimmt werden. Das letztere ist allerdings weniger genau und kommt deswegen normalerweise nur für Reihenuntersuchungen im Betrieb in Frage.

a) Ätherverfahren. Eine abgewogene Menge Seife, die etwa 1 bis 2 g Fettsäure enthalten soll, wird in heißem Wasser gelöst und unter Nachspülen mit Wasser in einen Scheidetrichter übergeführt. Dort wird die Lösung unter Schütteln mit 25%iger Salzsäure versetzt, bis Methylorange rot wird. Man gibt dann noch 2 bis 3 ml der Salzsäure hinzu, läßt auf Zimmertemperatur abkühlen und schüttelt mit 100 ml Äther kräftig durch.

Sollte sich hierbei keine klare Ätherschicht absetzen, sondern die Flüssigkeit durch unzersetzte Seifenreste trübe sein, so muß die Zersetzung in der Siedehitze in einem Rundkolben mit eingeschliffenem Rückflußkühler wiederholt werden. Die Fettsäuren müssen dann klar auf dem Säurewasser schwimmen. Nach dem Abkühlen wird das Gemisch vollständig in einen Scheidetrichter übergeführt, wobei Rückflußkühler und Kolben mit Äthyläther nachgespült werden. Zum Ausschütteln verwendet man insgesamt 100 ml Äther.

Wenn das Gemisch im Scheidetrichter über Nacht stehenbleiben konnte, so ist das Sauerwasser gewöhnlich klar und man braucht nicht nochmals auszuäthern. Bei kürzerer Absetzzeit jedoch wird das Sauerwasser ein zweites Mal mit 25 ml Äther ausgeschüttelt. Die vereinigten Ätherauszüge sind nach dem klaren Absetzen der Schichten meistens ausreichend mineralsäurefrei. Es empfiehlt sich jedoch, mit wenig 10%iger Kochsalzlösung nachzuwaschen, wenn die Gesamtfettsäuren zur Bestimmung der Kennzahlen verwendet werden sollen. Die ätherische Lösung wird schließlich mit entwässertem Natriumsulfat getrocknet. Nach frühestens 1 Std. wird filtriert und das Natriumsulfat mit trockenem Äther fettfrei gewaschen.

Die Hauptmenge des Äthers wird auf dem Wasserbad abgedampft, der Rest mit Druckluft oder einem Handgebläse verflüchtigt. Der Rückstand wird bei 60 bis 70 °C getrocknet, bis sein Gewicht innerhalb 15 Min. um weniger als 0,1% abnimmt. Ist keine Gewichtskonstanz zu erreichen, so ist mit der Anwesenheit flüchtiger Fettsäuren (unter 10 Kohlenstoffatomen) zu rechnen. In diesem Falle muß dann in etwas abgeänderter Weise verfahren werden (s. DGF-Methode G-III 5c).

Bei stark mit wasserunlöslichen Füllstoffen beschwerten Seifen werden die Gesamtfettsäuren besser aus dem getrockneten Alkoholauszug bestimmt.

b) Wachskuchenverfahren. 10,0 g Seife werden mit einem Glasstab zum Umrühren in eine Abdampfschale mit gewölbtem Boden (11 cm Durchmesser) eingewogen. Man fügt 100 ml dest. Wasser hinzu und löst die Seife auf dem siedenden Wasserbad vollständig auf. Hierauf säuert man mit etwa 20 ml 20%iger Schwefelsäure an, bis Methylorange gerötet wird. Auf dem siedenden Wasserbad scheiden sich die Fettsäuren ab, steigen nach öfterem Rühren an die Oberfläche und bilden dort eine Schicht flüssiger Fettsäure.

Ohne erkalten zu lassen, fügt man genau 20 g sorgfältig gewaschenes und durch Erhitzen getrocknetes Bienenwachs (oder auch Hartparaffin oder Stearin) zu. Das Wachs wird aufgeschmolzen und mit der Fettsäure zu einer homogenen Schicht vermischt. Man läßt mit dem Glasstab an der Seite des Ausgusses der Schale erkalten. Die oben schwimmende Schicht verfestigt sich dann zu einem „Kuchen“.

Wenn dieser genügend fest geworden ist, durchsticht man ihn und läßt das unterhalb stehende Wasser abfließen, das man durch eine neue Menge kochenden Wassers (100 ml) ersetzt. Das Wachs-Fettsäure-Gemisch schmilzt, wird mit dem zugefügten Wasser gewaschen und verfestigt sich abermals beim Erkalten.

Dann wird der Kuchen erneut durchstoßen, das Waschwasser abgelassen, der Kuchen herausgenommen und mit Filterpapier abgetupft. Um ihn vollständig zu trocknen, bringt man ihn in die vorher ebenfalls mit Filterpapier abgetupfte Schale zurück und erhitzt auf dem Sandbad 5 Minuten auf genau (!) 105 °C (die Temperatur darf nicht überschritten werden, damit vorhandene Kokosfettsäure nicht verflüchtigt wird), wobei man mit dem eingewogenen Glasstab umrührt.

Man läßt die getrocknete Menge im Exsikkator erkalten und wägt sie. Nach Abzug des Gewichtes der Schale mit Rührstab und des Wachses erhält man das Gewicht der Gesamtfettsäure, die in 10 g Seife enthalten ist. Darin ist auch das Unverseifbare, wenn vorhanden, einbegriffen. Man rechnet auf 100 g Seife um. Zum Ergebnis werden 0,50 g zugeschlagen, wenn Kokos- oder Palmkernfettsäure zugegen ist.

Anmerkung: Bei gleichzeitiger Anwesenheit synthetischer waschaktiver Substanzen liefert die Methode keine sicheren Ergebnisse. Die Anwesenheit von Syntheseprodukten gilt als erwiesen, wenn das Sauerwasser schäumt. In diesem Falle darf die Bestimmung nur nach der DGF-Methode G-III 5b ausgeführt werden.

Unverseiftes Neutralfett und Unverseifbares

Man löst etwa 5 g gut zerkleinerte Seife in einem Gemisch von 50 ml Alkohol und 50 ml 1%iger Natriumbikarbonatlösung unter Erwärmen. Das Natriumbikarbonat soll noch in der Kälte freies Alkalihydroxyd zu Natriumkarbonat umsetzen, damit kein Neutralfett verseift wird und freie Fettsäuren nicht in Seifen übergehen. Nach dem Abkühlen der Seifenlösung auf Zimmertemperatur führt man die Lösung vollständig in einen Scheidetrichter über und schüttelt dreimal mit je 50 ml Petroläther aus.

Die vereinigten Petrolätherauszüge werden dreimal mit je 15 ml 50%igem Alkohol nachgewaschen. Der Petroläther wird abgedampft und der Rückstand bei 100 °C bis zu konstantem Gewicht getrocknet (= 1. Petrolätherrückstand).

Die wäßrig-alkoholische Seifenlösung ist vollständig abzutrennen und mit den folgenden Waschlösungen zu vereinigen. Sie wird zur Bestimmung des Verseifbaren benötigt.

Der 1. Petrolätherrückstand umfaßt die Summe des Unverseifbaren und des unverseiften Neutralfettes. Um die beiden Einzelbestandteile zu bestimmen, wird der Rückstand mit überschüssiger alkoholischer Kalilauge verseift und wie vorher behandelt (= 2. Petrolätherrückstand).

Auswertung. Der Unterschied zwischen dem 1. und dem 2. Petrolätherrückstand ergibt den Gehalt an unverseifbarem Neutralfett. Der Rückstand des 2. Auszuges ist das Unverseifbare.

Verseifbares

Nach der Abtrennung des unverseiften Neutralfetts und des Unverseifbaren (s. w. o.) wird der Alkohol aus der wäßrig-alkoholischen Seifenlösung auf dem Wasserbad ausgetrieben. Anschließend werden die Fettsäuren wie bei der Bestimmung der Gesamtfettsäuren (s. S. 214) durch Zugabe von 25%iger Salzsäure abgeschieden und mit Äther quantitativ extrahiert.

Freie Fettsäuren

Bei negativem Ausfall der Prüfung auf freies Alkali (s. w. u.) wird auf freie Fettsäuren geprüft, indem man 10 g Seife in einer ausreichenden Menge Alkohol unter Erwärmen auflöst und nach dem Abkühlen mit alkoholischer $^1/_{10}$n-Kalilauge gegen Phenolphthalein titriert. Die Lösung muß mindestens 60% Alkohol enthalten. In einem Blindversuch ermittelt man den Alkaliverbrauch des Lösungsmittels. Die freie Fettsäure wird in folgender Weise als Ölsäure berechnet:

$$\% \text{ freie Ölsäure} = \frac{(a - b) \cdot 2{,}82}{E}$$

a verbrauchte ml $^1/_{10}$n-KOH beim Hauptversuch;
b verbrauchte ml $^1/_{10}$n-KOH beim Blindversuch;
E Einwaage in g.

Harzsäuren

Qualitativer Nachweis (nach HALPHEN-GRIMALDI). Etwa 0,01 g Seife werden in einer Porzellanschale mit etwas Salzsäure erhitzt, wodurch die Fettsäuren und vorhandene Harzsäuren frei gemacht werden. Die überschüssige Salzsäure wird abgedampft. Man behandelt dann die Masse mit etwa 0,5 ml einer Lösung von Phenol in Tetrachlorkohlenstoff (1:2). Hierauf läßt man in die Schale, deren Wand mit dem Gemisch benetzt ist, die Dämpfe einer Lösung von Brom in Tetrachlorkohlenstoff (1:4) fließen. Bei Gegenwart von Harzsäuren entsteht sofort eine tiefblaue Färbung.

Die *quantitative Bestimmung* geschieht durch Titrieren mit β-Naphthalinsulfosäure oder p-Toluolsulfosäure (DGF-Methode G-III 9b).

Gesamtalkali

Das Gesamtalkali (Summe des an Fettsäuren, Harzsäuren, Kohlensäure, Kieselsäure usw. gebundenen und des freien Alkalis) kann entweder unmittelbar titriert oder zugleich mit der Gesamtfettsäure erfaßt werden.

a) Direkte Titration. 5,0 g Seife werden in 500 ml dest. Wasser gelöst und gegen Methylorange mit 0,5n-Salzsäure titriert.

b) Gleichzeitige Bestimmung des Gesamtalkalis und der Gesamtfettsäure (s. S. 214). Die Seife wird durch einen gemessenen Überschuß 0,5n-Mineralsäure völlig zersetzt, das Sauerwasser abgetrennt, der Äther daraus verjagt und der Überschuß an 0,5n-Mineralsäure im Sauerwasser mit 0,5n-Lauge zurücktitriert. Indikator: Methylorange.

Berechnung:

Gegeben sind E = Einwaage in g und a = verbrauchte ml 0,5n-Säure (unmittelbar titriert oder als Unterschied zwischen vorgelegter und zurücktitrierter Säure).

$$\% \text{ Gesamtalkali bei Natronseifen} = \frac{1{,}55\,a}{E}$$ (berechnet als Na_2O),

$$\% \text{ Gesamtalkali bei Kaliseifen} = \frac{2{,}35\,a}{E}$$ (berechnet als K_2O).

Freies Alkali

Unter dem freien Alkali versteht man die Ätzalkalien, vorwiegend Natrium- und Kaliumhydroxyd.

Qualitative Prüfung. Eine erbsengroße Probe Seife wird in der 10- bis 15fachen Menge neutralisierten Alkohols gelöst. Nach dem Erkalten gibt man ein paar Tropfen Phenolphthalein zu. Tritt hierbei eine beständige Rotfärbung auf, so ist freies Alkali vorhanden; Farblosigkeit des Indikators zeigt eine neutrale oder saure Seife an. Der Nachweis der Alkalität durch Betupfen einer Schnittfläche der Seife mit Phenolphthaleinlösung ist nur für den negativen Ausfall der Probe zuverlässig. Bei gefüllten Seifen können beide Proben versagen.

Quantitative Bestimmung. *a*) *Alkohol-Verfahren.* Man wägt etwa 2,0 g Seife in einen 250-ml-Stehkolben ein und löst sie durch Kochen am Rückflußkühler in 100 ml etwa 96%igem Alkohol, der mit n/2-Kalilauge gegen Phenolphthalein bis zur ganz schwachen Rötung neutralisiert wurde. Hierauf kühlt man rasch ab und titriert mit $^1/_{10}$n-Salzsäure gegen Phenolphthalein.

Bei sehr geringem Gehalt an freiem Alkali und bei besonders genauen Bestimmungen löst man in unvorbehandeltem Alkohol. Durch einen Blindversuch, der mit der gleichen Menge desselben Alkohols wie im Hauptversuch durchgeführt wird, stellt man seinen Titrationswert fest und berücksichtigt ihn bei der Auswertung des Hauptversuchs.

Berechnung:

$$\% \text{ freies Alkali} = \frac{0{,}4\,a}{E}$$ (berechnet als NaOH bei Natronseifen);

$$\% \text{ freies Alkali} = \frac{0{,}56\,a}{E}$$ (berechnet als KOH bei Kaliseifen).

Es bedeuten:

E Einwaage in g und
a verbrauchte ml $^1/_{10}$n-Säure (unter Berücksichtigung des Blindversuchs).

b) *Bariumchlorid-Verfahren.* Man löst 5,0 g Seife in 100 ml heißem Wasser und versetzt unter Umrühren langsam mit 10%iger Bariumchloridlösung, bis die ziemlich klare Flüssigkeit über dem Niederschlag durch einige Tropfen Bariumchloridlösung nicht mehr getrübt wird. Gewöhnlich genügen 15 ml. Die ausgefällte Bariumseife wird heiß abfiltriert und der Rückstand auf dem Filter mit ausgekochtem CO_2-freiem, dest. Wasser alkalifrei gewaschen. Das Filtrat titriert man mit $^1/_{10}$n-Salzsäure gegen Phenolphthalein. Berechnung wie beim Alkohol-Verfahren.

Bemerkungen. Das Alkohol-Verfahren liefert nur bei festen, ungefüllten Seifen zuverlässige Ergebnisse. Bei stark wasserhaltigen (flüssige Seifen, Seifenpasten, Schmierseifen usw.) und gefüllten Seifen ist das Bariumchlorid-Verfahren heranzuziehen.

Gebundenes Alkali (*Seifenalkali*)

Als gebundenes Alkali wird das an die Gesamtfettsäuren der Seife gebundene Alkali bezeichnet. Man verfährt wie bei der Bestimmung der Verseifungszahl (s. S. 160) und titriert die Gesamtfettsäuren mit n/2-KOH.

Berechnung.

Bei Natronseifen:

$$\boxed{\%\ \text{gebundenes Alkali} = \frac{1{,}1\,a}{E}}\ \text{(berechnet als NaOH)}$$

$$\text{oder} \quad = \frac{1{,}55\,a}{E}\ \text{(berechnet als } Na_2O\text{)}.$$

Bei Kaliseifen:

$$\boxed{\%\ \text{gebundenes Alkali} = \frac{1{,}905\,a}{E}}\ \text{(berechnet als KOH)}$$

$$\text{oder} \quad = \frac{2{,}35\,a}{E}\ \text{(berechnet als } K_2O\text{)}.$$

Es bedeuten:

E Einwaage in g und
a ml n/2-KOH, die verbraucht worden sind, um die Gesamtfettsäuren von E g Seife zu verseifen.

Zweckmäßig wird das gebundene Alkali auf NaOH oder KOH berechnet, da diese Werte zusammen mit der Menge Gesamtfettsäure sofort den reinen Seifengehalt ergeben. Zum Vergleich mit dem Gesamtalkali kann man aber auch auf Na_2O oder K_2O berechnen.

Alkalikarbonate

Da die titrimetrische Bestimmung nur sehr beschränkt anwendbar ist und meist nur Näherungswerte ergibt, bestimmt man im GEISSLERschen Apparat (s. Abb. 25) die Kohlensäure direkt und rechnet den gefundenen Wert auf Kalium- oder Natriumkarbonat um.

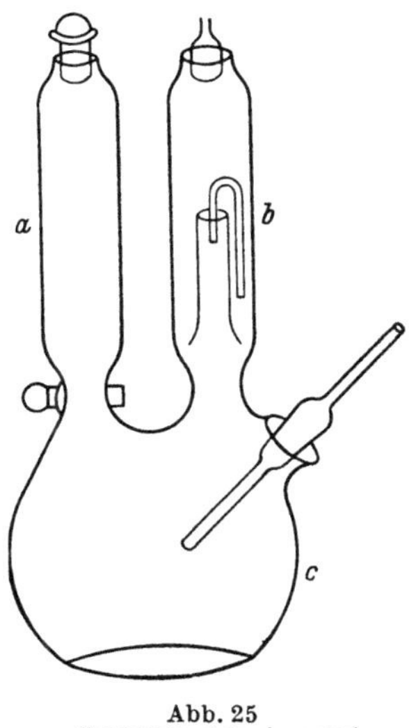

Abb. 25
GEISSLERscher Apparat

Ausführung: 3 bis 5 g der zerkleinerten Seifenprobe werden in den großen Behälter *c* des GEISSLER-Apparates eingewogen. Aus dem mit einem Hahn versehenen Turm *a* läßt man dann konz. Salzsäure zufließen, um die Kohlensäure auszutreiben, und schließt den Hahn sofort wieder. Die Kohlensäure entweicht durch den 2. Turm *b*, in dem sich konz. Schwefelsäure befindet. Wenn die Kohlensäureentwicklung beendet ist, stellt man den Apparat etwa ½ Std. in ein Wasserbad von 50 bis 60 °C und leitet 5 Min. einen trockenen, kohlensäurefreien Luftstrom hindurch. Nach dem Erkalten wird der GEISSLER-Apparat gewogen und aus dem Gewichtsverlust der Karbonatgehalt berechnet.

Berechnung:

E Einwaage in g,
a Gewichtsabnahme des GEISSLERschen Apparates oder Gewichtszunahme eines angeschlossenen Kohlendioxyd-Absorptionsgeräts in g.

$$\% \; Na_2CO_3 = \frac{241\,a}{E} \quad \text{bzw.} \quad \% \; K_2CO_3 = \frac{314\,a}{E}$$

Alkoholunlösliche Fremdstoffe

(*anorganische und nichtflüchtige organische Nebenbestandteile*)

Qualitativer Nachweis. 2 bis 3 g Seife werden mit 50 ml 96%igem Alkohol unter Rückfluß und wiederholtem Schütteln gekocht. Die reine Seife geht hierbei in Lösung. Im Rückstand befinden sich anorganische Salze wie Kochsalz, Wasserglas, Glaubersalz, Karbonate, Phosphate, Borate und Perborate sowie organische Substanzen wie Stärke, Dextrin, Kasein, Zelluloseabkömmlinge usw.

Quantitative Bestimmung. Etwa 5 g fein geraspelte Seife werden bei 105 °C getrocknet und nach Zugabe von 200 ml Alkohol (96%ig oder absolut) am Rückflußkühler so lange gekocht, bis die Seife in Lösung gegangen ist. Man filtriert dann durch ein bei 105 °C getrocknetes und gewogenes Filter und bringt die evtl. an der Kolbenwand haftenden Teile mit geringen Mengen Alkohol ebenfalls quantitativ auf das Filter. Das Filter wird darauf im Wiegegläschen bei 100 bis 105 °C getrocknet und gewogen.

Durch Veraschen des Rückstandes erhält man die *anorganischen Nebenbestandteile.* Die Differenz beider Werte ergibt die Menge der *organischen, nichtflüchtigen, alkoholunlöslichen Verbindungen.*

Anorganische Nebenbestandteile

Die anorganischen Nebenbestandteile können außer nach obiger Vorschrift auch durch direkte Aschenbestimmung in der Seife ermittelt werden:

3 bis 5 g Seife werden im Platin-, Nickel- oder Porzellantiegel allmählich abgeschwelt, bis ein kohliger Rückstand bleibt, dann wird völlig verascht und gewogen. Schwer verbrennliche Kohle verascht sich leicht nach Befeuchten mit Wasserstoffperoxyd oder durch kurzes Glühen in schwach sauerstoffhaltiger Luft, die durch einen ROSE-Tiegeldeckel in den Tiegel geleitet wird. Sintern der Asche zeigt die Gegenwart flüchtiger Alkalisalze an; in diesem Falle zieht man den kohligen Rückstand zunächst mehrmals mit heißem Wasser aus und verascht Kohle und Filter für sich. Darauf gibt man den wäßrigen Auszug hinzu, dampft auf dem Wasserbade ein und verascht den Rückstand bei mäßiger Rotglut. Die *Aschenmenge* wird um die auf Karbonat umgerechnete Menge des freien und gebundenen Alkalis vermindert und stellt annähernd die *Gesamtmenge der anorganischen Nebenbestandteile* (Füllstoffe) dar.

Es ist zu berücksichtigen, daß kristallwasserhaltige anorganische Salze (Glaubersalz, auch Wasserglas u. dgl.) in der Asche völlig wasserfrei erscheinen, bei der Wasserbestimmung aber unter Umständen nicht ihr ganzes Wasser abgeben. Die experimentell ermittelten Prozentgehalte Reinseife, Asche (evtl. auch organische *Füllmittel*) sowie Wassergehalt müssen sich daher bei Anwesenheit von Wasserglas u. dgl. nicht unbedingt zu 100 ergänzen.

Trennung der wasserunlöslichen und wasserlöslichen anorganischen Nebenbestandteile

Die nach vorstehendem Verfahren erhaltene Asche wird mit heißem Wasser ausgezogen. Der unlösliche Teil enthält die *wasserunlöslichen anorganischen Füllmittel*, wie Talkum, Kaolin, Kieselgur, Bimsstein, Asbest, Kreide, Erdfarben, Sand u. a., deren Identifizierung nach dem Vorgang der anorganischen Analyse meistens nicht schwierig ist, da die Stoffe selten zu mehreren nebeneinander vorkommen. Die *wasserlöslichen anorganischen Bestandteile* (Kochsalz, Glaubersalz usw.) sind im oben erhaltenen wäßrigen Auszug durch Eindampfen und Trocknen bis zur Gewichtskonstanz zu bestimmen. Bei Anwesenheit von Wasserglas empfiehlt es sich, den alkoholunlöslichen Rückstand (s. o.) mit Wasser zu kochen und den wasserunlöslichen sowie den wasserlöslichen Anteil getrennt zur Entfernung der organischen Substanz zu veraschen. Evtl. können aliquote Teile des wäßrigen Auszuges sowohl zur Bestimmung der Gesamtmenge wasserlöslicher anorganischer Stoffe als auch zur Prüfung auf Einzelbestandteile (Chloride, Karbonate, Sulfate, Silikate, Borax, Natriumphosphat, Sauerstoffmittel u. a.) benutzt werden; gewöhnlich jedoch wird die Bestimmung an besonderen Einwaagen der Seife selbst vorgenommen.

Chloride

Man wägt 10,0 g der Seifenprobe ab und verascht vorsichtig im Porzellan- oder Quarztiegel. Die Asche wird mit etwa 15 ml warmem Wasser ausgezogen und die Lösung in einen 100-ml-Meßkolben filtriert. Man laugt den Rückstand noch 3mal mit warmem Wasser aus, wäscht anschließend das Filter mit warmem Wasser nach und füllt den Meßkolben bis zur Marke auf. In einem aliquoten Teil der Lösung wird dann der Chloridgehalt bestimmt, und zwar durch Titration mit Silbernitrat nach Mohr oder nach Volhard.

a) Titration nach Mohr. Die Titration wird in neutraler oder höchstens schwach alkalischer Lösung mit einer n/10-Silbernitratlösung vorgenommen. Der Endpunkt wird durch Zusatz von 2 ml einer neutralen 5%igen Kaliumchromatlösung als Indikator dadurch erkannt, daß ein geringer Überschuß an Silberionen einen beständigen rotbraunen Niederschlag von Silberchromat hervorruft. Phosphate stören!

Berechnung:

E Einwaage in g,
a verbrauchte ml n/10-Silbernitratlösung (für die 100 ml im Meßkolben).

$$\boxed{\% \text{ NaCl} = \frac{0{,}585\, a}{E}} \quad \text{bzw.} \quad \boxed{\% \text{ KCl} = \frac{0{,}745\, a}{E}}$$

b) Titration nach Volhard. Die Seifenprobe wird wie bei der Titration nach Mohr verascht, ausgelaugt und das Filtrat in einem Meßkolben auf 100 ml aufgefüllt.

Hiervon pipettiert man einen aliquoten Teil in ein 100-ml-Meßkölbchen, säuert mit 10 ml chloridfreier 2n-Salpetersäure an und fällt die Chloride mit einer überschüssigen, gemessenen Menge n/10-Silbernitrat. Nachdem einige Minuten gut durchgeschüttelt worden ist, wird bis zur Marke aufgefüllt und durch ein trockenes Filter filtriert. Die ersten 20 ml werden verworfen, die übrige Lösung fängt man in einem trockenen Becherglas auf. 50 ml des Filtrats werden abpipettiert und hierin der Überschuß an Silbernitrat mit n/10-Ammoniumrhodanid zurücktitriert. Als Indikator dient eine klar filtrierte, chloridfreie, etwa 20%ige Lösung von Ferriammonsulfat. Berechnung wie oben.

Wasserglas

Qualitativer Nachweis: Eine Probe Seife wird in gerade ausreichender Menge Wasser gelöst und, wenn nötig, heiß filtriert. Das Filtrat wird nach und nach mit etwa 25%iger Salzsäure versetzt und nach völligem Zersetzen der Seife ausgeäthert. Ist Wasserglas zugegen, so scheiden sich im Sauerwasser charakteristische Flocken gefällter Kieselsäure ab. Treten keine Flocken auf, so wird das abgesogene Sauerwasser zur Trockene eingedampft und mit heißem Wasser aufgenommen. Ein unlöslicher Rückstand, der auch bei nochmaligem Behandeln mit rauchender Salzsäure nicht verschwindet und beim Zerreiben sandig knirscht, deutet auf Wasserglas hin.

Zum Nachweis der Kieselsäure trocknet man den unlöslichen Rückstand scharf, bringt ihn in einen Bleitiegel, fügt etwas Calciumfluorid (etwa $^1/_4$ der Menge des Rückstandes) zu und versetzt mit konz. Schwefelsäure. Nach dem Umrühren mit einem Metallspatel bedeckt man den Tiegel mit einem durchlochten Bleideckel, der mit einem angefeuchteten schwarzen Filtrierpapier und zwei darüberliegenden, ebenfalls angefeuchteten Filterpapieren bedeckt ist. Bei Gegenwart von Kieselsäure oder Silikaten bildet sich auf dem schwarzen Papier ein weißer Fleck von abgeschiedener Kieselsäure. Erwärmen auf dem Wasserbad begünstigt die Reaktion.

Maße des Bleitiegels: Höhe etwa 25 mm, Durchmesser 15 bis 20 mm, Durchmesser des Lochs im Bleideckel etwa 5 mm. Der Deckel soll möglichst dicht schließen.

Quantitative Bestimmung. 5,0 g Seife werden in dest. Wasser auf dem Wasserbad gelöst, heiß filtriert und nachgewaschen. Das wäßrige Filtrat (einschließlich Waschwasser) wird mit Salzsäure zersetzt und ausgeäthert. Die nicht zu starke (etwa 25%ige) Salzsäure wird in kleinen Mengen zugefügt. Man dampft das Sauerwasser ein, trocknet den Rückstand bei 120 °C, nimmt nochmals mit Salzsäure auf und dampft wieder ein. Der Rückstand ist dann in heißem Wasser unlöslich und wird vollständig auf ein aschefreies Filter gebracht, mit heißem dest. Wasser ausgewaschen, getrocknet und geglüht.

Berechnung:

E Einwaage in g,
A gefundene Aschenmenge (SiO_2) in g.

% SiO_2 $= \frac{A \cdot 100}{E}$

% festes Natronwasserglas (Verh. 3,33) $= \frac{A \cdot 130}{E}$

% flüssiges Wasserglas[1] (38 °Bé; Verh. 3,33) $= \frac{A \cdot 390}{E}$

[1] $d = 1{,}35$; 8,1% Na_2O; 27,0% SiO_2.

% festes Natronwasserglas (Verh. 2,00) $= \frac{A \cdot 150}{E}$

% festes Kaliwasserglas (Verh. 2,5) $= \frac{A \cdot 140}{E}$

Phosphate

Phosphorsaure Salze, insbesondere Polyphosphate, werden Seifen und Seifenpulvern zugesetzt, um sie härtebeständig zu machen.

Nachweis von Phosphaten. Man verascht etwa 2 g der Seife vorsichtig in einem Tiegel, löst die Asche in etwa 5 ml verd. Salpetersäure, setzt die gleiche Menge Wasser zu und filtriert. Versetzt man eine Probe des Filtrats mit etwas Ammonmolybdatlösung und erhitzt, so bildet sich bei Gegenwart von Phosphaten ein gelber, kristalliner Niederschlag von Ammoniummolybdänphosphat. Ist keine Fällung erfolgt, so überschichtet man mit 1 bis 2 Tropfen Ammoniak und schüttelt so vorsichtig, daß die obere, ammoniakalische Schicht erst allmählich mit der Unterschicht vermischt wird. Tritt auch dann keine Fällung ein, so ist kein Phosphat zugegen.

Quantitative Bestimmung. 3 bis 5 g Seife werden genau abgewogen und im Porzellan- oder Quarztiegel langsam verascht. Die Asche wird mit heißem Wasser ausgezogen, abfiltriert und nachgewaschen. Filtrat und Waschwasser gibt man in einen 100-ml-Meßkolben und füllt mit dest. Wasser bis zur Marke auf. Zur quantitativen Bestimmung entnimmt man einen aliquoten Teil, evtl. auch die ganze Menge, und fällt das Phosphat mit „Magnesiamixtur" als Magnesiumammoniumphosphat oder mit Ammonmolybdatlösung als Ammoniummolybdänphosphat. Näheres s. Phosphatbestimmung auf S. 67. Angabe des Phosphatgehaltes in % P_2O_5.

Borate

Borsäure kommt in Seifen meistens als Borax oder Alkaliperborat vor.

Nachweis von Boraten. Eine Probe der Asche wird im Reagenzglas mit einigen Tropfen konz. Schwefelsäure und etwas Methanol versetzt und erhitzt. Die entweichenden Dämpfe werden angezündet; bei Gegenwart von Boraten färbt sich die Flamme grün.

Quantitative Bestimmung. Etwa 10,0 g Seife werden in der gerade genügenden Menge dest. Wasser aufgelöst und mit 1 bis 2 g entwässerter Soda gründlich durchgerührt. Die Lösung wird eingedampft und der Rückstand bei mäßiger Rotglut verascht. Die Asche wird in dest. Wasser gelöst und kurze Zeit mit verd. Salzsäure am Rückflußkühler gekocht, um die Kohlensäure zu verjagen. Nach dem Neutralisieren mit etwa n/2-Natron- oder Kalilauge gegen Methylorange und Zusatz von 20 ml neutralisiertem Glyzerin (spez. Gew. etwa 1,23) wird die Lösung mit n/10-Natronlauge auf Rot gegen Phenolphthalein titriert. Entfärbt sich die neutralisierte Lösung auf Zusatz weiterer 10 ml Glyzerin, so wird sie nochmals mit der Lauge titriert. Dies wird wiederholt, bis ein scharfer Farbumschlag nach Rot erfolgt und sich die Farbe nach weiterem Glyzerinzusatz nicht mehr ändert.

In gleicher Weise ist ein Blindversuch auszuführen, dessen Verbrauch an Lauge von dem des Hauptversuchs abzuziehen ist.

Berechnung:

E Einwaage in g,
a insgesamt verbrauchte ml n/10-Lauge (also vom ersten Glyzerinzusatz an gerechnet) beim Hauptversuch,
b insgesamt verbrauchte ml n/10-Lauge beim Blindversuch.

$$\% \; B_2O_3 = \frac{0{,}35(a - b)}{E}.$$

Sulfate

Diese werden im salz- oder salpetersauren Sauerwasser der Seife oder in einem Teil des Auszuges der wasserlöslichen anorganischen Bestandteile in üblicher Weise mit Bariumchlorid bestimmt. Näheres s. S. 86.

Schwer- und nichtflüchtige organische Nebenbestandteile

Außer dem schwerflüchtigen Glyzerin sind diese Stoffe im allgemeinen alkoholunlöslich.

a) Glyzerin. Etwa 20 g Seife werden in Wasser gelöst und mit geringem Überschuß Eisessig zersetzt. Das quantitativ von den Fettsäuren abgetrennte Sauerwasser einschließlich Waschwasser wird im 250-ml-Meßkolben schwach alkalisch gemacht und mit 10%iger basischer Bleiazetatlösung[1] versetzt, bis nichts mehr ausfällt. Zu der aufgefüllten Lösung werden für je 10 ml verwendete Bleilösung 0,15 ml Wasser über die Marke hinaus zugesetzt. Von der gut durchgeschüttelten Mischung wird ein Teil abfiltriert; davon sind 2 Proben von je 25 ml zu pipettieren und nach der Dichromatmethode zu untersuchen.

Bei Gegenwart von *Rohrzucker* wird die gesondert bestimmte Menge in folgender Weise berücksichtigt:

0,01084 g Rohrzucker (d. i. 0,01142 g Invertzucker) entsprechen 1 ml HEHNERscher Dichromatlösung bzw. 152,1 ml $^1/_{10}$n-Thiosulfatlösung. Die errechnete, auf die Oxydation des Rohrzuckers entfallende Dichromatmenge wird von dem Gesamtverbrauch an Dichromatlösung abgezogen. Der Rest entspricht dem Glyzeringehalt der Seife.

b) Alkoholunlösliche organische Nebenbestandteile. Die Gesamtmenge dieser Stoffe (Stärke, Kartoffelmehl, Dextrin, Zucker, Gelatine, Kasein usw.) ergibt sich annähernd als Differenz des alkoholunlöslichen Rückstandes der Seife und der erhaltenen Asche dieses Rückstandes.

Von den organischen Nebenbestandteilen sollen hier nur die wichtigsten mit ihren Bestimmungsmethoden angeführt werden; im übrigen muß auf die Spezialliteratur verwiesen werden.

c) Stärke (Kartoffelmehl). *Qualitativer Nachweis:* Stärke verrät sich durch Blaufärbung beim Betupfen des alkoholunlöslichen Rückstandes der Seife oder seiner abgekühlten wäßrigen Aufkochung mit Jodlösung.

Quantitative Bestimmung. 5 bis 10 g Seife werden mit 60 bis 80 ml alkoholischer $^1/_2$n-Kalilauge unter Rückfluß gekocht. Die Lösung wird heiß filtriert und der Rückstand so oft mit Alkohol gekocht und gewaschen, bis das Lösungsmittel nicht mehr alkalisch reagiert. Das Filter mit Inhalt wird in den Kolben zurückgebracht, mit 60 ml 6%iger Kalilauge auf dem kochenden Wasserbade erhitzt und öfters umgeschüttelt, nach dem Erkalten mit Essigsäure schwach angesäuert und im 100-ml-Meßkolben bis zur Marke aufgefüllt. Die umgeschüttelte Flüs-

[1] 10%ige Bleiazetatlösung wird 1 Std. mit überschüssiger Bleiglätte gekocht und heiß filtriert.

sigkeit wird mehrmals durch Watte filtriert, bis ein schwach opaleszierendes Filtrat entsteht. Je nach dem Stärkegehalt werden davon 25 oder 50 ml mit 2 bis 3 Tropfen Essigsäure und 30 oder 60 ml Alkohol unter Umrühren versetzt. Die abgesetzte Stärke wird durch ein getrocknetes, tariertes Filter filtriert und mit 50%igem Alkohol so lange gewaschen, bis das Filtrat keinen Rückstand mehr hinterläßt. Das mit absolutem Alkohol und zuletzt mit Äther gewaschene Filter samt Rückstand wird bei 100 bis 105° bis zur Gewichtskonstanz getrocknet. Evtl. (z. B. bei Wasserglasfüllung) ist die gefundene Stärkemenge zu veraschen und um den Aschegehalt zu vermindern. Der ermittelte Stärkegehalt wird durch Multiplikation mit 1,25 auf Kartoffelmehl umgerechnet.

d) Rohrzucker (Saccharose). 5 bis 10 g Seife werden mit Salzsäure zersetzt; das abgetrennte Sauerwasser, einschließlich Waschwasser, wird 15 Min. gekocht und nach dem Abkühlen neutralisiert. Der gebildete Invertzucker wird nach den bekannten Methoden der Fachliteratur durch Reduktion von Kupferlösung bestimmt (s. u. FEHLINGsche Lösung, S. 232 u. 362).

Leichtflüchtige organische Nebenbestandteile

Diese Stoffe lassen sich leicht mit Wasserdampf in folgender Weise austreiben:

Mindestens 30 bis 40 g Seife werden möglichst in 150 ml Wasser gelöst, mit geringem Überschuß verd. Schwefelsäure versetzt und nach Zusatz von Bimsstein destilliert (evtl. auch durch regelrechte Wasserdampfdestillation). Das Destillat wird in einer graduierten Vorlage, wenn möglich im graduierten Scheidetrichter, aufgefangen, dessen Hals und Hahnende verjüngt und graduiert sind. Aus dem Vol. der wasserunlöslichen Schichten und ihren spez. Gew. läßt sich die Gesamtmenge der mit Wasserdampf flüchtigen, wasserunlöslichen organischen Bestandteile feststellen. Die Natur dieser Stoffe ergibt sich durch weitere Untersuchung (s. u. organische Lösungsmittel).

Schmelzpunkt, Erstarrungspunkt, Titer, Fließ- und Tropfpunkt, Trübungspunkt, Spinntemperatur

Schmelzpunkt. Bei Fett- und Fettsäuregemischen kann nicht von einem scharfen Schmelzpunkt gesprochen werden. Der sog. Schmelzpunkt, wie er praktisch bestimmt wird, kennzeichnet hier vielmehr 1. das Flüssigwerden (Fließen) und 2. das völlige Klarwerden. Für viele technische Zwecke genügt die annähernde Bestimmung des erstgenannten Punktes, des Flüssigwerdens, in Form einer Schmelzpunktbestimmung im Glasröhrchen, des sog. „*Steigschmelzpunktes*“. Bei genaueren Untersuchungen sind dagegen beide Punkte (Flüssigwerden und Klarwerden) im U-Röhrchen von bestimmten Ausmaßen mit möglichster Genauigkeit bis auf Zehntelgrade zu bestimmen. Die so ermittelten Schmelzpunkte werden als *Fließschmelzpunkt* und *Klarschmelzpunkt* bezeichnet.

Vor der Bestimmung des Schmelzpunktes sind die Fette bei maßgebenden Prüfungen 24 Std. (sonst unter Angabe 1 Std.) in Eis oder in einem kühlen Raum unter 10 °C erstarren zu lassen. Bei Fettsäuren genügt eine Erstarrungszeit von $^1/_4$ bis $^1/_2$ Std. Falls ein Fett oder eine Fettsäure nicht wasserfrei ist und nicht völlig klar schmilzt, muß es vorher mit entwässertem Natriumsulfat oder wenig geglühter Kieselgur geschmolzen, durchgerührt und filtriert werden.

a) Steigschmelzpunkt. Man verwendet dünnwandige, beiderseits offene Glasröhrchen von 50 bis 80 mm Länge und 1,0 bis 1,2 mm gleichmäßiger lichter Weite. Das eine Ende des Röhrchens beschickt man mit einem

Fettsäulchen von etwa 1 cm Länge, befestigt das Röhrchen mit einem Gummiring so am Thermometer, daß das Fettsäulchen sich in der Höhe der Quecksilberkugel befindet, taucht das Thermometer mit dem Röhrchen so tief in das zur Erwärmung bestimmte Wasserbad oder dgl., daß das untere, mit dem Fettsäulchen beschickte Ende des Röhrchens sich 4 cm unter der Wasseroberfläche befindet und erwärmt unter Rühren das Heizbad (Becherglas, weites Probierrohr mit Rührer oder dgl.) langsam und stetig. Als *Steigschmelzpunkt* wird diejenige Temperatur bezeichnet, bei der das Fettsäulchen vom Wasser in die Höhe geschoben wird.

b) Fließschmelzpunkt und Klarschmelzpunkt. Man verwendet U-förmige Glasröhrchen von 1,4 bis 1,5 mm lichter Weite und 0,15 bis 0,20 mm Wandstärke, mit einem Abstand der beiden Schenkel von etwa 5 mm und Schenkellängen von etwa 60 und 80 mm. Den längeren Schenkel des Röhrchens beschickt man, etwa 1 cm oberhalb seiner Biegung, mit einem etwa 1 cm langen Fettsäulchen. Man sticht zur Einfüllung fester Fette das Röhrchen an verschiedenen Stellen des Fettes ein und schiebt es dann mit einem Metallstift an die vorgeschriebene Stelle. Nun befestigt man das Röhrchen mit einem Gummiring so am Thermometer, daß der U-Bogen mit dem unteren Ende der Quecksilberkugel abschneidet, bringt es in ein Heizbad, das ein allmähliches und gleichmäßiges Erwärmen gewährleistet (z. B. zwei ineinandergestellte Bechergläser mit Wasser o. ä.), erwärmt langsam und beobachtet bei guter Beleuchtung gegen dunklen Hintergrund mit der Lupe. Als *Fließschmelzpunkt* wird diejenige Temperatur angesehen, bei der man die Abwärtsbewegung des Fettsäulchens mit bloßem Auge wahrnehmen kann. Als *Klarschmelzpunkt* gilt die Temperatur, bei der das stark beleuchtete Fett keine Trübung mehr erkennen läßt.

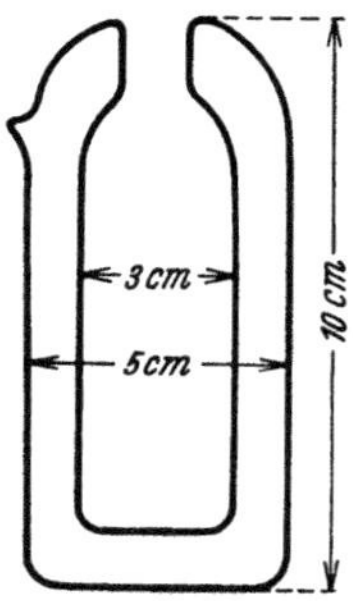

Abb. 26
SHUKOFF-Kölbchen

Erstarrungspunkt. Man filtriert das Fett oder die Fettsäuren durch ein trockenes doppeltes Filter in ein sog. SHUKOFF-Kölbchen, bis dieses fast vollgefüllt ist. Das Kölbchen ist ein WEINHOLD-Gefäß mit Vakuummantel, gewöhnlich auch als DEWAR-Gefäß bezeichnet (s. Abb. 26). Mit einem festschließenden Kork wird das Thermometer (zweckmäßig ein ANSCHÜTZ-Thermometer mit einem Skalenbereich von 10 bis 60°C, in $^1/_5$ oder $^1/_{10}{}^\circ$ geteilt) so befestigt, daß die Kugel in die Mitte des Gefäßes kommt. Man läßt das geschmolzene Fett auf etwa 5 °C über dem erwarteten Erstarrungspunkt abkühlen und schüttelt es dann bis zur deutlichen Trübung, wobei man den Kork fest andrückt. Darauf stellt man das Gefäß ruhig hin und beobachtet das meist sofortige Ansteigen der Temperatur. Das Maximum, bei dem die Temperatur gewöhnlich einige Minuten anhält, ist der *Erstarrungspunkt.* Nötigenfalls ist zu kühlen, bis Erstarrung eintritt.

Titer. Unter dem „Titer“ einer Fettsäure versteht man den nach SHUKOFF bestimmten Erstarrungspunkt der abgeschiedenen, wasserunlöslichen Fettsäuren. Die Prüfung selbst bezeichnet man gewöhnlich als „*Titertest*“. Die Fettsäuren aus Seifen werden in üblicher Weise frei gemacht. Fette müssen vorher verseift werden, indem man 50 bis 100 g Fett durch einstündiges Kochen mit etwa 40 bis 80 ml 50%iger Kalilauge unter Zusatz von 25 ml Alkohol in einer Porzellanschale verseift. Nach dem Verjagen des Alkohols wird die Seife in Wasser aufgenommen, allmählich unter Rühren mit verd. Salzsäure versetzt und das Gemisch erhitzt, bis die Fettsäuren klar oben schwimmen. Man zieht die wäßrige Schicht mit einem Heber ab, wäscht die Fettsäuren mit heißem Wasser mineralsäurefrei, filtriert sie am besten gleich in den SHUKOFF-Kolben, den man in einen erwärmten Trockenschrank stellt, und prüft sie auf den Erstarrungspunkt, wie oben beschrieben. Es ist wesentlich, daß die Fette vollständig verseift und wasserfrei sind.

Fließ- und Tropfpunkt. Der *Fließpunkt* eines Fettes ist die Temperatur, bei der eine an der Quecksilberkugel des Thermometers befestigte, bestimmte Substanzmenge eine deutliche Kuppe am unteren Ende des Aufnahmegläschens bildet. Der *Tropfpunkt* ist die Temperatur, bei der der erste Tropfen des schmelzenden Fettes von dem Aufnahmegläschen abfällt: er liegt in der Regel durchschnittlich 1 °C höher als der Schmelzpunkt. Für maßgebende Bestimmungen ist der Tropfpunktapparat nach UBBELOHDE zu verwenden. (Näheres s. DGF-Methoden.)

Trübungspunkt. Unter Trübungspunkt versteht man die Temperatur, bei der sich unter konventionellen Bedingungen bei Abkühlung einer Seifenlösung die *erste Trübung* (Wolken, Schleier) der Seifenlösung zeigt. Aus diesem Punkt soll auf die Eignung einer Seife für textiltechnische Zwecke (insbesondere auf die Möglichkeit der Ausscheidung von Seifenpartikelchen im Textilgut) geschlossen werden. Man löst so viel Seife in z. B. 1 l zuvor ausgekochtem und kohlesäurefreiem dest. Wasser, daß eine Seifenlösung mit etwa 0,5% Fettsäure entsteht (also z.B. 8 bis 8,5 g Marseillerseife mit einem Fettsäuregehalt von 60 bis 62% zu 1 l) und erhitzt auf 100 °C. Nun läßt man die Seifenlösung mit auf dem Boden des Kolbens ruhendem Thermometer auf einer eisernen Platte ruhig erkalten und beobachtet die Flüssigkeitsschicht um die Quecksilberkugel herum. Das erste deutliche Auftreten einer Trübung am Boden des Kolbens, in der Umgebung der Thermometerkugel, wird als *Trübungspunkt* bezeichnet. Dieser wird in Intervallen von 1 bis 2 °C angegeben, z. B. Trübungspunkt 32 bis 33 °C oder 32 bis 34 °C.

Spinntemperatur. Unter *Spinntemperatur* versteht man die Temperatur, bei der eine erkaltende Seifenlösung unter konventionellen Bedingungen zähflüssig und fadenziehend wird, d. h. zu „spinnen“ beginnt. Es wird damit die Feststellung bezweckt, ob Seifenlösungen (besonders solche von Walkseifen) noch bei gewünscht hoher Temperatur zähflüssig bleiben bzw. spinnen. Man löst ohne Überhitzung 10 g Seife in 100 ml dest. Wasser, läßt in kaltem Wasserbade allmählich abkühlen und beobachtet, bei welcher Temperatur mit dem Thermometer Seifenfäden herausgezogen werden können. Die Ergebnisse werden in Intervallen von 1 bis 2 °C angegeben, z. B. Spinntemperatur 40 bis 41 °C oder 40 bis 42 °C.

Waschwirkung der Seife

Bestimmung der Waschkraft. Ausführung s. S. 190.

Untersuchung von Waschpulver

Waschpulver sind Mischungen von Seife (meist 30 bis 35%) oder synthetischen Waschmitteln (meist 10 bis 12% waschaktive Substanz) mit Soda, Wasserglas, Glaubersalz, Phosphaten, Boraten u. a. Enthalten sie auch sauerstoffabgebende Substanzen (meist Perborat), so bezeichnet man sie als „selbsttätige Waschpulver". Die im Handel befindlichen Waschpulver enthalten außerdem meist noch optische Aufhellungsmittel (Blankophore u. dgl.) und als Zusatz bei den synthetischen waschaktiven Substanzen auch noch sog. „Schmutzträgersubstanzen" (meist Zelluloseabkömmlinge).

Die *Untersuchung der Waschpulver* wird im allgemeinen in ähnlicher Weise durchgeführt wie bei den Seifen. Darüber hinaus interessieren noch besonders der Gehalt an aktivem Sauerstoff und das weiter unten angeführte, vereinfachte Verfahren zur Bestimmung des Sodagehaltes.

Bestimmung des aktiven Sauerstoffs

Qualitativer Nachweis. Etwa 2 g Seifenpulver werden in kaltem Wasser gelöst, mit verd. Schwefelsäure zersetzt und mit Chloroform vorsichtig umgeschwenkt. Man überschichtet das Ganze im Reagenzglas mit peroxydfreiem Äther, tropft wenig verd. Kaliumdichromatlösung hinzu und rührt die beiden oberen Schichten vorsichtig durch. Bei Gegenwart sauerstoffentwickelnder Substanzen wird der Äther durch Überchromsäure blau gefärbt.

Persulfate geben die vorstehende Reaktion nicht; sie werden im filtrierten Sauerwasser einer mit Salzsäure zersetzten Pulverprobe durch Jodzink-Stärke-Lösung (allmähliche Blaufärbung) und Bariumchloridlösung (weiße Fällung von Bariumsulfat) nachgewiesen.

Perborate, die am häufigsten in Sauerstoffwaschmitteln vorkommen, können durch die *Boratreaktion* (s. S.223) von den übrigen Sauerstoffmitteln (Perkarbonat, Persulfat usw.) unterschieden werden.

Bei den Reaktionen auf aktiven Sauerstoff ist stets eine Blindprobe anzustellen.

Quantitative Bestimmung. Etwa 2 g Seifenpulver werden genau abgewogen, in 100 ml dest. Wasser gelöst, mit verd. Schwefelsäure angesäuert und mit 10 ml Eisen(II)-ammoniumsulfat-Lösung versetzt. Durch Erhitzen und Umrühren werden die Fettsäuren abgeschieden. Die ganze Flüssigkeit wird in einen Jodzahlkolben umgefüllt, mit etwa 10 ml Chloroform und dann mit Wasser nachgespült und durchgeschüttelt. Sollte das Sauerwasser durch Fettsäuren getrübt sein, so wird der Kolbeninhalt mit reiner Kieselgur geschüttelt. Unter Umschwenken wird nun so lange mit n/10-Permanganatlösung titriert, bis die wäßrige Flüssigkeit dauernd rosa gefärbt bleibt.

Mit 10 ml Eisen(II)-ammoniumsulfat-Lösung wird ein Blindversuch ausgeführt.

Berechnung.

E Einwaage in g,
a verbrauchte ml $^1/_{10}$n-Permanganatlösung beim Hauptversuch und
b verbrauchte ml $^1/_{10}$n-Permanganatlösung beim Blindversuch.

$$\boxed{\%\ \text{aktiver Sauerstoff} = \frac{0{,}08\,(b-a)}{E}}$$

$$\%\ \text{Persulfat}\ (Na_2S_2O_8) = \frac{1{,}195\,(b-a)}{E}$$

Bestimmung des Sodagehaltes

(Näherungsverfahren für Waschpulver)

2 bis 4 g Waschpulver werden in wäßriger Lösung mit $^1/_2$n-Salzsäure gegen Methylorange titriert. Unter Annahme eines mittleren Molekulargewichtes der Fettsäuren von 300 entsprechen:

1% Fettsäuren . . . . 0,18% Na_2CO_3,
1% Wasserglas ($Na_2Si_4O_9$) . . 0,35% Na_2CO_3.

Berechnung.

E Einwaage in g,
a verbrauchte ml $^1/_2$n-Salzsäure,
b Fettsäuregehalt, berechnet als Na_2CO_3 und
c Wassergehalt, berechnet als Na_2CO_3.

$$\% \ Na_2CO_3 = \frac{2{,}65a - (b + c)}{E}$$

Bei Gegenwart von Perborat ist zu berücksichtigen, daß 1% aktiver Sauerstoff empirisch 3,59% Natriumkarbonat entspricht (theoretisch 3,31%).

Verdickungsmittel

Stärke

Die Stärke ist ein feines, weißes bis gelbliches Pulver (im Handel teilweise auch in Form von Brocken), bestehend aus vielen kleinen, einfachen oder zusammengesetzten, sehr unterschiedlich geformten Körnern. Gewonnen wird sie meist aus Kartoffeln, Mais, Weizen oder Reis, seltener aus den Wurzeln der Maniokpflanze (*Tapioka* oder *Maniokstärke*) oder dem Mark von Palmen (*Sago*).

In kaltem Wasser und in organischen Lösungsmitteln ist die Stärke unlöslich. In Wasser von etwa 60 °C (Verkleisterungstemperatur s. w. u.) quellen die Stärkekörner bis zum 30fachen ihres Volumens auf, platzen und bilden einen kolloidalen, dickflüssigen Kleister.

In chemischer Hinsicht handelt es sich bei der Stärke um ein hochmolekulares Polysaccharid von ähnlichem Aufbau wie die Zellulose. Der Grundbaustein ist aber nicht die β-, sondern die α-Glukose. Die Zusammensetzung ist nicht einheitlich, denn die Stärke besteht aus zwei Komponenten: dem Amylopektin (80 bis 85%) und der Amylose (15 bis 20%). In beiden Substanzen sind die Grundbausteine in 1,4-Stellung zu einem langen Kettenmolekül verknüpft. Das Amylopektin, die kleisterbildende und klebende Komponente, ist außerdem stark verzweigt, und zwar am C_6-Atom.

Gegenüber Chemikalien ist die Stärke wesentlich empfindlicher als die Zellulose: durch Säuren, Oxydationsmittel und auch enzymatische Präparate (Amylasen) wird sie rasch abgebaut und dadurch wasserlöslich. Der Abbau verläuft über die *lösliche Stärke* (hochmolekular, wird durch Jodlösung noch blau gefärbt wie normale Stärke), das *Dextrin* (stärker abgebaut, gut wasserlöslich, Jodlösung bewirkt keine Blau-, sondern Braunfärbung) und die *Maltose* bis zur α-Glukose.

Verwendung in der Textilindustrie: Als Verdickungsmittel in der Druckerei, in großen Mengen zum Schlichten und Appretieren.

Nachweis der Stärke

Beim Betupfen mit Jod/Jodkaliumlösung (4 g Jod und 6 g KJ aufgelöst in 100 ml dest. Wasser) färbt sich die Stärke intensiv dunkelblau. Wegen dieser Eigenschaft wird sie auch als Indikator in der Jodometrie verwendet.

Untersuchung der Stärke

1. Erkennung der Stärkeart. Die Stärkekörner unterscheiden sich hinsichtlich Form, Größe und Schichtung so deutlich voneinander, daß man die Stärkeart unter dem Mikroskop leicht erkennen kann (s. Abb. 27 bis 30 und Tab. 32).

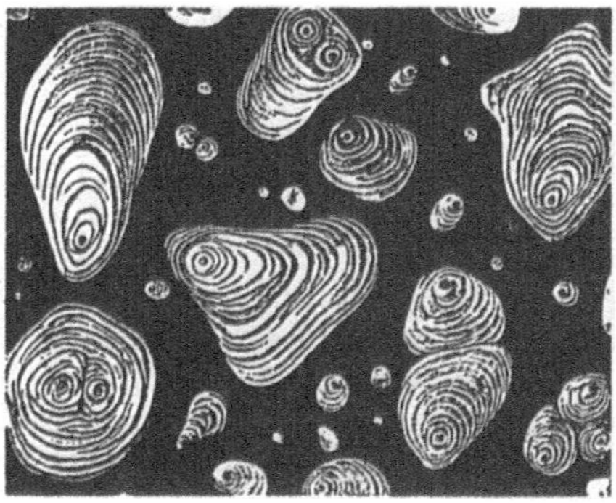

Abb. 27
Kartoffelstärke bei 300facher Vergrößerung.

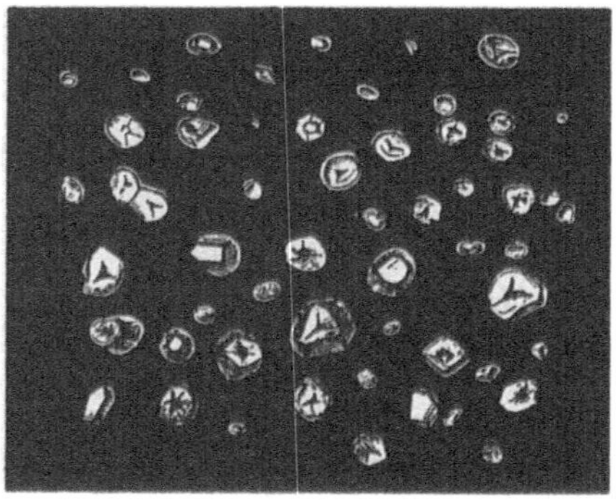

Abb. 28
Maisstärke bei 300facher Vergrößerung.

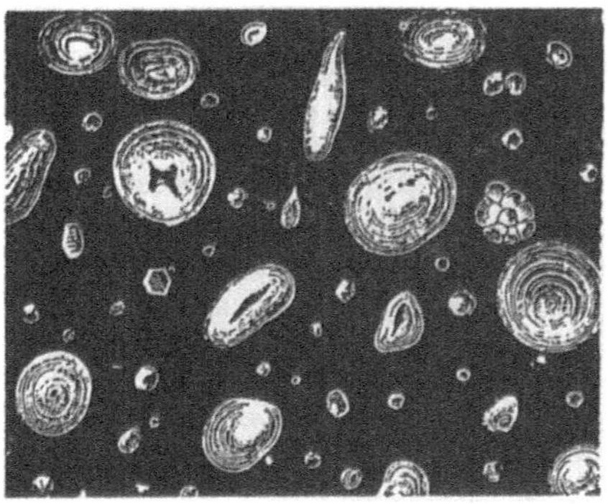

Abb. 29
Weizenstärke bei 300facher Vergrößerung.

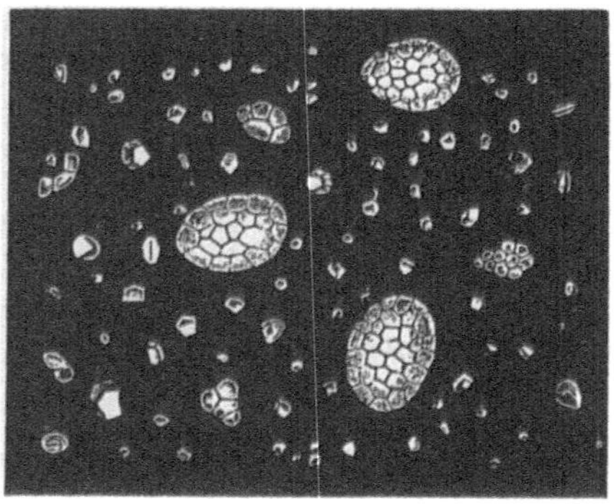

Abb. 30
Reisstärke bei 300facher Vergrößerung.

Tabelle 32. *Morphologische und sonstige Eigenschaften der wichtigsten Stärkesorten*

	Kartoffelstärke	Maisstärke	Weizenstärke	Reisstärke
Form der Körner	eiförmige bis unregelmäßig abgerundete und dreiseitige Körner; kleine Körner kugelig	polyedrische oder rundliche Körner	große Körner linsenförmig; kleine Körner kugelig, manchmal polyedrisch abgeplattet, bis zugespitzt	Konglomerate eiförmig; Teilkörner polyedrisch, meist 5—6 eckig, bis 3—4 eckig
Dimensionen bzw. Durchmesser	alle Übergänge von großen zu kleinen Körnern vorhanden; große Körner 60 bis 100 μ, meist 70 μ Durchmesser	große Schwankungen von 10—30 μ, meist 15—20 μ Durchmesser	Übergänge fehlen; große Körner meist 25 bis 30 μ, kleine meist 6 bis 7 μ	Konglomerate der Körner im Zellgewebe: 18 bis 36 μ (meist 22 μ); Teilkörner in Handelsware 3—7 μ (meist 5 μ)
Struktur bzw. Schichtung	deutliche Schichtung; kleine Körner wenig oder gar nicht geschichtet	keine Schichtung	meist keine Schichten wahrnehmbar	keine Schichtung
Kern, Höhlen, Risse	Kern fast immer deutlich am schmalen Ende sichtbar	im frischen Zellgewebe: großer, rundlicher Kern. Trocken: lufterfüllte Höhle mit radialen Rissen	große Körner: statt des Kernes kleine, lufterfüllte, schwarz erscheinende Höhlen oder Spalten	statt des Kernes: rundliche polyedrische, manchmal sternförmige Höhlung
Besondere Kennzeichen (Zwillinge, Konglomerate)	fast durchweg einfache Körner. Zwillings- und Drillingskörner selten	einfache Körner	meist einfache Körner; selten auch zusammengesetzte Zwillings- und Drillingskörner.	im Zellgewebe zusammengesetzte Körner mit 2—100 Teilkörnern. In der Handelsstärke nur Einzelkörner
Verkleisterungstemperatur (nach LIPPMANN)	58,7—62,5°	55—62,5°	65—67,5°	58,7—61,2°
Anwendungstechnische Beurteilung	Kleister liefert vollen, harten Griff; Klebekraft und Haltbarkeit geringer als bei Weizenstärke	gibt dünnen papierähnlichen Griff ähnlich wie Reisstärke	gut haltbarer, stark klebender Kleister; Appretur bei ausreichender Steifung etwas geschmeidiger als bei Kartoffelstärke	Appretureigenschaften zwischen Mais- und Weizenstärke; etwas dünner, papierähnlicher Griff.

2. Bestimmung des Wassergehaltes. Der Wassergehalt der Stärke beträgt normalerweise 17 bis 20%, kann aber bei längerem Lagern an feuchter Luft bis 35% ansteigen. Gute Handelsstärke soll nicht mehr als 20% Wasser enthalten. Die Bestimmung geschieht am einfachsten nach dem Trocknungsverfahren.

Ausführung: Etwa 10 g Stärke werden im Wägegläschen genau abgewogen und dann zuerst 1 Std. bei 40 bis 50 °C und schließlich bis zur Gewichtskonstanz (etwa 4 Std.) bei 120 °C getrocknet. Nach dem Erkalten im Exsikkator wird zurückgewogen.

$$\text{Wassergehalt in } \% = \frac{\text{Gewichtsverlust} \cdot 100}{\text{Einwaage}}.$$

3. Aschegehalt. Reine Stärke enthält 0,2 bis 0,3% Asche; der Aschegehalt soll 0,5 bis 1% nicht übersteigen.

Ausführung: Etwa 5 g Stärke werden genau abgewogen und in einem Tiegel langsam verascht. Nach dem Erkalten im Exsikkator wird zurückgewogen. Der Rückstand soll weiß sein.

$$\text{Aschegehalt in } \% = \frac{\text{Rückstand} \cdot 100}{\text{Einwaage}}.$$

4. Kaltwasserlösliches. Die kaltwasserlöslichen Anteile können aus Dextrin, Maltose, Dextrose und evtl. auch löslichen Salzen bestehen. Sie dürfen sich beim Trocknen nach dem Eindampfen der wäßrigen Lösung nicht bräunen, da sonst die Gefahr besteht, daß die mit der Stärke appretierten Textilien sich nachträglich verfärben.

Ausführung: Man digeriert eine abgewogene Menge Stärke von 5 bis 10 g mit viel kaltem dest. Wasser mehrere Stunden lang und filtriert dann ab. Das Filtrat wird eingedampft, der Rückstand bei 105 bis 110 °C bis zur Gewichtskonstanz getrocknet und nach dem Erkalten im Exsikkator gewogen.

$$\text{Kaltwasserlösliches in } \% = \frac{\text{Rückstand} \cdot 100}{\text{Einwaage}}.$$

Bemerkungen: Native Stärke enthält keine kaltwasserlöslichen Anteile; die letzteren entstehen vielmehr erst beim Abbau, und zwar nimmt ihre Menge mit steigendem Abbaugrad zu. *Lösliche Stärken* enthalten 8 bis 10% Kaltwasserlösliches, etwas stärker abgebaute Stärken 20 bis 25%, Dextrine 30 bis 90%.

5. Stärkegehalt. a) Differenzbestimmung: In den Textilbetrieben wird der Stärkegehalt meist aus dem Wassergehalt, der Asche und dem Kaltwasserlöslichem errechnet.

$$\text{Stärkegehalt in } \% = 100 - (\text{Wassergehalt} + \text{Asche} + \text{Kaltwasserlösliches})$$

b) Bestimmung mit FEHLINGscher Lösung. Die Stärke wird zuerst enzymatisch und dann hydrolytisch zu Glukose abgebaut und diese mit FEHLINGscher Lösung oxydiert. Das ausfallende Kupfer(I)-oxyd wird abfiltriert und am einfachsten maßanalytisch bestimmt.

Ausführung: Etwa 3 g Stärke werden genau abgewogen und mit ungefähr 200 ml dest. Wasser zu einem Kleister verkocht. Man läßt dann auf 55 bis 60 °C abkühlen, setzt 0,1 g einer Malzdiastase (s. S. 244) zu und hält den Kleister 1 Std. bei dieser Temperatur. Zur vollkommenen Umwandlung der Stärke in Glukose fügt man 10 ml konzentrierte Salzsäure zu und erhitzt 2 Std. auf kochendem Wasserbade. Darauf wird die Lösung mit dest. Wasser auf 500 ml verdünnt und mit verdünnter Natronlauge neutralisiert.

In 25 ml dieser Lösung wird der Glukosegehalt in der Weise bestimmt, daß man 50 ml FEHLINGscher Lösung zusetzt, zum Sieden erhitzt, 4 Min. kocht und dann absitzen läßt. Die überstehende Lösung soll immer blau oder blaugrün gefärbt sein. Ist das nicht der Fall, werden nochmals 10 oder 20 ml FEHLINGsche Lösung zugegeben. Nach erneutem Kochen und Absitzenlassen filtriert man das ausgeschiedene Kupfer(I)-oxyd durch ein Glasfilter ab und wäscht zuerst mit etwa 200 ml heißem dest. Wasser und schließlich noch mit 20 ml Alkohol aus. Darauf wird das Kupfer(I)-oxyd in 25 ml kalter Ammoniumeisen(III)-sulfat-Lösung aufgelöst und die Lösung mit $^{n}/_{10}$-Kaliumpermanganat titriert. Reaktionsvorgänge s. S. 362.

$$1\ \text{ml}\ ^{n}/_{10}\text{-KMnO}_4 = 9{,}008\ \text{mg Glukose,}$$
$$= 8{,}108\ \text{mg Stärke.}$$

Der Stärkegehalt kann nach der Hydrolyse auch jodometrisch bestimmt werden. Man verfährt hierzu wie auf S. 239 angegeben.

Reagenzien

Fehlingsche Lösung. Lösung a: 34,639 g Kupfer(II)-sulfat, gelöst in 500 ml dest. Wasser.

Lösung b: 173 g Kaliumnatriumtartrat (Seignettesalz) und 70 g Ätznatron, gelöst in 500 ml dest. Wasser.

Zum Gebrauch werden jeweils gleiche Volumina der Lösungen a und b miteinander gemischt.

Ammoniumeisen(III)-sulfatlösung: 60,5 g Ammoniumeisen(III)-sulfat werden unter Zusatz von ungefähr 100 g (= 54 ml) konz. Schwefelsäure (d = 1,84) in 350 ml dest. Wasser unter Umschütteln aufgelöst. Nach dem Abkühlen wird die Lösung zu 500 ml aufgefüllt.

6. Viskosität. Die Viskosität einer Stärkelösung ist zur Beurteilung der schlichte- und appreturtechnischen Eigenschaften von großer Wichtigkeit. Leider wird die Viskosität durch viele Faktoren beeinflußt, und um einigermaßen reproduzierbare Werte zu erhalten, ist bei der Messung sehr auf gleiche Arbeitsbedingungen zu achten.

Ausführung (nach ERMEN): 3,5 g Stärke werden zunächst mit etwas dest. Wasser zu einem homogenen Brei verrührt. Der Brei wird dann in einen 250 ml-Meßkolben übergeführt und nach Zugabe von etwa 230 ml dest. Wasser und 15 ml 10%iger Natronlauge so lange geschüttelt, bis die Stärke völlig gelöst ist. Darauf füllt man mit kaltem dest. Wasser bis zur Marke auf, schüttelt nochmals gut durch und läßt 12 Stunden stehen. Die Messung erfolgt in einem geeigneten Viskosimeter bei einer Temperatur von 20 oder 25 °C.

Als Viskosimeter eignet sich für Vergleichsmessungen nach unseren Erfahrungen am besten ein einfaches Glasrohr, dessen unteres Ende zu einer Spitze (grobe Kapillare) ausgezogen ist. Gemessen wird die

Ausflußzeit für eine bestimmte Menge Stärkelösung (2 Markierungen anbringen!).

7. **Verkleisterungstemperatur.** Die Stärke wird mit kaltem dest. Wasser zu einem dünnen, homogenen Brei verrührt und dieser in einem weiten Reagenzglas und unter ständigem Umrühren mit einem Thermometer auf dem Wasserbad (Temp. 70 bis 80 °C) langsam erwärmt. Abgelesen wird der Beginn (teilweises Durchsichtigwerden) und das Ende (Lösung völlig durchsichtig) der Verkleisterung.

Verkleisterungstemperaturen der wichtigsten Stärkesorten (nach LIPPMANN):

Kartoffelstärke	58,7 bis 62,5 °C
Maisstärke	55,0 bis 62,5 °C
Weizenstärke	65,0 bis 67,5 °C
Reisstärke	58,7 bis 61,2 °C

8. **Säuregehalt.** 25 g Stärke werden mit 50 ml dest. Wasser zu einem Brei angerührt und nach Zusatz von einigen Tropfen Phenolphthaleinlösung unter ständigem Umrühren so lange mit $^{n}/_{10}$-Natronlauge titriert, bis die Lösung schwach rosa gefärbt bleibt.

Beurteilung:

Bei einem Verbrauch von 1 bis 1,5 ml $^{n}/_{10}$-Natronlauge wird die Stärke als „zart sauer", bei 1,5 bis 2 ml als „sauer" und bei mehr als 2 ml als „stark sauer" bezeichnet.

100 g *hochfeine* Stärke sollen nicht mehr als 6,0 ml, *Superiorstärke* nicht mehr als 8,0 ml und *Primastärke* nicht mehr als 12,0 ml $^{n}/_{10}$-Natronlauge verbrauchen.

9. **Alkaligehalt.** Man verfährt wie bei der Bestimmung des Säuregehalts, setzt aber als Indikator Methylorange zu und titriert mit $^{n}/_{10}$-Salzsäure.

10. **Bestimmung reduzierend wirkender Substanzen.** 1 g Stärke wird genau abgewogen, mit wenig lauwarmem dest. Wasser gut zerdrückt, der Brei in einem kleinen ERLENMEYER-Kölbchen gut durchgeschüttelt und dann mit 10 ml Pufferlösung (s. w. u.) und 20 ml $^{n}/_{10}$-Jodlösung versetzt. Nach zweistündigem Stehen im Dunkeln wird mit 12,5 ml 25%iger Schwefelsäure angesäuert und mit $^{n}/_{10}$-Thiosulfatlösung auf Entfärbung titriert. Man berechnet die reduzierenden Substanzen auf Traubenzucker wasserfrei.

1 ml $^{n}/_{10}$-Jodlösung = 9,008 mg Glukose.

Reagenzien

Pufferlösung: 106 g Natriumkarbonat wasserfrei und 84 g Natriumhydrogenkarbonat gelöst zu 1 Liter.

11. **Praktische Versuche.** Zur Beurteilung der Stärke hinsichtlich ihrer Eignung für die Schlichterei, Druckerei und Appretur — von Interesse sind vor allem Steifungsvermögen, Klebekraft, Griff der appretierten Ware, Farbbeeinflussung u. a. — werden dem Praktiker einfache Druck- und Appreturversuche oft mehr zu sagen vermögen als der Stärkegehalt, der Gehalt an Kaltwasserlöslichem usw. Um vergleichbare Werte zu erhalten, müssen diese Versuche aber unbedingt unter völlig gleichen Arbeitsbedingungen durchgeführt werden.

Bestimmung der Klebekraft

Soll die Stärke in der Schlichterei verwendet werden, so ist besonders die *Klebekraft* von Bedeutung. Zu ihrer Bestimmung verfährt man am besten wie folgt[1]: Eine abgewogene Menge Stärkelösung wird bei etwas erhöhter Temperatur auf ein nicht saugfähiges Papier aufgebracht und gleichmäßig verteilt. Nach dem Abkühlen auf Zimmertemperatur legt man ein gleich großes Stück Filterpapier darauf, preßt die beiden Papiere durch Belastung mit einem Gewicht fest aufeinander und trocknet anschließend bei 105 °C. Das verklebte Papier wird dann in gleich große Streifen geschnitten und von diesen im Reißapparat die Festigkeit bestimmt. Die Klebekraft ergibt sich aus der Differenz zwischen der Festigkeit des verklebten Papiers und der Summe der einzelnen Papiere.

Die auf diese Weise gewonnenen Werte streuen nach unseren Erfahrungen viel weniger als wenn man Stoffstreifen miteinander verklebt oder Stärkefilme herstellt und diese auf Reißfestigkeit prüft.

Lösliche Stärke

In der Schlichterei und Appretur wird die Stärke — die Flotten wären sonst zu hochviskos und würden nicht in das Garn bzw. Gewebe eindringen — immer etwas abgebaut, die Stärke wird „aufgeschlossen". Man erreicht dies durch Einwirkung amylatischer Enzyme, Oxydationsmittel, hydrolysierend wirkender Chemikalien oder auch durch Kochen unter Druck, evtl. unter gleichzeitigem Rühren. Ein zu starker Abbau ist zu vermeiden, da sonst die Stärke ihre guten Eigenschaften verliert.

Bei den im Handel erhältlichen „löslichen Stärken" (teils auch als „Quellstärken" bezeichnet) ist der Abbau so weit getrieben, daß diese Stärken gerade wasserlöslich oder zumindest annähernd wasserlöslich geworden sind, und zwar ohne wesentliche Verschlechterung der Klebekraft und des Steifungsvermögens. Produkte dieser Art werden hauptsächlich als Schlichtemittel empfohlen. Sie enthalten vielfach schon die erforderlichen Zusätze wie Fette und Konservierungsmittel, und das Ansetzen der Schlichteflotten ist daher viel einfacher als mit der nativen Stärke. Ein weiterer Vorteil ist darin zu sehen, daß durch die Wasserlöslichkeit dieser Produkte sich beim späteren Färben oder Bedrucken ein besonderer Entschlichtungsprozeß erübrigt.

Handelsprodukte: Noredux-, Diazet- und Rabic-Marken, Textilose S, Dressan u. a.

Untersuchung: Die löslichen Stärken geben den Jodtest (Blaufärbung) in gleicher Weise wie die nativen Stärken. Auch die quantitativen Bestimmungsmethoden (Gehalt an Stärke, Wasser, reduzierend wirkenden Substanzen usw.) werden wie bei der Stärke beschrieben durchgeführt.

Mehle

Die Mehle dienten früher in der Textilindustrie als Ersatz für Stärke. Ihre Bedeutung ist jedoch sehr stark zurückgegangen, und heute wird

[1] Holzinger, Otto: Dissertation TH Stuttgart, 1958.

nur noch das Johannisbrotkernmehl verwendet, und zwar auch nur in geringerem Umfange in der Druckerei (Zweiphasendruck) und Schlichterei. Handelsprodukte: Diagum D, Leicogummi u. a.

Wesentlich besser bewährt als das Naturprodukt hat sich das verätherte und dadurch wasserlöslich gemachte Johannisbrotkernmehl. Verwendet wird dieses vorzugsweise im Zweiphasendruck mit Küpenfarbstoffen.

Handelsprodukte: Alkaprint, Lameprint u. ä.

Die Untersuchung der Mehle wird in ähnlicher Weise durchgeführt wie bei der Stärke. Von Interesse sind der Wassergehalt (soll nicht über 18% liegen), der Aschegehalt (feine Mehle 0,5 bis 1%, mittlere 1 bis 2%, grobe 2 bis 3% Asche), der Stärkegehalt (60 bis 70%), der Gehalt an reduzierenden Substanzen und das Kaltwasserlösliche.

Dextrin und Dextrinierungsprodukte

Wird der Abbau der Stärke etwas weiter durchgeführt als bei der löslichen Stärke, so gelangt man zum *Dextrin.* Da der Abbaugrad bei der Herstellung ziemlich variiert, liegen bei den Handelsdextrinen wasserlösliche, abgebaute Stärken wechselnder Kettenlänge und damit auch etwas unterschiedlicher Eigenschaften vor. Die höhermolekularen Typen wirken auf FEHLINGsche Lösung nicht oder nur sehr schwach reduzierend; durch Jodlösung werden sie rotviolett gefärbt (starke Blaufärbung deutet immer auf Vorhandensein von Stärke). Die normalen und niedermolekularen Dextrine reduzieren hingegen die FEHLINGsche Lösung mehr oder weniger stark, je nach dem Dextrinierungsgrad; beim Jodtest färben sie sich braun.

Erfolgt der Abbau bei der Herstellung durch längeres Erhitzen (Rösten) auf 180 bis 220°, so erhält man ein gelbliches bis braunes Pulver, das unter den Namen *Dextrin, Röstdextrin, gebrannte Stärke* (aus Weizenstärke), *Britisch-Gummi* (aus Maisstärke), *Röstgummi* u. a. in den Handel kommt. Das durch Abbau mit Salpetersäure hergestellte weiße Dextrin wird auch als *Kristallgummi* und die auf enzymatischem Wege gewonnene Dextrinlösung als *Dextrinsirup* oder *Gummisirup* bezeichnet.

Gute Dextrine sind in Alkohol unlöslich, aber leicht wasserlöslich, jedoch nicht hygroskopisch. Die wäßrigen Lösungen sollen eine gute Klebekraft aufweisen.

Untersuchung des Dextrins

1. Wassergehalt. 3 bis 4 g Dextrin werden genau abgewogen und bei 110°C bis zur Gewichtskonstanz getrocknet.

$$\text{Wassergehalt in \%} = \frac{\text{Gewichtsverlust} \cdot 100}{\text{Einwaage}}.$$

Der normale Wassergehalt des Dextrins liegt bei 10 bis 12%.

2. Aschegehalt. Etwa 5 g Dextrin werden genau abgewogen und im Tiegel langsam verascht. Darauf läßt man im Exsikkator erkalten und wiegt zurück.

$$\text{Aschegehalt in \%} = \frac{\text{Rückstand} \cdot 100}{\text{Einwaage}}.$$

Reines Dextrin hat einen Aschegehalt von 0,25 bis 0,5%.

3. Säuregehalt. Etwa 5 g Dextrin werden in 50 ml dest. Wasser gelöst und nach Zusatz von Phenolphthaleinlösung mit $^{n}/_{10}$-Natronlauge titriert.

Angegeben werden die für 100 g Dextrin verbrauchten ml $^{n}/_{10}$-Lauge.

4. Wasserlösliche, wasserunlösliche und mineralische Anteile. Etwa 5 g Dextrin werden genau abgewogen und in einem 250 ml-Meßkolben mit etwas *kaltem* dest. Wasser angeteigt. Nach 15 bis 30 Min. wird dann der Kolben mit *kaltem* dest. Wasser bis zur Marke aufgefüllt und unter zeitweiligem Umschütteln 3 bis 4 Std. stehengelassen. Die unlöslichen Anteile werden darauf abfiltriert (das Filtrat dient zur Bestimmung des Wasserlöslichen), zuerst mit kaltem Wasser und dann mit Alkohol kurz ausgewaschen, bei 105 °C getrocknet und gewogen (= Wasserunlösliches). Durch Veraschen des getrockneten Rückstandes erhält man die wasserunlöslichen mineralischen Bestandteile, und die Differenz (Gewichtsverlust beim Veraschen) ergibt den Gehalt an Stärke einschließlich etwaiger sonstiger Verunreinigungen.

Wasserlösliches (Dextrin): 50 ml des Filtrates (s. w. o.) werden bis zur Sirupdicke auf dem Wasserbad eingedampft und dann unter ständigem Umrühren mit dem 10fachen Volumen Alkohol versetzt, wodurch das Dextrin quantitativ ausfällt. Es wird abfiltriert, mit wenig Alkohol nachgewaschen, bei 105 bis 110°C getrocknet und gewogen. Eine weitere Möglichkeit zur Bestimmung des Dextringehalts siehe unter 5.

5. Gehalt an Dextrin und Glukose (Dextrose). Die technischen Dextrine enthalten meist 4 bis 5% Glukose. Bei der quantitativen Bestimmung und Trennung geht man davon aus, daß auf FEHLINGsche Lösung nur die Glukose reduzierend wirkt, das Dextrin hingegen erst nach vorhergehendem hydrolytischem Abbau.

Ausführung: Ungefähr 2 g Dextrin werden genau abgewogen, in 20 bis 30 ml *kaltem* dest. Wasser (heißes Wasser wirkt abbauend, wodurch der Anteil an reduzierenden Stoffen erhöht wird) aufgelöst und die Lösung im Meßkolben auf 100 ml verdünnt. Davon entnimmt man 25 ml, setzt etwa 20 ml FEHLINGsche Lösung zu, erhitzt zum Kochen, kocht 4 Min. und läßt dann absitzen. Die überstehende Lösung muß immer blau bis blaugrün gefärbt sein, andernfalls ist mehr FEHLINGsche Lösung zuzugeben.

Das ausgeschiedene Kupfer(I)-oxyd wird durch ein Glasfilter abfiltriert, mit 100 ml heißem dest. Wasser ausgewaschen, in Ammoniumeisen(III)-sulfat-Lösung aufgelöst und die Lösung mit $^{n}/_{10}$-$KMnO_4$ titriert. Der Verbrauch sei *a* ml (Näheres hierüber, sowie den Ansatz der FEHLINGschen Lösung und der Ammoniumeisen(III)-sulfat-Lösung, siehe Bestimmung des Stärkegehalts mit FEHLINGscher Lösung auf S. 232).

1 ml $^n/_{10}$-$KMnO_4$-Lösung = 9,008 mg Glukose (Dextrose).

$$\text{Glukosegehalt in \%} = \frac{4a \cdot 9{,}008 \cdot 100}{\text{Einwaage in mg}}.$$

Zur Bestimmung des Dextringehalts werden dem Meßkolben weitere 25 ml entnommen, mit dest. Wasser auf etwa 50 ml verdünnt, mit 1,5 ml konz. Schwefelsäure (d = 1,84) versetzt und 3 Std. auf kochendem Wasserbad erhitzt. Das Dextrin wird dadurch in Glukose übergeführt. Nach dem Erkalten wird die Lösung mit verdünnter Natronlauge neutralisiert und im Meßkolben zu 100 ml verdünnt. Man entnimmt 25 ml, setzt 50 ml FEHLINGsche Lösung zu und verfährt weiter wie oben bzw. auf S. 232 beschrieben. Der Verbrauch an $^n/_{10}$-$KMnO_4$ sei b ml.

1 ml $^n/_{10}$-$KMnO_4$-Lösung = 8,108 mg Dextrin.

$$\text{Dextringehalt in \%} = \frac{(16b - 4a) \cdot 8{,}108 \cdot 100}{\text{Einwaage in mg}}.$$

Glukose, Dextrose, Traubenzucker, $C_6H_{12}O_6$, Mol.-Gew. 180,16.

Feines, weißes, hygroskopisches Pulver oder kleine Kristalle, im Handel auch in Form von gelblichen Brocken oder Sirup, unlöslich in Äther, löslich in Alkohol, sehr leicht löslich in kaltem Wasser (in 1 l lösen sich bei 15 °C 817 g wasserfreier Traubenzucker). Die wäßrigen Lösungen reagieren neutral, schmecken süß, wirken stark reduzierend und sind optisch aktiv.

Handelsformen: Abgesehen von reiner Glukose noch als „Stärkesirup" (etwa 40% Glukose, 50% Dextrin und 10 bis 20% Wasser) und „Stärkezucker" (60 bis 75% Glukose, 25 bis 30% Dextrin und 15 bis 20% Wasser).

Verwendung in der Textilindustrie: Als Reduktionsmittel beim Drucken mit Schwefelfarbstoffen und gelegentlich auch in der Schlichterei und Appretur als Hygroskopikum.

Nachweis von Glukose

1. Fehlingsche Lösung: Beim Kochen Abscheidung eines zuerst gelben, dann roten Niederschlags von Kupfer(I)-oxyd.

2. Ammoniakalische Silberlösung: Beim Aufkochen Abscheidung von metallischem Silber, evtl. in Form eines Silberspiegels an der Glaswand.

Reagens: Silbernitratlösung mit Ammoniak versetzen, bis der zuerst entstehende, weiße Niederschlag von Silberhydroxyd sich wieder auflöst.

3. Nylanders Reagens: Beim Kochen Abscheidung von schwarzbraun gefärbtem Wismut.

Reagens: 2 g Wismutoxynitrat und 4,0 g Seignettesalz, aufgelöst in 100 ml 8%iger Natronlauge.

Bemerkungen: Alle drei Reaktionen basieren auf der Reduktionswirkung der Glukose und werden daher von anderen reduzierend wirkenden Substanzen auch gegeben. Zuckergemische trennt und identifiziert man am besten papierchromatographisch.

Quantitative Bestimmung der Glukose

Infolge der optischen Aktivität können Glukoselösungen leicht polarimetrisch und auf Grund des Reduktionsvermögens auch jodometrisch oder durch Oxydation mit FEHLINGscher Lösung (s. S. 232) bestimmt werden.

Jodometrische Bestimmung. Die in der Glukose (allgemein in Aldosen) vorhandene Aldehydgruppe wird durch Jod in alkalischer Lösung zur Karboxylgruppe oxydiert:

$$R \cdot CHO + J_2 + 3\,NaOH = R \cdot COONa + 2\,NaJ + 2\,H_2O.$$

Ausführung: Zu 10 ml einer etwa 1%igen Glukoselösung (nicht über 1,1%ig) gibt man 25 ml $^n/_{10}$-Jodlösung und 15 ml n-Sodalösung, läßt 30 Min. verschlossen stehen, säuert dann mit verd. Salz- oder Schwefelsäure an und titriert den Jodüberschuß unter Stärkezugabe mit $^n/_{10}$-Thiosulfatlösung zurück.

1 ml $^n/_{10}$-Jodlösung = 9,008 mg Glukose

Bemerkungen: Da alle Aldosen (Glukose, Arabinose, Maltose, Laktose usw.) in dieser Weise reagieren, werden sie — wenn vorhanden — natürlich mittitriert. Ketosen werden dagegen nicht angegriffen.

Alginate

Die Alginate haben sich auf Grund ihrer besonderen physikal.-chemischen Eigenschaften in den letzten 10 Jahren auf vielen Anwendungsgebieten sehr in den Vordergrund geschoben. In chemischer Hinsicht handelt es sich um Salze oder Derivate der Alginsäure, einer Poly-d-Mannuronsäure, die aus Seealgen (Braunalgen) durch Extraktion mit Soda in Form des Natriumsalzes gewonnen wird.

Alkali- und Magnesiumalginate sind wasserlöslich, Calcium-, Strontium-, Barium-, Blei- und Quecksilberalginate jedoch wasserunlöslich. Unlöslich in Wasser, aber löslich in Ammoniak sind Kupfer-, Aluminium-, Zink-, Nickel- und Silberalginate.

Die in der Textilindustrie meist verwendeten Natriumalginate sind in kaltem und warmem Wasser leicht löslich, ergeben hochviskose und sehr stabile Lösungen mit sehr guter Zügigkeit und ausgeprägten schutzkolloidalen Eigenschaften und hydrotroper, suspensions- und emulsionsstabilisierender Wirkung. Hervorzuheben ist weiterhin das gute Wasserbinde-, Haft- und Filmbildevermögen.

Im schwach sauren Gebiet sind Alginatlösungen beständig, im stark sauren, und zwar unter $p_H = 2{,}5$, tritt eine Koagulation und Ausfällung (Alginsäure) ein. Geringe Mengen Natronlauge bewirken eine Erniedrigung, größere eine starke Erhöhung der Viskosität.

Im Handel sind die Alginate in Pulver-, Flocken- oder Pastenform. Häufig sind sie entsprechend dem Verwendungszweck mit Soda, Phosphaten, Stärkeäthern, Pektinaten, Zellulosederivaten, Britisch-Gummi u. ä. verschnitten.

Verwendung in der Textilindustrie: Hauptsächlich als Verdickungsmittel in der Druckerei (insbesondere beim Druck mit Reaktivfarbstoffen), teilweise auch in der Schlichterei und Appretur.

Handelsprodukte: Dialgin, Matonalg, Lamitex, Protakyp K u. a.

Nachweis von Alginaten[1]

Alginate geben mit Ferrisulfat in schwefelsaurer Lösung eine typische Rot- bis Braunrotfärbung. Die Reaktion wird durch die Gegenwart von Stärke, Johannisbrotkernmehl, Agar-Agar, Tragant, Irischem Moos, Gummi arabicum u. ä. nicht gestört. Man kann also die Alginate aus Gemischen mit diesen Verdickungsmitteln ohne Trennungsgang direkt nachweisen.

Ausführung: Einige Milliliter der auf Alginat zu untersuchenden Lösung werden mit einer Lösung von Ferrisulfat in verdünnter Schwefelsäure versetzt. Nach einigen Minuten tritt eine rötliche Färbung auf, die sich im Verlauf von Stunden zu einem Purpurrot, bei sehr hohen Alginatkonzentrationen sogar zu einem Schwarzbraun vertieft.

Untersuchung von Alginaten

1. Bestimmung des Wassergehaltes. Alginate nehmen je nach Luftfeuchtigkeit 10 bis 20% Wasser auf. Die quantitative Bestimmung geschieht am einfachsten durch Trocknung.

Durchführung: Etwa 5 g des Alginates werden im Wägegläschen genau abgewogen und im Trockenschrank 4 Std. auf 105 °C erhitzt. Nach dem Abkühlen im Exsikkator wird zurückgewogen. Der Gewichtsverlust entspricht dem Wassergehalt.

$$\text{Wassergehalt in \%} = \frac{\text{Gewichtsverlust} \cdot 100}{\text{Einwaage}}$$

2. Aschegehalt. 3 bis 5 g des Alginates werden genau abgewogen und im Tiegel langsam und vorsichtig verascht, um ein allzu starkes Aufblähen zu vermeiden. Im elektrischen Trockenofen genügt eine Temperatur von 500 °C. Ist der Rückstand weiß, läßt man im Exsikkator abkühlen und wiegt zurück.

$$\text{Aschegehalt in \%} = \frac{\text{Rückstand} \cdot 100}{\text{Einwaage}}.$$

3. Viskosität. Für die Viskositätsbestimmung von Alginaten gibt es bislang noch kein allgemein anerkanntes Verfahren. Da die Viskosität von einer ganzen Reihe von Faktoren (Konzentration, Meßtemperatur, p_H-Wert, Viskosimetertyp u. a.) abhängt, muß die Messung, wenn vergleichbare Werte resultieren sollen, immer unter gleichen Arbeitsbedingungen durchgeführt werden.

Durchführung: Man wiegt unter Berücksichtigung des vorher an einer zweiten Probe bestimmten Wassergehaltes etwa 3 g wasserfreies Alginat mit einer Genauigkeit von lmg ein und löst dieses in der Weise auf, daß man in einem Becherglas etwa 250 ml kaltes dest. Wasser vorlegt und dann das abgewogene Alginat langsam und unter ständigem Umrühren (am besten mechan. Rührer) zugibt. Nach dem Auflösen, was 10 bis 20 Min. in Anspruch nimmt, wird noch so viel dest.

---

[1] Nachweis von Alginaten neben wasserlöslichen Zellulosen, Pektaten und Gummiverdickungen sowie quantitative Alginatbestimmung siehe H. SCHULZEN, Textil-Praxis **19** (1964) 67.

Wasser zugesetzt, daß die Lösung genau 1%ig ist. Anschließend wird temperiert und bei 20 °C, evtl. auch 25 °C, die Viskosität gemessen. Die Angabe erfolgt in Centipoise (cP) oder Centistok (cSt).

Bemerkungen: Wegen der bei Alginatlösungen ausgeprägten Struktur-Viskosität sollen die Messungen bei nicht zu geringer Strömungsgeschwindigkeit durchgeführt werden. Bei geringen Viskositäten (bis 1500 cSt) werden deswegen meist U-Rohr-Viskosimeter, bei höheren Kugelfall-Viskosimeter verwendet.

Pflanzengummi

Unter Pflanzengummi versteht man die Ausscheidungen von gewissen Sträuchern und Bäumen, die durch Einschnitte in die Rinde gewonnen werden. Die bekanntesten Gummiarten sind Arabisches Gummi (Gummi arabicum), Senegalgummi und Tragant. Die Gummiarten wurden früher in der Druckerei und Appretur viel verwendet, ihre Bedeutung ist aber in den letzten 20 Jahren immer mehr zurückgegangen.

Arabisches Gummi (Gummi arabicum). Zähflüssiger Saft aus arabischen und afrikanischen Akazien, der zu glasartigen, spröden Stücken von weißer, gelblicher bis brauner Farbe erstarrt. Spez. Gew. = 1,3 bis 1,4. Gummi arabicum löst sich in der doppelten Gewichtsmenge warmen Wassers zu einer klaren, klebrigen, dickschleimigen, fad schmeckenden, schwach sauer reagierenden Lösung, die auf FEHLINGsche Lösung nicht reduzierend wirkt. Löslich in Glyzerin, aber nicht hygroskopisch, unlöslich in Alkohol und chlorierten Kohlenwasserstoffen.

In chemischer Hinsicht ist Gummi arabicum mit dem Pektin verwandt; der Hauptbestandteil ist die Arabinsäure (Arabin).

Verwendung in der Textilindustrie: Gelegentlich als Zusatz zu Appreturen und als Verdickungsmittel in der Druckerei.

Nachweis von Gummi arabicum

1. Setzt man der wäßrigen Lösung von Gummi arabicum das gleiche Volumen einer Pyramidonlösung und dann etwa 12 Tropfen Wasserstoffperoxydlösung zu, so entsteht innerhalb 5 bis 10 Min. eine blauviolette Färbung (nach TROTMAN).

2. Versetzt man eine etwa 30%ige wäßrige Lösung von Gummi arabicum mit etwas Guajaktinktur und fügt 1 Tropfen 3%iges Wasserstoffperoxyd hinzu, so färbt sich die Lösung blau.

3. Mit Kupfersulfatlösung erhält man einen blauen, mit Eisen(III)-chloridlösung einen weißen Niederschlag.

4. Auf Zusatz von 2 Volumen Alkohol wird Gummi arabicum aus seinen Lösungen ausgefällt.

Untersuchung von Gummi arabicum: S. frühere Auflagen dieses Buches.

Tragant, Tragantgummi. Ausscheidungsprodukt verschiedener Astragalusarten. Im Handel als weißes bis gelbliches Pulver oder in Form von unregelmäßigen Körnern oder Brocken; billigere Sorten sind gelbbraun bis braun gefärbt. Tragant enthält 50 bis 60% Bassorin. In Wasser quillt er zu einem klebrigen, dicken Schleim. Zur Herstellung einer „Tragantverdickung“ wird der Tragant mindestens 24 Stunden, meist aber mehrere Tage, in kaltem Wasser aufgeweicht und dann unter Rühren 8 bis 10 Std. gekocht.

Verwendung in der Textilindustrie: Verdickungsmittel im Zeugdruck.

Nachweis und Untersuchung von Tragant: S. frühere Auflagen dieses Buches.

Leim und Gelatine

Leim und Gelatine werden durch Auskochen von Knochen, Häuten, Sehnen, Knorpelabfällen u. ä. gewonnen. Die klebende, leimbildende Substanz der Knochen wird als *Ossein*, die der Bindegewebe als *Kollagen* bezeichnet. Beim Kochen mit Wasser quellen diese Substanzen auf, werden hydrolytisch abgebaut und gehen schließlich als *Glutin* in Lösung. Beim Erkalten dieser Lösung entsteht eine elastische Gallerte, die beim Trocknen in eine hornartige Masse übergeht: den *Leim*.

Der Hauptbestandteil des Leims ist also das Glutin. In chemischer Hinsicht handelt es sich dabei um ein Polypeptid, ähnlich dem Eiweiß, denn bei weiterem hydrolytischem Abbau gelangt man über verschiedene Zwischenprodukte (Peptone, Gelatose) hinweg zu den Aminosäuren.

Die *Gelatine* ist nichts anderes als ein sehr reiner, geruchloser und fast farbloser Leim.

Leim und Gelatine sind wasserlöslich (in kaltem Wasser Aufquellung, in heißem Inlösunggehen), aber unlöslich in Alkohol und Äther.

Verwendung in der Textilindustrie: Schlichte- und Appreturmittel, teilweise auch als Schutzkolloid in der Färberei, besonders beim Färben von Wolle mit Küpenfarbstoffen.

Nachweis von Leim und Gelatine. Die Nachweisreaktionen für das Glutin (Leim und Gelatine) sind ähnlich wie bei Eiweiß. Geeignet sind die Biuretreaktion sowie die Reaktionen mit Millons Reagens und Ninhydrin. Näheres siehe Nachweis von Leim- und Gelatineschlichten auf S. 252.

Durch Zuzatz von Tannin, Phosphormolybdänsäure, Pikrinsäure u. a. wird das Glutin aus seinen wäßrigen Lösungen ausgefällt. Im Gegensatz zu anderen Proteinen tritt aber mit Lösungen von Quecksilbernitrat, Kupfersulfat und Kaliumferrocyanid keine Fällung ein.

Untersuchung von Leim und Gelatine

1. Bestimmung des Wassergehaltes. 3 bis 5 g der Untersuchungsprobe werden fein pulverisiert und nach genauem Abwiegen im Trockenschrank bei 105 bis 110 °C bis zur Gewichtskonstanz getrocknet. Nach dem Erkalten im Exsikkator (dabei Wiegegläschen verschließen) wird zurückgewogen.

$$\text{Wassergehalt in \%} = \frac{\text{Gewichtsverlust} \cdot 100}{\text{Einwaage}}.$$

2. Aschegehalt 3 bis 5 g der Probe werden genau abgewogen und im Platin- oder Porzellantiegel langsam verascht. Man läßt im Exsikkator erkalten und wiegt zurück.

$$\text{Aschegehalt in \%} = \frac{\text{Rückstand} \cdot 100}{\text{Einwaage}}.$$

3. Säuregehalt. Etwa 2 g Leim oder Gelatine werden genau abgewogen und in 20 ml kaltem dest. Wasser durch 12stündiges Stehenlassen aufgequollen. Darauf gibt man 50 ml Alkohol zu, schüttelt etwa 5 Min. lang gründlich durch, setzt einige Tropfen Phenolphthaleinlösung zu und titriert mit n/10-Natronlauge bis zur Rotfärbung.

Angegeben werden die für 100 g Leim oder Gelatine verbrauchten ml $^{n}/_{10}$-Lauge oder die äquivalente Menge Schwefelsäure in mg.

$$1 \text{ ml } ^{n}/_{10}\text{-NaOH} = 4{,}904 \text{ mg } H_2SO_4.$$

Bemerkungen: Der verwendete Alkohol muß neutral reagieren, andernfalls ist er vorher gegen Phenolphthalein zu neutralisieren. Andere Möglichkeit: Laugenverbrauch für die 50 ml Alkohol an einem Blindversuch ermitteln und diesen vom Gesamtverbrauch abziehen.

4. Fettgehalt. 4 bis 5 g der fein pulverisierten Probe werden genau abgewogen und im Soxhlet 12 Stunden lang mit Petroläther extrahiert. Dann wird das Leimpulver getrocknet, erneut pulverisiert und noch einmal mit Petroläther 12 Std. extrahiert. Die Extrakte werden vereinigt, der Petroläther verdampft, der Rückstand bei 80 °C getrocknet und nach dem Erkalten gewogen.

$$\text{Fettgehalt in } \% = \frac{\text{Rückstand} \cdot 100}{\text{Einwaage}}.$$

5. Schäumvermögen und Schaumbeständigkeit. Für Schlichte- und teilweise auch Appreturzwecke ist es wichtig, daß die Leim- und Gelatinelösungen möglichst wenig schäumen und daß vor allem der evtl. gebildete Schaum nicht haltbar ist.

Zur Prüfung werden 100 ml Leimlösung von der in Frage kommenden Konzentration (meist 3 bis 5%) in einem verschlossenen Schüttelzylinder 1 Min. lang kräftig geschüttelt. Man mißt dann das Volumen des entstandenen Schaumes und bestimmt dessen Haltbarkeit durch weitere Messungen in Abständen von jeweils 5 Min.

6. Klebekraft. Die Klebekraft ist besonders in der Schlichterei von Bedeutung. Ihre Messung erfolgt in ähnlicher Weise wie bei der Stärke (s. S. 235).

Kasein

Das Kasein (Käsestoff) ist ein weißes bis gelbliches, wasserunlösliches Pulver; löslich in Alkali oder alkalisch reagierenden Salzen wie z. B. Borax. Etwa $^4/_5$ des Milcheiweißes bestehen aus Kasein. Bei Zusatz von Säuren oder Labferment koaguliert es zu einer weißen, knolligen Masse und kann auf diese Weise aus der Milch gewonnen werden. Mit Formaldehyd reagiert Kasein unter Quervernetzung, wobei ein hornartiger Kunststoff (Galalith) entsteht.

Verwendung in der Textil- und Faserstoffindustrie: Gelegentlich als Zusatz zu Schlichte- und Appreturmitteln, Herstellung von Kaseinfasern.

Nachweis des Kaseins. Kasein wird aus seinen Lösungen durch Zusatz von Säuren, Alkohol, Tannin u. a. ausgefällt. Wie bei allen Eiweißstoffen fallen auch die Biuret- und Ninhydrinreaktion sowie die Reaktion mit Millons Reagens positiv aus.

Untersuchung von Kasein. Es interessieren in der Hauptsache Wassergehalt, Aschegehalt, Säuregehalt und Fettgehalt. Die Bestimmungen werden wie bei Leim und Gelatine durchgeführt (s. w. o.).

Eialbumin, Blutalbumin

Die Albumine wurden früher als Fixiermittel beim Pigmentdruck und ab und zu auch in der Appretur verwendet. Ihre Bedeutung ist aber so sehr zurückgegangen, daß wegen der Eigenschaften, Untersuchung usw. auf die früheren Auflagen dieses Buches verwiesen sei.

Enzyme und Fermente

Die Enzyme oder Fermente sind zu den Eiweißstoffen zählende, hochmolekulare Wirkstoffe, die von Tier oder Pflanze erzeugt werden und die, ähnlich den anorganischen Katalysatoren, schon in sehr kleinen Mengen Umsetzungen größeren Umfanges hervorrufen können. Sie spielen im lebenden Organismus eine außerordentlich große Rolle und haben meist die Aufgabe, die aufgenommenen Nahrungsmittel (Stärke, Eiweiß, Fett u. dgl.) abzubauen und in eine lösliche, vom Körper verarbeitbare Form überzuführen. Da die Wirkung sehr spezifisch ist, werden die Enzyme nach dem Substrat benannt, das sie abzubauen vermögen. Eiweißspaltende Enzyme bezeichnet man als *Proteasen*, pektinspaltende als *Pektinasen*, fettspaltende als *Lipasen* und stärkespaltende als *Amylasen*. In der Textilindustrie spielen — von wenigen Ausnahmen abgesehen — nur die Amylasen eine Rolle, und zwar hauptsächlich zum Entschlichten.

Die Einteilung der Amylasen erfolgt zweckmäßig in vier Gruppen: *1. Malzamylasen, 2. Pankreasamylasen, 3. Bakterienamylasen, 4. Pilzamylasen.*

Malzamylasen gewinnt man aus keimender Gerste (Malzdiastase), die Pankreasamylasen aus der Pankreasdrüse von Schweinen und Rindern, die Bakterienamylasen aus Bakterienkulturen und die Pilzamylasen durch Züchtung von Schimmelpilzen auf Weizenkleie. Einige der wichtigsten Handelspräparate, die im übrigen keine reinen Enzympräparate darstellen, sondern noch andere Stoffe (Salze, Stabilisatoren u. dgl.) enthalten, sind nachstehend zusammengestellt.

Malzamylasen: Diastafor, Terhyd MA, Diastase L, Textilmalzextrakt, Ferment AD u. a.
Pankreasamylasen: Degomma DK (Marke S dient zum Entbasten von Seide), Fermasol GS, Novofermasol, Terhyd EHK, Viveral E konz., Ultraferman, Tissoferm, Diaferman u. a.
Bakterienamylasen: Biolase N extra, Degomma HB, Rapidase, Enzyferman, Enzylase, Bactolase u. a.
Pilzamylasen: Amylatin.

Je nach der Wirkungsweise der Amylasen, d. h. je nach der Art, wie sie das Stärkemolekül angreifen, unterscheidet man die α- und die *β-Amylasen*. Die ersteren spalten das lange Kettenmolekül vorzugsweise in der Mitte, und dies bedingt einen schnellen Viskositätsabfall. Es entstehen in der Hauptsache niedermolekulare Dextrine, die auf Jodlösung nicht ansprechen und nur schwach reduzierend wirken. Die *β-Amylasen* dagegen greifen hauptsächlich von den Enden her an, wobei jeweils nur kleinere Bruchstücke (Maltose und Glukose) abgeschlagen werden. Dadurch bilden sich neben höhermolekularen Dextrinen in erster Linie Zucker, und die Folge ist, daß das Reduktionsvermögen stark ansteigt. Die Viskosität nimmt hingegen nur langsam ab, und ebenso geht auch die Bläuung durch Jodlösung nur langsam zurück. *α-Amylasen* (Pankreas-, Bakterien- und Pilzpräparate) wirken schnell dextrinierend, verflüssigend, die *β-Amylasen* (Malzpräparate enthalten neben α-Amylasen größtenteils β-Amylasen) dagegen mehr verzuckernd.

Die Amylasen unterscheiden sich weiterhin in ihrer Widerstandsfähigkeit gegen höhere Temperaturen und chemische Einflüsse. Ihr Aktivitätsoptimum ist deshalb an bestimmte Temperaturen und p_H-Intervalle gebunden, außerhalb deren ihre Wirksamkeit abfällt oder in Grenzfällen ganz verlorengeht. Nach H. RATH (Melliand Textilber. 1944, S. 58) ergibt sich folgendes Bild:

Tabelle 33. *Optimale Wirksamkeit der Amylasetypen*

	Malzamylasen	Pankreas-amylasen	Bakterien-amylasen
Wirkungsoptimum p_H	4,6—5,2	6,8	5,4—7,0
Grenzen der Wirksamkeit p_H . . .	2,1—8,1	4,5—9	etwa 2 u. 8—9
Temperaturoptimum °C	60—65	50—55	60—65
Grenzen der Wirksamkeit °C. . .	etwa 85	60—65	etwa 90

Die optimale Wirkung des Amylatins (Pilzamylase) liegt bei 45 bis 55°. Das Produkt zeigt ein hohes Dextrinierungsvermögen, während der Verzuckerungseffekt wenig ausgeprägt erscheint. Bakterienamylasen sind im allgemeinen am hitzebeständigsten und halten ohne weiteres Temperaturen von 75 und 80° aus. Bei Pankreasprodukten sollen 55° möglichst nicht überschritten werden.

Bemerkenswert ist, daß die Amylasen in reinem Zustand vollkommen inaktiv sind und erst durch Zugabe von bestimmten Salzen (NaCl, KCl u. dgl.), sog. „Aktivatoren", ihre abbauende Wirkung entfalten. Die Herstellerfirmen tragen diesem Umstand Rechnung und bringen die Präparate schon in der richtigen Salzdosierung in den Handel. Andere Salze wieder können genau das Gegenteil hervorrufen, sie wirken als „Inhibitoren", als „Enzymgifte". Hierzu zählen u. a. Kupfer-, Zink-Quecksilber-, Blei- und Eisensalze sowie Oxydationsmittel wie Hypochlorit und Aktivin. Eine hemmende Wirkung haben ferner fast alle Netzmittel.

Neben den erwähnten Amylasepräparaten spielen in der Textilindustrie noch Proteasen eine gewisse Rolle (z. B. *Burnus* und *Enzymolin*). Sie werden zur Wäschereinigung verwendet und sollen hauptsächlich eiweißabbauend wirken (Eiweiß-, Blut-, Eiterflecken u. dgl.). Burnus ist für die Haushaltwäsche, Enzymolin für die Fabrikwäsche bestimmt.

Bestimmung der enzymatischen Wirkung

Zur Charakterisierung der Enzympräparate hinsichtlich ihrer fermentativen Wirkung läßt man sie unter geeigneten Bedingungen auf einen Stärkekleister einwirken und verfolgt den Stärkeabbau durch *Viskositätsmessungen, Bestimmung des Reduktionsvermögens* (saccharometrische Methode) oder *kolorimetrisch* (Jodverfahren).

Die viskosimetrische Methode hat den Nachteil, daß sie nichts Bestimmtes darüber auszusagen vermag, ob auch die letzten Reste schwer abbaubarer Stärke entfernt sind. Außerdem verläuft der Viskositätsabfall bei allen Amylaseprodukten ziemlich rasch, so daß man nur schwer reproduzierbare Werte erhält. Ein weiterer Nachteil liegt darin, daß es schwierig ist, einen Stärkekleister von konstanter Anfangsviskosität und homogener Beschaffenheit herzustellen. Die viskosimetrische Methode ist deswegen als Universalmethode abzulehnen.

Die saccharimetrische Methode beruht auf der Reduktionswirkung der beim Abbau sich bildenden Zucker (Maltose, Glukose). Die Messung des Reduktionsvermögens erfolgt entweder mit FEHLINGscher Lösung oder titrimetrisch mit Jodlösung. Die Methode wird besonders von den Herstellerfirmen angewandt, welche damit die Konzentration ihrer Präparate überprüfen. Für den Ausrüster sagt sie aber nicht aus, ob bei der Entschlichtung nicht doch geringe Mengen unabgebauter Stärke zurückgeblieben sind. Man denke z. B. daran, daß für Malzpräparate trotz gutem Verzuckerungsvermögen eine lang anhaltende Jodreaktion charakteristisch ist. Das Verfahren scheint also auch nicht universell anwendbar zu sein.

Die *jodometrische Methode* beruht darauf, daß unabgebaute Stärke mit Jodlösung eine Blaufärbung ergibt, die bei allmählichem Abbau der Stärke über Violett und Rot nach Gelb übergeht. Es wird also unmittelbar angezeigt, wie weit der Abbau der die Blaufärbung verursachenden, nicht wasserlöslichen Stärkeanteile fortgeschritten ist und zu welchem Zeitpunkt man den Entschlichtungsprozeß abbrechen kann. Nach unseren eigenen Untersuchungen eignet sich zur Verfolgung des Stärkeabbaus in der Praxis am besten das jodometrische Verfahren.

Ausführung (nach RATH). a) *An Hand eines Stärkekleisters.* Herstellung der Standardreihe: 20 g Stärke werden in einem Litermeßkolben auf dem allmählich zum Sieden erhitzten Wasserbad mit $^3/_4$ l dest. Wasser verkleistert und anschließend noch 30 Min. auf dem siedenden Wasserbad belassen. Hierauf wird abgekühlt und mit dest. Wasser zu 1 l aufgefüllt. Von diesem Kleister werden 100 ml in einen Erlenmeyerkolben abpipettiert und dieser in ein Bad gegeben, das zwischen 53 und 54 °C konstant gehalten wird. Nach Einstellung der Temperatur werden 10 ml von der Lösung des Standardproduktes (2 g auf 500 ml hartes Wasser) zugesetzt und jeweils nach 2 Min. eine Probe von 1 ml mit der Pipette entnommen. Diese Probe läßt man in ein Reagenzglas, in dem sich 15 ml hartes Wasser und 2 ml Jodsalzsäure (gleiche Teile $^1/_{100}$ n-Jodlösung und 0,5%ige HCl) zur Vernichtung der Enzymwirkung befinden, einfließen. Die Gläschen werden anschließend sofort zugeschmolzen. Zusammen werden in dieser Weise 10 Proben entnommen, so daß die Standardreihe, deren Farbtöne kontinuierlich von Blau über Violett, Rot nach Gelb verlaufen, die Stufen 1 bis 10 umfaßt (1 = erste Stufe der Entschlichtung, 10 = Endstufe der Entschlichtung).

Zum Vergleich der einzelnen Entschlichtungsmittel wird ebenso verfahren wie bei der Bereitung der Standardlösung, d. h., der Kleister wird mit derselben Menge Entschlichtungsmittel versetzt und bei der gleichen Versuchstemperatur und nach gleichen Zeiten eine Probe entnommen und in Jodsalzsäure gegeben. Unter Umständen müssen die Entnahmezeiten entsprechend der Entschlichtungsgeschwindigkeit etwas variiert werden.

b) *An Hand eines geschlichteten Gewebes.* Etwa 5 g des geschlichteten Gewebes werden in die einzelnen Enzymlösungen eingelegt (Flottenverhältnis 1 : 40). Von Zeit zu Zeit werden kleine Abschnitte davon entnommen, diese mit heißem und kaltem Wasser gespült, 30 Sek. in verdünnte Jodlösung eingelegt, kalt gespült und ausgequetscht. Man notiert sich die Art der Jodfärbung bis zum Verschwinden der Jodfarbe.

Beim Entschlichten ist jeweils darauf zu achten, daß die mechanischen Arbeitsbedingungen (Bewegen, Drücken, Reiben des Stoffabschnittes) vollkommen gleich sein müssen, da sonst die Entschlichtungsgeschwindigkeit sehr stark beeinflußt wird.

Proteasen (wie Burnus, Enzymolin, Degomma BS u. a.). Die Bestimmung der Eiweiß abbauenden proteolytischen oder tryptischen Wirksamkeit kann unter Verwendung von Kasein oder Gelatine als Eiweißsubstrat erfolgen. Als geeignetste Methode sei hier die Kaseinmethode nach LÖHLEIN-VOLHARD wiedergegeben.

Das Verfahren beruht darauf, daß man alkalische Kaseinlösung durch die Tryptase verdauen läßt, das unverdaut gebliebene Kasein durch Zugabe von Salzsäure und Natriumsulfat ausfällt, abfiltriert und im Filtrat die Salzsäure und Kaseinabbauprodukte zurücktitriert. Je mehr Kasein verdaut worden ist, um so mehr Säure und Abbauprodukte findet man im Filtrat. Der Alkaliverbrauch bei der Rücktitration ist also ein direkter Maßstab für die fermentative Wirksamkeit des Ansatzes.

Ausführung: Man wägt für den *Hauptversuch* in eine 100 ml Pulverflasche die zur Verdauung von etwa 0,5 g Kasein erforderliche Menge des Fermentpräparates (z. B. 0,1 g Burnus oder Enzymolin[1]) ein, setzt 10 ml Wasser zu und löst in etwa 15 Min. unter öfterem Umschütteln im Thermostaten bei etwa 20 bis 25° auf. Ist der Enzymgehalt des Präparates völlig unbekannt, so setzt man mehrere Parallelversuche mit verschiedenen Einwaagen an. Alsdann gibt man 20 ml nachfolgend beschriebener 5%iger Kaseinlösung hinzu und läßt genau 1 Std. verdauen. Das Wirkungsoptimum liegt bei p_H 8,3 bis 8,5. Dann unterbricht man die Verdauung durch Zugabe von 10 ml n-Salzsäure, fällt das

[1] Man verwendet besser 10 ml einer Lösung 2 : 200.

unverdaut gebliebene Kasein durch Zusatz von 10 ml 20%iger Natriumsulfatlösung und filtriert ab, wobei das Filtrat den p_H-Wert von 2,9 bis 3,0 zeigen soll, was sehr wichtig ist, um gleichmäßige Ergebnisse zu erzielen. Dann titriert man in 10 ml des Filtrates die Salzsäure nach Zugabe von 1 Tropfen 1%iger Naphtholphthaleinlösung mit $^1/_{10}$ n-Natronlauge zurück. Der Umschlag ist nicht deutlich, und man nimmt die erste hellgrüne Verfärbung der vorher farblosen Lösung als Ende der Reaktion an. Von diesem Ergebnis des Hauptversuches zieht man das Ergebnis des noch auszuführenden *Blindversuches* ab, indem man 20 ml der Kaseinlösung ebenso behandelt, nur ohne Verdauungszeit und ohne Anwärmung.

Herstellung der 5%igen Kaseinlösung. Man verrührt 50 g reines Kasein in einem großen Erlenmeyerkolben mit Wasser zu einem homogenen Brei, löst mit genau 50 ml n-Natronlauge unter langsamer Erwärmung auf 60°, wobei der Kolben so lange auf dem Wasserbad bleiben soll, bis der Schaum größtenteils verschwunden ist, und füllt zu 1 l auf. Die so hergestellte Kaseinlösung soll einen p_H-Wert von 8,4 haben. Nach Zugabe einiger Tropfen Toluol hält sich die Kaseinlösung längere Zeit.

Berechnung. Die Differenz an verbrauchter Natronlauge beim Haupt- und Blindversuch entspricht dem verdauten Anteil des Kaseins. Unter den beschriebenen Versuchsbedingungen entspricht eine Differenz von 1 ml $^1/_{10}$ n-Natronlauge (bei der Rücktitration von 10 ml des Filtrates) einem Kaseinabbau von etwa 30%, d. h., 0,30 g Kasein sind durch Fermentwirkung unfällbar geworden. Die Einwaage an Fermentpräparat ist so zu wählen, daß höchstens 50% des Kaseins abgebaut werden. Bei mehr als 60% besteht zwischen Fermentstärke und Titrationsergebnis keine direkte Proportionalität mehr.

Schlichtemittel

In der Weberei wird der Kettfaden geschlichtet, um ihn gegen die starken mechanischen Beanspruchungen auf dem Webstuhl widerstandsfähig zu machen und zu schützen. Das Schlichten erfolgt in der Weise, daß die Kettfäden durch eine Schlichteflotte hindurchgeführt, abgequetscht und schließlich getrocknet werden. Erreichen will man hierdurch ein Anlegen der vom Faden abstehenden Fäserchen und damit einen besseren Fadenschluß. Daneben soll — möglichst unter Beibehaltung der Dehnung — die Geschmeidigkeit und Gleitfähigkeit erhöht werden und der Faden eine gewisse Steifung erhalten. Vom Schlichtefilm wird verlangt, daß er genügend elastisch ist und so fest auf der Faser sitzt, daß er auf dem Webstuhl nicht abgescheuert wird.

Das am meisten verwendete Schlichtemittel ist nach wie vor die *Stärke*. Auch mit *modifizierten Stärkepräparaten*, die teilweise auch Fettzusätze u. dgl. enthalten (Noredux, Dressan, Diazet u. a.), sowie *Leim-, Gelatine- und sonstigen Eiweißschlichten* (Silkovan, Elastizin, Quecoschlichte u. a.) wird viel gearbeitet. Von den Schlichtemitteln natürlicher Herkunft sind weiterhin zu nennen: *Johannisbrotkernmehl, Leinöl, vegetabilische Gummiarten, Pektine und Alginate.*

Auch synthetische Schlichtemittel finden immer mehr Eingang in die Betriebspraxis. Zu nennen sind vor allem *Zelluloseäther* und *Zelluloseglykolate* (Tylose, Hortol, Renose, Zelluton u. a.), Stärkeäther (Solvitose, Monagum AS), *Polyvinylalkohol* (Vinarol, Moviol, Supraschlichte) und *Polyacrylate* bzw. *Polymethacrylate* verschiedenen Polymerisationsgrades (Plexileim, Acrytex, Texappret C, Schlichte T 8 usw.). Die synthetischen Schlichtemittel werden vielfach auch in Kombination mit Stärke oder Eiweißschlichten angewendet. Als Schlichtezusatzmittel kommen in Frage: Talg, sulfierte Öle, Wachs- und Paraffinemulsionen, synthetische Wachse, Stearinsäure, Glyzerin sowie antiseptisch wirkende Stoffe und Füllsubstanzen.

Untersuchung von Schlichtemitteln
(in Substanz und auf der Faser)

Die Nachweisreaktionen werden teils direkt auf der geschlichteten Ware teils mit dem wäßrigen Auszug durchgeführt. Wasserunlösliche Zusatzstoffe (Paraffin, Fette, Wachse u.s.w.) erschweren das Ablösen der Schlichte unter Umständen ganz erheblich. Da sie außerdem die Nachweisreaktionen stören können, empfiehlt es sich ganz allgemein, der Wasserextraktion eine kurze Behandlung mit Äther oder Petroläther — 10 minutiges Einlegen genügt — vorangehen zu lassen.

Herstellung des wäßrigen Auszugs:

Das durch Behandlung mit Äther oder Petroläther entfettete Fasermaterial wird 15 Min. lang im Flottenverhältnis von 1 : 50 mit dest. Wasser ausgekocht und der Extrakt auf etwa die Hälfte eingedampft.

Nachweis von Stärkeschlichten. Beim Betupfen mit Jod/Jodkaliumlösung färbt sich das mit Stärke geschlichtete Fasermaterial intensiv dunkelblau an. Bei stark abgebauter Stärke (Dextrin) erhält man hingegen nur eine Rotviolett- bis Braunfärbung. Stärkeäther ergeben ebenfalls eine Blaufärbung (Unterscheidung Stärke/Stärkeäther siehe unter Nachweis von Stärkeäthern). Auch Polyvinylalkoholschlichten färben sich bei dieser Reaktion blau an. Dieses Blau ist allerdings stark grünstichig, und dann besteht noch der weitere Unterschied, daß der Polyvinylalkohol nur mit konzentrierten Jod/Jodkaliumlösungen, die Stärke aber schon mit sehr verdünnter (z. B. 1 g Jod + 15 g KJ, gelöst zu 1 l) reagiert.

Verwendet man statt der wäßrigen Jod/Jodkaliumlösung eine alkoholische Jodlösung, so tritt eine Braunfärbung auf, die erst beim Befeuchten mit Wasser in eine Blaufärbung übergeht. Polyvinylalkohol zeigt hierbei fast das gleiche Blau wie die Stärke und die Stärkeäther.

Nachweis von Stärkeäthern. Stärkeäther geben die Blaufärbung mit Jod/Jodkaliumlösung sowohl auf der Ware als auch im wäßrigen Auszug in gleicher Nuance und Farbtiefe wie die Stärke. Die letztere ist zwar im Gegensatz zum Stärkeäther wasserunlöslich, aber bei der Herstellung des wäßrigen Auszugs geht von der Stärke doch so viel in Lösung, daß der Jodtest positiv ausfällt. Eine Unterscheidung ist aber trotzdem möglich, und zwar auf Grund der unterschiedlichen enzymatischen

Abbaugeschwindigkeit. Die Stärke wird nämlich hierbei nach eigenen Untersuchungen sehr schnell, der Stärkeäther aber nur sehr langsam abgebaut.

Durchführung der Unterscheidung Stärke/Stärkeäther: Dem wäßrigen Auszug (Herstellung: Probe 15 Min. mit dest. Wasser auskochen, Flottenverhältnis etwa 1 : 50) setzt man bei einer Temperatur von 65 bis 75 °C eine Bakterienamylase (Biolase N extra, Bactolase od. ä.) zu und läßt 10 Min. bei dieser Temperatur einwirken. Zur Prüfung entnimmt man wenige Milliliter und setzt 1 bis 2 Tropfen Jod/Jodkaliumlösung zu. Tritt die Blaufärbung in gleicher Intensität auf wie vor der enzymatischen Behandlung, so handelt es sich um einen Stärkeäther, färbt sich die Lösung aber nur noch rotviolett bis braun, so liegt Stärke vor. Zur Sicherheit empfiehlt sich ein Blindversuch mit reiner Stärke.

Nachweis von Zelluloseäthern (Methylzellulosen)

a) *Anfärbung mit substantiven Farbstoffen.* Nach BRAUCKMEYER und BÜHL[1] können Zelluloseäther leicht dadurch nachgewiesen werden, daß sie sich mit verschiedenen substantiven Farbstoffen wesentlich dunkler anfärben als das Fasermaterial.

Ausführung: Man bringt eine kleine Probe des geschlichteten Garnes auf den Objektträger, legt ein Deckgläschen darüber und setzt 1 Tropfen einer verdünnten, etwa 0,05%igen Lösung eines substantiven Farbstoffes wie Siriuslichtblau G[2] oder Benzobrillantblau 6BS[3] zu. Bei mikroskopischer Betrachtung kann man leicht erkennen, daß der Zelluloseäther in wenigen Sekunden, spätestens einer halben Minute, fast den gesamten Farbstoff aufnimmt und sich damit stark vom Fasergut abhebt. Zelluloseglykolate werden nur leicht angeschmutzt.

Sehr geeignet ist nach unseren Erfahrungen das Benzaminindigoblau RRLS (Bayer Leverkusen), da es Zelluloseäther sehr stark, Zelluloseglykolate dagegen überhaupt nicht anfärbt.

Treten bei diesen Anfärbungsreaktionen Schwierigkeiten in der Richtung auf, daß sich die Schlichte zu schnell ablöst oder daß sich die Faser ebenfalls stärker anfärbt (auch Stärke färbt sich etwas an), so empfiehlt es sich, von einer größeren Versuchsprobe die Schlichte abzulösen, den Extrakt einzudampfen und die Anfärbung mit dem Rückstand durchzuführen.

b) *Ausfällung mit Tanninlösung.* Dem wäßrigen Auszug setzt man etwas 5%ige Tanninlösung zu. Bei Gegenwart von Zelluloseäthern resultiert eine weiße Ausfällung. Leim-, Gelatine- und sonstige Eiweißschlichten reagieren ebenfalls positiv. Polyvinylalkohol zeigt eine schwache Opaleszenz, Zelluloseglykolate verhalten sich indifferent.

c) *Molisch-Reaktion.* Die Reaktion ist charakteristisch für Kohlenhydrate und deren Derivate.

Durchführung: Zu etwa 1 ml des möglichst weitgehend eingedampften wäßrigen Auszugs gibt man 2 Tropfen einer ungefähr 10%igen Lösung

---

[1] BRAUCKMEYER, R., u. Fr. BÜHL: Melliand Textilber. **19** (1938) 518.
[2] Früher Siriusblau G; Siriusblau GG wird nicht mehr hergestellt.
[3] Früher Diaminreinblau FF.

von α-Naphthol in Chloroform und unterschichtet vorsichtig mit 1 ml konz. Schwefelsäure, indem man diese bei geneigtem Reagenzglas langsam zufließen läßt. Bei Gegenwart von Kohlenhydraten bildet sich an der Grenzfläche der beiden Flüssigkeiten ein rotvioletter Ring.

Bemerkungen: Eiweißschlichten geben die gleiche Reaktion. Schüttelt man die Lösung mit dem rotvioletten Ring nach 5 bis 10 Min. langem Stehen um, so färbt sich die ganze Lösung bei Vorliegen von Kohlenderivaten und Derivaten je nach Konzentration mehr oder weniger tiefblau, bei Eiweißschlichten aber schwach violettbraun bis gelbbraun.

d) *Schaumprobe.* Beim Umschütteln des wäßrigen Auszugs zeigen Zelluloseäther eine starke Schaumbildung. Bei Polyvinylalkohol ist die Schaumbildung wesentlich geringer, und die anderen Schlichtemittel schäumen überhaupt nicht.

Nachweis von Zelluloseglykolaten

a) *Fällung mit kationaktiven Substanzen.* Setzt man dem wäßrigen Auszug tropfenweise und unter Umschütteln eine 2%ige Lösung kationaktiver Substanzen (Levogen WW, Zephirol, Solidogen BSE u. dgl.; s. a. S. 205 unter Prüfung auf Anionaktivität) zu, so bilden sich — eventuell leicht erwärmen — schon in sehr verdünnten Lösungen weiße, flockige Niederschläge. Zelluloseäther verhalten sich indifferent. Polyacrylate und Polymethacrylate geben ebenfalls positive Reaktion.

b) *Fällung mit Kupfersulfat.* Dem wäßrigen Auszug wird etwas 10%ige Kupfersulfatlösung zugesetzt. Sind Zelluloseglykolate enthalten, so entsteht ein weißer, in Essigsäure löslicher Niederschlag. Polyacrylate bzw. -methacrylate geben ebenfalls Ausfällungen, die sich jedoch im Gegensatz zu den Zelluloseglykolaten in Essigsäure nicht lösen.

c) *Anfärbung mit Rutheniumrot.* Zelluloseglykolate werden durch Rutheniumrot kräftig angefärbt, Zelluloseäther bleiben ungefärbt. Positive Reaktion zeigen auch Pektinschlichten und Fettstoffe.

Herstellung der Rutheniumlösung[1]**:** 0,02 bis 0,05 g Rutheniumrot werden in 9 ml Wasser gelöst und mit 1 ml Äthylendiamin versetzt. Zum Schluß gibt man noch 10 ml konz. Glyzerin zu.

d) *Molisch-Reaktion.* Die Reaktion wird in gleicher Weise gegeben wie von den Kohlenhydraten und Zelluloseäthern. Ausführung s. w. o. unter Nachweis von Zelluloseäthern.

Nachweis von Alginatschlichten. 3 bis 5 ml des wäßrigen Extraktes versetzt man mit einer Lösung von Ferrisulfat in verd. Schwefelsäure und läßt stehen. Nach einigen Minuten beobachtet man eine rötliche Färbung der Lösung, die sich im Laufe der Zeit zu einem Purpurrot, bei sehr hoher Alginatkonzentration evtl. sogar zu einem Schwarzbraun vertieft.

Nachweis von Leinölschlichte. Beim Erwärmen mit 10%iger Natriumsulfidlösung färbt sich die mit Leinöl geschlichtete Faserprobe — meist wird nur die Azetatfaser damit geschlichtet — bräunlich. Es handelt sich dabei um eine Reaktion mit den dem Leinöl zugesetzten Sikkativen

---

[1] Köhler, W.: Kunstseide und Zellwolle **22** (1940) 202.

(Mangan-, Blei- oder Kobaltsalze). Ceres- und Sudanfarbstoffe (Fettfarbstoffe) färben die Leinölschlichte stark an.

Nachweis von Pektinschlichten. Dem wäßrigen Auszug gibt man etwas Bariumhydroxydlösung zu. Starke, leicht gelblich gefärbte Ausflockungen zeigen Pektine an. Polyacrylate werden ebenfalls ausgeflockt.

Auf der Faser erfolgt der Nachweis von Pektinschlichten am besten mit Rutheniumrot, wobei eine intensive Anfärbung eintritt. Fette und Zelluloseglykolate werden auch stark angefärbt. Ansatz der Rutheniumrotlösung siehe unter Nachweis von Zelluloseglykolaten.

Nachweis von Leim-, Gelatine- und sonstigen Eiweißschlichten.

a) *Biuretreaktion.* Man kocht das auf Eiweiß zu prüfende Fasermaterial mit möglichst wenig Wasser 15 Min. lang aus, legt ein paar Milliliter dieses Extrakts im Reagenzglas vor, setzt 1 bis 2 Tropfen einer 10%igen Kupfersulfatlösung zu und macht mit verdünnter Natronlauge schwach alkalisch. Bei Gegenwart von Eiweiß färbt sich die anfangs blaue Lösung — evtl. erst beim leichten Erwärmen — violett.

Nachweis auf der Faser: Untersuchungsprobe mit verdünnter Natronlauge durchtränken, etwas 10%ige Kupfersulfatlösung auftropfen lassen und im Trockenschrank 1 bis 2 Min. lang einer Temperatur von 100 °C aussetzen.

Reaktionsvorgänge:

Erhitzt man Harnstoff auf Temperaturen von 150 bis 160 °C, so spaltet sich Ammoniak ab und es entsteht als Zwischenprodukt das Biuret:

$$\underset{\text{Harnstoff}}{H_2N{-}CO{-}NH_2} + H_2N{-}CO{-}NH_2 \rightarrow \underset{\text{Biuret}}{H_2N{-}CO{-}NH{-}CO{-}NH_2} + NH_3$$

Dieses Biuret bildet mit Kupfersulfat in alkalischer Lösung violett gefärbte Komplexverbindungen. Die Reaktion ist charakteristisch für alle Substanzen, die mehrere Peptidbindungen enthalten.

Empfindlichkeit der Reaktion: In der wäßrigen Lösung können nach eigenen Untersuchungen noch 0,1%, durch Auftropfen auf das Fasermaterial noch etwa 0,3% Eiweiß nachgewiesen werden.

b) *Nachweis mit Millons Reagens.* Etwa 4 ml des wäßrigen Extrakts werden mit 3 bis 4 Tropfen Millons Reagens versetzt. Bei geringen Eiweißmengen entsteht eine weiße Trübung, bei größeren Konzentrationen ein weißer, schwammartiger Niederschlag. Erhitzt man anschließend etwa 1 Min. zum Sieden, so färben sich Lösung und Niederschlag ganz charakteristisch rosa bis rot. Beim Abkühlen intensiviert sich der Farbton. Nach längerem Stehen tritt die Färbung auch in der Kälte auf.

Herstellung von Millons Reagens: 1 ml Quecksilber in 9 ml konz. Salpetersäure auflösen und dann 10 ml Wasser zugeben.

Bemerkungen: Die Reaktion wird am besten im neutralen bis schwach sauren Medium durchgeführt. Bei stärkerer Azidität der Lösung geht der Farbeffekt allmählich wieder zurück, um bei einem größeren Säureüberschuß sogar völlig auszubleiben.

Alkalische Lösungen sind ungeeignet, da hierbei das im Reagens enthaltene Quecksilber mit dem Schwefel des Eiweiß reagiert und ein schwarzer Niederschlag ausfällt.

Reaktionsvorgänge:

Millons Reagens spricht als typisches Phenolreagens nur auf tyrosinhaltiges Eiweiß an. Der Reaktionsmechanismus ist noch nicht völlig aufgeklärt. Wahrscheinlich handelt es sich um eine Nitrosierung des Tyrosins.

Empfindlichkeit der Reaktion:

Im wäßrigen Medium (Faserextrakt) läßt sich das Eiweiß bis zu einer Grenzkonzentration von etwa 0,2% noch eindeutig nachweisen. Auf dem Fasermaterial ist der Nachweis wesentlich weniger empfindlich.

c) *Ninhydrinreaktion.* Das Ninhydrin, chemisch ein Triketohydrinden, reagiert mit Eiweiß unter Bildung eines blauvioletten Farbstoffs. Da die Reaktion nur mit niedermolekularen Eiweißbausteinen und Aminosäuren erfolgt, muß das Eiweiß vorher durch Kochen mit Natronlauge abgebaut werden. Beim Nachweis von Eiweiß in Substanz geschieht dies mit einer 10%igen, beim Nachweis auf der Faser mit einer 1%igen Natronlauge. Würde man im letzteren Fall auch eine 10%ige Lauge verwenden, so wären die Blindreaktionen so stark positiv, daß sich eine exakte Beurteilung kaum ermöglichen ließe. Das Reagens spricht nämlich nicht nur auf Eiweiß, sondern auch auf Zelluloseabbauprodukte an, und deren Konzentration ist natürlich beim Kochen mit 10%iger Natronlauge viel größer als mit der 1%igen.

Ausführung der Reaktion

Eiweiß in Substanz: Von der zu prüfenden Substanz löst man möglichst viel in 10%iger Natronlauge auf und kocht anschließend 10 Min. Darauf wird die Lösung mit verd. Essigsäure auf einen p_H von 6 bis 7 eingestellt. Von dieser Lösung gibt man 2 bis 3 ml in ein Reagenzglas, setzt 10 bis 12 Tropfen einer 1%igen, wäßrigen Ninhydrinlösung zu, kocht 1 bis 2 Min. auf und läßt stehen. Ist Eiweiß zugegen, so färbt sich die Lösung blauviolett.

Eiweiß auf der Faser: Das zu untersuchende Fasermaterial wird bei einem möglichst kleinen Flottenverhältnis mit 1%iger Natronlauge 15 Min. lang ausgekocht. Den Extrakt stellt man mit verd. Essigsäure auf p_H 6 bis 7 und verfährt zum Nachweis wie vorstehend beschrieben.

Empfindlichkeit:

Die Ninhydrinreaktion ist noch etwas empfindlicher als die Biuretreaktion. Von großem Nachteil ist jedoch, daß bei der Durchführung die Arbeitsbedingungen peinlich genau eingehalten werden müssen und daß das Reagens, abgesehen vom Eiweiß und den Zelluloseabbauprodukten, auch noch auf viele andere Substanzen (Harnstoff, Amine, Ammoniumverbindungen organischer Säuren u. a.) anspricht. Die Reaktion kann daher nur bedingt empfohlen werden.

Noch unsicherer ist der Nachweis von Eiweiß auf der Faser in der Form, daß man 1 Tropfen der 1%igen Ninhydrinlösung auf das zu prüfende Fasermaterial aufbringt und dann ein heißes Bügeleisen (Temperatur etwa 110 °C) 10 Min. lang aufdrückt.

d) *Anfärbung mit Säurefarbstoffen.* Säurefarbstoffe ziehen auf chemisch indifferentes Fasermaterial wie Baumwolle oder regen. Zellulose nicht auf, wohl aber auf die basisch bzw. amphoter reagierende Wolle oder auf der Faser abgelagertes Eiweiß. Besonders geeignet für die Anfärbung ist das Supraminrot GG.

Durchführung: Man löst 0,5 g Supraminrot GG in 1 l Wasser auf und gibt 3 ml 10%ige Essigsäure hinzu. In diese Lösung wird die zu untersuchende Garn- oder Gewebeprobe bei Zimmertemperatur 15 Min.

eingelegt und dann mit kaltem Wasser so lange gespült, bis dieses klar bleibt.

Bemerkungen:

Unter günstigsten Voraussetzungen, d. h., wenn sich das Fasermaterial selbst überhaupt nicht anfärbt, lassen sich noch Eiweißmengen von 0,05% nachweisen. Die Tiefe der Anfärbung geht aber dem Eiweißgehalt nicht proportional. Da außerdem bei unbekanntem Fasermaterial beträchtliche Blindwerte auftreten können, ist dieses Anfärbeverfahren trotz der großen Genauigkeit nicht immer zuverlässig. Zum Nachweis lokaler Eiweißanreicherungen auf dem Gewebe, z. B. Schlichterückständen, ist es aber meist ganz gut brauchbar. Die nachstehend angegebene Chloramin/Benzidinblau-Reaktion ist allerdings wesentlich besser geeignet.

e) *Chloramin/Benzidinblau-Reaktion.* Die Chloramin/Benzidinblau-Reaktion ist von allen Reaktionen zum Nachweis von Eiweiß auf Fasermaterial die weitaus exakteste und sicherste. Im Prinzip beruht sie darauf, daß Eiweiß bei Einwirkung von Chlorgas Chloramine bildet:

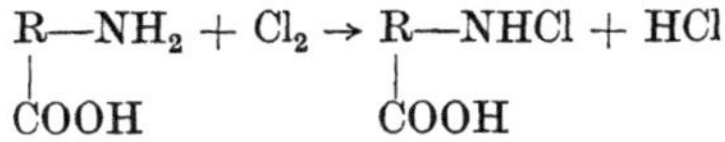

Eiweiß Chloramin

Das Chloramin hydrolysiert in Wasser, und unter Rückbildung von Eiweiß wird unterchlorige Säure frei:

Die entstandene unterchlorige Säure oxydiert dann das Benzidin über das Diimin zu einem blauen Farbstoff, dem Benzidinblau.

Durchführung nach AGSTER[1]: In einen mittelgroßen Exsikkator oder ein Weckglas entsprechender Größe gibt man 50 ml etwa 3%ige Kaliumpermanganatlösung sowie 50 ml 10%ige Salzsäure und hängt nach 15 bis 30 Min. die auf Eiweiß zu prüfende, zur Entfettung vorher kurz mit Azeton, Benzol, Tetrachlorkohlenstoff od. dgl. behandelte, lufttrockene Untersuchungsprobe in die Chloratmosphäre so ein, daß eine ungehinderte und gleichmäßige Einwirkung des Chlors gewährleistet ist. Die Chlorierungsdauer beträgt 15 Min. Darauf nimmt man die Probe wieder heraus, legt sie unter gelegentlichem Umschütteln zweimal je 5 Min. in Methanol ein, spült dann zuerst gründlich in fließendem Leitungswasser und zum Schluß kurz mit kaltem dest. Wasser.

Die so ausgewaschene Probe wird schließlich in eine gesättigte Lösung von Benzidin in 2%iger Essigsäure eingelegt, wobei nach wenigen Minuten die maximale Farbtiefe erreicht ist.

Empfindlichkeit der Reaktion:

Die Reaktion spricht schon auf 0,01% Eiweiß (bezogen auf das Fasermaterial) an, und ab 0,03% ist die Blaufärbung deutlich zu erkennen. Die Chloramin/Benzidinblau-Reaktion eignet sich daher zum Nachweis geringster Eiweißspuren, so z. B. von Schlichterückständen. In Zweifelsfällen vergleiche man stets mit eiweißfreiem Fasermaterial. Die bei der Reaktion auftretende Färbung vertieft sich mit

[1] Agster, A.: Textil-Praxis **15** (1960) 168.

zunehmendem Eiweißgehalt von 0,3% bis etwa 1% immer mehr. Darüber hinaus ist aber keine wesentliche Verstärkung mehr zu beobachten.

Zu bemerken ist noch, daß die Rohbaumwolle zufolge ihres natürlichen Eiweißgehaltes immer positiv reagiert. In diesem Falle wird man also nur größere Eiweißmengen oder lokale Anreicherungen mit Sicherheit erkennen können.

Die Chloramin/Benzidinblau-Reaktion ist in erster Linie eine qualitative Reaktion. Sie kann jedoch auch quantitativ ausgewertet werden, wenn man Faserproben bekannten Eiweißgehaltes mit zum Vergleich heranzieht oder, und dies ist insbesondere bei laufenden Messungen vorteilhaft, sich durch Einfärben mit substantiven Farbstoffen — die Benzidinblau-Färbung ist leider nicht sehr beständig und verblaßt im Verlauf mehrere Stunden immer mehr — eine Vergleichsskala schafft.

Nachweis von Polyvinylalkoholschlichten

a) *Mit Jod/Jodkalium-Lösung.* Polyvinylalkohol wird am besten mit *n-Jod/Jodkalium-Lösung* nachgewiesen. Da die Reaktion in verdünnten Lösungen nur sehr langsam eintritt und unter Umständen ganz ausbleibt, verfährt man am besten wie folgt: Der wäßrige Auszug wird bis fast zur Trockene eingedampft, wobei sich der Polyvinylalkohol oberflächlich mit einem bräunlichen Häutchen überzieht. Darauf gibt man die schwach angesäuerte Jod/Jodkalium-Lösung zu. Bei Vorliegen von Polyvinylalkohol färbt sich der Rückstand sehr bald tiefblau an. Stärkeschlichten reagieren ebenfalls unter Blaufärbung. Unterschiede: Das mit Polyvinylalkohol erzeugte Blau ist wesentlich grünstichiger als das Stärkeblau. Mit verdünnten Jod/Jodkalium-Lösungen (weniger als 2 g/l Jod) reagiert Polyvinylalkohol nicht mehr; Stärkeschlichten bewirken auch hierbei intensive Blaufärbung.

Ansatz der n-Jod/Jodkalium-Lösung: Etwa 15 g Kaliumjodid werden in 100 m dest. Wasser aufgelöst und dann 12,7 g Jod zugegeben.

b) *Mit Tanninlösung.* Gibt man dem wäßrigen Auszug etwas 5%ige Tanninlösung zu, so tritt eine leichte Trübung ein. Zelluloseäther sowie Leim- und andere Eiweißschlichten zeigen starke Trübungen.

c) *Schaumprobe.* Der wäßrige Auszug schäumt beim Umschütteln. Noch stärkere Schaumbildung zeigen die Zelluloseäther; die anderen Schlichtemittel schäumen nicht.

d) *Nachweis durch Polyenbildung.* Thionylchlorid reagiert mit Polyvinylalkohol unter Wasserentzug und Bildung von charakteristisch gefärbten Polyenen. (Näheres s. S. 268).

Durchführung. Dem zur Trockene eingedampften wäßrigen Auszug wird langsam Thionylchlorid zugegeben, wobei unter Erwärmen Reaktion eintritt. Unter Kühlung setzt man weiteres Thionylchlorid zu, bis Lösung eingetreten ist. Die anfänglich gelbe Lösung verfärbt sich bald nach Schwarzbraun und schließlich fällt ein schwarzer Niederschlag (polymeres Polyen) aus.

Nachweis von Polyarcylaten und Polymethacrylaten

a) *Mit kationaktiven Substanzen:* Flockige, weiße Niederschläge. Nähere Ausführung siehe auf S. 251 unter Nachweis von Zelluloseglykolaten, welche ebenfalls positive Reaktion geben.

Tabelle 34. *Nachweis von Schlichtemitteln*

Reagens	Stärke, Stärkeäther	Zelluloseäther	Zellulose-glykolat	Leim, Gelatine, (Eiweiß)	Alginate	Polyvinyl-alkohol	Polyacrylat, Poly-methacrylat
n-Jod/Jodkalium-Lösung	starke Blaufärbung	—	—	—	—	wie Stärke, aber grünstichig	—
verdünnte Jod/Jodkalium-Lösung	starke Blaufärbung	—	—	—	—	—	—
Biuretreaktion	—	—	—	Violettfärbung	—	—	—
Salzsäure 10% ig	—	—	—	—	—	—	weißer Niederschlag
Tanninlösung 5% ig	Stärke: — Stärkeäther: starke Trübung	weißer Niederschlag	—	weißer Niederschlag	—	leichte Trübung, oft nur Opaleszenz	—
Kationaktive Substanzen, z. B. Levogen WW-Lösung 2% ig oder Desinfektionssalz H	—	—	weißer Niederschlag	—	weißer Niederschlag	—	weißer Niederschlag
Kupfersulfat-Lösung 10% ig	—	—	weißer Niederschlag, löslich in Essigsäure	—	—	—	weißer Niederschlag, in Essigsäure nur teilweise löslich
Molisch-Reaktion	rotvioletter Ring, beim Umschütteln nach 5 bis 10 Min. langem Stehen Blaufärbung der Lösung	wie Stärke und Stärkeäther	wie Stärke und Stärkeäther	rotvioletter Ring, beim Umschütteln nach 5 bis 10 Min. langem Stehen färbt sich die Lösung schwach violett bis gelbbraun	wie Stärke und Stärkeäther	—	—
Eisen(III)-sulfat-Lösung + konz. H_2SO_4	schwache Braunfärbung	schwache Braunfärbung	schwache Braunfärbung	—	Rot- bis Purpurrotfärbung	Grünfärbung	Grünfärbung

b) *Mit Kupfersulfatlösung.* Der wäßrige Auszug gibt mit 10%iger Kupfersulfatlösung einen weißen Niederschlag, der sich aber im Gegensatz zu dem Zelluloseglykolat-Niederschlag (s. S. 251) in Essigsäure nur teilweise löst.

c) *Mit 10%iger Salzsäure.* Bei Zugabe von Salzsäure werden aus dem wäßrigen Auszug aus den Acrylaten bzw. Methacrylaten die freien Säuren als weiße Niederschläge ausgefällt. Zelluloseglykolate geben diese Reaktion nicht.

Quantitative Bestimmung des Schlichtegehaltes

a) **Stärkeschlichten.** Ungefähr 5 g des geschlichteten Fasermaterials werden zur Entfettung $^1/_2$ Std. lang mit Petroläther extrahiert (Soxhlet oder Rückflußkühler), dann unter mehrmaligem Durchkneten $^1/_2$ Std. in kaltes Wasser eingelegt, darauf 10 Min. mit dest. Wasser gekocht und schließlich in einem Bad mit 2 bis 4 g/l einer Bakterienamylase (Biolase, Bactolase u. ä., Näheres s. S. 244) bei 70 bis 75 °C so lange behandelt, bis die Blaufärbung beim Betupfen mit Jodlösung ausbleibt. Das Auswaschen der abgebauten Stärke geschieht durch zweimaliges, jeweils 5minutiges Kochen mit dest. Wasser, dem man 1 g/l Seife zusetzt. Mit kaltem dest. Wasser wird dann das Probematerial gut nachgespült und bei 105 bis 110 °C bis zur Gewichtskonstanz getrocknet und gewogen. Die Differenz zwischen der Ein- und Auswaage, abzüglich des an einer zweiten Probe ermittelten Wassergehaltes, ergibt den Schlichtegehalt.

In gleicher Weise wird auch der Schlichtegehalt bei Mischungen von Stärke mit anderen Schlichtemitteln bestimmt. Bei wasserlöslichen Stärkeschlichten erübrigt sich natürlich die enzymatische Behandlung und man kann nach b) verfahren.

b) **Wasserlösliche Schlichten.** Die abgewogene Untersuchungsprobe wird wie bei a) entfettet und dann $^1/_2$ Std. lang mit einer Lösung von 1 bis 2 g/l Seife bei etwa 80 °C behandelt. Anschließend wird mit dest. Wasser 5 Min. gekocht, mit kaltem dest. Wasser gut nachgespült, 30 Min. in kaltes Wasser eingelegt, bei 105 bis 110 °C bis zur Gewichtskonstanz getrocknet und gewogen. Der Wassergehalt wird auch wieder an einer zweiten Probe ermittelt.

Berechnung:

$$\text{Schlichtegehalt in \%} = \frac{(E - R - W) \cdot 100}{E}$$

Hierin bedeuten:

E Einwaage in g
R Rückstand (Fasermaterial nach der Behandlung) in g
W Wassergehalt in g

Appretur- und Beschichtungsmittel

Die im vorhergehenden Abschnitt erwähnten Schlichtemittel können durchweg auch zur Appretur verwendet werden. Appreturen dieser Art haben jedoch den Nachteil, daß der erzielte Effekt schon bei der ersten Wäsche wieder verlorengeht. In neuerer Zeit legt man deswegen immer mehr Wert auf Appreturmittel, die waschbeständig sind, so daß nicht nur das Aussehen und die Verkaufsfähigkeit der Ware, sondern vor allem auch deren Gebrauchstüchtigkeit verbessert werden (Permanent- oder Dauerappreturen). Geeignet sind für diese Zwecke insbesondere Polyacryl- und Polymethacrylsäureester (Plextole, Acronale, Plexigummarken u. a.), Polyvinylazetat (z. B. Appretan EM und Movilith), Polyvinyläther (z. B. Lutonal), Polyvinylchlorid (z. B. Igelit, Hostalit), Nitro- und Azetylzellulose, Chlorkautschuk, wasserunlösliche Zelluloseäther wie Tylose 4 S u. a.

Neben diesen Steifappreturen sind zur Erzeugung bestimmter Effekte (Erhöhung der Krumpf-, Quell- und Knitterbeständigkeit) vor allem noch die Kunstharzappreturen von Wichtigkeit. Durch Kondensation mit Kunstharzen ist es auch möglich, die nicht waschbeständigen Stärke-, Dextrin- und Eiweißappreturen einigermaßen waschfest auf dem Gewebe zu fixieren.

Auch die Beschichtung und Kaschierung sowie die Herstellung nichtgewebter Stoffe durch Verklebung der Faservliese mit einem geeigneten Bindemittel sind in erweitertem Sinne der Appretur zuzuzählen, zumal hierzu dieselben Substanzen verwendet werden.

Untersuchung von Appretur- und Beschichtungsmitteln
(in Substanz und auf der Faser)

I. Gewöhnliche Appreturen und Beschichtungen.

Die in der Praxis üblichen gewöhnlichen Appreturen enthalten meist

a) Steifungs- und Bindemittel (Stärke, Leim, Kunststoffe),

b) Weichmacher (Fette, Öle, Wachse, bei Kunststoffen auch Phthalsäureester, Phosphorsäureester u. dergl.),

c) Füll- und Beschwerungsmittel (meist wasserunlösliche anorganische Pigmente wie Bariumsulfat, Titandioxyd, Kaolin usw.).

Vielfach werden auch noch optische Aufheller und bei Leim- und Stärkeappreturen evtl. Konservierungsmittel zugesetzt. Mengenmäßig spielen diese Substanzen allerdings keine Rolle.

Da die Weichmacher die Nachweisreaktionen stören können, werden sie am besten durch Extraktion mit Äther abgetrennt und für sich untersucht.

Der Nachweis der Binde- und Steifungsmittel erfolgt teils im wäßrigen Extrakt (nicht waschfeste Appreturen) und teils im Extrakt mit einem geeigneten organischen Lösungsmittel (waschfeste Appreturen). Normalerweise wird hierfür Azeton verwendet.

1. Unterscheidung von waschfester und nicht waschfester Appretur. Die Untersuchungsprobe wird $^1/_2$ Stunde lang mit einer Lösung von 3 g/l Seife + 1 g/l Soda calc. gekocht, kurz mit Wasser nachgespült und nach dem Trocknen der Appretureffekt mit dem einer nicht gewaschenen Probe verglichen. Ist der Effekt durch das Waschen stark zurückgegangen, so handelt es sich um eine nicht waschfeste Appretur.

2. Bestimmung des Gesamtappreturgehaltes

a) Nicht waschfeste Appreturen. Etwa 5 g des zu untersuchenden Materials werden genau abgewogen, dann im Soxhlet oder am Rückflußkühler $^1/_2$ Std. lang mit Äther oder Petroläther extrahiert, unter mehrmaligem Durchkneten dreimal je 10 Min. mit kaltem Wasser ausgezogen und schließlich in einem Bad mit 2 bis 4 g/l einer Bakterienamylase (Biolase, Bactolase u. ä., s. S. 244) bei 70 bis 75 °C so lange behandelt, bis die Blaufärbung beim Betupfen mit Jod/Jodkalium-Lösung ausbleibt. Daran anschließend wird die Probe $^1/_2$ Std. mit Seifenlösung (3 g/l) gekocht, zuerst mit heißem und dann mit kaltem Wasser gründlich gespült, bei 105 bis 110 °C bis zur Gewichtskonstanz getrocknet und gewogen. Die Differenz zwischen der Einwaage und dem Gewicht des Fasermaterials nach der Behandlung, abzüglich des an einer zweiten Probe ermittelten Wassergehaltes, ergibt den Gesamtappreturgehalt.

$$\text{Gesamtappretur in } \% = \frac{(E - R - W) \cdot 100}{E}.$$

Hierin bedeuten:

E Einwaage in g
R Rückstand (Fasermaterial nach der Behandlung)
W Wassergehalt in g.

Enthält die Appretur keine Stärke (negativer Jodtest), so kann die enzymatische Behandlung natürlich unterbleiben.

b) Waschfeste Appreturen. Die quantitative Bestimmung waschfester Appreturen ist meist durch Extraktion mit einem organischen Lösungsmittel wie Azeton, Essigester, Tetrahydrofuran, Methylenchlorid usw., möglich. Welches Lösungsmittel sich am besten eignet, muß durch Vorversuche bestimmt werden. Normalerweise wird Azeton verwendet.

Durchführung: Die Untersuchungsprobe (etwa 5 g) wird genau abgewogen und dann im Soxhlet oder am Rückflußkühler $^1/_2$ Std. mit Azeton extrahiert. Bindemittel und Weichmacher gehen hierbei in Lösung. Auf der Faser verbliebene unlösliche Pigmente werden durch kurzes Kochen mit Wasser oder einer schwachen Seifenlösung (1 g/l) abgelöst. Nach dem Trocknen bei 105 bis 110 °C wird gewogen. Berechnung des Appreturgehaltes wie unter a) beschrieben.

Waschfeste Appreturen auf Zelluloseätherbasis wie z. B. Tylose 4S lösen sich weder in Azeton noch irgendeinem anderen organ. Lösungsmittel. In diesem Falle geschieht das Ablösen der Appretur mit verd. Natronlauge. Die Versuchsprobe wird zuerst $^1/_2$ Std. mit Äther extrahiert und dann dreimal je 10 Min. mit kalter 6 bis 8%iger Natronlauge behandelt. Abschließend wird zuerst mit frischer Lauge gespült und die Probe dann durch mehrmaliges Auskochen mit Wasser gründlich ausgewaschen.

3. Abtrennung und Bestimmung der Weichmacher. Das zu untersuchende Gewebe (5 bis 10 g) wird in kleine Stücke zerschnitten und dann im Soxhlet oder am Rückflußkühler 1 bis 2 Std. mit Äther extrahiert. Die Weichmacher gehen hierbei in Lösung, während die Steifungs-

und Bindemittel (Filmbildner) auf der Faser verbleiben. Der Ätherextrakt wird eingedampft und bei 70 bis 80 °C getrocknet und gewogen.

Die qualitative Bestimmung der Weichmacher ist durch die Vielzahl der hierfür in Frage kommenden Substanzen mitunter ziemlich schwierig. Sie ist aber auch meist nur bei Beschichtungen erforderlich. Näheres hierüber s. Handbuch der Werkstoffprüfung, 2. Aufl., Bd. 5, S. 788. Berlin/Göttingen/Heidelberg: Springer 1960 sowie Broschüre der CIBA Appreturanalyse.

Infrarotspektroskopische Identifizierung s. W. Meise, und H. Ostromow: Kunststoffe **54** (1964) H. 4, S. 213 sowie D. Hummel: Kunststoff-, Lack- und Gummianalyse, 1. Aufl., S. 279. München: C. Hanser 1958.

4. Abtrennung und Bestimmung der Steifungs- und Bindemittel (Filmbildner)

a) Nicht waschfeste Appreturen. Nach Abtrennung der Weichmacher wird die Untersuchungsprobe dreimal je 10 Min. mit kaltem Wasser ausgezogen. In Lösung gehen dabei abgebaute Stärken, Zellulose- und Stärkeäther, Polyvinylalkohol u. a. Anschließend wird die Probe dreimal je 10 Min. mit Wasser ausgekocht, um Leim, Gelatine und Tragant zu lösen. Die Extrakte werden eingedampft und in bekannter Weise (s. S. 249 u. Tab. 34) weiter untersucht. Die nicht abgebaute, native Stärke geht beim Kochen mit Wasser nur teilweise in Lösung. Sie kann durch den Jodtest sowohl im Extrakt als auch auf der Ware nachgewiesen werden.

b) Waschfeste Appreturen und Beschichtungen. Die Untersuchungsprobe wird nach Abtrennung der Weichmacher im Soxhlet oder am Rückflußkühler 1 bis 2 Std. mit Azeton extrahiert. Die Kunststoffe gehen hierbei in Lösung. Ausnahmen: Polyacrylnitrile und Polyacrylnitril/Mischpolymerisate lösen sich nur in heißem Dimethylformamid, Polyamide nur in konz. Ameisensäure, Polyamidmischpolymerisate in konz. Ameisensäure und aliphatischen Alkoholen, wasserunlösliche Zelluloseäther vom Typus Tylose 4S nur in kalter 6- bis 8%iger Natronlauge. Evtl. vorhandene Pigmente und Füllstoffe werden bei der Azetonextraktion abgeschwemmt. Sie werden abfiltriert und für sich bestimmt (s. w. u.). Das Filtrat wird eingedampft und der Rückstand bei 70 bis 80 °C getrocknet und gewogen. Nähere Identifizierung siehe unter 6).

5. Abtrennung und Bestimmung der Pigmente und Füllstoffe

a) Pigmente und Füllstoffe sind meist in Wasser und Azeton unlöslich und setzen sich, sobald das Bindemittel in Lösung gegangen ist, am Boden ab oder bleiben in feiner Verteilung im Lösungsmittel. Sie werden durch Filtrieren, Dekantieren oder Zentrifugieren abgetrennt. Die noch auf dem Gewebe verbliebenen Reste werden mit Azeton oder Wasser abgeschwemmt (evtl. durch Reiben etwas nachhelfen) und ebenfalls aufs Filter gebracht. Trocknung des Filterrückstandes bei etwa 80 °C. Die nähere Bestimmung der Pigmente geschieht nach den üblichen Methoden der analytischen Chemie.

b) Eine annähernd quantitative Erfassung der Pigment- und Füllstoffe ist auch durch direktes Veraschen der appretierten bzw. beschichteten Ware möglich. Zu berücksichtigen ist aber, daß auch anorganische

Stoffe sich beim starken Erhitzen verändern können und daß in den Kunststoffen (Filmbildnern) enthaltene anorganische Bestandteile zur Erhöhung des Aschegehaltes beitragen.

Bei den Pigmenten und Füllstoffen handelt es sich meist um wasserunlösliche anorganische (Bariumsulfat, Zinkoxyd, Titandioxyd, Mennige, Kaolin u. ä.) oder organische (Ruß, unlösliche Farbstoffe wie Anilinschwarz) Substanzen.

6. Nähere Identifizierung der wasserunlöslichen Steifungs- und Bindemittel (Filmbildner)[1]

Vorproben. Die Vorproben werden am besten mit dem eingedampften Faserextrakt (s. unter 4b) durchgeführt. Zum Teil sind die Nachweise auch direkt auf dem Gewebe möglich.

a) Brennprobe. Man berührt die Untersuchungssubstanz oder die zu prüfende Schicht auf dem Gewebe mit einem glühenden Kupferdraht und beurteilt den auftretenden Geruch, die Art des Abbrennens, die Flammenfärbung usw. (s. Tab. 35).

b) Trockene Destillation. Die Untersuchungsprobe wird in ein kleines Reagenzglas gegeben und langsam mit der Sparflamme erhitzt. Die entweichenden Dämpfe prüft man mit angefeuchtetem Indikatorpapier auf ihre Reaktion (s. Tab. 35).

c) Prüfung auf charakteristische Elemente. Etwa 0,1 g der Untersuchungsprobe werden im Reagenzglas, Glühröhrchen oder Porzellantiegel mit einem linsen- bis erbsengroßen Stück metallischem Kalium oder Natrium geschmolzen. Der Kohlenstoff und der Stickstoff der organischen Substanz reagieren hierbei mit dem Metall unter Bildung von Kalium- bzw. Natriumcyanid. Mit Schwefel entsteht das entsprechende Sulfid, mit Chlor das Chlorid. Nach dem Abkühlen wird die Schmelze in Wasser gelöst und die Lösung filtriert. Das Filtrat dient zur Prüfung auf Stickstoff, Chlor und Schwefel.

Prüfung auf Stickstoff (Reaktion nach LASSAIGNE): Etwa 3 ml des Filtrats werden mit 2 Tropfen verdünnter Ferrosulfatlösung versetzt und aufgekocht. Das aus dem Cyanid und dem Ferrosulfat gebildete Ferrocyanid löst sich in überschüssigem Kalium- bzw. Natriumcyanid auf zu Kalium- bzw. Natriumferrocyanid. Säuert man mit verd. Salzsäure an und setzt Ferrichlorid zu, so entsteht ein blauer Niederschlag von Berliner Blau.

Reaktionsvorgänge:

$$K + C + N = KCN \qquad (1)$$

$$2KCN + FeSO_4 = Fe(CN)_2 + K_2SO_4 \qquad (2)$$

$$Fe(CN)_2 + 4KCN = K_4[Fe(CN)_6] \qquad (3)$$

$$3K_4[Fe(CN)_6] + 4FeCl_3 = \underset{\text{Berliner Blau}}{Fe_4[Fe(CN)_6]_3} + 12KCl \qquad (4)$$

Prüfung auf Chlor: Etwa 3 ml des Filtrats werden mit verd. Salpetersäure angesäuert und mit Silbernitratlösung versetzt. Sind Chloride enthalten, so entsteht ein weißer, käsiger Niederschlag von Silberchlorid.

[1] Systematischer Untersuchungsgang s. Abb. 32 auf S. 274.

Tabelle 35

Verhalten der Filmbildner bei der Brennprobe und der trockenen Destillation

Filmbildner	Brennprobe		Trockene Destillation (pH-Wert der Dämpfe)
	Geruch	Bemerkungen	
Zelluloseacetat	nach Essig	dunkelgelbe Flamme, harte Asche	3—4
Zellulosenitrat	nach nitrosen Gasen	gelbe, heftig brennende Flamme	2—3
Zelluloseäther	nach verbranntem Papier	gelbe, leuchtende Flamme	5—6
Polyvinylazetat	nach Essig	gelbblaue, stark rußende Flamme	3—4
Polyvinylchlorid	nach Chlorwasserstoff	grüne Flamme, weiße Rauchschwaden	1
Polyvinyläther	süßlich	gelbe Flamme, schmilzt erst	4—5
Polyacrylnitril	nach verbranntem Horn	hellgelbe Flamme, harte Asche	10
Polyacrylsäureester	süßlich	gelbe Flamme	4
Polymethacrylsäureester	süßlich	gelbe Flamme	2
Polyäthylen	nach brennender Paraffinkerze	gelbblaue Flamme, schmilzt erst	5—6
Polypropylen	ähnlich wie Polyäthylen	gelbblaue, stark rußende Flamme	4—5
Polyisobutylen	nach verbranntem Gummi	gelbe, stark rußende Flamme	9—10
Polyamid	nach verbranntem Horn	gelbblaue Flamme, schmilzt erst und zieht Fäden	10
Polyurethan	unangenehm süßlich, etwas stechend und zum Husten reizend	gelbe Flamme, brennt erst nach vorherigem Schmelzen und Schrumpfen	4—5
Polystyrol	süßlich blumig (Hyazinthen)	hellgelbe, sehr stark rußende Flamme	6—7
Kautschuk	nach verbranntem Gummi	gelbe Flamme, brennt gut	9
Chlorkautschuk	wenig nach verbranntem Gummi	grüne Flamme, brennt schlecht	2
synthetischer Kautschuk (normale Buna-Typen)	nach verbranntem Gummi	gelbe, stark rußende Flamme, weiße Rauchschwaden	3
Silikon	süßlich	weißer Rückstand von SiO_2	3—4

Sehr geeignet zum Chlornachweis ist außerdem die Beilsteinprobe: Die Untersuchungsprobe wird mit einem in der Bunsenflamme ausgeglühten Kupferdraht berührt und der Draht dann nochmals in die Flamme gebracht. Intensive Grünfärbung zeigt Chlor (Halogene) an.

Prüfung auf Schwefel: Man legt im Reagenzglas einige Milliliter einer verd. Nitroprussidnatriumlösung vor und gibt einige Tropfen des zu prüfenden Filtrats zu. Bei Gegenwart von Sulfiden färbt sich die Lösung kräftig violett.

Auswertung:

Stickstoff nachweisbar: Zellulosenitrat, Polyacrylnitrile, Polyamide, Polyurethane und Mischpolymerisate dieser Kunststoffe.

Chlor nachweisbar: Polyvinylchlorid, PVC-Mischpolymerisate, Chlorkautschuk

Schwefel nachweisbar: vulkanisierter Kautschuk.

Nachweis der Polyacryl- bzw. Polymethacrylsäureester[1]

Als Vorprüfung eignet sich neben den bereits genannten allgemeinen Vorproben auch die nachstehend beschriebene Reaktion mit Hydroxylamin.

Hydroxylaminprobe. Die Prüfmethode beruht darauf, daß Karbonsäureester mit Hydroxylamin Hydroxamsäuren bilden und die letzteren mit Ferrichlorid ganz charakteristische und intensive Färbungen ergeben.

$$\underset{\text{Ester}}{C_nH_{2n+1}C\begin{matrix}\nearrow O \\ \searrow OC_2H_5\end{matrix}} + \underset{\text{Hydroxylamin}}{NH_2OH} \rightarrow \underset{\text{Hydroxamsäure}}{C_nH_{2n+1}C\begin{matrix}\nearrow O \\ \searrow NHOH\end{matrix}} + \underset{\text{Alkohol}}{C_2H_5OH}$$

Arbeitsweise. Etwa 0,5 g des von Weichmachern befreiten und gereinigten Kunststoffs (s. S. 260) mischt man mit der dreifachen Menge geglühten Seesands, bringt die Mischung in ein trockenes Reagenzglas und verschließt mit einem etwa 3 cm langem Glaswollebausch. Nun erhitzt man vorsichtig mit freier Flamme, wobei man das Glas stark geneigt hält, bis zur beginnenden Zersetzung der Probe. Dabei depolymerisiert der Polymethacrylester zum Monomeren, während der Polyacrylester eine weitgehende Zersetzung erleidet und nur wenig monomeren Ester, der aber für die Prüfung genügt, liefert. Die gegebenenfalls monomeren Methacrylester bzw. Acrylester enthaltenden Dämpfe kondensieren sich in dem Glaswollebausch. Den Glaswollebausch bringt man in ein frisches Reagenzglas und fügt nach dem Erkalten etwa 1 ml alkoholische Kalilauge (15 g Ätzkali in 100 ml abs. Alkohol) und dann 1 ml einer frisch bereiteten Hydroxylaminlösung hinzu und rührt bzw. schüttelt durch. Gibt man die Mischung anschließend in etwa 100 ml Wasser und säuert mit Schwefelsäure vorsichtig eben an, so wird die Lösung nach Zugabe von einigen Tropfen Eisen(III)-chloridlösung bei Anwesenheit von Polymethacrylsäureester *pupurviolett* und von Acrylsäureester *bräunlichorange* angefärbt. Bei trüben Lösungen werden im Interesse einer besseren Vergleichsmöglichkeit die farbigen Lösungen filtriert.

Da andere Karbonsäureester (Essigester, Phthalsäureester) ähnliche Farbreaktionen geben, ist die Reaktion nur bei Abwesenheit solcher spezifisch.

Herstellung der Hydroxylaminlösung. 3,5 g Hydroxylaminchlorhydrat werden in etwa 20 ml abs. Methanol zum Sieden erhitzt. Man hält im Sieden und setzt so lange Methanol zu, bis völlige Lösung eingetreten ist. Währenddessen werden 2,3 g Natrium in 20 ml abs. Methanol gelöst und die heiße Hydroxylaminchlorhydratlösung in die heiße Natriummethylatlösung eingeführt. Man läßt abkühlen und filtriert vom ausgeschiedenen Kochsalz ab. Die so hergestellte Lösung ist 1 bis 2 Tage haltbar.

Haben die Vorproben das Vorhandensein von Polyacrylsäureester bzw. Polymethacrylsäureester wahrscheinlich gemacht, so ist das vorläufige Resultat durch weitere Reaktionen zu erhärten.

Bemerkungen. Wegen der leichten thermischen Zersetzlichkeit des Polyacrylsäureesters bildet sich beim Erhitzen nur wenig Monomeres und es muß daher zum Nachweis von möglichst viel Substanz ausgegangen werden.

Phenylhydrazinprobe. *Prinzip:* Acrylsäureester kondensieren in monomerer Form mit Phenylhydrazin zu einer Pyrazolidonverbin-

[1] Über Nachweise von wasserlöslichen Polyacrylaten bzw. Polymethacrylaten s. S. 251 unter Schlichtemittel.

dung. Durch Oxydation mit Wasserstoffperoxyd, salpetriger Säure oder Ferrichlorid bilden sich daraus blaue bis dunkelgrüne Pyrazolonfarbstoffe. Methacrylsäureester geben diese Reaktion nicht, da durch die vorhandene Methylgruppe keine Kondensation möglich ist.

Reaktionsvorgänge:

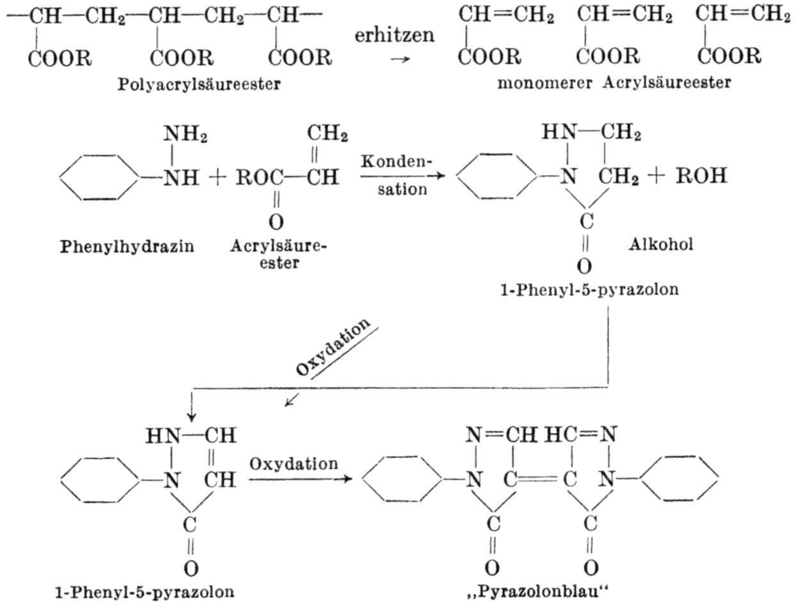

Arbeitsweise. 0,5 bis 1 g des von Weichmachern abgetrennten Kunststoffes werden mit ausgeglühtem Seesand vermischt und vorsichtig trocken destilliert. Man benutzt dazu, um Verluste zu vermeiden, möglichst kleine Destillationsgefäße. Das durch Zersetzungsprodukte braungefärbte Destillat wird mit einigen Körnchen trockenem Calciumchlorid einige Zeit stehengelassen und dann ein zweites Mal rektifiziert. Man erhält in der Regel nur wenige Tropfen reines Destillat, welche den monomeren Ester enthalten. Zu dem Destillat fügt man die gleiche Menge möglichst frisch destillierten Phenylhydrazins hinzu und verdünnt das Ganze mit etwa 5 ml trockenem Toluol. Dieses Gemisch kocht man etwa $^1/_2$ Std. unter Rückflußkühlung.

Schüttelt man danach etwa 1 ml dieser im allgemeinen gelbbraunen Lösung mit 5 ml 85%iger Ameisensäure und 1 Tropfen einer 30%igen H_2O_2-Lösung einige Minuten gut durch, so beobachtet man bei Anwesenheit von Pyrazolidon (aus Acrylester gebildet) zunächst eine gewisse Verfärbung und anschließend eine Verblassung der ursprünglich gelbbraunen Lösung, um dann — besonders nach leichtem, aber sehr vorsichtigem Erwärmen — bei Gegenwart von Acrylsäureester allmählich in eine *tiefdunkelgrüne* Farbe überzugehen. Die Färbung hält mehrere Stunden an.

Bemerkungen. Als nachteilig erweist sich, daß man beim Erhitzen nur wenig monomeres Destillat erhält und daß die entstehenden Zersetzungsprodukte gelb bis braun gefärbt sind und damit das Blau des Pyrazolonfarbstoffs etwas überdecken bzw. mehr oder weniger nach Grün verschieben. Auch müssen die zu prüfenden Stoffe in ziemlich reiner Form vorliegen.

Verseifungsprobe. 1. *Nachweis des Polyacrylsäureesters.* Polyacrylsäureester sind im Gegensatz zu den Polymethacrylsäureestern mit alkoholischer Kalilauge leicht verseifbar. Das gebildete Polyarcylat kann dann durch die weiter unten aufgeführten Reaktionen nachgewiesen werden.

Arbeitsweise: Etwa 5 g Gewebe — evtl. nach vorheriger Extraktion des Weichmachers mittels Äther — werden fein zerschnitten und mit etwa 100 ml Azeton oder Tetrahydrofuran einige Stunden stehengelassen und anschließend zur restlosen Extraktion des Kunststoffes noch 1 Std. unter Rückfluß gekocht. (Nötigenfalls wird die Extraktion mit frischem Lösungsmittel wiederholt).

Die vom Ungelösten bzw. von Geweberesten abfiltrierte Lösung engt man ein, setzt 50 ml etwa 1 n-alkoholische Kalilauge zu und kocht $^1/_2$ Std. unter Rückfluß. Bei der Verseifung entstehendes Kaliumpolyacrylat ist in dem Verseifungsmedium — im Gegensatz zu anderen Verseifungsprodukten (mit Ausnahme von Polyvinylalkohol) — unlöslich und scheidet sich als weiße Masse aus der Reaktionslösung aus. Man läßt absitzen und dekantiert die überstehende Flüssigkeit ab. Der Rückstand wird 1- bis 2mal mit wasserfreiem Azeton gewaschen und auf dem Wasserbad getrocknet. Durch kurzes Aufkochen mit Wasser geht das Polyacrylat in Lösung.

Mit der erkalteten, neutralisierten und evtl. filtrierten Lösung lassen sich folgende charakteristische Reaktionen anstellen:

a) Auf Zusatz von verd. Säure tritt Fällung oder Trübung ein; gibt man Ammoniak zu, so geht die ausgeschiedene Polyacrylsäure wieder in Lösung.

b) Auf Zusatz von Bariumhydroxyd- oder Bariumchloridlösung trübt sich die Lösung. Beim Ansäuern mit Essigsäure scheidet sich das gebildete Polyacrylat in weißen Flocken aus, die sich schließlich zu einem gummiartigen Klumpen zusammenballen.

c) Beim tropfenweisen Versetzen mit einer wäßrigen, 2%igen Lösung von Levogen WW oder Desinfektionssalz H entsteht — evtl. erst beim leichten Erwärmen — ein weißer Niederschlag.

2. *Nachweis des Polymethacrylsäureesters.* Polymethacrylsäureester lassen sich auch bei längerem Kochen mit alkoholischer oder glykolischer Kalilauge nicht verseifen, wohl aber durch Erhitzen leicht und ohne Zersetzung depolymerisieren (beides im Gegensatz zum Polyacrylsäureester). Der monomere Ester gibt auf Grund der vorhandenen Doppelbildung und der Karboxylgruppe ganz charakteristische Reaktionen (s. w. u.).

Arbeitsweise. Der aus einer größeren Gewebeprobe (5 bis 10 g) extrahierte und von Weichmachern befreite (s. S. 260) Kunststoff wird zur Abtrennung eventuell verseifbarer Bestandteile 1 Std. mit monoäthyläthergIykolischer Kalilauge unter Rückfluß gekocht. Polymethacrylsäureester werden hierbei nicht oder nur geringfügig verseift. Nach Abdampfen des Glykoläthers wird mit heißem Wasser behandelt, das Ungelöste auf einem Filter gesammelt und mehrmals mit heißem Wasser nachgewaschen. Der Rückstand enthält gegebenenfalls den unverseiften Polymethacrylsäureester. Dieser wird mit Azeton extrahiert, die Lösung filtriert und zur Trockne eingedampft. 0,5 bis 1 g des Trockenrückstands werden zerkleinert, mit der doppelten Menge geglühten Seesands vermischt[1] und die Mischung in ein Reagenzglas gebracht, welches man mit einem Kühler verbindet. Man erhitzt hierauf mit fächelnder Flamme, wobei der Polymethacrylsäureester depolymerisiert. Der monomere Ester geht fast quantitativ über und wird in einem Reagenzglas aufgefangen.

Mit dem monomeren Methacrylsäureester lassen sich die folgenden charakteristischen Reaktionen ausführen:

a) Das Destillat gibt mit Hydroxylamin und Eisen(III)-chlorid (siehe Hydroxylaminprobe) eine intensive purpurviolette Färbung.

b) Ein Teil des Destillats wird in Chloroform gelöst. Die Lösung entfärbt Brom.

c) Ein Teil des Destillats wird mit Eisessig versetzt. Die Lösung entfärbt Kaliumpermanganat.

d) Der im Destillat enthaltene monomere Ester ist mit Alkali leicht verseifbar.

e) Die Phenylhydrazinprobe liefert im Gegensatz zum Acrylsäureester keine Färbung.

Phenyllithiumprobe. Ein eindeutiger Nachweis und auch eine Unterscheidung von Polyacryl- bzw. Polymethacrylsäureester gelingt nach RATH[2] mit Phenyllithium. Der Nachweis beruht darauf, daß Polyacryl- und Polymethacrylsäureester sich mit Phenyllithium zu Lithiumkarbinolen umsetzen. Durch Hydrolyse mit Wasser entstehen daraus die freien Karbinole und mit letzteren können ganz charakteristische Umsetzungen und Farbreaktionen durchgeführt werden.

Arbeitsweise. Zu 35 ml einer Lösung von 1 g des zu untersuchenden Kunststoffs (Abtrennung von den Weichmachern s. S. 260) in absolutem Tetrahydrofuran werden unter Stickstoff 10 ml einer 1-molaren Phenyllithiumlösung gegeben (Herstellung s. w. u.). Unter Erwärmung und Orangefärbung tritt Reaktion ein. Gibt man die Phenyllithiumlösung im Überschuß zu, so entsteht, wenn ein Polymethacrylsäureester vorliegt, eine grüngelbe, bei längerem Stehen eine dunkelrote Lösung. Bei Polyacrylsäureestern bleibt die Orangefärbung unverändert bestehen. Nach 2 Std. wird mit Wasser hydrolysiert, die Äther- und Tetrahydrofuranschicht eingeengt und das Karbinol mit viel Äther ausgefällt und dann abfiltriert.

Handelt es sich um einen Polyacrylsäureester, so gibt das Karbinol folgende Reaktionen:

a) Beim *Übergießen mit konz. Schwefelsäure* färbt sich die Lösung sofort tiefrot, wobei der zunächst noch nicht in Lösung gegangene Karbinolanteil eine braune Farbe annimmt. Gibt man nach völligem Auflösen des Carbinols vorsichtig destilliertes Wasser zu, so scheiden sich tiefblaue bis violette Flocken ab. Auch das Wasser färbt sich leicht blau. Die intensiv gefärbte Substanz löst sich in Benzol,

[1] Um eine gute Durchmischung zu erreichen, rührt man zweckmäßig den Seesand in die Lösung des Polymethacrylsäureesters und dampft so zur Trockene ein.

[2] RATH, H.: Textil-Rundschau **9** (1954) 196.

Chloroform, Dioxan und Tetrahydrofuran zu einer jeweils farblosen Lösung. Überschichtet man jedoch die wäßrige Reaktionsflüssigkeit vorsichtig mit Benzol, so färbt sich dieses violett. Offensichtlich ist die färbende Substanz sauerstoffempfindlich.

b) Beim Erhitzen mit wasserfreiem Zinkchlorid (1 Std. bei 120°) färbt sich das ursprünglich farblose Reaktionsgemisch intensiv grün. Wird es zur Lösung des Zinkchlorids mit Wasser versetzt, so verschwindet die grüne Farbe wieder, und beim Auswaschen des Kunststoffs mit Wasser und Methanol auf einem G 2-Glasfilter bleibt ein fast farbloses Pulver zurück.

c) Beim Behandeln mit Thionylchlorid erhält man eine tiefrot gefärbte Lösung.

Handelt es sich um einen Polymethacrylsäureester, so tritt beim Übergießen mit konz. Schwefelsäure ebenfalls eine rote Färbung auf, aber beim Verdünnen mit Wasser fällt der Kunststoff nicht in blauvioletter, sondern farbloser Form aus. Die Reaktionen b) und c) fallen negativ aus.

Herstellung der Phenyllithiumlösung. In einem 200 ml fassenden Rundkolben mit zwei Hälsen (Schliff), wovon der eine mit einem Stickstoffeinleitungsrohr versehen, der andere mit einem Rückflußkühler verbunden ist, werden in 100 ml absolutem Äther 10 ml Brombenzol, die man über Calciumchlorid getrocknet und destilliert hat, gelöst. Nun leitet man aus einer Stickstoffbombe über eine mit konz. Schwefelsäure beschickte Waschflasche langsam (2 bis 3 Blasen/Sek.) Stickstoff in den Reaktionskolben ein, nachdem man auf den Rückflußkühler ein Calciumchloridrohr gesetzt hat. Dabei ist zu beachten, daß man das Einleitungsrohr nur nahe bis zur Ätheroberfläche bringt und nicht eintaucht. Nach einer halben Stunde ist alle Luft verdrängt. Mit der Natriumpresse, die man vorher angewärmt hat, stellt man einen Lithiumdraht her (etwa 1,5 g) oder man schneidet mit dem Messer feine Schnitzel und bringt diese in den Kolben. Nach einer geringen Inkubationszeit (etwa 10 bis 20 Min.) und unter öfterem Schütteln läuft die Reaktion an, erkenntlich am Sieden des Äthers an der Berührungszone mit dem Metall. Sollte nach 20 Min. noch keine Reaktion eingetreten sein, so erwärmt man etwas, um den Start zu erleichtern. Bald tritt die braune Farbe des gebildeten Phenyllithiums auf. Nach einer Stunde beendet man die Reaktion durch Kochen des Äthers auf einem Wasserbad (etwa 20 Min.). Während der ganzen Dauer muß unter Stickstoff gearbeitet werden.

Nachweis der Polyvinylverbindungen

1. Polyvinylchloride. Polyvinylchloride unterscheiden sich von den anderen Kunststoffen durch ihren hohen Chlorgehalt. Das nicht nachchlorierte Produkt enthält etwa 55%, das nachchlorierte etwa 64% Chlor. Als Vorproben eignen sich neben der Brennprobe, der trockenen Destillation und der Löslichkeitsprüfung (nachchloriertes Polyvinylchlorid löst sich in Azeton und Tetrahydrofuran, nicht nachchloriertes dagegen nur in Tetrahydrofuran) die BEILSTEIN Probe (s. S. 262, Prüfung auf Chlor).

Quantitative Bestimmung des Chlors. Sehr genau, aber etwas umständlich, ist das aus der organischen Elementaranalyse bekannte Verfahren nach CARIUS. Die Substanz, d. h. der von Weichmachern befreite Kunststoff, wird hierbei im Einschmelzrohr mit konz. Salpetersäure aufgeschlossen. Die gebildeten Chlorionen werden in der üblichen Weise mit Silbernitrat gefällt und der Niederschlag getrocknet und gewogen (s. S. 271).

Ebenso genau, aber wesentlich einfacher in der Durchführung ist das folgende Verfahren[1]: Die Substanz wird in einen kleinen Porzellantiegel (z. B. C 4/0) eingewogen. Der Tiegel wird dann völlig mit halogenfreiem, gebranntem Kalk gefüllt, mit einem etwas größeren Tiegel (z. B. C 1) bedeckt, in der durch Abb. 31 veranschaulichten Weise umgestülpt und der jetzt aufrecht stehende äußere Tiegel so weit mit Calciumoxyd gefüllt, daß der kleine Tiegel vollkommen bedeckt ist. Alsdann beginnt man den Außentiegel zunächst mit einer kleinen Spitzflamme zu erhitzen und steigert innerhalb von etwa 10 Min. die Temperatur, bis die Masse auf Rotglut gebracht ist. Die Zersetzung ist nach etwa viertelstündigem Erhitzen vollständig (Gesamtdauer: etwa 25 Min.).

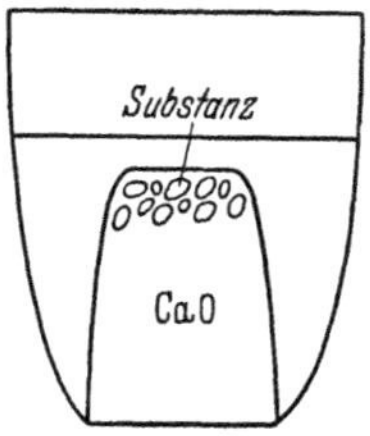

Abb. 31

Nach genügendem Abkühlen wird der Inhalt beider Tiegel in einem Becherglas mit 100 ml 2 n-Salpetersäure gelöst, vom Kohlenstoff abfiltriert und der Rückstand mit heißem Wasser chlorfrei gewaschen. Durch Zugabe von 20 ml 5%iger Silbernitratlösung werden danach die Chlorionen als Silberchlorid gefällt, dieses filtriert, mit heißem, schwach salpetersaurem Wasser bis zum Ausbleiben der Calciumoxalat-Reaktion ausgewaschen, getrocknet und gewogen oder durch Titration ermittelt.

Dieses Verfahren ist deshalb für Polyvinylchlorid besonders geeignet, weil keine störenden anderen Elemente, wie z. B. Brom und Jod, vorhanden sind und der Wasserstoffgehalt des Moleküls mit Sicherheit ausreicht, um das Chlor als Chlorwasserstoff entweichen zu lassen.

Nachweis der Polyvinylchloride durch Polyenbildung. Spaltet man aus Polyvinylchlorid Chlorwasserstoff oder aus Polyvinylalkohol Wasser oder aus Polyvinylazetat Essigsäure ab, so erhält man in allen Fällen sog. Polyene. Da die letzteren, je nach ihrer Kettenlänge, d. h. dem Abbaugrad, ganz typische Farbreaktionen geben und auch die Reaktionsbedingungen, unter denen die Abspaltung verläuft, sehr verschieden sind, ist auf diesem Wege eine Differenzierung der Polyvinylverbindungen möglich.

a) Bei *Polyvinylchlorid-Mischpolymerisaten* gelingt die Abspaltung schon mit Natriummethylat.

Durchführung: Der in Tetrahydrofuran gelöste Kunststoff wird mit einer Pipette auf ein Filterpapier getropft und an der Luft oder im Trockenschrank getrocknet. Von eventuell mitgelöstem Farbstoff wird der Kunststoff durch Chromatographie an einer Aluminiumsäule getrennt, wobei der Farbstoff durch das Aluminiumoxyd (präpariert nach BROCKMANN) absorbiert wird. Nun löst man ein kleines Stück metallisches Natrium (etwa 100 mg) in 50 ml absolutem Methanol zu einer ungefähr n/10-Natriummethylatlösung und bringt das zusammen-

[1] SCHENK, H.-J., u. H. PUELL: Kunststoffe 41 (1951) 192.

gerollte Filterpapier mit dem aufgebrachten Polyvinylchlorid-Mischpolymerisat in das Reaktionskölbchen. Unter Rückfluß läßt man auf dem Wasserbad 20 Min. kochen, gießt die Flüssigkeit aus und bringt das Filterpapier in ein größeres Becherglas, wo dieses mit viel Wasser gespült wird. Das aus dem Kunststoff gebildete Polyen gibt sich durch einen intensiven gelben bis rotbraunen Fleck zu erkennen, welcher bei längerer Reaktionsdauer schwarzbraun wird.

b) *Polyvinylchlorid und nachchloriertes Polyvinylchlorid* zeigen mit Natriummethylat noch keine HCl-Abspaltung, wohl aber mit *Natriumbutylat*. Man verfährt wie unter a) beschrieben und kocht mit einer n/10-Natriumbutylatlösung in Butanol. Es resultiert auch wieder ein gelber bis schwarzbrauner Fleck.

c) Bei Verwendung von *Phenyllithium* werden nicht nur alle Polyvinylchloride, sondern auch *Polyvinyläther* in Polyene übergeführt. Die auftretenden Farbreaktionen sind in Tab. 36 zusammengestellt.

Tabelle 36. *Nachweis der Polyvinylchloride durch Polyenbildung*

Typ der Polyvinylverbindung	Farbe des gebildeten Polyens
1. Polyvinylchlorid	rote Gallerte mit gelben, orangefarbenen und schwarzen Farbkörpern durchsetzt
2. Polyvinylchlorid, nachchloriert	dieselben Farben, im Gegensatz zu 1. unter intensiver Rotfärbung weitgehend löslich in Tetrahydrofuran
3. Polyvinyläther	nach kurzer Rot-, Blau- und Violettfärbung Übergang in eine unlösliche, schwarze Gallerte
4. Polyvinylchlorid-Mischpolymerisate	dieselben Erscheinungen wie bei 2.

Durchführung: Der Kunststoff wird in absolutem Tetrahydrofuran, das man sich durch Trocknen mit Natriumsulfat und metallischem Natrium und angeschlossener Destillation über Natrium hergestellt hat, gelöst und das Reaktionsgefäß mit Stickstoff gefüllt. Darauf dekantiert man im Stickstoffstrom die Phenyllithiumlösung vom überschüssigen Metall, nimmt den Kühler ab, bringt trockene Glaswolle in den Kolbenhals und gießt die Phenyllithiumlösung in das die Kunststofflösung enthaltende Gefäß, wobei der Kolbenhals in das mit Stickstoff gefüllte Gefäß hineinragt. Sofort wird mit einem Schliffstopfen verschlossen und geschüttelt. Die bei Polyvinyläthern auftretende Farbe geht über Tiefrot, Violett nach Schwarz über, und schließlich fällt eine unlösliche, schwarze Gallerte aus. Bei Polyvinylchlorid und nachchloriertem Polyvinylchlorid entsteht eine intensiv rot gefärbte Gallerte, in die noch gelbe, orangefarbene und schwarze Farbkörper eingebettet sind.

2. Polyvinylazetat. Der Nachweis von Polyvinylazetat geschieht entweder durch Überführung in Polyene mittels Natriumamid in siedendem Benzin oder durch Verseifung mit alkoholischer Kalilauge und Bestimmung der Verseifungsprodukte.

a) *Nachweis durch Polyenbildung.* Polyvinylazetat läßt sich durch Auftropfen der Kunststofflösung auf Filterpapier und anschließendes

Trocknen und Kochen in Natriummethylat- oder -butylatlösung (s. w. o.) nur sehr schwer nachweisen, da es einerseits durch seine Alkohollöslichkeit nicht auf dem Papier fixiert bleibt und andererseits das Alkoholat zur Essigsäureabscheidung anscheinend etwas zu schwach ist. Der Nachweis gelingt jedoch mit der im Handel erhältlichen Natriumamid/Xylol-Dispersion.

Durchführung: Das mit der Kunststofflösung betropfte und getrocknete Filterpapier bringt man in ein Reaktionskölbchen, in das man zuvor etwas Natriumamid/Xylol-Dispersion gegeben hat. Nach einstündigem Kochen unter Rückfluß ist die Reaktion zu Ende. Das Papierfilter wird mit der Pinzette herausgenommen, in fließendem Wasser ausgewaschen und 10 Min. in ein Becherglas mit Wasser gelegt. Vom schwach vergilbten Papier heben sich deutlich braune Flecken ab.

b) *Verseifungsprobe.* Eine kleine Probe des von Weichmachern befreiten Kunststoffs (s. S. 260) oder etwa 2—5 g der mit Äther extrahierten Gewebeprobe werden $^1/_2$ Std. mit etwa 50 ml etwa 8%iger äthanolischer Kalilauge am Rückflußkühler gekocht. Bei Vorhandensein von Polyvinylazetat hinterbleibt Polyvinylalkohol als filmartiger Überzug auf den Geweberesten oder er scheidet sich beim Einengen als gelbliche, voluminöse Masse ab. Man überführt einschließlich der Gewebereste auf ein Filter, wäscht mehrmals mit Alkohol — möglichst bis zur Alkalifreiheit — und löst schließlich in etwas heißem Wasser. Dampft man die Lösung zur Trockene ein, so hinterbleibt ein bräunlichgelber Film, mit dem sich folgende Reaktionen durchführen lassen:

1. Der Film wird in ganz wenig Wasser gelöst und mit einigen Tropfen 5%iger Tanninlösung versetzt. Liegt Polyvinylalkohol vor, so beobachtet man eine milchige Trübung, evtl. auch eine Ausscheidung von gelblichweißen Flocken.

2. Der Film wird mit einer mit verd. Schwefelsäure schwach angesäuerten Jod/Jodkalium-Lösung übergossen. Film und Lösung färben sich, wenn es sich um Polyvinylalkohol handelt, grünblau bis tiefblau an. Beim Erwärmen verschwindet die Blaufärbung und kehrt beim Abkühlen wieder zurück.

3. Bei Zugabe von Thionylchlorid bildet sich Polyen und es treten die üblichen Verfärbungen auf.

Zum Nachweis des bei der Verseifung entstandenen Kaliumazetats dampft man die Verseifungslauge nach annähernder Neutralisation mit verdünnter Salzsäure zur Trockene ein. Der Rückstand wird 3mal mit wenig absolutem Alkohol ausgezogen und die vereinigten Auszüge werden wieder zur Trockene eingedampft. Mit diesem an Azetat angereicherten Rückstand (Kaliumchlorid ist in absolutem Alkohol nur sehr wenig, Kaliumazetat jedoch merklich löslich) läßt sich das Azetat wie folgt nachweisen:

1. Bei Zugabe von konz. Schwefelsäure tritt Geruch nach Essigsäure auf. Gibt man außer der Schwefelsäure das doppelte Volumen an abs. Äthylalkohol zu und erwärmt etwas, so bildet sich der charakteristisch riechende Essigester.

2. Jod-Lanthanblau-Reaktion: Einen Teil des getrockneten Rückstandes löst man in 1 ml destilliertem Wasser und gibt 1 ml 5%ige Lanthannitratlösung, 1 ml n/50-Jodlösung und 0,2 ml 1 n-Ammoniaklösung zu. Bei Gegenwart von Azetat tritt allmählich eine blaurote bis reinblaue Färbung, evtl. auch eine blaue Ausfällung auf.

3. Polyvinyläther. Polyvinyläther unterscheiden sich von den meisten anderen Kunststoffen durch ihre Löslichkeit in Äther. Sie sind außerdem unverseifbar. Der Nachweis ist möglich durch Überführung in Polyene (Näheres s. S. 268). *Weiterer Nachweis:*[1] Der Polyvinyläther wird mit Essigsäureanhydrid zu Polyvinylazetat umgesetzt und das letztere wie im vorhergehenden Abschnitt beschrieben nachgewiesen.

Die *Alkoholkomponente* kann nach ZEISEL bestimmt werden: Setzt man das bei der Einwirkung von Jodwasserstoff entstehende Alkyljodid mit 3,5-dinitrobenzoesaurem Silber um, so entstehen Ester mit ganz charakteristischen Schmelzpunkten. Außerdem besteht die Möglichkeit, aus den Alkyljodiden mit Silberhydroxyd die Alkohole in Freiheit zu setzen und diese durch Farbreaktionen nachzuweisen[2].

4. Polyvinylazetal. Polyvinylazetal kann durch Kochen mit 20%iger Schwefelsäure in Polyvinylalkohol und Aldehyd aufgespalten werden. Der Aldehyd läßt sich abdestillieren und in üblicher Weise nachweisen (fuchsinschweflige Säure gibt Rotfärbung; liegt Formaldehyd vor, so ist Nachweis auch mit Carbazol/Schwefelsäure oder Chromotropsäure möglich; Ausführung s. S. 146). Nachweis des Polyvinylalkohols s. S. 255.

Nachweis der Polyacrylnitrile

Im Gegensatz zu den anderen Kunststoffen lösen sich Polyacrylnitrile nicht in Azeton oder Tetrahydrofuran, sondern in heißem Dimethylformamid. Außerdem läßt sich auch leicht Stickstoff nachweisen. Von den Einzelnachweisen ist besonders die Reaktion mit Diphenylamin/Kupfersulfat zu empfehlen.

Diphenylamin/Kupfersulfat-Probe. Der zu prüfende Kunststoff wird im Reagenzglas oder einer kleinen Porzellanschale mit einer Lösung von einigen Körnchen Diphenylamin in 1 bis 2 ml konz. Schwefelsäure übergossen und dann ein paar Tropfen Kupfersulfatlösung zugegeben. Polyacrylnitrile färben sich hierbei — eventuell leicht anwärmen — intensiv dunkelblau (s. a. S. 326). Die Reaktion wird auch von Polyacrylnitril-Mischpolymerisaten gegeben. Bei nicht zu dunklen Färbungen ist der Nachweis auch auf dem Gewebe möglich.

Nachweis von Zellulosederivaten

1. Nitrozellulose. Charakteristisch für Nitrozellulose ist die Blaufärbung beim Übergießen mit Diphenylamin/Schwefelsäure (etwa 0,1 g Diphenylamin aufgelöst in 50 ml konz. Schwefelsäure). Als Vorproben eignen sich die Brennprobe, die trockene Destillation und der Stickstoffnachweis (s. w. o.). Nitrozellulose enthält etwa 11,5% Stickstoff. Bei der MOLISCH-Reaktion tritt abweichend von den anderen Zelluloseabkömmlingen keine rote, sondern eine grüne Färbung auf.

2. Zelluloseazetat. Zum Nachweis wird das Zelluloseazetat mit alkoholischer Kalilauge verseift (s. S. 270 unter Verseifungsprobe). Die Lösung trübt sich dabei infolge ausgeschiedener Zellulose. Das in Lösung gegangene Kaliumazetat kann nach dem Eindampfen der mit verdünn-

---

[1] WAGNER, H., u. H. F. Sarx; Lackkunstharze 1950, 228.

[2] WEBER, H., u. W. Koch: Chemiker-Ztg. **57** (1933) 73.

ter Salzsäure annähernd neutralisierten Verseifungslauge durch die Jod-Lanthanblau-Reaktion (s. S. 270) nachgewiesen werden. Die MOLISCH-Reaktion ist ebenfalls positiv.

3. **Wasserunlösliche Zelluloseäther** (*Typus Tylose 4S*). Eine Auflösung ist nur mit kalter, 6- bis 8%iger Natronlauge möglich. Azeton und Tetrahydrofuran verhalten sich indifferent. Beim Ansäuern der Lösung wird der Äther wieder ausgefällt. Zelluloseäther besitzen eine starke Affinität zu substantiven Farbstoffen (s. S. 250). Die MOLISCH-Reaktion ist positiv.

Nachweis von Polyamiden

Zum Appretieren und Beschichten kommen neuerdings immer mehr auch Polyamide zur Anwendung, allerdings wegen der besseren plastischen Eigenschaften nicht die zur Faserherstellung üblichen Typen (PA 6, PA 66 und PA 11), sondern Mischpolyamide wechselnder Zusammensetzung.

Diese Mischpolyamide sind löslich in konz. Ameisensäure, Eisessig, Phenol, Kresol und in der Wärme auch in Methanol und Äthanol, unlöslich hingegen in Azeton, Essigester und Tetrahydrofuran. Da sie auch in Äther nicht löslich sind, können die Weichmacher in bekannter Weise abgetrennt werden.

Zur Entfernung der Mischpolyamide vom Gewebe empfiehlt sich ein $^1/_2$stündiges Kochen mit 80 bis 90%igem Äthanol am Rückflußkühler. Durch Wasserzugabe können sie aus der alkoholischen Lösung wieder ausgefällt werden.

Zur weiteren Identifizierung dient das Verhalten bei der Brennprobe und trockenen Destillation (s. S. 262) sowie die Schmelzpunktsbestimmung[1] der enthaltenen Grundstoffe (Aminosäuren, Dikarbonsäuren oder Diamine) nach vorherigem hydrolytischem Abbau mit Salzsäure. Sehr geeignet ist auch die Untersuchung des Hydrolysates auf papierchromatographischem Wege (s. S. 42 und 281).

Nachweis von Polyurethanen

Die Dämpfe bei der Brennprobe sind stechend, zum Husten reizend, etwas süßlich und zeigen saure Reaktion. Polyurethane lösen sich in heißem Phenol, heißem Eisessig und heißer konz. Ameisensäure. Im Unterschied zu den Polyamiden sind sie aber in kalter konz. Ameisensäure unlöslich. Der Stickstoffnachweis ist bei Polyurethanen ebenfalls positiv.

Nachweis von Silikonen

Die Silikone, die in der Appretur zum Wasserabstoßendmachen verwendet werden, gehen beim Veraschen der Untersuchungsprobe (s. S. 260) unter 5) in SiO_2 über. Zum Nachweis wird die Asche im Platintiegel mit der etwa sechsfachen Menge Soda/Pottasche 10 Min. zum Schmelzfluß erhitzt und die Schmelze dann in Wasser gelöst. Von dieser Lösung legt man im Reagenzglas wenige ml vor, gibt 1 Körnchen

---

[1] ZEIDLER, G.: Laboratoriumsbuch für die Lack- und Farbenindustrie. 1948, S. 156.

festes Ammonmolybdat hinzu, säuert mit verdünnter Salpetersäure an und erwärmt. Bei Gegenwart von Silikaten färbt sich die Lösung gelb. Phosphate geben die gleiche Reaktion.

Andere Möglichkeit: 2 bis 3 ml der gelösten Schmelze werden mit einem Überschuß frisch zubereiteter 5%iger Ammonmolybdatlösung versetzt, mit verd. Salzsäure auf einen p_H von etwa 3 eingestellt und die Lösung dann in einen Überschuß frisch hergestellter Natriumstannitlösung gegeben. Sind Silikate oder Phosphate zugegen, färbt sich die Lösung blau. Über den Nachweis von Phosphaten und Silikaten nebeneinander s. S. 410).

Weiterer Silikonnachweis[1]: 50 bis 100 mg der zu untersuchenden Gewebeprobe oder 5 bis 10 mg des eingedampften Äther- oder Petrolätherextraktes werden in einem möglichst noch nicht benützten Reagenzglas mit 1 bis 2 ml konz. Schwefelsäure übergossen und unter dauerndem Umschütteln in der Sparflamme des Bunsenbrenners erwärmt. Dabei wird das Reagenzglas alle 3 bis 5 Sek. aus der Flamme herausgenommen, die enthaltene Schwefelsäure hochgeschüttelt und das Zurückfließen beobachtet. Fließt die Säure ganz gleichmäßig von der Glaswand ab, so ist der Befund negativ. Fließt sie aber nach 20 bis 40 Sek. — also noch vor dem Sieden der Säure — so ab wie Wasser von einer fettigen Oberfläche, dann wird die Säure weggegossen, das Reagenzglas mit Wasser ausgespült und nach Zugabe von frischer konz. Schwefelsäure nochmals erwärmt. Tritt nach 20 bis 30 Sek. wieder dieser Ablaufeffekt auf, so gilt der Silikatnachweis als positiv.

Je nach der Silikonkonzentration verschwindet der Effekt zu Beginn des Siedens der Schwefelsäure oder auch erst nach längerem Erhitzen. 0,5 bis 1 mg Silikon sind noch gut erkennbar.

Schaumprobe: Sehr charakteristisch ist, daß die Silikone in chlorierten Kohlenwasserstoffen stark schäumen, in wäßrigem Medium aber als Antischaummittel wirken.

Ausführung: Das zu prüfende Gewebe wird zerkleinert und im Reagenzglas mit 5 bis 10 ml eines chlorierten Kohlenwasserstoffes wie Chloroform, Tetrachlorkohlenstoff usw. kräftig geschüttelt. Starke Schaumbildung deutet auf Silikone hin.

Nachweis von Naturkautschuk und synthetischem Kautschuk (Buna)

Bei der Brennprobe riechen beide Substanzen nach verbranntem Gummi. Im nicht vulkanisierten Zustand sind Naturkautschuk und Buna löslich in heißem Petroleum sowie aliphatischen und aromatischen Kohlenwasserstoffen. Vulkanisiert tritt in diesen Lösungsmitteln nur eine mehr oder weniger starke Quellung ein. Eine Unterscheidung zwischen Naturkautschuk und Buna ist möglich durch oxydativen Abbau mit Chromsäure. Aus Naturkautschuk entsteht hierbei Essigsäure, erkenntlich am Geruch. Aus Buna bildet sich keine Essigsäure.

Buna S-Marken (Mischpolymerisate aus Butadien und Styrol) geben bei der Brennprobe den charakteristischen Styrolgeruch (blühende Hyazinthen).

---

[1] Finck, G. von: Melliand Textilber. **39** (1958) 1262.

Es bedeuten:
L = gelöster Anteil
R = Rückstand
V = Verseifung

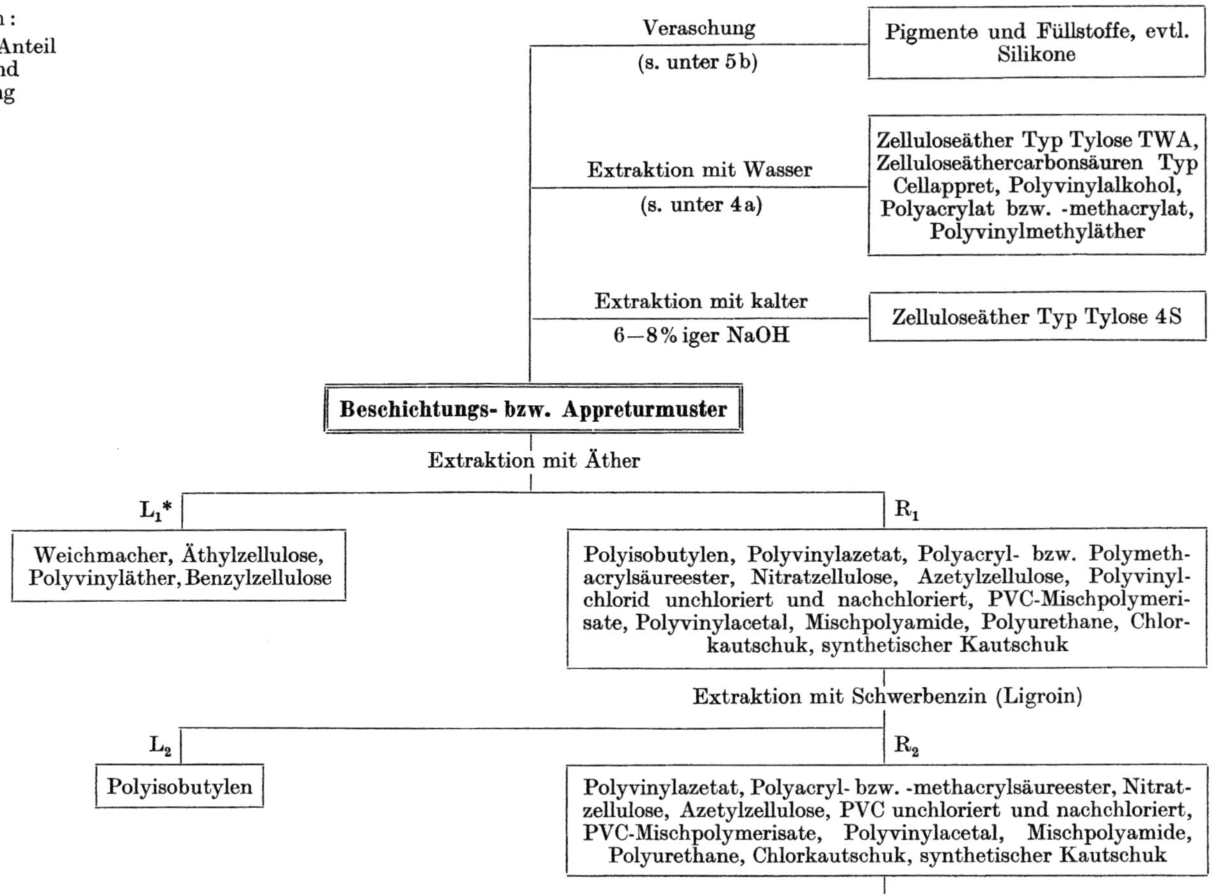

* Gruppe L_1: Im Gegensatz zu den gebräuchlichen Weichmachern sind die 3 Kunststoffe nicht verseifbar und spalten bei der Zeiselprobe Alkoxygruppen ab. Weitere Identifizierung ist auch durch die Brennprobe (s. S. 262) möglich.

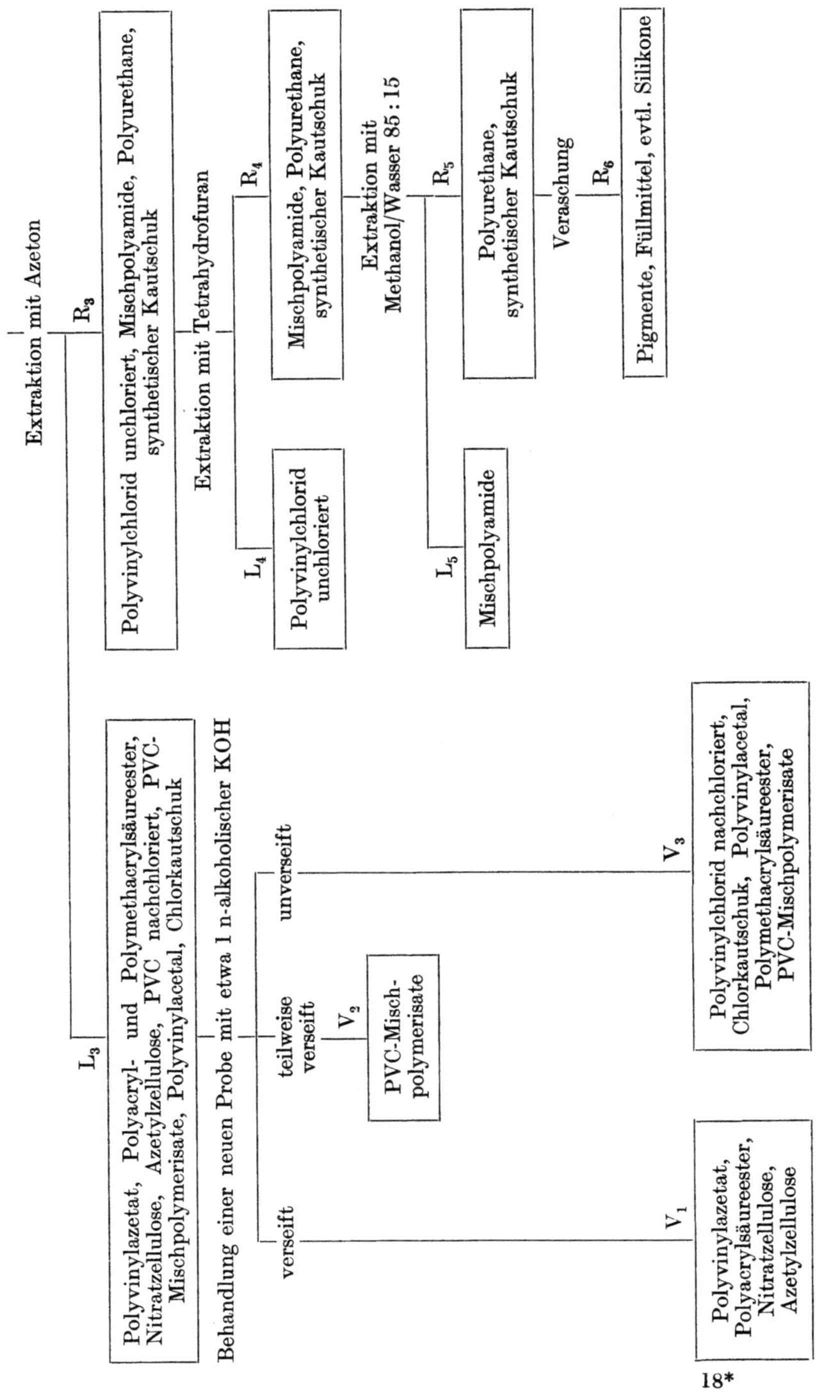

Abb. 32. Systematischer Trennungsgang zur Untersuchung von Appreturen und Beschichtungen

Buna N (*Perbunan*) ist ein Butadien/Acrylnitril-Mischpolymerisat. Charakteristisch ist wieder die Brennprobe (Gummigeruch) und die positive Stickstoffreaktion.

Nachweis des Chlorkautschuks

Der Chlorgehalt des Chlorkautschuks liegt etwa auf derselben Höhe wie bei nachchloriertem Polyvinylchlorid (etwa 64%). Eine Unterscheidung ist — abgesehen von den typischen Reaktionen auf Polyvinylverbindungen — leicht möglich durch die Brennprobe: Polyvinylchloride riechen aromatisch, leicht stechend, der Chlorkautschuk ganz ausgeprägt nach verbranntem Gummi. Im Gegensatz zum Naturkautschuk löst sich der Chlorkautschuk in Azeton, Tetrahydrofuran und chlorierten Kohlenwasserstoffen.

Nachweis von Mischpolymerisaten

Mischpolymerisate sind naturgemäß wesentlich schwieriger zu analysieren als die einheitlichen Substanzen. Im Normalfall wird man sich an Hand der im vorstehenden Abschnitt genannten Vorproben und Reaktionen langsam vortasten, und wenn dann die Reaktionen in geeigneter Weise miteinander kombiniert werden, wird man meist zum Ziel kommen. Besonders zu achten ist auf die Möglichkeit der gegenseitigen Störung der Reaktionen. In Zweifelsfällen empfiehlt sich stets die Durchführung von Vergleichsversuchen mit den reinen Substanzen bzw. selbst hergestellten Mischungen.

Bestimmung der Kunststoffe durch Infrarotspektroskopie

Genauer als die chemischen Methoden zur Identifizierung der Kunststoffe ist im allgemeinen die Bestimmung auf infrarotspektroskopischem Wege. Vorteilhaft ist hierbei vor allem auch, daß nur sehr kleine Substanzmengen benötigt werden. Die Untersuchungssubstanz muß aber in reiner Form vorliegen, und d. h., daß die in den Appreturen und Beschichtungen enthaltenen Komponenten (Weichmacher, Filmbildner usw.) voneinander getrennt werden müssen. Die Abtrennung geschieht unter Anwendung verschiedener Lösungsmittel wie oben beschrieben. Näheres hierüber und neueste Literaturangaben s. Fußnote [1].

II. Kunstharzappreturen

Bei der knitter- und krumpfechten Ausrüstung (No-iron, Wash-and-wear, Cottonova, Supercotton, Belfast-Verfahren usw.) sowie zur Erzeugung permanenter Steifungs-, Präge- und Kalandereffekte werden in das Fasermaterial Kunstharze eingelagert. Dies geschieht meist in der Weise, daß ein geeignetes wasserlösliches Vorkondensat, z. B. ein Addukt aus Formaldehyd und Harnstoff, auf das Fasermaterial gebracht und nach dem Trocknen bei etwas erhöhten Temperaturen zum Kunstharz auskondensiert wird.

Von den Kunstharzen kommen Aminoplaste und dabei auch Reaktantharze in Frage.

---

[1] RAU, J., u. G. BALBACH: Die Bestimmung von Kunststoffen in beschichteten Textilien und Appreturen auf infrarotspektroskopischem Wege. Melliand Textilber. 45 (1964) 308.

Bei den Aminoplasten unterscheidet man

1. *Carbamidharze.* Es sind dies Harze aus Formaldehyd und Harnstoff, Thioharnstoff u. dgl.
Handelsprodukte: Kaurit KF, Acrisin 6022, Quecodur B u. a.

2. *Melaminharze.* Hierbei handelt es sich um Harze aus Formaldehyd und Melamin oder Dicyandiamid u. ä.
Handeslprodukte: Cassurit MKF, Lyofix, Kaurit DD u. a.

Unter den *Reaktantharzen* versteht man Produkte, die weniger zur Harzbildung befähigt sind, als hauptsächlich mit dem Fasermaterial reagieren. Ausrüstungen dieser Art sind daher waschbeständiger. Verwendung finden ringförmige Harnstoffderivate, wie Dimethyloläthylenharnstoff (DMEU), Tetramethylol-azetylendiharnstoff, Dimethyloläthyl-triazinon usw., sowie Epoxyd-, Divinylsulfon- und Acetalharze. Die letztgenannten drei Harztypen sind stickstofffrei und haben damit den Vorteil, daß sich bei einer Hypochloritbehandlung keine Chloramine bilden (Chlorretention).

Handelsprodukte: Fixappret AH, CP, TN usw. Knittex everfit, Quecodur CR, POM II u. a.

Die *Prüfung auf Kunstharzausrüstung* kann nur selten direkt auf dem Fasermaterial vorgenommen werden. Normalerweise muß dieses zuerst gereinigt und dadurch von den die Nachweisreaktionen evtl. störenden Weichmachersubstanzen befreit werden. Darauf wird durch Kochen mit verd. Salzsäure des Kunstharz zerstört und von der Faser abgelöst. Destillat und Säureextrakt dienen zum Nachweis der im Kunstharz enthaltenen bzw. die Faser vernetzenden Substanzen. Sollten die angegebenen Einzelreaktionen zur genauen Identifizierung nicht ausreichen, so ist der papierchromatographische Nachweis zu empfehlen (s. w. u.).

Von den z. Z. verwendeten Harzbildnern und Faservernetzern sind die folgenden von größerer Bedeutung:

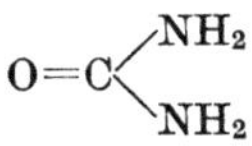
Harnstoff

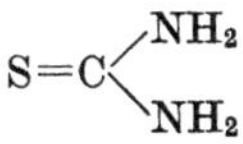
Thioharnstoff

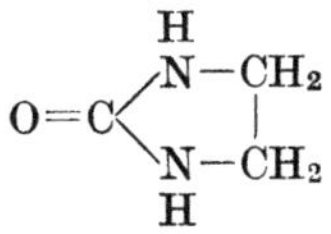
Äthylenharnstoff (Imidazolidon)

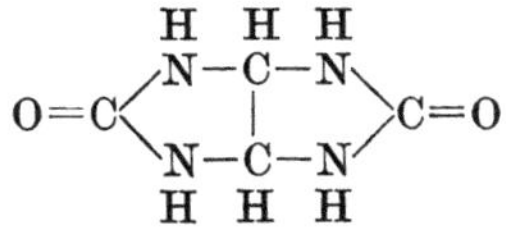
Azetylendiharnstoff (Glyoxaldiurein)

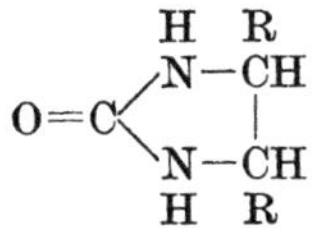
$R = H, -CH_3, -C_5H_5$ usw.

Imidazolidone

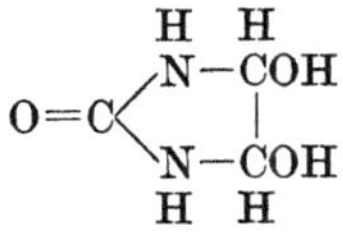
Glyoxalmonourein

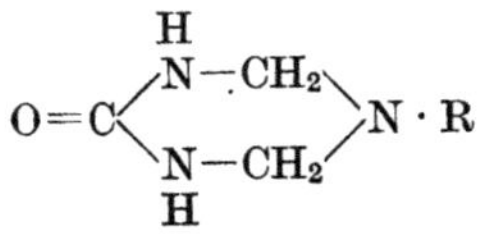

Triazone

R = H, OH, Alkyl oder Oxyalkyl

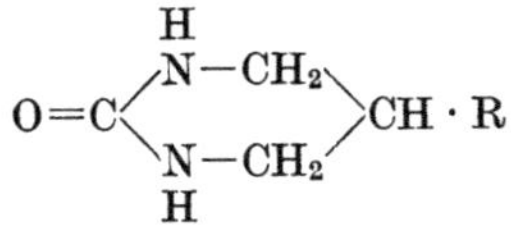

Pyrimidinone

R = H, OH, Alkyl oder Oxyalkyl

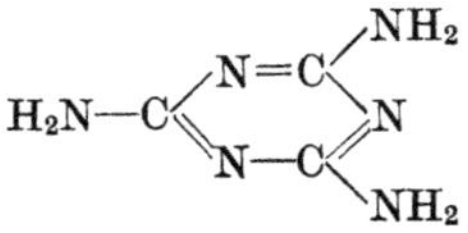

Melamin

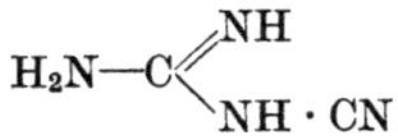

Dicyandiamid

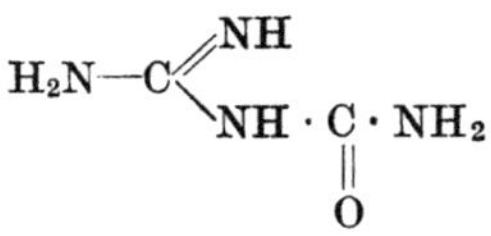

Dicyandiamidin

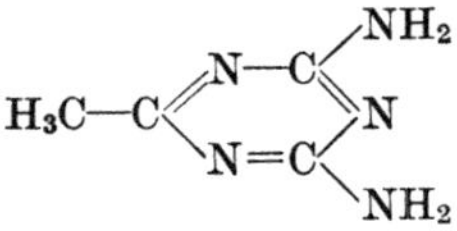

Acetoguanamin

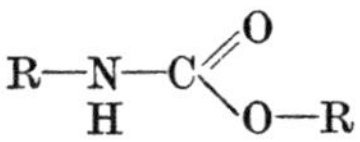

Urethane

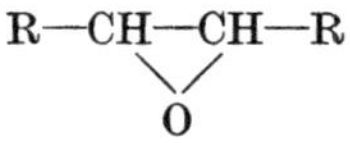

Epoxyde

R = Alkyl, Aryl u. a.

R—O—$[CH_2]_n$—O—R

Acetale

R = Alkyl, Aryl u.a.

Untersuchungsgang[1]

Vorreinigung. Etwa 3 g des zu untersuchenden Fasermaterials werden zuerst am Rückflußkühler mit 50 ml reinem Methyl- oder Äthylalkohol 5 Min. lang extrahiert, darauf 5 Min. mit derselben Menge dest. Wasser von 60 bis 70°C behandelt und schließlich mit 50 ml kaltem dest. Wasser nachgespült. Wenn keine störenden Weichmacher auf der Faser vorliegen, was man aber normalerweise nicht weiß, kann die Vorreinigung auch unterbleiben.

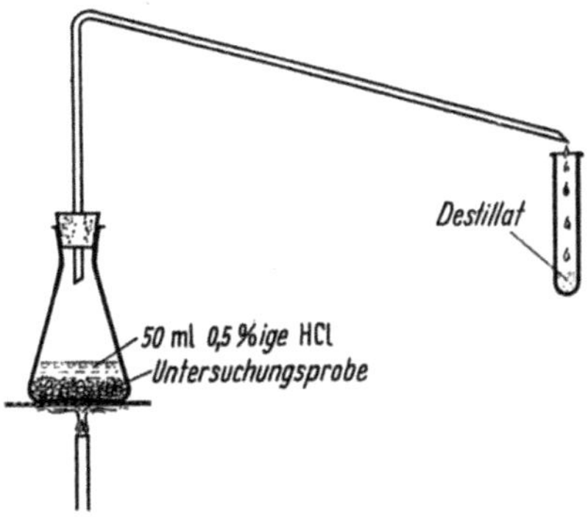

Abb. 33. Ablösen des Kunstharzes von der Faser

Ablösen der Kunstharze von der Faser. Die vorgereinigte Untersuchungsprobe wird in einem Erlenmeyerkolben mit einfacher Destilliervorrichtung (s. Abb. 33) mit etwa 50 ml ungefähr 0,5%iger Salzsäure zum leichten Sieden erhitzt, so daß innerhalb 30 Min. etwa 10 ml Destillat übergehen. Das Destillat dient zur Prüfung auf Formaldehyd oder andere

[1] Durchführung der Reaktionen vielfach nach R. Aenishänslin, CIBA-Broschüre „Appreturanalyse“.

flüchtige Aldehyde; im Säureextrakt prüft man nach dem Abfiltrieren und Abkühlen, evtl. auch vorherigem Entfärben durch Aufkochen mit aktiver Kohle, auf die an die Aldehyde oder auch das Fasermaterial gebundenen Substanzen.

Untersuchung des Destillates[1].

1) *Schiffsche Reaktion.* 2 bis 3 ml des Destillates setzt man wenige Tropfen Schiff'sches Reagens (Ansatz s. S. 145) zu. Bei Gegenwart von Formaldehyd und Glyoxal entsteht eine rotviolette, bei Gegenwart von Azetaldehyd eine blauviolette Färbung.

2) *Chromotropsäurereaktion.* 2 bis 3 ml 72%ige Schwefelsäure versetzt man mit einigen Tropfen des Destillates, gibt ein paar Körnchen Chromotropsäure zu und kocht einige Zeit auf. Ist Formaldehyd zugegen, so beobachtet man eine intensive Rotviolettfärbung. Sehr empfindliche Reaktion (s. a. S. 146). Auf Glyoxal spricht das Reagens nicht an und auf Azetaldehyd nur in sehr konzentrierten Lösungen, wobei eine Rot- bis Braunfärbung auftritt.

Ansatz der 72%igen Schwefelsäure: 15 ml konz. H_2SO_4 + 10 ml Wasser.

3) *Carbazol/Schwefelsäure-Reaktion.* Die Lösung von einigen Körnchen Carbazol in etwa 2 ml konz. Schwefelsäure wird mit ungefähr 1 ml des Destillates vorsichtig (Schräghalten des Reagenzglases) überschichtet. In der Schichtzone sind folgende Farbtöne zu beobachten:

Formaldehyd	tiefes Dunkelblau
Azetaldehyd	rotbraun
Glyoxal	grünstichiges Dunkelblau

Das Reagens ist nur wenige Minuten haltbar und daher immer frisch anzusetzen.

Untersuchung des Säureextraktes

1. *Nitritreaktion.* (Nachweis von Harnstoff, Thioharnstoff, Dicyandiamidin, Glyoxalurein). Etwa 5 ml des Säureextraktes werden im Reagenzglas mit 1 ml konz. Salzsäure und 2 bis 3 Tropfen einer etwa 0,1 n-Natriumnitritlösung versetzt. Von dieser Lösung tüpfelt man alle 3 Min. auf KJ-Stärkepapier und beobachtet die Tiefe der auftretenden Blaufärbung *sofort* nach dem Auftropfen. Bei Vorhandensein von Harnstoff, Thioharnstoff, Dicyandiamidin u. Glyoxalurein wird die Farbreaktion immer schwächer und bleibt schließlich ganz aus. Tritt innerhalb 15 Min. keine Abschwächung der Blaufärbung ein, ist die Reaktion als negativ zu bewerten.

Charakteristisch für die genannten Substanzen ist außerdem eine Gasentwicklung (Bildung von Stickstoff), die sich hauptsächlich an der Glaswand bemerkbar macht. Ist die Nitritreaktion positiv, ohne daß diese Gasentwicklung auftritt, so handelt es sich um leicht nitrosierbare Imidazolidone oder Pyrimidinone. Weitere Identifizierung siehe unter 8. Nitrosoreaktionen.

---

[1] Zu beachten ist, daß mit Formaldehyd nachbehandelte substantive Färbungen ebenfalls eine positive Formaldehydreaktion geben.

2. *Ehrlichsche Reaktion.* (Nachweis von Harnstoff, Imidazolidonen u. Triazonen). Einige Tropfen des Säureextraktes gibt man auf Filterpapier und läßt sie bei mäßiger Temperatur (nicht über 50 °C) eintrocknen. Darauf wird das Filterpapier beidseitig mit Ehrlichs Reagens besprüht. Bei Vorhandensein von Harnstoff, Imidazolidonen und Triazonen entstehen gelbe Flecken. AENISHÄNSLIN trifft folgende Unterscheidung:

a) sofortige Bildung leuchtend gelber Flecken = Imidazolidone
b) blaßgelbe Flecken nach einigen Minuten = Harnstoff
c) allmähliche und weniger deutliche Reaktion bei Aminen, Triazonen und anderen heterocyclischen Substanzen, die primäre oder sekundäre Aminogruppen enthalten.

Ehrlichs Reagens: 1 g p-Dimethylaminobenzaldehyd aufgelöst in 100 ml 2n-Salzsäure.

3. *Hypochloritreaktion* (Nachweis von Harnstoff, Thioharnstoff, Acetoguanamin u. Melamin).

a) In alkalischem Medium: 3 bis 5 ml des Säureextraktes werden mit mindestens 10%iger Natronlauge alkalisch gestellt und mit 5 Tropfen konz. Natriumhypochloritlösung versetzt.

Harnstoff und Thioharnstoff: Gasentwicklung, bei Thioharnstoff evtl. auch Abscheidung von kolloidalem Schwefel.

Melamin und Acetoguanamin: keine Gasentwicklung, bei längerem Stehenlassen Gelb- bis Braunfärbung.

b) In saurem Medium: Zu 3 bis 5 ml des Säureextraktes gibt man 1 ml Essigsäure 40%ig sowie 5 Tropfen konz. Natriumhypochloritlösung und schüttelt kräftig um.

Harnstoff u. Thioharnstoff: wie in alkalischer Lösung.
Melamin und Acetoguanamin: weißer Niederschlag oder weiße Trübung.

4. *Kupfersulfatreaktion* (Nachweis von Thioharnstoff). Zu 3 bis 5 ml des Säureextraktes gibt man 1 ml 10%ige Kupfersulfatlösung und erwärmt auf etwa 80 °C. Ist Thioharnstoff zugegen, so beobachtet man eine blaßgrüne Trübung oder Fällung von Kupferthioharnstoff-Verbindungen.

5. *Silbernitratreaktion* (Nachweis von Thioharnstoff). Etwa 3 ml des Säureextraktes werden mit konz. Ammoniaklösung alkalisch gestellt und mit einigen Tropfen verdünnter Silbernitratlösung versetzt. Bei Anwesenheit von Thioharnstoff entsteht ein schwarzer Niederschlag von Silbersulfid.

6. *Ninhydrinreaktion* (Nachweis von Triazonen und primären Aminen). Einige Tropfen des Säureextraktes bringt man auf Filterpapier, läßt sie bei mäßiger Temperatur (nicht über 50°C) eintrocknen, besprüht das Papier beidseitig mit Ninhydrinreagens und erhitzt es dann etwa 2 Min. im Trockenschrank auf 100 °C. Bei Triazonen und primären Aminen treten mehr oder weniger intensive, violette Farbflecken auf. Reaktionen des Ninhydrins mit Eiweiß s. S. 252, Ninhydrin-Sprühreagens: Ansatz s. S. 284.

7. *Pikrinsäurereaktion* (Nachweis von Melamin). Etwa 3 ml des Säureextraktes werden mit einigen Tropfen einer 10%igen Natriumazetatlösung abgestumpft und dann mit 5 Tropfen 1%iger Pikrinsäurelösung versetzt. Enthält die Lösung Melamin, so tritt eine Trübung oder ein Niederschlag auf.

8. *Nitrosoreaktionen* (Nachweis von Imidazolidonen u. Pyrimidinonen) Imidazolidone und Pyrimidinone geben eine positive Nitritreaktion, allerdings ohne die für Harnstoff, Thioharnstoff usw. typische Gasentwicklung. Sie werden dabei nitrosiert und geben dann die nachstehenden Reaktionen. Zur Prüfung verwendet man die Lösung nach Durchführung der Nitritreaktion.

a) *Nitrophenolreaktion nach Liebermann.* Zu 1 ml der Prüflösung gibt man 0,5 g Phenol, erwärmt bis zur Verflüssigung des Phenols und versetzt mit 3 ml konz. Schwefelsäure. Nach 2 bis 3 Min. langem Einwirken gießt man die Lösung auf Eis und überschüttet vorsichtig mit konz. Natronlauge. Bei Gegenwart von Imidazolidonen oder Pyrimidinonen entstehen violett bis tiefblau gefärbte Indophenole.

b) *Diphenylamin/Schwefelsäure-Reaktion.* Man löst ein paar Körnchen Diphenylamin in 2 bis 3 ml konz. Schwefelsäure und überschichtet die Lösung vorsichtig (Reagenzglas schräg halten) mit der Prüflösung. Intensive Blaufärbung in der Schichtzone ist spezifisch für Imidazolidone und Pyrimidinone.

Oxydationsmittel geben dieselbe Reaktion, und es ist daher zweckmäßig, den Säureextrakt auch *vor* der Nitritreaktion zu prüfen.

Papierchromatographische Bestimmung von Kunstharzausrüstungen*

Liegen Kombinationen verschiedener Kunstharze und vor allem Reaktantharze vor, so eignet sich der papierchromatographische Nachweis im allgemeinen besser als die chemischen Reaktionen. Zur Untersuchung wird auch wieder der Säureextrakt verwendet. Wichtig ist, daß die Kunstharze völlig, d. h. bis zu den Grundsubstanzen, hydrolysiert werden. Gleichzeitig ist der abgespaltene Formaldehyd zu entfernen, da sich sonst das Kunstharz in der Lösung teilweise zurückbildet und die Substanz dann beim Chromatographieren nicht mehr wandert.

Weichmacher und Appreturmittel müssen, wie im vorangehenden Abschnitt beschrieben, durch Vorreinigung ebenfalls entfernt werden.

Vorreinigung. Etwa 3 g des zu untersuchenden Gewebes werden am Rückflußkühler zuerst 5 Min. mit 50 ml Tetrachlorkohlenstoff, darauf 5 Min. mit 50 ml Methyl- oder Äthylalkohol extrahiert, dann 5 Min. mit derselben Menge warmem dest. Wasser (60 bis 70 °C) behandelt und schließlich mit kaltem Wasser nachgewaschen.

---

* *Neuere Literatur*

1 Pfaff, R. H.: Melliand Textilber. **40** (1959) 802.
2 Meckel, L., u. H. Milster: Textil-Rsch. **16** (1961) 593 u. **17** (1962) 485.
3 Brown, I. C.: J. Soc. Dyers and Col. **80** (1964) 185.
4 Aenishänslin, R.: Broschüre Appreturanalyse der CIBA, Basel.

Falls die Untersuchungsprobe optisch aufgehellt ist, empfiehlt sich zur Ablösung der Aufhellersubstanz noch eine zusätzliche 10minutige Behandlung mit Dioxan/Wasser 1 : 1.

Ablösen der Harze und Entfernung des Formaldehyds. Die vorgereinigte, gut zerkleinerte Untersuchungsprobe wird am Rückflußkühler 2 Stunden lang mit etwa 50 ml 0,5 bis 1%iger Salzsäure leicht gekocht, der Säureextrakt dann filtriert und das Filtrat zur weiteren Hydrolyse und vor allem zur Entfernung des Formaldehyds einer Wasserdampfdestillation unterworfen. (siehe Abb. 34). Hierbei ist darauf zu achten, daß ein kräftiger Dampfstrom hindurchgeleitet wird und das Volumen des Säurehydrolysates am Schluß noch 30 bis 40 ml beträgt.

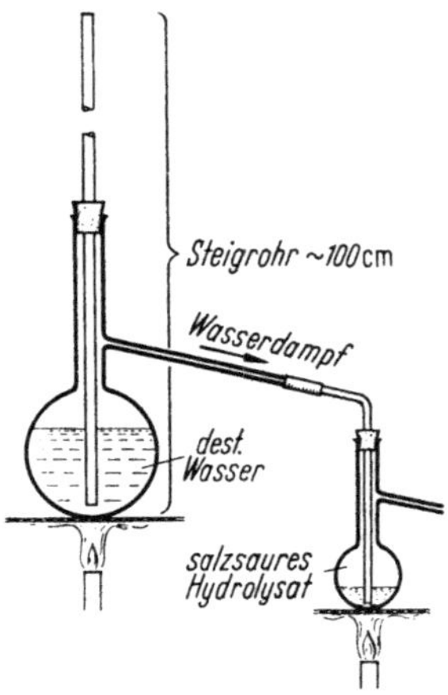

Abb. 34
Totalhydrolyse des Kunstharzes und Entfernung des Formaldehyds durch Wasserdampfdestillation

Wenn im Destillat kein Formaldehyd mehr nachgewiesen werden kann, was nach 30 bis 60 Min. der Fall ist, wird das Hydrolysat heiß filtriert und nach dem Abkühlen mit 10%iger Natronlauge genau neutralisiert.

Die chromatographische Trennung. Zum Chromatographieren werden 10 ml des neutralisierten Hydrolysats auf etwa 1 ml eingedampft und dann 3 bis 5 mm^3 davon, d. h. etwa 1 Tropfen, auf das Papier aufgetragen (Startpunkt). Zur Trennung der Kunstharzhydrolysate eignen sich alle Ausführungsformen der Papierchromatographie, also die aufsteigende, die absteigende und die Rundfilter-Methode. Näheres über die Durchführung, die verwendeten Papiersorten usw. s. S. 42. Besonders aufschlußreich sind meist zweidimensionale Diagramme (s. Abb. 35), wobei man in zwei Richtungen und mit zwei verschiedenen Fließmitteln arbeitet.

Fließmittel. Sehr bewährt hat sich eine Mischung aus

3 Volumteilen n-Butanol
1 Volumteil Äthanol und
1 Volumteil dest. Wasser.

Für zweidimensionale Diagramme kommen auch noch folgende Gemische in Frage:

7 Volumteile n-Butanol
2 Volumteile Tetrahydrofuran
1 Volumteil dest. Wasser

oder

145 Volumteile Azeton
40 Volumteile Methylenchlorid
15 Volumteile dest. Wasser.

Entwicklung der Chromatogramme. Nach Beendigung der chromatographischen Trennung befinden sich die Kunstharzbildner an verschiedenen Stellen auf dem Papier. Da die Substanzen durchweg farblos sind, müssen sie durch Besprühung mit einem geeigneten Reagens (Sprüher s. Abb. 7) erst einmal „entwickelt", d. h. sichtbar gemacht werden. Sprühreagenzien s. w. u.

Auswertung der Chromatogramme. Die Auswertung der entwickelten Chromatogramme erfolgt durch Vergleich mit bekannten Substanzen, die man ebenfalls chromatographiert, und außerdem durch Bestimmung der R_F-Werte. Als Testgemische empfiehlt AENISHÄNSLIN die folgenden:

a) Melamin + Harnstoff + Äthylenharnstoff
b) Melamin + Azetylendiharnstoff + Glyoxalmonourein
c) Melamin + Acetoguanamin + Thioharnstoff

Konzentration der Testlösungen:

Azetylendiharnstoff	0,1 g in 100 ml dest. Wasser
Melamin	0,3 g in 100 ml dest. Wasser
übrige Testsubstanzen	1,0 g in 100 ml dest. Wasser.

Auf Triazone als Testsubstanzen kann verzichtet werden, da sie bei der Wasserdampfdestillation sowieso in das betreffende Amin, Formaldehyd und Harnstoff aufgespalten werden.

Musterbeispiel für ein Chromatogramm („Papyrogramm") wichtiger Kunstharzgrundsubstanzen s. Abbildung 35.

Fließmittel in der 1. Laufrichtung: 3 Volumteile n-Butanol + 1 Volumteil Äthanol + 1 Volumteil dest. Wasser

Fließmittel in der 2. Laufrichtung: 145 Volumteile Azeton + 40 Volumteile Methylenchlorid + 15 Volumteile dest. Wasser.

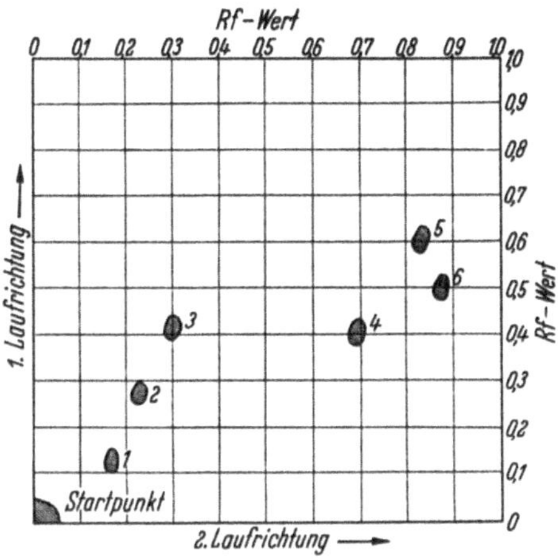

Abb. 35. Zweidimensionales Papyrogramm
1 Melamin; *2* Azetylendiharnstoff; *3* Glyoxalmonourein; *4* Harnstoff; *5* Äthylenharnstoff; *6* Thioharnstoff

Sprühreagenzien

o-Tolidinreagens: 1 g farbloses o-Tolidinchlorhydrat wird in einer Mischung aus 100 ml dest. Wasser und 1 ml konz. Salzsäure gelöst. Das Reagens ist lange haltbar.

Entwicklung: Das trockene Chromatogramm wird mit Wasserdampf möglichst gleichmäßig befeuchtet und in ein mit Chlorgas gefülltes Gefäß gebracht. Amine werden dadurch in Chloramine übergeführt (s. a. Nachweis von Eiweiß mit der Chloramin/Benzidinblau-Reaktion auf S. 254). Nach etwa 5 Min. nimmt man das Papier wieder heraus und läßt es $^1/_2$ Std. an der Luft hängen, um das überschüssige Chlor zu entfernen. Darauf wird beidseitig möglichst fein mit dem Tolidinreagens besprüht. Die Farbe der entstehenden Flecken ist sehr verschieden (braun-grün-blau), aber für die einzelnen Kunstharzkomponenten charakteristisch. Da die Flecken im Verlauf einiger Stunden wieder verblassen, werden sie nach dem Trocknen des Papiers mit Bleistift umrandet und ausschraffiert.

Ehrlichsches Reagens: 1 g reines, im Vakuum dest. p-Dimethylaminobenzaldehyd wird in 100 ml 10%iger Salzsäure gelöst. In dunkler Flasche aufbewahrt, ist das Reagens längere Zeit haltbar.

Entwicklung: Das trockene Chromatogramm wird möglichst fein und gleichmäßig mit dem Reagens besprüht und dann zwischen Filterpapier getrocknet, wobei gelbe Flecken entstehen. Unterschiede:

sofort kräftig gelb . . . . Imidazolidone
innerhalb weniger Minuten gelb . . Harnstoff
allmähliche Gelbfärbung . . . . . Triazone und Amine

Alkal. Nitroprussidnatriumlösung (nach Meckel und Milster): Mischung aus 10 ml einer 10%igen Nitroprussidnatriumlösung mit 20 ml 5%iger Natronlauge.

Entwicklung: Das getrocknete Chromatogramm wird beidseitig besprüht und anschließend sofort mit Warmluft getrocknet. Die Farbe der Flecken ist sehr unterschiedlich, aber jeweils charakteristisch.

Ninhydrinreagens: 0,2 g reines Ninhydrin werden in einer Mischung aus 120 ml n-Butanol und 5 ml 10%iger Essigsäure gelöst. Das Reagens wird in dunkler Flasche aufbewahrt und ist dann einige Zeit haltbar.

Entwicklung: Das trockene Chromatogramm wird beidseitig mit dem Reagens besprüht, getrocknet und 1 bis 2 Min. auf 100 bis 105 °C erhitzt. Bei Gegenwart von Triazonen und primären Aminen entstehen violette Farbflecken.

Merkurinitratlösung: 5 g Merkurinitrat werden in 100 ml dest. Wasser gelöst.

Entwicklung: Das trockene Chromatogramm wird beidseitig mit dem Reagens besprüht, dann läßt man es 15 Min. zwischen Filterpapier liegen und spült es schließlich 6mal je etwa 3 Min. lang mit viel dest. Wasser aus. Dem letzten Spülwasser setzt man einige Milliliter einer 10%igen Natriumsulfidlösung zu. Bei Vorhandensein von Thioharnstoff, Melamin, Acetoguanamin, Glyoxaldiurein, Glyoxalmonourein, Dicyandiamid und Dicyandiamidin entstehen schmutzigbraune bis braunschwarze Flecken.

Bestimmung der Kunstharze durch Dünnschichtchromatographie. Bei der Dünnschichtchromatographie handelt es sich um eine Mikromethode, die sich neben der Papierchromatographie und der Säulenchromatographie zur Untersuchung von Farbstoffen, optischen Aufhellern, Tensiden, Kunststoffen und auch Kunstharzhydrolysaten gut bewährt hat.

Im Vergleich zu der Papierchromatographie weist sie einige bemerkenswerte Vorzüge auf, und zwar

kürzere Laufzeiten und damit geringeren Zeitaufwand, schärferen Trenneffekt,
Möglichkeit der Anwendung auch aggressiver Chemikalien bei der Entwicklung der Chromatogramme,
noch geringere Substanzmengen.

Im Gegensatz zur Säulenchromatographie wird bei der Dünnschichtchromatographie das Adsorptionsmittel angeteigt und in dünner Schicht auf eine Glasplatte aufgetragen. Als Adsorptionsmittel eignen sich Kieselgel G, Kieselgur G und Aluminiumoxyd G von der Fa. Merck, Darmstadt.

Durchführung[1]. 2 g Kieselgur werden mit 4 ml dest. Wasser angerührt und auf gut gereinigten Glasplatten (Größe 6 × 12 cm) verstrichen. Um eine gleichmäßige, 0,5 bis 0,6 mm dicke Schicht zu erhalten,

---

[1] L. Meckel, H. Milster u. U. Krause: Textilchemische Prüfungen mit Hilfe der Dünnschichtchromatographie Textil-Praxis **16** (1961) 1032. Geräte zur Durchführung der Dünnschichtchromatographie liefert die Fa. Desaga, Heidelberg.

werden die bestrichenen Platten in waagrechter Lage leicht geklopft, wodurch sich der dünne Brei gut verteilt. Die zum Anteigen benötigte Wassermenge ist bei den einzelnen Adsorptionsmitteln etwas verschieden[1]. Das Trocknen der bestrichenen Platten geschieht an der Luft, evtl. auch zusätzlich im Trockenschrank bei 105 bis 110 °C.

Auftragen der Untersuchungssubstanz. Dies geschieht in ähnlicher Weise wie bei der Papierchromatographie. Startpunkt 1 bis 1,5 cm vom unteren Rand entfernt. Die Startlinie wird durch Einritzen markiert. Zur Erhöhung der Trennschärfe sollen die Flecken möglichst klein sein. Die Substanz kann auch in mehreren Portionen aufgetragen werden, wobei dazwischen immer wieder mit dem Föhn getrocknet wird.

Trennung. Die getrockneten Platten werden in ein Glasgefäß mit 10 bis 15 ml Fließmittel gebracht und aufsteigend chromatographiert. Die Laufzeit richtet sich nach dem Adsorptionsmittel, dem Fließmittel und der Schichtdicke. Bei einer Lauflänge von 10 cm beträgt sie im allgemeinen 20 bis 120 Min.

Als Fließmittel eignet sich u. a. eine Mischung aus 90 Teilen Methanol und 10 Teilen Eisessig.

Nach dem Chromatographieren werden die Platten liegend mit Warmluft getrocknet und u. U. auch noch im Trockenschrank auf Temperaturen von 105 bis 110°C erhitzt.

Entwicklung des Chromatogramms und Auswertung erfolgen wie bei der Papierchromatographie. Als Sprühreagenzien haben sich die nachstehenden gut bewährt.

Alkalische Ferricyanid/Nitroprussidnatrium-Lösung: Gleiche Volumteile 10%iger Lösungen von Kaliumferricyanid, Nitroprussidnatrium und Natronlauge werden miteinander gut vermischt.

Entwicklung: Nach dem Besprühen 10 Min. auf 110 °C erwärmen und dann HCl-Dämpfen aussetzen.

Ehrlichsches Reagens: 1 g reines, im Vakuum destilliertes p-Dimethylaminobenzaldehyd aufgelöst in 100 ml 96%igem Äthanol.

Entwicklung: Besprühen und anschließend HCl-Dämpfen aussetzen.

Ninhydrinreagens: 0,2 g reines Ninhydrin in 95 ml Methanol auflösen und 5 ml Collidin zusetzen.

Entwicklung: Besprühen und anschließend auf 80 °C erwärmen.

Nachweis von Kunstharzausrüstungen auf dem Gewebe

Wenn keine nähere Identifizierung der Kunstharzkomponenten erforderlich ist, können Harnstoff- bzw. Melamin/Formaldehyd-Kunstharze in nachstehender Weise auch direkt auf dem Gewebe nachgewiesen werden.

I. Formaldehydnachweis. *a) Chromotropsäurereaktion:* Das zu untersuchende Gewebe wird in eine Lösung von einigen Körnchen Chromotropsäure in 25 ml 72%ige Schwefelsäure (Herstellung: 15 ml konz. Schwefelsäure + 10 ml dest. Wasser) eingelegt und die Lösung ganz langsam leicht erwärmt. Bei Gegenwart von Formaldehyd tritt eine rotviolette Färbung auf.

---

[1] S. Merkblatt der Fa. Merck, Darmstadt.

b) *Tüpfelreaktion mit Phenylhydrazin-Ferrichlorid:* Durch Betupfen mit Phenylhydrazinlösung erzeugt man auf dem zu prüfenden Gewebe einen markstückgroßen Fleck, läßt etwa 30 Sek. einwirken und betupft dann den Fleck mit 10%iger Ferrichloridlösung. Ist Formaldehyd enthalten, färbt sich der Fleck kräftig rot, und zwar bei Carbamidharzen nach etwa 30 Sek., bei Melaminharzen nach 2 bis 3 Min.

Phenylhydrazinlösung: 2 g Phenylhydrazin, aufgelöst in einer Lösung von 1 Volumteil konz. Schwefelsäure in 3 Volumteilen dest. Wasser.

2. *Nachweis von Harnstoff/Formaldehyd-Harz.* Ein kleiner Abschnitt des Gewebes wird in „Harnstoff-Reagens" eingelegt und die Lösung leicht erwärmt. Bei Vorhandensein von Harnstoff, Thioharnstoff und deren Abkömmlingen färben sich Gewebe und Lösung rotbraun. Melaminharze geben diese Reaktion nicht.

Das Reagens ist nur 2 bis 3 Std. haltbar und wird daher am besten immer frisch angesetzt.

Harnstoffreagens: 20 ml Azeton
20 ml dest. Wasser
10 ml konz. Salzsäure (d = 1,163)
1 ml Furfurol

3. Nachweis von Melamin/Formaldehyd-Harz. Das zu prüfende Gewebe wird in eine konz. Natriumhypochloritlösung eingelegt. Melaminharze bewirken eine Gelb- bis Braunfärbung. Harnstoff/Formaldehyd-Harze geben diese Reaktion nicht.

Quantitative Bestimmung des Kunstharzgehaltes

Die quantitative Bestimmung geschieht durch Behandlung des Fasermaterials mit heißer verdünnter Salzsäure. Die Kunstharze werden dadurch zerstört und gehen in Lösung. Zu beachten ist, daß bei sehr säurebeständigen Reaktantharztypen u. U. nicht alles abgelöst wird. In der DIN-Vorschrift 54277 spricht man deswegen nicht von der „Bestimmung des Kunstharzgehaltes", sondern der „Bestimmung des mit Salzsäure abziehbaren Anteils". Außer den Kunstharzen können aber auch noch andere auf der Faser befindliche Substanzen (Avivagen, Appreturen, auch Faserbestandteile) mit in Lösung gehen.

Durchführung: Etwa 2 g der lufttrockenen Untersuchungsprobe werden im Trockenschrank 2 Std. lang auf eine Temperatur von 105 ± 2 °C erhitzt und nach 2stündigem Abkühlen im Exsikkator (dabei Wägegläschen verschließen) genau abgewogen. Die getrocknete Probe wird in einen 250 ml-Kolben mit Rückflußkühler gegeben, mit 100 ml 0,06 n Salzsäure (5 ml konz. Salzsäure mit dest. Wasser zu 1 l gelöst) übergossen und auf dem siedenden Wasserbad 30 Min. erhitzt. Dann wird durch ein Glasfilter (1 G 1 oder 1 G 2) filtriert, die Probe in einem Becherglas oder *Erlenmeyer*-Kolben säurefrei gewaschen (Prüfung mit Indikatorpapier), wieder in das Glasfilter übergeführt und nach 4-stündigem Trocknen bei 105 ± 2 °C und 2stündigem Abkühlen im Exsikkator nochmals gewogen.

Berechnung

$$\text{Mit Salzsäure abziehbarer Anteil in \%} = \frac{(a - b) \cdot 100}{a}$$

Hierin bedeuten:

a = Gewicht der absolut trockenen Probe vor der HCl-Behandlung
b = Gewicht der absolut trockenen Probe nach der HCl-Behandlung

Bestimmung des Formaldehydgehaltes

1. Maßanalytisch. a) Hydroxylaminverfahren[1]. Das Verfahren beruht auf der Umsetzung des Formaldehyds mit Hydroxylaminchlorhydrat, wobei sich ein Oxim bildet und eine äquivalente Menge Salszäure in Freiheit gesetzt wird. Die letztere wird dann mit n/10-NaOH titriert.

Reaktionsvorgänge:

$$HCHO + NH_2OH \cdot HCl = \underset{\text{Oxim}}{H{-}\overset{\displaystyle H}{C}{=}NOH} + HCl + H_2O.$$

Das Hydroxylaminverfahren ist in der von Weltzien beschriebenen Form für die Bestimmung des Formaldehyds in quellfest ausgerüstetem Fasermaterial ausgearbeitet worden. Die Untersuchungsprobe wird hierbei in einer Druckflasche mit verdünnter Salzsäure bei 110 °C 1 Std. lang aufgeschlossen, das Hydrolysat dann filtriert und das Filtrat schließlich mit Natronlauge neutralisiert, mit Hydroxylaminchlorhydrat versetzt und die frei gewordene Salzsäure titriert. Bei Kunstharzappreturen ist jedoch diese Arbeitsweise nicht zu empfehlen, da — wie eigene Versuche gezeigt haben — der Farbumschlag des Indikators beim Neutralisieren in gewissen Fällen so „ziehend" erfolgt, daß die Genauigkeit des Verfahrens nicht mehr befriedigt. Dasselbe gilt auch für das von Pieper beschriebene Verfahren, bei welchem die Gewebeprobe 1 Std. am Rückflußkühler gekocht und die Bestimmung des Formaldehyds auch im Filtrat vorgenommen wird. Bei genaueren Analysen ist stets — zumindest bei Kunstharzausrüstungen — der Formaldehyd vorher mit Wasserdampf abzudestillieren. Weiterhin ist zu berücksichtigen, daß eine restlose Abspaltung des Formaldehyds nur bei weitgehender Zerstörung des Fasermaterials möglich ist. Nachstehende Arbeitsweise trägt diesen Anforderungen Rechnung.

Arbeitsweise. Etwa 4 g der in kleine Stücke geschnittenen und bei 105 °C bis zur Gewichtskonstanz getrockneten Probe werden in einem verschlossenen Kolben 12 Std. lang — am einfachsten über Nacht — in 25 bis 30 ml konz. Salzsäure eingelegt. Den Kolbeninhalt bringt man darauf unter Nachspülen mit etwa 30 ml Wasser in den Destillierkolben und destilliert den Formaldehyd mit Wasserdampf (sehr gut geeignet ist die Schottsche Kjeldahlapparatur) ab. Wenn im Destillat kein Formaldehyd mehr nachgewiesen werden kann (Prüfung mit Chromotropsäure oder Carbazol/Schwefelsäure, s. S. 146), was nach etwa 45 Min. der Fall sein wird, setzt man dem gesamten Destillat einige Tropfen Methylorange zu und neutralisiert anfangs mit starker und gegen Ende mit n/10-Natronlauge. Darauf gibt man 10 ml einer gegen

[1] Weltzien, W.: Zellwolle-Kunstseide-Seide **47** (1942) 197.

Methylorange ebenfalls neutralisierten 10%igen Hydroxylaminchlorhydratlösung zu, schüttelt gut durch, läßt 10 Min. stehen und titriert schließlich die frei gewordene Salzsäure mit n/10-Natronlauge.

1 ml n/10-Natronlauge entspricht 3 mg Formaldehyd.

b) Natriumsulfitverfahren. Prinzip: Man setzt der Formaldehydlösung Natriumsulfit zu, wodurch sich Formaldehydbisulfit bildet und eine äquivalente Menge Natronlauge frei wird.

Reaktionsvorgang:

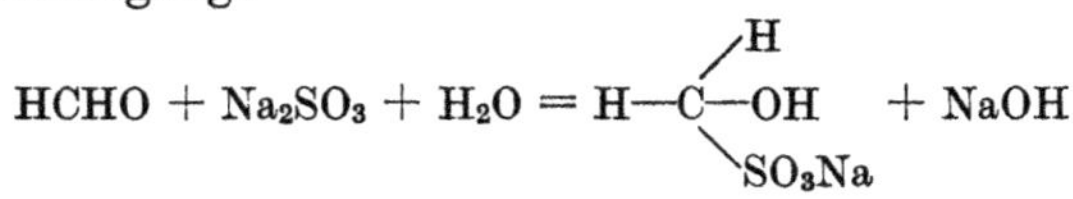

Formaldehydbisulfit

Durchführung. Man verfährt wie unter a) beschrieben und setzt dem mit Natronlauge neutralisierten Destillat 25 ml einer gegen Methylorange ebenfalls neutral gestellten, 10%igen Natriumsulfitlösung zu. Die ausgeschiedene Natronlauge wird mit n/10-Schwefelsäure titriert.

1 ml n/10-Schwefelsäure entspricht 3 mg Formaldehyd.

Bemerkungen: Das Hydroxylaminverfahren ist dem Natriumsulfitverfahren hinsichtlich Genauigkeit wegen des exakten Farbumschlags etwas überlegen.

2. Gravimetrisch[1]. Zur gravimetrischen Bestimmung des Formaldehyds eignet sich vor allem das *Dimedon* (5-Dimethyl-1,3-cyclohexandion oder 5-Dimethyldihydroresorzin), welches mit dem Formaldehyd in folgender Weise reagiert:

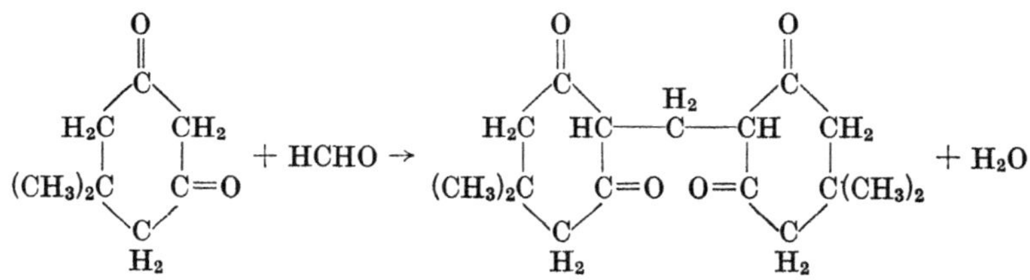

Dimedon Unl. Niederschlag

Durchführung. Der Formaldehyd wird, wie unter 1a) beschrieben, abgespalten und überdestilliert. Das Destillat gibt man in einen 500 ml-Meßkolben und füllt bis zur Marke auf. Zur Bestimmung werden 100 ml entnommen, mit verdünnter Sodalösung gegen Lackmuspapier schwach alkalisch gestellt und dann mit wenigen Tropfen verdünnter Essigsäure angesäuert. Darauf gibt man eine ausreichende Menge Dimedonlösung (s. w. u.) zu, erhitzt, hält 1 Min. im Sieden, läßt abkühlen und dann 30 Min. stehen. Der ausgefallene Niederschlag wird abfiltriert (1 G 3-Glasfilter), dreimal mit je 10 ml kaltem Wasser auf dem Filter ausgewaschen und dann bei 110° bis zur Gewichtskonstanz getrocknet und gewogen.

Gewicht des Niederschlags · 0,103 = Gewicht des Formaldehyds.

Herstellung der Dimedonlösung. Zur Fällung dient eine Lösung von 1 g Dimedon in 200 ml destilliertem Wasser. 1 ml der Lösung enthält also 5 mg Dimedon. Sollte das Dimedon bei längerem Stehen aus dieser Lösung teilweise wieder auskristallisieren, so genügt ein leichtes Erwärmen, um die Kristalle wieder in Lösung zu bringen.

---

[1] TOBEL, G. ZUM, und F. VOGEL: Zellwolle-Kunstseide-Seide **46** (1941) 59.

Da gemäß obiger Reaktionsgleichung für 30 mg Formaldehyd 280 mg Dimedon benötigt werden, muß zur quantitativen Ausfällung des Formaldehyds mindestens die 10fache, besser die 15fache Menge an Dimedon zugegeben werden.

Bemerkungen. Die gravimetrische Bestimmung mit Dimedon ist bei sehr geringen Formaldehydgehalten exakter als die maßanalytischen Verfahren und eignet sich sehr gut auch als Mikromethode[1].

3. Kolorimetrisch. Kleinert und Bauer[2] haben die bekannte Farbreaktion des Formaldehyds mit Chromotropsäure zu einem quantitativen Bestimmungsverfahren ausgearbeitet. Die Hydrolyse wird mit starker Phosphorsäure durchgeführt und die Chromotropsäure gleichzeitig mit der Phosphorsäure zugegeben. Der Vorteil liegt darin, daß der in Freiheit gesetzte Formaldehyd sofort mit der Chromotropsäure reagieren kann.

Arbeitsweise. 25 mg des lufttrockenen Untersuchungsmaterials, dessen Trockengehalt in einer gesonderten Probe bestimmt wird, werden in ein Proberöhrchen (Durchmesser 12 mm, Länge 130 mm) eingewogen und mit 10 ml Phosphorsäure-Chromotropsäure-Gemisch (0,05 g Chromotropsäure aufgelöst in 100 ml 85%iger Phosphorsäure) übergossen. Das Gemisch wird unter anfänglichem Umschütteln eine Stunde lang bei 80° im Thermostaten erwärmt. Das Lösen des Zellulosematerials kann durch Zerteilen mit einem dünnen Glasstab beschleunigt werden. Nach einstündiger Einwirkung wird das rötlich-violett gefärbte Hydrolysat rasch abgekühlt, in einen 100 ml-Meßkolben übergeführt und darin mit destilliertem Wasser bis zur Marke aufgefüllt. Bei nichtmattierten, pigmentfreien Zellulosematerialien wird die verdünnte Lösung direkt kolorimetriert, bei mattierten bzw. pigmenthaltigen nach vorherigem Abfiltrieren oder Zentrifugieren der suspendierten Anteile. Die Messung der Lichtabsorption erfolgt in einem geeigneten photoelektrischen Kolorimeter, die Auswertung der Ergebnisse an Hand von Eichkurven.

Da die Kurven bei höheren Formaldehydgehalten etwas abflachen, empfiehlt es sich, in einem Konzentrationsbereich von weniger als 1 γ/ml[3] zu arbeiten. Unter 0,5 γ/ml macht sich bereits die Eigenfärbung des Reagens störend bemerkbar. Durch Vergleich mit einer Blindprobe kann diese jedoch weitgehend ausgeschaltet werden.

Sind bei gefärbten Untersuchungsproben die Hydrolysate infolge des Farbstoffgehaltes stark angefärbt, so muß der Formaldehyd nach 1a) abdestilliert und die kolorimetrische Bestimmung in einem aliquoten Teil des Destillats vorgenommen werden. Die Hydrolyse kann nach Kleinert und Bauer auch mit einer gesättigten Zinkchloridlösung bei 120 bis 130°C erfolgen, wobei der Formaldehyd schon nach 1 Std. restlos abgespalten sein soll.

Farbstoffuntersuchungen

Bei der Untersuchung von Farbstoffen in Substanz begnügt man sich in den Betriebslabors im allgemeinen mit der Prüfung auf Einheitlichkeit, d. h., ob es sich um einen einheitlichen Farbstoff oder ein Farbstoffgemisch handelt, und der Bestimmung der Farbstoffklasse in färbereitechnischer Hinsicht. Die Bestimmung der Farbstoffkonstitution überläßt man dagegen meist den Farbenfabriken.

---

[1] Agster, A.: Dissertation TH Stuttgart, 1946.
[2] Kleinert, Th. N., u. J. Bauer: Melliand Textilber. **35** (1954) 374 u. 868
[3] 1 $\gamma = 10^{-6}$ Gramm $= 10^{-3}$ Milligramm.

Prüfung auf Einheitlichkeit

a) *Blasprobe*. Man bläst den zu untersuchenden Farbstoff auf ein mit warmem Wasser — eventuell auch Alkohol, Benzol und dgl. — durchtränktes Filterpapier. Bei Vorliegen einer Farbstoffmischung treten verschiedenfarbige Flecken auf. Bläst man den Farbstoff auf konz. Schwefelsäure, die sich in einer weißen Porzellanschale befindet, so beobachtet man bei Farbstoffgemischen ebenfalls verschiedene Lösungsfarben.

Wurde die Farbstoffmischung nicht durch Vermahlen der Einzelfarbstoffe, sondern durch Eindampfen der gemeinsamen Lösung hergestellt, so versagt natürlich die Blasprobe. In diesem Falle führt man besser die nachstehenden Prüfungen durch.

b) *Fraktioniertes Lösen*. Die Methode beruht auf der unterschiedlichen Löslichkeit der einzelnen Farbstoffe in verschiedenen Lösungsmitteln. Man arbeitet meist mit Wasser und organischen Lösungsmitteln wie Äther, Methanol, Äthanol, Benzol usw. Auch Lösungsmittelgemische sind in vielen Fällen von Vorteil.

c) *Fraktioniertes Färben*. Man setzt mit dem zu untersuchenden Farbstoff ein normales Färbebad an (s. auch S. 291) und färbt darin 1 Probesträngchen 15 Min. lang. Dasselbe macht man nacheinander mit einem zweiten, dritten usw. Strängchen. Die ersten Strängchen färben sich hauptsächlich mit dem schneller aufziehenden, die letzten mit dem langsamer aufziehenden Farbstoff an. Bei Farbstoffen von gleichem oder ähnlichem Farbton ist diese Methode weniger brauchbar. Durch Variierung der Arbeitsbedingungen (Färbetemperatur, p_H-Wert des Bades usw.) sowie Verwendung verschiedenen Fasermaterials kann der Anwendungsbereich etwas erweitert werden.

d) *Kapillaranalyse*. Ein senkrecht aufgehängter Streifen Filtrierpapier wird mit dem unteren Ende 1 bis 2 cm tief in die Farbstofflösung eingetaucht. Durch die Kapillarwirkung des Papiers steigt die Farbstofflösung nach oben, und da das Kapillarisationsvermögen und damit auch die Steiggeschwindigkeit der einzelnen Farbstoffe nicht gleich ist, entstehen auf dem Papierstreifen verschieden gefärbte Zonen.

e) *Papierchromatographische Methode*. Auf Grund der unterschiedlichen Wanderungsgeschwindigkeit in organischen Lösungsmitteln können Farbstoffgemische auch auf papierchromatographischem Wege erkannt werden. Als Lösungsmittel eignen sich Methanol, Äthanol, Tetrahydrofuran, Äthylazetat u. a. Näheres s. S. 42.

f) *Chromatographische Adsorptionsanalyse*. Läßt man die Lösung eines Farbstoffgemisches durch eine Glasröhre laufen, die mit einem geeigneten Adsorptionsmittel (z. B. Kaolin, Aluminiumoxyd, Talkum oder Mischungen derselben) gefüllt ist, so werden die Farbstoffe je nach ihrer Konstitution verschieden stark adsorbiert. Sie dringen damit verschieden tief in die „Adsorptionssäule" ein, und es kommt zur Ausbildung verschiedenfarbiger Zonen. Die Methode ist sehr zuverlässig und erlaubt vielfach sogar die Isolierung einer größeren Menge der in der Mischung enthaltenen Einzelfarbstoffe.

In jüngster Zeit scheint sich ein ähnliches chromatographisches Verfahren, die Dünnschichtchromatographie, auch bei Farbstoffuntersuchungen immer mehr durchzusetzen. Das Adsorptionsmittel wird hierbei in dünner Schicht auf eine Glasplatte aufgetragen, und man spricht deswegen auch von einer „offenen“ Säulenchromatographie (s. auch S. 284).

Bestimmung der Farbstoffklasse

Prüfung auf Wasserlöslichkeit

Etwa 0,1 g des zu untersuchenden Farbstoffs werden mit 100 ml kochendem, dest. Wasser übergossen und das Ganze dann 1 Min. aufgekocht. Geht der Farbstoff in Lösung, so kann es sich um folgende Klassen handeln:

Substantive Farbstoffe, Diazotierungsfarbstoffe,
Chromierungs- und wasserlösliche Beizenfarbstoffe,
basische Farbstoffe, Dispersionsfarbstoffe (in kolloider Lösung),
Säurefarbstoffe, Chromkomplexfarbstoffe, Reaktivfarbstoffe und Leukoküpenfarbstoffester.
Auch die Färbesalze kann man hierzu zählen.

Schwefelfarbstoffe, welche das zur Reduktion erforderliche Alkali und Reduktionsmittel enthalten (z. B. Immedialleukofarbstoffe und Hydrosolfarbstoffe), gehen beim längeren Aufkochen mit Wasser ebenfalls in Lösung.

Ist der Farbstoff wasserunlöslich, so kommen folgende Klassen in Frage:

Küpenfarbstoffe — Schwefelfarbstoffe — Pigmentfarbstoffe — Lack- und Fettfarbstoffe — Färbebasen und Naphthole.

Zur weiteren Identifizierung dienen die nachstehend beschriebenen färberischen und chemischen Prüfmethoden.

1. Wasserlösliche Farbstoffe

Färbeversuche. Mit einer Farbstoff-Stammlösung (s. w. u.) werden folgende Färbeversuche durchgeführt:

α) 50 ml der Farbstofflösung werden mit 1 ml 30%iger Essigsäure versetzt und darin bei Kochtemperatur 1 Probe Wolle, 1 Probe Baumwolle und 1 Probe tannierte oder mit Katanol gebeizte Baumwolle 5 bis 10 Min. lang ausgefärbt. Zum Schluß wird gut gespült.

β_1) Zu 50 ml der Farbstofflösung gibt man 5 ml 10%ige Glaubersalzlösung und färbt darin 1 Probe Wolle und 1 Probe Baumwolle 5 bis 10 Min. bei Kochtemperatur. Abschließend mit heißem und kaltem Wasser gut spülen.

β_2) Man verfährt wie unter β_1 beschrieben und setzt dem Färbebad außerdem noch 1 ml 10%ige Sodalösung zu.

γ) Zu 50 ml der Farbstofflösung gibt man 2 ml einer 10%igen Lösung von Hostapon T, Luwipon T u. dgl. und färbt darin 1 Probe Azetatfaser etwa 10 Min. bei Temperaturen zwischen 60 und 75°C. Zum Schluß wird zuerst mit heißem und dann mit kaltem Wasser gut gespült.

Herstellung einer Farbstoff-Stammlösung. Man übergießt etwa 0,5 g des zu untersuchenden Farbstoffs mit 200 ml kochendem, dest. Wasser und füllt nach kurzem Aufkochen und erfolgter Auflösung mit dest. Wasser zum Liter auf.

Auswertung der Ergebnisse. Zu Färbeversuch α): Wird nur die Wolle angefärbt, während die anderen Faserproben ungefärbt bleiben oder nur leicht angeschmutzt werden, so kann es sich um *Säure-*, *Chromierungs- oder Chromkomplexfarbstoffe* handeln.

Zur weiteren Unterscheidung wird eine Probe des Farbstoffs im Porzellantiegel verascht und die Asche in der üblichen Weise (Oxydationsschmelze, Wasserstoffperoxydreaktion u. ä.; s. auch S. 110) auf Chrom untersucht. Fällt der Nachweis positiv aus, dann liegt ein *Chromkomplexfarbstoff* vor.

Bei negativem Ausfall macht man mit dem Farbstoff eine reguläre Ausfärbung auf Wolle.

Arbeitsbedingungen:

2% Farbstoff
5% Essigsäure 30%ig
10% Glaubersalz krist.
Flottenverhältnis etwa 1 : 50.

Man geht bei 40 bis 50 °C in das Bad ein, treibt langsam zum Kochen und kocht $^1/_2$ bis $^3/_4$ Std. Zum Erschöpfen des Bades setzt man noch 1 bis 2% konz. Ameisensäure oder konz. Schwefelsäure zu, kocht nochmals $^1/_2$ Std. und spült dann gründlich.

Von der gefärbten Wollprobe nimmt man einen Teil weg und behandelt ihn in folgender Weise nach:

1% Chromkali
2% konz. Schwefelsäure
Flottenverhältnis 1 : 50

Man geht bei 40 bis 50 °C ein, treibt wieder langsam zum Kochen, kocht $^1/_2$ Std. und spült gut durch.

Wird durch das Nachchromieren die Waschechtheit der Färbung wesentlich verbessert (Prüfung auf Waschechtheit s. S. 465), so handelt es sich um einen *Chromierungsfarbstoff*, wenn nicht, so liegt ein gewöhnlicher *Säurefarbstoff* vor.

Werden beim Färbeversuch α) nur die Wolle und die tannierte Baumwolle angefärbt, während die Baumwolle sich nur leicht anschmutzt, so liegt ein *basischer Farbstoff* vor.

Zur weiteren Bestätigung können noch folgende Prüfungen vorgenommen werden:

a) 1 bis 2 ml der Farbstoffstammlösung werden im Becherglas mit etwas verd. Natronlauge versetzt und erwärmt. Der Farbstoff schlägt hierbei vielfach um; evtl. wird die Lösung sogar völlig entfärbt. Man verdünnt mit kaltem Wasser auf das Dreifache, kühlt unter der Wasserleitung noch etwas ab, gibt einige Milliliter Äther hinzu und schüttelt gut durch. Nach kurzem Stehen wird die ätherische Schicht abgetrennt und nach Zugabe von etwas verd. Essigsäure das Ganze umgeschüttelt. Handelt es sich um einen *basischen Farbstoff*, so färbt sich die Essigsäure in dem ursprünglichen Ton des Farbstoffs an, während der Äther fast farblos wird.

b) 5 ml der Farbstoffstammlösung versetzt man mit wenigen Mililitern einer Lösung von 5 g Tannin und 5 g Natriumazetat in 100 ml Wasser. *Basische Farbstoffe* werden durch Tannin als unlösliche Farblacke ausgeflockt. Man läßt ein paar Minuten stehen und verdünnt zur besseren Sichtbarmachung des Niederschlages mit etwas Wasser.

Zu Färbeversuch β_1 bzw. β_2: Wird die Wolle angefärbt, die Baumwolle aber nur angeschmutzt, so liegt ein *neutral ziehender Säurefarbstoff* vor. In diesem Falle ist die Anfärbung nach β_1 viel tiefer als auch β_2.

Wird umgekehrt nach β_1 nur die Baumwolle angefärbt, die Wolle aber, insbesondere im Fall β_2, höchstens angeschmutzt, so handelt es sich um einen *substantiven Farbstoff*.

Zur Prüfung, ob ein gewöhnlicher substantiver Farbstoff vorliegt oder ob dieser nachbehandelt werden muß, färbt man eine größere Baumwollprobe wie folgt aus:

3% Farbstoff
1 bis 2% Soda calc.
10 bis 20% Glaubersalz calc.
Flottenverhältnis 1 : 20

Eingehen bei 30 bis 40 °C, langsam erwärmen, 1 Std. bei 90 bis 95 °C färben, gut spülen.

Kleinere Teile oder Abschnitte der in dieser Weise gefärbten Baumwollprobe werden wie folgt nachbehandelt:

a) *Nachbehandlung mit Chromkali.*

2% Chromkali
3% Essigsäure 30%ig
Flottenverhältnis 1 : 20

Man behandelt $^1/_2$ Std. lang bei etwa 80 °C und spült gut durch. Durch die Nachbehandlung mit Chromkali werden die Wasser-, Wasch- und Schweißechtheit erhöht. Der Farbstoff schlägt bei der Chromierung meist etwas um.

b) *Nachbehandlung mit Kupfervitriol.*

2% Kupfervitriol
3% Essigsäure 30%ig
Flottenverhältnis 1 : 20

Eine halbe Stunde bei 60 bis 70 °C behandeln, gut spülen. Durch Nachkupfern werden weniger die Naßechtheiten als hauptsächlich die Lichtechtheiten erhöht. Man beobachtet meist einen leichten Farbtonumschlag.

c) *Nachbehandlung mit Formaldehyd.*

2% Formaldehyd 1% Essigsäure 30%ig
Flottenverhältnis 1 : 20

Eine halbe Stunde bei 50 bis 60 °C behandeln, gut spülen. Der Farbton wird durch die Behandlung meist nicht verändert.

d) *Diazotierung und Entwicklung.* α) Diazotierung:

7,5% Salzsäure 20° Bé oder
5% konz. Schwefelsäure
2,5% Natriumnitrit
Flottenverhältnis 1 : 20

15 bis 20 Min. kalt behandeln, gut spülen.

β) Entwicklung:

1,5% Entwickler A (gelöst in warmem Wasser)
Flottenverhältnis 1 : 20

20 bis 30 Min. kalt behandeln, gut spülen. Kurz nachseifen mit 2 g/l Seife bei Temperaturen um 50 °C.

e) *Kuppeln mit Diazoniumverbindungen.*

2% Nitrazol CF extra (gelöst in etwas heißem Wasser)
oder
2% diazotiertes p-Nitranilin
Flottenverhältnis 1 : 20

Eine halbe Stunde bei etwa 20 °C behandeln, gut spülen.

Die nachbehandelten Färbungen werden dann zusammen mit einer nicht nachbehandelten Probe auf ihre Wasch- (bei 40 °C) und Wasserechtheiten untersucht (s. S. 464ff.). Aus der Verbesserung der Echtheiten läßt sich erkennen, zu welcher Nachbehandlungsgruppe der Farbstoff zu zählen ist.

Werden nach β_1 beide Faserproben gleichmäßig angefärbt, so kommen *Halbwollfarbstoffe* evtl. auch *Mischungen von neutral ziehenden Säurefarbstoffen mit substantiven Farbstoffen* in Frage. Im letzteren Falle wird die Wolle bei der Anfärbung nach β_2 nur leicht angeschmutzt. Zur Prüfung der Einheitlichkeit verfährt man in der bereits früher angegebenen Weise (s. S. 290). Sehr brauchbar ist auch die fraktionierte Anfärbung, wenn man wie folgt vorgeht:

3% Farbstoff
2% Soda calc.
20% Glaubersalz calc.
Flottenverhältnis 1 : 20

Mit einer Baumwollprobe bei 30 bis 40 °C eingehen, langsam erwärmen und 20 Min. bei 90 bis 95 °C färben. Darauf geht man mit einer frischen Baumwollprobe ein, färbt ebenfalls 20 Min. und wiederholt dies mit weiteren Baumwollproben so lange, bis das Färbebad an substantiven Farbstoffen so weit verarmt ist, daß nur noch eine ganz schwache Anfärbung resultiert. Schließlich wird das Bad mit verd. Schwefelsäure schwach angesäuert und eine Wollprobe 20 Min. bei Kochtemperatur gefärbt. Wird die Wolle angefärbt, so handelt es sich um eine Mischung aus einem substantiven und einem Säurefarbstoff.

Zu Färbeversuch γ: Wird die Faserprobe stark angefärbt, so dürfte ein *Azetatfarbstoff* vorliegen. Eine neue Faserprobe wird dann wie folgt ausgefärbt:

3% Farbstoff
2 g/l Seife
Flottenverhältnis 1 : 20

Eingehen bei 40 bis 50 °C, langsam erwärmen, 1 Std. bei 60 bis 75 °C färben, gut spülen.

Ein Teil der gefärbten Probe wird diazotiert und entwickelt (s. w. o.) und im Vergleich mit der nicht nachbehandelten Probe dann die Wasser- und Waschechtheit bestimmt. Werden die Echtheiten verbessert, so liegt ein *diazotierbarer* (Cellitazol), wenn nicht, ein gewöhnlicher Azetatfarbstoff vor.

Weitere Prüfung auf Azetatfarbstoffe: 5 ml der Farbstoff-Stammlösung werden mit 2 ml Äther geschüttelt und dann 5 Min. stehengelassen. Der Farbstoff löst sich im Äther, während das Wasser nur leicht gefärbt erscheint.

Nachweis von Leukoküpenfarbstoffestern. Werden die Faserproben nur in saurem Medium (Färbeversuch α, S. 291 und nur leicht angefärbt, evtl. sogar nur angeschmutzt, so können *Leukoküpenfarbstoffester* in Frage kommen. In diesem Falle kommt die Färbung erst dann heraus, wenn mit einer Lösung von 20 g/l Natriumnitrit und 20 ml/l konz. Schwefelsäure nachbehandelt wird.

Einfacher Nachweis ohne Ausfärbung: Eine kleine Probe des zu untersuchenden Farbstoffs wird in heißem Wasser gelöst und dann eine Lösung von 1 g Natriumnitrit in 10 ml 10%iger Schwefelsäure zugegeben und leicht erwärmt. Der Leukofarbstoffester wird hierdurch verseift und zum unlöslichen Küpenfarbstoff oxydiert. Der ausgefallene Farbstoff muß sich in einer blinden Küpe (Hydrosulfit und Natronlauge; s. w. u.) auflösen — meist unter Farbumschlag — und durch Zugabe von Wasserstoffperoxyd oder Persulfat wieder ausfällen lassen.

Nachweis von Reaktivfarbstoffen. Wird bei Versuch α) nur die Wolle angefärbt, die Baumwolle aber höchstens angeschmutzt, so kann es sich auch um einen Reaktivfarbstoff für Wolle handeln. Die angefärbte Probe wird dann zuerst mit einer Lösung von 3 g/l Marseiller Seife kochend geseift, darauf 5 Min. mit dest. Wasser gekocht und abschließend mit kaltem dest. Wasser gut nachgespült. Nach dem Trocknen der Probe wird sie in Dimethylformamid gekocht. Tritt hierbei keine Ausblutung ein, so liegt ein Reaktivfarbstoff für Wolle vor.

Wird bei Versuch β_1 und insbesondere β_2 nur die Baumwolle angefärbt, die Wolle aber nur leicht angeschmutzt, so kann es sich auch um einen gewöhnlichen Reaktivfarbstoff handeln. Die gefärbte Probe wird dann wie oben geseift, gespült, getrocknet und in Dimethylformamid gekocht. Bei einem Reaktivfarbstoff darf keine Ausblutung eintreten.

Nachweis von Färbesalzen. Werden die Faserproben bei allen Färbeversuchen nur angeschmutzt und ist die Untersuchungssubstanz farblos oder nur ganz schwach gefärbt, so kann es sich um ein *Färbesalz* handeln. Zum Nachweis wird die angeschmutzte Faserprobe in ein Naphtholbad (etwas Naphthol mit konz. Natronlauge anteigen und durch Zugabe von heißem Wasser auflösen) gebracht, wodurch Farbstoffbildung eintritt.

Nachweis ohne Ausfärbung. Eine kleine Probe der Untersuchungssubstanz in heißem Wasser auflösen und dann Naphtholatlösung zugeben. Handelt es sich um ein *Färbesalz*, so fällt ein unlöslicher Azofarbstoff aus.

2. Wasserunlösliche Farbstoffe

Etwa 0,5 g des zu untersuchenden Farbstoffs werden mit etwas Nekal BX-Lösung angeteigt und dann mit 100 ml einer auf 60 bis 70°C erwärmten Lösung von 30 ml/l Natronlauge 38°Bé und 20 g/l Hydrosulfit versetzt. *Schwefel- und Küpenfarbstoffe* gehen hierbei langsam in Lösung, meist unter gleichzeitigem Farbumschlag. Die ersteren zeigen gelbe, orangefarbene oder gelblichbraune Küpen, bei den letzteren sind auch dunkle Farbtöne möglich.

In die Küpenlösung gibt man eine Probe Baumwolle und färbt 20 bis 30 Min. bei 60°C. Darauf wird abgequetscht, gut gespült und mit warmem Wasser, dem man einen Tropfen Wasserstoffperoxyd oder etwas Persulfat zugesetzt hat, behandelt. Der Farbstoff wird dadurch oxydiert und der ursprüngliche Farbton kehrt wieder zurück.

Mit der erhaltenen Färbung werden folgende Reaktionen durchgeführt:

a) Die gefärbte Probe wird im Reagenzglas mit Zinnchlorür/Salzsäure übergossen und aufgekocht. Die entweichenden Dämpfe prüft man mit angefeuchtetem Bleiazetatpapier. Aus *Schwefelfarbstoffen* entwickelt sich Schwefelwasserstoff, welcher das Reagenzpapier schwarz färbt. Gleichzeitig schlägt die Färbung nach Gelb, Orange oder Gelbbraun um. Von den Küpenfarbstoffen geben nur einige Abkömmlinge des Thioindigos, und diese nur bei längerem Kochen, eine schwache Reaktion. Bei allen anderen Küpenfarbstoffen ist die Reaktion negativ; auch Farbumschläge sind nicht zu beobachten.

Die Zinnchlorür/Salzsäure-Reaktion kann selbstverständlich auch mit den Farbstoffen durchgeführt werden. Zu beachten ist jedoch, daß viele Küpen- und Schwefelfarbstoffe Reduktionsmittel (Natriumsulfid, Natriumsulfhydrat oder Rongalit C bei den Schwefelfarbstoffen, Hydrosulfit bei den Wollküpenfarbstoffen) enthalten, welche bei der Reaktion ebenfalls Schwefelwasserstoff entwickeln.

b) Die gefärbte Probe wird mit einer 10%igen Natriumsulfidlösung 5 bis 10 Min. aufgekocht. Schwefelfärbungen schlagen hierbei um, und der reduzierte Farbstoff geht teilweise in Lösung. Küpenfärbungen werden durch diese Behandlung nicht verändert. Der in Lösung gegangene Farbstoff kann durch Zugabe von etwas Wasserstoffperoxyd- oder Persulfatlösung wieder ausgefällt werden.

Die Reduktion mit Natriumsulfidlösung kann auch mit dem Farbstoff in Substanz durchgeführt werden. Schwefelfarbstoffe gehen in Lösung, Küpenfarbstoffe nicht.

Zur Unterscheidung zwischen Baumwoll- und Wollküpenfarbstoffen sind Ausfärbungen nach den üblichen Standardrezepturen zu empfehlen.

Geht der zu untersuchende Farbstoff bei der Reduktion mit Natronlauge/Hydrosulfit nicht in Lösung, so wird er diazotiert:

Zu 0,5 g Substanz gibt man 30 ml 10%ige Salzsäure und 0,5 g Natriumnitrit. Nach erfolgtem Auflösen, was normalerweise etwa 5 bis 10 Min. in Anspruch nimmt, versetzt man mit etwas Naphtholatlösung oder der Lösung eines Entwicklers. Bildet sich ein unlöslicher Farbstoff, so handelt es sich um eine *diazotierbare Färbebase.*

Ist der Farbstoff auch bei der Diazotierung nicht in Lösung gegangen oder wird er sogar zerstört, so können *Pigment- Lack- oder Fettfarbstoffe* vorliegen. Diese lösen sich, abgesehen von den anorganischen Pigmentfarbstoffen, meist in Äther und können aus der wäßrigen Suspension ausgeschüttelt werden.

Neben den Schwefel- und Küpenfarbstoffen lösen sich in der blinden Küpe auch die meisten *Naphthole.* Die Baumwollprobe wird durch sie jedoch nicht angefärbt. Zum Nachweis wird die Untersuchungssubstanz mit etwas konz. Natronlauge angeteigt und dann mit heißem Wasser übergossen. Nach erfolgter Auflösung fügt man die Lösung eines Färbesalzes hinzu. Entsteht ein Farbstoffniederschlag, so liegt ein Naphthol vor.

Die *Entwickler* nehmen insofern eine Sonderstellung ein, als sie teils schon in heißem Wasser, teils aber auch nur in verd. Natronlauge oder verd. Salzsäure löslich sind. Man muß also bei der Auflösung in dieser Hinsicht etwas variieren. Die Lösung versetzt man mit der Lösung eines Färbesalzes. Farbstoffbildung zeigt einen Entwickler an.

Untersuchung von Faserstoffen

Die gesamten in der Textilindustrie verwendeten Faserstoffe lassen sich in zwei große Gruppen einteilen, und zwar die natürlichen und die von Menschenhand geschaffenen, künstlichen Faserstoffe, die sog. Chemiefasern. Die weitere Unterteilung erfolgt auf Grund der Rohstoffbasis (s. Abb. 36).

Qualitative Bestimmung der Faserstoffe

I. Vorproben

a) Brennprobe (s. Tab. 37). Man hält die Faserprobe in eine kleine Flamme und beurteilt die Art des Abbrennens, den auftretenden Geruch und den Verbrennungsrückstand. Mit dieser einfachen Prüfung läßt sich in vielen Fällen schon entscheiden, ob es sich um ein pflanzliches, tierisches, mineralisches oder synthetisches Fasermaterial handelt. Auch innerhalb der Synthetiks verhalten sich einige Fasertypen so charakteristisch, daß an Hand von Vergleichsproben oft eine eindeutige Identifizierung möglich ist.

Für Mischgespinste ist die Brennprobe nur bedingt geeignet, da sich die auftretenden Gerüche, je nach dem Fasermischungsverhältnis, mehr oder weniger stark überdecken. In diesem Falle zupft man die Fasern am besten auseinander und prüft sie einzeln.

Störend wirken können bei der Brennprobe natürlich auch die auf dem Fasermaterial befindlichen Fremdsubstanzen wie Avivagen, Farbstoffe, Appreturen, Kunstharze usw.

b) Trockene Destillation. Die Faserprobe wird in einem trocknen Reagenzglas langsam erhitzt. Die entweichenden Dämpfe prüft man mit angefeuchtetem Lackmuspapier auf saure oder alkalische Reaktion.

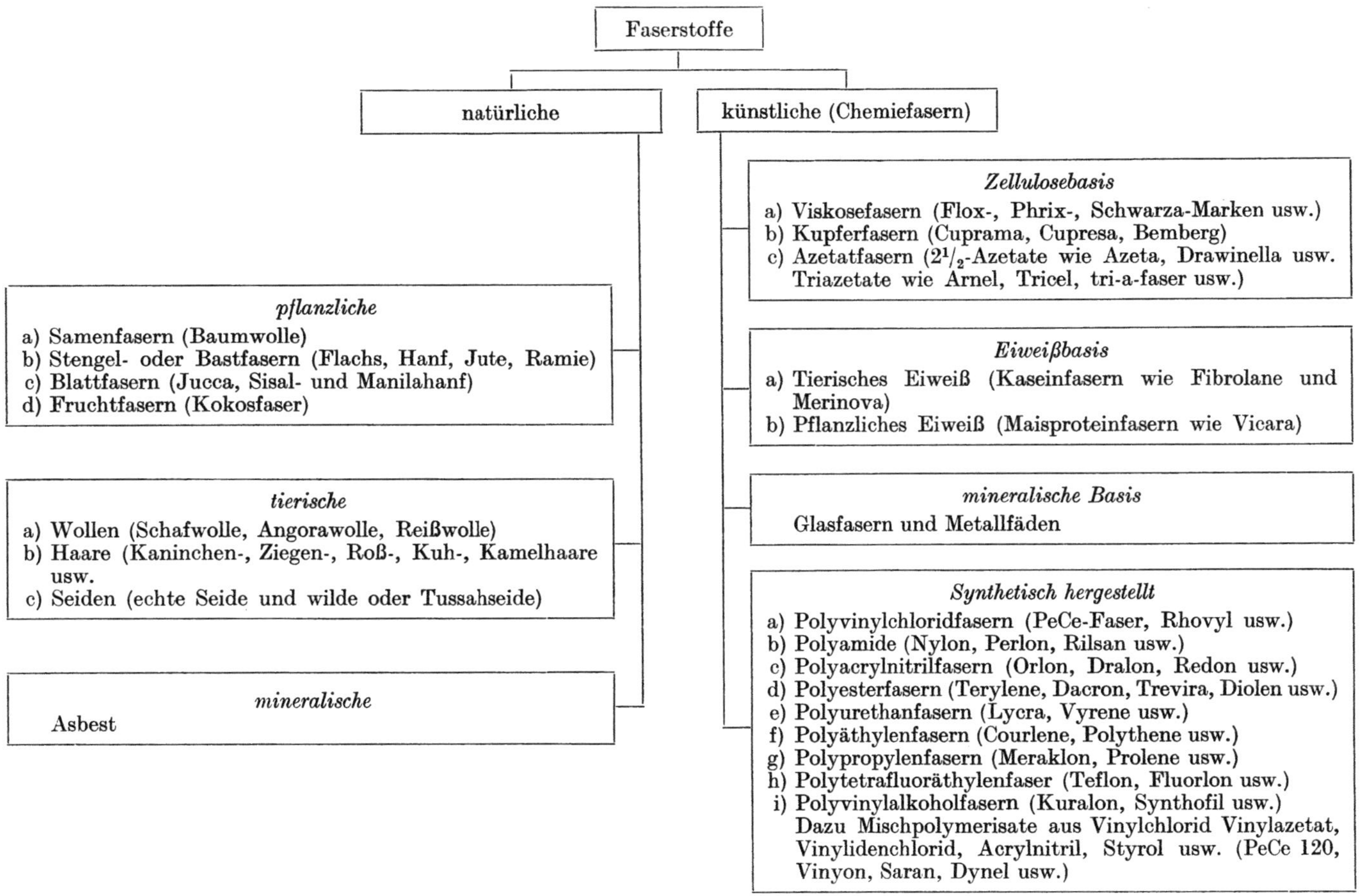

Abb. 36. Einteilung der Faserstoffe

Tabelle 37. *Verhalten der Faserstoffe bei der Brennprobe und der trockenen Destillation*

Faserstoff	Brennprobe		trockene Destillation (Reaktion und p_H-Wert der Dämpfe)
	Geruch	Art der Verbrennung, Rückstand	
Pflanzliche Fasern (Baumwolle, Flachs, Hanf, Viskose- und Kupferfasern	nach verbrennendem Papier	schnelles Abbrennen, weißgraue Asche	schwach sauer (p_H 5—6)
Tierische Fasern (Wolle, Naturseide, regenerierte Eiweißfasern)	nach verbrennenden Haaren	langsames Abbrennen, Asche erst blasig-kohlig, später weißgrau; bei erschwerter Naturseide Ascheskelett	schwach alkalisch (p_H 9—10)
Mineralische Fasern (Asbest, Glasfasern)	geruchlos	Asbest bleibt unverändert, Glasfasern schmelzen zusammen zu Perle	—
Azetatfasern	säuerlich (Essig)	schnelles Abbrennen, erst zusammengeschmolzenes, kohliges Kügelchen, später weißgraue Asche	sauer (p_H 2—3)
Polyvinylchloridfasern (PeCe-Faser, Rhovyl u.a.)	stechend, zum Husten reizend (HCl)	schmelzend, brennt außerhalb der Flamme nicht weiter, rußend, nach dem Verlöschen weiße Rauchschwaden, schwarzer, spröder Rückstand	stark sauer (p_H ~1)
Polyamide (Nylon, Perlon, Rilsan)	schwach nach verbrennenden Haaren, nicht stechend	erst schmelzend, dann brennend, brennt außerhalb der Flamme weiter, nicht rußend, glasige, gelbe bis braune, fadenziehende Schmelze	alkalisch (p_H 10—11)
Polyurethane (Lycra, Vyrene)	unangenehm, nach Mausdreck	schmelzend und brennend, brennt außerhalb der Flamme weiter, nicht rußend, harter, brauner Schmelzrückstand	alkalisch (p_H 10—11)
Polyacrylnitrilfasern (Orlon, Dralon usw.)	süßlich aromatisch	erst schmelzend, dann brennend, brennt außerhalb der Flamme schnell weiter, dabei rußend, schwarzer, spröder Rückstand	alkalisch (p_H 10—11)

Tabelle 37. (*Fortsetzung*)

Faserstoff	Brennprobe		trockene Destillation (Reaktion und p_H-Wert der Dämpfe)
	Geruch	Art der Verbrennung, Rückstand	
Polyesterfasern (Trevira, Diolen usw.)	süßlich aromatisch, leicht stechend	erst schmelzend, dann brennend, rußende Flamme, brennt außerhalb der Flamme nicht weiter, glasige, gelbbraune, fadenziehende Schmelze	sauer (p_H 3—4)
Polyäthylenfasern (Courlene u. ä.)	nach brennender Paraffinkerze	erst schmelzend, dann brennend, brennt außerhalb der Flamme weiter, nicht rußend; leicht bräunlicher, spröder Rückstand	schwach sauer (p_H 5—6)
Polypropylenfasern (Meraklon u. ä.)	nach brennender Paraffinkerze	schmelzend, brennt nicht, weiße Rauchschwaden, gelblichbraune Schmelze	schwach sauer (p_H 6—7)
Polyvinylalkoholfaser, azetalysiert (Kuralon u. dgl.)	nach verbranntem Zucker	schmelzend, dann schnell abbrennend, auch außerhalb der Flamme, nicht rußend; leicht bräunlicher, spröder Rückstand	schwach sauer (p_H 4—5)

Noch genauer ist die Bestimmung des p_H-Wertes mit Hilfe von p_H-Papieren (Werte siehe Tab. 37). Für Mischgespinste gilt das bereits bei der Brennprobe Gesagte. Aus tierischen Fasern (Wolle, Haare, Kaseinfasern, aber nicht Naturseide) wird Schwefelwasserstoff frei, erkenntlich an der Schwärzung von angefeuchtetem Bleiazetatpapier.

c) Anfärbungsmethoden. Die Anfärbungsmethoden beruhen darauf, daß sich die einzelnen Faserstoffe in färberischer Hinsicht mehr oder weniger stark unterscheiden und sich infolgedessen in geeigneten Farbstoffmischungen (Testfarbstofflösungen) in verschiedenen Farbtönen anfärben. Die Identifizierung geschieht durch Vergleich mit Farbtafeln oder mitgefärbten Musterproben.

Die Anfärbungsmethoden erfreuen sich wegen ihrer einfachen Durchführung in den Betriebslabors großer Beliebtheit, werden aber in ihrer Brauchbarkeit meist sehr überschätzt. Die einzelnen Faserstofftypen können nämlich in ihrer Farbstoffaffinität ganz erheblich differieren, je nach Provenienz, Vorbehandlung, Zusätzen bei der Herstellung usw. Diese Methoden haben daher im allgemeinen selbst bei Mitfärbung von Vergleichsmustern nur die Bedeutung von Vorproben. Sie eignen sich aber meist sehr gut zur Beurteilung, ob es sich um einheitliches Fasermaterial oder ein Mischgespinst handelt, insbesondere wenn man die angefärbten Fasern auseinanderzupft und bei schwacher Vergrößerung unter dem Mikroskop betrachtet.

Ein weiterer Nachteil der Anfärbemethoden ist, daß gefärbtes Fasermaterial vorher abgezogen werden muß. Ist dies nicht oder nur teilweise oder nur unter gleichzeitiger Faserschädigung möglich, so hat die Anfärbung keinen großen Sinn, und es sind die physikalisch-chemischen oder mikroskopischen Prüfmethoden heranzuziehen.

Testfarbstofflösungen

Einige der bekanntesten Lösungen dieser Art sind:

Neocarmin W, B und MS[1]
Karminazurol nach Kühnel (Merck)
Fibrotest N und S[2]
Shirlastaine (ICI)
Detex (CIBA)

Anfärbung mit Neocarmin W. Eine kleine, mit Alkohol gut entfettete Probe des zu untersuchenden Fasermaterials — dichtere Gewebe und stark gedrehte Garne sind möglichst bis zu den Einzelfasern zu zerteilen — wird 3 bis 5 Min. in die kalte Neocarminlösung eingelegt, dann herausgenommen und 2 Min. in fließendem Wasser gespült, worauf die für die einzelnen Faserstoffe charakteristischen, nachstehend zusammengestellten Farbtöne hervortreten.

Pflanzliche Fasern	
Baumwolle roh	schmutziges, rotstichiges Hellblau
Baumwolle gebl. u. merceris.	sattes, rotstichiges Blau
Flachs roh und gebleicht	tiefblau (rotstichig, oft schmutzig)
Hanf roh	tiefblau-violett mit rötlichen Punkten, meist schmutzig
Hanf gebleicht	violett
Jute	olivbraun
Ramie	rötlichblau
Tierische Fasern	
Wolle roh und gebleicht	gelb
Wolle gechlort	schmutziges Gelbbraun
Naturseide roh	schmutziges Dunkelgrün
Naturseide entbastet	altgold
Wilde Seide (Tussah)	grün
Chemiefasern	
Viskosefasern	rot bis rotviolett
Viskose-Streckspinnfasern	tiefes, rotstichiges Blau
Kupferfasern	tiefes, reines Blau
Azetatfasern	grünstichiges Gelb
regen. Eiweißfasern	gelb bis orange
Polyvinylchloridfasern	nicht gefärbt, höchstens leicht grau angeschmutzt

[1] Hersteller: Chem. Fabrik „Fesago", Dr. Goßler GmbH, Heidelberg.
[2] Hersteller: Chem. Fabrik Tübingen.

Polyamidfasern (Nylon- u. Perlontyp)	grünstichiges Gelb
Polyamidfasern (Rilsantyp) . .	schwach angefärbt in einem rotstichigen Grau
Polyacrylnitrilfasern	schwach angefärbt in einem rotstichigen Grau
Polyesterfasern	nicht angefärbt, höchstens leicht grau angeschmutzt
Polyurethanfasern (Lycra) . .	grünstichiges Gelb
Polyvinylalkohol, formalisiert .	blaustichiges Grün
Polyäthylenfasern	nicht angefärbt
Polypropylenfasern	nicht angefärbt
Polytetrafluoräthylenfasern . .	nicht angefärbt

Um Verwechslungen zwischen Baumwolle und Flachs, die sich ganz ähnlich anfärben, zu vermeiden, kann man eine zweite Probe in *Neocarmin B* einlegen (Färbedauer 10 bis 30 Min., je nach Gewebedichte, 2 Min. auswaschen). Hierbei färbt sich die Baumwolle rotviolett und der Flachs blau.

Anfärbung mit Neocarmin MS. Zur Unterscheidung von Synthetiks ist das Neocarmin MS besser geeignet als Neocarmin W. Sehr brauchbar ist auch die „Fibrotestlösung S“.

Ausführung: Die gut zerkleinerte Untersuchungsprobe wird ohne weitere Vorbehandlung 5 Min. in kochend heißer Neocarmin MS-Lösung angefärbt und dann in fließendem Wasser so lange gespült, bis das Wasser klar bleibt. Bei den synthetischen Chemiefasern treten folgende Farbtöne auf:

Polyvinylchloridfasern	kräftiges Rotviolett
Polyamide (Nylon- u. Perlontyp)	leuchtendes, gelbstichiges Braun
Polyamide (Rilsantyp)	grünstichiges Hellbraun
Polyacrylnitrilfasern	blasses, grünstichiges Grau
Polyesterfasern	blasses, rotstichiges Grau
Polyurethanfasern (Lycra) . .	kräftiges Rostbraun
Polyvinylalkoholfasern, formalis.	kräftiges Violett
Polyäthylenfasern	sattes Rotviolett
Polypropylenfasern	schwaches Rosa

Sollten sich beim Anfärben mit den Testfarbstofflösungen Schwierigkeiten ergeben, so sind die auf der Faser befindlichen Fremdsubstanzen (Schlichte, Appretur, Avivage, Kunstharze u. dgl.) vorher zu entfernen, was in nachstehend beschriebener Weise geschehen kann.

Erkennung und Entfernung von Schlichte, Appretur, Avivage und Kunstharzausrüstungen. *Stärkehaltige Schlichten und Appreturen* erkennt man daran, daß sie sich beim Betupfen mit Jod/Jodkali-Lösung blau färben. Zu ihrer Entfernung legt man das Material in ein Bad mit 2 bis 4 g/l irgendeines enzymatischen Entschlichtungsmittels (Diastafor, Degomma, Biolase usw.) bei ungefähr 55 °C so lange ein, bis die Blaufärbung mit der Jod/Jodkali-Lösung ausbleibt. Zum Schluß mit Wasser gut spülen.

Wasserunlösliche, aber in organischen Lösungsmitteln lösliche Appreturen und Avivagemittel sind erkenntlich an dem Rückstand, den man erhält, wenn man die Faserprobe mit einem Gemisch von Methylalkohol und Benzol (1 : 1) extrahiert und das Extraktionsgemisch verdampft. Quantitative Ablösung erreicht man durch 1- bis 2stündige Extraktion mit diesem Lösungsgemisch. PeCe-Faser und Vinyon extrahiert man besser mit Methylalkohol allein, da sie sich in dem Gemisch teilweise auflösen, und bei der Azetatfaser arbeitet man vorteilhafter mit Petroläther (Sdp. bis 50 °C) oder Äther.

Wasserlösliche Schlichten und Appreturen entfernt man durch $^1/_2$stündige Behandlung in Wasser von 60 bis 80 °C. Erkennung an dem Rückstand beim Eindampfen des wäßrigen Extraktes.

Leinöl, mit dem z. B. Azetatreyon geschlichtet sein kann, erkennt man an der Braunfärbung des Materials beim Behandeln mit Natriumsulfidlösung. Quantitative Ablösung ist möglich durch Behandlung in einem Bad mit 5 bis 10 g/l Seife und 1 g/l Natriumperborat oder derselben Menge Wasserstoffperoxyd 30 bis 40%ig.

Kunstharz- und auch reine Formaldehydausrüstungen lassen sich nach RATH dadurch erkennen, daß beim Kochen in schwefelsaurer Lösung Formaldehyd abgespalten wird. Der Nachweis erfolgt wie auf S. 279 beschrieben. Quantitative Ablösung der Kunstharze s. S. 278.

Abziehen von gefärbten Faserstoffen. a) *Pflanzliche Faserstoffe* behandelt man in einer blinden Küpe (6 bis 10 g/l NaOH 38 °Bé und 10 g/l Hydrosulfit). Man gibt zuerst das Alkali zu, erwärmt auf ungefähr 60 °C, streut dann das Hydrosulfit ein und erhitzt weiter auf 80 bis 90 °C. Zum Schluß gut spülen. Noch bessere Abzieheffekte werden erhalten, wenn man der blinden Küpe etwas Peregal 0 oder 3 ml/l Albigen zusetzt. Ist die Aufhellung immer noch nicht genügend, so läßt man eine Chlorbleiche (1 bis 3 g/l aktives Chlor) folgen. Am Ende derselben gut spülen, zur Entfernung von Chlorspuren mit Natriumthiosulfat (30 bis 50 g/l) nachbehandeln und nochmals spülen.

In vielen Fällen bringt auch eine Natriumchloritbleiche (1 bis 2 g/l $NaClO_2$, p_H 3,5 bis 4, Temp. 70 bis 80 °C) einen ausgezeichneten Abzieheffekt. Der Vorteil der Chloritbleiche ist vor allem darin zu sehen, daß das Fasermaterial nicht angegriffen und damit auch in seiner Farbstoffaffinität nicht verändert wird. Am Schluß muß auch wieder gut gespült werden.

b) *Bei tierischen Faserstoffen* geschieht das Abziehen am besten mit 2 bis 5% Decrolin löslich konz. und 1 bis 3% konz. Ameisensäure. Statt Ameisensäure kann man auch Essig- oder Schwefelsäure verwenden. Man treibt in $^1/_2$ Std. zum Kochen und läßt 20 bis 30 Min. dabei einwirken. In ähnlicher Weise wirken auch die Präparate Blankit I und Burmol.

c) *Bei Azetatfasern und Synthetiks* kann das Abziehen ebenfalls mit Decrolin und Ameisen- oder Essigsäure geschehen. Häufig führt auch eine saure Chlorbleiche (Natriumhypochloritbad mit Salzsäure auf p_H 4 bis 5 stellen) oder eine Natriumchloritbleiche (Ansatz w. o.) zum Ziel. Chlorreste sind durch Antichlorbad zu entfernen. Auch durch mehrere aufeinanderfolgende Behandlungen mit Äthylalkohol/Benzol lassen sich Azetatfarbstoffe meist gut abziehen.

II. Verhalten der Faserstoffe gegenüber Reagenzien und Lösungsmitteln

Auf Grund der großen strukturellen Unterschiede zeigen die Faserstoffe auch eine sehr unterschiedliche Löslichkeit, und wenn die Lösungsmittel in der richtigen Reihenfolge zur Anwendung kommen — evtl. noch ergänzt durch „Typreaktionen" und Vorproben —, ist selbst bei den schwerer nachweisbaren Copolymerisaten meist noch eine Identifizierung möglich. Zu beachten ist jedoch, daß die Löslichkeit auch bei Faserstoffen des gleichen Typs etwas variieren kann, bedingt z. B. durch einen unterschiedlichen Azetylierungsgrad bei den Azetatfasern, ungleichen Chloridgehalt bei den Polyvinylchloridfasern, Abweichungen im Polymerisationsgrad und vor allem auch wechselnde Zusammensetzung bei den Copolymerisatfasern. Auch die Temperatur und die Dauer der Einwirkung spielen natürlich bei der Löslichkeitsprüfung eine gewisse Rolle, und die angegebenen Versuchsbedingungen sind daher stets genau einzuhalten.

Hinsichtlich des Ganges der Untersuchung hat es sich als zweckmäßig herausgestellt, die Zellulose- und Eiweißfasern von den Synthetiks und Azetatfasern zu trennen. Diese Trennung ist schon durch die Brennprobe (s. Tab. 37) möglich, denn die pflanzlichen und tierischen Fasern unterscheiden sich hierbei eindeutig von den Synthetiks und Azetatfasern. Die Zellulose- und Eiweißfasern lösen sich außerdem weder in kochendem Sesolvan NK[1] noch in kochendem o-Dichlorbenzol, während die Synthetiks und Azetatfasern entweder im einen oder im anderen, meist sogar in beiden Lösungsmitteln in Lösung gehen. Ungelöst bleiben lediglich die Polytetrafluoräthylenfaser (Teflon) und die formalisierte Polyvinylalkoholfaser (Kuralon u. ä.). Die beiden letztgenannten Typen können aber von den Zellulose- und Eiweißfasern leicht durch die Brennprobe auseinandergehalten werden. Bei den formalisierten Polyvinylalkoholfasern ist außerdem der Formaldehydnachweis positiv.

In der Tab. 38 sind die charakteristischen Reaktionen und die Löslichkeit der Zellulose- und Eiweißfasern, in der Tab. 39 die der Azetatfasern und Synthetiks wiedergegeben. Die Abb. 37 und 38 zeigen die jeweiligen Untersuchungsgänge.

Untersuchungsgang bei den Zellulose- und Eiweißfasern (s. Abb. 37). Die zu untersuchende Faserprobe wird 5 Min. in 5%iger Natron- oder Kalilauge gekocht. Tritt Auflösung ein (Eiweißfasern; bei den regen. Typen ist aber 15 Min. zu kochen), so wird eine neue Probe mit Ameisensäure/Zinkchloridlösung (Herstellung s. w. u.) erwärmt. In Lösung geht die Naturseide, ungelöst bleiben Wolle und die regen. Eiweißfasern, welche durch Kochen mit alkalischer Bleiazetatlösung (s. Tab. 38), Prüfung auf Formaldehyd (s. S. 326) und die mikroskopische Untersuchung (s. S. 313ff.) weiter identifiziert werden können.

Geht die Probe beim Kochen mit Natron- oder Kalilauge nicht in Lösung (Zellulosefasern), so wird sie mit Ameisensäure/Zinkchlorid-

[1] Sesolvan NK (BASF, Ludwigshafen) ist chemisch ein γ-Butyrolacton.

lösung bei 70 °C 10 Min. lang behandelt. Die regenerierten Zellulosefasern (Viskose- und Kupferfasern) gehen in Lösung, die nativen (Baumwolle, Flachs, Hanf, Jute, Ramie) bleiben ungelöst. Die weitere Unterscheidung ist bei der Viskose- und Kupferfaser durch Anfärbungsreaktionen, mikroskopische Prüfung, Kupfer- und Schwefelnachweis (s. Spezialreaktionen auf S. 323) und bei den nativen Zellulosen durch die mikroskopische Prüfung, die Quellung in Kuoxam (s. S. 323) und die Phloroglulzin/Salzsäure-Reaktion (s. Tab. 38) möglich.

Herstellung der Reagenzien und Durchführung der Reaktionen (zu Tab. 38 und Abb. 37)

Alkalische Bleiazetatlösung (Plumbitlösung): Etwa 0,2 g Bleiazetat werden in 100 ml 5%iger Natronlauge aufgelöst. Die Untersuchungsprobe wird mit dieser Lösung im Reagenzglas übergossen und 1 Min. gekocht.

Nitroprussidnatrium-Lösung: Ein paar Körnchen Nitroprussidnatrium werden in wenigen Millilitern Wasser aufgelöst. Parallel dazu kocht man möglichst viel Fasermaterial in 5%iger Natronlauge bis zur Auflösung und gibt davon wenige Tropfen zu der Nitroprussidnatriumlösung. Bei Gegenwart von Schwefel (Wolle)

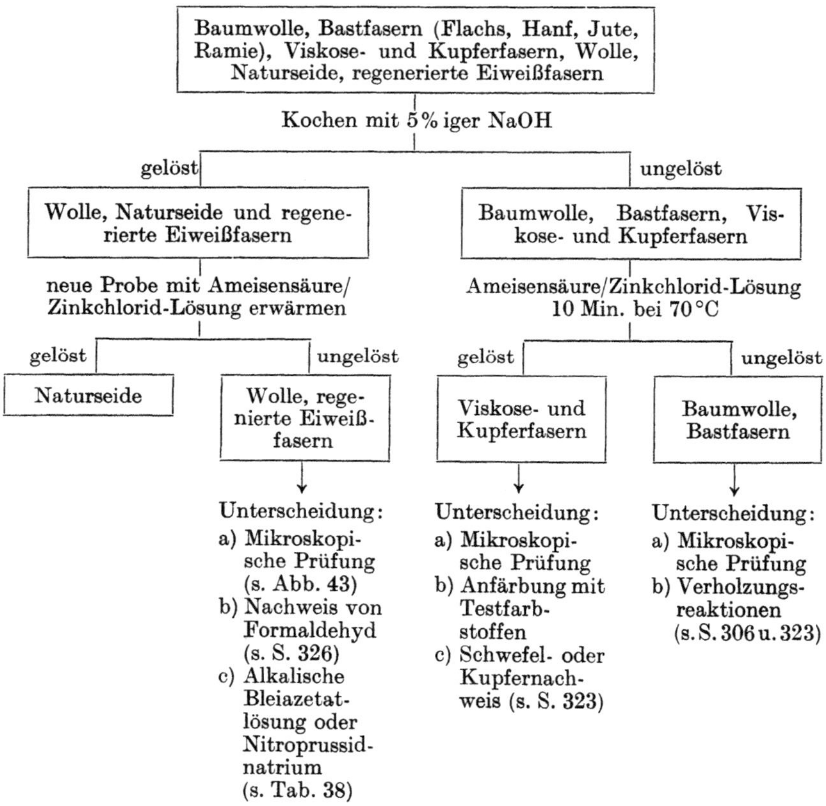

Abb. 37. Untersuchungsgang bei den Zellulose- und Eiweißfasern

Tabelle 38. *Löslichkeit und Reaktionen der Zellulose- und Eiweißfasern*

Reagenzien und Lösungsmittel	native Zellulosefasern					regenerierte Zellulosefasern		native Eiweißfasern		regenerierte Eiweißfasern
	Baumwolle	Flachs	Hanf	Jute	Ramie	Viskosefasern	Kupferfasern	Wolle	Naturseide	Fibrolane Vicara u.ä.
konz. Schwefelsäure, kalt	langsam gelöst					gelöst		nicht gelöst	gelöst	gebräunt, aber nicht gelöst
5% ige Natronlauge, 5 Min. kochen	nicht gelöst					nicht gelöst		gelöst		nach längerem Kochen größtenteils gelöst
alkalische Bleiazetatlösung[1] (Plumbitlösung)	unverändert					unverändert		schwarzbraune Färbung	unverändert	hellbraune Färbung
Nitroprussidnatrium[1]	unverändert					unverändert		rotviolette Färbung	unverändert	unverändert
Ameisensäure/Zinchlorid[1] (10 Min. bei 70 °C)	nicht gelöst					langsam gelöst		nicht gelöst	gelöst	nicht gelöst
alkalisches Kupferglyzerin[1]	nicht gelöst					nicht gelöst		nicht gelöst	gelöst	nicht gelöst
Phorogluzin/Salzsäure[1]	nicht angefärbt		schwach rosa	rot	nicht angefärbt	nicht angefärbt		nicht angefärbt		

[1] Herstellung der Reagenzien und Durchführung der Prüfungen s. S. 304 u. 306.

färbt sich die Lösung intensiv rotviolett. Naturseiden und regen. Eiweißfasern geben diese Reaktion nicht.

Ameisensäure/Zinkchlorid-Lösung: 20 Gewichtsteile wasserfreies Zinkchlorid werden in 80 Gewichtsteilen konz. Ameisensäure aufgelöst.

Alkalisches Kupferglyzerin: 10 g Kupfersulfat werden in 100 ml Wasser aufgelöst und 5 g Glyzerin zugegeben. Darauf läßt man unter dauerndem Umrühren langsam so viel konz. Natron- oder Kalilauge zufließen, bis sich der entstandene Niederschlag wieder aufgelöst hat.

Phlorogluzin/Salzsäure: Gleiche Volumina 10% iger alkoholischer Phlorogluzinlösung und konz. Salzsäure werden miteinander vermischt und die Faserprobe in diese Lösung eingelegt. Das Reagens spricht auf Holzsubstanzen (Lignin) an.

Untersuchungsgang bei Synthetiks und Azetatfasern[1]

Für die synthetischen Faserstoffe und die Azetylzellulosen ist vor allem das Verhalten gegenüber organischen Lösungsmitteln charakteristisch. Die unterschiedliche Löslichkeit ist aus Tab. 39 ersichtlich. In dieser Tabelle und auch den Abb. 38 bis 41 bedeuten — soweit nichts anderes angegeben — „kalt“ jeweils eine Behandlungsdauer von 30 Min. und „kochend“ oder „heiß“ eine solche von 5 Min.

Beim Untersuchungsgang der Synthetiks und Azetatfasern (s. Abb. 38) wird die Faserprobe zuerst 30 Min. in kaltem Tetrahydrofuran behandelt. In Lösung gehen Polyvinylchlorid-, $2^1/_2$-Azetat- und Polystyrolfasern sowie Vinylchlorid/Vinylazetat-(Vinyon HH) und Acrylnitril/Styrol-Copolymerisate (Algil).

Löst sich die Faserprobe in kaltem Tetrahydrofuran nicht auf, so wird sie noch 5 Min. in dem gleichen Lösungsmittel gekocht. Dabei gehen die restlichen Faserstoffe der Gruppe A in Lösung, d. h. die Triazetatfasern und die Copolymerisate aus Vinylchlorid und Acrylnitril (Dynel) sowie Vinylchlorid und Vinylidenchlorid (Saran).

Ist die Faserprobe in kaltem oder heißem Tetrahydrofuran löslich (alle Fasern der Gruppe A), so wird eine neue Probe mit kaltem Azeton behandelt und dann je nach der Löslichkeit mit Ameisensäure konz. oder Tetrachlorkohlenstoff usw. gemäß Abb. 38.

Bleibt die Untersuchungsprobe auch in heißem Tetrahydrofuran ungelöst (Gruppe B und C), so wird sie nach Abb. 39 zuerst mit Ameisensäure konzentriert behandelt. Geht die Probe hierbei in Lösung (Gruppe B) so verfährt man weiter nach Abb. 39, tritt keine Auflösung ein (Gruppe C), so geschieht die Weiterbehandlung nach Abb. 40.

Vereinfachter Untersuchungsgang bei Synthetiks und Azetatfasern. Kommen nur die wichtigsten synthetischen Fasertypen in Frage, so wird der Untersuchungsgang nach Abb. 41 meist ausreichen.

Auch die *Chlorzinkjodprobe* (s. Spezialreaktionen auf S. 324) ist in einfacheren Fällen zur Schnellprüfung gut geeignet.

[1] Im wesentlichen nach M.-L. Bumiller: Chemiefasern **13** (1963) 488. Ein ähnlicher Untersuchungsgang wurde auch von M. Stratmann ausgearbeitet (Z. ges. Textilind. **64** (1962) 746.

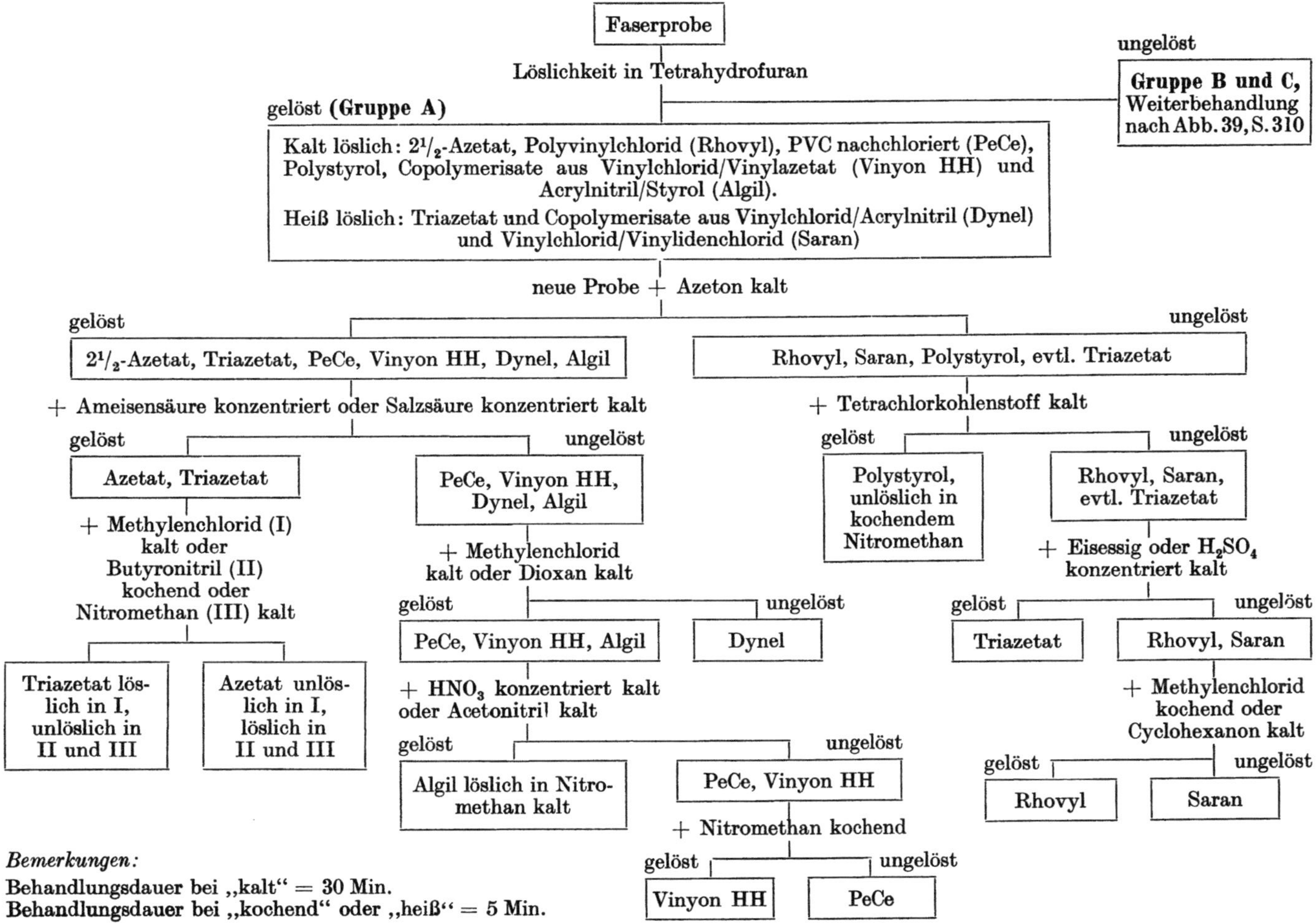

Bemerkungen:
Behandlungsdauer bei „kalt" = 30 Min.
Behandlungsdauer bei „kochend" oder „heiß" = 5 Min.

Abb. 38. Untersuchungsgang bei Synthetiks und Azetatfasern

Tabelle 39. *Löslichkeit*

Faserstoffe	Zelluloseazetate		Polyvinylchloride		Polyamide				Polyester			Polyurethane	
	$2^1/_2$-Azetat	Triazetat	nicht nachchloriert	nachchloriert	PA 6,6	PA 6	PA 11	Polyacrylnitril	Terephthalsäure + Äthylenglykol	Terephthalsäure + 1,4-Dimethylolcyclohexan	Terephthalsäure + Isophthalsäure + Äthylenglykol	normaler Typ	Spandex-Typ
Handelsnamen / Lösungsmittel	Azetat, Drawinella	Arnel, triaFaser, Tricel	Rhovyl	PeCe	Nylon	Perlon	Rilsan	Orlon, Dralon	Trevira, Diolen, Terylene	Kodel	Vycron	Dorlon	Lycra, Vyrene
Salzsäure conz.	□	□	■	■	□	□	●	■	■	■	■	△	△[6]
Schwefelsäure conz.	□	□	●[2]	●[2]	□	□	□	□	□	□	□	□	□
Salpetersäure conz.	□	□	■	●	□	□	○	□	+	■	○	○[1]	○[1]
Ameisensäure conz.	□	□	■	■	□	□	○	■[13]	■	■	■	○[5]	○
Kalilauge 40 % ig	■	■	■[2]	■	■	■	■	■[2]	△	△	△	△	△
Eisessig	□	□[9]	■	●	○	○	○	■	■	■	■	○	■
Azeton	□	+[6/8]	+[10]	□	■	■	■	■	■	■	■	■	■
Tetrahydrofuran	□	○	□[11]	□	■	■	■	■	■	■	■	■	■
Aethylenchlorid	△	□	○[12]	□	■	■	■	■	■	■	■	■	■
Tetrachlorkohlenstoff	■	■	■	■	■	■	■	■	■	■	■	■	■
Dioxan	□	□	○	□	■	■	■	■	■	■	■	■	■
Butyronitril	○	■	○[12]	○	■	■	■	■	■	■	■	■	■
Nitromethan	□	○	■[3]	●	■	■	■	■[13/15]	■	■	■	■	■
Acetonitril	□[4']	■	■	■	■	■	■	■	■	■	■	■	■
Cyclohexanon	○	○	□[11]	□	■	■	○	■	■[3]	■	○	○	○
Xylol	■	■	△	○	■	■	■	■	■	■	■	■	■
o-Dichlorbenzol	●	■[3]	○	□	■	■	○	■	○	○	○	○	○
Dimethylformamid	□	○	□[11]	□	■	○	○	○[14]	○	■	○	○	○
Sesolvan NK	□	○	○	□	○	○	○	○	○	○	○	○	○
Anilin kochend	□	□	○	○	○	○	○	●	○	○	○	○	○
Phenol 40 % ig	□	□	○	○	□	□	□	●[2]	○	○	○	□	○
m-Kresol	□	□	○	○	□	□	□	●[2]	○	○	○	□	○
Dimethylsulfoxyd	□	□	○	□	○	○	○	○[14]	○	■	○	○	○
Butylnitrat	■	■	○	□	■	■	■	■	■	■	■	■	△[2]
Pyridin	□	□[9]	□	□	■	■	○[4]	■	■	■	○	○	△

Zeichenerklärung: ■ = unlöslich; □ = löslich bei Raumtemperatur (kalt); ○ = löslich beim Kochen (heiß);

● = unlöslich, Fasern zeigen jedoch beim Kochen eine Veränderung (starke Quellung, Schrumpfung oder Klumpenbildung.

△ = zerfallen beim Kochen, grobe oder feine Bruchstücke;

\+ = teilweise löslich beim Kochen unter sichtbarer Verringerung der Fasermenge; ungelöste Fasern meist zerfallen.

Anmerkungen:

1 Faser zeigt in der Kälte Verfärbung, z. B. gelb bis orange oder braun.

2 Faser verfärbt sich beim Kochen (gelb, braun oder schwarz).

3 Bei einigen Untersuchungsproben ist jedoch ein kleiner Teil des Fasermaterials löslich, denn beim oder nach dem Erkalten zeigt sich oft eine geringe Ausflockung.

4 Einige unlösliche Faserreste vorhanden.

5 Faser ist bereits bei wenig erhöhter Temperatur (etwa 35 °C) löslich.

der Synthetiks und Azetatfasern

Polyolefine						Copolymerisat-Fasern								
Äthylen	Propylen	Tetrafluoräthylen	Polyvinylalkohol azetalisiert), Polyvinylazetat	Polystyrol	Polycarbonat	88 % Vinylchlorid 12 % Vinylazetat	15 % Vinylchlorid 85 % Vinylidenchlorid	60 % Vinylchlorid 40 % Acrylnitril	80 % Acrylnitril, Vinyl- und Vinylidenchlorid	85 % Acrylnitril 15 % Vinylazetat	85 % Acrylnitril 15 % Vinylazetat	Acrylnitril, N-vinyl-2-pyrrolidon	50 % Vinylidennitril 50 % Vinylazetat	Acrylnitril Polystyrol
Courlene, Polythene	Prolen, Meraklon	Teflon	Kuralon	Shalon	Makrolon	Vinyon HH	Saran	Dynel	Verel	Acrilan	Creslan	Zefran	Darvan	Algil
●	■	■	□	●	■	■	■	■	■	■	■	■	■	■
●[2]	●[2]	■	□	○	○	●[1,2]	○	○[1]	□	□	□	□[1]	□	○
●	■	■	□	■[2]	●[1,2]	●	■	○	△	□	□	□	□	○
●	■	■	□	■	■	●	■	●	△	△	○	■	○	△
●	●	■	■[2]	●	○	●[2]	■	●[2]	■[2]	■[2]	■[2]	■[2]	○[16]	●
●	■	■	■	●	■	●	■	●	■	■	■	■	■	△
■	■	■	■	●[6]	■	□	■	□	○	■	■	■	■[7]	□
■[17]	■	■	■	□	○	□	○	○	■	■	■	■	■	□
■	■	■	■	□	□	□	■	■	■	■	■	■	■	□
○[7]	■[7]	■	■	□	■	●	■	■	■	■	■	■	■	■
●	■	■	■	□	○[5]	□	○	●	■	■	■	■	■	□
●	■	■	■	□	●	□	●	○	△	■	■	■	○	□
●	■	■	■	■	△	○	■	□	○	○	○	■	□	□
■	■	■	■	●	■	●	■	○	□	■	■	■	+	□
△[3]	○	■	■	□	○	□	○	○	○	■	■	■	○	□
○	○	■	■	□	○	○	○	●	■	■	■	■	■	●
○	○	■	■	□	○	□	○	●[2]	■	■	■	■	●	□
●	●	■	●	□	○	□	○	□	□	○	□	○	□	□
●	●	■	●	○	○	□	○	□	□	○	○	○	□	□
●	●	■	■	○	○	○	○	○	△[2]	●	●[2]	■	○	□
●	●	■	△	○	○	○	○	○	△	■[2]	■[2]	■[2]	○	□
●	●	■	△	○	○	○	○	○	△[2]	■[2]	●[2]	■[2]	○	□
●	●	■	△	○	○	□	○	□	□	□	□	○[5]	□	□
○[7]	○	■	■	□	■[3]	□	●[3]	●	■	■	■	■	■	□
●[3]	■	■	■	□	□	□	○	○	○	■	■	■	■	□

[6] Reaktion (zerfallen bzw. teilweise löslich oder Klumpenbildung) tritt schon bei Raumtemperatur ein; keine weitere Veränderung beim Kochen.
[7] Einige Untersuchungsproben verschiedener Provenienz oder aus verschiedenen Herstellungspartien zerfallen und sind teilweise löslich.
[8] Verhalten sehr unterschiedlich: Die meisten Triazetatfasern sind teilweise bis fast löslich, einige jedoch völlig löslich, auch unlösliche Triazetate können vorkommen.
[9] Evtl. erst beim Kochen löslich.
[10] PCU und einzelne Rhovyl-Proben zerfallen beim Kochen; PCU evtl. sogar unlöslich.
[11] PCU evtl. erst beim Erwärmen oder Kochen löslich.
[12] PCU beim Kochen meist nur teilweise löslich und zerfallen.
[13] Einige Polyacrylnitrilfasertypen zeigen beim Kochen Klumpenbildung.
[14] Einige PAN-Fasertypen sind schon in der Kälte löslich (z. B. Orlon Cantrece).
[15] Einige PAN-Fasertypen (z. B. Orlon, Cantrece) sind beim Kochen löslich.
[16] Untersuchungsproben aus neuerer Herstellung sind beim Kochen unlöslich.
[17] Folien aus Hochdruck-Polyäthylen sind vielfach zerfallen und teilweise, evtl. sogar ganz löslich.

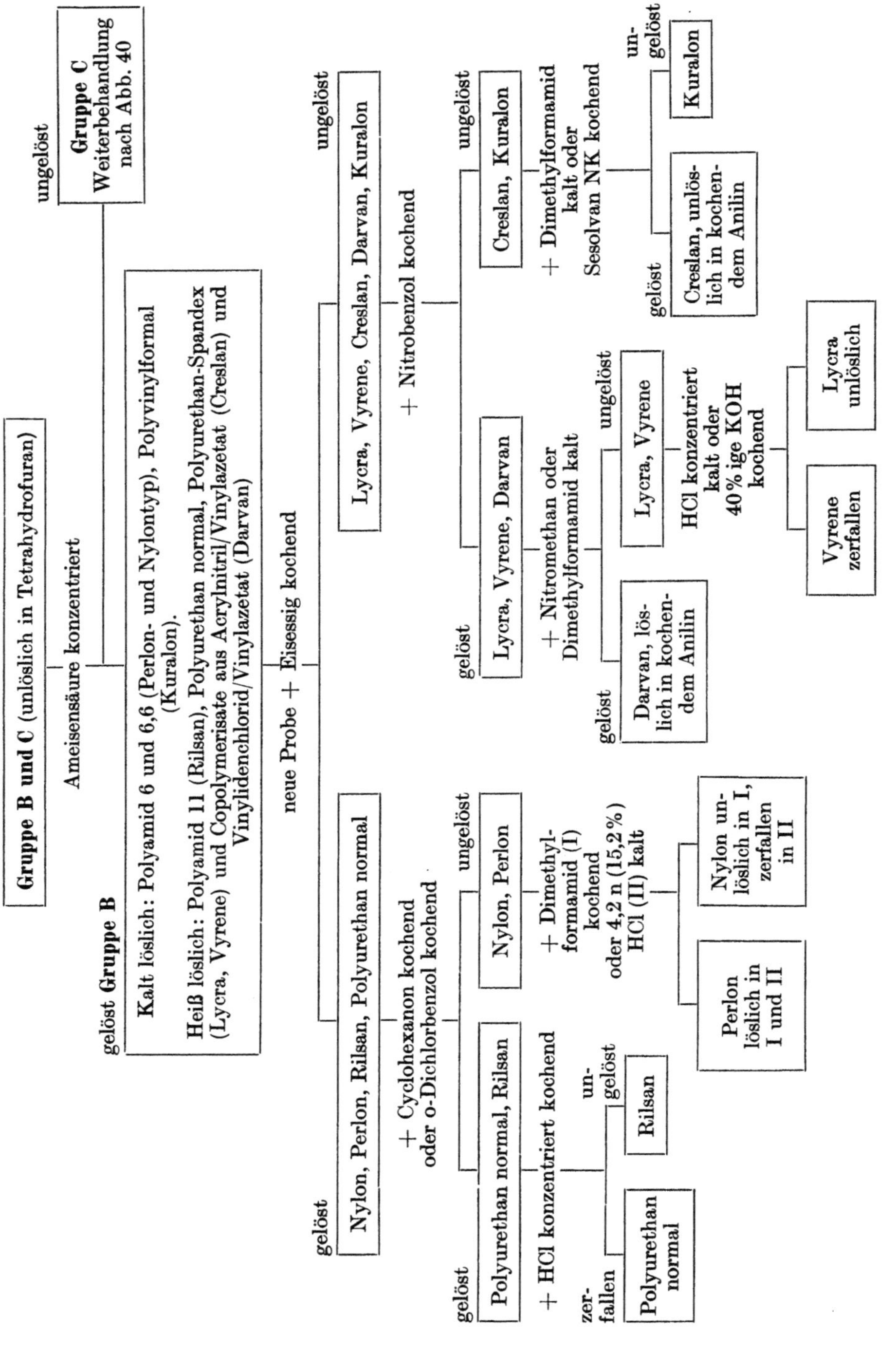

Abb. 39. Untersuchungsgang bei Synthetiks und Azetatfasern (Gruppe B und C)

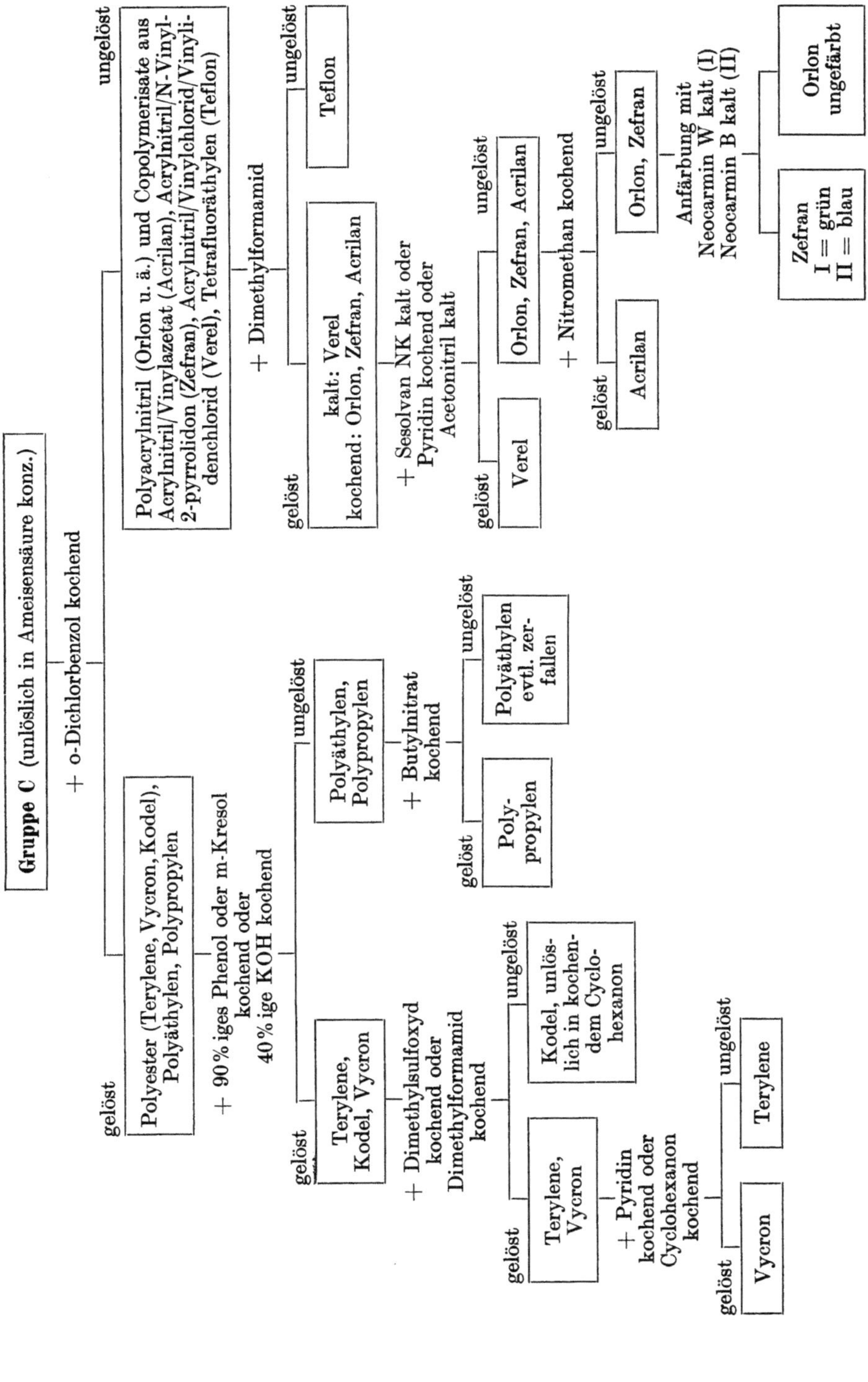

Abb. 40. Untersuchungsgang bei Synthetiks und Azetatfasern (Gruppe C)

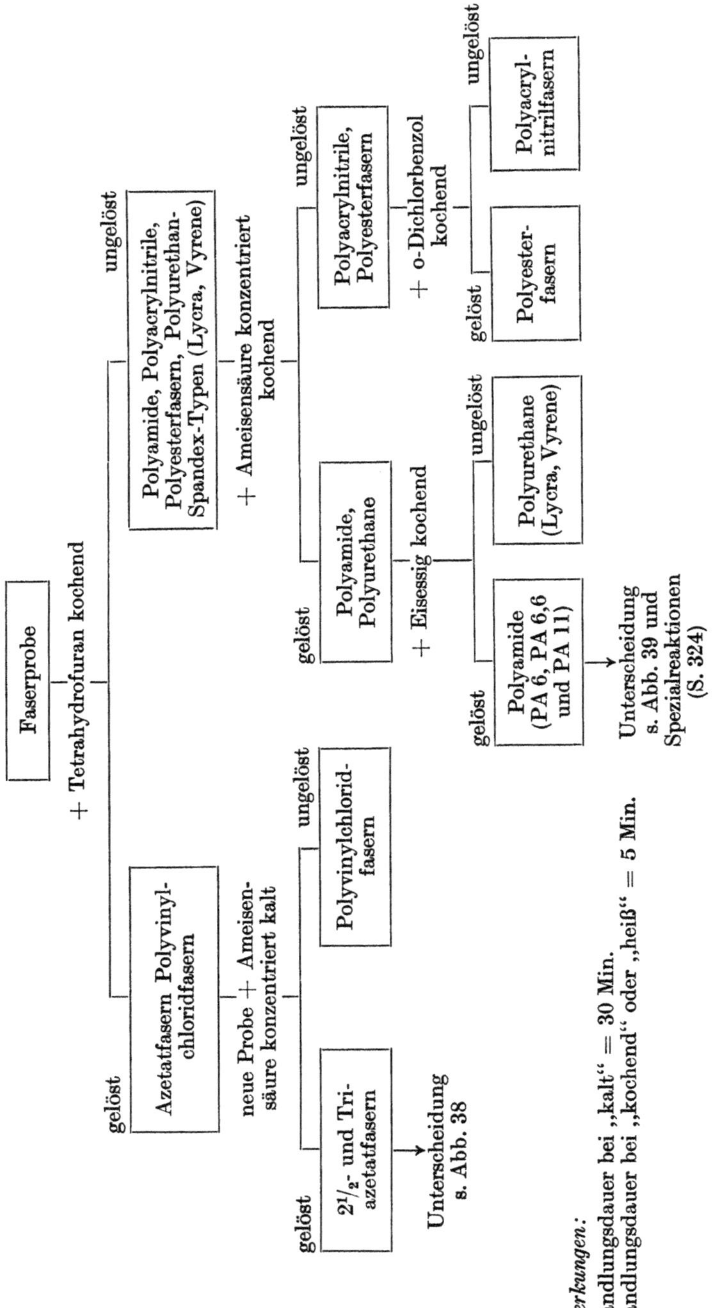

Bemerkungen:
Behandlungsdauer bei „kalt" = 30 Min.
Behandlungsdauer bei „kochend" oder „heiß" = 5 Min.

Abb. 41. Vereinfachter Untersuchungsgang bei Synthetiks und Azetatfasern

III. Mikroskopische Faseruntersuchung

Die Fasern im Längsbild. Man legt die auseinandergezupften Einzelfasern auf einen Objektträger, benetzt mit einem Tropfen Wasser oder Glyzerin, legt ein Deckgläschen darauf und beobachtet unter dem Mikroskop bei geeigneter Vergrößerung.

Herstellung von Faserquerschnitten. a) *Plättchenmethode*[1]. Zur Durchführung benötigt man durchlochte Metallplättchen mit einem Lochdurchmesser zwischen 0,5 und 1 mm. Die zu untersuchenden Fasern faßt man zu einem kleinen Bündel zusammen und zieht dieses mit Hilfe einer Schlinge aus einem festen Zwirnfaden so in eines dieser Bohrlöcher ein, daß es fest darin sitzt. Darauf schneidet man die herausragenden Fasern auf beiden Seiten mit einem Rasiermesser oder einer Rasierklinge ab und beobachtet unter dem Mikroskop im durchfallenden Licht. Dunkel angefärbte Fasern müssen vorher abgezogen werden — dies gilt auch für die nachstehende Korkmethode —, ungefärbte färbt man zweckmäßig mit Neocarmin W (s. S. 300) etwas an.

b) *Korkschnittverfahren*[2,3,4]. Ein kleiner Korkstopfen (unterer Durchmesser etwa 6 mm, oberer etwa 10 mm), den man durch kurzes Einlegen in Wasser und Durchkneten weich und biegsam gemacht hat, wird mit einer feinen Häkelnadel oder auch einer Nähmaschinennadel durchbohrt. In das herausragende Häkchen der Nadel legt man einen festen Zwirnfaden ein und zieht diesen langsam so durch den Kork, daß auf der anderen Seite eine Fadenschlinge entsteht. In diese legt man ein kleines Bündel der zu prüfenden Fasern ein, taucht dieses in Kollodiumlösung oder — noch besser — bestreicht es mit etwas UHU-hart[5] und zieht es dann sofort so durch den Kork, daß auf beiden Seiten etwas herausragt. Mit einem Rasiermesser oder einer Rasierklinge werden dann nach $^1/_2$stündigem Trocknen möglichst senkrecht zum eingezogenen Faserbündel dünne Korkscheiben abgeschnitten. Auf den Objektträger gibt man noch einen Tropfen Glyzerin und ein Deckgläschen drauf und betrachtet im durchfallenden Licht.

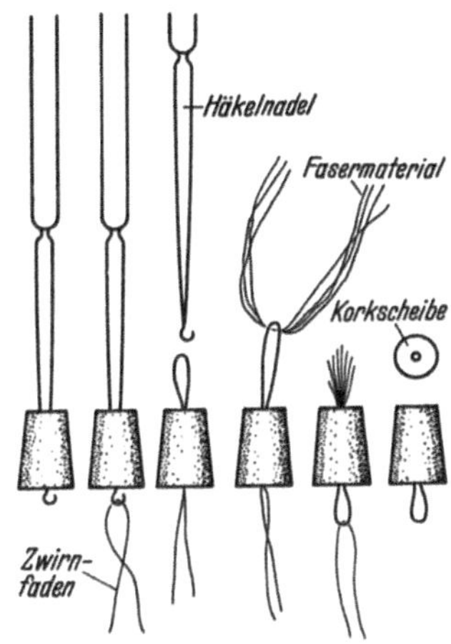

Abb. 42
Korkschnittverfahren.

c) *Mikrotomquerschnitt.* Die Fasern werden in kleinen Behältern in flüssiges Paraffin eingebettet. Nach dem Abkühlen schneidet man von den erstarrten Paraffinblöcken mit dem Mikrotom dünne Scheiben ab. Auf diese Art und Weise lassen sich so feine Querschnitte her-

---

1 Wöllhaf, A.: Die Kunstseide **12** (1930) 422.
2 Viviani, E.: Die Kunstseide **11** (1929) 111.
3 Herzog, A.: Die Kunstseide **12** (1930) 92.
4 Matthes, M., u. V. Genoff: **35** (1941) 991.
5 Steffens, W.: Textil-Praxis **10** (1955) 3.

Faserstoff	Längsbild	Querschnitt	Bemerkungen
Baumwolle, roh	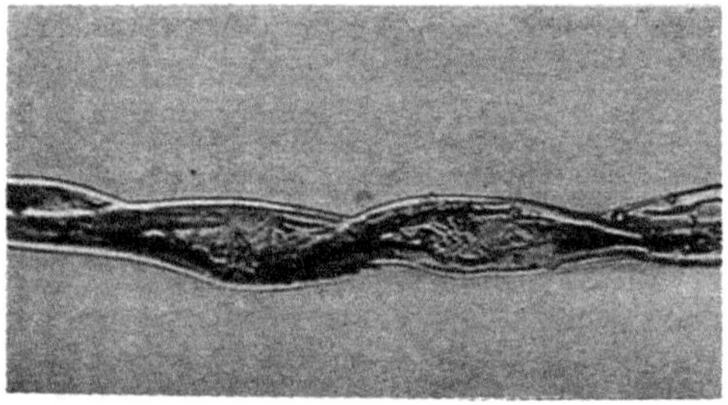		*Längsbild:* Mehr oder weniger stark um Längsachse gedrehtes Band, beidseitige Drehung möglich; kräftige, wulstige Zellwand. *Querschnitt:* Nieren- oder bohnenförmig, bei feineren Sorten auch elliptisch; Lumen strichförmig bis flach oval. *Tote Baumwolle:* Längsbild vollkommen durchsichtig; Faser breiter als normale Baumwolle; keine oder nur schwache Drehung. Im Querschnitt Lumen kaum sichtbar; Zellwand stark gefältelt.
Baumwolle, merceris.	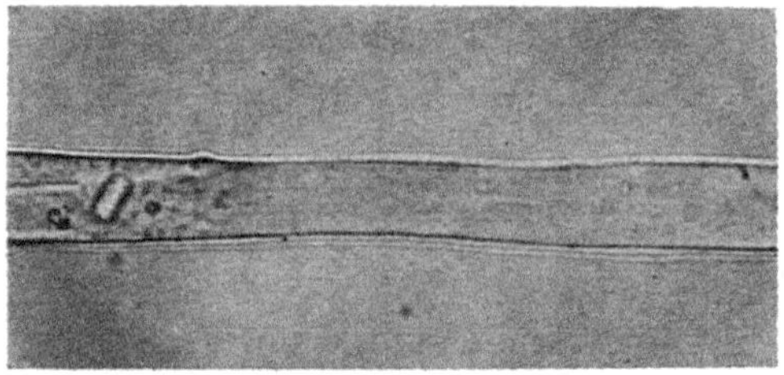	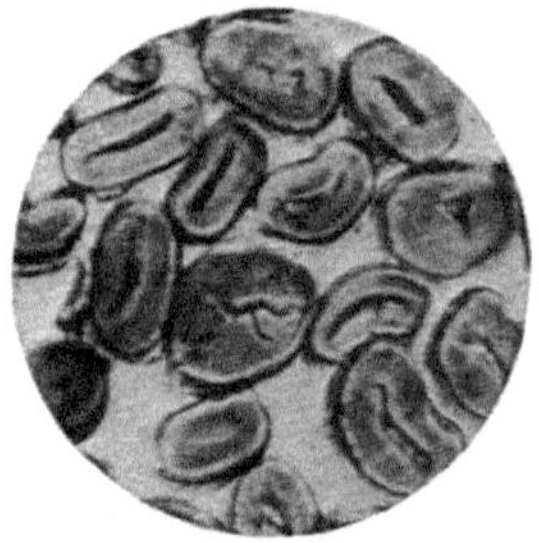	*Längsbild:* Nicht band-, sondern walzenförmig, fast nicht gedreht, strukturlos. *Querschnitt:* Oval bis kreisrund; Lumen meist strich- bis punktförmig.
Flachs		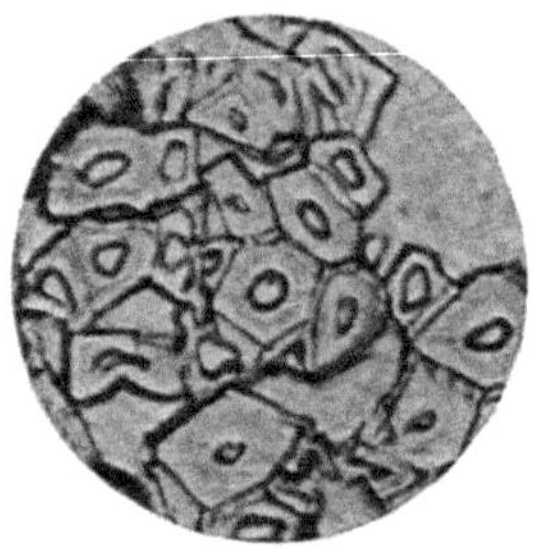	*Längsbild:* Charakteristische Quer- und Schrägrisse, Verschiebungen und knotige Verdickungen; im Innern feiner Zellkanal, sonst zylindrisch glatt. *Querschnitt:* Geradlinig begrenzte, polygonale Formen; kleines kreisrundes, ovales oder punktförmiges Lumen.

Abb. 43. Mikroskopische Faserbilder (Die Mikroaufnahmen wurden in freundlicher Weise von Frl. Hanna KLENK, Staatl. Technikum f. Textilind. Reutlingen, zur Verfügung gestellt.)

Faserstoff	Längsbild	Querschnitt	Bemerkungen
Hanf	Ähnlich wie Flachs, Zellkanal meist etwas breiter.	Ähnlich wie Flachs, aber Ecken etwas mehr abgerundet; Lumen meist strichförmig oder gegabelt.	Eindeutige Unterscheidung von Flachs nur möglich durch Quellung in Kuoxam. Hierbei zeigt der Flachs rasche und gleichmäßige Quellung, im Innern wellenförmiges Protoplasmaband. Hanf quillt langsam, zeigt körnige Protoplasmareste, Zellwand oft typisch harmonikaartig quergefaltet.
Jute	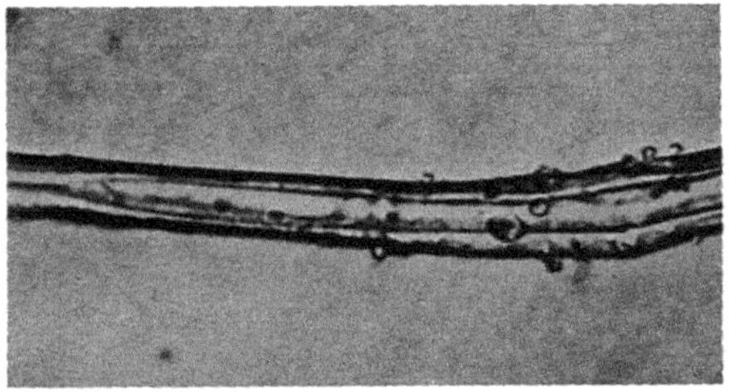		*Längsbild:* Zylindrisch glatt, Quer- und Schrägrisse sowie Verdickungen fehlen meist; charakteristisch die ungleichmäßige Dicke der Zellwand. *Querschnitt:* Polygonal-rundliche bis längliche Formen schwankender Größe; Lumen oval bis rundlich.
Ramie	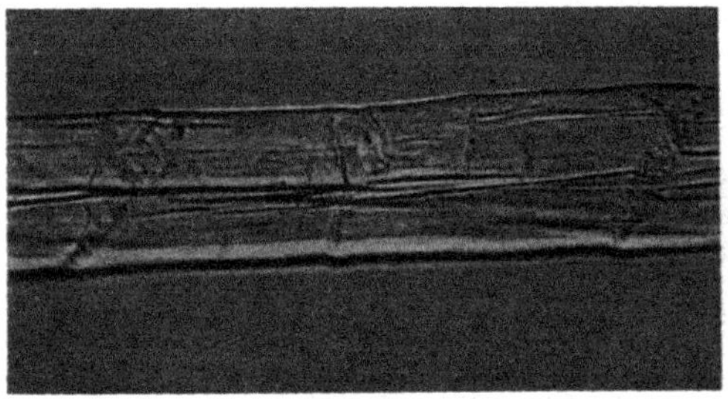		*Längsbild:* Auffallend breit, bandförmig, häufig Längs- und Querrisse. *Querschnitt:* Groß, meist länglich-flach zusammengedrückt; Lumen länglich-schmal; typisch die vom Lumen nach außen verlaufenden Risse.

Faserstoff	Längsbild	Querschnitt	Bemerkungen
Naturseide, roh	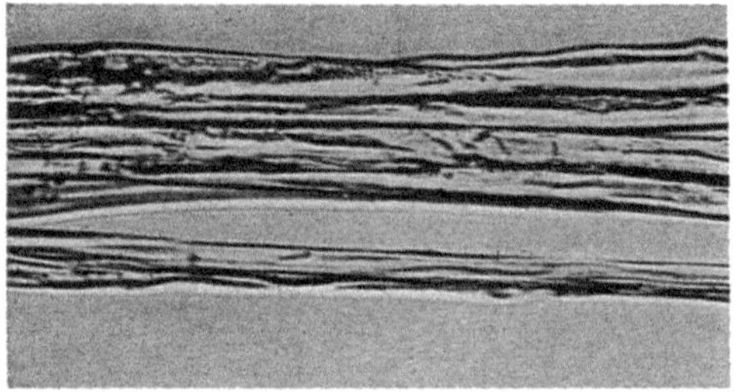	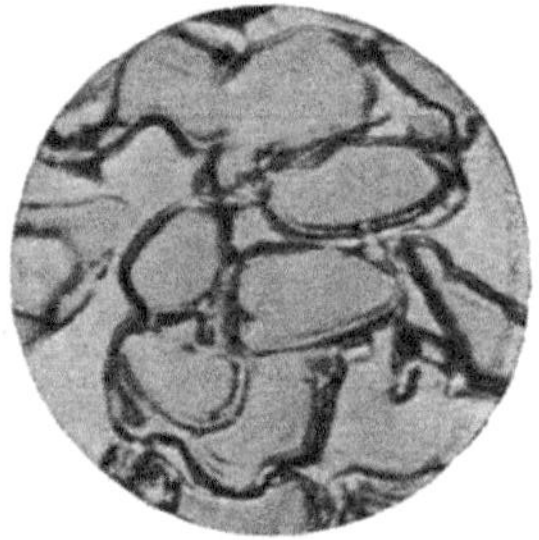	*Längsbild:* Einzelfäden sind durch Serizin umhüllt und verklebt, häufig zerklüftet. *Querschnitt:* Unregelmäßige, dreieckigabgeplattete bis länglich-rundliche Formen.
Naturseide, entbastet	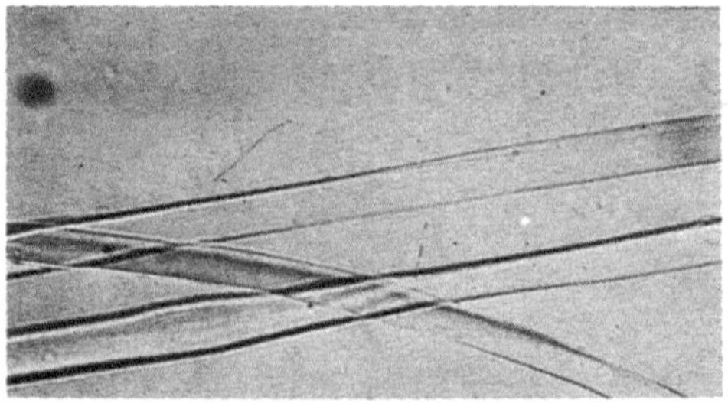	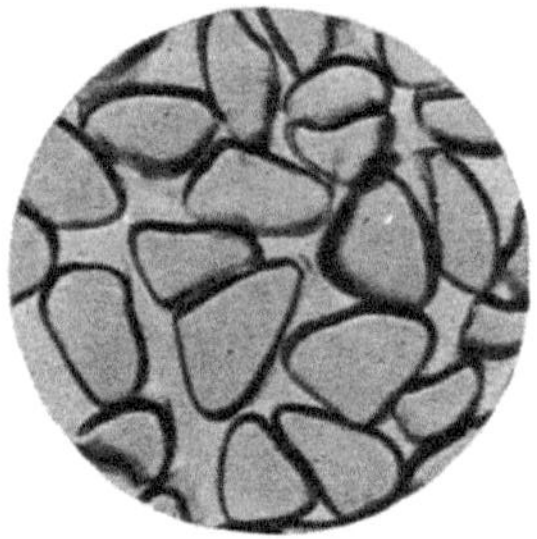	*Längsbild:* Fast völlig strukturlos, glatt und durchsichtig; nicht gleichmäßig im Längsverlauf. *Querschnitt:* Dreieckigabgerundet, teils auch oval-rundlich.
Schafwolle		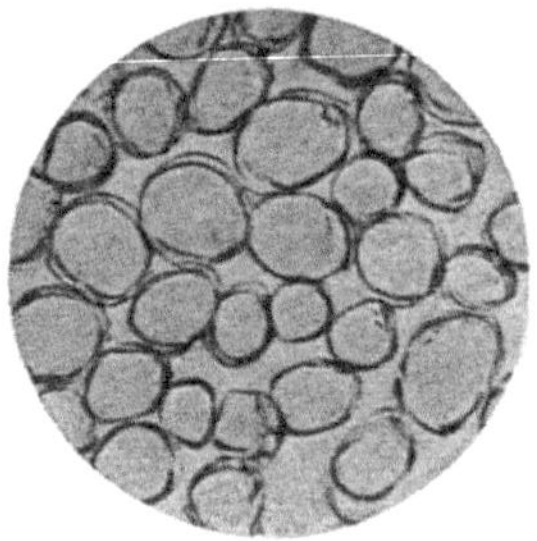	*Längsbild:* Dachziegelartig übereinander gelagerte Epidermisschuppen; wenn diese entfernt, so längsgestreifte Faserschicht sichtbar. Bei gröberen Fasern (Grannen- und Stichelhaare) im Innern ein dunkler Markstrang. *Querschnitt:* Oval bis kreisrund, bei Grannen- und Stichelhaaren im Innern das Mark. *Schurwolle:* Glatte Schnittenden im Längsbild. *Gerberwolle:* Enden zwiebelartig verdickt.

Faserstoff	Längsbild	Querschnitt	Bemerkungen
Reißwolle	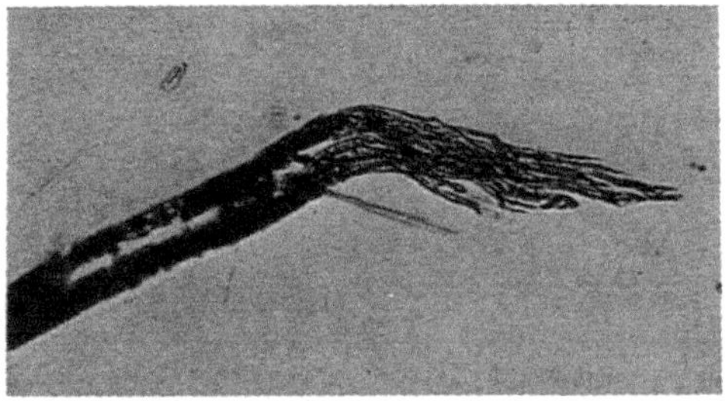	wie Schafwolle	*Längsbild:* Schuppen fehlen mehr oder weniger stark, häufig fibrilläre Aufsplitterungen, Faserenden oft pinselartig ausgefranst, Haare evtl. verschieden gefärbt und sehr unterschiedlich in Feinheit, oft auch andere Fasertypen (Baumwolle, Zellwolle u. dgl.) beigemischt.
Angora-Kaninchen	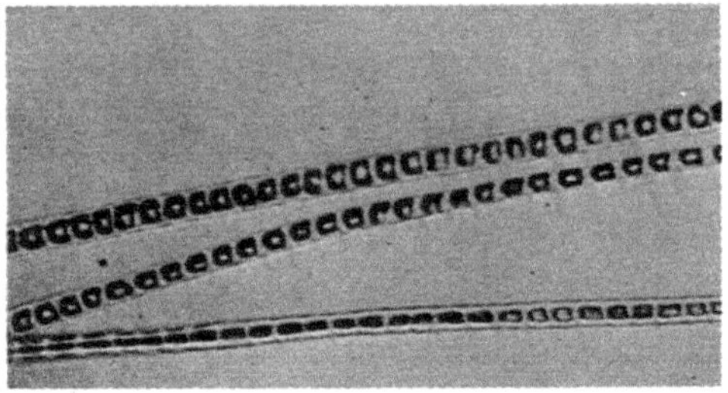	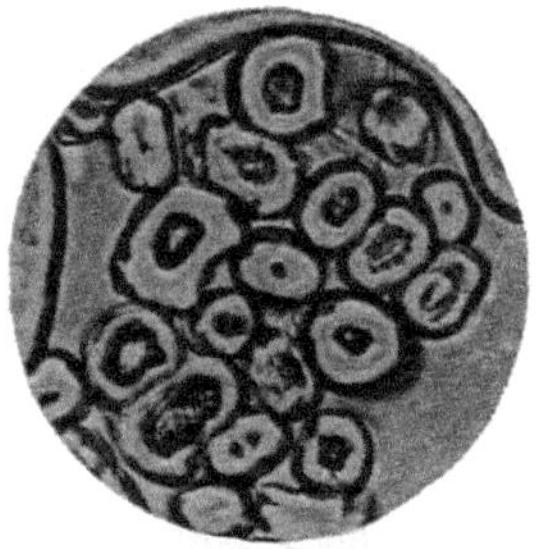	*Längsbild:* Epidermisschuppen wie bei Wolle, aber steiler und spitzer verlaufend; charakteristisch die wie eine Perlenschnur angeordneten Markzellen; gröbere Haare zeigen mehrere Reihen von Markzellen. *Querschnitt:* Ovale bis rundliche Formen, meist markhaltig, gröbere Haare mit mehreren Marksträngen.
Viskose-Reyon bzw. -ZW	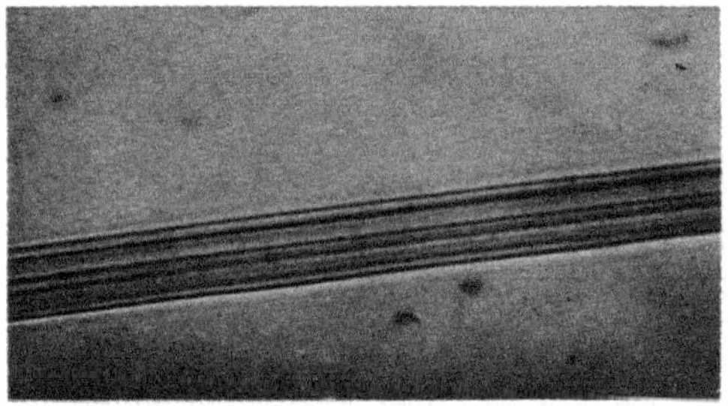	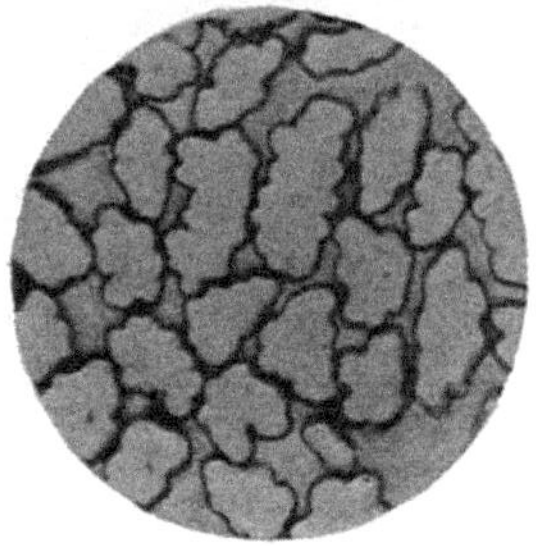	*Längsbild:* Normaltypen zeigen mehr oder weniger starke Längsstreifung, auch Verwindungen möglich. *Streckspinnfasern* nur schwach gestreift, meist glatt und strukturlos. *Querschnitt:* Alle möglichen Formen, Rand gezähnt, gekerbt, gelappt oder glatt. *Streckspinnfasern* meist oval-rundlich mit glattem Rand. *Mattierte Fasertypen* zeigen im Längsbild und Querschnitt punktförmige Einlagerungen, *Luftzellwollen* (Hohlfasern) ein „Lumen“.

Faserstoff	Längsbild	Querschnitt	Bemerkungen
Kupfer-Reyon bzw.-ZW, mattiert	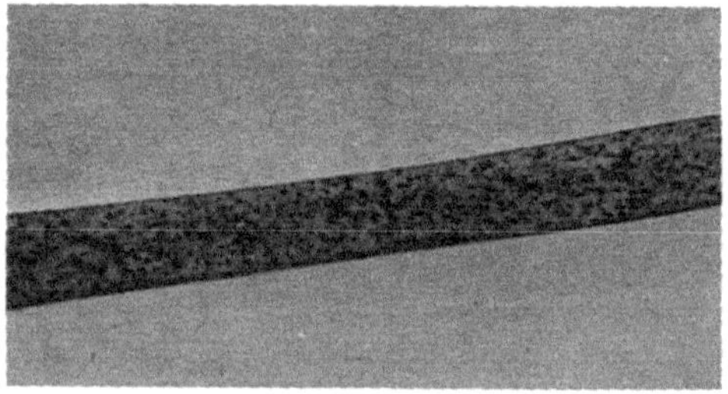	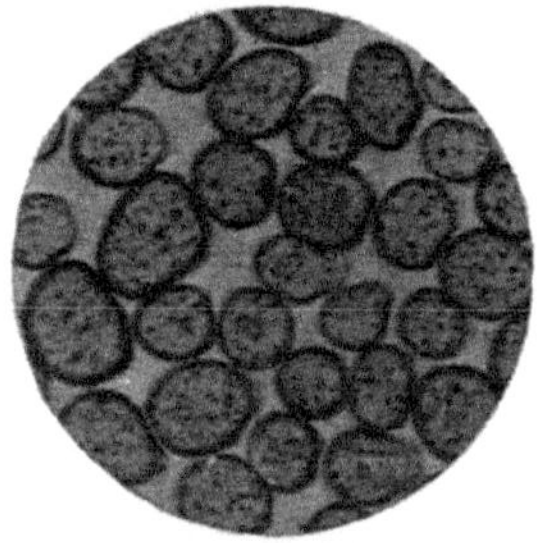	*Längsbild:* Strukturlos, glatt, durchsichtig. *Querschnitt:* Oval bis kreisrund.
Azetat-Reyon bzw.-ZW	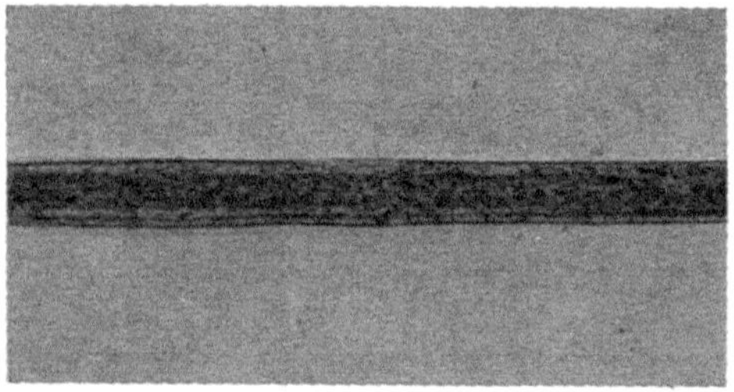	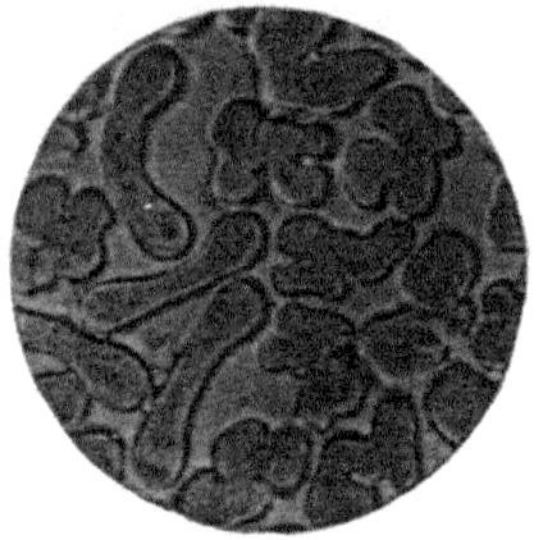	*Längsbild:* Meist nur wenige (1—3) Längsstreifen, sonst strukturlos. *Querschnitt:* Meist grob gelappt, selten knochenförmig, glatter Rand.
Kaseinfaser (Lanital)	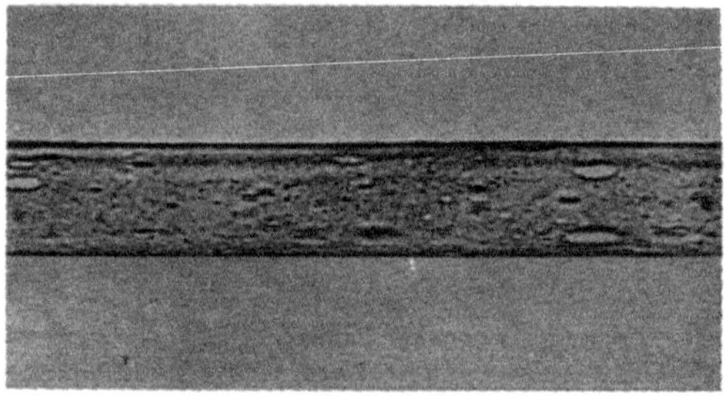	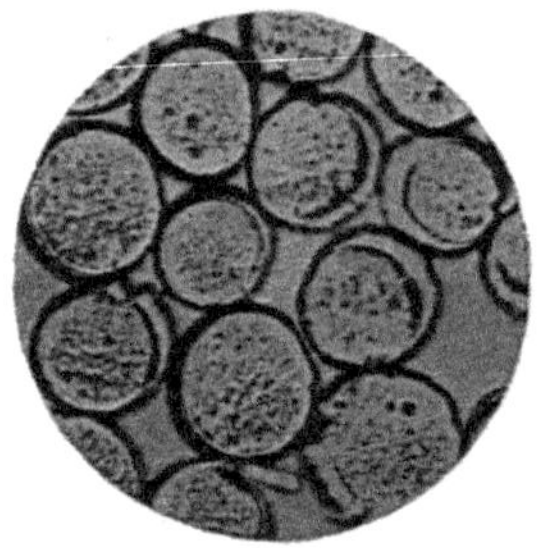	*Längsbild:* Teils glatt und strukturlos, teils längsstreifig, meist körnige Einlagerungen. *Querschnitt:* Vorwiegend rundlich mit leichten, abgerundeten Einkerbungen, sog. „Nasen“.

Faserstoff	Längsbild	Querschnitt	Bemerkungen
PeCe-Faser	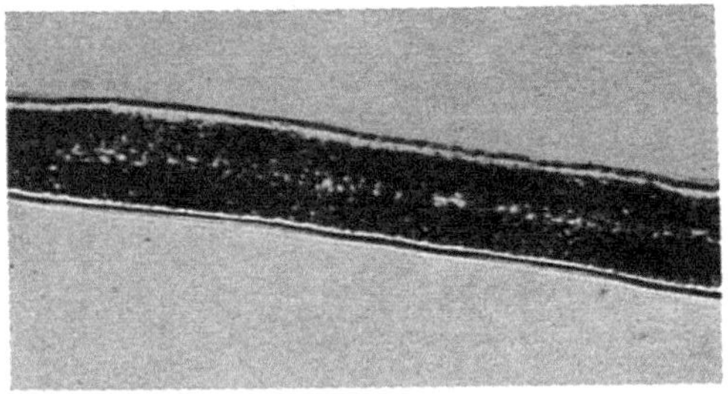	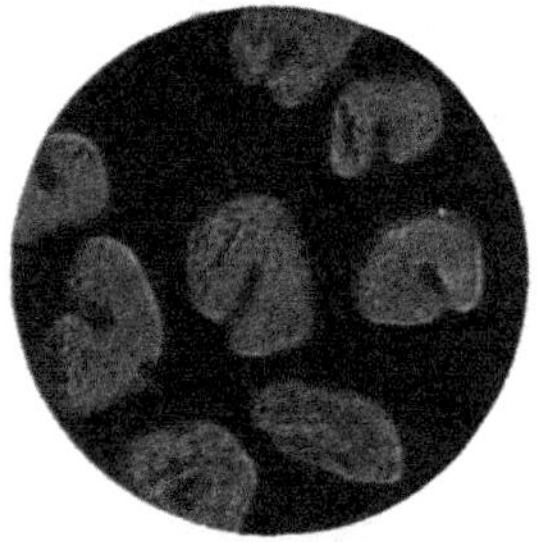	*Längsbild:* Meist nur 1—2 Längsstreifen; Faser mit dunklen, körnigen Einlagerungen durchsetzt. *Querschnitt:* Glatt begrenzte, zusammengerollte Formen; tiefe, stark verklebte Einkerbungen; löcherige innere Struktur.
Perlon	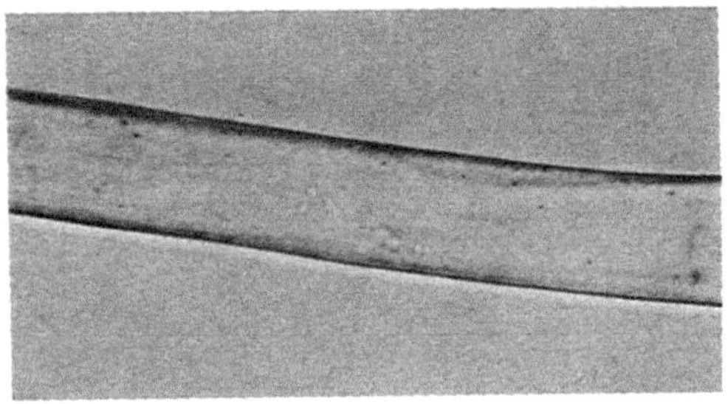	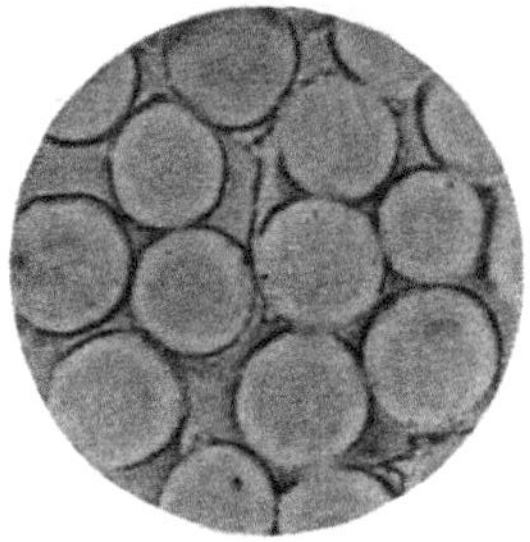	*Längsbild:* Glatt, strukturlos. *Querschnitt:* Fast kreisrunde Formen mit glatter Begrenzung.
Nylon, mattiert	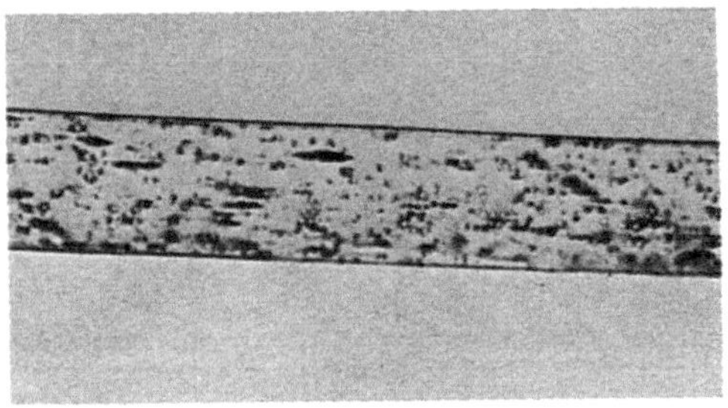	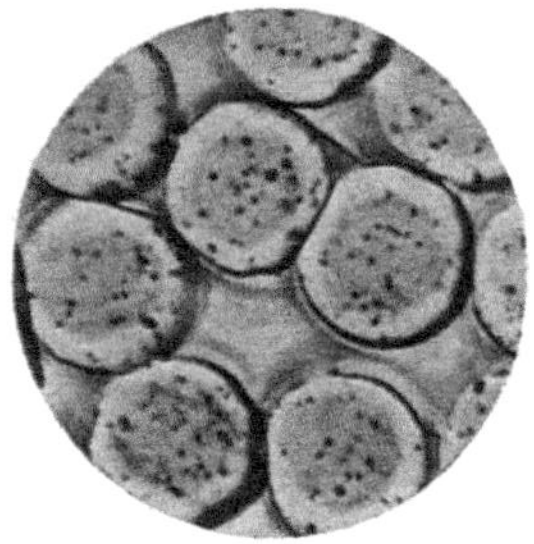	*Längsbild* und *Querschnitt* wie Perlon; mattierte Typen zeigen punktförmige Einlagerungen.

Faserstoff	Längsbild	Querschnitt	Bemerkungen
Dralon glänzend	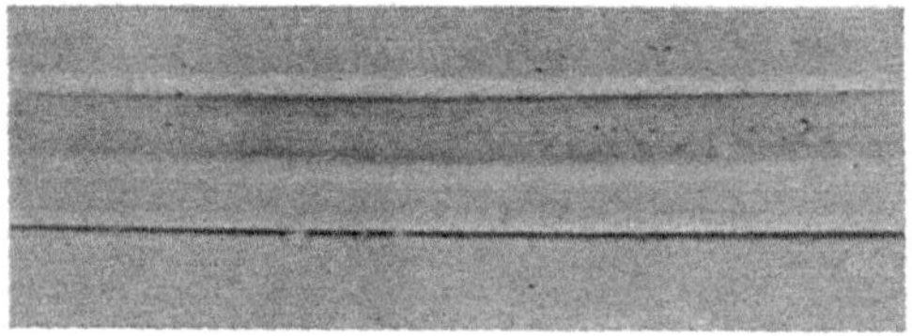	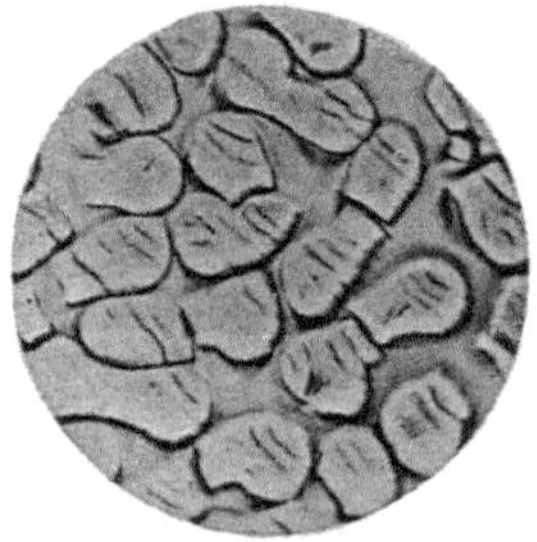	*Längsbild:* Schwach längsstreifig, gelbliches Aussehen. *Querschnitt:* Hantelförmige Gebilde, ganz charakteristisch mit Rissen durchzogen.
Orlan matt	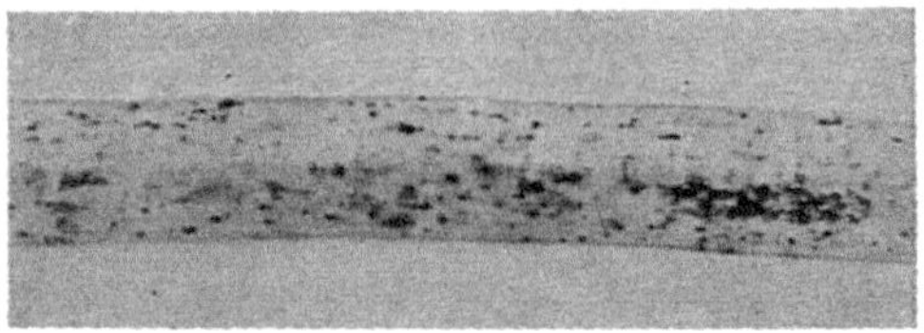	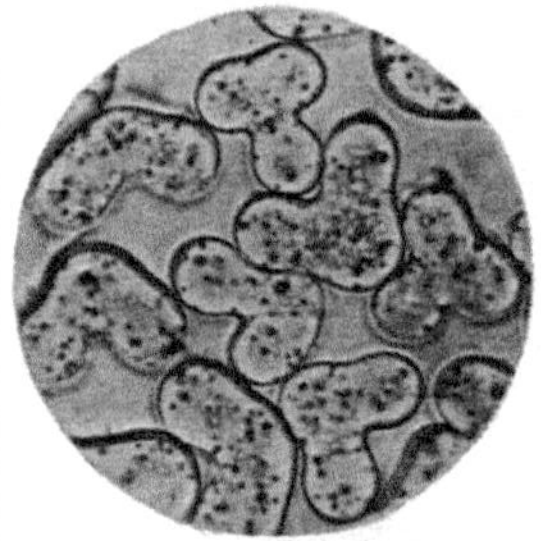	*Längsbild:* Leicht längsgestreift, etwas gelblich. *Querschnitt:* Meist V-, T- oder Y-ähnliche Formen, teils auch hantelförmig. Querschnitt im Innern dunkel, die äußere Randzone ist hell.
Dacron matt	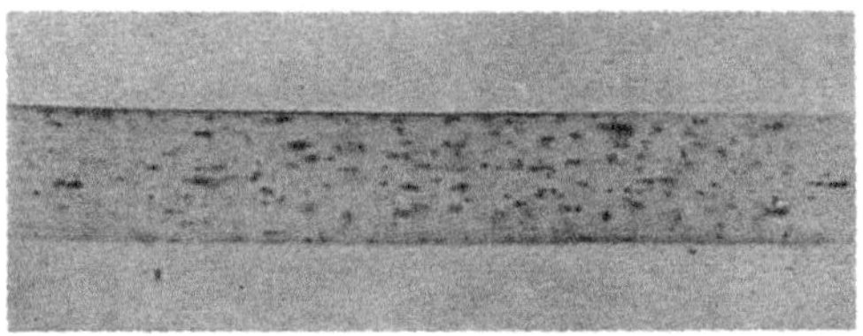	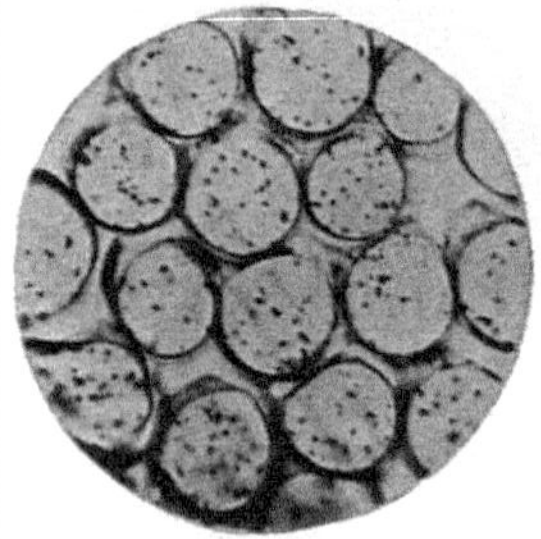	*Längsbild:* Glatt und strukturlos, ganz schwach gelblich. *Querschnitt:* Kreisrunde, glatt begrenzte Formen.

stellen, daß auch stark mattierte oder dunkel angefärbte Fasern noch leicht zu erkennen sind. In neuerer Zeit werden zur Fasereinbettung vor allem Polyestergießharze und Methacrylsäureester empfohlen[1].

IV. Spezialreaktionen

Mercerisierte und nichtmercerisierte Baumwolle. Die mercerisierte Baumwolle hat auf Grund ihrer größeren inneren Oberfläche die Eigenschaft, aus Jod/Jodkalium-Lösungen mehr Jod aufzunehmen und dieses beim nachherigen Spülen mit Wasser länger festzuhalten als die nicht mercerisierte.

Ausführung: Man legt die Probe 3 Min. in eine Lösung von 1 g Jod und 3 g Kaliumjodid in 30 ml Wasser und spült anschließend gründlich.

Eine Unterscheidung zwischen mercerisierter und nichtmercerisierter Baumwolle ist auch mikroskopisch möglich. Im Längsbild ist die erstere nicht mehr band-, sondern walzenförmig, und die korkzieherartigen Drehungen sind fast verschwunden. Die Querschnittformen sind nicht mehr nieren- oder bohnenförmig, sondern oval-kreisrund; das Lumen ist sehr zusammengeschrumpft und oft nur noch punktförmig angedeutet.

Eine quantitative Erfassung des Mercerisationsgrades ist möglich durch die Bestimmung der *Barytzahl* (s. S. 452).

Reife und unreife Baumwolle („Rot/Grün-Test"). Behandelt man die Faserprobe in einer Lösung von Diphenylechtrot 5 BLN konz. (Geigy) und Chlorantinlichtgrün BLL (Ciba), so färben sich die reifen Fasern rot, die unreifen grün an[2].

Ausführung: Die Rohbaumwolle wird zu einem Faservlies auseinandergebreitet und — damit diese Lage beibehalten wird — in Gazesäckchen eingenäht, in kochendem dest. Wasser gut genetzt und dann in nachstehendem Färbebad 15 Min. behandelt:

1,2% Diphenylechtrot 5 BLN konz. und
2,8% Chlorantinlichtgrün BLL.
Kochtemperatur, Flottenverhältnis 1 : 40.

Darauf nimmt man die Probe heraus, setzt 2,5% Kochsalz zu, färbt weitere 15 Min., nimmt wieder heraus, setzt 2,5% Kochsalz zu und färbt nochmals 15 Min. Anschließend wird zweimal in kaltem, dann unter Umziehen 30 Sek. in kochendem Wasser gespült, herausgenommen, nochmals zweimal in kaltem Wasser gespült und nach dem Ausdrücken oder Abquetschen an der Luft getrocknet.

Bemerkungen: Unter den „reifen" Fasern versteht man die dickwandigen, mit einer Zellwanddicke von 2 bis 5 μ, unter den „unreifen" die feineren Fasern, mit einer Zellwanddicke von etwa 1 μ.

Der Rot/Grün-Test eignet sich vor allem zur Beurteilung der Frage, ob man 2 Baumwolltypen für eine später uni zu färbende Ware miteinander mischen darf.

Tote Baumwolle. Tote Baumwolle färbt sich im Gegensatz zu der normalen mit Indanthrenbrillantviolett RK nicht an.

---

[1] Räuchle, A.: Melliand Textilb. **43** (1962) 403.
[2] Goldthwait, Smith u. Barnet: Textile World **97** (1947), No. 7, S. 105 u. 201.

Arbeitsweise: 2% Farbstoff,
6 ml/l Natronlauge 38 °Bé,
4 g/l Hydrosulfit konz.,
20 g/l Glaubersalz.
Färbetemperatur 20 bis 25 °C, Färbedauer 30 Min.

Noch bessere Farbkontraste als mit Indanthrenbrillantviolett RK erhält man durch Anfärben mit verschiedenen Naphtholen, insbesondere der Kombination von Naphthol AS-BS mit Echtblausalz BB.

Arbeitsweise: **a) Grundieren.** Fasermaterial bei einer Temperatur von etwa 30 °C 30 Min. lang einlegen in Lösung von 3 g/l Naphthol AS-SB. Flottenverhältnis 1 : 40. Zum Schluß abschleudern.

b) Entwickeln. Grundiertes Material 15 Min. kalt behandeln in Bad mit 7 g/l Echtblausalz BB. Flottenverhältnis 1 : 40. Abschließend gut spülen, evtl. kochend seifen.

Auflösen des Naphthols. 1 g Naphthol AS-BS wird mit einer Mischung aus 2 ml Alkohol, 0,5 ml Natronlauge 38 °Bé und 2,5 ml Wasser von 40 °C übergossen und durch Umrühren in Lösung gebracht. Hierauf setzt man 0,5 ml Formaldehyd 35%ig zu und rührt die erhaltene Lösung sofort in ein Bad ein, welches mit einem guten Netzmittel und 10 ml Natronlauge 38 °Bé im Liter Flotte beschickt ist.

Auflösen des Echtblausalz BB. Das Färbesalz wird mit etwas Diazopon A angeteigt, mit lauwarmem Wasser übergossen und durch Umrühren in Lösung gebracht. Durch Zugabe von kaltem Wasser stellt man auf das gewünschte Volumen ein.

Rohe und veredelte (gebeuchte, gebleichte usw.) Baumwolle. Im allgemeinen ist eine Unterscheidung schon auf Grund des Weißgehaltes und der Reinheit möglich. In Zweifelsfällen macht man die *Netzprobe.* Man legt die Faserprobe auf Wasser: Rohfasern netzen sich nicht und schwimmen, abgekochte, gebleichte usw. netzen sich leicht und sinken unter. Charakteristisch ist auch die *Glimmprobe.* Rohe Fasern glimmen nach dem Anzünden und Wiederauslöschen nach, gebleichte dagegen nicht.

Baumwolle und Flachs. a) *Kupferprobe* (nach HERZOG): Man legt eine kleine, von Appretur befreite Gewebeprobe 10 Min. lang in eine 10%ige Kupfervitrollösung, entfernt dann das Kupfersalz durch gründliches Spülen und behandelt hierauf mit einer 10%igen Lösung von Kaliumferrozyanid. Der Flachs färbt sich hierbei durch ausgeschiedenes Kupferferrozyanid rotbraun, die Baumwolle bleibt farblos.

b) *Zyaninprobe* (nach HERZOG): Das Fasermaterial wird einige Minuten in eine lauwarme Zyaninlösung gebracht, dann mit Wasser gespült und mit verd. Schwefelsäure behandelt. Die Baumwolle bleibt ungefärbt, der Flachs erscheint blau.

Reagens: Eine kalt gesättigte, alkoholische Lösung von Zyanin (Chinolinblau) wird mit etwas Wasser verdünnt und ungefähr $^1/_3$ des Volumens an Glyzerin zugegeben.

Unterscheidung der Bastfasern. Makroskopisch ist die Unterscheidung der Bastfasern oft ziemlich schwierig. Brauchbarer als die Anfärbung mit Testfarbstofflösungen ist im allgemeinen die Reaktion mit *Phloroglucin/Salzsäure.* Je stärker die Verholzung, um so höher ist der Ligningehalt, um so tiefer die Anfärbung. Flachs und Ramie färben sich nicht an, Hanf nur stellenweise rosa, Jute aber kräftig rotviolett. Ziemlich zuverlässig ist auch die Reaktion mit *Anilinsulfat.* Man legt die Fasern in eine wäßrige, 1%ige Anilinsulfatlösung ein und erhält, je nach dem Grad der Verholzung, Gelb-Gelbbraunfärbung. Flachs und Ramie werden dabei nicht angefärbt, der Hanf stellenweise schwach gelb, die Jute stark gelbbraun. Gebleichte Fasern zeigen durchweg die Verholzungsreaktionen nicht mehr.

Die sicherste Unterscheidung von Flachs und Hanf erfolgt mikroskopisch durch Beobachtung der *Quellung in Kuoxam*[1]. Der Flachs quillt hierbei rasch, im Innern erscheint ein fein gewellter Protoplasmafaden. Der Hanf quillt etwas langsamer, zeigt keinen Protoplasmafaden, dafür ist aber die Zellwand oft typisch harmonikaartig gefaltet. Ramie unterscheidet sich von den anderen Bastfasern durch die außerordentliche Länge der Einzelfaser (60 bis 260 mm).

Viskose- und Kupferfasern. Die gewöhnlichen Viskosefasern verhalten sich in färberischer Hinsicht etwas anders als die Kupferfasern, so daß man durch Anfärbung mit Neocarmin W die beiden Typen leicht auseinander halten kann. Sehr geeignet ist auch die ZARTsche Lösung[2]. Ausführung: Man mischt eine Lösung von 2 g/l Siriusblau B mit einer solchen von 2 g/l Eosin im Verhältnis 1 : 1 und färbt unter gutem Umziehen 10 Min. bei Zimmertemperatur. Nach gründlichem Spülen mit kaltem Wasser erscheint die Viskosefaser rosa, die Kupferfaser aber tief violettblau.

Bei Vorliegen von Viskosespezialtypen (Streckspinnfasern), versagen die Anfärbemethoden. Viskosestreckspinnfasern färben sich fast genau so an wie die Kupferfasern und unterscheiden sich zudem weder im Längsbild noch im Querschnitt. Brauchbar sind aber folgende Reaktionen:

a) Nachweis der in der Viskosefaser von der Herstellung her enthaltenen geringen Mengen Schwefel (Jodazidreaktion)[3].

b) Nachweis der in der Kupferfaser enthaltenen Kupferspuren.

c) Sichtbarmachung von Unterschieden im Feinbau durch Anfärbung mit Viktoriablau 4R[4].

Zu a) Jodazidreaktion: Die mit Petroläther entfettete Faserprobe bringt man mit einer Pinzette (nicht mit der Hand) auf einen ausgeschliffenen Objektträger oder ein kleines Uhrglas, gibt etwas Natriumazidlösung (2 g gelöst in 100 ml 1/10 n-Jodlösung) hinzu und beobachtet unter dem Mikroskop bei schwacher Vergrößerung. Bei Viskosefasern tritt Bläschenbildung (Stickstoffentwicklung) auf, Kupferfasern reagieren nicht oder nur äußerst schwach.

Zu b) Nachweis des Kupfers in Kupferfasern: Da die Kupferfasern normalerweise nur sehr geringe Mengen von Kupfer enthalten, fällt der übliche Nachweis mit Ammoniak sehr oft negativ aus. Wesentlich empfindlicher ist die Reaktion mit Natriumdiäthyl-dithiocarbaminat, und wenn man gleichzeitig von etwas größeren Fasermengen (5 bis 10 g)

---

[1] Herstellung der Kuoxamlösung s. Kuoxamverfahren auf S. 354.
[2] ZART, A.: Kunstseide **14** (1932) 150.
[3] HERZOG, A., u. H. RÜCKERT: Melliand Textilber. **18** (1937) 485.
[4] FEUBEL, A., u. P. A. KOCH: Klepzigs Textil-Z. **42** (1939) 141.

ausgeht, kann das Kupfer fast immer eindeutig nachgewiesen werden. (Näheres s. Kupfer in Spuren, S. 415.)

Unterscheidung Reyon/Zellwolle. Hat man es mit sehr langen, „endlosen" Viskose- oder Kupferfasern zu tun, so handelt es sich um Reyon; haben die Fasern aber eine bestimmte Stapellänge, so liegt Zellwolle vor. Garne bzw. Zwirne werden zur Untersuchung aufgedreht und die einzelnen Fasern herausgezogen.

Die Chlorzinkjod-Reaktion. Die Chlorzinkjodlösung ist schon seit Jahrzehnten als gutes Reagens bei der Faseranalyse bekannt. Die pflanzlichen Faserstoffe färben sich damit violett bis blau an, und zwar die regenerierten dunkler als die nativen, wobei die ersteren gleichzeitig aufquellen. Tierische Fasern werden nicht angefärbt. Erwärmt man die Chlorzinkjodlösung, so zeigen die Azetatfasern und verschiedene Synthetiks ein so spezifisches Verhalten (s. Tab. 40), daß diese Reaktion zur schnellen Orientierung herangezogen werden kann.

Durchführung: Die zu prüfenden Fasern legt man auf einen Objektträger, gibt 1 Tropfen Chlorzinkjodlösung zu, deckt ab mit einem Deckgläschen, entfernt die überschüssige Flüssigkeit mit Filterpapier und erwärmt mit klein gestellter Flamme so langsam, daß die Flüssigkeit dabei keine Blasen wirft.

Tabelle 40. *Verhalten der Faserstoffe in Chlorzinkjodlösung*

Azetatfasern	Polyacrylnitrilfasern	Polyamidfasern	Polyesterfasern	Polyvinylchloridfasern
Faser löst sich auf unter Gelbfärbung	Auflösung, aber keine Gelbfärbung	Gelbfärbung, aber keine Auflösung; Fasern quellen und zeigen „Frottébildung"	weder Gelbfärbung noch Auflösung	weder Gelbfärbung noch Auflösung

Der Nachweis der sich hierbei indifferent verhaltenden Polyester- und PVC-Fasern ist leicht möglich durch Kochen mit Tetrahydrofuran (s. Abb. 41), die Brennprobe und die trockene Destillation. Bei den PVC-Fasern ist außerdem der Chlornachweis positiv (siehe Beilsteinprobe auf S. 262).

Herstellung der Chlorzinkjodlösung (Merck): Man löst 66 g Zinkchlorid DAB 6 Merck in 34 ml Wasser, gibt 6 g Kaliumjodid zu und dann so viel Jod, wie die Lösung aufnimmt. Die Lösung ist lichtempfindlich und muß daher in dunkler Flasche aufbewahrt werden.

Unterscheidung der Polyamidfasern. Von den Polyamidfasern sind in der Hauptsache drei Typen im Handel:

a) Nylontyp (PA 6,6)
b) Perlontyp (PA 6)
c) Rilsantyp (PA 11)

Neben dem Verhalten beim Kochen mit Cyclohexanon und Dimethylformamid (s. Abb. 39), kommen zur Unterscheidung noch die nachstehenden Prüfungen in Frage.

a) *Bestimmung des Schmelzpunktes.* Die Schmelzpunkte von Nylon (Smp. ~250 °C), Perlon (Smp. ~215 °C) und Rilsan (Smp. ~187 °C) liegen so weit auseinander, daß eine Identifizierung durch Schmelzpunktsbestimmung möglich ist. Dies kann in der üblichen Art (Schmelzpunktröhrchen in Schwefelsäurebad) geschehen oder auch wie folgt: Man gibt einige Körnchen eines bei 195 bis 200 °C schmelzenden Salzes auf ein kleines Metallplättchen und erwärmt dieses langsam mit der Sparflamme. Sobald das Salz schmilzt, nimmt man die Flamme weg und legt die zu untersuchende Faserprobe auf das Plättchen. Schmilzt die Probe, so liegt eine Rilsan vor; schmilzt sie nicht, so verfährt man in gleicher Weise mit einem Salz vom Schmelzpunkt 220 bis 225 °C. Schmilzt die Faserprobe bei dieser Temperatur, so handelt es sich um Perlon, schmilzt sie nicht, so um Nylon.

b) *Löslichkeitsverhalten.* Die Unterschiede sind aus der Tab. 41 zu ersehen.

Tabelle 41. *Löslichkeit der PA-Typen.*

Lösungsmittel	Perlontyp (PA 6)	Nylontyp (PA 6,6)	Rilsantyp (PA 11)
60% ige Essigsäure[1], Temp. ~100 °C	gelöst	ungelöst	ungelöst
60% ige Ameisensäure, Temp. ~55 °C	gelöst	ungelöst	ungelöst
6n-Salzsäure, kalt[2] (1 Teil konz. HCl + 1 Teil Wasser)	gelöst	gelöst	ungelöst
o-Dichlorbenzol kochend	ungelöst	ungelöst	gelöst

Edle und wilde Seide. Unter der „edlen" oder „echten" Seide versteht man das Produkt des Maulbeerspinners. „Wilde" Seiden gibt es eine ganze Anzahl; als wichtigste ist die Tussahseide zu erwähnen.

Unterscheidungsreaktionen:

a) *Zinkchloridlösung* von 45 °Bé löst die edle Seide beim Kochen in 1 Min. auf, während die Tussahseide kaum angegriffen wird.

b) *Konz. Salzsäure* löst edle Seide beim Kochen in 1 Min., Tussahseide erst nach mehreren Minuten auf.

c) 5%*ige Natronlauge* löst die edle Seide beim Kochen in 5 Min. vollständig auf. Tussahseide löst sich auch bei längerem Kochen nur teilweise, und es hinterbleibt ein unlöslicher, abfiltrierbarer Fibrillenbrei.

Wolle und Reißwolle. Unter der Reißwolle versteht man eine Wolle, die bereits verarbeitet war und durch Reißen von Altmaterial (Lumpen u. dgl.) gewonnen wird. Man unterscheidet dabei mehrere Qualitäten (Shoddy, Thybet, Mungo), je nachdem, ob man von Strick-, Wirk- und Webwaren oder gewalkten Tuchen ausgeht.

Charakteristisch für Reißwolle sind folgende Merkmale: Die Fasern sind im Durchschnitt wesentlich kürzer als normale Wolle und weichen, da es sich um Fasern verschiedener Herkunft handelt, hinsichtlich Faserfeinheit und Farbe stark voneinander ab. Die Faserenden sind nicht

[1] Brennecke, W.: Textil-Praxis 8 (1953) 587.
[2] Stratmann, M.: Z. ges. Textilind. 59 (1957) 1035.

glatt, sondern pinselartig aufgesplissen; die Schuppen fehlen teilweise, oft auch ganz. Meist sind auch noch andere Fasern (Baumwolle, Zellwolle u. dgl.) mit enthalten.

Verseifte und unverseifte Azetatfasern. Azetatfasern sind alkaliempfindlich, und es kommt leicht vor, daß sie bei einer Behandlung im alkalischen Medium oberflächlich verseift werden. Der verseifte Mantel besteht dann aus regenerierter Zellulose, der Faserkern aus Azetylzellulose. Bringt man eine teilweise verseifte Azetatfaser in ein Bad mit Siriusrot 4B, versetzt mit etwas Glaubersalz, färbt dann $^1/_2$ Std. bei 50 °C, spült und trocknet, so wird der Mantel deutlich rot, der Kern dagegen höchstens schwach rosa gefärbt. Die quantitative Bestimmung erfolgt am besten durch Extraktion mit Azeton (s. S. 336). Der unverseifte Teil geht dabei in Lösung, der verseifte nicht.

Nachweis von Acrylnitrilfasern und Acrylnitril-Copolymerisaten. Man löst einige Körnchen Diphenylamin in 1 bis 2 ml konz. Schwefelsäure auf, gibt dann ein paar Tropfen Kupfersulfatlösung und schließlich die Faserprobe zu. Liegt eine Acrylnitrilfaser oder ein Acrylnitril-Copolymerisat vor, so färbt sie sich sofort dunkelblau. Die Blaufärbung verschwindet nach einiger Zeit und geht in ein Braun über.

Da eventuell auf der Faser vorhandene Oxydationsmittel ebenfalls und auch ohne Kupfersulfat eine Blaufärbung des Diphenylamins bewirken, empfiehlt sich die Durchführung eines Blindversuches, bei dem man das Kupfersulfat wegläßt.

Nachweis von Kaseinfasern und formalisierten Polyvinylalkoholfasern. Ein spezifischer Nachweis dieser Faser gründet sich auf den durch die Herstellung bedingten Formaldehydgehalt. Dieser Nachweis ist allerdings nur dann eindeutig, wenn keine anderen Formaldehyd abspaltenden Substanzen (Kunstharze, mit Formaldehyd nachbehandelte Färbungen u. dgl.) auf der Faser vorhanden sind.

Ausführung: Die zu untersuchende Faserprobe bringt man in einen kleinen Destillierkolben mit angeschlossenem Kühler, setzt verdünnte Schwefelsäure zu und treibt zum Kochen. Das übergehende Destillat prüft man wie auf S. 278 angegeben auf Formaldehyd.

Wenn die Faserprobe ungefärbt ist oder die Färbung beim Kochen mit dem angesäuerten Wasser nicht ausblutet, kann das Abkochen auch im Reagenzglas und der Formaldehydnachweis mit dem Abkochwasser durchgeführt werden. Auch bei stärker ausblutenden Färbungen kann auf die Destillation verzichtet werden, wenn der Formaldehyd mit Chromotropsäure nachgewiesen wird. Durch die große Empfindlichkeit dieser Reaktion ist es nämlich möglich, das Abkochwasser so weit zu verdünnen, daß der HCHO-Nachweis nicht mehr gestört wird.

Nachweis von Alginatfasern. Die Alginatfaser wird in der Textilindustrie fast nur als Hilfsfaser zur Herstellung bestimmter Artikel bzw. Erzeugung bestimmter Effekte verwendet. Vor der Fertigstellung dieser Artikel wird nämlich diese Faser durch Behandlung mit Alkali wieder herausgelöst.

Zum *Nachweis* wird die Faserprobe mit 10%iger Sodalösung gekocht. Geht sie in Lösung, so handelt es sich um eine Alginatfaser. Säuert man die Lösung mit verd. Schwefelsäure an, entsteht ein weißer, schleimiger Niederschlag. Setzt man konz. Schwefelsäure zu, so löst sich der Niederschlag wieder auf und bei Zugabe von einigen Tropfen Kaliumferricyanidlösung färbt sich die Lösung schwarzbraun.

Quantitative Bestimmung der Faserstoffe

Durch die starke Verwendung von Mischgespinsten aller Art kommt den quantitativen Faserbestimmungsmethoden, wie die an Prüfämtern eingehenden Untersuchungsaufträge beweisen, eine erhebliche Bedeutung zu. Die hinsichtlich Genauigkeit gestellten Anforderungen sind dabei sehr unterschiedlich. In vielen Fällen genügt schon eine ungefähre Angabe der Zusammensetzung (z. B. zum Ansetzen von Bleich- und Färbebädern), in anderen wieder ist aber eine möglichst große Genauigkeit erforderlich (z. B. bei Kettstreifen, Schußbanden, Differenzen im Weißgehalt, Glanz, usw.).

Zu beachten ist, daß die Genauigkeit der chemischen Trennungsverfahren nicht an die bei der rein chemischen Analyse übliche heranreicht. Dies ist aber leicht verständlich, wenn man bedenkt, daß die Mischgespinste vom Sollmischverhältnis, je nach dem Spinnverfahren, mehr oder weniger stark abweichen. Reihenuntersuchungen, die wir an einer großen Anzahl von Proben durchführten, ergaben bei Streichgarnen $\pm 1,5\%$, bei Kammgarnen $\pm 0,9\%$ Streuung. Andererseits ist auch die Löslichkeit der Faserstoffe, je nach der Provenienz, dem Reifegrad, den Verunreinigungen, der Vorbehandlung usw. etwas verschieden, so daß man fast immer mit Durchschnittswerten arbeiten muß.

Im Prinzip beruhen die chemischen Trennungsverfahren darauf, daß man durch Behandlung mit einem geeigneten Lösungsmittel die eine Faserkomponente aus dem Mischgespinst herauslöst und die andere (Rückstand) durch Abwiegen ermittelt. Aus der Differenz zwischen Einwaage und dem Gewicht des Rückstandes läßt sich dann das Mischungsverhältnis leicht berechnen. Hierbei ist aber zu berücksichtigen, daß bei den meisten Trennungsverfahren nicht nur die gewünschte Faserkomponente, sondern auch ein — allerdings nur geringer — Anteil der anderen mit in Lösung geht. Dieser in seiner Höhe sich nach Faserart und Lösungsmittel richtende Gewichtsverlust muß bei der Berechnung des Mischungsverhältnisses ebenfalls in Rechnung gestellt werden (*Korrekturfaktor*). Die Korrekturverfahren sind jeweils bei den einzelnen Trennungsverfahren angegeben.

Weiterhin ist zu beachten, daß die Textilfasern eine unterschiedliche Hygroskopizität aufweisen und je nach dem Feuchtigkeitsgehalt der Luft mehr oder weniger Wasser aufnehmen. Es ergibt sich daraus die Notwendigkeit, stets unter gleichen Bedingungen zu arbeiten, d. h. entweder alle Wägungen (Einwaage und Rückstand) bei konstanter Feuchtigkeit (normalerweise 65% relative Luftfeuchtigkeit) oder aber überhaupt ohne Feuchtigkeit, also absolut trocken (Trocknung bei $105 \pm 3\,^{\circ}C$) vorzunehmen. Das letztere Verfahren ist wegen seiner größeren Genauigkeit und vor allem seiner Schnelligkeit unbedingt vorzuziehen.

Die Herstellung der Mischgespinste in der Spinnerei erfolgt stets mit lufttrockenem Fasermaterial und die quantitativen Angaben werden daher häufig auch auf diesen Zustand gemacht. In diesem Falle muß man bei der Berechnung des Mischungsverhältnisses die Feuchtigkeitsaufnahme der einzelnen Faserkomponenten berücksichtigen und diese dem absoluten Trockengewicht zuschlagen oder noch einfacher, das Trockengewicht mit dem *Feuchtigkeitsfaktor* multiplizieren. Da die handelsüblichen Feuchtigkeitszuschläge („Reprisen") nicht mit der tatsächlichen Feuchtigkeitsaufnahme übereinstimmen[1], empfiehlt es sich, mit den in Tab. 42 zusammengestellten Gebrauchswerten zu arbeiten.

Da die einzelnen Fasertypen je nach Provenienz, Herstellung, Vorbehandlung usw. selbst merklichen Schwankungen unterworfen sind und da auch der Spinner, wie schon weiter oben erwähnt, das Sollmischungsverhältnis nicht genau einhalten kann, hat die Umrechnung auf den lufttrockenen Zustand aber nur dann einen Sinn, wenn die im Mischgespinst enthaltenen Faserkomponenten in ihrem Feuchtigkeitsaufnahmevermögen stark auseinanderliegen.

Tabelle 42. *Feuchtigkeitsaufnahme der Faserstoffe bei 20°C und 65% relativer Luftfeuchtigkeit*

Faserstoff	Feuchtigkeitsaufnahme [%]	Feuchtigkeitsfaktor (zur Berechnung)
Baumwolle roh und gebleicht	8,0	1,08
Baumwolle merceriert	11,0	1,11
Flachs roh	10,0	1,10
Flachs gebleicht und Flocken	8,5	1,08
Hanf roh	11,0	1,11
Hanf gebleicht und Flocken	8,5	1,08
Jute	12,5	1,12
Ramie	7,5	1,07
Wolle	14,5	1,14
Naturseide roh	10,5	1,10
Naturseide entbastet	9,5	1,09
Viskosefasern	13,5	1,13
desgleichen hochfeste Typen	12,5	1,12
Kupferfasern	12,5	1,12
$2^1/_2$-Azetatfasern	6,0	1,06
Triazetatfasern	4,0	1,04
regenerierte Eiweißfasern (Kaseinfasern)	14,0	1,14
Alginatfasern	20,5	1,20
Polyvinylchloridfasern (Rhovyl, PCN)	0	1,00
Polyamidfasern (Nylon, Perlon)	4,0	1,04
Polyacrylnitrilfasern (Orlon, Dralon)	1,0	1,01
Polyesterfasern (Trevira, Diolen)	0,5	1,005
Polyäthylenfasern (Vestolen A, Courlene)	0	1,00
Polypropylenfasern (Meraklon)	0	1,00
Polyvinylacetalfasern (Mewlon, Vinylon)	5,0	1,05
Polyurethanfasern (Lycra)	1,3	1,01

[1] BOBETH, W.: Klepzigs Textil-Z. **44** (1941) 975.

Probenahme und Probenvorbereitung. Bei der Probenahme ist stets darauf zu achten, daß man ein gutes Durchschnittsmuster bekommt. Von Garnen und insbesondere von Kammzug und Kardenbändern entnimmt man die Untersuchungsproben von verschiedenen Stellen; bei Geweben ist ein Musterrapport auszuschneiden. Die Proben werden so weit aufgelockert und zerteilt — dichtere Gewebe sind in Kette und Schuß zu zerlegen —, daß bei der Analyse ein gutes und gleichmäßiges Eindringen des Lösungsmittels gewährleistet ist.

Da die Textilien erhebliche Mengen Faserfremdsubstanzen (Schmälze, Schlichte, Appretur u. ä.) enthalten können, ist bei genauen Analysen ein vorheriges Ablösen derselben unerläßlich.

Entfettung und Entfernung wasserlöslicher Anteile. Die Untersuchungsprobe wird grundsätzlich zuerst mit Petroläther extrahiert (1 Std. im Soxhlet bei 6 Umläufen oder 15 Min. am Rückflußkühler) und dann dreimal je 5 Min. mit dest. Wasser von 70 bis 80 °C behandelt und dabei mehrmals ausgedrückt.

Entfernung von Stärkeschlichten und Stärkeappreturen. Nach der Entfettung und Wasserbehandlung wird die Probe mit Jodjodkaliumlösung betupft. Färbt sie sich blau, so ist unlösliche Stärke vorhanden. In diesem Falle wird dann die Probe bei 70 bis 75 °C so lange in ein Bad mit 2 bis 4 g/l einer Bakterienamylase eingelegt, bis die Blaufärbung beim Jodtest ausbleibt. Abschließend wird die Probe unter mehrmaligem Ausdrücken dreimal je 5 Min. mit dest. Wasser von 70 bis 80 °C ausgewaschen.

Substanzen, die sich weder in Petroläther noch in heißem Wasser lösen, z. B. *waschfeste Appreturen*, lassen sich meist durch Extraktion mit Azeton entfernen. Geht das Fasermaterial hierbei mit in Lösung (Azetatfasern, PVC-Fasern), so ist ein anderes Lösungsmittel heranzuziehen (s. S. 308). Das Lösungsmittel soll jedenfalls nur die Appretur ablösen, das Fasermaterial selbst aber nicht verändern.

Trocknung des Fasermaterials, Abkühlen, Wägen. Das Trocknen erfolgt in einem 60 ml-Wägeglas bei einer Temperatur von 105 ± 3°C. Die Trocknungsdauer beträgt nach DIN 54201 mindestens 6 Std.

Nach Beendigung des Trocknungsprozesses wird das Wägeglas sofort verschlossen und zum Abkühlen auf Raumtemperatur 2 Std. lang in einen mit Blaugel beschickten Exsikkator gestellt. Anschließend wird auf 0,001 g genau abgewogen.

Bemerkungen: Nach eigenen Erfahrungen ist bei Trockenschränken mit Luftzirkulation eine Trocknungszeit von 4 Std. in allen Fällen ausreichend. Auch das Abkühlen im Exsikkator kann ohne Genauigkeitseinbuße auf $^1/_2$ Std. reduziert werden.

Wahl des Trennungsverfahrens. Das Trennungsverfahren richtet sich nach der Art der im Mischgespinst enthaltenen Faserkomponenten — sind diese nicht bekannt, muß natürlich eine qualitative Untersuchung vorausgehen —, nach der angestrebten Genauigkeit und auch der prozentualen Zusammensetzung des Mischgespinstes, d. h. dem Mischungsverhältnis. Stehen zur Trennung zwei gleichwertige Verfahren zur Verfügung, so ist bei Mischgespinsten, deren Zusammensetzung außerhalb des Mischungsverhältnisses 30 : 70 bzw. 70 : 30 liegt, jeweils das Verfahren anzuwenden, bei dem der kleinere Faseranteil im Rückstand bleibt. Verfährt man umgekehrt, so ist die Genauigkeit wesentlich geringer, unter Umständen wird die Bestimmung sogar unmöglich.

Die für die verschiedenen Mischgespinste[1] geeigneten Trennungsverfahren sind in der Tab. 43 zusammengestellt.

Tabelle 43. *Die wichtigsten Trennungsverfahren und ihre Anwendbarkeit*

Trennungsverfahren	Anwendbarkeit (die zuerst genannten, fett gedruckten Fasertypen gehen jeweils in Lösung)
Kalilaugeverfahren (s. S. **333**)	Mischgespinste aus **Wolle** oder **Naturseide** mit Baumwolle, regenerierten Zellulosefasern, PA-, PAN- oder PE-Fasern
Hypochlorit-Verfahren (s. S. **333**)	Mischgespinste aus **Wolle, Naturseide** oder **regenerierten Eiweißfasern** mit Baumwolle, regenerierten Zellulosefasern, PVC-, PA-, PAN- oder PE-Fasern
Schwefelsäure-Verfahren (s. S. 334)	Mischgespinste aus **Baumwolle, regenerierten Zellulosefasern, Naturseide, Azetatfasern** (auch oberflächlich verseifte) und **PA-Fasern** mit Wolle oder PE-Fasern
Ameisensäure/Zinkchlorid-Verfahren (s. S. 335)	Mischgespinste aus **regenerierten Zellulosefasern** oder **Azetatfasern** (auch oberflächlich verseifte) oder **entbasteter Naturseide** mit Baumwolle, Wolle, regenerierten Eiweißfasern, PVC- oder PE-Fasern
Azeton-Verfahren (s. S. 336)	Mischgespinste aus **$2^1/_2$-Azetatfasern** mit Baumwolle, regenerierten Zellulosefasern, Wolle, Naturseide, regenerierten Eiweißfasern, PA-, PAN- oder PE-Fasern
Methylenchlorid-Verfahren (s. S. 337)	Mischgespinste aus **Triazetatfasern** mit Baumwolle, regenerierten Zellulosefasern, Wolle, Naturseide, regenerierten Eiweißfasern, PA- PAN- oder PE-Fasern
Eisessig-Verfahren (s. S. 338)	Mischgespinste aus **$2^1/_2$- oder Triazetatfasern** mit Baumwolle, regenerierten Zellulosefasern, Wolle Naturseide, regenerierten Eiweißfasern, PAN- oder PE-Fasern
Ameisensäure-Verfahren (s. S. 338)	Mischgespinste aus **PA 6- oder PA 6,6-Fasern** (Perlon- bzw. Nylontyp) oder **Polyvinylazetalfasern** mit Baumwolle, regenerierten Zellulosefasern, Wolle, regenerierten Eiweißfasern oder PE-Fasern

[1] Asbest- und Glasfaser-Mischgespinste s. S. 353 u. 354.

Tabelle 43. (*Fortsetzung*)

Trennungsverfahren	Anwendbarkeit (die zuerst genannten, fett gedruckten Fasertypen gehen jeweils in Lösung)
Salzsäure-Verfahren (s. S. 339)	Mischgespinste aus **PA 6-** oder **PA 6,6-Fasern** (Perlon- bzw. Nylontyp) oder **Polyvinylazetalfasern** mit Baumwolle, regenerierten Zellulosefasern, Wolle, Naturseide, regenerierten Eiweißfasern, PAN- oder PE-Fasern
Dimethylformamid-Verfahren (s. S. 340)	Mischgespinste aus **PAN-Fasern** mit Baumwolle, regenerierten Zellulosefasern, Wolle, regenerierten Eiweißfasern, PA- oder PE-Fasern
Schwefelkohlenstoff/Azeton-Verfahren (s. S. 340)	Mischgespinste aus **PVC-Fasern** mit Baumwolle, regenerierten Zellulosefasern, Wolle, Naturseide, regenerierten Eiweißfasern, PA-, PAN- oder PE-Fasern
Trypsin-Verfahren (s. S. 341)	Mischgespinste aus **Kaseinfasern** mit Wolle, Baumwolle, regenerierten Zellulosefasern, PA-, PAN- oder PE-Fasern
Pepsin-Verfahren (s. S. 342)	wie Trypsin-Verfahren
Kupfer/Glyzerin/Natron-Verfahren (s. S. 343)	Mischgespinste aus **Naturseide** mit Baumwolle, regenerierten Zellulosefasern, Wolle, regenerierten Eiweißfasern, PVC-, PA-, PAN- oder PE-Fasern
Schwertassek-Verfahren (s. S. 343)	Mischgespinste aus **regenerierten Zellulosefasern** mit Flockenbast
Flotations-Verfahren (s. S. 346)	für alle Mischgespinste, deren einzelne Faserkomponenten sich im spezifischen Gewicht genügend unterscheiden
mechanisches Trennungsverfahren (s. S. 347)	für alle Mischgespinste, deren Komponenten sich —evtl. nach vorheriger Anfärbung — unter dem Mikroskop leicht unterscheiden lassen. Normalerweise angewendet, wenn die sonst üblichen Lösungsverfahren und auch das Flotationsverfahren versagen, z. B. bei der Trennung von Wolle/Angorawolle, Viskosefaser/Kupferfaser, Baumwolle/Flockenbast u. dgl.
Gelatineverfahren (s. S. 347)	wie mechanisches Trennungsverfahren
vereinfachtes Auszählverfahren (s. S. 348)	wie mechanisches Trennungsverfahren

Es bedeuten:

PA Polyamidfasern (Nylon, Perlon u. dgl.)
PVC Polyvinylchloridfasern (Rhovyl, PeCe usw.)
PAN Polyacrylnitrilfasern (Orlon, Dralon usw.)
PE Polyesterfasern (Trevira, Diolen, Terylene usw.)
regenerierte Zellulosefasern = Viskose oder Kupferfasern.

Berechnung des Mischungsverhältnisses zweifacher (binärer) Mischgespinste[1]

Die Berechnung des prozentualen Anteils der im Mischgespinst enthaltenen Faserkomponenten kann erfolgen

a) bezogen auf den absolut trockenen Zustand

b) bezogen auf den lufttrockenen (normalfeuchten) Zustand.

Im letzteren Falle muß die Feuchtigkeitsaufnahme der einzelnen Faserstoffe berücksichtigt werden, was am einfachsten in der Weise geschieht, daß das Gewicht der absolut trockenen Faser mit dem Feuchtigkeitsfaktor (s. Tab. 42) multipliziert wird. Die Umrechnung auf den lufttrockenen Zustand erübrigt sich natürlich, wenn die enthaltenen Faserstoffe in ihrem Wasseraufnahmevermögen bzw. in ihrem Feuchtigkeitsfaktor nicht wesentlich voneinander divergieren.

a) Mischungsverhältnis im absolut trockenen Zustand. Die Berechnung soll an nachstehendem Beispiel aufgezeigt werden.

Zu untersuchendes Fasermaterial: Wolle/Polyester-Mischgespinst

Angewendetes Trennungsverfahren: Kalilaugeverfahren

Korrekturfaktor für die Gewichtsänderung der ungelösten Faser (Polyesterfaser): $k = 1{,}02$

Einwaage, abs. trocken	$E = 2{,}112$ g
Rückstand (Polyesterfaser), abs. trocken	$R = 1{,}031$ g
Korrigierter Rückstand, abs. trocken $R \cdot k = 1{,}031 \cdot 1{,}02$	$= 1{,}052$ g
In Lösung gegangene Faser (Wolle), abs. trocken $2{,}112 - 1{,}052$	$= 1{,}060$ g

Damit prozentualer Anteil der Polyesterfaser $= \dfrac{R \cdot k \cdot 100}{E} = \dfrac{1{,}052 \cdot 100}{2{,}112} = \underline{49{,}8\,\%}$

und Anteil der Wolle $= \dfrac{1{,}060 \cdot 100}{2{,}112} = \underline{50{,}2\,\%}$

b) Mischungsverhältnis im lufttrockenen (normalfeuchten) Zustand. Die zur Umrechnung auf den lufttrockenen Zustand benötigten Feuchtigkeitsfaktoren[2] betragen laut Tab. 42

für die Polyesterfaser	$f = 1{,}005$
für die Wolle	$f = 1{,}14$

Damit beträgt der Anteil der beiden Faserkomponenten im lufttrockenen Zustand:

Polyesterfaser	$1{,}052 \cdot 1{,}005$	$= 1{,}057$ g
Wolle	$1{,}060 \cdot 1{,}14$	$= 1{,}208$ g
Gesamtmenge an Fasermaterial (Einwaage) lufttrocken		2,265 g

Damit prozentualer Anteil der Polyesterfaser . . . . . . $\dfrac{1{,}057 \cdot 100}{2{,}265} = \underline{46{,}7\,\%}$

und der Wolle . . . . $\dfrac{1{,}208 \cdot 100}{2{,}265} = \underline{53{,}3\,\%}$

---

[1] Dreifache Mischgespinste s. S. 352.

[2] Zum Teil bedient man sich bei der Umrechnung auf den lufttrockenen Zustand auch der handelsüblichen Feuchtigkeitszuschläge („Reprisen"). Diese Werte sind aber insofern weniger geeignet, als sie je nach dem Verarbeitungs- und Veredlungsstadium des Fasermaterials voneinander abweichen. Mitunter ist in den Reprisen sogar ein bestimmter Öl- und Fettgehalt mit einkalkuliert.

Kalilaugeverfahren

Prinzip: Die Faserprobe wird mit 2%iger Kalilauge gekocht. In Lösung geht die Wolle und die Naturseide. Die anderen Faserstoffe bleiben im Rückstand.

Anwendbarkeit: Geeignet für Mischgespinste aus *Wolle* oder *Naturseide* mit Baumwolle, Viskose- bzw. Kupferfasern, Polyamid-, Polyacrylnitril- oder Polyesterfasern. Die Regeneratzellulosen dürfen aber nicht zu stark geschädigt sein, da sonst ein dem Schädigungsgrad entsprechender, erhöhter Anteil der Zellulose mit in Lösung geht.

Durchführung[1]: Etwa 2 g der vorgereinigten und zerteilten (s. unter Probenvorbereitung auf S. 329) Faserprobe werden im Wägeglas bei 105 ± 3 °C 4 Std. getrocknet und nach zweistündigem Abkühlen im Exsikkator auf 0,001 g genau abgewogen (= Einwaage E, absolut trocken).

Die abgewogene Probe wird in einem 250 ml-Rundkolben mit 100 ml 2%iger Kalilauge übergossen und die Lösung nach Zugabe einiger Siedesteinchen am Rückflußkühler 15 Min. schwach gekocht. Darauf wird abfiltriert (G_2-Glasfilter) und der Filterrückstand zuerst mit heißem dest. Wasser, darauf mit 1%iger Essigsäure, dann nochmals mit heißem und abschließend mit kaltem dest. Wasser ausgewaschen. Nach Überführung in das Wägeglas wird der Rückstand wie auf S. 329 beschrieben getrocknet und nach dem Abkühlen gewogen (= Rückstand R, absolut trocken).

Berechnung: Die Berechnung des Mischungsverhältnisses geschieht wie oben angegeben, wobei für den Gewichtsverlust der nicht gelösten Faser folgende Korrekturfaktoren einzusetzen sind:

Baumwolle und Viskose- bzw. Kupferfasern	$k = 1{,}03$
Polyacrylnitril- und Polyamidfasern	$k = 1{,}00$
Polyesterfasern	$k = 1{,}02$

Die zur Umrechnung auf den lufttrockenen Zustand erforderlichen Feuchtigkeitsfaktoren sind der Tab. 42 zu entnehmen.

Hypochloritverfahren

Prinzip: Die Faserprobe wird bei Raumtemperatur mit n-Natriumhypochloritlösung behandelt. Wolle, Naturseide und regenerierte Eiweißfasern gehen dabei in Lösung.

Anwendbarkeit: Mischgespinste aus *Wolle*, *Naturseide* oder *regenerierten Eiweißfasern* mit Baumwolle, Viskose- bzw. Kupferfasern, Polyvinylchlorid-, Polyamid-, Polyacrylnitril- oder Polyesterfasern.

Bei geschädigten Zellulosefasern ist das Verfahren wegen der zu großen Gewichtsverluste nicht anwendbar.

Reagenzien: Natriumhypochloritlösung mit einem Aktivchlorgehalt von 35,2 g ± 2 g je Liter, die zusätzlich 5 g/l Natriumhydroxyd enthält. Die Lösung muß wegen ihrer begrenzten Haltbarkeit kühl und im Dunkeln aufbewahrt werden.

[1] Im wesentlichen nach DIN-Entwurf 54204.

Durchführung[1]: 0,5 bis 2 g der vorgereinigten und zerteilten (s. Probenvorbereitung S. 329) Faserprobe werden im Wägeglas bei 105 ± 3 °C 4 Std. lang getrocknet und nach zweistündigem Abkühlen im Exsikkator auf 0,001 g genau gewogen (= Einwaage *E*, abs. trocken).

Die abgewogene Probe wird in einem 250 ml-Erlenmeyerkolben je g Einwaage mit 100 ml n-Hypochloritlösung übergossen und unter öfterem Umschütteln 30 Min. bei Raumtemperatur damit behandelt. Darauf wird abfiltriert (G_2-Glasfilter) und der Faserrückstand zuerst mit kaltem dest. Wasser, dann mit 0,5%iger Essigsäure und schließlich nochmals mit dest. Wasser gründlich ausgewaschen. Nach Überführung in ein Wägeglas wird der Rückstand wie auf S. 329 beschrieben getrocknet, abgekühlt und gewogen (= Rückstand *R*, abs. trocken).

Berechnung des Mischungsverhältnisses s. S. 332. Korrekturfaktoren für die Gewichtsänderung der ungelösten Faser:

Gebleichte Baumwolle und Viskose- bzw. Kupferfasern . . . . . . $k = 1{,}01$
Polyvinylchlorid-, Polyamid-, Polyacrylnitril- und Polyesterfasern . . $k = 1{,}00$

Schwefelsäureverfahren

Prinzip: Die Faserprobe wird bei einer Temperatur von 50 ± 5 °C mit 75%iger Schwefelsäure behandelt. Die pflanzlichen Faserstoffe sowie Naturseide, Azetatfasern und Polyamide gehen in Lösung, Polyesterfasern und Wolle bleiben ungelöst.

Anwendbarkeit:

a) Mischgespinste aus *Baumwolle* oder *Viskose- bzw. Kupferfasern* mit Polyesterfasern (Hauptanwendung) oder Wolle

b) Mischgespinste aus *Naturseide* mit Wolle oder Polyesterfasern.

c) Mischgespinste aus $2^1/_2$- oder Triazetatfasern (auch wenn oberflächlich verseift) mit Polyesterfasern oder Wolle.

d) Mischgespinste aus *Polyamidfasern* mit Polyesterfasern oder Wolle.

Bemerkungen: Für Mischgespinste aus Baumwolle oder Viskose- bzw. Kupferfasern mit Wolle wird normalerweise das Kalilaugeverfahren angewendet. Bei sehr geringem Wollanteil (unter 10%) ist aber das Schwefelsäureverfahren wesentlich genauer. Bei den unter c) und d) aufgeführten Mischgespinsten werden meist die anderen Trennungsverfahren (Azeton-, Methylenchlorid-, Ameisenverfahren u. a.) vorgezogen.

Reagenzien: 75%ige Schwefelsäure. Herstellung: Zu 320 ml dest. Wasser läßt man langsam und unter ständigem Umrühren 680 ml konz. Schwefelsäure (d ~ 1,84) zufließen. Die Mischung soll nach dem Abkühlen auf 20 °C eine Dichte von etwa 1,67 aufweisen.

3,5%ige Ammoniaklösung, hergestellt durch Mischen von 14 ml 25%igem Ammoniak mit 86 ml dest. Wasser.

Durchführung[2]: 0,5 bis 2 g der vorgereinigten und zerteilten Faserprobe (Probenvorbereitung s. S. 329) werden im Wägeglas 4 Std.

[1] Im wesentlichen nach DIN-Entwurf 54206.
[2] Im wesentlichen nach DIN-Entwurf 54205.

bei 105 ± 3 °C getrocknet und nach 2stündigem Abkühlen im Exsikkator auf 0,001 g genau gewogen (= Einwaage *E*, abs. trocken).

Die abgewogene Faserprobe wird in einem 250 ml-Erlenmeyerkolben je g Einwaage mit 100 ml der 75%igen Schwefelsäure von 50 ± 5 °C übergossen. Man verschließt den Kolben und läßt ihn bei dieser Temperatur $^1/_2$ Std. lang stehen, wobei alle 10 Min. kräftig umgeschüttelt wird. Darauf wird durch ein G_2-Glasfilter abfiltriert und der Rückstand zuerst mit 100 ml der 75%igen Schwefelsäure nachgespült, dann mehrmals mit dest. Wasser, dann mit 3,5%iger Ammoniaklösung und schließlich nochmals mit dest. Wasser bis zur neutralen Reaktion (Indikatorpapier genügt) ausgewaschen. Nach dem Auswaschen wird der Rückstand wie auf S. 329 beschrieben getrocknet, abgekühlt und gewogen (=Rückstand *R*, abs. trocken).

Berechnung des Mischungsverhältnisses s. S. 332. Korrekturfaktoren für die Gewichtsänderung der ungelösten Faser:

Polyesterfaser	$k = 1{,}00$
Wolle	$k = 0{,}97$

Ameisensäure/Zinkchlorid-Verfahren

Prinzip: Die Faserprobe wird bei 40 °C mit einer Ameisensäure/Zinkchlorid-Lösung behandelt. In Lösung gehen die Viskose- bzw. Kupferfasern, die Azetatfasern, die Polyamide und die entbastete Naturseide.

Anwendbarkeit:

a) Mischgespinste aus *Viskose- bzw. Kupferfasern* mit Baumwolle (hierfür wird das Verfahren normalerweise angewendet).

b) Mischgespinste aus *Viskose- bzw. Kupferfasern* mit Wolle, regenerierten Eiweißfasern, Polyvinylchlorid- oder Polyesterfasern.

c) Mischgespinste aus *$2^1/_2$- und Triazetatfasern* (auch oberflächlich verseiften) mit Baumwolle, Wolle, regenerierten Eiweißfasern, Polyvinylchlorid- oder Polyesterfasern.

Bemerkungen: Mit Kunstharz ausgerüstete oder mit vernetzend wirkenden Reaktivfarbstoffen gefärbte[1] Viskose- oder Kupferfasern lösen sich in der Ameisensäure/Zinkchlorid-Lösung nicht oder nur noch teilweise auf. In diesen Fällen ist also das Verfahren nicht anwendbar. Auch bei stark geschädigter Baumwolle ist es nicht oder nur noch bedingt geeignet, da ein dem Schädigungsgrad entsprechender Anteil der Baumwolle mit in Lösung geht.

Sehr zu empfehlen ist das Verfahren auch für die unter c) aufgeführten Azetatfaser-Mischgespinste, und zwar vor allem dann, wenn die Azetatfaser in der Ausrüstung oberflächlich verseift wurde und die sonst üblichen Trennungsverfahren für Azetatfasern (Azeton-, Methylenchlorid- und Eisessigverfahren) dadurch versagen.

Bei Polyamidmischgespinsten kann das Ameisensäure/Zinkchlorid-Verfahren ebenfalls angewendet werden, doch ist das einfachere Ameisensäure- oder Salzsäureverfahren vorzuziehen.

---

[1] Einsele, U.: Z. ges. Textilind. **66** (1964) 349.

Reagenzien: Ameisensäure/Zinkchlorid-Lösung, hergestellt durch Auflösen von

20 Gew.-Teilen wasserfreiem Zinkchlorid in
80 Gew.-Teilen konz. Ameisensäure (etwa 85% ig).

Durchführung[1]: 0,5 bis 2 g der vorgereinigten und zerteilten Faserprobe (Probenvorbereitung s. S. 329) werden im Wägeglas 4 Std. bei 105 ± 3 °C getrocknet und nach zweistündigem Abkühlen im Exsikkator auf 0,001 g genau gewogen (= Einwaage E, abs. trocken).

Die abgewogene Probe wird in einem 250 ml-Erlenmeyerkolben mit eingeschliffenem Stopfen je g Einwaage mit 100 ml auf 40 °C vorgewärmter Ameisensäure/Zinkchlorid-Lösung übergossen. Man verschließt den Kolben und läßt ihn $2^1/_2$ Std. lang bei einer Temperatur von 40 ± 2 °C (Trockenschrank oder Wasserbad) stehen, wobei alle 30 Min. kräftig durchgeschüttelt wird. Darauf wird durch ein G_2-Glasfilter abfiltriert und der Rückstand zuerst zweimal mit je 20 ml der Ameisensäure/Zinkchlorid-Lösung und dann mit 1 l kaltem dest. Wasser ausgewaschen und nach Überführung in das Wägeglas wie auf S. 329 beschrieben getrocknet, abgekühlt und gewogen (= Rückstand R, abs. trocken).

Berechnung des Mischungsverhältnisses s. S. 332. Korrekturfaktoren für die Gewichtsänderung der ungelösten Faser:

Baumwolle (infolge Formylierung wird die Faser schwerer)	$k = 0{,}96$
Wolle und regenerierte Eiweißfasern	$k = 0{,}98$
Polyvinylchlorid- und Polyesterfasern	$k = 1{,}00$

Azetonverfahren

Prinzip: Die Faserprobe wird bei Raumtemperatur mit Azeton behandelt. In Lösung gehen die $2^1/_2$-Azetatfasern.

Anwendbarkeit: Mischgespinste aus *$2^1/_2$-Azetatfasern* mit Baumwolle, Viskose- bzw. Kupferfasern, Wolle, Naturseide, regenerierten Eiweißfasern, Polyamid-, Polyacrylnitril- oder Polyesterfasern.

Bemerkungen: Das Verfahren ist nicht anwendbar bei Gegenwart von Triazetatfasern, nachchlorierten Polyvinylchlorid- und einigen Mischpolymerisatfasern, da diese ebenfalls ganz oder teilweise in Lösung gehen. Bei $2^1/_2$-Azetatfasern, die in der Ausrüstung oberflächlich verseift wurden, ist das Verfahren ebenfalls nicht brauchbar. Verseifte Azetatfasern lösen sich nur beim Ameisensäure/Zinkchlorid- oder Schwefelsäureverfahren.

Durchführung[2]: 0,5 bis 2 g der vorgereinigten und zerteilten (Probenvorbereitung s. S. 329) Faserprobe werden im Wägeglas bei 105 ± 3 °C 4 Std. lang getrocknet und nach zweistündigem Abkühlen im Exsikkator auf 0,001 g genau gewogen (= Einwaage E, abs. trocken).

Die abgewogene Faserprobe wird in einem 250 ml-Erlenmeyerkolben mit eingeschliffenem Stopfen je g Einwaage mit 100 ml Azeton übergossen. Man verschließt dann den Kolben und läßt ihn bei Raumtemperatur 30 Min. stehen, wobei alle 5 Min. kräftig umgeschüttelt

[1] Im wesentlichen nach DIN-Entwurf 54208.
[2] Im wesentlichen nach DIN-Entwurf 54210.

wird. Darauf wird das Lösungsmittel abgegossen — zur Vermeidung von Faserverlusten am besten durch ein G_2-Glasfilter — und der Rückstand noch zweimal in gleicher Weise jeweils 15 Min. mit der gleichen Menge frischem Azeton behandelt. Abschließend wird durch ein G_2-Glasfilter filtriert und der Faserrückstand nach kurzem Nachspülen mit Azeton im Wägeglas wie auf S. 329 beschrieben getrocknet, abgekühlt und gewogen (= Rückstand R, abs. trocken).

Berechnung des Mischungsverhältnisses s. S. 332. Korrekturfaktoren für die Gewichtssänderung der ungelösten Fasern sind nicht zu berücksichtigen, also $k = 1{,}00$.

Methylenchloridverfahren

Prinzip: Die Faserprobe wird bei Raumtemperatur mit Methylenchlorid behandelt. In Lösung gehen die Triazetatfasern.

Anwendbarkeit: Mischgespinste aus *Triazetatfasern* mit Baumwolle, Viskose- oder Kupferfasern, Wolle, Naturseide, regenerierten Eiweißfasern, Polyamid-, Polyacrylnitril- und Polyesterfasern.

Bemerkungen: In Methylenchlorid ganz oder teilweise lösliche Faserstoffe wie $2^1/_2$-Azetat-, nachchlorierte Polyvinylchlorid- und einige Copolymerisatfasern dürfen natürlich nicht zugegen sein. Bei Triazetatfasern, die während der Ausrüstung verseift wurden, ist das Verfahren ebenfalls nicht anwendbar. Verseifte Azetatfasern lösen sich nur beim Ameisensäure/Zinkchlorid- oder Schwefelsäureverfahren.

Durchführung[1]: 0,5 bis 2 g der vorgereinigten und zerteilten Faserprobe (Probenvorbereitung s. S. 329) werden im Wägeglas bei $105 \pm 3\,°C$ 4 Std. lang getrocknet und nach zweistündigem Abkühlen im Exsikkator auf 0,001 g genau gewogen (= Einwaage E, abs. trocken). Die abgewogene Probe wird in einem 250 ml-Erlenmeyerkolben mit eingeschliffenem Stopfen je g Einwaage mit 100 ml reinem Methylenchlorid übergossen. Man verschließt dann den Kolben und läßt ihn bei Raumtemperatur 10 Min lang stehen, wobei alle paar Minuten kräftig durchgeschüttelt wird. Darauf wird das Lösungsmittel abgegossen — um Faserverluste zu vermeiden am besten durch G_2-Glasfilter — und die Behandlung mit der halben Menge frischem Methylenchlorid in gleicher Weise noch zweimal wiederholt. Abschließend wird durch ein G_2-Glasfilter filtriert und der Rückstand nach gründlichem Auswaschen mit Methylenchlorid im Wägeglas wie auf S. 329 beschrieben getrocknet, abgekühlt und gewogen (= Rückstand R, abs. trocken).

Besteht der Rückstand nicht aus synthetischen Fasern, sondern aus Baumwolle, Viskose- bzw. Kupferfasern, Wolle, Naturseide oder regenerierten Eiweißfasern, so wird er nach dem Auswaschen mit Methylenchlorid noch mit Methanol nachgespült und dann wie oben getrocknet, abgekühlt und gewogen.

Berechnung des Mischungsverhältnisses s. S. 332. Korrekturfaktoren für die Gewichtsänderung der ungelösten Faser:

[1] Im wesentlichen nach DIN-Entwurf 54211.

Polyesterfaser . . . . $k = 1{,}01$
Alle anderen obengenannten Fasern . . . . $k = 1{,}00$

Eisessigverfahren

Prinzip: Die Faserprobe wird bei Raumtemperatur mit Eisessig behandelt. In Lösung gehen die $2^1/_2$- und Triazetatfasern, beim Kochen auch die Polyamide.

Anwendbarkeit: Mischgespinste aus *$2^1/_2$- oder Triazetatfasern* mit Baumwolle Viskose- bzw. Kupferfasern, Wolle, regenerierten Eiweißfasern, Polyacrylnitril- oder Polyesterfasern.

Bemerkungen: Bei verseiften Azetatfasern ist das Verfahren nicht anwendbar, da diese je nach Verseifungsgrad in Azeton mehr oder weniger unlöslich sind.

Durchführung: 0,5 bis 2 g der vorgereinigten und zerteilten Faserprobe (Probenvorbereitung s. S. 329) werden im Wägeglas 4 Std. bei 105 ± 3 °C getrocknet und nach zweistündigem Abkühlen im Exsikkator auf 0,001 g genau gewogen (= Einwaage E, abs. trocken).

Die abgewogene Probe wird dann in einem 250 ml-Erlenmeyerkolben mit eingeschliffenem Stopfen je g Einwaage mit 100 ml Eisessig übergossen. Man verschließt den Kolben und läßt ihn bei Raumtemperatur, evtl. unter leichtem Erwärmen, 1 Std. lang stehen, wobei alle 15 Min. kräftig umgeschüttelt wird. Darauf wird durch ein G_2-Glasfilter abfiltriert, der Rückstand nochmals mit 50 ml frischem Eisessig durchgeschüttelt, wieder abfiltriert und nach gründlichem Auswaschen mit dest. Wasser im Wägeglas wie auf S. 329 beschrieben getrocknet, abgekühlt und gewogen (= Rückstand R, abs. trocken).

Berechnung des Mischungsverhältnisses s. S. 332. Die Gewichtsänderung der ungelösten Faser ist unwesentlich, also $k = 1{,}00$.

Ameisensäureverfahren

Prinzip: Die Faserprobe wird bei Raumtemperatur mit konz. Ameisensäure behandelt. In Lösung gehen die Polyamid 6- (Perlontyp), Polyamid 6,6- (Nylontyp) und Polyvinylacetalfasern. Polyamid 11-Fasern (Rilsantyp) lösen sich in konz. Ameisensäure nur beim Kochen.

Anwendbarkeit: Mischgespinste aus *Polyamid 6-, Polyamid 6,6- oder Polyvinylacetalfasern* mit Baumwolle, Viskose- bzw. Kupferfasern, Wolle oder Polyesterfasern.

Bemerkungen: Das Verfahren ist nicht anwendbar bei Gegenwart von Azetatfasern, da diese ebenfalls in Lösung gehen.

Durchführung: 0,5 bis 2 g der vorgereinigten und zerteilten Faserprobe (Probenvorbereitung s. S. 329) werden im Wägeglas bei 105 ± 3 °C 4 Std. lang getrocknet und nach zweistündigem Abkühlen im Exsikkator auf 0,001 g genau gewogen (= Einwaage E, abs. trocken).

Die abgewogene Faserprobe wird in einem 250 ml-Erlenmeyerkolben mit eingeschliffenem Stopfen je g Einwaage mit 100 ml konz. Ameisensäure (d = 1,195) übergossen. Man verschließt dann den Kolben und läßt ihn bei Raumtemperatur 15 Min. stehen, wobei alle 5 Min. kräftig durchgeschüttelt wird. Darauf wird das Lösungsmittel abgegossen — zur Vermeidung von Faserverlusten am besten durch G_2-Glasfilter — und die Behandlung mit frischer Ameisensäure in gleicher Weise noch zweimal wiederholt. Abschließend wird durch ein G_2-Glasfilter filtriert und der Faserrückstand nacheinander mit konz. Ameisensäure, heißem dest. Wasser, 1,5%iger Ammoniaklösung (60 ml 25%iges Ammoniak mit dest. Wasser zu 1 Liter gelöst) und schließlich mit kaltem dest. Wasser gründlich nachgewaschen und dann im Wägeglas wie auf S. 329 beschrieben getrocknet, abgekühlt und gewogen (= Rückstand *R*, abs. trocken).

Berechnung des Mischungsverhältnisses s. S. 332. Korrekturfaktoren für die Gewichtsänderung der ungelösten Faser sind nicht zu berücksichtigen, also k = 1,00.

Salzsäureverfahren

Prinzip: Die Faserprobe wird bei Raumtemperatur mit 20%iger Salzsäure behandelt. Polyamid 6- (Perlontyp), Polyamid 6,6- (Nylontyp) und Polyvinylacetalfasern gehen dabei ganz analog dem Ameisensäureverfahren in Lösung.

Anwendbarkeit: Mischgespinste aus *Polyamid 6-, Polyamid 6,6- und Polyvinylacetalfasern* mit Baumwolle, Viskose- bzw. Kupferfasern, Wolle, Naturseide, regenerierten Eiweißfasern, Polyacrylnitril- oder Polyesterfasern.

Bemerkungen: Das Verfahren ist nicht anwendbar bei Polyamid 11-Fasern (Rilsantyp), da sich diese in der 20%igen Salzsäure nicht lösen. Salzsäure- und Ameisensäureverfahren sind hinsichtlich Genauigkeit einander gleichwertig.

Reagenzien: 20%ige Salzsäure ($d = 1{,}10$), hergestellt durch Vermischen von ~460 ml konz. Salzsäure ($d \sim 1{,}195$) mit 540 ml dest. Wasser.

Durchführung[1]: 0,5 bis 2 g der vorgereinigten und zerteilten Faserprobe (Probenvorbereitung s. S. 329) werden im Wägeglas bei 105 ± 3 °C 4 Std. lang getrocknet und nach zweistündigem Abkühlen im Exsikkator auf 0,001 g genau gewogen (= Einwaage *E*, abs. trocken).

Die abgewogene Probe wird in einem 250 ml-Erlenmeyerkolben mit eingeschliffenem Stopfen je g Einwaage mit 100 ml 20%iger Salzsäure übergossen. Man verschließt den Kolben und läßt ihn bei Raumtemperatur 5 Min. lang stehen, wobei mehrmals kräftig durchgeschüttelt wird. Darauf wird das Lösungsmittel abgegossen — zur Vermeidung von Faserverlusten am besten durch G_2-Glasfilter — und die Behandlung noch zweimal mit der halben Menge Salzsäure wiederholt. Abschließend wird durch ein G_2-Glasfilter filtriert und der Rückstand mit 1 l kaltem dest. Wasser ausgewaschen und dann im Wägeglas wie auf S. 329 beschrieben getrocknet, abgekühlt und gewogen (= Rückstand *R*, abs. trocken).

[1] Im wesentlichen nach DIN-Entwurf 54221.

Berechnung des Mischungsverhältnisses s. S. 332. Korrekturfaktoren für die Gewichtsänderung der ungelösten Faser sind nicht zu berücksichtigen, also $k = 1{,}00$.

Dimethylformamid-Verfahren

Prinzip: Die Faserprobe wird bei 90 bis 100 °C mit Dimethylformamid behandelt. Die Polyacrylnitrilfaser geht dabei in Lösung.

Anwendbarkeit: Mischgespinste aus *Polyacrylnitrilfasern* mit Baumwolle, Viskose- bzw. Kupferfasern, Wolle, regenerierten Eiweißfasern, Polyamid- oder Polyesterfasern.

Bemerkungen: Bei Acrylnitril-Mischpolymerisatfasern muß der Acrylnitrilgehalt über 85% liegen, sonst gehen sie u. U. nicht mehr vollständig in Lösung. $2^1/_2$-Azetatfasern, Polyvinylchlorid — und einige Copolymerisat-Fasern lösen sich ebenfalls in Dimethylformamid.

Durchführung[1]: 0,5 bis 2 g der vorgereinigten und zerteilten Probe (s. Probenvorbereitung auf S. 329) werden im Wägeglas 4 Std. bei 105 ± 3 °C getrocknet und nach zweistündigem Abkühlen im Exsikkator auf 0,001 g genau gewogen (= Einwaage E, abs. trocken).

Die Faserprobe wird dann in einen 250 ml-Erlenmeyerkolben überführt und je g Fasermaterial mit 100 ml Dimethylformamid übergossen. Man erhitzt auf 70 bis 90 °C, verschließt den Kolben und stellt ihn 60 Min. lang in ein kochendes Wasserbad. Darauf wird das Dimethylformamid abgegossen — um Faserverluste zu vermeiden am besten durch ein G_2-Glasfilter — und der Faserrückstand mit 50 ml frischem Dimethylformamid nochmals 30 Min. auf dem Wasserbad behandelt. Abschließend wird durch ein G_2-Glasfilter filtriert und der Rückstand nach dem Auswaschen mit 1 bis 2 l heißem dest. Wasser im Wägeglas wie auf S. 329 beschrieben getrocknet, abgekühlt und gewogen (= Rückstand *R*, abs. trocken).

Berechnung des Mischungsverhältnisses s. S. 332. Korrekturfaktoren für die Gewichtsänderung der ungelösten Faser:

Baumwolle, Viskose- bzw. Kupferfasern, Polyamid- und Polyesterfasern	$k = 1{,}00$
Wolle und regenerierte Eiweißfasern	$k = 1{,}01$

Schwefelkohlenstoff/Azeton-Verfahren

Prinzip: Die Faserprobe wird bei Raumtemperatur mit einer Mischung aus Schwefelkohlenstoff und Azeton behandelt. In Lösung gehen die Polyvinylchloridfasern.

Anwendbarkeit: Mischgespinste aus *Polyvinylchloridfasern* mit Baumwolle, Viskose- bzw. Kupferfasern, Wolle, Naturseide, regenerierten Eiweißfasern, Polyamid-, Polyarcylnitril-, Polyester- oder Glasfasern.

Bemerkungen: Bei Gegenwart von Azetatfasern ist das Verfahren nicht anwendbar; einige Mischpolymerisatfasern sind in dem Lösungsmittelgemisch ebenfalls ganz oder teilweise löslich.

---

[1] Im wesentlichen nach DIN-Entwurf 54217.

Durchführung[1]: 0,5 bis 2 g der vorgereinigten und zerteilten Faserprobe (Probenvorbereitung s. S. 329) werden im Wägeglas 4 Std. bei 105 ± 3 °C getrocknet und nach zweistündigem Abkühlen im Exsikkator auf 0,001 g genau gewogen (= Einwaage *E*, abs. trocken).

Die Faserprobe wird dann in einem 250 ml-Erlenmeyerkolben mit eingeschliffenem Stopfen je g Einwaage mit 100 ml Schwefelkohlenstoff/Azeton-Mischung (1 : 1) übergossen. Man verschließt den Kolben und läßt ihn bei Raumtemperatur 20 Min. stehen, wobei alle 5 Min. kräftig umgeschüttelt wird. Darauf wird das Lösungsmittelgemisch abgegossen — um Faserverluste zu vermeiden am besten durch G_2-Glasfilter — und der Rückstand noch zweimal in gleicher Weise jeweils 10 Min. lang mit der halben Menge frischem Lösungsmittel behandelt. Abschließend wird durch ein G_2-Glasfilter filtriert und der Rückstand nach dem Auswaschen (zuerst mit 200 ml Lösungsmittelgemisch, dann mit 100 ml Methanol) im Wägeglas wie auf S. 329 beschrieben getrocknet, abgekühlt und gewogen (Rückstand *R*, abs. trocken).

Berechnung des Mischungsverhältnisses s. S. 332. Die in Schwefelkohlenstoff/Azeton unlöslichen Fasern (s. o.) erfahren durch die Behandlung keine Gewichtsänderung. Ein Korrekturfaktor braucht also nicht berücksichtigt zu werden ($k = 1{,}00$).

Trypsinverfahren

Prinzip: Die Faserprobe wird nach einer Vorbehandlung mit 0,2%iger Schwefelsäure bei 40 °C in eine Trypsinlösung eingelegt. In Lösung gehen die regenerierten Eiweißfasern (Kaseinfasern).

Anwendbarkeit: Mischgespinste von *Kaseinfasern* mit Wolle, Baumwolle, Viskose- bzw. Kupferfasern, Polyamid-, Polyacrylnitril- oder Polyesterfasern.

Bemerkungen: Das Trypsinverfahren wird meist nur dann angewendet, wenn einfachere Trennungsverfahren nicht zur Verfügung stehen, z. B. bei der Trennung von Kaseinfaser/Wolle-Mischgespinsten.

Reagenzien: 0,2%ige Schwefelsäure, hergestellt durch Auflösen von 1 ml konz. Schwefelsäure in 1 l dest. Wasser.

Trypsinlösung, hergestellt durch Auflösen von 1 g Trypsin und 0,3 g $NaHCO_3$ in 100 ml dest. Wasser.

Durchführung[2]: 0,5 bis 2 g der vorgereinigten und zerteilten Faserprobe (Probenvorbereitung s. S. 329) werden im Wägeglas 4 Std. bei 105 ± 3 °C getrocknet und nach zweistündigem Abkühlen im Exsikkator auf 0,001 g genau gewogen (= Einwaage *E*, abs. trocken).

Die abgewogene Probe wird in einem 500 ml-Becherglas je g Einwaage mit 200 ml einer 0,2%igen Schwefelsäure übergossen und das Ganze unter ständigem Umrühren mit einem Glasstab 15 Min. lang gekocht. Darauf wird das Becherglas noch weitere 15 Min. in ein kochendes Wasserbad gestellt, die Faserprobe durch ein G_2-Glasfilter abfiltriert,

---

[1] Im wesentlichen nach DIN-Entwurf 54216.

[2] Im wesentlichen nach DIN-Entwurf 54212.

dann mit 1 l kochendem dest. Wasser ausgewaschen, dann im Becherglas nochmals 10 Min. in 500 ml dest. Wasser gekocht, wieder abfiltriert und schließlich zuerst mit 1 l kochendem und dann 1 l kaltem dest. Wasser nachgespült.

Nach dieser Vorbehandlung bringt man die aufgelockerte Probe in einem 250 ml-Erlenmeyerkolben mit eingeschliffenem Stopfen in 100 ml der auf etwa 40 °C vorgewärmten Trypsinlösung, verschließt den Kolben und läßt ihn 2 Std. lang bei 40 ± 5 °C im Trockenschrank oder Thermostaten stehen, wobei alle 10 Min. kräftig durchgeschüttelt wird. Darauf wird durch ein G_2-Glasfilter abfiltriert und der Rückstand zuerst mit 1 l etwa 50°C warmem und dann mit kaltem dest. Wasser gespült und nach Überführung in ein Wägeglas wie auf S. 329 beschrieben getrocknet, abgekühlt und gewogen (= Rückstand R, abs. trocken).

Berechnung des Mischungsverhältnisses s. S. 332. Korrekturfaktoren für die Gewichtsänderung der ungelösten Faser:

Wolle	$k = 1{,}03$
Baumwolle und Viskose- bzw. Kupferfasern	$k = 1{,}01$
Polyamid-, Polyacrylnitril- und Polyesterfasern	$k = 1{,}00$

Pepsinverfahren

Prinzip: Die Faserprobe wird nach einer Vorbehandlung mit 0,2%iger Schwefelsäure bei 60°C in eine salzsaure Pepsinlösung eingelegt. In Lösung gehen die Kaseinfasern (wie Trypsinverfahren).

Anwendbarkeit: Mischgespinste aus *Kaseinfasern* mit Wolle. Das Verfahren ist auch zur Trennung einiger anderer Kaseinfaser-Mischgespinste geeignet, doch sind die Korrekturfaktoren nicht bekannt.

Reagenzien

0,2%ige Schwefelsäure, hergestellt durch Auflösen von 1 ml konz. Schwefelsäure in 1 l dest. Wasser.

Salzsaure Pepsinlösung, hergestellt durch Auflösen von 2 g Pepsin und 0,5 ml konz. Salzsäure in 100 ml dest. Wasser.

Durchführung: 0,5 bis 2 g der vorgereinigten und zerteilten Faserprobe (Probenvorbereitung s. S. 329) werden im Wägeglas 4 Std. bei 105 ± 3 °C getrocknet und nach zweistündigem Abkühlen im Exsikkator auf 0,001 g genau gewogen (= Einwaage E, abs. trocken).

Die abgewogene Probe wird in einem 500 ml-Becherglas je g Einwaage mit 200 ml 0,2%iger Schwefelsäure übergossen und unter Ersatz des verdampfenden Wassers 30 Min. lang schwach gekocht. Darauf wird die Faserprobe durch ein G_2-Glasfilter abfiltriert, mit 1 l kochendem dest. Wasser ausgewaschen, dann im Becherglas nochmals 10 Min. in 500 ml dest. Wasser gekocht, wieder abfiltriert und schließlich zuerst mit 1 l kochendem und dann 1 l kaltem dest. Wasser nachgespült.

Nach dieser Vorbehandlung bringt man die aufgelockerte Probe in einem 250 ml-Erlenmeyerkolben mit eingeschliffenem Stopfen in 100 ml der auf 60°C vorgewärmten Pepsinlösung, verschließt den Kolben und läßt ihn 3 Std. stehen, wobei alle 30 Min. kräftig durchgeschüttelt wird. Bei Chromfärbungen ist es notwendig, die Probe noch eine weitere

Stunde mit frischer Pepsin/Salzsäure-Lösung zu behandeln. Darauf wird durch ein G_2-Glasfilter abfiltriert und der Rückstand zuerst mit 1 l etwa 50 °C warmem und dann mit kaltem dest. Wasser gespült und nach Überführung in ein Wägeglas wie auf S. 329 beschrieben getrocknet, abgekühlt und gewogen (= Rückstand R, abs. trocken).

Berechnung des Mischungsverhältnisses s. S. 332. Korrekturfaktor für die Gewichtsänderung der Wolle $k = 1{,}01$.

Kupfer/Glyzerin/Natron-Verfahren

Prinzip: Die Faserprobe wird bei Raumtemperatur mit einer Mischung aus Kupfersulfat, Glyzerin und Natronlauge behandelt. In Lösung geht dabei die Naturseide.

Anwendbarkeit: Mischgespinste aus *Naturseide* mit Baumwolle, Viskose- bzw. Kupferfasern, Wolle, regenerierten Eiweißfasern, Polyvinylchlorid-, Polyamid-, Polyacrylnitril- oder Polyesterfasern.

Reagenzien

Ansatz der Lösungsmittelmischung: Man löst 10 g krist. Kupfersulfat in 100 ml kaltem dest. Wasser, gibt 5 g konz. Glyzerin zu und dann tropfenweise und unter stetigem Umrühren verd. Natronlauge, bis sich der zuerst entstandene Niederschlag von Kupferhydroxyd wieder gelöst hat.

Durchführung: 0,5 bis 2 g der vorgereinigten und zerteilten Faserprobe (Probenvorbereitung s. S. 329) werden im Wägeglas 4 Std. bei 105 ± 3 °C getrocknet und nach zweistündigem Abkühlen im Exsikkator auf 0,001 g genau gewogen (= Einwaage E, abs. trocken).

Die abgewogene Probe wird in einem 250 ml-Erlenmeyerkolben je g Einwaage mit 50 ml des Lösungsmittels versetzt. Man läßt dann den Kolben bei Raumtemperatur 30 Min. stehen, wobei alle 5 bis 10 Min. kräftig durchgeschüttelt wird. Die entbastete Naturseide löst sich in etwa 5 Min., Rohseide in 10 bis 15 Min. Darauf wird durch ein G_2-Glasfilter abfiltriert und der Rückstand zuerst mit 50 ml Lösungsmittel nachgespült, dann mit 1 l kaltem dest. Wasser ausgewaschen und schließlich im Wägeglas wie auf S. 329 beschrieben getrocknet, abgekühlt und gewogen (= Rückstand R, abs. trocken).

Berechnung des Mischungsverhältnisses s. S. 332. Die Gewichtsänderung der ungelösten Faser ist so minimal — bei Naturseide/Wolle-Mischgespinsten ist aber beim Ansatz des Lösungsmittels ein Alkaliüberschuß zu vermeiden —, daß sich die Anwendung eines Korrekturfaktors erübrigt ($k = 1{,}00$).

Schwertassek-Verfahren[1]

Prinzip: Die Untersuchungsprobe wird zuerst mit verd. Sodalösung gekocht und nach Bestimmung des Abkochverlustes bei Raumtemperatur mit 10%iger Natronlauge behandelt. Die Zellwolle quillt

[1] Modifikation von F. KOCEVAR und H. HORAK: Melliand Textilber. **25** (1944) 296.

hierbei so stark auf, daß sie durch mechanische Behandlung (Auswalzen mit Gummiwalze auf geriffelter Glasplatte) entfernt werden kann.

Anwendbarkeit: Spezielles Verfahren zur Trennung von *Flockenbast/Zellwoll-Mischgespinsten.*

Nähere Erläuterung: Bei der Trennung von Flockenbast/Zellwoll-Mischgespinsten stößt man insofern auf Schwierigkeiten, als bei der Herauslösung der Zellwolle nach einem der hierfür üblichen Verfahren (Ameisensäure/Zinkchlorid-Verfahren, Calciumrhodanidverfahren u. ä.) ein erheblicher Teil des Flockenbastes bzw. seiner Begleitsubstanzen mit in Lösung geht. Da dieser Gewichtsverlust sehr stark schwankt (8 bis 28%), je nach Flockenbastsorte und Aufschlußverfahren, würde die Anwendung eines mittleren Korrekturfaktors zu großen Fehlern führen. Aus diesem Grunde können mit diesem Verfahren nur dann richtige Ergebnisse erhalten werden, wenn die im Mischgespinst vorliegende Flockenbastsorte gleichzeitig auch rein vorliegt — was in Spinnereien fast immer zutreffen wird — und sich in einem Blindversuch die Löslichkeit in dem zur Anwendung kommenden Lösungsmittel bestimmen läßt. Für die zahlreichen Fälle aber, wo das nicht möglich ist, kann das Schwertassek-Verfahren angewendet werden.

Beim Schwertassek-Verfahren werden die unterschiedlichen Flockenbast-Gewichtsverluste dadurch nivelliert, daß man das Mischgespinst vor dem Herauslösen der Zellwolle 10 Min. lang mit 1%iger Sodalösung auskocht. Um den dabei erhaltenen, genau erfaßbaren Abkochverlust vermindert sich dann der seiner Größe nach unbekannte Gewichtsverlust beim anschließenden Herauslösen der Zellwolle mit 10%iger Natronlauge.

Die Abkochverluste des Flockenbastes in der 1%igen Sodalösung betragen (bezogen auf die nach der NaOH-Behandlung zurückbleibende Fasermenge):

Flockenbast, chemisch aufgeschlossen	7—11%
Flockenbast, mechanisch aufgeschlossen	15—19%

Liegt der Abkochverlust unter 12%, so handelt es sich um einen chemisch, wenn über 12% um einen mechanisch aufgeschlossenen Flockenbast. Diese Feststellung ist für die anschließende Natronlaugebehandlung von Wichtigkeit, da bei dieser auch wieder ein unterschiedlicher Gewichtsverlust (Korrekturzuschlag) eintritt. Dieser beträgt, bezogen auf die nach der Natronlaugebehandlung zurückbleibende Flockenbastmenge, bei

Flockenhanf, chemisch aufgeschlossen	2,7%
Flockenflachs, chemisch aufgeschlossen	4,0%
im Durchschnitt also	3,3%
Flockenflachs, mechanisch aufgeschlossen	9,5%

Je nach dem Gewichtsverlust bei der Sodaabkochung wählt man dann den entsprechenden Korrekturzuschlag.

Durchführung: Etwa 0,5 g der evtl. vorgereinigten Faserprobe (Probenvorbereitung s. S. 329) werden im Wägeglas 4 Std. bei 105 ± 3 °C getrocknet und nach $^1/_2$stündigem Abkühlen im Exsikkator auf 0,001 g genau gewogen (= Einwaage E, abs. trocken).

Die abgewogene Probe wird in einem kleinen Becherglas 10 Min. lang in etwa 50 ml 1%iger Sodalösung gekocht, dann durch ein G_2-Glasfilter abfiltriert, mit kaltem dest. Wasser gut ausgespült und nach Überführung in das Wägeglas wie auf S. 329 beschrieben getrocknet, abgekühlt und gewogen (= Rückstand R_1, abs. trocken).

Anschließend wird die Versuchsprobe mit 5 bis 10 ml 10%iger Natronlauge von ungefähr 18 °C übergossen, mit einem abgeplatteten Glasstab mehrmals gut durchgearbeitet und nach $^1/_2$stündiger Einwirkung auf einem Eisendrahtsieb (Größe 11 × 13 cm, Köperbindung, 400 Maschen pro cm²), welches auf einer geriffelten Glasplatte (16 × 18 cm) liegt, mit einer mit Gummiüberzug versehenen Walze (Durchmesser 3 cm, Breite 6 cm) unter gelindem Druck ausgewalzt. Diese Behandlung muß noch zweimal wiederholt werden; beim zweiten und dritten Mal genügt jedoch eine Einwirkungsdauer von 1 Min. Zum Schluß wird die Versuchsprobe bei allmählichem Wasserzusatz nochmals ausgewalzt, dann mit heißem dest. Wasser gründlich gespült, mit verd. Essigsäure behandelt, nochmals mit dest. Wasser gespült und nach Überführung in das Wägeglas wie oben beschrieben getrocknet, abgekühlt und gewogen (= Rückstand R_2, abs. trocken).

Bemerkungen: Wesentlich einfacher und bequemer als dieses mechanische Herausquetschen der Zellwolle ist das Herauslösen nach dem Ameisensäure/Zinkchlorid-Verfahren (s. S. 335). Selbstverständlich hat es nach der Sodaabkochung zu geschehen. Die Korrekturfaktoren für die Gewichtsänderung des Flockenbastes dürften in etwa denen bei der NaOH-Behandlung entsprechen.

Beispiel für die Berechnung

Material: Flockenbast/Zellwoll-Mischgespinst; ob chemisch oder mechanisch aufgeschlossen sei nicht bekannt.

Einwaage E, abs. trocken	204,0 mg
Rückstand R_1 nach der Sodaabkochung, abs. trocken	196,3 mg
Rückstand R_2 nach der NaOH-Behandlung, abs. trocken	94,2 mg

Damit Sodaabkochverlust $= E - R_1 = 204{,}0 - 196{,}3 = 7{,}7$ mg oder

$$\frac{7{,}7 \cdot 100}{94{,}2} = 8{,}2\,\%.$$

Da der Gewichtsverlust unter 12% liegt, handelt es sich um einen chemisch aufgeschlossenen Flockenbast, und der Korrekturzuschlag für den Verlust bei der NaOH-Behandlung beträgt 3,3% oder

$$\frac{94{,}2 \cdot 3{,}3}{100} = 3{,}1\ \text{mg}.$$

Die ursprünglich im Mischgespinst vorhanden gewesene Flockenbastmenge beläuft sich damit auf $94{,}2 + 7{,}7 + 3{,}1 = 105{,}0$ mg oder

$$\frac{105{,}0 \cdot 100}{204{,}0} = \underline{\underline{51{,}5\,\%}},$$

und der Anteil der Zellwolle ergibt sich zu

$$100 - 51{,}5 = \underline{48{,}5\%}.$$

Eine Umrechnung auf den lufttrockenen (normalfeuchten) Zustand erübrigt sich, da der durch das Abwiegen im absolut trockenen Zustand entstehende Fehler meist kleiner sein wird als der durch den mittleren Korrekturfaktor bedingte. Angebracht ist sie höchstens dann, wenn — wie eingangs erwähnt — der Flockenbast gleichzeitig rein vorliegt und die bei der Soda- bzw. Natronlaugebehandlung eintretenden Gewichtsverluste durch Blindversuche ermittelt werden können. Umrechnung s. S. 332.

Flotationsverfahren[1, 2, 3]

Prinzip: Die Faserprobe wird in ganz kurze Stücke zerschnitten und in eine Flüssigkeit gegeben, deren spez. Gew. etwa in der Mitte des spez. Gew. der zu trennenden Faserkomponenten liegt. Die schwereren Fasern sinken dann unter, während die leichteren sich an der Flüssigkeitsoberfläche ansammeln.

Anwendbarkeit: Für alle Mischgespinste, deren einzelne Faserkomponenten sich im spez. Gew. (Übersicht s. Tab. 44) um mindestens 0,08 unterscheiden.

Bemerkungen: Die Genauigkeit des Flotationsverfahrens beträgt — genügende Differenzierung im spez. Gew. vorausgesetzt — etwa ±1%.

Tabelle 44. *Spez. Gew. der wichtigsten Faserstoffe (Durchschnittswerte)*

Faserstoff	spez. Gew.	Faserstoff	spez. Gew.
Polyäthylenfaser	0,92	Flachs	1,50
Polypropylenfaser	0,92	Baumwolle	1,52
Polyamide (Nylon, Perlon u. ä.)	1,15	regenerierte Zellulosefasern (Viskose- und Kupferfasern)	1,52
Polyacrylnitrilfasern (Orlon, Dralon u.ä.)	1,18	Polyvinylidenchloride (Saran)	1,72
Azetatfasern	1,30	Serpentinasbest	2,40
Wolle	1,30	Glasfasern	2,50
Kaseinfasern	1,30	Hornblendeasbest	3,00
Naturseide	1,32		
Polyesterfasern (Trevira, Diolen, Terylene u.ä.)	1,38		
Polyvinylchloride (Rhovyl u. ä.)	1,40		
Polyvinylchloride nachchloriert (PeCe-Faser)	1,44		

Bei den Copolymerisatfasern variiert das spez. Gew. je nach Zusammensetzung.

Reagenzien

Trennflüssigkeit: Man verwendet normalerweise ein Gemisch aus Tetrachlorkohlenstoff (spez. Gew. = 1,6) und Alkohol (spez. Gew. = 0,79). Die Einstellung

[1] Gansmüller, Georg: Klepzigs Textil-Z. **43** (1941) 662.
[2] Mhatre, S. H., und G. P. Tawde: J. Text. Inst. **2** (1953) 70.
[3] Fischer, D. C., und E. D. Roberts: Text. Res. J. **22** (1952) 509.

auf das gewünschte spez. Gew. erfolgt mit einem Aräometer. Statt der Tetra-Alkohol-Mischung können selbstverständlich auch andere indifferente Mischungen (Tetra + Toluol, Xylol usw.) verwendet werden.

Durchführung: Etwa 0,5 g der vorgereinigten Faserprobe (Probenvorbereitung s. S. 329) werden im Wägeglas 4 Std. bei 105 ± 3 °C getrocknet und nach zweistündigem Abkühlen im Exsikkator gewogen (= Einwaage *E*, abs. trocken).

Die abgewogene Probe wird in ganz kurze, höchstens $^1/_2$ mm lange Stücke zerschnitten und dann im Becherglas mit 200 ml der Trennflüssigkeit übergossen. Nach gründlichem Umrühren mit einem Glasstab läßt man $^1/_2$ Std. bei Raumtemperatur stehen. Der auf der Flüssigkeit schwimmende Faseranteil wird gesammelt und im Wägeglas wie auf S. 329 beschrieben getrocknet, abgekühlt und gewogen (= „Rückstand" *R*, abs. trocken).

Berechnung des Mischungsverhältnisses s. S. 332. Korrekturfaktoren sind nicht zu berücksichtigen, also $k = 1{,}00$.

Mechanisches Trennungsverfahren[1]

Die Untersuchungsprobe wird von Fremdstoffen wie Schlichte, Schmälze, Appretur u. dgl. befreit (s. Probenvorbereitung S. 329) und dann mit einer Testfarbstofflösung (s. u. Anfärbungsmethoden S. 299) behandelt, welche die beiden Faserkomponenten verschieden und genügend kontrastreich anfärbt. Nach dem Trocknen wird ein 5 cm langer Faden in die Einzelfasern zerteilt und diese unter Zuhilfenahme einer Lupe oder unter dem Mikroskop mechanisch aussortiert und auf einer empfindlichen Waage (Torsionswaage) gewogen. Aus den Einzelgewichten und dem Gesamtgewicht ergibt sich das Mischungsverhältnis.

Anwendbarkeit: Das mechanische Trennungsverfahren ist für die meisten Mischgespinste geeignet. Es hat aber den Nachteil, daß man, um einen guten Durchschnittswert zu erhalten, mindestens sechs an möglichst verschiedenen Stellen entnommene Proben untersuchen muß, wodurch das Verfahren etwas zeitraubend wird. Normalerweise wird das mechanische Trennungsverfahren deswegen nur dann angewendet, wenn die sonst üblichen Trennungsverfahren und auch das Flotationsverfahren nicht zum Ziel führen, wie z. B. bei der Trennung von Wolle/Angorawolle, Viskosefasern/Kupferfasern, Baumwolle/Flockenbast u. dgl.

Gelatineverfahren[2]

Von dem zu prüfenden Faden — Gewebe sind vorher in Kette und Schuß zu zerlegen —, dessen Faserkomponenten man wie beim mechanischen Trennungsverfahren mit einer Testfarbstofflösung angefärbt hat, werden an 20 bis 50 Stellen kurze Stücke von nicht über 1 mm Länge abgeschnitten und diese in einem kleinen Erlenmeyerkolben mit einigen

[1] Schulze K.: Seide und Kunstseide 1937, S. 52, u. Melliand Textilber. 18 (1937) 486.

[2] Heermann, P., u. A. Herzog: Mikroskopische und mechan.-techn. Textiluntersuchungen, 3. Aufl., S. 220. Berlin: Springer 1931.

Millilitern einer durch Erwärmung verflüssigten 10%igen Gelatinelösung gut durchgeschüttelt. Nach gleichmäßiger Verteilung gibt man einige Tropfen der Faser-Gelatine-Mischung auf einen vorher annähernd nivellierten Objektträger mit Linieneinteilung und zählt die einzelnen Fäserchen unter dem Mikroskop aus.

Anwendbarkeit: wie mechanisches Trennungsverfahren. Die Genauigkeit kann dadurch erhöht werden, daß gleichzeitig noch die Faserdicke und — falls Unterschiede vorhanden — das spez. Gew. Berücksichtigung finden.

Vereinfachtes Auszählverfahren

Die Arbeitsweise ist ähnlich wie beim mechanischen Trennungsverfahren. Die Einzelfasern werden aber nicht mechanisch getrennt, sondern, nachdem man sie alle parallel zueinander auf einen mit Glyzerin befeuchteten Objektträger gelegt und mit einem zweiten Objektträger abgedeckt hat, mit der Lupe oder unter dem Mikroskop ausgezählt. Die Zusammensetzung des Mischgespinstes ergibt sich aus dem Verhältnis der Faserkomponenten. Wenn notwendig, stellt man auch noch die Faserdicke und das spez. Gew. in Rechnung.

Das vereinfachte Auszählverfahren erfreut sich in den Betrieben großer Beliebtheit, da man schon in kurzer Zeit ein ungefähres und für die Ausrüstungsprozesse meist ausreichendes Bild von der Zusammensetzung bekommt.

Anwendbarkeit: wie mechanisches Trennungsverfahren.

Quantitative Trennung dreifacher (ternärer) Mischgespinste

Im Prinzip kommen für die dreifachen Mischgespinste dieselben Trennungsverfahren in Frage wie für die zweifachen, nur ist darauf zu achten, daß sie in geeigneter Weise bzw. der richtigen Reihenfolge zur Anwendung kommen. Es ist z. B. nicht zulässig, aus einem Wolle/Baumwolle/Viskosezellwolle-Mischgespinst zuerst mit Ameisensäure/Zinkchlorid die Viskosezellwolle und aus dem verbleibenden Rückstand mit Kalilauge die Wolle herauszulösen, weil durch die Ameisensäure/Zinkchlorid-Behandlung die Löslichkeit der Baumwolle in Kalilauge stark erhöht wird, wodurch dann der Korrekturfaktor nicht mehr stimmt. Grundsätzlich soll deswegen bei jedem Trennungsverfahren von einer frischen Probe ausgegangen werden, und bei dreifachen Mischgespinsten sind deswegen meist 2 Faserproben einzuwiegen. Mit einer einzigen Einwaage kommt man lediglich in den Fällen aus, wo durch das 1. Trennungsverfahren die Löslichkeit der zurückbleibenden Faserkomponenten (Rückstand) nicht verändert wird, wie z. B. beim Herauslösen der Azetatfaser mit Azeton aus einem Wolle/Baumwolle/Azetatfaser-Mischgespinst.

Die wichtigsten dreifachen Mischgespinste und ihre quantitative Trennung sind nachstehend angegeben[1]. Ein Berechnungsbeispiel befindet sich am Schluß dieser Zusammenstellung.

[1] In den meisten Fällen könnte zur Trennung auch das Flotationsverfahren mit herangezogen werden.

1. Wolle, Baumwolle und Viskose- bzw. Kupferfasern

1. Trennung: Ameisensäure/Zinkchlorid-Verfahren (s. S. 335). In Lösung gehen die Viskose- bzw. Kupferfasern. Rückstand: Wolle und Baumwolle.

2. Trennung (neue Einwaage): Hypochlorit- oder Kalilaugeverfahren (s. S. 333). In Lösung geht die Wolle. Rückstand: Baumwolle und Viskose- bzw. Kupferfasern.

Der Anteil der Baumwolle ergibt sich aus der Differenz zu 100.

Bemerkungen: Statt des Hypochlorit- oder Kalilaugeverfahrens kann auch das Schwefelsäureverfahren (s. S. 334) angewendet werden. In Lösung gehen die Baumwolle und die Viskose- bzw. Kupferfasern. Rückstand: Wolle.

2. Wolle, Baumwolle, $2^1/_2$-Azetatfasern

1. Trennung: Azetonverfahren (s. S. 336). In Lösung gehen die $2^1/_2$-Azetatfasern. Rückstand: Wolle und Baumwolle.

2. Trennung (keine neue Einwaage notwendig): Hypochlorit- oder Kalilaugeverfahren. In Lösung geht die Wolle. Rückstand: Baumwolle.

Bemerkungen: Statt des Hypochlorit- oder Kalilaugeverfahrens kann auch das Schwefelsäureverfahren angewendet werden. In Lösung geht die Baumwolle. Rückstand: Wolle.

Wendet man als 1. Trennung das Schwefelsäureverfahren an, so gehen die Baumwolle und die Azetatfasern (auch oberflächlich verseifte) in Lösung. Rückstand: Wolle.

Für verseifte Azetatfasern eignet sich außerdem das Ameisensäure/Zinkchlorid-Verfahren (s. S. 335). In Lösung gehen die Azetatfasern. Rückstand: Wolle und Baumwolle.

3. Wolle, Baumwolle, Triazetatfasern

1. Trennung: Methylenchloridverfahren (s. S. 337). In Lösung geht die Triazetatfaser. Rückstand: Wolle und Baumwolle.

2. Trennung (keine neue Einwaage notwendig): Hypochlorit- oder Kalilaugeverfahren. In Lösung geht die Wolle. Rückstand: Baumwolle.

Bemerkungen: Bei oberflächlich mehr oder weniger verseiften Triazetatfasern ist nur das Ameisensäure/Zinkchlorid-Verfahren (s. S. 335) anwendbar.

4. Wolle, Baumwolle, Polyamidfasern

1. Trennung: Ameisensäureverfahren (s. S. 338) oder Salzsäureverfahren (s. S. 339). In Lösung gehen die Polyamidfasern. Rückstand: Wolle und Baumwolle.

2. Trennung (neue Einwaage): Hypochlorit- oder Kalilaugeverfahren (s. S. 333). In Lösung geht die Wolle. Rückstand: Baumwolle und Polyamidfaser.

Bemerkungen: Auch das Schwefelsäureverfahren ist anwendbar. Baumwolle und Polyamide gehen in Lösung. Rückstand: Wolle.

5. Wolle, Baumwolle, Polyacrylnitrilfasern

1. Trennung: Dimethylformamidverfahren (s. S. 340). In Lösung gehen die Polyacrylnitrilfasern. Rückstand: Wolle und Baumwolle.

2. Trennung (neue Einwaage): Hypochlorit- oder Kalilaugeverfahren. In Lösung geht die Wolle. Rückstand: Baumwolle und Polyacrylnitrilfasern.

Bemerkungen: Auch das Schwefelsäureverfahren ist anwendbar. Die Baumwolle geht dabei in Lösung. Rückstand: Wolle + Polyacrylnitrilfaser.

6. Wolle, Baumwolle, Polyesterfasern

1. Trennung: Hypochlorit- oder Kalilaugeverfahren. In Lösung geht die Wolle. Rückstand: Baumwolle und Polyesterfaser.

2. Trennung (neue Einwaage): Schwefelsäureverfahren. In Lösung geht die Baumwolle. Rückstand: Wolle und Polyesterfaser.

7. Wolle, Baumwolle, Polyvinylchloridfasern

1. Trennung: Schwefelkohlenstoff/Azeton-Verfahren (s. S. 340). In Lösung gehen die PVC-Fasern. Rückstand: Wolle und Baumwolle.

2. Trennung (keine neue Einwaage notwendig): Hypochlorit- oder Kalilaugeverfahren. In Lösung geht die Wolle. Rückstand: Baumwolle.

Bemerkungen: Als 2. Trennung ist auch das Schwefelsäureverfahren anwendbar. In Lösung geht die Baumwolle. Rückstand: Wolle.

8. Wolle, Viskose- bzw. Kupferfasern, $2^1/_2$-Azetatfasern

Trennung wie unter 2. (Wolle, BW, $2^1/_2$-Azetatfasern) angegeben. Die Viskose- bzw. Kupferfasern verhalten sich dabei wie die Baumwolle.

Wendet man das Ameisensäure/Zinkchlorid-Verfahren (s. S. 335) an, so gehen die Viskose- bzw. Kupferfasern und die Azetatfasern in Lösung.

9. Wolle, Viskose- bzw. Kupferfasern, Triazetatfasern

Trennung wie unter 3. Wolle, BW, Triazetatfasern angegeben. Die Viskose- bzw. Kupferfasern verhalten sich wie die Baumwolle. Beim Ameisensäure/Zinkchlorid-Verfahren ist zu beachten, daß die Viskose- bzw. Kupferfasern und die Triazetatfasern (auch verseifte) in Lösung gehen.

10. Wolle, Viskose- bzw. Kupferfasern, Polyamidfasern

Trennung wie unter 4. angegeben. Die regenerierten Zellulosefasern verhalten sich wie die Baumwolle.

11. Wolle, Viskose- bzw. Kupferfasern, Polyacrylnitrilfasern

Trennung wie unter 5. angegeben. Die regenerierten Zellulosefasern verhalten sich dabei wie die Baumwolle.

12. Wolle, Viskose- bzw. Kupferfasern, Polyesterfasern

Trennung wie unter 6. angegeben. Die regenerierten Zellulosefasern verhalten sich dabei wie die Baumwolle.

13. Wolle, Polyamidfaser, Polyacrylnitrilfaser

1. Trennung: Hypochlorit- oder Kalilaugeverfahren (s. S. 333). In Lösung geht die Wolle. Rückstand: Polyamidfaser und Polyacrylnitrilfaser.

2. Trennung (neue Einwaage): Ameisensäure- oder Salzsäureverfahren (s. S. 338ff.). In Lösung geht die Polyamidfaser. Rückstand: Wolle und Polyacrylnitrilfaser.

Bemerkungen: Als 2. Trennung kann auch das Dimethylformamidverfahren (s. S. 340) angewendet werden. Die Polyacrylnitrilfaser geht in Lösung. Rückstand: Wolle + Polyamidfaser.

14. Wolle, Polyamidfaser, Polyesterfaser

1. Trennung: Hypochlorit- oder Kalilaugeverfahren. In Lösung geht die Wolle. Rückstand: Polyamidfaser und Polyesterfaser.

2. Trennung (neue Einwaage): Ameisensäure- oder Salzsäureverfahren (s. S. 338ff.). In Lösung geht die Polyamidfaser. Rückstand: Wolle und Polyesterfaser.

15. Wolle, Polyamidfaser, $2^1/_2$-Azetatfaser

1. Trennung: Azetonverfahren (s. S. 336). In Lösung geht die Azetatfaser. Rückstand: Wolle + Polyamidfaser.

2. Trennung (keine neue Einwaage notwendig): Hypochlorit- oder Kalilaugeverfahren (s. S. 333). In Lösung geht die Wolle. Rückstand: Polyamidfaser.

Bemerkungen: Als 2. Trennungsverfahren ist auch das Ameisensäureverfahren geeignet. In Lösung geht die Polyamidfaser. Rückstand: Wolle.

Bei teilweise verseiften Azetatfasern ist das Schwefelsäure- oder das Ameisensäure/Zinkchlorid-Verfahren zu empfehlen. In Lösung gehen jeweils die Polyamid- und die $2^1/_2$-Azetatfaser. Rückstand: Wolle.

16. Wolle, Polyamidfaser, Triazetatfaser

1. Trennung: Methylenchloridverfahren (s. S. 337). In Lösung geht die Triazetatfaser. Rückstand: Wolle und Polyamidfaser.

2. Trennung (keine neue Einwaage notwendig): Hypochlorit- oder Kalilaugeverfahren. In Lösung geht die Wolle. Rückstand: Polyamidfaser.

Bemerkungen: wie unter 15. angegeben.

17. Wolle, Naturseide, Baumwolle

1. Trennung: Hypochlorit- oder Kalilaugeverfahren (s. S. 333). In Lösung gehen Wolle und Naturseide. Rückstand: Baumwolle.

2. Trennung (neue Einwaage): Schwefelsäureverfahren (s. S. 334). In Lösung gehen die Naturseide und die Baumwolle. Rückstand: Wolle.

Bemerkungen: Eine weitere Möglichkeit ist das Herauslösen der Naturseide nach dem Kupfer/Glyzerin/Natron-Verfahren (s. S. 343). Rückstand: Wolle + Baumwolle. Beim Ansatz des Lösungsmittelgemischs ist darauf zu achten, daß wegen der Wolle ein Alkaliüberschuß vermieden wird.

18. Wolle, Naturseide, Viskose- bzw. Kupferfasern

Wie unter 17. angegeben.

19. Wolle, Naturseide, Polyesterfaser

1. Trennung: Hypochlorit- oder Kalilaugeverfahren (s. S. 333). In Lösung gehen Wolle und Naturseide. Rückstand: Polyesterfaser.

2. Trennung (neue Einwaage): Schwefelsäureverfahren (s. S. 334). In Lösung geht die Naturseide. Rückstand: Wolle und Polyesterfaser.

20. Wolle, Angorawolle, Polyamidfaser

1. Trennung: Ameisensäure- oder Salzsäureverfahren (s. S. 338 ff.). In Lösung geht die Polyamidfaser. Rückstand: Wolle und Angorawolle.

2. Trennung (mit Rückstand): Mechanisches Trennungsverfahren (s. S. 347) oder Gelatineverfahren (s. S. 347).

21. Wolle, Viskosefaser, Kupferfaser

1. Trennung: Hypochlorit- oder Kalilaugeverfahren (s. S. 333). In Lösung geht die Wolle. Rückstand: Viskosefaser und Kupferfaser.

2. Trennung (mit Rückstand): Mechanisches Trennungsverfahren (s. S. 347) oder Gelatineverfahren.

22. Baumwolle, Viskose- bzw. Kupferfaser, Polyesterfaser

1. Trennung: Schwefelsäureverfahren (s. S. 334). In Lösung gehen die Baumwolle und die Viskose- bzw. Kupferfaser. Rückstand: Polyesterfaser.

2. Trennung (neue Einwaage): Ameisensäure/Zinkchlorid-Verfahren (s. S. 335). In Lösung geht die Viskose- bzw. Kupferfaser. Rückstand: Baumwolle und Polyesterfaser.

Beispiel für die Berechnung des Mischungsverhältnisses dreifacher (ternärer) Mischgespinste

Zu untersuchendes Fasermaterial: Wolle/Baumwolle/Polyamid-Mischgespinst.

1. Trennung: Ameisensäureverfahren. In Lösung geht die Polyamidfaser. Rückstand: Wolle und Baumwolle.

2. Trennung (neue Einwaage): Hypochloritverfahren. In Lösung geht die Wolle. Rückstand: Polyamid und Baumwolle.

Einwaage für die 1. Trennung, abs. trocken . . . . $E_1 = 1{,}986$ g
Einwaage für die 2. Trennung, abs. trocken . . . . $E_2 = 1{,}865$ g

Rückstand bei der 1. Trennung, abs. trocken . . . $R_1 = 1{,}213$ g
Rückstand bei der 2. Trennung, abs. trocken . . . . $R_2 = 1{,}042$ g

a) Mischungsverhältnis im abs. trockenen Zustand

Anteil der Polyamidfaser . . $E_1 - R_1 = 1{,}986 - 1{,}213 = 0{,}773$ g

oder
(kein Korrekturfaktor notwendig, da $k = 1{,}00$) $\frac{0{,}773 \cdot 100}{1{,}986} = \underline{\underline{38{,}9\,\%}}$

Anteil der Wolle . . . . $E_2 - R_2 = 1{,}865 - 1{,}042 = 0{,}823$ g

oder (k ebenfalls $\sim 1{,}0$) $\frac{0{,}823 \cdot 100}{1{,}865} = \underline{\underline{44{,}1\,\%}}$

Anteil der Baumwolle . . . . $100 - (38{,}9 + 44{,}1) = \underline{\underline{17{,}0\,\%}}$

b) Mischungsverhältnis im lufttrockenen (normalfeuchten) Zustand

Zur Umrechnung notwendige Feuchtigkeitsfaktoren (s. Tab. 42):

Polyamidfaser	$f = 1{,}04$
Wolle	$f = 1{,}14$
Baumwolle	$f = 1{,}08$

Anteil der Polyamidfaser[1]	38,9 . 1,04	= 40,46
Anteil der Wolle	44,1 . 1,14	= 50,27
Anteil der Baumwolle	17,0 . 1,08	= 18,36
	Zusammen:	109,09

Damit beträgt der prozentuale Anteil der

Polyamidfaser, lufttrocken . . . . $\frac{40{,}46 \cdot 100}{109{,}09} = \underline{37{,}1\,\%}$

Wolle, lufttrocken . . . . $\frac{50{,}27 \cdot 100}{109{,}09} = \underline{46{,}1\,\%}$

Baumwolle, lufttrocken . . . . $\frac{18{,}36 \cdot 100}{109{,}09} = \underline{16{,}8\,\%}$

Glasfaserhaltige Textilien

a) Glühverfahren

Prinzip: Die Faserprobe wird 1 Std. auf 900 °C erhitzt. Die organischen Fasern verbrennen, die Glasfaser bleibt unverändert.

Anwendbarkeit: Mischgespinste aus Glasfasern mit pflanzlichen oder tierischen Faserstoffen sowie Azetatfasern oder Synthetiks.

Bemerkungen: Das Glühverfahren ist auch bei Glasfaser/Asbest-Mischungen anwendbar. Die Glasfaser verliert hierbei 0,5% an Gewicht, der für derartige Mischungen fast ausschließlich verwendete Serpentinasbest aber 14,5%. Berechnung s. w. u.

Durchführung: 0,5 bis 2 g der vorgereinigten und zerteilten Faserprobe (Probenvorbereitung s. S. 329) werden im Wägeglas 4 Std. bei 105 $\pm$ 3 °C getrocknet und nach zweistündigem Abkühlen im Exsikkator auf 0,001 g genau gewogen (= Einwaage E, abs. trocken).

Die abgewogene Probe wird im offenen Tiegel in einem elektrischen Muffelofen 1 Std. bei 900 $\pm$ 10 °C geglüht. Den Tiegel läßt man im Exsikkator erkalten und wiegt ihn dann einmal mit und einmal ohne den Tiegelinhalt. Die Differenz ergibt den Glasfaseranteil (= Rückstand R, abs. trocken).

Berechnung des Mischungsverhältnisses s. S. 332. Der Gewichtsverlust der Glasfaser durch das Glühen beträgt 0,5%. Andererseits hinterlassen die verbrannten Faserstoffe durchschnittlich 1% Asche. Die Anwendung eines besonderen Korrekturfaktors erübrigt sich also.

[1] Die Berechnung ist hier am einfachsten, wenn man die prozentualen Anteile zugrunde legt und nicht die Gewichtsmengen wie bei den zweifachen Mischgespinsten (s. S. 332).

Berechnung bei Vorliegen einer Glasfaser/Asbest-Mischung[1]

Aus dem Glühverlust G_v in % ergibt sich der
Asbestanteil zu . . . . $3{,}57 \cdot (2G_v - 1)$ % und der
Glasfaseranteil zu . . . . $7{,}14 \cdot (14{,}5 - G_v)$ %.

b) Lösungsverfahren

Da die Glasfaser den meisten Chemikalien gegenüber sehr widerstandsfähig ist (Ausnahmen: kochende Laugen und Flußsäure), wird man bei Glasfasermischgespinsten normalerweise auch die in Tab. 43 angegebenen Lösungsverfahren anwenden können. Der Korrekturfaktor dürfte — abgesehen vom Kalilaugeverfahren — durchweg bei etwa 1,0 liegen.

c) Flotationsverfahren

Infolge des hohen spez. Gewichtes der Glasfaser (s. Tab. 44) ist zur Trennung von Glasfasermischgespinsten auch das Flotationsverfahren gut geeignet. Man verfährt wie auf S. 346 angegeben.

Asbesthaltige Textilien

a) Cuoxamverfahren.

Prinzip: Die Untersuchungsprobe wird mit Cuoxam behandelt. Die pflanzlichen Faserstoffe gehen in Lösung. Rückstand: Asbest.

Anwendbarkeit: Mischungen aus Asbest mit Baumwolle, Viskose- oder Kupferfasern.

Reagenzien

Kuoxamlösung: 10 g Kupferhydroxyd werden in 1 l konz. Ammoniaklösung (25%ig) aufgelöst. Die Cuoxamlösung ist in einer Flasche aus braunem Glas gut verschlossen und an einem möglichst kühlen Ort aufzubewahren oder vor jedem Versuch frisch anzusetzen.

Herstellung des Kupferhydroxyds: 100 g Kupfersulfat ($CuSO_4 \cdot 5H_2O$) werden in 500 ml siedendem dest. Wasser aufgelöst. Die Lösung läßt man auf etwa 50 °C abkühlen und setzt unter ständigem Umrühren konz. Ammoniaklösung (25%ig) zu, bis die über dem gebildeten Niederschlag stehende Lösung violettstichig geworden ist. Der Niederschlag wird abfiltriert, mit dest. Wasser kurz ausgewaschen, in einem Erlenmeyerkolben mit etwas dest. Wasser angeteigt und mit 200 bis 250 ml 10%iger Natronlauge versetzt. Nach 5 bis 10 Min. langem Umschütteln wird der Niederschlag wieder abfiltriert, mit dest. Wasser bis zur neutralen Reaktion des Wassers ausgewaschen, dann kurz mit Azeton nachgespült und schließlich in einem mit Blaugel beschickten Exsikkator oder auf dem Tonteller oder im Trockenschrank bei 40 bis 50 °C getrocknet.

Durchführung: 0,5 bis 2 g der vorgereinigten und zerteilten Faserprobe (Probenvorbereitung s. S. 329) werden im lufttrockenen Zustand auf 0,001 g genau abgewogen. Durch Abzug des an einer zweiten Probe durch 4stündiges Trocknen bei 105 ± 3 °C ermittelten Wassergehaltes erhält man das absolute Trockengewicht (= Einwaage E, abs. trocken).

Die abgewogene Probe wird in einem 250 ml-Erlenmeyerkolben je g Einwaage mit 100 ml Cuoxam übergossen und nach öfterem Umschütteln längere Zeit (am besten über Nacht) sich selbst überlassen. Darauf

[1] Satlow, G.: Glastechn. Ber. 22 (1948/49) 121.

wird durch ein G_2-Glasfilter abfiltriert und der Rückstand zunächst zweimal mit je 20 ml frischen Cuoxam nachgespült, dann mit ammoniakalischem Wasser bis zum Verschwinden der Kupferreaktion (Blaufärbung) ausgewaschen und abschließend im Wägeglas 4 Std. bei 105 $\pm$ 3 °C getrocknet, im Exsikkator 2 Std. abgekühlt und dann gewogen (= Rückstand R, abs. trocken).

Berechnung des Mischungsverhältnisses s. S. 332. Ein Korrekturfaktor für die ungelöste Faser (Asbest) ist nicht zu berücksichtigen, also $k = 1{,}00$.

b) Flotationsverfahren

Da die Asbestfasern ein sehr hohes spez. Gew. haben (s. Tab. 44), ist zur Trennung asbesthaltiger Textilien auch das Flotationsverfahren gut geeignet. Durchführung s. S. 346.

c) Glühverfahren

Die Faserprobe wird im Muffelofen 1 Std. bei etwa 900 °C geglüht. Die organischen Fasern verbrennen hierbei, während der anorganische Asbest unverbrannt zurückbleibt. Er verliert allerdings 14,5% an Gewicht (Serpentinasbest). Der Aschegehalt der verbrannten organischen Faserstoffe beträgt im Durchschnitt 1%. Durchführung des Glühverfahrens siehe unter glasfaserhaltige Textilien.

Faserschädigungen

I. Geschädigte Zellulosefasern

Die meisten Faserschädigungen sind auf chemische Einwirkung zurückzuführen. Bei den Zellulosefasern speziell handelt es sich größtenteils um Schädigungen durch Säuren, Säure abspaltende Salze, starke Laugen (insbesondere bei höheren Temperaturen und gleichzeitigem Vorhandensein von Luftsauerstoff), Oxydationsmittel und in gewissen Fällen auch Reduktionsmittel. Schädigungen sind weiterhin möglich durch Einwirkung hoher Temperaturen und starke Belichtung (in all diesen Fällen entsteht Oxy- bzw. Hydrozellulose) sowie durch Pilze, Bakterien, Insektenfraß und mechanische Einwirkung.

Zur **Prüfung auf Faserschädigung** macht man zunächst einmal die Handreiß- bzw. Daumenprobe. Bei regenerierten Zellulosen empfiehlt es sich, diese Prüfung auch im nassen Zustand, d. h. nach vorherigem Befeuchten der Ware, vorzunehmen. Etwa 20%ige Schädigungen wird der Praktiker auf diese Weise bereits unschwer erkennen. Auch der „Klang“ des Garnes beim Abreißen gibt einen gewissen Hinweis. Ungeschädigte Garne klingen hell, geschädigte dumpf. Bei der maschinellen Festigkeitsprüfung liegt die Erfassungsgrenze etwa bei einer 7- bis 10%igen Schädigung. Die chemischen Nachweismethoden sind im allgemeinen etwas genauer. Durch Polymerisationsgradmessungen können z. B. schon 2- bis 3%ige Schädigungen nachgewiesen werden.

Liegt eine Faserschädigung vor, so prüft man zunächst, ob sich noch schädigende Agenzien auf der Ware befinden.

Prüfung auf Säuren oder Alkali. Man legt angefeuchtetes Lackmus- oder p_H-Indikatorpapier zwischen die gefaltete Ware und preßt durch Belastung mit einem Gewicht fest aufeinander. Nach etwa 5 Min. wird der Farbumschlag geprüft.

Bei sehr geringen Säure- oder Alkalimengen stellt man sich besser einen wäßrigen Extrakt her und bestimmt dann den p_H mit einem p_H-Meßgerät. Auch mit der Berührungselektrode werden gute Werte erhalten. Näheres s. p_H-Messung von Fasermaterial S. 411.

Säure- oder Alkalispritzer erkennt man durch Tränken oder Besprühen des Gewebes mit einer Indikatorlösung. Sehr geeignet hierfür ist z. B. eine 0,02%ige Lösung von Methylrot oder Phenophthalein in 50%igem Alkohol, noch besser der MERCKsche Universalindikator. An den bespritzten Stellen beobachtet man eine andere Färbung des Indikators.

Prüfung auf Oxydationsmittel. Man verfährt wie bei der Prüfung auf Säure und Alkali und prüft mit Jodkaliumstärkepapier. Oxydationsmittel bewirken eine intensive Blaufärbung.

Will man über die Stärke des Oxydationsmittels Genaueres erfahren, so wird die zu prüfende Ware 1/2 Std. lang in etwas dest. Wasser gelegt. Darauf bestimmt man das Redoxpotential des Extrakts mit einem elektrometrischen Meßgerät. Das Flottenverhältnis spielt bei der Extraktion — im Gegensatz zur p_H-Messung — keine große Rolle, da die Redoxpotentiale von der Chemikalienkonzentration praktisch unabhängig sind. Näheres über die Messung des Redoxpotentials s. S. 10.

Zur Erkennung von Spritzern besprüht man mit einer 0,02%igen Lösung eines geeigneten Redoxindikators (s. Tab. 3 auf S. 12).

Sind keine schädigenden Chemikalien nachzuweisen, was meist der Fall sein wird, so untersucht man die Faser auf Veränderungen im physikalischen (z. B. Quell- und Vergilbungsprobe) und chemischen (Prüfung auf Oxy- bzw. Hydrozellulose) Verhalten. Fallen alle Nachweise negativ aus, so wird meist eine mechanische Schädigung vorliegen.

Quellprobe. Nach den Beobachtungen von WILLOWS und ALEXANDER[1] zeigen Baumwollfaserabschnitte, die man mit Natronlauge von etwa 19 °Bé (13- bis 14%ige Natronlauge, spez. Gew. rund 1,15) behandelt, bei chemisch ungeschädigter Baumwolle unter dem Mikroskop an den Faserenden pilzkopfähnliche Ausstülpungen; chemisch merklich geschädigte Baumwollfasern zeigen diese charakteristischen Ausstülpungen dagegen nicht oder nur wenig. Gebeuchte aber sonst ungeschädigte Baumwollen geben noch Pilzköpfe. MARKERT[2] unterscheidet auf Grund dieser Erscheinung chemisch und mechanisch geschädigte Fasern voneinander.

Durchführung: Die Baumwollfasern werden mit einer scharfen Schere oder Rasierklinge senkrecht zur Faserrichtung in 2 bis 3 mm lange Stücke zerschnitten. Diese legt man dann auf einen Objektträger, deckt

---

[1] WILLOWS u. ALEXANDER: J. Text. Inst., Manchr. 1922, S. 240.
Neuere Literatur siehe P.-A. KOCH und H. HEFTI, Textil-Rundschau **11** (1956) 512 u. 645 sowie CIBA-Rundschau 1962/2.

[2] MARKERT: Text. Forschg. 1933, S. 1; Mschr. Textilind. 1933, S. 13, 33, 54.

mit einem Deckgläschen ab und läßt von der Seite mit Hilfe eines Glasstabes 10- bis 15%ige Natronlauge zufließen. Bei ungeschädigter Baumwolle beobachtet man unter dem Mikroskop pilzkopfartige Ausstülpungen; chemisch geschädigte Baumwolle quillt gleichmäßig und zeigt — je nach dem Schädigungsgrad — keine oder nur schwache Ausstülpungen.

Vergilbungsprobe. Die Faserprobe wird mehrere Stunden im Trockenschrank bei 130 bis 150 °C erhitzt. Je stärker die Faserschädigung, um so intensiver ist die auftretende Vergilbung. Zum Vergleich legt man am besten eine ungeschädigte Baumwolle bei.

Hydro- und Oxyzellulose

Das Zellulosemolekül muß man sich als eine lange Kette vorstellen, deren einzelne Glieder aus β-Glukose bestehen. Die Anzahl der Kettenglieder wird ausgedrückt im Polymerisationsgrad. Hat die Kette beispielsweise 300 Glukoseglieder, so beträgt der Polymerisationsgrad 300. Da die Kettenmoleküle (Makromoleküle) nicht alle dieselbe Länge, also nicht denselben Polymerisationsgrad haben, erhält man bei der Messung stets Durchschnittswerte, und man spricht deswegen allgemein nur vom *Durchschnittspolymerisationsgrad* (*DP*). Dieser beträgt nach STAUDINGER bei den nativen Zellulosen (Baumwolle, Flachs u. dgl.) 2000 bis 3000. Bei den regenerierten Zellulosen (Viskose- und Kupfer-Reyon bzw. -Zellwollen) liegt er wesentlich tiefer, meist zwischen 300 und 600.

Bei jeder chemischen Schädigung wird die Zellulose abgebaut, die langen Kettenmoleküle werden an der 1,4-Bindung gespalten. Es entstehen dann kürzere Bruchstücke, die sich durch eine niedrigere Viskosität und damit auch einen niedrigeren Polymerisationsgrad sowie eine geringere Reißfestigkeit auszeichnen. Erfolgt die Schädigung durch Säuren (hydrolytischer Abbau), so steigt außerdem das Reduktionsvermögen stark an, da sich an jeder Spaltungsstelle, und zwar am C_1-Atom, eine Aldehydgruppe bildet, welche stark reduzierend wirkt und z. B. aus FEHLINGscher Lösung rotes Kupferoxydul abscheidet. Quantitativ ausgedrückt wird das Reduktionsvermögen durch die *Kupferzahl* (s. w. u.). Eine durch Säure abgebaute Zellulose bezeichnet man als *Hydrozellulose*.

Erfolgt die Schädigung mit Oxydationsmitteln, so wird wie bei der Bildung der Hydrozellulose das Zellulosemolekül auch wieder an der 1,4-Bindung gespalten. Die am C_1-Atom entstehenden Aldehydgruppen werden aber durch das Oxydationsmittel je nach den Reaktionsbedingungen (Konzentration, Temperatur, p_H-Wert usw.) mehr oder weniger schnell und vollständig zu Karboxylgruppen oxydiert. Die letzteren wirken nicht mehr reduzierend, haben aber die Eigenschaft, salzartige Verbindungen einzugehen und z. B. basische Farbstoffe wie Methylenblau, Kristallviolett, Malachitgrün usw. in erhöhtem Umfange zu binden. Ein quantitatives Maß dafür ist die Methylenblauzahl. Eine Oxydation der alkoholischen Gruppen (C_6-, C_3- und C_2-Atom) findet unter den in der Textilveredlung üblichen Arbeitsbedingungen nicht statt. Eine durch

Oxydationsmittel abgebaute Zellulose bezeichnet man als *Oxyzellulose*. Da über diese Begriffe noch vielfach Unklarheit besteht, seien sie nachstehend definiert:

Unter einer **Hydrozellulose** versteht man eine mehr oder weniger stark, meist durch Säuren abgebaute Zellulose, die Aldehydgruppen enthält. Im Vergleich zur nicht abgebauten Zellulose zeigt sie einen niedrigeren Polymerisationsgrad, eine geringere Reißfestigkeit und eine höhere Kupferzahl, aber keine erhöhte Methylenblauzahl.

Unter der **Oxyzellulose** versteht man ebenfalls eine meist durch Oxydationsmittel abgebaute Zellulose, die in der Hauptsache Karboxylgruppen, daneben aber auch mehr oder weniger Aldehydgruppen enthält. Sie zeigt ebenfalls einen niedrigeren Polymerisationsgrad und eine geringere Reißfestigkeit, im Gegensatz zu der Hydrozellulose aber eine höhere Methylenblauzahl und meist auch eine geringere Kupferzahl.

Sowohl Hydro- als auch Oxyzellulosen, hauptsächlich aber die letzteren, zeigen außerdem eine erhöhte Alkalilöslichkeit.

Aus den Ausführungen geht hervor, daß zur Prüfung auf chemische Schädigung bei Zellulosefasern folgende Möglichkeiten in Frage kommen:

1. *Bestimmung des Polymerisationsgrades.* Hierbei kommt es nur auf die Kettenlänge an, ob Hydro- oder Oxyzellulose spielt keine Rolle.
2. *Bestimmung des Reduktionsvermögens* (Erfassung der Aldehydgruppen). Für Oxyzellulosen sind die hierfür gebräuchlichen Reaktionen weniger, u. U. sogar ganz ungeeignet (s. w. u.).
3. *Bestimmung des Aufnahmevermögens für basische Farbstoffe* (Erfassung der Karboxylgruppen). Positive Reaktion zeigen nur die Oxyzellulosen.
4. *Bestimmung der Alkalilöslichkeit.* Beide Schädigungstypen lösen sich vermehrt in Alkali. Diese Prüfmethode wird besonders bei den regen. Zellulosefasern angewendet.
5. *Bestimmung der Reißfestigkeit.* Beide Typen zeigen verminderte Festigkeitswerte.

Im übrigen sei noch darauf hingewiesen, daß die Hydrozellulose durch Oxydationsmittel leicht in Oxyzellulose übergeht. Die Aldehydgruppen werden dabei teilweise oder ganz in Karboxylgruppen übergeführt, und dies hat zur Folge, daß die Kupferzahl ab-, die Methylenblauzahl aber zunimmt. Man kann dies sogar schon beim Behandeln mit Alkali beobachten. Die Oxydation erfolgt hierbei durch den Luftsauerstoff, und außerdem scheint ein Teil der Aldehydgruppen einer Disproportionierung in Karboxyl- und alkoholische Gruppen zu unterliegen (CANNIZZAROsche Reaktion). Es ist z. B. ohne weiteres möglich, daß eine Baumwolle vollkommen zerstört ist und trotzdem die auf der Reduktionswirkung basierenden Reaktionen (FEHLINGsche Lösung, Berliner-Blau-Reaktion u. ä.) nicht ansprechen. Auf diese Verhältnisse ist bei der Durchführung der weiter unten angegebenen Schädigungsreaktionen Rücksicht zu nehmen, andernfalls Fehlschlüsse unvermeidlich sind.

Regenerierte Zellulosen haben ein wesentlich höheres Reduktionsvermögen als native und färben sich z. B. bei der Prüfung mit FEHLINGscher Lösung schon in ungeschädigtem Zustand deutlich rötlich.

Zu beachten ist weiterhin, daß Faserfremdsubstanzen (Fette, Pektin- und Ligninstoffe, Schlichte, Appretur u. dgl.) die Reaktionen stark beeinflussen können und daher vor der Prüfung zu entfernen sind. Die Proben sind also gegebenenfalls zu entfetten, zu entschlichten usw. Scharfe chemische Eingriffe (Bleichmittel, alkalische Kochungen u. ä.) sind dabei tunlichst zu vermeiden.

Qualitative Bestimmung von Hydro- bzw. Oxyzellulose[1]

1. Fehlingsche Lösung. Die entfettete und von Schlichte, Appretur u. dgl. befreite Faserprobe wird 3 bis 5 Min. in FEHLINGscher Lösung gekocht und dann mit verd. Essigsäure gespült. An den mit Hydrozellulose behafteten Stellen wird durch die reduzierende Wirkung der Aldehydgruppen Kupfer(I)-oxyd abgeschieden und die Faserprobe dadurch rot bis braunrot angefärbt.

Die Oxyzellulose gibt diese Reaktion nur dann, wenn sie neben den Karboxylgruppen auch Aldehydgruppen enthält, was nicht immer zutrifft.

Herstellung der FEHLINGschen Lösung.

Die FEHLINGsche Lösung besteht aus 2 Lösungen, nämlich
Lösung A: 60 g reines krist. Kupfersulfat, gelöst in 1 l dest. Wasser, und
Lösung B: 200 g reines Seignettesalz (Kaliumnatriumtartrat) und 100 g reines Ätznatron, ebenfalls in 1 l dest. Wasser gelöst.

Vor Gebrauch werden gleiche Teile von Lösung A und B miteinander gemischt und mit dest. Wasser auf das doppelte Volumen verdünnt.

2. Ammoniakalische Silberlösung. Eine ammoniakalische Silberlösung wird auf 80 °C erwärmt und die Untersuchungsprobe einige Minuten darin behandelt. Darauf wird zuerst mit dest. Wasser und dann mit verd. Ammoniaklösung ausgewaschen. An den hydrozellulosehaltigen Stellen der Probe tritt infolge Silberabscheidung eine dem Schädigungsgrad entsprechende Gelb- bis Braunfärbung auf.

Von der Oxyzellulose wird auch diese Reaktion nur dann gegeben, wenn sie Aldehydgruppen enthält.

Herstellung der ammoniakal. Silberlösung.

Eine Lösung von 10 g Silbernitrat in 100 ml dest. Wasser wird vorsichtig mit 10%iger Ammoniaklösung versetzt, bis sich der entstandene weiße Niederschlag wieder aufgelöst hat.

---

[1] Durch zu starkes Erhitzen geschädigte Zellulose (Pyrozellulose) enthält immer Aldehyd- und Karboxylgruppen [s. A. AGSTER: Melliand Textilber. **37** (1956) 1388], gibt also sowohl die Hydro- als auch Oxyzellulosereaktionen. Bei einer Schädigung durch zu starke Belichtung (Photozellulose) ist es unterschiedlich. Normalerweise bilden sich bei diesem Abbau nur Aldehydgruppen, die jedoch bei den mit Titandioxyd mattierten Fasertypen teilweise zu Karboxylgruppen weiteroxydiert werden (Näheres s. A. AGSTER, Melliand Textilber. **36** (1955) 1. Im letzteren Falle fallen dann auch die typischen Oxyzellulosereaktionen positiv aus.

Eine durch Pilze oder Bakterien geschädigte Zellulose spricht auf die Hydro- und Oxyzellulosereaktionen nicht an. Diese Schädigung kann nur durch die Polymerisationsgradmessung erfaßt werden.

3. Blei/Cochenille-Reaktion[1]. Die Reaktion ist für die Karboxylgruppen und damit für die Oxyzellulose spezifisch. Sie beruht darauf, daß beim Einlegen in eine Bleiazetatlösung die COOH-Gruppen ein Bleisalz bilden und bei der anschließenden Behandlung in einer Cochenille-Aufschlämmung (Cochenille ist ein Beizenfarbstoff) ein Farblack entsteht.

Die mit Oxyzellulose behafteten Stellen der Faserprobe färben sich dadurch dem Schädigungsgrad entsprechend in einem mehr oder weniger tiefen Purpurrot an, während die ungeschädigte Zellulose und auch die Hydrozellulose völlig ungefärbt bleiben.

Durchführung: Die von Schlichte und Appretur befreite Untersuchungsprobe wird bei Zimmertemperatur und unter gelegentlichem Umrühren $^1/_2$ Std. lang in einer 1%igen Bleiazetatlösung behandelt, darauf zuerst gründlich in fließendem Wasser gespült und dann noch entweder viermal je 10 Min. in kaltes oder zweimal je 5 Min. in 80 °C heißes dest. Wasser eingelegt. Abschließend wird die Probe bei 50 °C 5 Min. lang in einer 0,05%igen Aufschlämmung von Cochenille angefärbt.

4. Goldpurpurreaktion[2]. Die Reaktion spricht nur auf Karboxylgruppen an und kann daher ebenfalls zur Unterscheidung von Oxy- und Hydrozellulose dienen.

Prinzip: Legt man die Faserprobe in eine Zinn(II)-salzlösung ein, so wird an den COOH-Gruppen Zinn gebunden und beim anschließenden Behandeln in einer Goldchloridlösung kolloidales Gold ausgeschieden. Die geschädigte Zellulose färbt sich dadurch mehr oder weniger tief purpurrot an. Die Reaktion ist so empfindlich, daß auch normale Bleichware durch Spuren von Oxyzellulose schon eine leichte Rosafärbung ergibt. Hydrozellulose reagiert negativ.

Durchführung: Die von Schlichte und Appretur befreite Untersuchungsprobe wird unter gelegentlichem Umrühren 1 bis 2 Std. in eine 1%ige, schwach essigsaure Zinn(II)-chlorid-Lösung eingelegt, darauf gründlich in fließendem Wasser gespült und abschließend in eine sehr verdünnte Goldchloridlösung (1 bis 2 Tropfen konz. Goldchloridlösung auf 1 Liter dest. Wasser) gegeben.

5. Methylenblaureaktion. Basische Farbstoffe wie Methylenblau, Kristallviolett u. dgl. färben die Oxyzellulose auf Grund der sauren Reaktion der Karboxylgruppen stark an, während Hydrozellulose und ungeschädigte Baumwolle nur leicht angeschmutzt und bei Behandlung in heißem Wasser wieder nahezu farblos werden. Die Oxyzellulose hält hingegen den Farbstoff hartnäckig fest, und aus der Tiefe der Anfärbung läßt sich auf den Oxyzellulosegehalt bzw. den Grad der Schädigung schließen. Die Reaktion kann in abgeänderter Form auch zur quantitativen Bestimmung der Karboxylgruppen dienen (s. S. 362).

Durchführung: Die vorher von Fettstoffen, Schlichte und Appretur befreite Faserprobe wird entweder 20 Min. in kalter oder 5 Min. in 60 bis 100 °C heißer, 0,1%iger wäßriger Methylenblaulösung angefärbt

---

[1] Haller u. Lorenz: Melliand Textilber. **14** (1933) 449 und Haller: Melliand Textilber. **18** (1937) 403.

[2] Haller: Melliand Textilber. **12** (1931) 257 u. 517 sowie **18** (1937) 403.

und dann mit heißem bis kochendem dest. Wasser so lange gewaschen, bis die Faser keinen Farbstoff mehr abgibt.

Zu beachten ist, daß rohe Baumwolle, Flachs, Hanf und Jute (bedingt durch den Pektin- bzw. Ligningehalt) sowie mercerisierte Baumwolle, Viskose- und Kupferfasern (Hydratzellulose) in gleicher Weise reagieren, so daß bei der Beurteilung Vorsicht geboten ist.

6. Kochung in Natronlauge. Man kocht die zu untersuchende Probe einige Minuten in 5- bis 10%iger Natronlauge. Bei Gegenwart von Oxy- oder Hydrozellulose färbt sich die Lauge gelb bis gelbbraun. Einige Fremdsubstanzen, z. B. Pektinstoffe, geben dieselbe Reaktion.

Quantitative Bestimmung von Hydro- bzw. Oxyzellulose

1. Kupferzahl. Das Verfahren beruht darauf, daß man eine abgewogene Menge Fasermaterial unter konventionellen Bedingungen mit FEHLINGscher Lösung kocht und das ausgeschiedene Kupfer(I)-oxyd titrimetrisch bestimmt.

Definition: Unter der *Kupferzahl* versteht man die Menge Kupfer, die von 100 g absolut trockenem Fasermaterial reduziert wird.

Die Kupferzahl ist also ein Maß für das Reduktionsvermögen der Zellulose (Aldehydgruppen) und erfaßt außer der Hydrozellulose auch noch reduzierend wirkende Begleitsubstanzen, die Oxyzellulose aber nur dann, wenn sie Aldehydgruppen enthält.

Reine Zellulose hat eine Kupferzahl von 0,2 bis 0,3. Zu beachten ist, daß durch alkalische Kochungen oder eine Behandlung mit Oxydationsmitteln die Kupferzahl stark herabgesetzt wird (s. S. 358).

Reagenzien

Fehlingsche Lösung A: 60 g reines krist. Kupfersulfat, gelöst in 1 l dest. Wasser.

Fehlingsche Lösung B: 200 g Seignettesalz (Kaliumnatriumtartrat) und 100 g Ätznatron, gelöst in 1 l dest. Wasser.

Ammoniumeisen(III)-sulfat-Lösung: 121 g Ammoniumeisen(III)-sulfat p. a. werden in 600 bis 800 ml dest. Wasser unter Zusatz von etwa 200 g konz. Schwefelsäure (d = 1,84) unter Umschütteln gelöst. Die Lösung wird nach dem Erkalten mit dest. Wasser zu 1 l aufgefüllt und durch Zugabe einiger Tropfen n/10-Permanganatlösung bis zum Farbumschlag nach Rosa zwecks Oxydation etwa vorhandener Ferrosalze gebrauchsfertig gemacht.

Durchführung[1]: Das zu untersuchende Fasermaterial wird in die Einzelfäden zerlegt, entfettet, von reduzierend wirkenden Substanzen wie Stärke befreit und an der Luft getrocknet. Näheres hierüber s. unter Probenahme und Probenvorbereitung bei der quantitativen Faserbestimmung. S. 329).

Etwa 1 g des gereinigten, lufttrockenen Fasermaterials (der Wassergehalt wird an einer 2. Probe durch Trocknung bei 105 $\pm$ 3 °C bestimmt) werden im Wägeglas genau abgewogen und dann in einem hohen 150 ml-Becherglas mit 40 ml FEHLINGscher Lösung (20 ml Lösung A und 20 ml Lösung B werden vorher miteinander vermischt) übergossen. Die Lö-

[1] Im wesentlichen nach Merkblatt 8 Zellcheming, zu beziehen vom Verein der Zellstoff- und Papierchemiker und -Ingenieure in Darmstadt, Herdweg 86.

sung wird erhitzt und genau 3 Min. im Sieden gehalten. Die mit Kupfer(I)-oxyd durchsetzte Faserprobe wird durch ein G_3-Glasfilter abfiltriert und zuerst mit $^3/_4$ l heißem und dann mit derselben Menge kaltem dest. Wasser ausgewaschen. Darauf übergießt man die Faserprobe (Saugflasche vorher gut auswaschen oder wechseln) mit 25 ml der Ammoniumeisen(III)-sulfat-Lösung und läßt so lange einwirken, bis sich das Kupfer(I)-oxyd völlig gelöst hat und keine rotbraunen bis schwarzblauen Partikelchen mehr zu sehen sind, spült mit 25 ml Ammoniumeisen(III)-sulfat-Lösung und dann mit verd. Schwefelsäure nach, saugt gut ab und titriert das Filtrat mit n/10-Permanganatlösung. Bei sehr kleinen Kupferzahlen nimmt man besser eine n/25-Permanganatlösung und geht auch mit der Menge Ferrisalzlösung entsprechend zurück.

Reaktionsvorgänge

Durch die reduzierende Wirkung der Aldehydgruppen der Zellulose wird aus der Fehlingschen Lösung eine äquivalente Menge Kupfer(I)-oxyd ausgeschieden, welches bei der Behandlung mit der Ammoniumeisen(III)-sulfat-Lösung eine äquivalente Menge Ferrisalz zu Ferrosalz reduziert. Das letztere wird dann mit Permanganat titriert.

$$Cu_2O + 2\,FeNH_4(SO_4)_2 + H_2SO_4 = 2\,FeSO_4 + 2\,CuSO_4 + (NH_4)_2SO_4 + H_2O \quad (1)$$

$$10\,FeSO_4 + 2\,KMnO_4 + 8\,H_2SO_4 = 5\,Fe_2(SO_4)_3 + K_2SO_4 + 2\,MnSO_4 + 8\,H_2O \quad (2)$$

Berechnung der Kupferzahl

$$1 \text{ ml n/10-KMnO}_4\text{-Lösung} = 6{,}357 \text{ mg Kupfer}$$

$$\text{Kupferzahl} = \frac{a \cdot 6{,}357 \cdot 100}{E}$$

Es bedeuten: a ml verbrauchte n/10-$KMnO_4$-Lösung, E Einwaage in mg, abzüglich des Wassergehalts.

Die Fehlergrenze beträgt $\pm$ 0,1.

2. Permanganatzahl[1]. Die Bestimmung erfolgt in der Weise, daß man durch mehrmaliges Abkochen mit Natronlauge die kurzkettigen Anteile (Oxy- und Hydrozellulose) von der Faser ablöst und die Permanganatmenge ermittelt, die zur Oxydation der in Lösung gegangenen Substanzen notwendig ist. Als „*Permanganatzahl*" bezeichnet man hierbei die Anzahl Milliliter n/10-Permanganatlösung, die von 1 g Versuchsmaterial verbraucht wird. Durchführung siehe frühere Auflagen dieses Buches oder Originalliteratur.

3. Methylenblauzahl. Die schon auf S. 360 erwähnte Methylenblaureaktion kann auch zur quantitativen Bestimmung der Karboxylgruppen herangezogen werden. Man färbt die Zellulosefaser in einer verd. Methylenblaulösung an und bestimmt die Farbstoffaufnahme durch Kolorimetrierung der Farbflotte vor und nach dem Färben.[2,3]

---

[1] Kauffmann: Melliand Textilber. **4** (1923) 333 u. 385.
[2] Birtwell, Clibbens u. Ridge: J. Text. Inst. 1923, 297.
[3] Schweizerische Normvorschrift 95580 [Textil-Rundschau **18** (1963) 307].

Wesentlich exakter ist die „*Reversibel-Methylenblau-Methode*“[1,2], bei welcher nicht die Farbflotte kolorimetriert wird, sondern die Lösung des auf die Faser aufgezogenen und mit verd. HCl wieder abgelösten Farbstoffs. Das Verfahren ist aber nicht einfach und wird normalerweise nur für wissenschaftliche Untersuchungen in Frage kommen. Näheres s. Originalliteratur und W. Siegel, Dissertation, TH Stuttgart 1953.

4. Alkalilöslichkeit. Abgebaute Zellulosen (Hydro-, Oxy-, Photo- und Pyrozellulose) zeigen durchweg eine erhöhte Alkalilöslichkeit, und zwar steht diese in direktem Verhältnis zum Schädigungsgrad und in umgekehrtem zum Polymerisationsgrad. Je größer damit die Alkalilöslichkeit, um so größer ist die Schädigung und um so kleiner der Polymerisationsgrad. Beste Baumwolle zeigt eine Alkalilöslichkeit von 1,5 bis 2%, bei gewöhnlichen Viskose- oder Kupferfasern liegen die Werte durchschnittlich zwischen 20 und 30%, bei Spezialzellwollen in der Gegend von 5%, wobei allerdings Ausgangsmaterial, Herstellungsverfahren, Titer usw. größere Schwankungen verursachen. Die Bestimmung der Alkalilöslichkeit kommt hauptsächlich für regenerierte Zellulosefasern (Viskose- und Kupferfasern) in Frage.

Nach den *Prüfmethoden „F Chem 3“* der Fachgruppe Chemische Herstellung von Fasern arbeitet man teils mit 6- und teils mit 10%iger Natronlauge. Die Einwirkung der Lauge geschieht im Flottenverhältnis 1 : 20. Kurz vor dem Abfiltrieren verdünnt man den Ansatz zwecks besserer Filtrierfähigkeit mit einer abgemessenen Wassermenge, saugt dann durch die trockene Glasnutsche lediglich einen kleinen Teil der Flotte ab und bestimmt durch *Chromatnaßverbrennung* deren Zellulosegehalt. Das Ergebnis wird auf die Gesamtflotte umgerechnet.

Vorbehandlung der Fasern. Das Fasermaterial wird entfettet mit Wasser ausgekocht, auf eine Länge von 10 bis 20 mm zurechtgeschnitten, bei 50 bis 60 °C getrocknet und durch 24stündiges Auslegen auf die Luftfeuchtigkeit des Versuchsraums eingestellt.

a) *Ausführung mit 6%iger Natronlauge.*

Ist f der Feuchtigkeitsgehalt der eingesetzten Faser in % und p der Prozentgehalt an Zellulose im Volumen der Filtratlauge, so beträgt die Laugelöslichkeit:

$$\underline{L_{6\%} = 0{,}4\,p\,(100 + f)\,\%.}$$

b) *Ausführung mit 10%iger Natronlauge.* Man verfährt wie unter a) beschrieben, verwendet aber statt der 6%igen eine 10%ige Natronlauge und verdünnt den Ansatz nach der Einwirkung nicht mit 100, sondern 250 ml Wasser. Die Laugelöslichkeit beträgt in diesem Fall

$$\underline{L_{10\%} = 0{,}7\,p\,(100 + f)\,\%.}$$

---

[1] Weber, O. H.: J. prakt. Chem. **158** (1941) 33.

[2] Husemann, E., u. O. H. Weber: J. prakt. Chem. **159** (1942) 334 u. **161** (1942) 1.

Bestimmung des Zellulosegehaltes durch Chromatnaßverbrennung. Die Methode beruht im Prinzip darauf, daß man die in Lösung gegangene Zellulose in stark schwefelsaurer Lösung hydrolytisch abbaut und die dabei entstehende Glukose mit Kaliumdichromat zu Kohlendioxyd verbrennt. Das nicht verbrauchte Dichromat wird mit eingestellter Ferroammoniumsulfatlösung zurücktitriert.

Reaktionsgleichung:

$$\underset{\text{(Glukose)}}{C_6H_{10}O_5} + 4\,K_2Cr_2O_7 + 16\,H_2SO_4 = 6\,CO_2 + 4\,K_2SO_4 + 4\,Cr_2(SO_4)_3 + 21\,H_2O$$

1 ml n/10-Kaliumdichromatlösung = 0,6754 mg Zellulose.
1 ml n/2 -Kaliumdichromatlösung = 3,3770 mg Zellulose.

a) *FaChemFa-Methode „F Chem 6"*. Zu 10 ml des nach a) ober b) anfallenden zellulosehaltigen Filtrates gibt man erst 20 ml n/2-Kaliumdichromatlösung (24,5157 g Kaliumdichromat in 1000 ml Wasser), dann 40 ml konz. Schwefelsäure zu und erhitzt 20 Min. auf siedendem Wasserbad. Nach dem Erkalten verdünnt man auf reichlich 300 ml und titriert nach Zusatz von 5 Tropfen Ferroinsulfatlösung („Merck") als Indikator mit n/2- oder besser mit n/10-Ferroammoniumsulfatlösung zurück. Der Umschlag erfolgt von Blaßblau über Grünlichblau nach Rot.

b) *Verfahren nach* WINDECK-SCHULZE und PIEPER[1].

Herstellung der n/2-Kaliumdichromatlösung: 24,5157 g Kaliumdichromat zur Analyse (Merck Nr. 4864) werden im Meßkolben in 1 l möglichst doppelt destilliertem (dd-) Wasser aufgelöst.

Herstellung der n/10-Ferroammoniumsulfatlösung: Ungefähr 40 g Ferroammonsulfat zur Analyse (Merck Nr. 23792) werden in 100 ml dd-Wasser, welches man, um die Ausscheidung von basischem Salz zu verhindern, mit 10 ml konz. Schwefelsäure versetzt hat, aufgelöst. Nachdem dies geschehen ist, wird im 1000 ml-Meßkolben bis zur Marke aufgefüllt. Wird die Lösung lichtgeschützt aufbewahrt, so ist die tägliche Titerabnahme nur geringfügig.

Reinigung der Zellulosefasern: Die zur Untersuchung gelangenden Fasern müssen von Fremdsubstanzen wie Schmälze, Avivage, Schlichte u. dgl. vollkommen befreit sein. Bei ungeschlichteten Fasern genügt im allgemeinen das folgende Reinigungsverfahren: Die Fasern werden zweimal je 2 Std. mit Methylalkohol/Benzol (1:1) unter Rückfluß extrahiert und anschließend 1 Std. bei 85 °C im Trockenschrank getrocknet. Hierauf werden die Fasern unter mehrmaligem Badwechsel und beständigem Umrühren jeweils 5 Min. bei 70 °C mit dd-Wasser behandelt. Reyon wird vor der Behandlung in Abschnitte von 1 bis 2 cm Länge zerschnitten.

Hydrolyse und Titration der Zellulosélösung: In einen 1000 ml-Rundkolben gibt man in nachstehender Reihenfolge

[1] WINDECK-SCHULZE, K., u. J. PIEPER: Melliand Textilb. 29 (1948) 20 u. 55.

9,0 ml dd-Wasser (am besten aus Bürette),
60,0 ml konz. Schwefelsäure (d = 1,84 Merck Nr. 731; zur Abmessung genügt Meßzylinder),
25,0 ml alkal. Zelluloselösung[1]. (Abmessung mit Pipette) und
6,0 ml $^1/_2$ n-Kaliumdichromatlösung (möglichst Mikrobürette verwenden).

Die Mischung wird nach Zugabe einiger Glasperlen bei einer konstanten Temperatur von 110 °C (Calciumchloridbad) 60 Min. lang erhitzt, wobei der Kolben mit einem Uhrglas abgedeckt wird. Darauf gibt man 500 ml dd-Wasser zu und titriert nach dem Abkühlen auf 20 °C (Temperatur ist einzuhalten) so lange mit n/10-Ferroammonsulfatlösung, bis das Auftreten einer grünlichen Farbe die Nähe des Titrationsendpunktes anzeigt. Erst jetzt wird die Ferroinlösung (4 Tropfen) zugegeben und dann bis zur dauernden und kräftigen Rotfärbung weitertitriert.

Titration oxydierbarer Fremdstoffe („*Heißversuch*"): Für den Heißversuch (Blindversuch) wird folgende Mischung 60 Min. auf 110 °C erhitzt:

9,0 ml dd-Wasser,
60,0 ml konz. Schwefelsäure (Merck Nr. 731),
25,0 ml Natronlauge (von derselben Konzentration wie die alkal. Zelluloselösung beim Hauptversuch),
6,0 ml n/2-Kaliumdichromatlösung.

Der Dichromatüberschuß wird nach dem Verdünnen und Abkühlen (wie beim Hauptversuch) ebenfalls mit n/10-Ferroammonsulfatlösung zurücktitriert. Die Differenz zwischen der vorgelegten und der zurücktitrierten Menge entspricht dem Verbrauch an Dichromat für die oxydierbaren Fremdstoffe.

Einstellung der Ferroammonsulfatlösung („*Kaltversuch*"): Zur Einstellung der Ferroammonsulfatlösung wird in der obigen Mischung die Natronlauge durch dd-Wasser ersetzt, so daß folgende Lösung anzusetzen ist:

34,0 ml dd-Wasser,
60,0 ml konz. Schwefelsäure (Merck Nr. 731) und
6,0 ml n/2-Kaliumdichromatlösung.

Zu dieser Mischung gibt man 500 ml dd-Wasser, läßt auf 20 °C abkühlen und titriert mit n/10-Ferroammonsulfatlösung.

Auswertung der Ergebnisse: Bezeichnet man die beim Hauptversuch verbrauchten Milliliter Ferroammonsulfatlösung mit ml_Z, die beim Heißversuch verbrauchten mit ml_H und die beim Kaltversuch verbrauchten mit ml_K, so errechnet sich der Zellulosegehalt, unter der Voraussetzung, daß jeweils 6,0 ml n/2- entsprechend 30,0 ml n/10-Kaliumdichromatlösung verwendet wurden, nach der Formel:

$$\frac{ml_H - ml_Z}{ml_K} \cdot 20{,}262 = \text{mg Zellulose.}$$

(20,262 = 30 · 0,6754; s. Reaktionsgleichung weiter oben.)

[1] Das Filtrat der alkalischen Zelluloselösung, wie sie bei der Behandlung mit der 6- bzw. 10%igem Natronlaugelösung (s. w. o. unter a und b) anfällt, ist durch Verdünnen mit dd-Wasser so einzustellen, daß 25 ml davon nicht mehr als 15 mg Zellulose enthalten. Bei gewöhnlichen Viskose- oder Kupferfasern ist eine Verdünnung 1 : 10 ungefähr richtig. (Also z. B. 50 ml des Filtrates in 500 ml Meßkolben geben und zur Marke auffüllen.)

Die gefundene Zellulosemenge ist dann noch mit dem Korrekturfaktor 1,025 zu multiplizieren. Da man nur einen aliquoten Teil des alkalischen Zellulosefiltrates titriert hat, rechnet man auf das gesamte Filtrat um und bezieht die gesamte in Lösung gegangene Zellulosemenge auf die Einwaage (absolut trockene Zellulose). Der Wassergehalt der eingewogenen Probe wird an einer zweiten Probe durch Trocknung bei 105 °C ermittelt und dann in Abzug gebracht.

Bestimmung des Polymerisationsgrades

Wie schon auf S. 357 erwähnt, stellt man sich das Zellulosemolekül als eine lange Kette vor, deren einzelne Glieder aus β-Glukose bestehen. Die Zahl der Kettenglieder (Grundbausteine) im Molekül wird durch den *Polymerisationsgrad* ausgedrückt. Chemische Schädigungen äußern sich stets darin, daß die langen Kettenmoleküle gespalten werden, der Polymerisationsgrad nimmt ab. Da andererseits längere Moleküle in Lösung eine größere Viskosität zeigen als kürzere, kann man den Polymerisationsgrad durch Viskositätsmessungen ermitteln. Nach STAUDINGER[1] gilt dabei die Beziehung:

$$\boxed{\frac{\eta_{sp}}{c} = Km \cdot DP} \qquad (1)$$

Hierin bedeuten

η_{sp} spez. Viskosität der Lösung,
c Zellulosekonzentration in g/l,
Km Konstante des Lösungsmittels und
DP Durchschnittspolymerisationsgrad.

Die spez. Viskosität[2] ergibt sich aus der Beziehung

$$\eta_{sp} = \frac{\eta - \eta_0}{\eta_0},$$

wobei

η Durchlaufzeit der Lösung in Sekunden und
η_0 Durchlaufzeit des Lösungsmittels in Sekunden

bedeuten.

Damit geht die Gl. (1) über in

$$\frac{\eta - \eta_0}{\eta_0} \cdot \frac{1}{c} = Km \cdot DP \quad \text{oder} \quad \boxed{DP = \frac{\eta - \eta_0}{\eta_0} \cdot \frac{1}{c} \cdot \frac{1}{Km}} \qquad (2)$$

Da diese Gleichungen nur für Lösungen sehr geringer Konzentration Gültigkeit haben und andererseits auch die Versuchsgenauigkeit zu berücksichtigen ist, muß die Einwaage an Zellulose so gehalten werden, daß die spez. Viskosität zwischen 0,1 und 0,2 liegt, mit anderen Worten, daß die Ausflußzeit der Lösung nur 10 bis 20% höher liegt als die des Lösungsmittels.

Auch hierbei macht man noch einen Fehler, denn die $\frac{\eta_{sp}}{c}$-Werte sind auch in diesem Bereich nicht konstant, sondern zeigen einen kleinen

[1] STAUDINGER, H., u. W. HEUER: Ber. **63** (1930) 222.
[2] Neuerdings wird diese auch als „relative Viskositätserhöhung" bezeichnet.

Gang. Der Fehler ist aber so gering, daß er bei technischen Gespinsten nicht ins Gewicht fällt. Bei wissenschaftlichen Untersuchungen — einheitliches Fasermaterial vorausgesetzt — muß er aber ausgeschaltet werden, am besten durch Extrapolation der $\frac{\eta_{sp}}{c}$-Werte auf $c = 0$. Man erhält dann die *Grundviskosität* oder *Viskositätszahl* $Z\eta = \lim_{c \to 0} \frac{\eta_{sp}}{c}$.

Eine andere Möglichkeit ist die, daß man zur *DP*-Berechnung nicht die STAUDINGER-, sondern die SCHULZ/BLASCHKE-Formel[1] verwendet. Danach gilt

$$\boxed{DP = \frac{1}{Km} \cdot \frac{\eta_{sp}}{c} \cdot \frac{1}{1 + K\eta\,\eta_{sp}}} \tag{3}$$

Es bedeuten

DP Durchschnittspolymerisationsgrad
η_{sp} spezifische Viskosität,
c Konzentration (g absolut trockene Zellulose im Liter).

Km und $K\eta$ sind für das Lösungsmittel und den gelösten Stoff charakteristische Konstanten. Für die spez. Viskosität gilt auch wieder die Beziehung $\eta_{sp} = \frac{\eta - \eta_0}{\eta_0}$, wobei η die Durchlaufzeit der Lösung und η_0 diejenige des Lösungsmittels bedeuten. Die SCHULZ/BLASCHKE-Formel hat bis zu einer spez. Viskosität von 2 Gültigkeit. Dies bringt den weiteren Vorteil mit sich, daß man die Einwaage an Zellulose erhöhen und damit auch die Versuchsgenauigkeit etwas steigern kann.

Wegen der starken Temperaturabhängigkeit der Viskosität werden alle Messungen bei konstanter Temperatur (Thermostat!), normalerweise bei $20 \pm 0{,}1\,°C$ durchgeführt.

Die Bestimmung von Faserschädigungen durch Messung des Polymerisationsgrades (quantitativ ausgedrückt im „*Schädigungsfaktor*", s. S. 378) hat sich in der Veredlungsindustrie, insbesondere zum Überwachen von Bleichprozessen allgemein eingebürgert. Die Methode ist sehr empfindlich, da sich schon geringe chemische Schädigungen in einem verhältnismäßig starken *DP*-Abfall bemerkbar machen, und sie übertrifft deswegen hinsichtlich Genauigkeit die anderen Prüfmethoden (Kupferzahl, Permanganatzahl, Reißfestigkeit usw.) beträchtlich. Da mechanische Schädigungen keinen Polymerisationsgradabfall verursachen, dient die Methode weiterhin zur Unterscheidung von mechanischen und chemischen Schädigungen.

Da die zur Berechnung des *DP* erforderlichen Konstanten je nach dem Faserzustand und den Arbeitsbedingungen etwas variieren können, wird bei wissenschaftlichen Untersuchungen häufig nicht der Polymerisationsgrad, sondern die Viskositätszahl (s. w. o.) angegeben. Im Hinblick auf die uneinheitliche Zusammensetzung des Fasermaterials und die verfahrensbedingten Streuungen sind diese Unterschiede jedoch für die Praxis ziemlich belanglos. Es handelt sich bei den Polymerisationsgraden ja sowieso nur um relative Werte, die je nach Meßverfahren,

---

[1] SCHULZ, G. V., u. F. J. BLASCHKE: J. prakt. Chem. **158** (1941) 130.

Viskosimetertyp, Kapillarweite, Berechnungsformel usw. mehr oder weniger voneinander abweichen können. Um vergleichbare Werte zu erhalten, ist es daher von Wichtigkeit, daß jeweils unter gleichen Bedingungen, mit dem gleichen Viskosimeter usw. gearbeitet wird.

Des weiteren ist noch zu berücksichtigen, daß der Polymerisationsgrad der Baumwolle — im Prinzip gilt das für alle nativen Zellulosefasern — schon von Natur aus großen Schwankungen unterworfen ist. Es gibt nämlich Rohbaumwollen mit einem *DP* von nur 1400, aber auch solche mit Werten von über 3000. Stellt man demnach bei einer gebleichten Baumwolle einen *DP* von z. B. 1700 fest, so besagt dieser Wert an sich noch nicht viel. Diese Baumwolle kann völlig ungeschädigt, sie kann aber auch, wenn sie beispielsweise vor der Bleiche einen *DP* von 3000 hatte, sehr stark geschädigt sein.

Zur Beurteilung, ob eine Faserschädigung vorliegt benötigt man deswegen immer zwei Werte: den *DP* vor und den *DP* nach der Behandlung. Aus diesen Werten wird dann am besten der oben erwähnte Schädigungsfaktor berechnet.

Bei dieser Sachlage ist es auch belanglos, wenn die bei den einzelnen Meßverfahren erhaltenen *DP*-Werte nicht genau übereinstimmen. Entscheidend für die Brauchbarkeit der Verfahren ist vielmehr, daß der gleiche Schädigungsgrad bzw. Schädigungsfaktor resultiert, und das trifft im großen und ganzen auch zu.

Meßverfahren. Zur viskosimetrischen Bestimmung des Polymerisationsgrades von Zellulosefasern und Zellstoff gibt es in der Hauptsache vier Verfahren:

a) Cuoxamverfahren,
b) Cuenverfahren,
c) EWNN-Verfahren und
d) Nitratverfahren.

Für regenerierte Zellulosefasern (Reyon, Zellwolle) kommt außerdem noch das Natronlaugeverfahren in Frage.

Allen Verfahren ist gemeinsam, daß das Fasermaterial in einem geeigneten Lösungsmittel aufgelöst — beim Nitratverfahren nach vorheriger Nitrierung- und in einem Viskosimeter die Durchlaufzeit der Lösung bestimmt wird. Aus der Durchlaufzeit der Lösung und der des reinen Lösungsmittels sowie einer für das Lösungsmittel charakteristischen Konstanten läßt sich dann der *DP* berechnen.

1. Das Cuoxamverfahren

Das Auflösen der Zellulose geschieht bei diesem Verfahren mit Kupferoxydammoniak, dem „Cuoxam". Als nachteilig erweist sich, daß die Zellulose/Cuoxam-Lösungen sehr oxydationsempfindlich sind. Schon ganz minimale Mengen Luftsauerstoff genügen, um die Zellulose schnell abzubauen. Alle Operationen bei der Durchführung des Verfahrens (Auflösung der Zellulose, Filtrieren, Viskositätsmessung) sind daher unter Ausschluß von Luftsauerstoff — man arbeitet meist in Stickstoffatmosphäre — vorzunehmen. Da das Licht ebenfalls abbauend wirkt, müssen zudem die Viskosimeter und Lösekolben aus braunem Glas gefertigt sein.

Anwendbarkeit: Für alle nativen und regenerierten Zellulosefasern, sowie Zellstoff gut geeignet. Nicht anwendbar bei mit Silikonen oder mit Kunstharz ausgerüsteten Zellulosefasern. Bei Reaktivfärbungen ist es unterschiedlich: die mit monofunktionellen Farbstoffen gefärbten Fasern lösen sich in Cuoxam, die mit vernetzend wirkenden Farbstofftypen gefärbten jedoch — von wenigen Ausnahmen abgesehen — nicht.

Durchführung des Cuoxamverfahrens

Vorbereitung der Untersuchungsprobe. Alle auf dem Fasermaterial sitzenden Begleit- und Fremdsubstanzen (Baumwollwachs, Schlichte, Schmälze, Avivage, Appretur) sind vorher zu entfernen. Bei *Fetten, Ölen und Wachsen* geschieht dies durch 30 Min. dauerndes Einlegen in eine Mischung aus Methylalkohol und Benzol (1 : 1) oder durch Extraktion im Soxhlet (6 Umläufe).

Stärkehaltige Schlichten und Appreturen entfernt man am besten auf enzymatischem Wege. Die Untersuchungsprobe wird in die Lösung von 5 bis 10 g/l eines enzymatischen Entschlichtungsmittels eingelegt und bei der günstigsten Temperatur (Malzamylasen bei 60 bis 65 °C, Pankreasamylasen bei 50 bis 55 °C, Bakterienamylasen bei etwa 70 °C) so lange behandelt, bis die Blaufärbung beim Betupfen mit Jodlösung ausbleibt. Anschließend wird zweimal je 5 Min. mit heißem Wasser ausgewaschen und mit kaltem nachgespült.

Das Trocknen geschieht an der Luft. Erfolgt es mit dem Föhn oder im Trockenschrank, so darf die Temperatur nicht über 80 °C liegen.

Einwaage und Auflösung der Zellulose. Da die spez. Viskosität zwischen 0,1 und 0,2 liegen soll, richtet sich die Einwaage nach dem Polymerisationsgrad. Je niedriger der *DP*, um so höher die Einwaage. Die in Tab. 45 angegebenen Werte können als Anhaltspunkte dienen. Geschieht die Berechnung des *DP* nach der Formel von Schulz/Blaschke, so kann die Einwaage wesentlich höher gehalten werden (bis $\eta_{sp} = 2$).

Tabelle 45

Polym.-Grad	Einwaage für 100 ml Lösung
500	50—60 mg
1000	25—30 mg
1500	20—25 mg
2000	15—17 mg
2500	10—12 mg
3000	8—10 mg

Das lufttrocken abgewogene Versuchsmaterial (der Wassergehalt wird an einer zweiten Probe durch Trocknung bei 105 °C bestimmt und in Abzug gebracht) gibt man in einen braunen 50- oder 100 ml-Meßkolben, fügt 0,4 bzw. 1 g Kupferhydroxyd und zur Vermeidung eines oxydativen Abbaus 50 bzw. 100 mg Kupfer(I)-chlorid hinzu.

Darauf füllt man den Meßkolben mit konz. Ammoniak bis zur Marke auf, verdrängt die über der Lösung befindliche Luft durch kurzes Einleiten von Stickstoff, verschließt mit einem im oberen Teil leicht eingefetteten Schliffstopfen und schüttelt den Kolben auf einer geeigneten Schüttelapparatur bis zur vollständigen Auflösung der Zellulose, was normalerweise — je nach dem *DP* — 5 bis 10 Std. in Anspruch nimmt. Bei Anwendung der STAUDINGERschen Schnell-Löseapparatur kann diese Zeit auf 15 bis 30 Min. reduziert werden. Bei Reihenuntersuchungen wird es oft zweckmäßiger sein, die Cuoxamlösung in größerer Menge vorher anzusetzen (Flasche aus braunem Glas), um damit, nach evtl. Filtrieren, die Meßkolben aufzufüllen.

Viskositätsmessung. Der die Zelluloselösung enthaltende Kolben wird an den Schliff der Meßapparatur[1] (s. Abb. 44) angeschlossen und

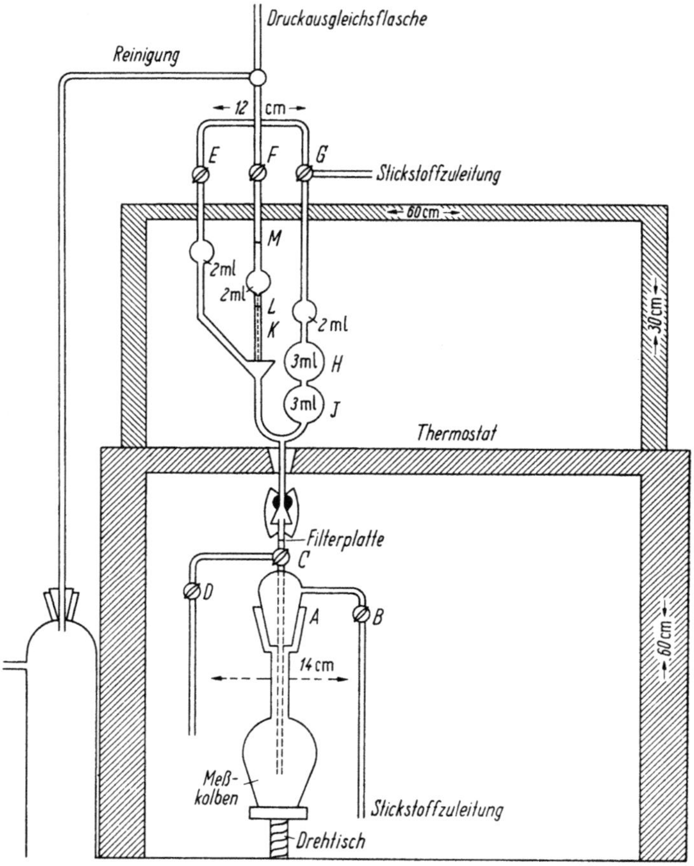

Abb. 44. Meßapparatur für das Cuoxamverfahren

die Lösung mit reinem, sauerstofffreiem Stickstoff durch die Filterplatte in die beiden Kugeln *J* und *H* gedrückt. Nach kurzem Öffnen des Hahns *E* (zwecks Druckausgleich) drückt man die Lösung durch

[1] Die Zeichnung ist den Prüfmethoden der Fachgruppe Chem. Herstellung von Fasern entnommen.

die Kapillare K und die Kugel L bis über die Marke M hinaus. Dann unterbricht man die Stickstoffzufuhr durch Schließen des Hahns G, öffnet Hahn E und bestimmt die Zeit (Stoppuhr!), in welcher der Meniskus von der Marke M bis zur Marke L absinkt. Die gemessene Lösung wird bei D abgelassen. Der verbliebene Rest dient zu einer neuen Messung. In derselben Weise bestimmt man auch die Durchlaufzeit des reinen Lösungsmittels (1 g Kupferhydroxyd und 50 bis 100 mg Kupfer(I)-chlorid in 100 ml konz. Ammoniak). Die von Zeit zu Zeit notwendige Reinigung des Viskosimeters geschieht durch Hindurchdrücken von Chromschwefelsäure und anschließendes Spülen mit Wasser.

Herstellung des Kupferhydroxydes. 100 g reines Kupfersulfat ($CuSO_4 \cdot 5\,HO$) in 500 ml dest. Wasser auflösen. Lösung zum Sieden erhitzen und tropfenweise und unter stetem Umrühren konz. Ammoniak zugeben, bis die über dem gebildeten Niederschlag stehende Lösung violettstichig geworden ist. Niederschlag abfiltrieren, gründlich mit Wasser auswaschen, dann mit etwas warmem Wasser von 30 °C (nicht wärmer) anteigen und mit 200 bis 250 ml einer 10%igen Natronlauge von etwa derselben Temperatur versetzen. Nach 5 bis 10 Min. langem Umrühren Niederschlag abfiltrieren, zuerst gründlich mit dest. Wasser (bis kein Alkali mehr nachzuweisen), dann mit Azeton auswaschen und schließlich im Trockenschrank bei 40 bis 50 °C oder auf dem Tonteller trocknen. Die Aufbewahrung geschieht in einer Flasche aus braunem Glas.

Berechnung des Polymerisationsgrades (s. a. S. 366).

a) *Nach* STAUDINGER (für $\eta_{sp} = 0{,}1$ bis 0,2).

Es ist

$$DP = \frac{\eta - \eta_0}{\eta_0} \cdot \frac{1}{c} \cdot \frac{1}{Km}.$$

Da die Km-Konstante für Cuoxam $5 \cdot 10^{-4}$ beträgt, ergibt sich weiter

$$\boxed{DP = \frac{\eta - \eta_0}{\eta_0} \cdot \frac{2000}{c}}$$

Beispiel: Einwaage an Zellulose (nach Abzug des an einer 2. Probe ermittelten Wassergehaltes) . . . . 0,132 g (also $c = 1{,}32$ g/l)
Durchlaufzeit der Lösung η . . . 238,8 Sek.
Durchlaufzeit des Lösungsmittels η_0 197,2 Sek.

Damit $$DP = \frac{238{,}8 - 197{,}2}{197{,}2} \cdot \frac{2000}{1{,}32} = 320.$$

b) *Nach* SCHULZ/BLASCHKE (für η_{sp} bis 2).

Benötigte Konstanten für Cuoxam: $Km = 5 \,.\, 10^{-4}$ und $K\eta = 0{,}28$. Damit

$$DP = \frac{1}{Km} \cdot \frac{\eta_{sp}}{c} \cdot \frac{1}{1 + K\eta \cdot \eta_{sp}}$$

oder

$$\boxed{DP = 2000 \cdot \frac{\eta_{sp}}{c} \cdot \frac{1}{1 + 0{,}28 \cdot \eta_{sp}}}$$

wobei auch wieder $\eta_{sp} = \dfrac{\eta - \eta_0}{\eta_0}$

(η = Durchlaufzeit der Lösung und η_0 = Durchlaufzeit des Lösungsmittels).

2. Das Cuenverfahren

Als Lösungsmittel dient das Kupferäthylendiamin, abgekürzt „Cuen". Gegenüber dem Cuoxamverfahren weist das Cuenverfahren einige nicht unwesentliche Vorteile auf. So ist die Lösung der Zellulose in Cuen bei weitem nicht so licht- und sauerstoffempfindlich wie die in Cuoxam. Beim Auflösen der Zellulose soll zwar die Luft im Lösekolben bei hochmolekularen Zellulosen durch Stickstoff verdrängt werden — eine besondere Reinigung des Stickstoffs ist jedoch nicht erforderlich —, aber bei der Messung der Durchlaufzeit kann mit einem gewöhnlichen Viskosimeter, also ohne Luftausschluß, gearbeitet werden.

Als weiterer Vorteil ist das größere Quell- und Lösevermögen des Cuens zu erwähnen. Das Auflösen der Zellulose geht dadurch viel intensiver und rascher vor sich, und das Cuenverfahren wird deswegen sicher im Laufe der Zeit das Cuoxamverfahren verdrängen.

Anwendbarkeit: Wie Cuoxamverfahren.

Durchführung des Cuenverfahrens

Vorbereitung der Untersuchungsprobe. Vorbereitung und Trocknung des von Fremd- und Begleitsubstanzen befreiten Fasermaterials erfolgen in gleicher Weise wie beim Cuoxamverfahren (s. S. 369).

Reagenzien

a) Kupfer(II)-hydroxyd. Herstellung siehe Cuoxamverfahren.

b) Äthylendiamin. Das im Handel erhältliche Äthylendiamin ist meist 70-, 80- oder 90%ig. Für die Polymerisationsgradmessung genügt das 70%ige technische Produkt, wenn dieses vorher destilliert wird. Aufbewahrt wird es in einer Braunglasflasche, und zwar möglichst kühl.

Die Konzentration des Äthylendiamins wird titrimetrisch bestimmt. Man wiegt etwa 2 g auf 0,001 g genau ein (= Einwaage E), verdünnt mit ungefähr 50 ml dest. Wasser und titriert mit n-Schwefelsäure gegen Methylorange als Indikator.

1 ml n-Schwefelsäure entspricht 0,0305 g Äthylendiamin

Wurden bei der Titration a ml n-Schwefelsäure verbraucht, so beträgt der Gehalt des Äthylendiamins

$$= \frac{a \cdot 0{,}0305 \cdot 100}{E} \%$$

Herstellung der Cuenlösung. Da die Cuenlösung auf 0,5 Mole Kupferhydroxyd 1 Mol Äthylendiamin enthalten soll, werden zum Ansatz folgende Mengen benötigt:

Kupferhydroxyd . . . . 49 g

Äthylendiamin . . . . $\frac{60{,}1 \cdot 100}{p}$ g (p = Prozentgehalt des verwendeten Äthylendiamins)

Ausführung: 49 g Kupferhydroxyd werden in etwa 50 ml dest. Wasser verrührt und unter Kühlung (die Temperatur soll nicht über 10 °C ansteigen) und stetigem Umrühren langsam mit der berechneten Menge Äthylendiamin versetzt. Die Lösung bleibt unter gelegentlichem Umrühren noch 1 Stunde stehen, wird dann in einen 1000 ml-Meßkolben gegeben und dieser mit kaltem dest. Wasser bis zur Marke aufgefüllt. Nach gründlichem Durchmischen läßt man die Lösung 24 Std. in einem dunklen Raum stehen und filtriert sie dann durch ein G_3- oder G_4-Glasfilter. In brauner Flasche und unter Stickstoff aufbewahrt, ist die Lösung mehrere Monate haltbar.

Einwaage, Auflösung, Viskositätsmessung. Da die spez. Viskosität nach der weiter unten angegebenen Berechnung nicht über 1 liegen soll, ist die Einwaage auch wieder dem *DP* anzupassen. Die einzuwiegenden Zellulosemengen sind aus der Tab. 46 ersichtlich.

Tabelle 46

Polymerisations-Grad	Einwaage für 100 ml Lösung [g]
bis DP 300	0,25 –0,30
300– 700	0,10 –0,25
700–1500	0,05 –0,08
über 1500	0,025–0,05

Auflösung: Die abgewogene Faserprobe — der Wassergehalt wird an einer zweiten Probe durch Trocknung bei 105 °C bestimmt und bei der Berechnung des *DP* berücksichtigt — wird in einen 100 ml-Meßkolben gegeben, der Kolben mit Cuenlösung bis zur Marke aufgefüllt, gut verschlossen und dann auf einer Schüttelmaschine 3 Std. geschüttelt. Abschließend wird die Lösung noch durch eine G_2-Glasfilternutsche filtriert.

Bei hochpolymeren Zellulosen empfiehlt es sich, vor dem Schütteln die über der Cuenlösung im Meßkolben befindliche Luft durch kurzes Einleiten von Stickstoff zu verdrängen.

Viskositätsmessung: Beim Cuenverfahren wird zum Messen der Viskosität meist das OSTWALD-Viskosimeter (s. Abb. 45) verwendet.

Von der Meßlösung läßt man 3 ml in die große Kugel des Viskosimeters einlaufen und hängt dann das Viskosimeter zum Temperieren senkrecht in einen Thermostaten (Temp. 20 ± 0,1 °C). Nach 10 bis 15 Min. drückt man die Meßlösung mit einem angeschlossenen Gummiball zweimal bis über die obere Meßmarke an der kleinen Kugel und läßt sie jedesmal wieder zurückfließen. Nach etwa 20 Min. ist die Temperatur ausgeglichen. Man drückt dann die Meßlösung wieder bis über die obere Meßmarke, nimmt den Gummiball weg und stoppt die Zeit für das Absinken der Lösung von der oberen bis zur unteren Meßmarke. Auf dieselbe Weise wird auch die Durchlaufzeit der reinen Cuenlösung bestimmt.

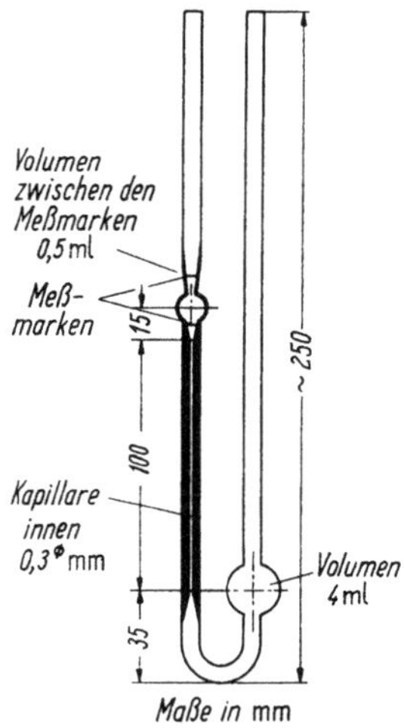

Abb. 45
OSTWALD-Viskosimeter

Berechnung der Viskositätszahl und des Polymerisationsgrades

a) Viskositätszahl

Nach SCHULZ/BLASCHKE gilt die Beziehung ($\eta_{sp} < 1$)

$$[\eta] = \frac{\eta_{sp}}{c(1 + 0{,}29 \cdot \eta_{sp})}$$

Hierin bedeuten:

$[\eta]$ Viskositätszahl

η_{sp} spez. Viskosität $\left(= \frac{\eta - \eta_0}{\eta_0}\right.$, wobei η = Ausflußzeit der Lösung u. η_0 = Ausflußzeit des Lösungsmittels in Sek.$\left.\right)$

c Zellulosekonzentration in g/ml (abs. trockene Zellulose)

b) Polymerisationsgrad

Aus der Viskositätszahl kann der DP nach folgenden Gleichungen[1] berechnet werden:

$$\boxed{DP = 2{,}23 \cdot [\eta]} \qquad (1)$$

bzw.

$$\boxed{\log DP = 1{,}32 \cdot \log[\eta] - 0{,}51} \qquad (2)$$

Die Gleichung (1) gilt für DP-Werte unter 1000, die Gl. (2) für solche über 1000.

3. Das EWNN-Verfahren[2]

Beim EWNN-Verfahren wird die Zellulose in einem Eisen-Weinsäure-Natrium-Komplex („EWNN") aufgelöst. Die Lösungen sind gegen Licht und Sauerstoff noch unempfindlicher als die Cuenlösungen. Nachteilig ist das im Vergleich zu Cuoxam und vor allem Cuen geringere Quell- und Lösevermögen der EWNN-Lösungen.

Anwendbarkeit: Wie Cuoxam- und Cuenverfahren. Abgesehen von den Silikon- und Kunstharzausrüstungen sowie Reaktivfärbungen können auch bei hochorientierten Zellulosefasern wie Flachs, Hanf und Ramie Lösungsschwierigkeiten auftreten.

4. Das Nitratverfahren

Im Gegensatz zu den anderen DP-Meßverfahren wird beim Nitratverfahren die Zellulose nicht direkt aufgelöst, sondern erst durch Behandlung mit Nitriersäure in einen Ester, ein Zellulosetrinitrat, übergeführt. Der Ester wird dann in Azeton oder Butylazetat aufgelöst. Die Lösungen sind gegen Licht und Sauerstoff praktisch völlig beständig. Zur Viskositätsmessung wird meist das Ubbelohde-Viskosimeter verwendet.

Anwendbarkeit: Universellstes Verfahren. Nicht nur für alle nativen und regenerierten Zellulosefasern einschließlich Zellstoff geeignet, sondern auch dann, wenn die Fasern mit Kunstharzen oder Silikonen ausgerüstet sind. Bei den sehr widerstandsfähigen Reaktantharzen muß aber die Nitrierung bei 20 °C durchgeführt werden[3]. Mit mono-

---

[1] Schulz, G. V., u. M. Marx-Figini: Makromol. Chemie **54** (1962) 102.

[2] Durchführung siehe G. Jayme und W. Bergmann: Reyon, Zellwolle und andere Chemiefasern **34** (1956) 27. — Das Papier **10** (1956) 88 sowie **11** (1957) 280.
In der Schweiz liegt über das EWNN-Verfahren auch ein Normentwurf vor (SNV 95598).

[3] Näheres s. A. Agster: Die Bestimmung des Polymerisationsgrades kunstharzbehandelter oder reaktiv gefärbter Zellulosefasern. Textil-Praxis **18** (1963) 577.

funktionellen Reaktivfarbstoffen gefärbte Zellulosefasern lösen sich noch einwandfrei; bei den vernetzend wirkenden bi- und polyfunktionellen Farbstofftypen ist jedoch auch das Nitratverfahren nicht mehr anwendbar.

Durchführung des Nitratverfahrens

Vorbereitung der Untersuchungsprobe. Siehe Cuoxamverfahren. Darüber hinaus müssen Rohbaumwollen nach dem Entfetten und evtl. Entschlichten unbedingt noch 15 Min. lang mit 3- bis 5%iger Natronlauge abgekocht werden. Hierbei ist peinlich darauf zu achten, daß sich keine Oxyzellulose bildet. Die Untersuchungsprobe darf also während des Kochens nicht mit Luftsauerstoff in Berührung kommen und muß sich dauernd unter der Flüssigkeitsoberfläche befinden (Beschwerung mit Glasstäben o. ä.).

Zum Entfernen der Natronlauge wird die Probe zweimal je 5 Min. mit etwa 300 ml 70 bis 90 °C heißem dest. Wasser ausgewaschen und mit kaltem Wasser gründlich nachgespült. Das Trocknen geschieht an der Luft, mit dem Föhn oder im Trockenschrank bei Temperaturen von nicht über 80 °C.

Nitrierung. In einer 100 ml-Glasstöpselflasche übergießt man 100 bis 200 mg der gereinigten, lufttrockenen und in die Einzelfasern zerteilten Faserprobe mit etwa 20 ml Nitriersäure und läßt unter gelegentlichem Umschütteln 6 Std. bei 0 °C oder 1 Std. bei 20 °C einwirken. Darauf wird durch eine G_1- oder G_2-Glasfilternutsche abfiltriert, scharf abgesaugt und die überschüssige Säure durch Auspressen mit einem abgeflachten Glasstab o. ä. möglichst weitgehend entfernt. Die nitrierte Probe wird in $^1/_2$ l eisgekühltes dest. Wasser gegeben und darin sofort mit der Pinzette oder einem Glasstab eine halbe Minute lang kräftig hin- und herbewegt, um die beim Verdünnen der Säure frei werdende Wärme schnell abzuführen und zu verteilen. Unterbleibt dies, kann die Faserprobe bei dieser Behandlung erheblich abgebaut werden.

Abschließend wäscht man in fließendem kaltem Wasser aus, legt die Probe dann zweimal je $^1/_2$ Std. in etwa 200 ml kaltes dest. Wasser und zuletzt noch 1 Std. in 50 bis 100 ml Methanol ein. Getrocknet wird an der Luft, mit dem Föhn oder im Trockenschrank bei Temperaturen von höchstens 60 °C.

Herstellung der Nitriersäure[1]. Man arbeitet am besten mit folgendem Ansatz:

6 Gew.-Teile konz. Salpetersäure ($d = 1{,}52$),
5 Gew.-Teile Orthophosphorsäure 89%ig ($d = 1{,}75$) und
3 Gew.-Teile Phosphorpentoxyd.

Die abgewogene Menge Salpetersäure wird vorgelegt, die Phosphorsäure zugegeben und dann unter Kühlung (die Temperatur der Lösung soll wegen der Bildung nitroser Gase nicht über 20 °C ansteigen) und andauerndem Umrühren das Phosphorpentoxyd in kleinen Portionen eingetragen.

Die fertige Nitriersäure soll vor der erstmaligen Verwendung möglichst 1 bis 2 Tage stehenbleiben. In einer braunen Flasche ist sie, gut verschlossen und kühl aufbewahrt, monatelang haltbar.

---

[1] AGSTER, A.: Textil-Praxis 18 (1963) 577.

Einwaage, Auflösung, Viskositätsmessung. Von der getrockneten Nitratzellulose — der Wassergehalt kann vernachlässigt werden, da sehr gering — löst man so viel in 100 ml Azeton auf, daß die spezifische Viskosität zwischen 0,1 und 0,2 liegt. Von einer ungeschädigten Baumwolle benötigt man dazu 5 bis 10 mg, von einer gewöhnlichen Zellwolle 30 bis 40 mg. Wird der *DP* nicht nach der Formel von STAUDINGER, sondern der von SCHULZ/BLASCHKE berechnet, so ist eine höhere Einwaage möglich (bis $\eta_{sp} = 2$).

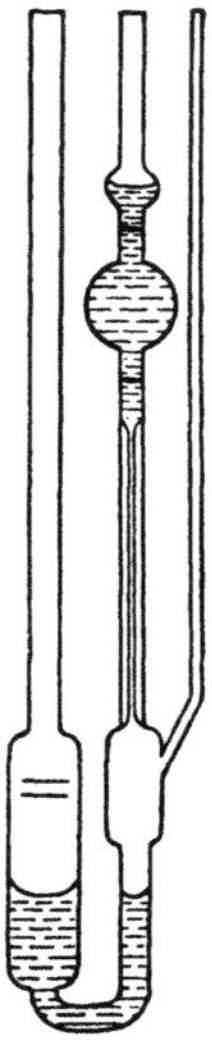

Abb. 46 UBBELOHDE-Viskosimeter

Die Auflösung erfolgt in einem 100 ml-Meßkolben, wobei häufig umzuschütteln ist.

Nach dem völligen Inlösunggehen der Probe, was u. U. mehrere Stunden dauern kann, wird die Lösung durch eine G_1- oder G_2-Glasfilternutsche direkt in einen zweiten 100 ml-Meßkolben filtriert und dieser mit Azeton bis zur Marke aufgefüllt. Von dieser Lösung wird dann in einem UBBELOHDE-Viskosimeter (s. Abb. 46), welches in einem Thermostaten hängt (Temp. 20 ± 0,1 °C), nach genügendem Temperieren mit einer Stoppuhr die Durchlaufzeit bestimmt. Dasselbe geschieht auch mit dem reinen Azeton.

Reinigung des Viskosimeters: Das Reinigen erfolgt normalerweise immer durch Ausspülen mit Azeton. Wasser darf nicht verwendet werden, da sonst die gelöste Nitratzellulose wieder ausfällt und sich an der Innenwand des Viskosimeters abscheidet. Sind mehrere Messungen durchzuführen, so spült man am besten jeweils mit der folgenden Meßlösung durch und erst am Schluß aller Messungen mit Azeton.

Berechnung des Polymerisationsgrades

a) Nach STAUDINGER ($\eta_{sp} = 0{,}1$ bis $0{,}2$). Zur Berechnung des *DP* nach STAUDINGER (s. Gl. (2) auf S. 366) benötigt man die *Km*-Konstante. Diese beträgt für ein Zellulosetrinitrat in Azeton $11 \cdot 10^{-4}$. Durch Einsetzung in die Gl. (2) ergibt sich damit

$$\boxed{DP = \frac{\eta - \eta_0}{\eta_0} \cdot \frac{909}{c}}$$

Hierin bedeuten:

n Durchlaufzeit der Lösung in Sekunden,
n_0 Durchlaufzeit des Lösungsmittels in Sekunden und
c Zellulosekonzentration in g/l.

b) Nach SCHULZ/BLASCHKE (η_{sp} bis 2,0). Zur *DP*-Berechnung nach SCHULZ/BLASCHKE (s. Formel (3) auf S. 367) ist zusätzlich noch die Konstante $K\eta$ erforderlich. Für Azeton beträgt diese 0,315[1]. In die Formel (3) eingesetzt ergibt sich in vereinfachter Schreibweise:

$$\boxed{DP = 909 \cdot \frac{\eta_{sp}}{c} \cdot \frac{1}{1 + 0{,}315 \cdot \eta_{sp}}}$$

[1] SCHULZ und HUSEMANN: Z. phys. Chem. (B) **52** (1942) 1 u. 23.

Es bedeuten:

$$\eta_{sp} = \frac{\eta - \eta_0}{\eta_0}$$

η, η_0 und c wie oben.

5. Das Natronlaugeverfahren[1]

Das Verfahren beruht darauf, daß sich regenerierte Zellulosefasern bei −5 °C in 10%iger Natronlauge ohne Abbau auflösen. Die Lösungen sind gegen Licht und Sauerstoff so beständig, daß man die Messungen wie beim Nitratverfahren in einem UBBELOHDE-Viskosimeter durchführen kann.

Anwendbarkeit: Nur für regenerierte Zellulosefasern geeignet, native Zellulosen lösen sich nicht auf. Auch bei hochpolymeren Regeneratzellulosen können Löseschwierigkeiten auftreten. Bei mit Kunstharz ausgerüsteten oder reaktiv gefärbten Regeneratzellulosen ist das Verfahren ebenfalls meist nicht anwendbar. In diesen Fällen empfiehlt sich das Nitratverfahren.

Durchführung des Natronlaugeverfahrens

Vorbereitung der Untersuchungsprobe: Siehe unter Cuoxamverfahren auf S. 369.

Einwaage, Auflösung, Messung. Geschieht die Berechnung des *DP* mit Hilfe der STAUDINGER-Formel, so errechnet sich die Einwaage an Fasermaterial nach folgender Faustregel:

$$\boxed{\text{Einwaage in mg} = 50 \cdot \frac{250}{DP\ \text{(geschätzt)}}}$$

Arbeitet man mit der Formel von SCHULZ/BLASCHKE, so kann die Einwaage so weit erhöht werden, daß die spez. Viskosität bis zu 1 beträgt.

Das lufttrocken abgewogene, gereinigte Fasermaterial wird im Becherglas zunächst mit 55,7 ml kaltem Wasser und dann mit 45,5 ml 20%iger NaOH übergossen, wodurch 100 ml 10%ige Natronlauge entstehen. Die getrennte Zugabe von Wasser und Lauge geschieht deshalb, weil eine gleichzeitige Einwirkung von Luftsauerstoff und Alkali einen Abbau der Zellulose bewirken kann. Das Becherglas wird in ein Kältebad von −5 °C (Methylenchlorid/Kohlensäureschnee oder Eis/Kochsalz) gestellt. Die Auflösung der Zellulose dauert bei gelegentlichem Umrühren ungefähr 30 Min. Darauf wird die Lösung durch Einstellen in ein Wasserbad von 20 °C temperiert und schließlich durch eine G_2-Glasfilternutsche filtriert. Das Filtrat dient zur Viskositätsmessung, welche wie beim Nitratverfahren im UBBELOHDE-Viskosimeter durchgeführt wird.

Der Gehalt der Lösung an Zellulose ergibt sich aus der lufttrockenen Einwaage, abzüglich des an einer zweiten Probe durch Trocknung bei 105 ± 3 °C ermittelten Wassergehaltes. Man kann die Zellulosekonzen-

---

[1] SCHWARTZ, E., u. W. ZIMMERMANN: Melliand Textilber. **22** (1941) 525 — W. ZIMMERMANN: Melliand Textilber. **23** (1942) 73.

tration aber auch direkt bestimmen, und zwar durch die *Chromatnaßverbrennung*. Zu diesem Zweck entnimmt man z. B. der alkalischen Zelluloselösung 25 ml und verfährt wie auf S. 364 beschrieben.

1 ml $^1/_2$ n-Kaliumdichromat = 3,3770 mg Zellulose.

Berechnung des Polymerisationsgrades (s. a. Cuoxam- und Nitratverfahren).

Km-Konstante für Natronlauge: $7 \cdot 10^{-4}$ $\left(\text{also } \frac{1}{Km} = 1429\right)$,

$K\eta$-Konstante für Natronlauge[1]: 0,39.

a) *Nach* Staudinger.

($\eta_{sp} = 0{,}1$–$0{,}2$)

$$\boxed{DP = \frac{\eta - \eta_0}{\eta_0} \cdot \frac{1429}{c}}$$

η Durchlaufzeit der Lösung in Sek.,
η_0 Durchlaufzeit des Lösungsmittels in Sek.,
c Zellulosekonzentration in g/l.

b) *Nach* Schulz/Blaschke.

(η_{sp} bis etwa 1)

$$\boxed{DP = 1429 \cdot \frac{\eta_{sp}}{c} \cdot \frac{1}{1 + 0{,}39 \cdot \eta_{sp}}}$$

$$\eta_{sp} = \frac{\eta - \eta_0}{\eta_0},$$

η, η_0 und c wie oben.

Berechnung des Schädigungsfaktors aus dem Polymerisationsgrad

Jede chemische Schädigung äußert sich in einem Polymerisationsgradabfall, und aus der Höhe desselben kann man umgekehrt auf den Grad der Schädigung zurückschließen. Nach Eisenhut[2] erfolgt dieser Abfall bei gleichmäßiger Schädigungseinwirkung im Kurvenverlauf einer Hyperbel, und zwar mit asymptotischer Annäherung an die Zeitabszisse t. Es geht daraus hervor, daß bei gleich starker Schädigung die Abnahme des DP bei hochmolekularen Zellulosen viel größer sein muß als bei niedrigermolekularen und weiterhin, daß die Differenz zwischen den Polymerisationsgraden vor und nach der Schädigung, weder als absoluter Betrag noch prozentual ausgedrückt, ein Maß für den Schädigungsgrad darstellen kann. Um nun Zellulosen verschiedenster Polymerisationsgrade, insbesondere die schon von Natur aus in ihrem DP stark variierenden nativen Zellulosefasern, hinsichtlich des Schädigungsgrades miteinander vergleichen zu können und einen exakten Zahlenwert für die Schädigungseinwirkung zu bekommen, hat Eisenhut[2] den *Schädigungs-*

---

[1] Wannow, H. A.: Textil-Praxis 4 (1949) 457.
[2] Eisenhut, O.: Melliand Textilber. 22 (1941) 424.

faktor eingeführt. Er legt seiner Berechnung als Bezugspunkt eine Baumwolle vom $DP = 2000$ zugrunde und kommt zu folgender, etwas vereinfacht wiedergegebener Formel:

$$\text{Schädigungsfaktor } s = \log\left(\frac{2000}{\text{End-}DP} - \frac{2000}{\text{Anf.-}DP} + 1\right) \cdot 3{,}3219$$

Hierin bedeuten

Anf.-DP = Durchschnittspolymerisationsgrad des Untersuchungsmaterials *vor* der Schädigung, und

End-DP = Durchschnittspolymerisationsgrad des Untersuchungsmaterials *nach* der Schädigung.

Da die Berechnung etwas umständlich und zeitraubend ist, hat VETTER[1] unter Anlehnung an obige Formel Nomogramme aufgestellt (s. Abb. 47 u. 48), die eine schnelle Ablesung des Schädigungsfaktors gestatten. Die Handhabung ist äußerst einfach: Auf der linken Skala legt man den Wert für den Anf.-DP und auf der mittleren den für den End.-DP fest. Zieht man durch beide Punkte eine Gerade, so kann der Schädigungsfaktor als Schnittpunkt der verlängerten Geraden mit der rechten Skala abgelesen werden.

Zur Erhöhung der Ablesegenauigkeit wurden zwei Nomogramme geschaffen: das erste mit einem DP-Bereich von 150 bis 2500 für Baumwolle und Zellstoffe und das zweite mit DP zwischen 100 und 600 für Reyon und Zellwollen.

Beispiele:	a) Baumwolle.	DP vor der Schädigung	= 2305
	(s. Abb. 47)	DP nach der Schädigung	= 1810
		Damit Schädigungsfaktor s	= 0,3
	b) Zellwolle.	DP vor der Schädigung	= 410
	(s. Abb. 48)	DP nach der Schädigung	= 348
		Damit Schädigungsfaktor s	= 0,9

Um die Ablesegenauigkeit im Nomogramm I zu erhöhen, wurden zwei verschiedene Maßstäbe für den End-DP und S angewandt. Die zusammengehörigen Skalen für den End-DP und den Schädigungsfaktor s sind durch gleiche Strichstärken gekennzeichnet. Die Skala für den Anf.-DP gilt für beide Darstellungen.

Bei der Beurteilung von Bleichverfahren können folgende Werte als Anhaltspunkt dienen:

Schädigungsfaktor $s = 0$ bis 0,4: Bleichverfahren gut, Schädigungsfaktor $s = 0{,}4$ bis 0,7: Bleichverfahren noch zulässig, aber verbesserungsbedürftig und Schädigungsfaktor s = über 0,7: Bleichverfahren unzulässig.

Die Bestimmung der Polymerisationsgrade in Baumwoll/Zellwoll-Mischgespinsten bei gleichzeitiger quantitativer Trennung der Faserkomponenten[2]. Da sich die regenerierten Zellulosen in 10%iger Natron-

[1] VETTER, H.: Melliand Textilber. **22** (1941) 426.
[2] ZIMMERMANN, W.: Melliand Textilber. **23** (1942) 73.

lauge bei $-5\ ^\circ C$ vollständig auflösen, während von der Baumwolle nur etwa 2% in Lösung gehen, kann man dieses Verfahren sowohl zur

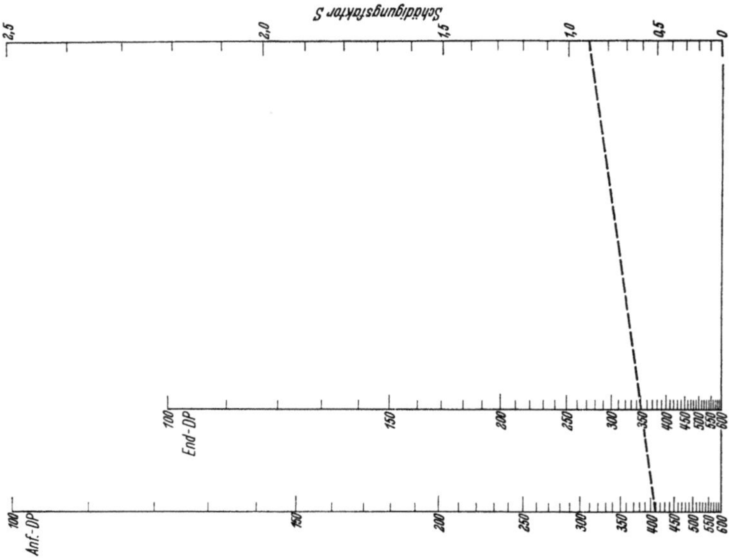

Abb. 48. Nomogramm II

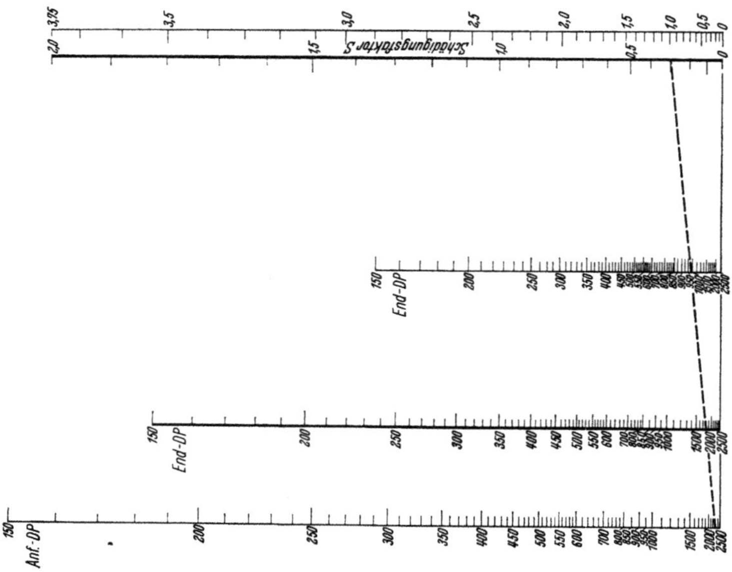

Abb. 47. Nomogramm I

Bestimmung der Polymerisationsgrade als auch zur quantitativen Fasertrennung anwenden.

Die Einwaage richtet sich, abgesehen vom Polymerisationsgrad der Zellwolle, auch nach dem Zellwollgehalt des Mischgespinstes. Enthält dieses beispielsweise nur 50% Zellwolle, so ist die Einwaage doppelt so hoch zu wählen wie bei reiner Zellwolle. Die Auflösung der Zellulose geschieht wie beim Natronlaugeverfahren. Nach dem Abfiltrieren bestimmt man im Filtrat durch Chromatnaßverbrennung die Menge der in Lösung gegangenen Komponente (Zellwolle) und durch Viskositätsmessung deren Polymerisationsgrad.

Die im Filter zurückbleibende Baumwolle darf unter keinen Umständen trockengesaugt werden, solange sie alkalisch reagiert. Sobald daher die zur *DP*-Messung und Chromatnaßverbrennung ausreichende Menge Filtrat durchgelaufen ist, nimmt man diese heraus zur Analyse und wäscht die Baumwolle auf dem Filter zuerst gründlich mit dest. Wasser, dann kurz mit 3%iger Essigsäure und schließlich nochmals mit dest. Wasser. Nach schonender Trocknung (nicht über 60 °C) und 24stündiger Lagerung bei etwa 20 °C und 65% Luftfeuchtigkeit ist die Probe zur *DP*-Messung mittels Cuoxam oder auch dem Cuen- oder Nitratverfahren geeignet.

Berechnung des Mischungsverhältnisses. Durch die Chromatnaßverbrennung erhält man den Gehalt an wasserfreier, d. h. absolut trockener Zellulose (Zellwolle), und zur Umrechnung auf lufttrockenen Zustand muß mit dem Feuchtigkeitsfaktor 1,13 multipliziert werden (s. Tab. 42 auf S. 328). Der Baumwollanteil ergibt sich aus der Differenz zwischen der Einwaage und der Menge an lufttrockener Zellwolle. Da bei der Chromatnaßverbrennung einerseits nur 97,5% der in Lösung gegangenen Zellulose erfaßt werden, andererseits aber etwa 2% der Baumwolle in Lösung gehen, heben sich diese Faktoren einigermaßen auf und brauchen nicht berücksichtigt zu werden.

II. Geschädigte Wolle

Die Zellulosefasern sind gegen Säuren verhältnismäßig empfindlich, gegen Alkali dagegen im großen und ganzen resistent. Man kann die Baumwolle z. B. beuchen und mercerisieren, ohne daß die Faser geschädigt wird. Bei der Wolle ist es genau umgekehrt. Sie wird von Säuren nur unter ganz extremen Bedingungen angegriffen, von starkem Alkali hingegen schon in geringen Konzentrationen glatt aufgelöst. Außer durch Säure und vor allem Alkali kann die Wollfaser noch geschädigt werden durch Oxydations- und Reduktionsmittel, durch Bakterien, Pilze sowie starke thermische, photochemische und mechanische Einwirkung.

Während bei den Zellulosefasern schon geringfügige Schädigungen z. B. durch die Polymerisationsgradmessung exakt erfaßt werden können, ist dies bei der Wolle leider nicht möglich. *DP*-Messungen lassen sich, da die Wolle nicht ohne Abbau in Lösung gebracht werden kann, überhaupt nicht durchführen, und infolge des komplizierten Aufbaus der Wolle geben einzelne Reaktionen stets nur einen kleinen Teil der bei einer Schädigung eingetretenen Veränderungen wieder. Die chemischen Reaktionen sprechen wohl auf die chemischen Veränderungen an, aber erst gleichzeitige physikalische Prüfmethoden werden aufzeigen können, wie sich diese Veränderungen auf den Gesamtzustand der Faser und vor allem die Gebrauchstüchtigkeit auswirken. Es kommt noch hinzu, daß man in jedem Wollmuster neben intakten Fasern auch mehr oder weniger geschädigte vorfindet. Summa summarum läßt sich sagen, daß es keinen Universaltest geben kann und daß man zur Vermeidung von Fehlschlüssen bei der Beurteilung stets mehrere, und zwar möglichst verschiedenartige und auf anderen Grundlagen beruhende Meßmethoden anwenden muß. FINK[1] schlägt deswegen vor, die Ergebnisse verschiedener chemischer, physikalischer und mikroskopischer Prüfverfahren zusammenzufassen und in einer „Schädigungszahl" auszudrücken.

In den Nachkriegsjahren sind die Veränderungen, welche die Wolle bei den verschiedenen Ausrüstungsprozessen erfährt sowie die Zusammenhänge mit der Alkalilöslichkeit, der HBL, dem Cystin-, Cystein-, Cysteinsäuregehalt usw. näher untersucht[2] und so weit aufgeklärt worden, daß Prüfmethoden dieser Art immer mehr zur Charakterisierung von Wollschäden herangezogen werden. Sie eignen sich vor allem dann, wenn eine unbehandelte Vergleichsprobe zur Verfügung steht, z. B. zur Kontrolle von bestimmten Veredlungsprozessen, oder die Vorbehandlung der Untersuchungsprobe bekannt ist. Die zur Betriebskontrolle besonders geeigneten Löslichkeits- u. Aminosäurenbestimmungen sind in Tab. 50 (s. S. 397) zusammengestellt.

Die wichtigsten Prüfmethoden für den Nachweis von Wollschädigungen[3] — von den mechanisch-technischen Prüfungen sei hier abgesehen — lassen sich wie folgt einteilen:

1. Mikroskopische Untersuchung (s. w. u.)
2. Chemische Reaktionen (PAULY-Reaktion s. S. 383)
3. Anfärbemethoden (s. S. 386)
4. Quellreaktionen (s. S. 387)
5. Bestimmung des Säuregehaltes (s. S. 388)
6. Löslichkeitsbestimmungen (Alkalilöslichkeit, Harnstoff/Bisulfit-Löslichkeit usw., s. S. 389)
7. Bestimmung des Gehaltes an schädigungsspezifischen Aminosäuren (Cystin, Cystein, Cysteinsäure, Lanthionin), s. S. 393.

1. Mikroskopische Untersuchung

Sehr wichtig und aufschlußreich ist bei der Wolle die mikroskopische Untersuchung. Leichte Faserschädigungen machen sich in einer Unregelmäßigkeit der Faseroberfläche und einer Längsstreifung bemerkbar. Die Schuppen sind dann nicht mehr so gut sichtbar und die Zacken mehr oder weniger abgerundet. Bei starken Schädigungen fehlen die Schuppen größtenteils, und die Fasern zeigen Aufspleißungen und pinselartige Enden.

---

[1] FINK, P.: Textil-Rundschau 8 (1953) 279.

[2] Hervorzuheben sind bei uns vor allem die Untersuchungen, die von ZAHN und Mitarbeitern am Deutschen Wollforschungsinstitut an der Techn. Hochschule Aachen durchgeführt wurden.

[3] Eingehende Darstellung dieses Gebietes und umfassende Literaturangaben siehe DOEHNER/REUMUTH: Wollkunde Berlin und Hamburg, Verlag Paul Parey 1964.

FINK nimmt bezüglich des Aussehens und der Zahl der Schuppen folgende Klassifizierung vor:

0 Schuppenschicht völlig intakt; Zacken gut ausgebildet (ungeschädigte Wolle).
1 Schuppen ganz vereinzelt nicht gut sichtbar; Zacken schwach abgerundet.
2 Schuppen schlecht sichtbar, Längsstreifung; Zacken deutlich abgerundet.
3 Schuppen weitgehend nicht mehr sichtbar, starke Längsstreifung; Zacken vollständig abgerundet.
4 keine Schuppen mehr sichtbar.

Bei der mikroskopischen Untersuchung wird man meist auch Schädigungen durch Motten- und sonstigen Insektenfraß erkennen. Die Fasern zeigen in diesem Falle ganz charakteristische Anfressungen.

Zur Ergänzung des mikroskopischen Befundes eignen sich die nachstehend angeführten Anfärbe-, Quell- und sonstigen Reaktionen. Sehr zu empfehlen sind außerdem noch Reißfestigkeits- und Dehnungsmessungen (Aufstellung von Kraft-Dehnungs-Diagrammen).

2. Chemische Reaktionen

Diazoreaktion nach Pauly[1, 2]

Prinzip: Die PAULY-Reaktion beruht darauf, daß die in der Wolle enthaltenen Aminosäuren Tyrosin und Histidin mit diazotierter Sulfanilsäure einen roten Azofarbstoff bilden und daß diese Aminosäuren sich nur in der Faserschicht befinden, in der Schuppenschicht aber nicht vorkommen. Die Reaktion kann also nur dann eintreten, wenn die Schuppenschicht mehr oder weniger abgelöst, d. h. wenn die Wolle geschädigt ist. Die ungeschädigte Wolle färbt sich, abgesehen von den rot anlaufenden Schnittenden, nicht oder höchstens ganz schwach gelblich an, die geschädigte je nach dem Schädigungsgrad orange bis dunkelbraunrot.

Anwendbarkeit: Die Reaktion spricht auf mechanische und chemische Schädigungen aller Art an. Bei übermäßig starken alkalischen oder oxydativen Schädigungen ist die Färbung nicht mehr proportional dem Schädigungsgrad. Um die Beurteilung zu erleichtern, empfiehlt sich die Mitbehandlung eines ungeschädigten oder im Schädigungsgrad bekannten Vergleichsmusters.

Herstellung der Diazotatlösung. Man schwemmt 2 g Sulfanilsäure p. a. in 3 ml dest. Wasser auf, setzt 2 ml konz. Salzsäure zu und diazotiert ganz langsam durch tropfenweise Zugabe (Bürette) einer Lösung von 1 g Natriumnitrit in 2 ml dest. Wasser. Die sich abscheidende Diazobenzolsulfosäure wird durch ein G_2-Glasfilter abfiltriert, leicht mit dest. Wasser ausgewaschen und dann durch Übergießen mit 50 ml 10%iger Sodalösung in Lösung gebracht. Nach dem völligen Inlösunggehen setzt man noch 50 ml dest. Wasser zu. Wegen der Zersetzlichkeit der Diazotatlösung soll die Temperatur der Lösung nicht über 5 °C liegen und die Lösung möglichst schnell verwendet werden. Das bei der Herstellung der Diazotatlösung verwendete dest. Wasser sowie die Nitrit- und die Sodalösung müssen ebenfalls eisgekühlt sein (Temp. nicht über 5 °C).

---

[1] PAULY, H.: Hoppe-Seylers Z. Physiol. Chem. **42** (1904) 509.
PAULY, H., u. A. BINZ: Z. Farben- u. Textilind. III, 373.

[2] MARK, H., VON BRUNSWIK und BRAUCKMEYER: Beiträge zur Kenntnis der Wolle und ihrer Verarbeitung, S. 39ff. Berlin: Verlag Bornträger.

Durchführung: Die Untersuchungsprobe wird zur Durchnetzung 15 Min. in eine 0,5%ige Nekal BX-Lösung eingelegt und dann mit dest. Wasser gut ausgewaschen. Darauf gibt man die Probe in die Diazotatlösung und läßt bei einer Temperatur von nicht über 5 °C 10 Min. lang einwirken. Man nimmt dann die Probe wieder heraus, spült sie mit dest. Wasser gut aus und läßt an der Luft trocknen. Die Beurteilung erfolgt am besten unter dem Mikroskop bei schwacher Vergrößerung.

Anmerkung: Franz und Hardtmann[1] empfehlen für die Reaktion das monatelang haltbare Diazoniumborfluorid der Sulfanilsäure. Man erhält dieses durch Ausfällen der wie oben hergestellten diazotierten Sulfanilsäure mit Borfluorwasserstoffsäure. Die Verbindung kristallisiert in schönen langen Nadeln und ist auch trocken völlig ungefährlich, so daß man stets fertige Diazoniumverbindung zur Hand hat.

Reumuth und Köhler[2] modifizierten die Herstellung des Pauly-Reagens und kommen dabei zu einem sehr reinen Diazoniumchlorid, das, in brauner Flasche und im Kühlschrank aufbewahrt, ebenfalls längere Zeit haltbar sein soll.

Quantitative Auswertung der Pauly-Reaktion

a) Mikroskopisches Auszählen. Auf Grund der Anfärbung bei der Pauly-Reaktion kann man die Wolle in 5 Gruppen einteilen (Tab. 47).

Tabelle 47

Bezeichnung	Anfärbung	Faserzustand
Gruppe I	ungefärbt bis schwach gelblich (Schnittenden ausgenommen)	ungeschädigt
Gruppe II	stellenweise angefärbt	lokale Schädigung
Gruppe III	gleichmäßig gelb angefärbt	leichte Schädigung
Gruppe IV	gleichmäßig orange bis hellrot gefärbt	mittlere Schädigung
Gruppe V	gleichmäßig tieforange bis tiefbraunrot	starke Schädigung

Mit Hilfe dieser Gruppeneinteilung läßt sich eine „Gütezahl" ermitteln, indem man 100 Wollfasern mikroskopisch auszählt, in diese 5 Gruppen einteilt und dann die Werte der Gruppe I durch 1, die der Gruppe II durch 2, die der Gruppe III durch 3 usw. dividiert und die erhaltenen Zahlen addiert. Beispiele s. Tab. 48.

Tabelle 48

Wollprobe	Gruppe					Gütezahl
	I	II	III	IV	V	
ungeschädigte Wolle	49	41	10	—	—	72,8
mit Alkali geschädigt	6	20	58	12	4	39,1
mit Säure geschädigt	—	19	44	26	11	32,5

[1] Franz, E., u. M. Hardtmann: Melliand Textilber. **15** (1934) 438 u. 489.

[2] Doehner, H., u. H. Reumuth: Wollkunde, 2. Aufl., S. 487. Hamburg u. Berlin. Verlag Paul Parey.

b) Diazotat-Titrationsverfahren. In dem Bestreben, die Wollschädigung exakt analytisch zu erfassen, haben PATAT[1] sowie GROSS, v. ROLL und SCHREIBER[2] die PAULYsche Grundidee zu einem titrimetrischen Verfahren umgestaltet. Anstatt, wie bei PAULY, die Schädigung nach der Tiefe der Ausfärbung zu beurteilen, wird hier der *nicht gekuppelte* Teil der Diazolösung zurücktitriert und so der von der Wolle verbrauchte Teil der Diazolösung ermittelt. Dieser gibt einen Maßstab für die Schädigung der Wolle ab. Ein besonderer Vorteil dieser Arbeitsart ist u. a. noch, daß auch *gefärbtes* Material — soweit der Farbstoff die Titration nicht beeinflußt — der Prüfung unterzogen werden kann und daß man einen besseren Mittelwert erhält als bei der mikroskopischen Auszählung. Es bedurfte nur einer in alkalischer Lösung einigermaßen stabilen Diazolösung und für die Rücktitration der Diazolösung eine Kupplungskomponente, die auch in großen Verdünnungen rasch kuppelt. Nachstehend sei das von GROSS, v. ROLL und SCHREIBER empfohlene Verfahren kurz mitgeteilt.

Erforderliche Lösungen. A. *Beta-Naphthollösung.* $^1/_{100}$ Mol = 1,44 g β-Naphthol chemisch rein werden mit 15 ml n-Natronlauge versetzt und in 400 ml dest. Wasser aufgelöst. Nach Zugabe von 25 ml einer 10%igen Sodalösung wird auf 500 ml aufgefüllt und filtriert.

B. *Diazolösung.* 2 bis 2,5 g Echtscharlachsalz R (etwa 25%ige Einstellung von diazotiertem m-Nitro-o-Anisidin) werden in dest. Wasser gelöst, auf 500 ml aufgefüllt und filtriert. Diese Lösung ist stets frisch herzustellen, da sie, auch wenn richtig behandelt, nur einige Stunden haltbar ist. Die Filtration ist möglichst unter Ausschluß von Tageslicht vorzunehmen und die gebrauchsfertige Lösung weil auch staubempfindlich, in geschlossener, brauner Flasche aufzubewahren.

C. *Jod-Jodkalium-Lösung.* Man löst zuerst 15 g Jodkalium und dann 1 g Jod in dest. Wasser und füllt auf 1000 ml auf.

D. *Stärkelösung.* 5%ige Lösung von löslicher Stärke in dest. Wasser.

Titration der Diazolösung B. Man beschickt ein 600 ml-Becherglas mit 200 ml Wasser, setzt 1 g Natriumbikarbonat, 1 bis 2 ml Stärkelösung D, 2 ml Jodlösung C und schließlich 100 ml der einzustellenden bzw. zu prüfenden Diazolösung zu. Unter ständigem Rühren (am besten Rührwerk) läßt man aus einer Bürette die Naphthollösung A erst rascher, dann langsamer zulaufen. Auf die erste Naphtholzugabe macht die blaue Färbung der Lösung einer schmutzigbraunen, dann einer hellorangebraunen Färbung Platz. Zuletzt wird tropfenweise weitertitriert, bis keine weitere Aufhellung mehr eintritt und die Lösung in ein reines Orangerot übergeht. Dieser Endpunkt ist bei einiger Übung genau (bis auf 0,05 bis 0,1 ml Naphthollösung) feststellbar. Um den Farbumschlag deutlicher erkennbar zu machen, wird die Lösung von unten durchleuchtet. Je 1 ml β-Naphthollösung A entspricht = 2,88 mg β-Naphthol bzw. = 4,38 mg m-Nitro-o-Anisidin-Diazotat.

Behandlung der Wolle. Man netzt 3 g der zu prüfenden Wolle in einem 300 ml-Schliffkolben mit einer Lösung von etwa 0,5 g Natriumazetat in 150 ml Wasser bei Zimmertemperatur 10 Min. vor, setzt alsdann 50 ml der Diazolösung B zu und läßt unter öfterem Umschütteln

[1] PATAT: Melliand Textilber. **20** (1939) 277.
[2] GROSS, v. ROLL u. SCHREIBER: Melliand Textilber. **20** (1939) 357.

weitere 10 Min. stehen. Dann werden 100 ml des Kolbeninhaltes, entsprechend 25 ml der ursprünglichen Echtscharlachsalz-R-Lösung, mit einer Pipette entnommen und wie oben bei der Titration der Diazolösung mit β-Naphthollösung A titriert. In gleicher Weise wird ein Blindversuch mit 25 ml der ursprünglichen Diazolösung B durchgeführt.

Beispiel:	Blindversuch im Mittel, Verbrauch	6,50 ml
	Hauptversuch mit Wolle im Mittel, Verbrauch	4,67 ml
	Differenz	1,83 ml

Bei der Differenz von 1,83 ml Naphthollösung ergibt sich, daß die untersuchte Wolle = 1,83 . 4,38 = 8,015 mg Diazotat verbraucht hat.

Bei einem Verbrauch bis zu 2,5 mg Diazotat von 3 g Wolle kann die Wolle als „nicht geschädigt", bei 2,5 bis 3,5 mg als „leicht angegriffen", bei 3,5 bis 6,0 mg als „geschädigt" und bei mehr als 6,0 mg Diazotat als „stark geschädigt" angesprochen werden.

Die konstante, von der Jod-Jodkalium-Lösung verbrauchte Menge Naphthollösung tritt nicht in Erscheinung, da es sich um eine Differenzmethode handelt.

3. Anfärbemethoden

Die Anfärbemethoden beruhen darauf, daß eine mechanisch oder chemisch geschädigte Wolle infolge Fehlens oder Verletzungen oder einer Auflockerung der Schuppenschicht sich stets tiefer anfärbt als eine ungeschädigte. Zur Anfärbung sind in der Literatur schon eine ganze Reihe von Farbstoffen (Methylenblau, Benzopurpurin 10B, Säurescharlach 4R, Indigokarmin, Sudanrot 7B u. a.) empfohlen worden. Da die auf diesem Prinzip beruhenden Verfahren aber hinsichtlich Erkennungsschärfe und charakteristischen Merkmalen im allgemeinen der Pauly-Reaktion unterlegen sind, soll hier nur auf die zwei bekanntesten, die Anfärbung mit Methylenblau und Laktophenol/Baumwollblau näher eingegangen werden.

Bei gefärbtem Fasermaterial versagen die Anfärbemethoden, denn ein vorheriges Abziehen der Farbstoffe ist wegen der dabei möglichen Veränderungen der Fasereigenschaften nicht zu empfehlen.

a) Anfärbung mit Methylenblau[1,2,3,4]

Die in die Einzelfasern zerlegte Untersuchungsprobe wird bei Zimmertemperatur in eine 0,1%ige wäßrige Lösung von Methylenblau eingelegt. Nach 3 Min. nimmt man die Probe heraus, spült unter häufigem Ausdrücken $^1/_2$ bis 1 Std. in fließendem Wasser, trocknet an der Luft und beurteilt die Anfärbung.

Kornreich[4] arbeitet mit einer kaltgesättigten Methylenblaulösung (ungefähr 1 g Farbstoff in 100 ml dest. Wasser) und säuert mit 10 ml 3 n-H_2SO_4 pro Liter an.

---

[1] Kronacher, C., u. G. Lodemann: Z. Tierzüchtg. u. Züchtungsbiol. **6** (1926/27 H. 3, 489.
[2] Ristenpart, E., u. H. Schwerdtner: Mschr. Textilind. **46** (1931) 28, 67.
[3] Folgner, R., u. G. Schneider: Melliand Textilber. **19** (1938) 273, 368.
[4] Kornreich, E.: Textil-Rdsch. **13** (1958) 458.

b) Anfärbung mit Laktophenol/Baumwollblau[1,2,3]

Beim Einlegen in eine Laktophenol/Baumwollblau-Lösung geht das Anfärben der Wolle unter gleichzeitigen Quellungserscheinungen vor sich. Die Reaktion ist besonders geeignet zum Nachweis von Pilzschäden, und zwar nicht nur an Wolle, sondern auch Baumwolle. Da das von NOPITSCH verwendete Baumwollblau nicht mehr hergestellt wird, empfiehlt BIGLER statt dessen die Verwendung von Wasserblau B (Hoechst).

Reagenzien

a) *Laktophenollösung:* Mischung aus 20 ml Milchsäure, 20 g Phenol, 40 ml Glyzerin und 20 ml dest. Wasser.

b) *Wasserblaulösung:* 2%ige wäßrige Lösung von Wasserblau B.

Für den Anfärbetest werden 50 ml der Lösung a) und 10 ml der Lösung b) miteinander gemischt.

Durchführung: Die zerfaserte Untersuchungsprobe wird auf einem Objektträger mit der Laktophenol/Wasserblau-Lösung getränkt und bei etwa 150facher Vergrößerung unter dem Mikroskop betrachtet.

Zum *Nachweis von Schimmelpilzen* genügt eine Einwirkungszeit von $^1/_2$ Std. Das Myzelgeflecht der Pilze färbt sich dabei blau an. Die Sporen und Sporenträger färben sich z. T. ebenfalls deutlich blau, z. T. aber auch, je nach ihrer natürlichen Färbung, nur gelb- bis dunkelbraun. Bei dunklen Sporenträgern ist das Blau der Färbung selbstverständlich nicht oder nur sehr schwach zu sehen.

Will man eine *Faserschädigung* erkennen, so ist die Behandlungsdauer auf einige Stunden auszudehnen. Die geschädigten Stellen der Wolle färben sich blau, die ungeschädigten bleiben nahezu farblos.

Behandelt man die Wolle nur mit der Laktophenollösung (ohne Zusatz von Wasserblau B), so verändert sich das alkaligeschädigte Haar nicht wesentlich, während beim säuregeschädigten nach kurzer Zeit ein immer stärker werdender Zerfall in die Spindelzellen eintritt.

Zum Nachweis von *Schimmelpilzen auf Baumwolle* verfährt man in gleicher Weise wie bei Wolle. Pilzmyzel, Sporen und Sporenträger färben sich wie angegeben; die Baumwolle bleibt ungefärbt, soweit sie nicht von Myzelfäden bedeckt oder diese in das Lumen der Faser eingedrungen sind.

4. Quellreaktionen

a) Quellung mit ammoniakalischer Kalilauge[4]

Läßt man ammoniakalische Kalilauge auf Wolle einwirken, so bilden sich eigenartige Ausstülpungen und Bläschen an der Faser. Der Reaktionseintritt hängt von der Art der Schädigung ab. Die Reaktion ist spezifisch für Säureschädigungen, insbesondere durch Schwefelsäure und Salzsäure.

---

[1] ELLIS u. GALLOWAY: J. Text. Inst. **21** (1930) T277.

[2] NOPITSCH, M.: Melliand Textilber. **14** (1933) 139.

[3] BIGLER, N.: SVF-Fachorgan **17** (1962) 878.

[4] KRAIS, P., H. MARKERT u. O. VIERTEL: Forschungsheft der Dtsch. Forsch.-Inst. Dresden, 1933 u. 1935. — ZAHN, H.: Textil-Praxis **14** (1959) 928.

Herstellung der ammoniakalischen Kalilauge. Man löst 20 g Ätzkali p. a. in 50 ml Ammoniak (25%ig) unter vorsichtigem Schütteln und guter Kühlung auf und läßt zur Entweichung des überschüssigen Ammoniaks etwa 2 Std. im Abzug stehen. Die Lösung ist einige Monate haltbar. In Ermangelung dieser Lösung genügt notfalls auch eine 10%ige Kali- oder Natronlauge.

Ausführung: Die zu prüfenden Wollfasern legt man auf einen Objektträger, deckt sie mit einem Deckgläschen ab, gibt einige Tropfen der ammoniakalischen Kalilauge zu und beobachtet bei 200- bis 300facher Vergrößerung, wobei man gleichzeitig die Zeit bis zum Eintritt der *ersten* Blasenbildung mißt. Die Beurteilung erfolgt an Hand der Tab. 49.

Tabelle 49

Zeit bis zum Eintritt der Reaktion	Art und Grad der Schädigung
1— 2 Min.	sehr stark sauer geschädigt
2— 6 Min.	sauer geschädigt
6—10 Min.	sauer vorbehandelt, aber kaum geschädigt
10—12 Min.	normale, ungeschädigte Wolle
15—30 Min.	mögliche alkalische Vorbehandlung, aber keine wesentliche Schädigung
über 30 Min.	sichere alkalische Vorbehandlung, meist auch alkalisch geschädigt

b) Quellung mit Chlorwasser („Elastikumreaktion")[1]

Die Quellung mit Chlorwasser wurde früher häufig durchgeführt. Sie hat sich aber nicht als sehr zuverlässig erwiesen, so daß auf die Wiedergabe verzichtet werden kann. Näheres darüber siehe frühere Auflagen dieses Buches oder Originalliteratur.

5. Bestimmung des Säuregehaltes[2]

Begriffsdefinition: Unter dem Säuregehalt der Wolle versteht man die Menge Säure, die bei der Behandlung mit verd. Pyridinlösung von der Faser abgelöst wird. Die Säuremenge wird durch Titration mit n/10-Natronlauge bestimmt, normalerweise als Schwefelsäure berechnet und in %, bezogen auf das abs. Trockengewicht der Faser, angegeben.

Zweck und Anwendung: Der Säuregehalt der Wolle wird immer dann bestimmt, wenn der wäßrige Extrakt einen p_H-Wert unter 4 aufweist (p_H-Bestimmung s. S. 411). Das Verfahren ist bei ungefärbtem Fasermaterial immer anwendbar, bei gefärbtem aber nur dann, wenn der bei der Extraktion mit in Lösung gehende Farbstoff die Titration nicht wesentlich beeinflußt.

Reagenzien

a) Pyridinlösung: 5 g Pyridin p. a., gelöst in 1 l dest. Wasser.

b) Phenolphthaleinlösung: 0,5 g Phenolphthalein, gelöst in 95 ml Äthanol und 5 ml dest. Wasser.

---

[1] ALLWÖRDEN: Z. angew. Chem. **29** (1916) 77; **30** (1917) 125, 297. — ZAHN, H.: Melliand Textilber. **32** (1951) 419.

[2] Im wesentlichen nach DIN-Entwurf 54280.

Probenvorbereitung. Garne, Web-, Wirk- und Strickwaren werden vor der Pyridinbehandlung in kurze Garnstücke von etwa 1 cm Länge zerlegt, Filze soweit wie möglich zerkleinert.

Durchführung. Etwa 2 g der lufttrockenen Untersuchungsprobe — der Wassergehalt wird an einer zweiten Probe durch Trocknung bei 105 °C bestimmt (s. S. 398) und bei der Berechnung des Säuregehaltes berücksichtigt — werden auf 0,001 g genau abgewogen (= Einwaage) und in einem 250 ml-Erlenmeyerkolben mit Schliffstopfen mit 100 ml Pyridinlösung übergossen. Der Kolben wird dann verschlossen und auf einer Schüttelmaschine 1 Std. lang geschüttelt. Dem Pyridinextrakt setzt man darauf 3 Tropfen Phenolphthaleinlösung zu und titriert mit n/10-Natronlauge bis zum Farbumschlag.

Anmerkung: Das Schütteln auf der Schüttelmaschine kann umgangen werden, wenn man als Extraktionsgefäß eine Polyäthylenflasche verwendet. Die in der Pyridinlösung befindliche Untersuchungsprobe wird dann einfach durch Zusammendrücken der Flasche innerhalb 1 Std. mehrmals ausgequetscht.

Auswertung. Der Säuregehalt wird auf das abs. Trockengewicht der Faser bezogen und wie folgt berechnet:

$$S = \frac{a \cdot k}{10 \cdot E}$$

Hierin bedeuten:

S Säuregehalt in %
a bei der Titration verbrauchte ml n/10-Natronlauge
E Einwaage in g, abzüglich des an einer zweiten Probe bestimmten Wassergehaltes
k Konstante, die bei den verschiedenen Säuren folgende Werte annimmt:

Schwefelsäure	4,9	Ameisensäure	4,6
Salzsäure	3,65	Essigsäure	6,0

Zur Kennzeichnung der Art der Säure, auf welche die Berechnung durchgeführt wurde, ist das Kurzzeichen S mit einem entsprechenden Index zu versehen. Beispiel: $S_{H_2SO_4}$, S_{HCl} usw.

6. Löslichkeitsbestimmungen

a) Bestimmung der Alkalilöslichkeit[1]

Begriffsdefinition: Unter der Alkalilöslichkeit versteht man den Gewichtsverlust, den die Wolle bei der Behandlung mit einer n/10-Natronlauge unter festgelegten Arbeitsbedingungen erleidet. Er wird in %, bezogen auf das absolute Trockengewicht der Faser, angegeben.

Zweck und Anwendung: Die Löslichkeit der Wolle in Alkali wird durch verschiedene Arbeitsprozesse der Textilveredlung in charakteristischer Weise verändert. Bei Behandlung mit Säuren, Oxydations- oder Reduktionsmitteln sowie durch Erhitzen und starkes Belichten nimmt sie zu, während alkalische Behandlungen oder Quervernetzungsreaktionen zu einer Abnahme führen.

[1] Im wesentlichen nach DIN-Entwurf 54281.

Der Aussagewert der Alkalilöslichkeit erhöht sich beträchtlich, wenn eine unbehandelte Vergleichsprobe zur Verfügung steht oder die Vorbehandlung der Probe bekannt ist.

Anhaltspunkte für die Beurteilung:

	Alkalilöslichkeit
ungeschädigte Wolle	12–15%
leichte Säureschädigung	~20%
mittlere Säureschädigung	25–35%
starke Säureschädigung	40–50%
leichte Alkalischädigung	~10%
mittlere Alkalischädigung	~ 9%
starke Alkalischädigung	~ 8%

Probenvorbereitung: Die Untersuchungsprobe wird im Soxhlet bei mindestens 6 Umläufen 1 Std. lang mit Dichlormethan extrahiert. Nach dem Herausnehmen der Probe läßt man das Dichlormethan verdunsten und entfernt alle evtl. enthaltenen Verunreinigungen (Kletten u. ä.) durch mechanisches Auslesen mit der Pinzette.

Garne, Web-, Wirk- und Strickwaren werden vor der Extraktion in kurze Garnstücke von etwa 1 cm Länge zerlegt, Filze soweit wie möglich zerkleinert.

Auf dem Fasermaterial befindliche Schlichte oder Appretur muß vor der Alkalibehandlung entfernt werden.

Durchführung: In einen 200 ml-Erlenmeyerkolben mit Schliffstopfen oder eine Schliff-Flasche entsprechender Größe gibt man 100 ml n/10-Natronlauge, verschließt mit dem Stopfen und stellt den Kolben in ein Wasserbad von 66 ± 0,5 °C (Thermostat), und zwar so, daß das Niveau des Wassers außerhalb des Kolbens mindestens 5 cm höher liegt als im Innern des Kolbens.

Hat die Natronlauge eine Temperatur von 65 ± 0,5 °C erreicht, bringt man eine auf 0,001 g genau abgewogene, lufttrockene Faserprobe von etwa 1 g — der Wassergehalt wird an einer zweiten Probe durch Trocknung bei 105 °C bestimmt (s. S. 398) und bei der Berechnung der Alkalilöslichkeit berücksichtigt — in die Lösung, verschließt den Kolben und schüttelt zur Benetzung der Faserprobe 5 Sek. lang um. Dieses kurze Umschütteln wird nach 15, 30 und 45 Min. wiederholt.

Nach 60 Min. ±30 Sek. wird der Kolbeninhalt durch einen vorher bei 105 ± 3 °C getrockneten und auf 0,001 g genau abgewogenen Glasfiltertiegel 1 G_1 abfiltriert und der Filterrückstand sofort scharf abgesaugt. Evtl. im Kolben zurückgebliebene Fasern werden mit dest. Wasser ebenfalls auf das Filter gebracht. Der Faserrückstand wird dann im Glasfilter 6mal mit dest. Wasser, darauf 2mal mit 1%iger Essigsäure und schließlich nochmals 6mal mit dest. Wasser ausgewaschen. Hierbei wird das Glasfilter jedesmal voll aufgefüllt; man läßt jeweils 2 Min. einwirken und saugt dann ab.

Glasfilter + Inhalt werden in einem Wägeglas (~ 70 mm Höhe und 45 mm ∅) bei 105 ± 3 °C mindestens 4 Std. getrocknet. Man verschließt dann das Wägeglas sofort mit seinem Deckel, stellt es zum Abkühlen 2 Std. in einen Exsikkator mit Blaugelfüllung und wiegt schließlich auf 0,001 g genau ab. Das Gesamtgewicht abzüglich Wägeglas + Glasfilter ergibt das Gewicht des Faserrückstandes abs. trocken.

Berechnung

a) Bei säurefreiem Fasermaterial. Die Alkalilöslichkeit wird nach folgender Gleichung berechnet:

$$A = \frac{G_1 - G_2}{G_1} \cdot 100$$

Hierin bedeuten:

A Alkalilöslichkeit in %

G_1 Ausgangsgewicht der Probe (Einwaage), abzüglich des an einer 2. Probe ermittelten Wassergehaltes

G_2 Gewicht des Rückstandes, abs. trocken.

b) Bei säurehaltigem Fasermaterial. Wenn der Wasserextrakt der Untersuchungsprobe einen p_H-Wert unter 4 hat (Bestimmung des p_H-Wertes s. S. 411), muß der Säuregehalt (s. S. 388) bestimmt und bei der Berechnung der Alkalilöslichkeit berücksichtigt werden. Die Berechnung erfolgt nach der Gleichung

$$A_k = (A - S) \cdot \frac{100}{100 - S}$$

Es bedeuten:

A_k korrigierte Alkalilöslichkeit in %

A nicht korrigierte Alkalilöslichkeit in %

S relativer Säuregehalt in %

b) Bestimmung der Harnstoff/Bisulfit-Löslichkeit (HBL-Zahl)[1]

Begriffsdefinition: Unter der Harnstoff/Bisulfit-Löslichkeit versteht man den Gewichtsverlust, den die Wolle bei der Behandlung in einer Harnstoff/Bisulfit-Lösung erleidet. Er wird in % angegeben, bezogen auf das abs. Trockengewicht der Faser.

Zweck und Anwendung: Durch Behandlung der Wolle in alkalischen Lösungen sowie durch Dämpfen, trockenes Erhitzen u. ä. wird die HBL vermindert, während sie durch saures Färben und oxydative Einwirkung erhöht wird. Die HBL ermöglicht daher Aussagen hinsichtlich der Intensität der Behandlungen und damit auch des Schädigungsgrades. Die HBL ist zur Charakterisierung des Faserzustandes vor allem dann geeignet, wenn eine unbehandelte Vergleichsprobe zur Verfügung steht oder die Vorbehandlung der Untersuchungsprobe bekannt ist.

Reagenzien

a) Harnstoff/Bisulfitlösung: 50 g Harnstoff p a. werden in etwa 40 ml dest. Wasser unter leichtem Erwärmen gelöst und dann 3 g Natriumpyrosulfit ($Na_2S_2O_5$) zugegeben. Nach dem Abkühlen setzt man noch 2 ml 5n-Natronlauge zu, füllt mit dest. Wasser zu 100 ml auf und mischt die Lösung gut durch. Der pH-Wert der Lösung soll bei 7 ± 0,1 liegen (Überprüfung mit Glaselektrode). Die Harnstoff/

[1] Im wesentlichen nach DIN-Entwurf 54279.

Bisulfitlösung ist vor der Verwendung stets frisch anzusetzen; sie soll höchstens 1 Tag alt sein.

b) Harnstofflösung: 25 g Harnstoff p. a. werden in dest. Wasser zu 100 ml gelöst.

Probenvorbereitung: Diese geschieht in gleicher Weise wie bei der Bestimmung der Alkalilöslichkeit (s. S. 389).

Durchführung: In einen 200 ml-Erlenmeyerkolben mit Schliffstopfen gibt man 100 ml der Harnstoff/Bilsulfit-Lösung, verschließt den Kolben und stellt ihn in ein Wasserbad von 66 ± 0,5 °C (Thermostat). Dabei soll das Niveau des Wassers außerhalb des Kolbens mindestens 5 cm höher liegen als im Innern des Kolbens. Hat die Lösung eine Temperatur von 65 ± 0,5 °C erreicht, so gibt man die auf 0,001 g genau abgewogene, lufttrockene Faserprobe — der Wassergehalt wird an einer zweiten Probe durch Trocknung bei 105 °C (s. S. 398) bestimmt und bei der Berechnung der HBL in Rechnung gestellt — von etwa 1 g hinzu, verschließt den Kolben und schüttelt zur Benetzung des Fasermaterials 5 Sek. lang um. Dieses kurze Umschütteln wird nach 15, 30 und 45 Min. wiederholt. Nach genau 60 Min. wird der Kolbeninhalt durch einen vorher auf 0,001 g gewogenen G_1-Glasfiltertiegel filtriert.

Der gut abgesaugte Filterrückstand wird 3mal mit je 10 ml Harnstofflösung und darauf noch 6mal mit dest. Wasser ausgewaschen. Nach jeder Zugabe läßt man 15 Sek. einwirken und saugt dann ab. Glasfilter + Inhalt werden in einem Wägeglas (~70 mm Höhe und 45 mm ⌀) mindestens 4 Std. bei 105 ± 3 °C getrocknet. Man verschließt dann das Wägeglas mit seinem Deckel, stellt es zum Abkühlen 2 Std. in einen Exsikkator mit Blaugelfüllung und wiegt schließlich auf 0,001 g genau ab. Das Gesamtgewicht abzüglich Wägeglas + Glasfilter ergibt das Gewicht des Faserrückstandes.

Auswertung

a) Säurefreies Fasermaterial. Die Berechnung erfolgt nach der Gleichung

$$\boxed{HBL = \frac{G_1 - G_2}{G_1} \cdot 100}$$

Hierin bedeuten:

HBL Harnstoff/Bisulfit-Löslichkeit in %

G_1 Ausgangsgewicht der Probe (Einwaage), abzüglich des an einer 2. Probe ermittelten Wassergehaltes

G_2 Gewicht des Rückstandes, absolut trocken.

b) Säurehaltiges Fasermaterial. Wenn der Wasserextrakt der Faserprobe einen p_H-Wert unter 4 hat (Bestimmung des p_H-Wertes s. S. 411), muß der Säuregehalt (s. S. 388) bestimmt und bei der Berechnung der HBL berücksichtigt werden. Die Berechnung erfolgt nach der Gleichung

$$\boxed{HBL_{\text{korr.}} = (HBL - S) \cdot \frac{100}{100 - S}}$$

Es bedeuten:

$HBL_{korr.}$	korrigierte Harnstoff/Bisulfit-Löslichkeit in %
HBL	nicht korrigierte Harnstoff/Bisulfit-Löslichkeit in %
S	relativer Säuregehalt in %

7. Bestimmung schädigungsspezifischer Aminosäuren

a) Bestimmung des Cystingehaltes[1]

Grundlagen: Die Wollprobe wird durch Erhitzen mit verd. Schwefelsäure hydrolysiert. Dem Hydrolysat setzt man Natriumpyrosulfit zu, wodurch das Cystin an der Disulfidbindung aufgespalten und zum Cystein reduziert wird. Das letztere ergibt mit Phosphorwolframsäure eine charakteristische Blaufärbung, die sich zur Kolorimetrierung eignet.

Zweck und Anwendungsbereich: Die ungeschädigte Rohwolle enthält 11 bis 12,5% Cystin. Bei verschiedenen Ausrüstungsprozessen (alkalisches Waschen, Bleichen, saure Chlorierung, Dämpfen) und auch durch starke Belichtung kann das empfindliche Cystin hydrolytisch gespalten werden, was gleichbedeutend ist mit einer Abnahme des Cystingehaltes. Je größer die Faserschädigung, um so niedriger ist also der Cystingehalt.

Anhaltspunkte für die Beurteilung:

	Cystingehalt
leichte Faserschädigung	~10%
mittlere Schädigung	8—9%
starke Schädigung	~ 7%

Bemerkungen: Ist die Untersuchungsprobe bereits mit Oxydations- oder Reduktionsmitteln behandelt worden, so können bei der sauren Hydrolyse Nebenreaktionen auftreten und die Werte für den Cystin- bzw. Cysteingehalt dadurch beträchtlich verfälscht werden. Das Verfahren wird deswegen hauptsächlich für nur gewaschene Wollen und Kammzüge empfohlen, da bei diesen im allgemeinen mit reduktiven oder oxydativen Vorbehandlungen nicht zu rechnen ist.

Bei gefärbten Wollen ist das Verfahren wegen des Farbstoffgehaltes natürlich ebenfalls nur bedingt anwendbar.

Reagenzien

a) *Schwefelsäure zur Hydrolyse:* 850 ml dest. Wasser und 150 ml konz. Schwefelsäure ($d = 1{,}84$) werden miteinander gemischt. Die entstehende Säure ist etwa 6-normal.

b) *Azetatpuffer* ($p_H = 5{,}6$): 300 g Natriumazetat krist., 24 ml Eisessig und 1 g Kupfersulfat krist. werden in dest. Wasser zu 1 l gelöst.

c) *Phosphorwolframsäure* (*Folin-Reagens*): 200 g Natriumwolframat krist., 400 ml dest. Wasser und 100 ml 85%ige Phosphorsäure werden 1 Std. lang unter Rückfluß gekocht. Darauf wird der Kühler entfernt und der Lösung so lange tropfenweise Brom zugesetzt, bis sie eine hellgelbe bis hellbraune Farbe angenommen hat. Das überschüssige Brom wird dann durch Kochen ohne Rückfluß (etwa 15 Min.) ausgetrieben. Nach dem Abkühlen wird die Lösung in einen 1000 ml-Meßkolben filtriert (am besten G_3-Glasfilter) und mit dest. Wasser zur Marke aufgefüllt. Die klare, gelbgrüne Lösung ist in einer braunen Flasche aufzubewahren.

---

[1] Unter Anlehnung an das von der FEDERATION LAINIERE INTERNATIONALE im Rapport Nr. 16 empfohlene Verfahren, welches vom Deutschen Wollforschungsinstitut, Aachen, unter Mitwirkung des Centre Textile de Controle et de Recherche Scientifique, Roubaix, aufgestellt wurde.

d) Natriumpyrosulfitlösung: 1 g Natriumpyrosulfit ($Na_2S_2O_5$) wird in 10 ml dest. Wasser aufgelöst. Die Lösung ist im Dunkeln und möglichst kühl aufzubewahren, und zwar nicht länger als 20 Tage.

e) Cystin-Eichlösung: 100 mg Cystin und 20 ml der 6n-Schwefelsäure werden in einen 250 ml-Meßkolben gegeben und die Lösung mit dest. Wasser zur Marke aufgefüllt.

Probenvorbereitung: Wie bei der Bestimmung der Alkalilöslichkeit (s. S. 389). Eine besondere Konditionierung ist nicht erforderlich. Es genügt, wenn man die Versuchsprobe nach dem Verdunsten des Dichlormethans 3 Std. im Prüfraum liegenläßt.

Hydrolyse: Etwa 0,3 g der vorbereiteten lufttrockenen Untersuchungsprobe werden genau abgewogen — der Wassergehalt wird an einer 2. Probe durch Trocknung bei 105 ± 3 °C bestimmt und bei der Berechnung des Cystingehaltes berücksichtigt —, in einem 100 ml-Meßkolben mit 8 ml der 6n-Schwefelsäure übergossen und im Trockenschrank bei 105 °C erhitzt. Dabei wird der Kolben nach $^1/_2$, 1, $1^1/_2$, 2 und $2^1/_2$ Std. gut durchgeschüttelt. Nach einer Einwirkungszeit von insgesamt 10 Std. nimmt man den Kolben heraus, füllt ihn nach dem Abkühlen mit dest. Wasser zur Meßmarke auf, schüttelt nochmals kräftig und filtriert eine Teilmenge von mindestens 50 ml durch ein trockenes Papierfilter.

Extinktionsmessungen: Alle Messungen sollen möglichst in Küvetten von 10 mm Schichtdicke durchgeführt werden. Bei abweichender Schichtdicke ist auf die 10 mm umzurechnen. Die nachstehende Arbeitsvorschrift ist bei 10 mm Küvettenschichtdicke so abgestellt, daß die zu messenden Extinktionen den Wert 0,7 nicht oder nur unwesentlich überschreiten. Sollten in Sonderfällen trotzdem Extinktionswerte über 0,7 vorkommen, so ist eine andere Schichtdicke zu wählen oder ein neuer Ansatz mit einer geringeren Menge an Hydrolysat zu verwenden.

Da die Wolle von Natur aus neben dem Cystin auch etwas Cystein enthält — bei der ungeschädigten Faser sind es wohl nur 0,4%, aber durch reduktive Ausrüstungsprozesse kann der Cysteingehalt stark erhöht werden —, welches natürlich bei der Bestimmung mit erfaßt wird, sind insgesamt 3 Messungen (jeweils Doppelbestimmungen) notwendig:

a) Hydrolysat + Sulfitlösung + Phosphorwolframsäure (ergibt Cystin + Cystein),
b) Hydrolysat + Phosphorwolframsäure (ergibt Cystein),
c) Cystin-Eichlösung.

Zu a): 1 ml des Hydrolysats wird in einen 25 ml-Meßkolben pipettiert und zuerst mit 5 ml Pufferlösung, dann mit 1 ml Natriumpyrosulfitlösung (hierfür Saugkolben-Meßpipette verwenden) und schließlich mit 2 ml Phosphorwolframsäure-Reagens versetzt. Nach kurzem Umschütteln läßt man 20 bis 30 Min. stehen. Darauf wird der Kolben mit dest. Wasser bis zur Marke aufgefüllt und die Lösung nach ausreichender Durchmischung sofort kolorimetriert.

Zu b): 5 ml Hydrolysat werden in einen 25 ml-Meßkolben pipettiert und mit 15 ml Pufferlösung sowie 2 ml Phosphorwolframsäure-Reagens versetzt. Nach kurzem Umschütteln läßt man ebenfalls 20 bis 30 Min. stehen, füllt den Meßkolben zur Marke auf und kolorimetriert. Der gemessene Extinktionswert wird durch 5 dividiert.

Zu c): Man verfährt wie unter a) beschrieben, verwendet aber anstelle des Hydrolysates 1 ml der Cystin-Eichlösung.

Berechnung. Aus den gemessenen Extinktionswerten wird der Cystingehalt wie folgt berechnet:

$$Cy = \frac{E_{\text{mS}} - E_{\text{oS}}}{25 \cdot E_{\text{Eichlösg.}} \cdot g}$$

Hierin bedeuten:

Cy	Cystingehalt in %
E_{mS}	Extinktion der Lösung mit Sulfitzusatz (Cystin + Cystein)
E_{oS}	Extinktion der Lösung ohne Sulfitzusatz (Cystein)
$E_{\text{Eichlösg.}}$	Extinktion der Cystin-Eichlösung
g	Einwaage an Wolle in Gramm, abzüglich des an einer 2. Probe ermittelten Wassergehaltes

Bemerkungen: Ist der Cysteingehalt der Untersuchungsprobe sehr gering, z. B. bei der ungeschädigten Faser (0,4%), so kann er evtl. auch vernachlässigt werden. In diesem Falle entfällt dann die Extinktionsmessung b. Zur Prüfung dient der Nitroprussidnatrium-Test: Die Wollprobe wird mit einer 1%igen Nitroprussidnatrium-Lösung befeuchtet und über konz. Ammoniak gehalten. Tritt hierbei keine Rotviolettfärbung auf, so liegt der Cysteingehalt unter 0,4%

b) Bestimmung des Cysteingehaltes (Thiolgruppen)[1]

Grundlagen: Die Wollprobe wird in verd. Schwefelsäure unter festgelegten Arbeitsbedingungen hydrolysiert und das im Hydrolysat vorhandene Cystein mit einer Phenylmerkurihydroxydlösung titrimetrisch bestimmt.

Zweck und Anwendbarkeit: Der Cysteingehalt (Thiolgruppengehalt) einer ungeschädigten, entfetteten Wolle liegt bei etwa 0,4%. Durch Behandlung mit Reduktionsmitteln wie schwefliger Säure, Sulfit, Bisulfit, Hydrosulfit und Sulfoxylatverbindungen (Bleichen, Entchloren, Abziehen von Färbungen) wird der Cysteingehalt stark erhöht. Alkalische Wäschen, Fixier-, Dekatier- und Färbeprozesse sowie Bleichen mit Wasserstoffperoxyd erniedrigen hingegen den Cysteingehalt. Die Cysteinbestimmung ist besonders zur Kontrolle reduktiver Ausrüstungsverfahren zu empfehlen.

Reagenzien

a) Phenylmerkurihydroxyd: 10 g basisches Phenylmerkurinitrat (Dr. Th. Schuchhardt GmbH, München) werden in einer Lösung von 3,5 g Natriumhydroxyd p. a. in 1 l dest. Wasser unter Rühren oder Schütteln aufgelöst. Der ungelöste Teil wird abfiltriert und das Filtrat im Vakuum auf 75 ml eingeengt. Nach dem Abkühlen wird das ausgefallene Phenylmerkurihydroxyd (etwa 8 g) abfiltriert und aus Wasser umkristallisiert. Der Schmelzpunkt liegt nach dem Trocknen im Vakuum über Phosphorpentoxyd bei 234 °C

b) Titrierlösung: 88,42 mg Phenylmerkurihydroxyd werden im Meßkolben in dest. Wasser zu 1 l aufgelöst. Die Lösung ist dann $3 \cdot 10^{-4}$ molar. Beim Aufbewahren in einer braunen Flasche ist sie mehrere Monate haltbar.

---

[1] Zahn, H., T. Gerthsen u. H. Meichelbeck: Melliand Textilber. **43** (1962) 1179.

c) *Guanidinhydrochlorid-Lösung:* 764 g (= 8 Mole) reines Guanidinhydrochlorid (Dr. Th. Schuchhardt, München) werden in dest. Wasser zu 1 l gelöst. Die Lösung soll farblos sein. Eine etwaige schwache Gelbfärbung, bedingt durch Verunreinigungen des Präparats, wird durch kurzes Schütteln mit Aktivkohle bei Zimmertemperatur beseitigt.

Der farblosen Lösung werden 3,7 g (0,01 Mol) Äthylendiamintetraessigsäure-Dinatriumsalz-Dihydrat (Fluka AG, Buchs, Schweiz) zugesetzt, um evtl. vorhandene Schwermetallspuren, welche die Farbreaktion des Indikators stören können, zu binden. Abschließend wird die Lösung bei Zimmertemperatur mit wasserfreiem Natriumkarbonat p. a. gesättigt. Bei Aufbewahrung im Kühlschrank kann die Lösung mehrere Monate lang verwendet werden.

d) *Nitroprussidnatriumlösung (Indikator):* Als Indikator dient eine 1%ige wäßrige Lösung von Nitroprussidnatrium p. a. Die Lösung ist lichtempfindlich und sollte daher in braunen Flaschen aufbewahrt und nach einigen Stunden wieder frisch angesetzt werden.

Probenvorbereitung: Siehe Bestimmung der Alkalilöslichkeit auf S. 389.

Durchführung: Zur *Hydrolyse* wird eine lufttrockene Probe von 100 mg — der Wassergehalt wird an einer 2. Probe durch Trocknung bei 105 ± 3 °C bestimmt — in einem 10 ml-Meßkolben mit 4 ml 6n-Schwefelsäure übergossen und 2 bis 4 Std. im Trockenschrank auf 105 °C erhitzt. Dabei soll alle 30 Min. kurz umgeschüttelt werden. Darauf läßt man abkühlen und füllt den Kolben mit dest. Wasser zur Marke auf. Ein Filtrieren des Hydrolysates ist nicht erforderlich.

Zur *Titration* legt man in einem 25 ml-Titrierkölbchen 1 ml des Hydrolysats vor und setzt 4 ml der mit Soda gesättigten Guanidinhydrochloridlösung zu. Das dabei entstehende Kohlendioxyd schützt die SH-Gruppen vor Luftoxydation. Durch Zugabe einer Spatelspitze (0,5 — 1 g) wasserfreien Natriumkarbonates p. a. wird dann die Lösung wieder alkalisch gemacht. Ein großer Teil des Natriumkarbonates löst sich nicht auf und dient nur zur Einstellung eines konstanten p_H-Wertes.

Nach Zugabe von 1 Tropfen Indikatorlösung wird dann mit der Phenylmerkurihydroxydlösung titriert (Mikrobürette mit 0,01 ml-Skaleneinteilung verwenden). Der Umschlag erfolgt von Violett nach Farblos bis schwach Gelblich.

Bei der Titration ist möglichst schnell zu arbeiten, denn die Nitroprussidnatrium/Thiol-Färbung bleicht innerhalb weniger Minuten aus. Bei höheren Cysteinkonzentrationen und damit längerer Titrationsdauer ist es daher empfehlenswert, den Indikator erst kurz vor dem Erreichen des Endpunktes der Reaktion zuzusetzen oder die Konzentration der Titrierlösung entsprechend zu erhöhen.

Berechnung. Bei Verwendung eines 10 ml-Meßkolbens zur Hydrolyse, einer $3 \cdot 10^{-4}$ molaren Phenylmerkurihydroxydlösung zur Titration und bei Vorlegen von 1 ml Hydrolysat ergibt sich der Cysteingehalt aus der Beziehung

$$\boxed{G = \frac{3\,V}{E}}$$

Es bedeuten:

G Cystein- bzw. Thiolgehalt in µMol/g Wolle
V Verbrauch bei der Titration in ml
E Einwaage an Wolle in g, abzüglich des an einer 2. Probe ermittelten Wassergehaltes.

Tabelle 50. *Empfohlene* (+) *Prüfmethoden zur Kontrolle von Ausrüstungsverfahren* (*nach* ZAHN)

Verfahren	Fremdsubstanzen			Aminosäurebestimmungen				Löslichkeiten	
	pH	Säuregehalt	Alkaligehalt	Cystin	Cystein	Cysteinsäure	Lanthionin	Alkalilöslichkeit	HBL
Seife/Soda-Wäsche	+		+	+			+		+
Karbonisation .	+	+						+	
Bleichen mit H_2O_2				+		+		+	
Bleichen mit Reduktionsmitteln				+	+			+	
Fixieren von Garnen	+		+	+			+		+
Stark saures Färben	+	+						+	
Schwach saures Färben	+	+						+	
Neutralfärben .	+		+	+			+		+
Abziehen von Färbungen . .	+			+	+			+	
Antifilzausrüstung mit Chlor	+			+	+	+		+	
Antifilzausrüstung mit Caroscher Säure .	+			+	+	+		+	
Dauerbügelfalte mit Thioglykolsäure . .				+	+				+
Dauerbügelfalte mit Sulfit.	+				+				+
Schußelastischmachen mit Sulfit.	+				+				+

c) Bestimmung des Cysteinsäuregehaltes

Neben Cystin und Cystein enthält die Wolle auch Cysteinsäure. In der ungeschädigten Rohwolle sind es allerdings weniger als 0,3%. Bei Einwirkung von Oxydationsmitteln wird aber das Cystin je nach der Intensität der Behandlung mehr oder weniger stark in Cysteinsäure übergeführt. Der Cysteinsäuregehalt ermöglicht daher Aussagen hinsichtlich der Faserschädigung bei oxydativen Veredlungsprozessen wie z. B. der Peroxyd- oder Perameisensäurebleiche, der Filzfreiausrüstung mit Oxydationsmitteln usw.

Zur Bestimmung des Cysteinsäuregehaltes der Wolle eignet sich am besten die papierelektrophoretische Methode. Die Cysteinsäure wandert als Sulfonsäure bei Anlegen einer Spannung an das Wollhydrolysat am weitesten zur Anode. Die Sichtbarmachung („Entwickeln“) erfolgt mit Ninhydrin-Cadmium-Reagens, die quantitative Bestimmung durch Eluierung vom Papierstreifen und Kolorimetrierung. Näheres hierüber siehe Klaus Ziegler: „Der Cysteinsäuregehalt der Wolle, seine Bestimmung und seine Veränderung durch Ausrüstungsprozesse", Forschungsbericht Nr. 1275 des Landes Nordrhein-Westfalen. Westdeutscher Verlag, Köln-Opladen.

d) Bestimmung des Lanthioningehaltes

Wie die Cysteinsäure, so ist auch das Lanthionin ein Zersetzungsprodukt des Cystins. Die ungeschädigte Rohwolle enthält nur 0,1 bis 0,3% davon. Beim Lagern alkalischer Schweißwolle, bei der Seife/Soda-Wäsche, beim Färben oberhalb p_H 5 sowie beim Dämpfen und Dekatieren wird aber der Lanthioningehalt stark erhöht. Die Bestimmung des Lanthioningehaltes eignet sich daher zur Kontrolle der erwähnten Veredlungsverfahren[1].

III. Geschädigte synthetische Faserstoffe

Wie bei den Zellulosefasern, so ist auch bei den Synthetiks die Bestimmung des Polymerisationsgrades bzw. der Viskositätszahl zur Beurteilung von Faserschädigungen am besten geeignet. Das Fasermaterial wird in einem geeigneten Lösungsmittel aufgelöst und dann in einem Viskosimeter die Durchlaufzeit der Lösung und des reinen Lösungsmittels bestimmt. Wichtig ist auch hier der Vergleich mit der ungeschädigten Faser. Betreffs der Durchführung sei auf die nachstehenden Literaturstellen verwiesen:

Bestimmung der Viskositätszahl von Polyamidfasern
in *m*-Kresol . . . . . . SNV 95590, s. Textil-Rdsch. **19** (1964) 217.
Bestimmung der Viskositätszahl von Polyesterfasern
in m- Kresol . . . . . SNV 95591 . Textil-Rdsch. **19** (1964) 331.

Faserbegleitsubstanzen

Unter Faserbegleitsubstanzen versteht man die Substanzen, welche in der Faser von Natur aus enthalten sind, so z. B. Wasser, Fette, Öle, Wachse, Eiweißstoffe, Pektinstoffe usw. Von der Untersuchungsseite her interessieren vor allem die Bestimmung des Wassergehaltes, des Fettgehaltes, des Waschverlustes bei der Rohwolle und des Bastgehaltes bei der Naturseide.

1. Bestimmung des Wassergehaltes

a) Trocknungsverfahren

2 bis 5 g der Faserprobe werden im Wägeglas genau abgewogen (= Einwaage E) und dann im Trockenschrank 6 Std. auf 105 ± 3 °C erhitzt. Darauf wird das Wägeglas sofort mit seinem Deckel verschlos-

---

[1] Literatur zur Durchführung:

G. Decroix und G. Mazingue: Séparation chromatographique et dosage dans la laine de la lanthionine à l'état de lanthionine sulfoxyde Bull. Inst. Text. France Nr. 73, 41. Deutsche Übersetzung s. Schriftenreihe Dtsch. Forschungsgem. Wolle, Aachen, **29** (1960) 38.

L. M. Dowling u. W. G. Crewther: „Determination of Lanthionine in Protein Hydrolyzates." Analytical Biochem. **8** (1964) 244—256.

sen, zur Abkühlung auf Raumtemperatur 2 Std. in einen Exsikkator gestellt und die Probe innerhalb 2 Min. gewogen.

Berechnung:

$$\text{Wassergehalt in \%} = \frac{E - R}{R} \cdot 100$$

Es bedeuten:

E Einwaage in g,
R Rückstand (Faserprobe nach dem Trocknen) in g.

b) Karl-Fischer-Verfahren*

Beim KF-Verfahren wird der Wassergehalt durch Titration bestimmt. Reaktionsvorgänge s. S. 197. Das Verfahren ist universell anwendbar und zeichnet sich durch größte Versuchsgenauigkeit aus. Zu empfehlen ist es vor allem dann, wenn sich Substanzen auf der Faser befinden, die sich beim Trocknungsverfahren verflüchtigen können (Avivagen, Schmälzen u. ä.).

Reagenzien

Lösung A: Mischung aus Methanol, Pyridin und Schwefeldioxyd.
Lösung B: Lösung von Jod in Methanol.
Ansatz der beiden Lösungen s. S. 197.

Einwaage des Fasermaterials: Die Einwaage soll beim KF-Verfahren so gehalten werden, daß das Fasermaterial etwa 100 mg Wasser enthält. Bei spezifisch leichten und wenig Wasser enthaltenden Faserstoffen wie Polyolefin-, PVC- und Polyacrylnitrilfasern kann diese Wassermenge nicht immer erreicht werden. In diesen Fällen geht man mit der Einwaage soweit wie möglich nach oben. Eine Grenze ist insofern gesetzt, als das Fasermaterial während der Extraktion stets mit Methanol bedeckt sein muß.

Durchführung: Die abgewogene Faserprobe wird in einem völlig trockenen 100 ml-Erlenmeyerkolben mit Schliffstopfen mit 80 ml wasserfreiem Methanol übergossen und nach dem Verschließen des Kolbens unter mehrmaligem Umschütteln 40 Min. stehengelassen. Darauf entnimmt man 50 ml des Extraktes mit einer Pipette (bewährt hat sich eine Pipette mit angeschlossenem Gummiball zum Ansaugen), fügt eine ausreichende Menge der Lösung A hinzu — die Menge richtet sich nach dem Wassergehalt der eingewogenen Faserprobe und dem Wirkungswert der KF-Lösung — und titriert mit der Lösung B bis zum Farbumschlag von Gelb nach Rotbraun, am besten unter Zuhilfenahme einer Kaliumchromat-Vergleichslösung (s. S. 199).

In gleicher Weise wird noch ein Blindversuch durchgeführt: Man gibt wie beim Hauptversuch 80 ml des wasserfreien Methanols in einen trockenen 100 ml-Erlenmeyerkolben, entnimmt 50 ml, gibt Lösung A hinzu und titriert mit Lösung B.

---

* Näheres hierüber — auch die Entwässerung der verwendeten Chemikalien, die Dead-Stop-Titration, die Genauigkeit des KF-Verfahrens im Vergleich zum Trocknungsverfahren usw. — s. A. Agster: Melliand Textilber. **38** (1957) 1411.

Berechnung: Der Wassergehalt ergibt sich aus der Beziehung:

$$W = T \cdot \tfrac{8}{5} (d - e)$$

Es bedeuten:

W Wassergehalt in mg
T Titerwert (= mg Wasser, die 1 ml der Lösung *B* entsprechen). Titerstellung siehe S. 198.
d Verbrauch an Lösung B in ml bei der Titration von 50 ml des Faserextrakts
e Verbrauch an Lösung beim Blindversuch

Normalerweise wird der Wassergehalt in %, bezogen auf die absolut trockene Faser, angegeben. Die Berechnung erfolgt nach:

$$\text{Wassergehalt in \%} = \frac{W \cdot 100}{E - W}$$

wobei

W Wassergehalt in mg und
E Einwaage an Fasermaterial in mg.

2. Bestimmung des Fettgehaltes
(in organ. Lösungsmitteln lösliche Anteile)[1]

Grundlagen: Die Faserprobe wird mit einem organ. Lösungsmittel extrahiert. Fette, Öle und Wachse gehen hierbei in Lösung. Nach dem Filtrieren wird das Lösungsmittel verdampft und der Rückstand gewogen.

Zweck und Anwendungsbereich: Wegen der strukturellen Verschiedenheit der „Fettsubstanzen" ist ihre Löslichkeit auch von der Art des Lösungsmittels abhängig. Am meisten verwendet werden Dichlormethan (Methylenchlorid) und Petroläther. Das erstere ist nicht immer geeignet, da sich einige Fasertypen in ihm auflösen (PVC- und Triazetatfasern).

Zu beachten ist weiterhin, daß eine ganze Reihe von nachträglich auf die Faser gebrachten Substanzen (Avivage, Präparation, Schmälze, Rückstände von Netz-, Wasch-, Dispergier-, Emulgiermitteln usw.) in dem organ. Lösungsmittel ebenfalls in Lösung gehen.

Lösungsmittel
Dichlormethan (Methylenchlorid): Siedebereich 39 bis 41 °C.
Petroläther: Siedebereich 38 bis 42 °C.
Verdampfungsrückstand bei beiden Lösungsmitteln $\leqq$ 1 mg/100 ml.

Probenvorbereitung: Aus dem zu untersuchenden Fasermaterial ist eine für die Gesamtheit repräsentative Probe zu entnehmen. Garne, Web-, Wirk- und Strickwaren werden vor der Extraktion in kurze Garnstücke von etwa 1 cm Länge zerlegt, Filz- und Vliesstoffe so weit wie möglich zerkleinert.

[1] M. Rösch bringt in Melliand Textilber. **40** (1959) 1462 eine Schnellmethode, die sich für die laufende Betriebskontrolle besonders gut eignet. Die Fettbestimmung dauert dabei nur etwa $^1/_2$ Std.

Durchführung: Das lufttrockene Fasermaterial wird zur Konditionierung mindestens 24 Std. im Normalklima (20 ± 2 °C und 65 ± 2% relative Luftfeuchtigkeit) ausgelegt.

Etwa 20 g der konditionierten Faserprobe (= Einwaage E) werden auf 0,05 g genau abgewogen und im Soxhlet (Inhalt des Mittelkolbens 200 bis 300 ml, Kolbenvolumen 250 ml) auf dem Wasserbad 4 Std. mit dem Lösungsmittel extrahiert. Die Temperatur des Wasserbades ist so einzustellen, daß in der Stunde 5 bis 6 Umläufe erfolgen.

Nach der Extraktion wird der Kolbeninhalt auf etwa 25 ml eingedampft und nach dem Abkühlen in einen vorher genau gewogenen 100 ml-Erlenmeyerkolben überführt, wobei 3mal mit je 10 ml Lösungsmittel nachgespült wird. Ist ein Filtrieren erforderlich, so geschieht es am besten mit einem G_2-Glasfilter. Das Filter ist ebenfalls mit etwas Lösungsmittel nachzuspülen.

Abschließend wird das Lösungsmittel im Erlenmeyerkolben auf dem Wasserbad verdampft und der Rückstand im Trockenschrank 30 Min. auf 105 ± 3 °C erhitzt. Darauf verschließt man den Kolben, stellt ihn zum Abkühlen $^1/_2$ Std. in den Exsikkator und wiegt ab (= Rückstand R).

Bemerkungen: Bei Fettsubstanzen, die sich bei diesen 105 ± 3 °C z. T. schon verflüchtigen, ist die Trocknungstemperatur auf etwa 70 °C zu reduzieren.

Berechnung: a) *Bezogen auf die lufttrockene, entfettete Probe*

$$\text{Fettgehalt in \%} = \frac{R \cdot 100}{E - R}$$

b) *Bezogen auf die abs. trockene, entfettete Probe*

In diesem Falle wird die Untersuchungsprobe nach der Extraktion noch 4 Std. im Trockenschrank bei 105 ± 3 °C getrocknet und nach dem Abkühlen im Exsikkator das abs. Trockengewicht G bestimmt.

$$\text{Fettgehalt in \%} = \frac{R \cdot 100}{G}$$

3. Bestimmung des Waschverlustes von Rohwolle (Schweißwolle)

a) *Gesamtwaschverlust.* Etwa 60 g der vorher im Normalklima ausgelegten, also konditionierten Rohwolle werden genau abgewogen und im Flottenverhältnis 1 : 20 in einer Waschlauge gewaschen, die in 1 l dest. Wasser

5 g Kernseife,
2 g Soda calc.,
5 ml Ammoniak 25%ig und
5 ml Fettlöserpräparat (z. B. Tetrapol) enthält.
Temp. 40 bis 45 °C, Dauer 30 Min.

Die Wollprobe wird während der Wäsche wiederholt ausgedrückt und anschließend noch ein zweites Mal in gleicher Weise mit frischer Waschlauge behandelt. Darauf wird die Probe gut ausgedrückt oder abgeschleudert, dann 3mal je 5 Min. mit je 1 l dest. Wasser gespült, wieder ausgedrückt bzw. abgeschleudert, an der Luft getrocknet und nach 24stündigem Auslegen im Normalklima (20 ± 2 °C und 65 ± 2% relative Luftfeuchtigkeit) gewogen.

Berechnung. Der Waschverlust wird in % angegeben, bezogen entweder auf das Ausgangsgewicht der konditionierten Probe oder auch das abs. Trockengewicht. Im letzteren Falle wird die ausgewaschene Wolle noch 4 Std. bei 105 ± 3 °C getrocknet und nach dem Abkühlen im Exsikkator gewogen.

Bemerkungen: Bei dem angegebenen alkalischen Waschverfahren verbleiben die pflanzlichen Verunreinigungen (Kletten u. ä.) in der Faser. Soll der Gehalt an *reiner* Wollfaser („Rendement") bestimmt werden, so wird die gewaschene Wollprobe noch 15 Min. in 2%iger Natron- oder Kalilauge gekocht. Die Wolle geht dabei in Lösung, die pflanzlichen Verunreinigungen bleiben zurück. Sie werden mit dest. Wasser ausgewaschen, getrocknet und gewogen. Zieht man sie von dem bei der alkalischen Wäsche erhaltenen Rückstand (Wolle + pflanzl. Verunreinigungen) ab, so resultiert der Gehalt an reiner Wolle.

In ähnlicher Weise wird die reine Wolle auch nach dem *Core-Test* (ASTM-Methode) bestimmt.

b) Technischer Auswaschverlust. In der praktischen Wollwäscherei arbeitet man normalerweise ohne Zusatz von Fettlöserpräparaten. Unter diesen abgemilderten Bedingungen verbleiben in der Wolle 1 bis 2% Restfett. Zur Feststellung des hierbei auftretenden „technischen Waschverlustes" wird die Wollprobe in einer Waschflotte von 3 bis 4 g/l Soda calc. oder 3 bis 4 g/l Soda calc. + 3 bis 4 g/l Seife behandelt. Die Durchführung erfolgt wie unter a) beschrieben.

4. Bestimmung des Bastgehaltes von Naturseide

Etwa 20 g der Untersuchungsprobe werden genau abgewogen — der Wassergehalt wird an einer zweiten Probe durch Trocknen bei 105 ± 3 °C (s. S. 398) bestimmt und bei der Berechnung des Bastgehaltes berücksichtigt — und unter gelegentlichem Umziehen 1 Std. in 1%iger Seifenlösung (Marseiller Seife o. ä.) gekocht. Darauf wird die Probe gut abgequetscht oder geschleudert, mit 1 l dest. Wasser gespült, wieder abgequetscht oder geschleudert, 4. Std. bei 105 ± 3 °C getrocknet und nach dem Abkühlen im Exsikkator gewogen.

Berechnung

$$\text{Bastgehalt in \%} = \frac{(G_1 - G_2) \cdot 100}{G_1}$$

Hierin bedeuten:

G_1 Gewicht der abs. trockenen Probe vor dem Entbasten (= Einwaage abzüglich des an einer 2. Probe ermittelten Wassergehaltes)

G_2 Gewicht der abs. trockenen Probe nach dem Entbasten.

Bemerkungen: Soll der Bastgehalt nicht auf die absolut trockenen, sondern die lufttrockene Probe bezogen werden, so ist die Probe vor und nach dem Entbasten jeweils 24 Std. im Normalklima auszulegen.

Fremdsubstanzen und Rückstände auf der Faser

Neben den bereits eingehend behandelten Schmälz-, Schlicht- und Appreturmitteln können sich noch eine ganze Reihe von Substanzen auf der Faser befinden, die zur Erzielung irgendeines Effektes auf die

Ware gebracht werden. Zu nennen sind u. a. Beizen, Mattierungs-, Flammschutz-, Weichmachungs-, Konservierungs-, Mottenschutz- und Erschwerungsmittel. Dazu kommen noch die Anschmutzungen vom Transport der Ware und während der Verarbeitung (Teerflecken, Eisenabrieb, Schmierölflecken usw.) und vor allem auch alle die Substanzen, die in der Veredlung verwendet werden und infolge ungenügenden Auswaschens auf der Ware verbleiben können (Säuren, Basen, Bleichmittel usw.).

Beim Untersuchungsgang kommt es im einzelnen ganz darauf an, was nachgewiesen werden soll. Während z. B. Fette, Öle, Paraffine u. dgl. mit organischen Lösungsmitteln abgelöst werden, geschieht dies bei den Säuren, Basen und wasserlöslichen Salzen mit dest. Wasser. Bei wasserunlöslichen Salzen wiederum empfiehlt sich eine Extraktion mit verd. Salz- oder Salpetersäure. Die Extrakte werden dann jeweils so weit wie möglich konzentriert. Zum Nachweis von Substanzen, die auf diese Weise nicht in Lösung gehen, muß das Fasermaterial verascht werden. Eine Veraschung ist auch dann zweckmäßig — Nichtflüchtigkeit vorausgesetzt —, wenn die Nachweise der Kationen und Anionen durch gleichzeitig mit abgelöste Appretur-, Konservierungs-, Mottenschutzmittel usw. gestört werden. In vielen Fällen ist es zweckmäßig, sowohl die Asche als auch den Extrakt zu untersuchen, da aus den Unterschieden wertvolle Schlüsse gezogen werden können. Bei flüchtigen Verbindungen wird nicht trocken, sondern „naß" verascht.

Trockene Veraschung. Eine möglichst große Menge des zu untersuchenden Fasermaterials wird im Porzellantiegel zuerst mit kleiner Flamme verkohlt und dann mit voller Flamme vollends verascht. Zur vollständigen Verbrennung des Kohlenstoffs befeuchtet man die Asche nach dem Abkühlen des Tiegels mit ein paar Tropfen Perhydrol oder konz. Salpetersäure und glüht nochmals. Wenn erforderlich, wird diese Behandlung noch ein zweites oder drittes Mal vorgenommen. Die Asche soll möglichst weiß sein.

Nasse Veraschung. Das Fasermaterial wird in einem kleinen Becherglas oder einem Erlenmeyerkolben mit wenigen Millilitern konz. Schwefelsäure übergossen und mit etwa 10 bis 15 Tropfen 30- bis 40%igem Wasserstoffperoxyd versetzt. Darauf läßt man unter leichtem Erwärmen und wiederholter Zugabe von Perhydrol so lange einwirken, bis die Schwefelsäure nicht mehr weiter aufgehellt werden kann. Nach dem Erkalten gießt man die Lösung in die doppelte bis dreifache Menge Wasser und neutralisiert schließlich mit starker Natronlauge. Sollte hierbei ein Niederschlag entstehen, der beim Umrühren nicht mehr verschwindet, so ist er durch Zugabe von etwas verd. Schwefelsäure wieder in Lösung zu bringen. Metalle, die unlösliche Sulfate bilden, befinden sich bei der nassen Veraschung natürlich im Rückstand.

Nachweis von Kupfer

a) Mit Ammoniak. Die Asche wird in halbkonz. Salzsäure aufgelöst und im Überschuß mit Ammoniak versetzt. Bei Gegenwart von Kupfer bildet sich der tiefblaugefärbte Tetrakupramminkomplex $[Cu(NH_3)_4]^{++}$. Grenzkonzentration 1 : 40000.

b) *Mit Kaliumferrocyanid.* Zur salzsauren Lösung der Asche gibt man einen Spatel voll Natriumazetat und etwas Kaliumferrocyanidlösung. Bei Anwesenheit von Kupfer färbt sich die Lösung rotbraun; in größeren Konzentrationen entsteht ein rotbrauner Niederschlag von Kupferferrocyanid. Grenzkonzentration 1 : 90000.

c) *Mit Pyridin/Rhodanidlösung.* Zur salzsauren Lösung der Asche gibt man einen Spatel voll Natriumazetat, etwas Pyridin und einige Tropfen Kalium- oder Ammoniumrhodanidlösung und schüttelt um. Bei Gegenwart von Kupfer bildet sich ein gelbgrüner Niederschlag von Pyridin/Kupferrhodanid,

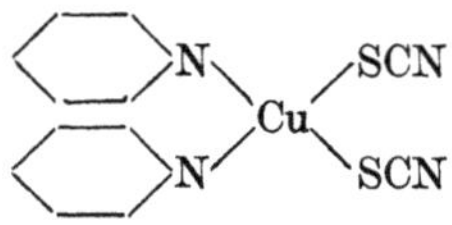

der sich beim Umschütteln mit etwas Chloroform in diesem mit gelbgrüner Farbe auflöst. Die Reaktion ist wesentlich empfindlicher als die unter a) und b) genannten. Grenzkonzentration 1 : 800000.

Über den Nachweis und die quantitative Bestimmung von Kupfer in Spuren s. S. 415.

Nachweis von Blei

Die Asche der Untersuchungsprobe wird in verd. Salpetersäure gelöst, das Ungelöste abfiltriert und das Filtrat mit etwas festem Natriumazetat sowie etwas Kaliumdichromatlösung versetzt und leicht erwärmt. Enthält die Lösung Blei, so entsteht ein gelber Niederschlag von Bleichromat, der sich im Gegensatz zum Barium- und Quecksilberchromat in Natronlauge und ammoniakalischer Weinsäure auflöst. Grenzkonzentration 1 : 30000.

Nachweis von Eisen

Zur salzsauren Lösung der Asche gibt man zwecks Oxydation des Eisens ein paar Tropfen konz. Salpetersäure oder Wasserstoffperoxyd und versetzt darauf entweder mit Kaliumferrocyanid oder Kalium- oder Ammoniumrhodanid. Im ersteren Fall entsteht ein blauer Niederschlag von Eisenferrocyanid (Berliner Blau), im letzteren eine blutrote Färbung von Eisenrhodanid. In sehr verdünnten Lösungen erhält man mit Kaliumferrocyanid nur eine blaugrüne Färbung. Grenzkonzentration: Jeweils 1 : 500000.

Reaktionsvorgänge:

$$4\,Fe^{+++} + 3[Fe(CN)_6]'''' = \underset{\text{Berliner Blau}}{Fe_4[Fe(CN)_6]_3}$$

$$Fe^{+++} + 3\,SCN' = \underset{\text{Eisenrhodanid}}{Fe(SCN)_3}$$

Da schon Spuren von Eisen die Wasserstoffperoxydbleiche stark katalysieren und dadurch Faserschädigungen hervorrufen können, ist auch die quantitative Bestimmung sehr geringer Eisenmengen von Interesse. Hierzu wird eine abgewogene Menge Fasermaterial verascht, die Asche in konz. Salzsäure gelöst und das Eisen mit Sulfosalicylsäure kolorimetrisch bestimmt. Durchführung s. S. 54.

Nachweis von Nickel

Die salzsaure Lösung der Asche stellt man mit konz. Ammoniak alkalisch, gibt etwas Dimethylglyoxim zu und erwärmt. Ein roter Niederschlag, der sich etwas an der Glaswand hochzieht, zeigt Nickel an. Sehr empfindliche Reaktion. Kobaltsalze geben braune, Ferrosalze blutrot gefärbte Lösungen, bilden aber keine Niederschläge. In sehr verdünnten Lösungen kommt der Niederschlag erst nach einigem Stehen heraus. Grenzkonzentration 1 : 300000.

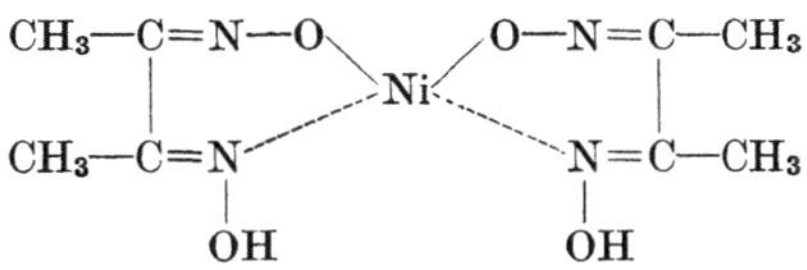

Roter Nickelniederschlag

Nachweis von Kobalt

Zu 1 bis 2 ml einer stärker konzentrierten Rhodanidlösung gibt man tropfenweise die salzsaure Lösung der Asche zu. Bei Gegenwart von Kobalt bildet sich blaues Kobaltrhodanid, welches sich in einem Gemisch aus Äther und Amylalkohol leicht auflöst. Sind Ferrisalze zugegen, so wird die blaue Farbe durch das blutrote Eisenrhodanid leicht überdeckt. Um dies zu verhindern, setzt man der Untersuchungs- oder der Rhodanidlösung etwas festes Alkalifluorid zu, wodurch das Eisen komplex gebunden wird und mit den Rhodanidionen nicht mehr reagieren kann. Grenzkonzentration 1 : 300000.

Nachweis von Mangan

a) Oxydation mit Persulfat. Die Asche wird in verdünnter Schwefel- oder Salpetersäure gelöst und die Lösung mit einigen Tropfen Silbernitratlösung sowie einer Messerspitze voll Ammonpersulfat versetzt und leicht erwärmt. Ist Mangan enthalten, so entsteht das violettgefärbte Permanganat. Grenzkonzentration 1 : 800000.

b) Oxydationsschmelze. Die Asche wird mit einem Soda/Salpeter-Gemisch geschmolzen. Bei Gegenwart von Mangan erhält man eine grüne Schmelze. Löst man diese nach dem Erkalten in verd. Essigsäure auf, so bildet sich unter Disproportionierung einerseits unlösliches braunes Mangandioxydhydrat und andererseits violettes Permanganat.

Über die quantitative Bestimmung von Mangan in Spuren s. S. 415.

Nachweis von Zinn

Die Asche wird in halbkonz. Salzsäure aufgelöst und der Lösung in einer Porzellanschale ein paar Körnchen granuliertes Zink zugegeben. Man läßt kurz einwirken, taucht dann ein mit kaltem Wasser halb gefülltes Reagenzglas in diese Lösung und hält das Reagenzglas anschließend in die Bunsenflamme. Ist Zinn vorhanden, so beobachtet man an der Reagenzglaswand eine kornblumenblaue Fluoreszenz. Grenzkonzentration 1 : 30000.

Nachweis von Aluminium

Man schmilzt am Platindraht etwas Soda oder Pottasche zu einer Perle zusammen, bringt in diese etwas von der Asche des zu untersuchenden Fasermaterials und schmilzt nochmals fünf Minuten. Darauf löst man die Perle im Reagenzglas in verd. Essigsäure und gibt ein paar Tropfen Morin (1 Messerspitze Morin aufgelöst in 50 ml Äthylalkohol) zu. Bei Gegenwart von Aluminium tritt eine sehr charakteristische grünliche Fluoreszenz auf. Sie ist besonders schön zu sehen, wenn man die Lösung zuerst ganz leicht erwärmt, dann unter der Wasserleitung abkühlt und gegen einen dunklen Hintergrund hält. Zur Erkennung der Fluoreszenz ist Tageslicht erforderlich. Grenzkonzentration 1 : 1000000.

Größere Mengen Eisen und Kupfer stören die Reaktion. In diesem Falle verfährt man wie folgt: Die Asche wird im Reagenzglas mit der 3- bis 5fachen Menge Kaliumbisulfat geschmolzen und die Schmelze nach dem Erkalten in verd. Essigsäure aufgenommen. Darauf stellt man mit verd. Natronlauge alkalisch, wodurch Eisen und Kupfer als Hydroxyde ausfallen, während das Aluminium als Aluminat in Lösung geht. Man filtriert ab, säuert das Filtrat mit Essigsäure an und prüft wie oben mit Morin.

Nachweis von Chrom

Die Asche der Faserprobe wird im Porzellantiegel mit der 5fachen Menge Soda/Salpeter (1 : 1) geschmolzen. Bei Anwesenheit von Chrom ist die Schmelze gelb gefärbt. Ein Teil der Schmelze wird in verd. Essigsäure gelöst und mit Bleiazetatlösung versetzt. Gelber Niederschlag von $PbCrO_4$ zeigt Chrom an. Der andere Teil der Schmelze wird in verd. Schwefelsäure gelöst und die Lösung im Reagenzglas mit Äther überschichtet und mit einigen Tropfen Wasserstoffperoxyd versetzt. Ist Chrom zugegen, so entsteht blaue Überchromsäure, welche sich beim Umschütteln in dem Äther löst. Grenzkonzentration 1 : 350000.

Nachweis von Titan

Die Asche der Faserprobe wird im Reagenzglas oder Porzellantiegel mit der 3- bis 5fachen Menge Kaliumbisulfat geschmolzen und die Schmelze nach dem Erkalten in kalter verd. Schwefelsäure gelöst. Enthält die Lösung Titan, so färbt sie sich bei Zugabe von etwas Wasserstoffperoxyd intensiv orangerot (Peroxytitansäure), in sehr stark verdünnten Lösungen schwach gelb. Grenzkonzentration 1 : 300000.

Der Nachweis von Titan spielt insofern eine Rolle, als zum Mattieren von Gespinstfasern z. Z. fast ausschließlich das Titandioxyd verwendet wird. Tiefmatte Fasern enthalten meist 2,5 bis 3% Titandioxyd, halbmatte 1 bis 1,5%.

Nachweis von Zink

a) *Rinmanns-Grün-Probe.* Die Asche des Fasermaterials wird in einem kleinen Porzellantiegel, noch besser in einer Magnesiarinne, mit einem Tropfen einer 0,1%igen Kobaltnitratlösung versetzt und dann geglüht. Ist Zink enthalten, so färbt sich die Asche grün. Man vermeide einen Überschuß an Kobaltnitratlösung, da sonst das sich bildende schwarze Kobaltoxyd die grüne Farbe überdeckt.

b) *Mit Dimethylanilin/Kaliumferricyanid.* Die Asche der Faserprobe wird mit verd. Salzsäure aufgenommen und die Lösung mit Soda fast neutralisiert. Man legt 1 ml Ferricyanidlösung vor, gibt 0,5 ml Dimethylanilin/Schwefelsäure-Lösung und 1 ml der Untersuchungslösung zu. Bei Gegenwart von Zink entsteht ein brauner Niederschlag. In sehr verdünnten Lösungen färbt sich die Lösung bräunlich und der Niederschlag kommt erst nach einigem Stehen heraus. Grenzkonzentration 1 : 50000.

Ansatz der Kaliumferricyanidlösung: 1 g Kaliumferricyanid aufgelöst in 50 ml Wasser.

Ansatz der Dimethylanilin/Schwefelsäure-Lösung: 0,25 g Dimethylanilin (genau abwiegen) werden in 100 ml konz. Schwefelsäure + 100 ml Wasser aufgelöst. Statt Dimethyl- kann auch Diäthylanilin verwendet werden.

Nachweis von Zirkon

Die Asche des Fasermaterials wird in halbkonz. Salzsäure gelöst und mit einigen Tropfen einer 0,1% igen alkoholischen Alizarinlösung versetzt. Ist Zirkon enthalten, so färbt sich die Lösung intensiv rot. Aluminium und Titan geben den gleichen Farblack, jedoch nur in schwach saurem oder neutralem Medium. Bei geringen Konzentrationen ist eine Blindprobe notwendig. Grenzkonzentration 1 : 10000.

Nachweis von Molybdän

a) *Abrauchen mit konz. Schwefelsäure.* Der Asche gibt man in einer Porzellanschale ein paar Tropfen konz. Schwefelsäure zu, raucht bis fast zur Trockene ab und läßt erkalten. Bei Gegenwart von Molybdän bildet sich Molybdänblau (Mo_3O_8). Sehr charakteristische Reaktion.

b) *Mit Kaliumxanthogenat.* Die Asche der Faserprobe wird im Porzellantiegel mit etwas Soda/Salpeter geschmolzen und die Schmelze in verd. Salzsäure aufgenommen. Zu etwa 1 ml dieser Lösung gibt man einige Körnchen festes Kaliumxanthogenat. Ist Molybdän enthalten, so beobachtet man eine schmutzige, violette Färbung, eventuell auch einen schwarzen, öligen Niederschlag. Grenzkonzentration 1 : 1000000.

Nachweis von Wolfram

Die Asche wird mit etwas konz. Salzsäure aufgenommen, mit der 3- bis 5fachen Menge Zinnchlorür versetzt und leicht erwärmt. Blaue Färbung der Lösung oder blauer Niederschlag (W_3O_8), der aber in verd. Lösungen erst nach längerem Stehen herauskommt, zeigen Wolfram an. Molybdän gibt nur in schwach saurer oder neutraler, nicht aber in stark saurer Lösung, eine ähnliche Blaufärbung. Grenzkonzentration 1 : 10000.

Nachweis von Calcium

a) *Flammenfärbung.* Man befeuchtet die Asche der Faserprobe am Platin- oder Magnesiastäbchen mit konz. Salzsäure und prüft dann in der Bunsenflamme. Bei in Salzsäure löslichen Calciumverbindungen beobachtet man eine ziegelrote bis blutrote Flammenfärbung. In Salzsäure unlösliche, nicht flüchtige Calciumverbindungen, z. B. Calciumsulfat, werden vor dem Befeuchten mit Salzsäure in die leuchtende Flamme des kleingestellten Bunsenbrenners gehalten und dadurch zum löslichen Sulfid reduziert.

b) *Fällung als Oxalat.* Von den Nachweisreaktionen eignet sich am besten die Fällung mit Ammonoxalat. Die Asche wird mit verd. Salzsäure gelöst und nach Zugabe von viel festem Natriumazetat mit Ammonoxalat versetzt und erwärmt. Bei Vorhandensein von Calcium bildet sich ein weißer Niederschlag von Calciumoxalat, der sich in verd. Salzsäure löst. Der Niederschlag wird zweckmäßig noch in der Flamme geprüft. Grenzkonzentration 1 : 50000.

Nachweis von Barium

a) *Flammenfärbung.* Bariumsalze färben die Bunsenflamme grün. Das nicht flüchtige Bariumsulfat muß vor dem Befeuchten mit konz. Salzsäure in der kleingestellten, leuchtenden Bunsenflamme zum Sulfid reduziert werden.

b) *Fällung als Chromat.* Bariumsalze geben in essigsaurer Lösung mit Kaliumdichromat einen gelben Niederschlag von Bariumchromat. Salzsaure Lösungen müssen mit Natriumazetat abgestumpft werden. Im Gegensatz zum Bleichromat löst sich der Niederschlag nicht in Natronlauge. Grenzkonzentration 1 : 80000.

c) *Fällung als Sulfat.* Versetzt man die salzsaure Lösung der Asche mit verd. Schwefelsäure oder Natriumsulfat, so entsteht ein weißer Niederschlag von Bariumsulfat. Grenzkonzentration 1 : 150000.

Das in der Textilindustrie hauptsächlich verwendete Bariumsulfat (Nachmattierung, Appretur) ist in Salzsäure völlig unlöslich und muß zum Nachweis erst einmal aufgeschlossen werden. Dies geschieht durch Schmelzen der Asche mit der 5fachen Menge einer Mischung aus gleichen Gewichtsteilen Soda und Pottasche. Die Schmelze wird nach dem Erkalten mit dest. Wasser mehrmals ausgekocht und der Rückstand abfiltriert und so lange mit heißem Wasser ausgewaschen, bis im Filtrat mit Bariumchlorid kein Niederschlag mehr entsteht. Der Filterrückstand ($BaCO_3$) wird in Essigsäure oder verd. Salzsäure gelöst und die Lösung wie unter *b*) oder *c*) angegeben auf Bariumionen geprüft.

Nachweis von Magnesium

a) *Mit Chinalizarin.* Die Asche des zu untersuchenden Fasermaterials wird in etwa 1 ml verd. Salzsäure gelöst und die Lösung mit 8 bis 10 Tropfen einer 0,01 bis 0,02%igen alkoholischen Chinalizarinlösung versetzt. Darauf gibt man so lange verd. Natronlauge zu, bis die Farbe der Lösung von Rötlich nach Violett umgeschlagen hat. Ist Magnesium zugegen, so bildet sich beim Kochen ein kornblumenblauer Niederschlag, der sich beim Stehenlassen der Lösung am Boden absetzt. Grenzkonzentration 1 : 200000.

b) *Mit Ammoniumphosphat.* Zu der salzsauren Lösung der Asche gibt man zuerst etwas Ammonchlorid, stellt dann mit verd. Ammoniak alkalisch und versetzt mit Ammon- oder Natriumphosphat. Magnesiumionen werden unter diesen Bedingungen als weißes, krist. Magnesiumammoniumphosphat ausgefällt. Bei mikroskopischer Betrachtung zeigen sich schneeflocken- oder scherenähnliche Gebilde. Grenzkonzentration 1 : 50000.

Nachweis von Sulfaten, Chloriden, Nitraten und Karbonaten

Zu empfehlen sind die in der qualitativen Analyse üblichen Reaktionen. Man geht aus vom wäßrigen Auszug der zu untersuchenden Faserprobe und prüft auf Sulfate mit Bariumchlorid, auf Chloride mit Silbernitrat, auf Nitrate mit Ferrosulfat/konz. Schwefelsäure und weist die Karbonate durch Austreiben des CO_2 und Reaktion mit Barytwasser nach. Bei wasserunlöslichen Karbonaten geschieht der Nachweis direkt mit dem Fasermaterial im Kohlendioxydapparat. Bei wasserunlöslichen Sulfaten, z. B. Bariumsulfat, wird die Faser verascht, die Asche mit Soda-Pottasche aufgeschlossen, die Schmelze mit Wasser aufgenommen und das Sulfat nach dem Abfiltrieren im Filtrat nachgewiesen.

Nachweis von Silikaten[1]

Die Faserprobe wird verascht und die Asche im Nickel- oder Platintiegel mit der 5fachen Menge Soda/Pottasche geschmolzen. Nach dem Erkalten kocht man die Schmelze mit Wasser, gibt der Lösung 1 Körnchen festes Ammonmolybdat zu und säuert mit verd. Salpetersäure an. Bei Gegenwart von Silikaten entsteht eine gelbe Färbung, evtl. auch ein gelber Niederschlag. Arsenate und Phosphate geben dieselbe Reaktion. Die ersteren können aber, da sie leicht flüchtig sind, in der Asche nicht enthalten sein.

Zum Nachweis von Silikaten neben Phosphaten wird die Asche mit verd. Salpetersäure behandelt, wodurch die Phosphate in Lösung gehen. Man filtriert ab und führt die Schmelze mit dem Rückstand durch. Grenzkonzentration 1 : 50000 (bezogen auf SiO_2).

---

[1] Nachweis von Silikonen s. S. 272.

Nachweis von Phosphaten

Die Faserprobe wird mit verd. Salpetersäure extrahiert oder die Asche in verd. Salpetersäure gelöst und Auszug bzw. Lösung mit einer salpetersauren Ammonmolybdatlösung versetzt und aufgekocht. Bei Anwesenheit von Phosphaten entsteht ein gelber Niederschlag, in verdünnten Lösungen eine Gelbfärbung. Zum Nachweis neben Silikaten, welche die gleiche Reaktion geben — Arsenate werden in der Textilindustrie nicht verwendet — wird der salpetersaure Auszug zur Trockene eingedampft, der Rückstand mit konz. Salzsäure aufgenommen, nochmals eingedampft, mit verd. Salpetersäure aufgenommen und dann die ausgeschiedene Kieselsäure abfiltriert. Die Prüfung auf Phosphat erfolgt im Filtrat. Grenzkonzentration 1 : 80000 (bezogen auf PO_4''').

Nachweis von Nitriten

Die Faserprobe wird mit wenig kaltem Wasser extrahiert und der Extrakt mit Ferrosulfat oder Sulfanilsäure/α-Naphthylamin auf Nitrition geprüft. Näheres s. S. 90.

Nachweis von Sulfiten und schwefliger Säure

a) *Mit Nitroprussidnatrium/Zinksulfat.* Zu 2 bis 3 ml gesättigter Zinksulfatlösung gibt man ein paar Tropfen einer 1 % igen Nitroprussidnatriumlösung und dann die auf Sulfit zu prüfende Lösung (wäßriger Extrakt der Faserprobe). Sind Sulfitionen zugegen, so färbt sich die Lösung rot. Grenzkonzentration 1 : 2000 (bezogen auf SO_3'').

b) Mit *Bariumchlorid/Wasserstoffperoxyd.* Einige Milliliter des wäßrigen Auszugs der Faserprobe säuert man mit verd. HCl an und gibt etwas $BaCl_2$ zu. Ein evtl. entstehender Niederschlag wird abfiltriert. Das Filtrat versetzt man mit wenigen Tropfen H_2O_2, wodurch das Sulfit zum Sulfat oxydiert wird und ein weißer Niederschlag von Bariumsulfat entsteht. Grenzkonzentration 1 : 200000 (bezogen auf SO_3'').

Nachweis von Oxalsäure

Der wäßrige Auszug der Faserprobe wird mit Essigsäure angesäuert und mit Calciumchloridlösung versetzt. Bei Gegenwart von Oxalsäure oder Oxalaten entsteht ein weißer Niederschlag von Calciumoxalat. Bei nicht wasserlöslichen Oxalaten zieht man die Faserprobe mit verd. Salzsäure aus und stumpft die Lösung vor der Calciumchloridzugabe mit Natriumazetat ab. Grenzkonzentration 1 : 20000 (bezogen auf C_2O_4'').

Nachweis von Weinsäure

Der wäßrige oder salzsaure Auszug der Faserprobe wird bis auf ein kleines Restvolumen von 1 bis 2 ml eingedampft. Darauf gibt man das gleiche Volumen verd. Natronlauge und 2 bis 3 Tropfen verd. Kupfersulfatlösung zu. Es entsteht dabei ein blauer Niederschlag von Kupferhydroxyd. Das Ganze wird 5 Min. geschüttelt und dann abfiltriert.

Sind keine Tartrationen zugegen, so bleibt das Kupferhydroxyd quantitativ auf dem Filter (sollte das Filtrat nicht klar sein, so ist es wiederholt auf das Filter zu geben); bei Gegenwart von Tartrationen bildet sich aber ein blauer, wasserlöslicher Kupfertartratkomplex und das Kupfer gelangt in das Filtrat. Das Filtrat wird mit verd. Essigsäure neutralisiert, mit etwas Pyridin, Rhodanidlösung und Chloroform versetzt (s. a. Nachweis von Kupfer auf S. 404 und geschüttelt. Bei Gegenwart von Kupfer färbt sich das Chloroform grün.

Nachweis von Zitronensäure

Die Faserprobe wird $^1/_2$ Std. lang mit warmem Wasser extrahiert und der Extrakt vorsichtig zur Trockene eingedampft. Den Rückstand streut man in eine Lösung von etwas α-Naphthol in konz. Schwefelsäure. Zitronensäure bewirkt eine grüne Fluoreszenz der Lösung, die jedoch meist erst nach stunden- bis tagelangem Stehen und nur in höheren Konzentrationen herauskommt.

Nachweis von Borsäure

a) *Flammenfärbung.* Man vermischt die Asche der zu untersuchenden Faserprobe mit etwas Calciumfluorid, befeuchtet mit konz. Schwefelsäure und erhitzt darauf in der Bunsenflamme. Bei Vorhandensein von Borsäure bzw. Boraten wird die Flamme grün gefärbt.

b) *Mit Kurkumapapier.* Die Asche wird mit verd. Salz- oder Schwefelsäure aufgenommen. Taucht man in diese Lösung ein Stückchen Kurkumapapier und trocknet es anschließend, so färbt es sich bei Gegenwart von Borsäure rotbraun. Titan-, Molybdän- und Zirkonsalze geben in saurer Lösung ebenfalls eine Braunfärbung.

c) *Mit Methylalkohol und konz. Schwefelsäure.* Die Asche wird im Reagenzglas mit 0,5 bis 1 ml konz. Schwefelsäure und 2 bis 3 ml Methylalkohol vermischt. Man erwärmt und zündet die entweichenden Dämpfe an. Borsäure bzw. Borate färben die Flamme intensiv grün (Borsäuretrimethylester).

Säure und Alkali auf der Faser

(p_H-Wert des Fasermaterials)

1. Messung mit Indikatorpapier. Das Indikatorpapier wird angefeuchtet und auf das zu prüfende Fasermaterial aufgedrückt.

Andere Möglichkeit: Man legt das angefeuchtete Papier zwischen das evtl. ebenfalls angefeuchtete Fasermaterial und preßt durch Belastung mit einem Gewicht fest aufeinander. Nach einer Einwirkungszeit von etwa 5 Min. wird der Farbumschlag geprüft.

Vorteile der Messung mit Indikatorpapier: Einfachste Handhabung, billig. *Nachteile:* Schlechte Reproduzierbarkeit der Meßwerte, da die Indikatorpapiere schon von Haus aus eine Streuung von 0,3 p_H-Einheiten aufweisen, in ungepufferten Lösungen nur wenig empfindlich sind und außerdem das Befeuchten wegen der unterschiedlichen Saugfähigkeit des Fasermaterials nicht gleichmäßig erfolgen kann. Trotzdem sind die auf diese Weise gemessenen p_H-Werte in vielen Fällen genauer als die des Standardverfahrens (s. w. u.).

2. Messung mit der Berührungselektrode[1]. Bei der Berührungselektrode handelt es sich um eine Glaselektrode mit abgeflachtem Boden. Zur Messung wird sie einfach auf das angefeuchtete Fasermaterial aufgedrückt. Die Meßwerte entsprechen meist mehr der Wirklichkeit als die des Standardverfahrens und reichen in der Genauigkeit sogar oft an die des Extrapolationsverfahrens heran. Zu bemängeln ist die schlechte Reproduzierbarkeit der Meßwerte, die auch wieder durch die unterschiedliche Saugfähigkeit des Fasermaterials bedingt ist.

3. Elektrometrische Messung des wäßrigen Extrakts

a) Standardverfahren.[2] Beim Standardverfahren wird das Fasermaterial im Flottenverhältnis 1 : 50 mit dest. Wasser extrahiert und der p_H-Wert des Extrakts gemessen. Die Messung erfolgt elektrometrisch mit der Glaselektrode.

Herstellung des Extrakts. $2 \pm 0{,}1$ g des zu untersuchenden lufttrockenen Fasermaterials gibt man in eine 100 ml-Polyäthylenflasche, setzt 100 ml dest. Wasser zu (p_H 5,0 bis 7,0) und netzt die Probe durch Ausdrücken in der Flasche gut durch. Darauf läßt man bei Zimmertemperatur 1 Std. lang einwirken, wobei die Probe alle 10 Min. in der Flasche mehrmals ausgedrückt wird. Abschließend preßt man die Extraktionsflüssigkeit durch Zusammendrücken der Flasche aus dem Fasermaterial heraus.

Bei alkalischen Extrakten ist die Polyäthylenflasche luftdicht zu verschließen um den Einfluß der Luftkohlensäure auszuschalten.

Die Polyäthylenflasche ist vor erstmaligem Gebrauch mehrmals mit warmem Wasser gut auszuspülen.

p_H-Messung. In die Meßzelle des p_H-Meßgerätes gibt man so viel Extraktionsflüssigkeit, daß die Kugel der Glaselektrode völlig bedeckt ist, schüttelt vorsichtig um, läßt 2 Min. lang stehen und entleert das Meßgefäß wieder. Darauf füllt man frische Extraktionslösung ein, mißt den p_H-Wert und wiederholt diesen Vorgang (Entleeren, Einfüllen, Messen) so lange, bis sich ein konstanter p_H-Wert eingestellt hat. Die Meßtemperatur beträgt 20 ± 1 °C.

Bemerkungen: Nach DIN-Entwurf 54276 werden zur Erhöhung der Genauigkeit des Verfahrens 3 Proben eingewogen, also 3 Extrakte hergestellt. Angegeben werden nur die p_H-Endwerte des 2. und 3. Extraktes (Mittelwert).

b) Extrapolationsverfahren[3]. Beim Standardverfahren werden sehr gut reproduzierbare Meßwerte erhalten, es ist aber mit dem Fehler behaftet, daß durch die starke Verdünnung bei der Extraktion (1 : 50) auch der p_H-Wert verschoben wird. Dieser „Verdünnungsfehler“ kann bei ungepufferten stark sauren oder stark alkalischen Extrakten über 2 p_H-Einheiten betragen. Gerade die tiefen und hohen p_H-Werte sind aber für die Praxis wegen der Schädigungsgefahr von größter Bedeutung.

---

[1] Hersteller: Dr. W. Ingold, Frankfurt (Main), Brönnerstr. 5—9.

[2] Im wesentlichen nach DIN-Entwurf 54276.

[3] Agster, A.: Wie bestimmt man den p_H-Wert von Fasermaterial? Melliand Textilber. **40** (1959) **1448**. Das Verfahren wurde inzwischen auch genormt (DIN 54275).

Beim Extrapolationsverfahren wird dieser Verdünnungsfehler ausgeschaltet, und zwar dadurch, daß man die Extraktion nicht nur bei einem, sondern mehreren Flottenverhältnissen (1 : 50; 1 : 20, 1 : 10 und 1 : 5) durchführt. Der p_H der 4 Extrakte wird gemessen und daraus dann durch graphische oder rechnerische Extrapolation der p_H-Wert für das Flottenverhältnis 1 : 0, d. h. das Fasermaterial selbst, bestimmt.

Das Extrapolationsverfahren ist immer dann zu empfehlen, wenn es auf höchste Versuchsgenauigkeit ankommt. Es ist für alle Faserstoffe und in allen Verarbeitungsstadien anwendbar. Bei der Wolle ist allerdings darauf hinzuweisen, daß infolge des amphoteren Charakters dieser Faser die größere Genauigkeit des Extrapolationsverfahrens nur bei p_H-Werten unter 3 und über 11, und auch da nur in vermindertem Umfange, zum Ausdruck kommt. Im Normalfall ist deswegen bei Wolle und Wollmischgespinsten das einfachere Standardverfahren oder das IWTO-Verfahren der Internationalen Wollvereinigung vorzuziehen. Bei p_H-Werten unter 4 wird häufig auch der Säuregehalt durch Extraktion mit Pyridin bestimmt (s. S. 388).

Herstellung der Extrakte. Man wägt jeweils 2 ± 0,1 g des zu untersuchenden lufttrockenen Fasermaterials in je eine Polyäthylenflasche ein, und setzt bei einem Flottenverhältnis von 1 : 5 10 ml, bei 1 : 10 20 ml, bei 1 : 20 40 ml und bei 1 : 50 100 ml destilliertes Wasser zu und netzt die Proben durch mehrmaliges Ausdrücken in der Flasche gut durch. Dann läßt man bei Zimmertemperatur 1 Std. lang einwirken, wobei die Proben alle 10 Min. in der Flasche mehrmals ausgedrückt werden. Abschließend wird die Extraktionslösung durch Zusammendrücken der Flasche aus dem Fasermaterial herausgepreßt.

Zur Ausschaltung der Luftkohlensäure sind bei alkalischen Extrakten die Flaschen auch wieder luftdicht zu verschließen.

Messung der p_H-Werte. Bei der p_H-Messung der Extrakte verfährt man wie beim Standardverfahren angegeben. Die genauesten Werte resultieren, wenn man mit dem am stärksten verdünnten Extrakt (1:50) beginnt und dann zu den konzentrierteren übergeht, wobei die Elektrode nach jeder Messung nicht mit dest. Wasser, sondern der nächsten Meßlösung kurz gespült wird.

Sollte der Extrakt bei dem kleinen Flottenverhältnis 1:5 mengenmäßig zur Messung nicht ausreichen, so ist bei der Herstellung des Extraktes von einer entsprechend größeren Probemenge auszugehen.

Auswertung

a) *Graphische Extrapolation.* Die p_H-Werte der 4 Extrakte werden wie aus Abb. 49 ersichtlich in ein Koordinatennetz eingezeichnet und die Meßpunkte durch einen Kurvenzug miteinander verbunden. Der Schnittpunkt der verlängerten Kurve mit der Ordinate ergibt den extrapolierten p_H-Wert ($p_{H\ Extrapol}$).

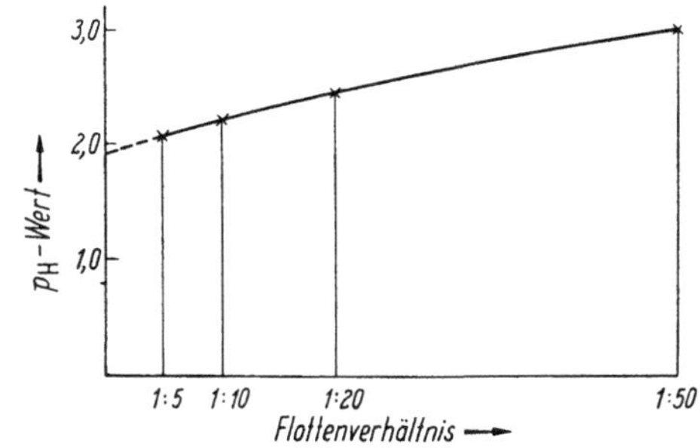

Abb. 49. Extrapolationsverfahren, graphische Auswertung. Aus der graphischen Darstellung resultiert ein extrapolierter p_H-Wert von etwa 1,9

Beispiel

Bei der Messung wurden folgende p_H-Werte festgestellt (graphische Darstellung s. Abb. 49).

Flottenverhältnis	p_H-Wert
1 : 5	2,2
1 : 10	2,4
1 : 20	2,6
1 : 50	3,0

b) *Rechnerische Extrapolation*[1]. Der extrapolierte p_H-Wert wird nach folgender Gleichung berechnet:

$$p_{H\,\text{Extrapol.}} = \frac{80}{27} \cdot y_5 - \frac{5}{2} \cdot y_{10} + \frac{5}{9} \cdot y_{20} - \frac{1}{54} \cdot y_{50}$$

Hierin bedeuten:

y_5 p_H-Wert beim Flottenverhältnis 1 : 5
y_{10} p_H-Wert beim Flottenverhältnis 1 : 10
y_{20} p_H-Wert beim Flottenverhältnis 1 : 20
y_{50} p_H-Wert beim Flottenverhältnis 1 : 50

Setzt man die p_H-Werte des unter a) erwähnten Beispiels in die obige Gleichung ein, so ergibt sich:

$$\begin{aligned} p_{H\,\text{Extrapol.}} &= \frac{80}{27} \cdot 2{,}2 - \frac{5}{2} \cdot 2{,}4 + \frac{5}{9} \cdot 2{,}6 - \frac{1}{54} \cdot 3{,}0 \\ &= 6{,}52 - 6{,}0 + 1{,}44 - 0{,}06 \\ &= 1{,}9. \end{aligned}$$

Graphische und rechnerische Auswertung zeigen eine gute Übereinstimmung.

Überblick über die Genauigkeit und die Unterschiede zwischen den verschiedenen p_H-Meßverfahren

Wie sehr die p_H-Werte je nach dem Meßverfahren auseinandergehen können, kommt in der Tab. 51 zum Ausdruck. Das Fasermaterial wurde bei diesen Versuchen mit den angegebenen Lösungen imprägniert, kurz geschleudert und dann an der Luft getrocknet.

Tabelle 51 (*nach Agster*)

Baumwollgewebe, imprägniert mit	Extrapolationsverfahren	Berührungselektrode	Aufdrücken von Indikatorpapier	wäßriger Extrakt (1 : 50), gemessen mit	
				Glaselektrode (Standardverfahren)	Indikatorpapier
n/10-H_2SO_4	1,6	1,7	2,0	2,8	3,9
n/200-H_2SO_4	3,5	3,7	4,1	5,4	5,2
Pufferlösung vom $p_H = 4{,}3$	4,5	4,7	4,9	4,7	4,9
n/10-NaOH	10,9	10,6	10,3	9,8	8,8

[1] Reif, J.: Die p_H-Messung an Textilien. Deutsche Textiltechnik **12** (1962) 434.

Oxydations- und Reduktionsmittel auf der Faser

Man verfährt wie beim Nachweis von Säure und Alkali, verwendet aber an Stelle von Indikatorpapieren zur Erkennung von Oxydationsmitteln Kaliumjodid/Stärke-Papier und von Reduktionsmitteln das Indanthrengelb-Papier. Diese Prüfungen sind jedoch mit Vorsicht zu genießen, und es empfiehlt sich daher immer eine Ergänzung und Bestätigung durch analytische Nachweismethoden.

Bestimmung des r_H-Wertes. Man stellt sich wie bei der elektrometrischen p_H-Messung beschrieben (Standardverfahren) einen wäßrigen Extrakt her, mißt dessen Redoxpotential und errechnet daraus den r_H-Wert (s. S. 13). Eine Extrapolation auf das Flottenverhältnis 1 : 0 zwecks Ausschaltung des Verdünnungseffekts ist nicht erforderlich, da das Redoxpotential von der Konzentration praktisch unabhängig ist. Näheres hierüber s. S. 15.

Spritzer von Oxydations- oder Reduktionsmitteln lassen sich erkennen durch Befeuchten oder Besprühen der Ware mit Lösungen von Redoxindikatoren.

Kupfer und Mangan in Spuren auf der Faser

Kupfer und Mangan sind typische Kautschukgifte. Sie bewirken schon in ganz minimalen Mengen ein vorzeitiges Altern des Gummis. Dieser wird dadurch brüchig und löst sich von der Ware ab. Nach den Angaben der Kautschukindustrie darf in einer zu gummierenden Ware der Gehalt an Kupfer plus Mangan nicht über 0,002% liegen. Die Textilindustrie hält dagegen einen Grenzwert von 0,005% für angebracht.

Zur quantitativen Erfassung so geringer Kupfermengen eignet sich die kolorimetrische Bestimmung mit Zinkdiäthyl-dithiocarbamat. Das Mangan wird am besten durch Oxydation in das Permanganat übergeführt und ebenfalls kolorimetrisch bestimmt. Nachstehende Arbeitsvorschrift entspricht DIN 53569.

Probenvorbereitung. Normalerweise wird ein trockener Aufschluß (Veraschung) durchgeführt. Halogenhaltige Untersuchungsproben sind wegen der Verflüchtigungsgefahr naß aufzuschließen.

a) Trockener Aufschluß: Ungefähr 5 g der lufttrockenen Untersuchungsprobe werden genau abgewogen und in einem Quarztiegel, der auf Boden und Innenwand verteilt etwa 0,1 g Magnesiumoxyd enthält, verascht. Hierbei wird zunächst vorsichtig mit kleiner Flamme erhitzt, bis der größte Teil der Probe verkohlt ist, und dann die Veraschung in einem elektrischen Ofen bei maximal 550 °C zu Ende geführt. Dauer etwa 1 Std. Nach dem Abkühlen wird die Asche mit 0,5 bis 1 ml dest. Wasser befeuchtet.

Bei langsam steigender Temperatur (Stufenschaltung) kann das Veraschen selbstverständlich auch ganz im elektrischen Ofen durchgeführt werden.

b) Nasser Aufschluß: Etwa 5 g der in kleine Teile zerschnittenen Probe werden genau abgewogen und in einem 100 ml-Kjeldahl-Kolben mit 4 ml konz. Schwefelsäure und 5 ml konz. Salpetersäure versetzt.

Nach dem Abklingen der starken Anfangsreaktion wird auf dem Sandbad so lange erhitzt, bis ein Verkohlen einsetzt. Dann gibt man 1 ml konz. Salpetersäure zu, erhitzt weiter und wiederholt dies so lange, bis die Lösung hellgelb bis farblos geworden ist und weiße Schwefelsäuredämpfe entweichen. Darauf läßt man abkühlen, setzt 10 ml dest. Wasser zu und erhitzt, bis keine rotbraunen Stickoxyde mehr entstehen, sondern nur noch die weißen Dämpfe von Schwefelsäure. Dieser Vorgang wird noch zweimal wiederholt. Zum Schluß läßt man die Lösung abkühlen, verdünnt mit 5 ml dest. Wasser und filtriert durch ein 7 cm-Rundfilter in einen 100 ml-Erlenmeyerkolben.

Bestimmung des Kupfers

Reagenzien

Salzsäure/Salpetersäure-Gemisch: 2 Volumen konz. Salzsäure (d = 1,18) + 1 Volumen konz. Salpetersäure (d = 1,42) + 3 Volumen dest. Wasser.

Kupfer-Vergleichslösung: 0,3928 g Kupfersulfat ($CuSO_4 \cdot 5H_2O$) werden in einem 1000 ml-Meßkolben in dest. Wasser gelöst, 5 ml konz. Schwefelsäure zugegeben und der Kolben zur Marke aufgefüllt. Von dieser Lösung pipettiert man 10 ml in einen 100 ml-Meßkolben und füllt diesen ebenfalls mit dest. Wasser zur Marke auf. Die Lösung enthält dann 0,01 mg Kupfer je ml.

Zinkdiäthyl-dithiokarbamat-Reagens: 1 g Natriumdiäthyl-dithiokarbamat und 2 g Zinksulfat ($ZnSO_4 \cdot 7\,H_2O$) werden in 100 ml dest. Wasser gelöst und in einem kleinen Scheidetrichter mit 100 ml Chloroform ausgeschüttelt. Der Chloroformextrakt wird abgelassen und mit Chloroform zu 1 l verdünnt. Diese Lösung muß stets frisch angesetzt werden und darf nicht länger als eine Woche stehen.

Zitronensäurelösung: 50 g Zitronensäure in 100 ml dest. Wasser.

Durchführung: Die im Tiegel befeuchtete Asche wird mit 10 ml des Salzsäure/Salpetersäure-Gemisches versetzt und der Tiegel nach Bedecken mit einem Uhrglas 20 Min. lang auf dem kochenden Wasserbad erwärmt. Darauf spült man den Inhalt mit wenig Wasser in einen 100 ml-Erlenmeyerkolben, setzt 5 ml Zitronensäurelösung zu, neutralisiert tropfenweise mit Ammoniak gegen Lackmuspapier, läßt abkühlen, spült die Lösung in einen 100 ml-Scheidetrichter, fügt 2 ml konz. Ammoniak (d = 0,88) hinzu und verdünnt mit dest. Wasser auf 40 ml. Dann gibt man sofort 25 ml der Zinkdiäthyl-dithiokarbamat-Lösung zu, schüttelt etwa 2 Min. lang und läßt die Lösung stehen, bis sich die beiden Schichten getrennt haben. Die Chloroformschicht wird in einen 50 ml-Meßkolben abgelassen und nach Zugabe von 0,1 g wasserfreiem Natriumsulfat durchgeschüttelt. Sollte die Lösung nicht klar sein, ist weiteres Natriumsulfat zuzugeben. Zum Schluß wird mit Chloroform zur Marke aufgefüllt und die Lösung kolorimetriert.

Bei der Kupfersulfat-Vergleichslösung verfährt man genau so, nur wird statt der angefeuchteten Asche eine bestimmte Menge Kupfersulfatlösung, der man ebenfalls 0,1 g Magnesiumoxyd zusetzt, verwendet.

Auswertung

$$\text{Kupfergehalt in } \% = \frac{a \cdot 100}{E}$$

Es bedeuten:

a kolorimetrisch gefundene Menge Kupfer in g
E Einwaage an Fasermaterial in g

Bestimmung des Mangans

Reagenzien

Mangan-Vergleichslösung: 0,7200 g $\pm$ 0,001 g Kaliumpermanganat werden unter Zusatz von 1 ml konz. Schwefelsäure in dest. Wasser aufgelöst. Der Lösung gibt man so viel schweflige Säure zu, bis sie farblos geworden ist, kocht zum Vertreiben der überschüssigen schwefligen Säure etwa 5 Min. lang auf, kühlt ab, überführt in einen 500 ml-Meßkolben und füllt zur Marke auf. 10 ml dieser Lösung werden in einen 1000 ml-Meßkolben pipettiert und dieser mit dest. Wasser zur Marke aufgefüllt. Die Lösung enthält nun 0,005 mg Mangan je ml.

Anmerkung: Das verwendete dest. Wasser darf keine durch Permanganat oxydierbaren Substanzen enthalten. *Prüfung:* 50 ml des dest. Wassers fügt man einige Tropfen konz. Schwefelsäure zu, kocht auf und versetzt tropfenweise mit verd. Permanganatlösung. Wird das Permanganat entfärbt, so ist das Wasser zu reinigen.

Reinigung: Zu 1 l dest. Wasser gibt man 0,1 g Kaliumpermanganat sowie einige Tropfen konz. Schwefelsäure und destilliert. Die ersten 50 ml des Destillats werden verworfen, der Rest wird in einer sauberen, mit Glasstopfen gut verschließbaren Flasche aufbewahrt.

Durchführung: Die Asche des Aufschlusses wird im Tiegel mit 4 ml konz. Salzsäure versetzt und dann die Säure bis fast zum Verschwinden der Säuredämpfe langsam abgeraucht. Dann läßt man abkühlen, gibt 4 ml 98%ige Phosphorsäure (H_3PO_4) sowie vorsichtig 2 ml dest. Wasser zu, bedeckt den Tiegel mit einem Uhrglas und stellt ihn bis zur völligen Auflösung der Asche in ein kochendes Wasserbad. Die Lösung wird durch ein Glasfilter in einen Erlenmeyerkolben filtriert und nach Zugabe von 0,3 g Kaliumperjodat etwa 10 Min. auf 80 bis 100 °C erwärmt. Nach dem Abkühlen unter der Wasserleitung wird die Lösung in einen ml-Meßkolben überführt und nach dem Auffüllen zur Marke kolorimetriert.

Bei der Vergleichsmessung wird genau so verfahren, nur verwendet man an Stelle der Asche eine bestimmte Menge Mangan-Vergleichslösung.

Auswertung

$$\text{Mangangehalt in \%} = \frac{a \cdot 100}{E}$$

Es bedeuten:

a kolorimetrisch gefundene Menge Mangan in g
E Einwaage an Fasermaterial in g

Kalkseife auf der Faser

a) *Nachweis mit Calgon.* Behandelt man eine mit Kalkseife behaftete Faserprobe mit Calgonlösung, so wird das Calcium der Kalkseife im Calgon komplex gebunden und gegen Natrium ausgetauscht. Aus der Kalkseife wird dadurch eine Natronseife, und wenn man die Lösung umschüttelt, tritt ein starkes Schäumen auf.

Ausführung: Die Faserprobe wird im Reagenzglas mit Calgonlösung übergossen und 5 Min. umgeschüttelt. Man beobachtet die Schaumbildung im Vergleich zu einem Blindversuch, bei dem die Faserprobe nur mit Wasser geschüttelt wird.

b) *Nachweis durch Anfärbung mit Nilblau.* Die Faserprobe wird in einer 0,3% igen Lösung von Nilblau 10 bis 15 Min. lang bei 60 bis 70 °C behandelt und abschließend mit kochendem Wasser gespült. Die Kalkseife färbt sich hierbei purpurrot bis blau an, die Zellulosefaser aber schwach graublau.

Zur *quantitativen Bestimmung* und Abtrennung der Kalkseife von gleichzeitig auf der Faser sitzenden Fetten und Ölen arbeitet man wie folgt: Die Faserprobe wird zuerst mit Azeton extrahiert, wodurch Fette und Öle in Lösung gehen. Darauf wird bei 95 bis 100 °C getrocknet und die Kalkseife durch Behandlung mit heißem Benzol, Methylenchlorid oder Tetrachlorkohlenstoff (am besten am Rückflußkühler) in Lösung gebracht. Man verdampft den Auszug zur Trockene und wiegt den Rückstand ab. Wenn notwendig, kann daraus auch noch der Gehalt an Fettsäure (Zersetzung mit Salzsäure und Ätherextraktion, s. S. 215) und an Calcium bzw. Magnesium (s. S. 101 ff.) bestimmt werden.

Zinkseifen auf der Faser

Größere Mengen Zink werden in der üblichen Weise nachgewiesen (s. S. 407). Bei Gegenwart kleinster Mengen, z. B. in Zinkseifenflecken, geht Kehren wie folgt vor: Man löst 1 g Diphenylamin in 60 bis 80 ml 96% igem Alkohol und füllt mit 10% iger Essigsäure zu 100 ml auf. Eine etwaige Trübung wird durch Zusatz von etwas Alkohol wieder beseitigt. Betupft man nun den Fleck nacheinander mit obiger Diphenylaminlösung und dann mit 0,5% iger wäßriger Ferricyankaliumlösung, so tritt bei Vorhandensein von Zink sofort eine violette bis schwarze Färbung oder Umrandung des Flecks auf. Kalkseifen und Eisenoxydflecke, die im übrigen leicht zu erkennen sind, stören dabei nicht.

Anmerkung: Tritt die Blaufärbung schon beim Betupfen mit Diphenylaminlösung auf, so sind Oxydationsmittel auf der Faser. Zur Prüfung auf Zink müssen diese vorher entfernt werden, am besten durch Einlegen der Untersuchungsprobe in eine verd. Wasserstoffperoxydlösung. Anschließend wird kurz gespült und dann der Zinknachweis durchgeführt.

Schmierölverunreinigungen und Teerflecken auf der Faser[1]

Teerflecken. In gebleichten Baumwollgeweben, auch Baumwoll/Mischgespinsten, beobachtet man häufig kleine, tiefschwarze Flecken, die aus Teer bestehen. Dieser Teer ist normalerweise schon in der Rohbaumwolle enthalten, und zwar handelt es sich in der Hauptsache um Anschmutzungen beim Transport und Pflücken der Baumwolle. Im Rohgewebe sind diese Flecken kaum zu sehen, da sie durch die vielen Samenschalen optisch glatt überdeckt werden. Durch den Bleichprozeß wird aber das Gewebe aufgehellt, der Kontrast wird größer, die Samen-

---

[1] Näheres hierüber s. A. Agster: Schwarze Stippen und Flecken im Gewebe. Textil-Praxis **10** (1955) 464—468.

schalen gehen in Lösung und dann treten diese Flecken auf einmal stark hervor.

Schmierölverunreinigungen. Bei den Schmierölverunreinigungen handelt es sich um Anschmutzungen durch mehr oder weniger stark verharzte und mit Eisenabrieb, Staub, Faserflug u. ä. durchsetzte Mineralöle. Sie kommen meist in der Spinnerei oder Weberei auf die Ware. Durch den Eisengehalt können diese Verunreinigungen beim Bleichen mit Wasserstoffperoxyd starke Katalytschäden verursachen.

Die wesentlichen Unterschiede zwischen den Teerflecken und den Schmierölverunreinigungen sind in der Tab. 52 zusammengestellt.

Tabelle 52. (*Nachweis von Teerflecken und Schmierölverunreinigungen*)

	Aussehen	Verhalten bei der Bleiche	Behandlung mit organischen Lösungsmitteln	besonderes Charakteristikum
Teerflecken	meist klein, rundlich, oft nur punktförmig; tiefschwarz glänzend	unverändert, schwache Hofbildung, auf Kalander breitgedrückt, evtl. Abdrücke	glatte Auflösung bis auf kleinen Rückstand (Kohlenstoff), beim Betupfen starkes Ausfließen[1]	beim Anzünden Geruch nach Gummi, Flecken sitzen meist auf Grobfäden
Schmierölverunreinigungen	alle möglichen Formen, streifen-, batzen- und punktförmige Gebilde, von brauner bis schwarzer Farbe	nicht entfernt, nur aufgehellt, evtl. heller Hof um dunklen Kern	Öl löst sich, schwarzer Rückstand von Staub und Metallabrieb	Eisenreaktion positiv[2], unter der Ultralampe meist keine oder nur schwache Fluoreszenz, oft Faserflug vorhanden, Flecken sitzen evtl. auf Grobfäden

Eiweißrückstände auf der Faser[3,4]

Wenn beim Ansetzen von Eiweißschlichteflotten ungeeignete Substanzen zugesetzt werden, z. B. Paraffin als Weichmachungsmittel oder Kupfersulfat zur Konservierung, oder bei Stärke/Eiweiß-Kombinationsschlichten die enzymatische Entschlichtung unterbleibt, können beim Auswaschen Eiweißrückstände auf der Faser verbleiben, die beim nachherigen Färben Egalisierungsschwierigkeiten verursachen.

Zum Nachweis dieser Eiweißspuren sind die allgemein üblichen Eiweißreaktionen wie die Biuret- und Ninhydrinreaktion sowie die

[1] Wenn vor dem Bleichen beim Waschprozeß Fettlöserpräparate zugesetzt wurden, so tritt meist kein Ausfließen mehr auf.

[2] Unter Umständen erst nach vorherigem Ablösen des Mineralöls mit einem organischen Lösungsmittel.

[3] S. Agster, A.: Zur Frage der Verhornung von Eiweißschlichten. Textil-Praxis **15** (1960) 407.

[4] Agster, A.: Der Nachweis von eiweißhaltigen Schlichte- und Appreturmitteln — Eiweißrückstände auf der Faser. Textil-Praxis **15** (1960) 168.

Reaktion mit Millons Reagens nicht geeignet. Zu empfehlen ist die Anfärbung mit Säurefarbstoffen und vor allem die Chloramin/Benzidin-Reaktion. Ausführung s. S. 254.

Chloramine auf der Faser

Bei der Einwirkung von Hypochloriten oder Chlorgas auf proteinhaltige Faserstoffe entstehen die sog. Chloramine. Diese sitzen ziemlich fest auf der Faser und lassen sich durch einen einfachen Waschprozeß nicht beseitigen. Im Laufe der Zeit (Lagerung) zersetzen sie sich aber unter Freiwerden von unterchloriger Säure, wodurch Faserschädigungen verursacht werden können.

Chloramine scheiden aus einer mit Schwefelsäure angesäuerten Kaliumjodidlösung Jod aus. Da Hypochlorite dieselbe Reaktion geben, verfährt man zum Nachweis wie folgt: Die Untersuchungsprobe wird zuerst 10 Min. lang mit dest. Wasser gespült und dann 5 Min. in eine schwach angesäuerte etwa 1%ige Wasserstoffperoxydlösung eingelegt. Das Hypochlorit wird dadurch zerstört, im Gegensatz zum Chloramin, welches gegen Peroxyd beständig ist. Darauf wird die Probe kurz mit dest. Wasser gespült. Zur Entfernung von H_2O_2-Spuren setzt man dem letzten Spülwasser etwas verd. Schwefelsäure und dann bis zur bleibenden Rotfärbung verd. $KMnO_4$-Lösung zu. Durch tropfenweise Zugabe von verd. Oxalsäure wird die Rotfärbung dann wieder beseitigt und die Untersuchungsprobe in eine schwefelsaure Kaliumjodidlösung eingelegt. Bei Gegenwart von Chloraminen wird Jod frei, das mit n/100-Thiosulfatlösung auch titriert werden kann. Die Jodausscheidung, die in der Kälte nur langsam erfolgt, kann durch Erwärmen stark beschleunigt werden.

Mottenschutzmittel auf der Faser

Zum Schutz gegen Motten- und Dermestidenfraß wird die Wolle „eulanisiert". Die wichtigsten derzeit im Handel befindlichen Eulanmarken sind

Eulan CNA extra konz.,
Eulan FLE,
Eulan U 33 und *Eulan WA neu.*

Neben den Eulanen werden bei uns für diesen Zweck auch noch *Mitin FF* und das *Dieldrin* verwendet. Die qualitativen und quantitativen Bestimmungsmethoden für diese Substanzen sind aber meist nicht einfach und so speziell, daß wegen der Durchführung auf die von den Herstellerfirmen herausgebrachte Spezialliteratur verwiesen werden muß[1,2,3].

Als allgemeine Prüfmethode auf mottensichere Ausrüstung ist die Mottenfraßprobe zu empfehlen. Nach SNV 95901 werden genau

---

[1] Nachweis und quantitative Bestimmung der Eulane siehe Broschüre der Farbenfabriken Bayer, Leverkusen: Analysenmethoden zur Bestimmung des Eulan-Gehalts auf der Faser.

[2] Nachweis von Mitin FF hochkonz. und Mitin FFM s. Zirkular d 1459 der Fa. Geigy, Basel.

[3] Nachweis von Dieldrin s. Amer. Dyest. Rep. **51** (1962) Nr. 13, S. 19.

abgewogene Untersuchungsproben und gleichzeitig nicht mottensicher ausgerüstete Vergleichsproben unter bestimmten Bedingungen mit Mottenraupen zusammengebracht und 14 Tage dem Mottenfraß ausgesetzt. Anschließend werden die Proben wieder gewogen und der Gewichtsverlust festgestellt. Die Untersuchungsproben werden als mottensicher bezeichnet, wenn ihr Gewichtsverlust nicht größer als 12% des Gewichtsverlustes der Vergleichsmuster ist.

Zu beachten ist, daß Chromfärbungen auf Wolle ebenfalls einen gewissen Schutz gegen Mottenfraß bewirken.

Mattierungsmittel auf der Faser

Um den etwas harten und aufdringlichen Glasglanz der Chemiefasern abzumildern oder evtl. sogar ganz zu beseitigen, wird ein großer Teil der in den Handel gebrachten Fasertypen mattiert. Erreicht wird dies durch Einlagerung, evtl. auch Auflagerung von unlöslichen anorganischen Pigmenten. Geschieht das Mattieren bereits bei der Herstellung der Faser, indem man das Pigment der Spinnlösung zusetzt, so spricht man von einer *Spinnmattierung*. Erfolgt es dagegen erst im Lauf der Veredelung, so liegt eine *Nachmattierung* vor. Aus verschiedenen Gründen, insbesondere aber wegen der besseren Waschbeständigkeit, ist heute fast ausschließlich die Spinnmattierung im Gebrauch, und als Mattierungsmittel kommt wegen seiner ausgezeichneten Deckkraft, seiner großen Widerstandsfähigkeit gegen Chemikalien und nicht zuletzt auch seines feinen Kornes wegen praktisch nur noch das Titandioxyd in Frage.

Bei den Nachmattierungsverfahren werden unlösliche, weiße Pigmente wie TiO_2, ZnO, Kaolin u. ä. mit Hilfe von Fettkörpern oder Kunstharzen auf der Faser fixiert oder geeignete Salze (Zirkonoxychlorid, Stannate u. dgl.) auf der Faser hydrolysiert und dadurch in unlösliche weiße Niederschläge übergeführt.

Die früher teilweise üblichen zweibadigen Nachmattierungsverfahren werden heute nicht mehr durchgeführt.

Unterscheidung Spinnmattierung/Nachmattierung

Ob das Fasermaterial mattiert ist, erkennt man leicht unter dem Mikroskop. Die Pigmentteilchen machen sich nämlich sowohl im Längsbild als auch im Querschnitt als dunkle Punkte bemerkbar. Sind die Pigmente über den ganzen Faserquerschnitt gleichmäßig verteilt, so liegt eine *Spinnmattierung* (TiO_2) vor, sitzen sie aber nur in der äußeren Randzone und in der Faseroberfläche, so handelt es sich um eine *Nachmattierung*. Andere Möglichkeit: Die Faserprobe wird in einem geeigneten Lösungsmittel aufgelöst. Bei Vorhandensein von Mattierungspigmenten ist die entstehende Lösung weiß getrübt. Wird das Lösungsmittel trübe, ohne daß sich das Fasermaterial löst, so ist dies beweisend für eine Nachmattierung. In diesem Falle ist das Bindemittel in Lösung gegangen.

Nachweis der Spinnmattierung (TiO_2)

Der Nachweis des Titan erfolgt wie auf S. 406 angegeben durch Schmelzen der Asche mit Kaliumbisulfat und Reaktion mit Wasserstoffperoxyd, wobei die orangerot gefärbte Peroxytitansäure entsteht.

Andere Möglichkeit: Das Fasermaterial wird durch starkes Erhitzen mit etwas konz. Schwefelsäure in Lösung gebracht. Nach dem Erkalten der Lösung setzt man einige Tropfen Wasserstoffperoxyd zu. Orangerote Färbung zeigt Titan an.

Quantitative Bestimmung des TiO_2

5 bis 10 g Fasermaterial werden genau abgewogen und dann trocken verascht (s. S. 403). Die Asche muß völlig weiß sein. Der Rückstand wird abgewogen und als TiO_2 berechnet. Halbmatte Fasern enthalten 1 bis 1,5% TiO_2, tiefmatte 2,5 bis 3%.

Nachweis des Nachmattierungsmittels

Die Faserprobe wird verascht und die Asche wie auf S. 406ff. beschrieben auf Titan, Zink, Aluminium, Barium, Molybdän, Wolfram, Zirkon usw. geprüft.

Nachweis von Honigtau auf Baumwolle

Unter dem Honigtau versteht man die stark klebrigen, zu etwa 85% aus Zucker bestehenden Ausscheidungen von Blattläusen. Ist die Baumwolle damit behaftet, so können durch die Klebewirkung in der Spinnerei erhebliche Fabrikationsschwierigkeiten (Wickelbildung) auftreten.

Der Nachweis des Honigtaus geschieht durch Kochen der Baumwolle mit einer Kupferzitratkomplexlösung (Benedict-Lösung). Durch die reduzierende Wirkung der Zucker wird das zweiwertige Kupfer zum einwertigen reduziert, wodurch die Farbe der Lösung je nach der Zuckermenge von Blau über Grün und Gelb nach Rot umschlägt.

Herstellung der Benedict-Lösung

17,3 g Kupfersulfat krist. werden in 100 ml dest. Wasser gelöst. Daneben löst man 117 g Natriumkarbonat (wasserfrei) und 173 g Natriumzitrat unter Erhitzen in 700 ml dest. Wasser, gibt beide Lösungen nach dem Abkühlen zusammen und füllt zu 1 l auf.

Durchführung[1]: Ungefähr 1 g Baumwolle wird in einem 100 ml-Erlenmeyerkolben mit 20 ml dest. Wasser und 10 ml Benedict-Lösung versetzt. Nach Zugabe einiger Siedesteinchen wird dann der Kolben bis zur vollständigen Reaktion der Lösung, was etwa 5 Min. in Anspruch nimmt, in ein kochendes Wasserbad gestellt. Die Beurteilung erfolgt nach dem Farbumschlag. Es bedeuten:

blaue Färbung	kein Honigtaubefall
grüne Färbung	geringer Befall
gelbe Färbung	mittelmäßiger Befall
orange bis rote Färbung	starker Befall

[1] Nach Hadwich, F.: Honigtau bei Baumwolle. Melliand Textilber. 42 (1961) 487.

Zur Einarbeitung sind Vergleichsversuche mit bekannten Zuckermengen zu empfehlen. Der gewöhnliche Haushaltszucker muß aber, da er auf die Benedict-Lösung nicht reduzierend wirkt, durch Kochen mit verd. Salzsäure vorher invertiert werden.

Seidenerschwerung

Die Naturseide besteht aus einem Fibroinfaden, der mit einer Hülle aus Serizin (Seidenbast, Seidenleim) umgeben ist. Die mengenmäßige Zusammensetzung ist die folgende:

72—81% Fibroin,
19—28% Serizin,
0,5—1% Fett,
1—1,4% Naturfarbstoffe und mineralische Bestandteile.

Da das Serizin die Faser hart und spröde macht und auch der Träger der Naturfarbstoffe ist, wird die Naturseide meist von diesem Bast befreit, sie wird entbastet, degummiert. Man erreicht dies in einfachster Weise durch Kochen in Seifenbädern. Je nach dem Entbastungsgrad unterscheidet man zwischen der völlig entbasteten *Cuite*, der teilweise entbasteten *Souple* (Entbastungsverlust 5 bis 7%) und der nicht oder nur schwach entbasteten *Ecru* oder Hartseide.

Bei völligem Entbasten erleidet die Seide einen Gewichtsverlust von durchschnittlich 23 bis 25%, und um diesen auszugleichen, wird die Faser nachträglich wieder erschwert (chargiert). Unter dieser Erschwerung versteht man eine Behandlung mit anorganischen Verbindungen (teilweise auch in Kombination mit Naturfarbstoffen und Gerbstoffen), die auf der Faser in unlösliche Niederschläge übergeführt werden. Gleichzeitig wird die Erschwerung chemisch so fest an die Faser gebunden, daß bei der Wäsche keine Ablösung eintritt (Gegensatz zu einer *Be*schwerung, z. B. einer gewöhnlichen Appretur, welche bei der Wäsche abgelöst wird.)

Das am häufigsten angewandte Verfahren ist die Zinn-Phosphat-Silikaterschwerung, bei welcher das Fasermaterial nacheinander mit Zinntetrachlorid, sekundärem Natriumphosphat und Wasserglas behandelt wird.

Erschwerungshöhe. Werden 100 kg Rohseide enbastet und so erschwert, daß der Bastverlust genau ausgeglichen wird, d. h., daß die erschwerte Ware auch 100 kg wiegt, so spricht man von einer „pari“ (p). erschwerten Seide. Wiegt die erschwerte Seide 90 kg, so liegt eine Erschwerung 10% „unter pari“ (u. p.) und bei einem Gewicht von 150 kg eine solche von 50% „über pari“ (ü. p.) vor.

Qualitative Untersuchung

Reine, unerschwerte Naturseide hinterläßt beim Verbrennen 0,5 bis 1% weiße Asche. Bei der erschwerten Seide ist der Aschegehalt durch die vielen mineralischen Bestandteile stark erhöht. Er ist meist so groß, daß beim Verbrennen die Struktur des Garnes bzw. Gewebes als Aschenskelett erhalten bleibt. Organisch erschwerte Seiden (Gerbstofferschwerung) haben einen normalen Aschegehalt und bilden natürlich auch kein Skelett.

Farbe der Asche. Aus der Farbe der Asche lassen sich Schlüsse ziehen hinsichtlich der Zusammensetzung und der Art der Erschwerung. Weiße bis graue Aschen enthalten meist SnO_2 und SiO_2, evtl. auch Al_2O_3 und Phosphate. Gelbliche bis rotbraune Färbung deutet auf einen Eisengehalt hin.

Mineralische Bestandteile. Die qualitative Untersuchung der Asche erfolgt nach den üblichen analytischen Methoden. Da die erwähnten Oxyde säureunlöslich sind, ist ein alkalischer Aufschluß erforderlich. Hierzu wird die Asche in einem Nickel- oder Silbertiegel mit Natriumperoxyd oder Ätznatron 10 Min. geschmolzen. Nach dem Erkalten löst man die Schmelze in heißem dest. Wasser und prüft die Lösung auf Zinn, Aluminium, Silikat und Phosphat. Durchführung der Reaktionen s. S. 406 u. 409ff.

Anmerkung: Der qualitative Nachweis ist auch ohne Aufschluß möglich, wenn man auf Zinn die Fluoreszenzprobe und auf Aluminium die Morin-Reaktion (Aufschluß in Sodaperle) durchführt. Zum Eisen- und Phosphatnachweis wird die Asche 5 Min. in konz. Salzsäure oder Salpetersäure gekocht und der Auszug geprüft.

Blauholzerschwerung. Blauholzextrakt dient nicht nur zum Färben, sondern gleichzeitig auch zur Erschwerung. Eine Blauholzfärbung wird in einfacher Weise durch Behandlung mit heißer, verdünnter Schwefelsäure erkannt, wobei eine tief blutrote bis gelbrote Farblösung entsteht, die auf Zusatz von Alkali nach Violett umschlägt. Über die Untersuchung von Blauholz/Katechu-Erschwerungen siehe die früheren Auflagen dieses Buches.

Quantitative Bestimmung der Erschwerung

Zur quantitativen Bestimmung sind vornehmlich drei Verfahren in Anwendung:

1. die Abziehmethode,
2. die Stickstoffmethode und
3. die Aschenmethode.

Alle Verfahren laufen im Prinzip darauf hinaus, den Fibroingehalt zu ermitteln und daraus unter Einbeziehung des Bastgehalts und des Wasseraufnahmevermögens der Faser die Erschwerung zu berechnen.

1) Abziehmethode. a) Flußsäuremethode. Die Untersuchungsprobe wird mit verd. Flußsäure behandelt und die Erschwerung dadurch abgelöst. Das Verfahren kommt vor allem für mineralische Erschwerungen in Frage. Organische Erschwerungen (Gerbstoffe) werden nur teilweise erfaßt.

Durchführung: Etwa 3 g der lufttrockenen (wenn notwendig 24 Std. auslegen im Klimaraum) erschwerten Naturseide werden genau abgewogen (= Einwaage E) und in einer Platinschale unter Umrühren mit einem Platindraht mit 100 ml 2%iger Flußsäure auf dem kochenden Wasserbad erhitzt. Nach 15 Min. nimmt man die Probe vom Wasserbad, behandelt sie 5 Min. mit frischer, kalter 2%iger Flußsäure, spült mit dest. Wasser gut aus und filtriert durch ein feines Kupfersieb. Der Rückstand wird bei 105 bis 110 °C 4 Std. getrocknet und nach $^1/_2$stündigem Abkühlen im Exsikkator gewogen (= Fibroin, absolut trocken). Berechnung der Erschwerungshöhe s. w. u.

b) Salzsäure/Kalilauge-Methode. Im Gegensatz zu der Flußsäuremethode wird bei diesem Verfahren auch die gesamte organische Erschwerung miterfaßt. Das Verfahren ist daher besonders für organisch erschwerte Schwarzseiden geeignet.

Durchführung: Etwa 3 g der lufttrockenen, erschwerten Untersuchungsprobe werden genau abgewogen (= Einwaage E) und unter zeitweiligem Umrühren 1 Std. in kalter 10%iger Salzsäure behandelt. Darauf wäscht man mit dest. Wasser gut aus, legt die Probe 5 Min. in kalte 1 n-Kalilauge und wäscht wieder aus. Beide Operationen (HCl- und KOH-Behandlung) werden wiederholt, bis die Seide eine helle Farbe angenommen hat. Darauf wird durch ein feines Kupfersieb filtriert und der Rückstand bei 105 bis 110 °C bis zur Gewichtskonstanz getrocknet und nach dem Abkühlen im Exsikkator gewogen (= Fibroin, abs. trocken).

2. Stickstoffmethode. Die Stickstoffmethode basiert auf dem Stickstoffgehalt des Fibroins (18,33%). Sie ist für alle Naturseiden anwendbar, unabhängig von der Art der Erschwerung. Die Bestimmung des Stickstoffs erfolgt nach KJELDAHL.

Alle Substanzen, die Fremdstickstoff enthalten — bei nicht völlig entbasteten Seiden auch der Bast —, müssen vorher entfernt werden. Entbastung s. S. 402.

Durchführung: Ungefähr 1 g der vom Fremdstickstoff befreiten, lufttrockenen Untersuchungsprobe werden genau abgewogen und in einem Kjeldahlkolben (s. Abb. 14) mit etwa 20 g konz. Schwefelsäure, 10 g Kaliumsulfat und 0,5 g wasserfreiem Kupfersulfat aufgeschlossen. Man erhitzt langsam und kocht dann so lange, bis die Lösung eine hellgelbe Farbe angenommen hat. Nach dem Abkühlen gibt man 300 bis 400 ml dest. Wasser und einige Siedesteinchen zu, läßt aus dem Tropftrichter langsam 150 ml 20%ige Natronlauge zufließen (Überschuß!) und erhitzt zum Sieden. Das in Freiheit gesetzte Ammoniak wird in einem Absorptionsgefäß, das mit 50 ml n/10-Salzsäure oder n/10-Schwefelsäure und 2 bis 3 Tropfen Methylorange- oder Methylrotlösung beschickt ist, aufgefangen.

Nach beendeter Destillation, d. h. wenn 200 bis 250 ml überdestilliert sind, wird die nicht verbrauchte Säure mit n/10-Natronlauge zurücktitriert.

1 ml verbrauchter n/10-Salzsäure entspricht 1,4 mg Stickstoff oder 7,642 mg wasserfreiem Fibroin.

3. Aschenmethode. Bei der Aschenmethode wird die Untersuchungsprobe verbrannt und der Fibroingehalt aus dem Aschegehalt berechnet. Die Methode ist nur für mineralisch erschwerte Seiden anwendbar.

Durchführung: 0,3 bis 1 g der lufttrocknen, erschwerten Untersuchungsprobe werden genau abgewogen (= Einwaage E) und im Porzellan- oder Platintiegel verascht. Die Asche muß rein weiß sein, andernfalls hat das Verbrennen im Rose-Tiegel unter Hindurchleiten von Sauerstoff zu erfolgen. Die Veraschung benötigt etwa 30 Min. Nach dem Abkühlen wird gewogen.

Der Gehalt an lufttrockenem Fibroin ergibt sich aus der Differenz zwischen der Einwaage und dem mit dem Faktor 1,2 multiplizierten Aschegehalt. Also

Fibroin lufttrocken $= E - 1{,}2 \cdot A$.

Um auf das Gewicht der lufttrockenen Rohseide zu kommen, ist dann noch der Bastgehalt hinzuzählen.

Berechnung der Erschwerungshöhe

Die Erschwerungshöhe wird in % angegeben, bezogen auf die lufttrockene Rohseide. Der Feuchtigkeitszuschlag zur Umrechnung vom absolut trockenen auf den lufttrockenen Zustand beträgt 11%.

Die Berechnung geschieht nach der Gleichung:

$$\text{Erschwerungshöhe in \%} = \frac{E - G}{G} \cdot 100$$

Es bedeuten:

E Einwaage an lufttrockener, erschwerter Seide in g
G lufttrockene Rohseide in g

Bei positiven Werten ($E > G$) ist die Erschwerung über pari bei negativen ($E < G$) unter pari.

Das Gewicht der lufttrockenen Rohseide (G) resultiert, wenn man dem Gehalt an reinem, absolut trockenem Fibroin den Bastgehalt hinzufügt (= Rohseide, abs. trocken) und zur Umrechnung auf den lufttrockenen Zustand 11% Wasser zuschlägt.

Ist der Bastgehalt der Untersuchungsprobe nicht bekannt, was meist der Fall sein wird, so werden die in der Tab. 53 zusammengestellten Werte verwendet. Ist auch die Seidensorte nicht bekannt, so rechnet man mit einem Mittelwert (24%).

Tabelle 53. *Bastgehalt verschiedener Seidensorten*[1]

Seidenart	Bastverlust [%]	Seidenart	Bastverlust [%]
gelbe Italiener	23–25	weiße China	22–24
weiße Italiener	22–24	Crepe europäisch, gelb	27–29
gelbe Japan und China	23–25	Crepe amerikanisch, weiß	25–27
weiße Japan	19–22	Schappeseide	2–6

Berechnungsbeispiel[2]

Einwaage an lufttrockener, erschwerter Seide	$E = 3{,}05$ g
Fibroin, abs. trocken (bei Bestimmung gefunden)	$= 1{,}63$ g
Angenommener Bastgehalt	24%
Feuchtigkeitszuschlag zur Umrechnung vom abs. trockenen auf den lufttrockenen Zustand	11%

[1] Nach „Handbuch der Werkstoffprüfung", 2. Aufl. V. Bd., S. 828 Berlin/Göttingen/Heidelberg: Springer 1960.

[2] Die Erschwerungshöhe kann aus dem Fibroingehalt auch direkt abgelesen werden, wenn man sich entsprechender Tabellen bedient (s. frühere Auflagen dieses Buches).

Bei einem Bastgehalt von 24% stellen die 1,63 g Fibroin 76% der Rohseide dar. Damit ergibt sich:

$$\text{Gewicht der Rohseide, abs. trocken} = \frac{1{,}63 \cdot 100}{76} = 2{,}14\ \text{g}$$

$$\text{Gewicht der Rohseide, lufttrocken } (G) = 2{,}14 + \frac{11 \cdot 2{,}14}{100} = 2{,}38\ \text{g}$$

$$\text{Erschwerung in } \% = \frac{E - G}{G} \cdot 100 = \frac{3{,}05 - 2{,}38}{2{,}38} \cdot 100 = \underline{27{,}1\,\%}$$

Färbungsuntersuchungen[1]

Die genaue Identifizierung der zu einer Färbung oder einem Druck verwendeten Einzelfarbstoffe ist meist außerordentlich schwierig, und Untersuchungen dieser Art werden deswegen fast nur in den Farbenfabriken durchgeführt. Für den Färber und Coloristen ist es zudem unwichtig, ob der Farbstoff zur Gruppe der Azo- oder der Thiazol- oder der Triphenylmethanfarbstoffe usw. gehört. Ihn interessiert in der Hauptsache das färberische Verhalten. Er will also wissen, ob es sich um einen Säure- oder Chromierungs- oder Küpenfarbstoff usw. handelt. Ist ihm dies bekannt, so kann er leicht jede Färbung im gleichen Farbton und in den gleichen Echtheiten herstellen.

Im nachstehenden sind die wichtigsten Prüfmethoden aufgeführt, die zur Bestimmung der färberischen Klasse notwendig sind. Die Reaktionen sind leider nicht so eindeutig und exakt, wie man dies von der analytischen Chemie her gewöhnt ist. Man stößt immer wieder auf Farbstoffe, die sich etwas abweichend verhalten. Dies wird aber auch verständlich, wenn man bedenkt, daß in den färberischen Klassen Farbstoffe verschiedenster chemischer Konstitution vereinigt sind. Es empfiehlt sich daher, stets mehrere Reaktionen und in Zweifelsfällen auch noch Anfärbungsversuche, u. U. sogar mit Echtheitsbestimmungen, durchzuführen.

Vorbereitung der Untersuchungsprobe. Auf der Faser bzw. dem Gewebe vorhandene Schlichte oder Appretur muß vor der Farbstoffbestimmung entfernt werden. Bei stärkehaltigen Schlichten und Appreturen geschieht dies durch Behandlung mit enzymatischen Präparaten (s. S. 301). Wasserunlösliche Kunststoffappreturen werden durch Behandlung mit Azeton oder Tetrahydrofuran abgelöst. Das Entfetten geschieht durch Einlegen in Äther oder Benzol. Die Färbung selbst darf durch diese Behandlungen natürlich nicht beeinflußt werden.

Bestimmung des Fasermaterials. Der eigentlichen Farbstoffbestimmung geht zweckmäßig eine Analyse des Fasermaterials voraus. Die Kenntnis des Fasermaterials ist für den Praktiker insofern sehr wichtig, als dies die Untersuchung sehr erleichtert und gewisse Farbstoffgruppen schon von vornherein ausgeschieden werden. Da es hierbei nur auf die Faserstoffgruppen (tierische, pflanzliche oder synthetische Faserstoffe) ankommt, genügt im allgemeinen die Brennprobe, die nötigenfalls noch durch einige Spezialreaktionen ergänzt wird. (Näheres s. S. 296).

[1] Untersuchung von Farbstoffen in Substanz s. S. 289.

A. Färbungen auf pflanzlichen Faserstoffen[1]

a) Wasserprobe. *Ausführung.* Die Untersuchungsprobe wird zusammen mit einer Probe gebleichter Baumwolle und einer Probe Wolle 5 Min. gekocht. Man beurteilt die Anfärbung des Wassers und der Weißproben.

Substantive Farbstoffe. Starkes Ausbluten der Färbung und starke Anfärbung der Weißproben. Die mit Formaldehyd oder Metallsalzen oder kationaktiven Präparaten nachbehandelten sowie die diazotierten Färbungen zeigen meist nur ein schwaches Ausbluten.

Basische Farbstoffe. Meist nur schwaches, oft aber auch stärkeres Ausbluten, mitgekochte Wollprobe wird angefärbt.

Schwefelfarbstoffe. Nur schwaches Ausbluten, keine Anfärbung der Weißproben.

Küpenfarbstoffe, Naphthole und Reaktivfarbstoffe. Kein Ausbluten, keine Anfärbung.

b) Waschprobe. *Ausführung.* Die zu untersuchende Färbung wird mit einer Probe gebleichter Baumwolle und einer Probe Wolle verflochten oder zusammengebunden und mit einer Lösung von 5 g/l Seife und 3 g/l Soda calc. 15 Min. gekocht. Die Proben werden dann herausgenommen und in kaltem Wasser gespült.

Substantive Farbstoffe. Starkes Ausbluten und starke Anfärbung der Weißproben (Baumwolle meist stärker als Wolle). Die nachbehandelten Färbungen bluten etwas weniger aus. Die Unterschiede sind jedoch nicht so groß, daß Aussagen ob nachbehandelt oder nicht nachbehandelt möglich sind.

Basische Farbstoffe. Starkes Ausbluten, von den Weißproben wird die Wolle meist stärker angefärbt als die Baumwolle.

Schwefelfarbstoffe. Schwaches Ausbluten, Weißproben kaum angefärbt.

Küpenfarbstoffe und Naphthole. Kein oder nur sehr schwaches Ausbluten, Weißproben werden nicht angefärbt.

Reaktivfarbstoffe. Der nicht reaktiv gebundene Farbstoffanteil blutet aus. Bei Wiederholung der Waschprobe meist kein oder nur schwaches Anbluten.

c) Paraffinprobe. *Ausführung.* Man schmilzt ein kleines Stückchen Paraffin bis zum Auftreten schwacher Dämpfe und wirft einige Fäden der Untersuchungsprobe ein. Nach dem Erkalten wird die Anfärbung des Paraffins beurteilt.

Substantive (auch nachbehandelte), basische, Schwefel- und Reaktivfarbstoffe. Keine Anfärbung.

Küpenfarbstoffe und Naphthole. Mehr oder weniger starke Anfärbung, auch Hydronblau färbt leicht an.

d) Eisessigprobe. *Ausführung.* Untersuchungsprobe mit Eisessig übergießen und 2 Min. kochen.

Substantive (auch nachbehandelte), Schwefel-, Küpen- und Reaktivfarbstoffe. Nicht oder nur spurenweise angefärbt.

Basische Farbstoffe und Naphthole. Starke Anfärbung. Bei den Naphtholen färben die Gelbmarken nicht an.

---

[1] Zusammenfassung der Prüfmethoden s. Tab. 54. Nachweis von Reaktivfarbstoffen s. Tab. 55.

e) Pyridinprobe. *Ausführung.* Die Untersuchungsprobe wird im Reagenzglas

α) mit reinem Pyridin und
β) mit verd. etwa 30- bis 50%igen Pyridin

übergossen und 1 bis 2 Min. gekocht.

Substantive Farbstoffe (auch nachbehandelte). Lösung α) nicht, Lösung β) dagegen stark angefärbt.

Basische Farbstoffe und Naphthole. Beide Lösungen stark angefärbt.

Schwefel- und Küpenfarbstoffe. Beide Lösungen nicht oder nur sehr schwach angefärbt.

Reaktivfarbstoffe. Lösung α: nicht oder nur wenig angefärbt. Türkis- und Blaumarken sowie einige Levafixfarbstoffe können anfärben. Lösung β: Kein oder nur schwaches Anfärben, einige Levafixfarbstoffe färben stärker an.

f) Schwefelwasserstoffprobe. *Ausführung.* Die Faserprobe ist zunächst von schwefelhaltigen Fremdsubstanzen (Katanol, Hydrosulfit, Thiosulfat u. dgl.) zu befreien. Man kocht sie zu diesem Zweck 1 bis 2 Min. lang mit Wasser, dem man ein paar Tropfen verd. Sodalösung zugegeben hat, spült gründlich, kocht dann die Probe mit verd. Salzsäure und prüft die entweichenden Dämpfe mit angefeuchtem Bleiazetatpapier auf Schwefelwasserstoff. Das Papier darf sich nicht schwärzen. Dann gießt man die Salzsäure weg, gibt Zinnchlorür/Salzsäure (10 % ige Lösung von Zinn(II)-chlorid in verd. Salzsäure) zu und erwärmt langsam.

Schwefelfarbstoffe zeigen eine positive Reaktion, d. h., das Bleiazetatpapier wird braun bis schwarz gefärbt. Gleichzeitig beobachtet man einen Umschlag des Farbstoffes nach Gelb bis Gelbbraun. Unter den Küpenfarbstoffen geben die Abkömmlinge des Thioindigos bei längerem Kochen ebenfalls eine schwach positive Reaktion. Alle anderen Farbstoffe reagieren negativ.

g) Reduktion in blinder Küpe. *Ausführung.* Die zu untersuchende Probe wird in einer Lösung von 15 ml/l Natronlauge 38° Bé und 20 g/l Hydrosulfit konz. bis zum Farbumschlag oder zur Entfärbung auf 70 bis 80 °C erwärmt und zum Schluß aufgekocht. Bei verschiedenen Naphtholen muß zur Entfärbung einige Minuten gekocht werden. Teilweise lassen sie sich sogar nur dann entfärben, wenn der Lösung noch eine Messerspitze voll Anthrachinon zugegeben wird. Abschließend wird gut gespült und mit warmem Wasser nachbehandelt, dem man etwas Perhydrol oder Persulfat zugesetzt hat.

Man unterscheidet Färbungen, die sich a) überhaupt nicht entfärben, b) entfärben, aber bei der Oxydation wieder zurückkehren und c) bleibend entfärben. Viele Färbungen werden nicht zerstört, sondern nur im Ton verändert.

Ersetzt man das Hydrosulfit durch Schwefelnatrium, so werden nur die Schwefelfärbungen reduziert, während die Küpenfärbungen unverändert bleiben.

Substantive Färbungen (auch nachbehandelte). In der Regel völlige Entfärbung. Der Farbton kehrt bei der Oxydation nicht mehr zurück. Einige Gelbmarken werden nicht verändert oder zeigen nur leichten Farbumschlag.

Basische Farbstoffe. Meist Entfärbung; der Farbton kehrt — wenn nicht zu lange gekocht wurde — beim Spülen wieder zurück.

Schwefelfarbstoffe. Farbton schlägt um; die reduzierte Färbung ist heller (meist gelbliche und gelbbraune Töne) als die ursprüngliche. Beim Spülen und Oxydieren Rückkehr der Farbe.

Küpenfarbstoffe. Farbumschlag; die reduzierte Färbung ist meist dunkler als die ursprüngliche; beim Spülen und Oxydieren Rückkehr der Farbe.

Naphthole. Bei längerem Kochen Entfärbung auf gelbliche oder gelblichbraune Farbtöne. Entfärbung evtl. nur bei Zusatz von Antrachinon.

Reaktivfarbstoffe. Sehr unterschiedlich, meist starke Entfärbung, nicht charakteristisch.

h) Chlorprobe. *Ausführung.* Die Untersuchungsprobe wird bei Zimmertemperatur in eine mit etwas verd. Salzsäure angesäuerte Natriumhypochloritlösung (7 bis 8 g/l aktives Chlor) eingelegt. Man beobachtet Art, Stärke und Geschwindigkeit der Ausbleichung.

Substantive Farbstoffe (auch nachbehandelte). Meist völliges Ausbleichen; Farbe kehrt beim Spülen nicht mehr zurück. Einige Gelbmarken sind gegen Chlor resistent.

Basische und Schwefelfarbstoffe. Ebenfalls völlige Zerstörung; Farbe kehrt beim Spülen nicht mehr zurück. Einige Schwefelfarbstoffe (z. B. die Indokarbon-CL-Marken) sind chlorecht.

Küpenfarbstoffe und Naphthole. Keine Veränderung. Indigofärbungen werden ein wenig ausgebleicht.

Reaktivfarbstoffe. Schwaches bis völliges Ausbleichen; Farbe kehrt beim Spülen nicht zurück.

i) Benzolprobe. *Ausführung.* Die Untersuchungsprobe wird mit etwas Eisessig übergossen und 2 Min. gekocht. Von der gefärbten Lösung gibt man etwa 1 ml in ein Reagenzglas und macht mit konz. Natronlauge stark alkalisch. Basische Farbstoffe werden dadurch in die Carbinolform umgewandelt, was meist mit einer Entfärbung oder einem Farbumschlag verbunden ist. Gibt man etwas Benzol zu und schüttelt durch, so löst sich die Carbinolbase auf und das Benzol färbt sich mehr oder weniger stark an. Die Benzollösung wird abgetrennt und mit ein paar Tropfen konz. Ameisensäure oder Eisessig versetzt, worauf der Farbstoff ausfällt und das Benzol stark anfärbt. Gibt man noch einige Kubikzentimeter verd. Eisessig zu und schüttelt gründlich durch, so geht der Farbstoff in die wäßrige Phase, während das Benzol wieder entfärbt wird. Positive Reaktion zeigen nur die *basischen Farbstoffe.* Statt des Benzols kann auch Äther verwendet werden.

k) Sublimationsprobe. *Ausführung.* a) Man extrahiert nach ZÜHLKE die Untersuchungsprobe mit kochendem Anilin, entfernt das Stoffmuster, dampft das Anilin ab, bedeckt den Tiegel mit einem Porzellandeckel und erwärmt den Trockenrückstand über kleiner Sparflamme. Sublimierende Farbstoffe schlagen sich auf dem Deckel nieder.

b) Die Untersuchungsprobe wird angezündet und die brennende Probe auf ein Stückchen Kreide oder Porzellan gelegt. Das Sublimat scheidet sich auf der weißen Unterlage ab.

Sublimation beobachtet man beim Indigo und seinen Abkömmlingen sowie einigen Naphtholen.

Tabelle 54. *Färbungen auf pflanzlichen Faserstoffen*

Prüfmethode	Substantive Farbstoffe	Substantive Farbstoffe mit Nachbehandlung	Basische Farbstoffe	Schwefelfarbstoffe	Küpenfarbstoffe (auch Leukoküpenfarbstoffester)	Entwicklungsfarbstoffe (Naphthole)
Wasserprobe	meist starkes Ausbluten, Weißproben stark angefärbt	kein oder nur schwaches Ausbluten	meist kein oder nur schwaches, vereinzelt auch starkes Ausbluten und Anfärben	schwaches Ausbluten, Weißproben nicht angefärbt	kein oder nur sehr schwaches Ausbluten Weißproben nicht angefärbt	
Waschprobe	starkes Ausbluten und starkes Anfärben der Weißproben	Ausbluten und Anfärben meist kaum schwächer als ohne Nachbehandlung	starkes Ausbluten, Wolle stärker angefärbt als Baumwolle	schwaches Ausbluten, Weißproben kaum angefärbt	kein oder nur sehr schwaches Ausbluten, keine Anfärbung der Weißproben	
Paraffinprobe	keine Anfärbung				mehr oder weniger starke Anfärbung	
Eisessigprobe	nicht oder nur schwach angefärbt		sehr starke Anfärbung	nicht oder nur spurenweise angefärbt		starke Anfärbung, bei Gelbmarken ungefärbt
Pyridinprobe a) konz.	nicht angefärbt		beide Lösungen stark angefärbt	beide Lösungen nicht oder nur sehr schwach angefärbt		beide Lösungen stark angefärbt
b) verd.	meist stark angefärbt					
Schwefelwasserstoffprobe	negativ			positiv	negativ (Ausnahme: Thioindigoabkömmlinge)	negativ
Blinde Küpe	meist völlige Entfärbung, keine Rückoxydation möglich		Entfärbung, Farbton kehrt beim Spülen meist nicht zurück	Farbumschlag, beim Spülen und Oxydieren Rückkehr der Farbe		bei längerem Kochen Entfärbung, keine Rückoxydation möglich
Chlorprobe	meist völliges Ausbleichen (Ausnahme einige Gelbmarken), Farbe kehrt beim Spülen nicht zurück		völliges Ausbleichen, keine Farbrückkehr	völliges Ausbleichen, keine Farbrückkehr, einige Indokarbonmarken sind chlorecht	keine Veränderung, Indigofärbungen leicht ausgebleicht	
Benzolprobe	negativ		positiv	negativ		

l) Veraschung. Die Untersuchungsprobe wird wie üblich im Tiegel verascht. In der Asche der mit Metallsalzen nachbehandelten subst. Färbungen findet man Chrom oder Kupfer, in Metallkomplex- und vielen Reaktivfarbstoffen Chrom, Kupfer, Kobalt, Nickel, Aluminium oder Eisen (Nachweise s. S. 403ff.).

Nachweis von Reaktivfärbungen

Für Reaktivfärbungen sind, abgesehen von den schon erwähnten allgemeinen Prüfungen, vor allem die in Tab. 55 zusammengestellten Löslichkeitsprüfungen charakteristisch.

Tabelle 55. *Reaktivfärbungen auf Zellulosefasern*

Prüfmethode	starkes Ausbluten	kein oder nur sehr schwaches Ausbluten	Bemerkungen
Dimethylformamid, 3—4 Min. kochen	substantive Farbstoffe (auch nachbehandelte), Naphthol-, Schwefel-, Küpen- und Pigmentfarbstoffe; z. T. auch basische und Beizenfarbstoffe	Reaktivfarbstoffe; einige Levafixfarbstoffe bluten etwas stärker aus	Bei den Reaktivfarbstoffen muß die Färbung vor der Prüfung unbedingt kochend geseift werden, sonst Ausbluten durch den nicht reaktiv gebundenen Farbstoffanteil
Dimethylformamid/Wasser (1 : 1) 3—4 Min. kochen	substantive Farbstoffe (auch nachbehandelte) und Teil der basischen und Beizenfarbstoffe	Reaktivfarbstoffe sowie Naphthol-, Schwefel-, Küpen- und Pigmentfarbstoffe	bei den Reaktivfarbstoffen bluten die Türkis- und Blaumarken meist aus, bei Levafixfarbstoffen auch einige andere Farbtöne

Erkennung von nachbehandelten substantiven Färbungen

Ob eine substantive Färbung nachbehandelt wurde oder nicht, zeigt sich bei der Wasserprobe. Die nachbehandelte Färbung blutet hierbei nicht oder nur sehr wenig, die nicht nachbehandelte dagegen sehr stark aus. Die Art der Nachbehandlung erkennt man durch die folgenden Prüfungen:

a) Nachbehandlung mit Metallsalzen. Ein kleiner Abschnitt der Untersuchungsprobe wird mit einer Lösung von 20 g/l Calgon oder Trilon B bei 60 °C 20 Min. lang behandelt. In derselben Weise behandelt man einen zweiten Abschnitt nur mit reinem Wasser. Beide Proben werden nach dem Spülen mit kaltem Wasser der Wasserprobe unterzogen. Ist die Wasserechtheit durch die Behandlung mit Calgon bzw. Trilon schlechter geworden, so wurde die Färbung mit Metallsalzen nachbehandelt. Zur weiteren Bestätigung wird eine frische Probe verascht. In der Asche muß sich dann Kupfer oder Chrom nachweisen lassen.

Nachgekupferte Färbungen erkennt man nach RATH auch wie folgt: Man versetzt 10 ml 30- bis 40% iges Wasserstoffperoxyd im Reagenzglas mit 2 bis 3 Tropfen Wasserglas, schüttelt kurz um, gibt 1 ml konz. Ammoniak hinzu, schüttelt nochmals um und bringt die Faserprobe in die Lösung. Bei nachgekupferten Färbungen beginnt in wenigen Minuten eine lebhafte Zersetzung und schnelle Abgabe des gesamten Sauerstoffs, so daß die Lösung oft sogar zum Überschäumen kommt. Bei nicht nachgekupferten Färbungen dauert die Zersetzung mehrere Tage. Die Ausführung eines Blindversuchs ist stets zu empfehlen.

b) Nachbehandlung mit kationaktiven Verbindungen. Von zwei Abschnitten der zu untersuchenden Färbung wird der eine bei 30 °C 20 Min. lang in verd. Salzsäure (1 ml/l konz. Salzsäure) und der andere in gleicher Weise mit reinem Wasser behandelt. Darauf wird mit kaltem Wasser gut gespült und die Wasserprobe durchgeführt. Ist die Wasserechtheit der mit Salzsäure behandelten Probe zurückgegangen, so wurde die Färbung mit kationaktiven Verbindungen nachbehandelt.

c) Nachbehandlung mit Formaldehyd. Die Untersuchungsprobe wird in der bereits auf S. 279 angegebenen Weise auf Formaldehyd geprüft. Liegt eine Formaldehydnachbehandlung vor, so muß die Reaktion eindeutig positiv ausfallen.

d) Nachbehandlung durch Diazotieren oder Kuppeln mit Diazoniumsalzen. Fällt die Formaldehydreaktion negativ aus und läßt sich in der Asche weder Chrom noch Kupfer nachweisen und wird weiterhin die Wasserechtheit durch die Behandlungen mit Calgon bzw. Trilon oder verd. Salzsäure nicht verschlechtert, so handelt es sich um eine diazotierte oder mit Diazoniumsalzen gekuppelte substantive Färbung.

Anfärbungsversuche

Mit dem Lösungsmittel, das am meisten Farbstoff ablöst, werden mehrere Faserproben abgekocht. In Frage kommen vor allem Wasser, Alkohol, Eisessig, Ammoniak und Pyridin. Sehr geeignet ist auch das zum Nachweis von Reaktivfarbstoffen verwendete Dimethylformamid (s. Tab. 55). Man vereinigt die Farbstoffauszüge, dampft zur Trockene ein, nimmt den Rückstand mit heißem Wasser auf und führt mit dieser Flotte Färbeversuche auf Wolle, Baumwolle, tannierter Baumwolle und Azetatfasern durch, wobei wie folgt vorgegangen wird:

α) Etwa 2 ml Farbstofflösung werden mit einigen Tropfen konz. Ameisensäure angesäuert und nach Zugabe von je 1 Probe Wolle, Baumwolle und evtl. tannierter Baumwolle 5 bis 10 Min. zum Kochen erhitzt. Abschließend wird mit kaltem dest. Wasser gut gespült.

β_1) Zu etwa 2 ml der Farbstofflösung gibt man $^1/_2$ ml 10% ige Glaubersalzlöung und färbt darin 5 bis 10 Min. je 1Probe Wolle und Baumwolle bei Kochtemperatur. Zum Schluß wird mit kaltem Wasser gut gespült.

β_2) Man verfährt wie unter β_1 beschrieben, setzt aber der Färbeflotte außerdem noch einige Tropfen verd. Sodalösung zu.

γ) Zu etwa 2 ml der Farbstofflösung gibt man einige Tropfen einer 10% igen Lösung von Hostapon T o. ä. und färbt darin 1 Probe Azetatfaser etwa 10 Min. bei einer Temperatur von 60 bis 75 °C. Abschließend ist auch wieder gut zu spülen.

Auswertung der Ergebnisse s. S. 292.

Ist der *Eindampfrückstand wasserunlöslich*, so kann es sich nur um einen Küpen-, Schwefel- oder Entwicklungsfarbstoff handeln.

Küpen- und Schwefelfarbstoffe lösen sich bei Zusatz von etwas Natronlauge und Hydrosulfit auf. Die Lösung färbt Baumwolle an. Näheres hierüber s. S. 295.

Entwicklungsfarbstoffe lösen sich in der Natronlauge/Hydrosulfit-Lösung nicht auf, sondern werden langsam zerstört.

Bei Drucken kann auch ein *Pigmentfarbstoff* vorliegen. Nachweis siehe Seite 434. Für Färbungen werden Pigmentfarbstoffe nur selten verwendet.

Spezialreaktionen

Nachweis von Anilinschwarz. Man löst die Untersuchungsprobe unter leichtem Erwärmen in etwas konz. Schwefelsäure und gießt die erhaltene Lösung in viel kaltes Wasser. Liegt Anilinschwarz vor, so erhält man eine blaugrüne Lösung und evtl. auch einen grünlich-schwarzen Niederschlag. Schwefelschwarz liefert meist violette Töne. Bei der Chlorprobe verfärbt sich Anilinschwarz nach Braun, und in der Asche können entweder Chrom oder Kupfer oder Vanadium nachgewiesen werden. Wasser- und Waschprobe: Kein Ausbluten. Paraffinprobe: Ganz schwache Anfärbung. Eisessigprobe: Anfärbung. Pyridinprobe: a) sehr stark angefärbt, b) schwach angefärbt. Schwefelwasserstoffprobe: Negativ, kein Farbumschlag. Blinde Küpe: Umschlag nach Braun, Farbe kehrt bei Behandlung mit Dichromat oder verd. Wasserstoffperoxyd wieder zurück.

Nachweis von Pigmentfarbstoffen. Unter Pigmentfarbstoffen versteht man in Wasser und meist auch organ. Lösungsmitteln unlösliche Farbstoffe. Wegen ihrer Unlöslichkeit besitzen sie keine Affinität zur Faser und müssen deswegen mit einem Bindemittel fixiert werden. Pigmentfarbstoffe werden vorzugsweise in der Druckerei verwendet (Pigmentdruck). Als Bindemittel dienen die in der Appretur gebräuchlichen Substanzen, vor allem Kunststoffe, teils auch auf der Faser erzeugte Kunstharze.

Für den Nachweis ist charakteristisch, daß die Pigmentfarbstoffe nur an der Faseroberfläche sitzen, wie bei Betrachtung eines Querschnitts der Faser unter dem Mikroskop leicht zu erkennen ist, und daß sie beim Auflösen des Bindemittels in einem geeigneten Lösungsmittel ebenfalls von der Faser abgelöst werden.

Bei synthetischen Faserstoffen können Pigmentfarbstoffe auch der Spinnlösung zugesetzt werden, wodurch sehr echte („ultraechte") Färbungen (Spinn- oder Düsenfärbungen) resultieren. In diesem Falle sitzen die Farbpigmente nicht nur an der Oberfläche der Faser wie bei der Fixierung mit Bindemitteln, sondern sind gleichmäßig über den ganzen Faserquerschnitt verteilt.

Nachweis von Phthalocyaninfarbstoffen. Die auf der Faser erzeugten Phthalocyaninfärbungen bluten in den üblichen Lösungsmitteln nicht oder nur sehr wenig aus. Es handelt sich meist um auffallend lebhafte Blau- und Türkistöne. Charakteristisch ist weiterhin, daß in der Asche, Kupfer, Kobalt oder Nickel nachgewiesen werden kann. Durchführung der Nachweise s. S. 403ff.

B. Färbungen auf tierischen Faserstoffen

Zur Untersuchung von Färbungen auf tierischen Faserstoffen kommen im großen und ganzen dieselben Prüfmethoden in Frage wie für pflanzliche Fasern. Die Schwefelwasserstoffprobe scheidet natürlich wegen des Schwefelgehaltes der Wolle aus. Dafür ist aber die Ammoniakprobe von größerer Wichtigkeit. Die Reaktionen sind in der Tab. 56 zusammengestellt. Die Veraschungsprobe und die Nachweise von Chrom, Kupfer und Kobalt werden wie auf den S. 403ff. angegeben durchgeführt.

Anfärbungsversuche

Bei den Färbungen auf tierischen Faserstoffen sind die Färbeversuche vor allem zur Unterscheidung von substantiven und Säurefarbstoffen von Bedeutung. Der Farbstoff wird von der Untersuchungsprobe durch Kochen mit konz. Ammoniak abgezogen. Die Abziehflotten werden vereinigt, eingedampft und der Rückstand mit etwas heißem Wasser aufgenommen. Durchführung der Färbeversuche und Auswertung s. S. 436.

Tabelle 56. *Färbungen auf tierischen Faserstoffen*

Prüfmethode	Substantive Farbstoffe	Basische Farbstoffe	Säurefarbstoffe	Chromierungs- und Metallkomplex-farbstoffe	Küpenfarbstoffe (auch Leukoküpen-farbstoffester)
Wasserprobe	starkes Ausbluten, Weißproben angefärbt	starkes Ausbluten, Wolle stärker angefärbt als Baumwolle	schwaches bis starkes Ausbluten, Wolle stärker angefärbt als Baumwolle	kein oder nur geringes Ausbluten, Weißproben nicht angefärbt	
Waschprobe	Ausbluten und Anfärben der Weißproben noch stärker als bei der Wasserprobe		starkes Ausbluten, Wolle stärker angefärbt als Baumwolle	kein oder nur geringes Ausbluten, Weißproben nicht oder nur schwach angefärbt	
Paraffinprobe	nicht angefärbt				mehr oder weniger starke Anfärbung
Eisessigprobe	keine oder nur schwache Anfärbung	sehr starke Anfärbung	schwache Anfärbung	meist keine, teils aber auch kräftige Anfärbung	sehr starke Anfärbung
Ammoniakprobe (Kochen mit konz. Ammoniak)	starke Anfärbung	schwache Anfärbung	sehr starke Anfärbung	teils schwache, teils starke Anfärbung	keine Anfärbung
Pyridinprobe a) konz.	keine oder nur schwache Anfärbung				beide Lösungen stark bis sehr stark angefärbt
Pyridinprobe b) verd.	sehr starke Anfärbung				
Blinde Küpe (3 g/l Hydrosulfit + 5 ml konz. Ammoniak, langsam erwärmen)	langsame Entfärbung, keine Rückoxydation möglich	schnelle Entfärbung, Farbton kehrt nach dem Spülen zurück	langsames Entfärben, oft est beim Kochen, Farbton kehrt beim Spülen nicht oder nur unvollständig zurück		Farbumschlag, ursprünglicher Farbton kehrt beim Spülen und Oxydieren zurück
Benzolprobe	negativ	positiv	negativ		
Veraschungsprobe	—	—	—	Nachweis von Chrom, Kupfer oder Kobalt	—

a) Etwa 2 ml der Farbstofflösung werden mit einigen Tropfen konz. Ameisensäure angesäuert und nach Zugabe von je 1 Probe Wolle und Baumwolle 5 bis 10 Min. zum Kochen erhitzt. Abschließend wird mit kaltem dest. Wasser gut gespült.

b) Zu etwa 2 ml der Farbstofflösung gibt man $^1/_2$ ml 10%ige Glaubersalzlösung und färbt darin 1 Probe Wolle und 1 Probe Baumwolle 5 bis 10 Min. bei Kochtemperatur. Zum Schluß wird mit kaltem Wasser gut gespült.

c) Man verfährt wie unter b) beschrieben, gibt aber der Färbeflotte außerdem noch einige Tropfen verd. Sodalösung zu.

Wird nach a) und b) nur die Wolle angefärbt, und zwar bei a) tiefer als bei b), so handelt es sich eindeutig um einen *Säurefarbstoff*. In diesem Falle wird die Wolle nach c) nicht oder nur sehr schwach angefärbt.

Wird die Baumwolle nach b) und evtl. auch c) stark angefärbt, während die Wolle nahezu farblos bleibt — im sauren Medium ziehen viele substantive Farbstoffe auch auf Wolle auf —, so liegt ein *substantiver Farbstoff* vor.

Werden nach a) und b) beide Fasertypen etwa gleich stark angefärbt, so kann es sich um einen *Halbwollfarbstoff* oder eine *Mischung aus einem Säure- und einem substantiven Farbstoff* handeln. Man prüft dann auf Einheitlichkeit wie auf S. 290 angegeben.

C. Färbungen auf Azetatfasern

Hat die Voruntersuchung ergeben, daß eine Azetatfaser vorliegt, so ist die Untersuchung insofern nicht mehr allzu schwierig, als bei dieser Faserart nicht so viele Farbstoffgruppen in Frage kommen wie bei den pflanzlichen Fasern. In der Hauptsache sind es folgende:

Dispersionsfarbstoffe (Celliton-Cellitonecht-, Cibacetfarbstoffe u. a.), auf der Faser erzeugte unlösliche Azofarbstoffe (Cellitazolfarbstoffe u. a.), basische Farbstoffe und einige Naphthole (Ofnazetfarbstoffe). Substantive und Säurefarbstoffe werden dagegen seltener verwendet.

Trennung der wasserlöslichen von den wasserunlöslichen Farbstoffen. Die zu untersuchende Färbung wird bei Zimmertemperatur etwa 15 Min. lang mit einer Mischung von Alkohol und Essigester (1 : 1) behandelt. Die Farbstoffe werden dadurch bis auf ganz wenige Ausnahmen von der Faser abgelöst. Verdampft man das Lösungsmittel und gibt dem Rückstand etwas Wasser zu, so gehen substantive, basische, Säure- und Dispersionsfarbstoffe in Lösung — letztere in kolloider Form —, während Naphthole und Azofarbstoffe vom Typ der Cellitazole ungelöst zurückbleiben, sich aber mit Benzol ausschütteln lassen.

Die **Unterscheidung der substantiven von den basischen und den Säurefarbstoffen** geschieht durch Anfärbungsversuche in saurem, neutralem und alkalischem Medium. Als Fasermaterial dienen Baumwolle, Wolle, Azetatfasern und evtl. auch tannierte Baumwolle. Näheres s. S. 291.

Die **basischen Farbstoffe** erkennt man — abgesehen von dieser färberischen Prüfung — auch durch die *Benzolprobe:* Die wäßrige Lösung wird mit konz. Natronlauge stark alkalisch gemacht und die in Freiheit gesetzte Carbinolbase mit Benzol ausgeschüttelt. Man verfährt wie auf S. 430 beschrieben.

Die **Dispersionsfarbstoffe** lösen sich — im Gegensatz zu den basischen Farbstoffen, bei welchen im allgemeinen nur die Carbinolbase benzol- und ätherlöslich ist — schon beim Schütteln der wäßrigen Lösung mit Benzol oder Äther glatt auf, und bei der oben angeführten Benzolprobe gehen sie am Schluß der Prüfung, d. h. nach der Säure- und Wasserzugabe, nicht in die wäßrige Phase, wie die basischen Farbstoffe, sondern bleiben im Benzol gelöst.

Für die **basischen** und **Dispersionsfarbstoffe** ist weiterhin folgende Prüfung charakteristisch: Die Färbung wird mit Wasser unter Zusatz von etwas aktiver Kohle 20 Min. lang gekocht. Der Farbstoff wird hierdurch in den meisten Fällen vollständig abgelöst und durch die Kohle adsorptiv gebunden. Auf der Faser sitzende Kohlerückstände können durch Spülen in heißem Wasser, dem man einige Tropfen Seifenlösung zugegeben hat, leicht entfernt werden.

Farbstoffe vom Typus der Cellitazole verhalten sich bei der Wasser-, Wasch- und Benzolprobe ganz ähnlich wie die Ofnazetfarbstoffe. Eine Unterscheidung ist nur möglich durch die Paraffinprobe. Ein Hinweis ist auch dadurch gegeben, daß es sich bei den Cellitazolfärbungen meist um Bordo-, Marine- und Schwarztöne handelt.

Pigmentfarbstoffe erkennt man bei Betrachtung eines Faserquerschnitts im Mikroskop. Sind die Farbstoffpigmente gleichmäßig über

Tabelle 57. *Färbungen auf Azetatfasern*

Prüfmethode	Basische Farbstoffe	Dispersions-farbstoffe	Diazotierungs-farbstoffe (Cellitazoltypus)	Naphthole (Brenzacet-farbstoffe)
Wasserprobe (5 Min. kochen)	schwaches Ausbluten, mitverflochtene Azetatfaser wird schwach angeschmutzt	sehr schwaches Ausbluten, Azetat-Weißprobe nicht angefärbt	kein oder nur sehr schwaches Ausbluten, kein Anfärben der Weißprobe	
Waschprobe (5 g/l Seife, 80 °C, 15 Min. behandeln)	sehr starkes Ausbluten, mitverflochtene Azetatfaser angefärbt	erhebliches Ausbluten, Weißprobe angefärbt	schwaches Ausbluten, Weißprobe höchstens leicht angeschmutzt	kein oder nur schwaches Ausbluten, Weißprobe nicht angefärbt
Kochprobe mit Wasser + aktiver Kohle	Farbstoff meist völlig abgezogen		Farbstoff nicht abgezogen	
Benzolprobe	positiv (Unterscheidung siehe weiter oben)	positiv	negativ	
Paraffinprobe (Ausführung s. S. 428)	negativ	negativ	schwach positiv	stark positiv

den ganzen Querschnitt verteilt, so handelt es sich um eine Spinnfärbung. Sitzen aber die Pigmente an der Faseroberfläche, so wurden sie nachträglich aufgebracht und durch ein geeignetes Bindemittel fixiert (Druckerei).

D. Färbungen auf synthetischen Faserstoffen

Auch bei den Synthetiks gibt die Art des Fasermaterials wichtige Hinweise auf die zum Färben verwendeten Farbstoffe. In Frage kommen vor allem folgende Fasertypen:

1. Polyamidfasern (Perlon, Nylon u. ä.),
2. Polyacrylnitrilfasern (Orlon, Dralon u. ä.),
3. Polyesterfasern (Diolen, Trevira, Dacron u. ä.) und
4. Polyvinylchloridfasern (PeCe, Rhovyl u. ä.).

Zur Identifizierung wird der vereinfachte Untersuchungsgang (s. Abb. 41 auf S. 312) oder die Chlorzinkjod-Reaktion (s. Tab. 40 auf S. 324), evtl. ergänzt durch die Brennprobe, normalerweise ausreichen.

Im Hinblick auf die unterschiedliche Konstitution der in den einzelnen Farbstoffgruppen vereinigten Farbstoffe und auch die ungleichen färberischen Eigenschaften der Faserstofftypen muß leider immer mit einer gewissen Streuung der Versuchsergebnisse gerechnet werden. Neben den angegebenen physikal.-chemischen Prüfmethoden sollten daher zur Sicherheit stets auch noch Anfärbungsversuche durchgeführt werden.

1. Färbungen auf Polyamidfasern

In der Praxis werden zum Färben von Polyamidfasern hauptsächlich Metallkomplexfarbstoffe (alle Farbtöne, vor allem dunkle), Säurefarbstoffe (helle bis mittlere Farbtöne) und Dispersionsfarbstoffe (fast nur helle Farbtöne) verwendet. Das Verhalten der Färbungen bei den einzelnen Prüfverfahren ist aus Tab. 58 ersichtlich.

Zur Durchführung der Prüfungen ist noch folgendes zu bemerken:

Bei der Reduktionsprobe (s. S. 429) ist die Konzentration an Natronlauge und Hydrosulfit um 100% zu erhöhen (auf 30 ml/l NaOH 38° Bé und 40 g/l Hydrosulfit konz.) und die Lösung muß mindestens 5 Min. lang auf 80 bis 90 °C erhitzt werden.

Noch besser ist folgende Art der Durchführung: Die Faserprobe wird in etwas Ameisensäure konz. aufgelöst und die Lösung nach Zugabe von etwas Decrolin aufgekocht.

Bei der Chlorprobe (s. S. 430) ist ebenfalls eine Verdoppelung der Chemikalienkonzentration (auf 15 g/l aktives Chlor) und auch eine längere Einwirkungszeit notwendig.

Durch die Benzolprobe (s. S. 430) können die basischen und die Dispersionsfarbstoffe von den anderen Farbstoffgruppen abgetrennt werden. Die weitere Unterscheidung ist dadurch möglich, daß die Dispersionsfarbstoffe bei dieser Probe nach der Säurezugabe im Benzol gelöst bleiben, während die basischen Farbstoffe in die wäßrige Phase gehen. Die Dispersionskomplexfarbstoffe geben unter Umständen ebenfalls eine schwach positive Benzolreaktion. Ihre Unterscheidung von

Tabelle 58. *Färbungen auf Polyamidfasern*

Prüfmethode	Dispersionsfarbstoffe (Perliton-, Nyloquinonfarbstoffe u.a.)	Säurefarbstoffe (Telonecht-, Lanaperlfarbstoffe u.a.)	Basische Farbstoffe	Substantive Farbstoffe (Perlamin-Chlorantinfarbstoffe u.a.)	Chromkomplexfarbstoffe (Palatinecht-, Irgalan-Cibalanfarbstoffe u.a)	Chromkomplex-Dispergierfarbstoffe (Vialonechtfarbstoffe)	Küpenfarbstoffe und Leukoküpenfarbstoffester	Entwicklungsfarbstoffe (Naphthole, Ofnaperlfarbstoffe)
Wasserprobe (mit dest. Wasser 5 Min. kochen)	meist schwaches Ausbluten	mäßiges Ausbluten	sehr starkes Ausbluten	schwaches bis starkes Ausbluten	kein Ausbluten, Flotte bleibt klar			
Waschprobe (5 g/l Seife + 3 g/l Soda calc., 20 Min. kochen)	starkes Ausbluten		sehr starkes Ausbluten	starkes Ausbluten	kein oder nur schwaches Ausbluten			
Alkoholprobe (mit 96% igem Alkohol kochen)	sehr starkes Ausbluten	starkes Ausbluten	sehr starkes Ausbluten	kein oder nur schwaches Ausbluten	mäßiges Ausbluten	kein oder nur schwaches Ausbluten		mäßiges Ausbluten
Essigsäureprobe (10% ige Essigsäure, 5 Min. kochen)	starkes Ausbluten	mäßiges Ausbluten	starkes Ausbluten	kein oder nur schwaches Ausbluten	meist schwaches bis mäßiges Ausbluten	kein oder nur schwaches Ausbluten		
Ammoniakprobe (10% iges Ammoniak, 5 Min. kochen)	starkes Ausbluten			meist starkes teils auch nur schwaches Ausbluten	teils schwaches, teils starkes Ausbluten	meist schwaches Ausbluten	kein oder nur schwaches Ausbluten	
Paraffinprobe (Ausführung s. S. 428)	starke Anfärbung	nicht oder nur spurenweise angefärbt					deutliche Anfärbung	
Pyridinprobe (Ausführung s. S. 429) a) konz.	starkes Ausbluten	kein oder schwaches Ausbluten	starkes Ausbluten	kein oder nur schwaches Ausbluten			mäßiges Ausbluten	
b) verd.	starkes bis sehr starkes Ausbluten			schwaches oder mäßiges Ausbluten	starkes Ausbluten	schwaches bis mäßiges Ausbluten		
Blinde Küpe (30 ml/l NaOH 38° Bé + 40 g/l Hydrosulfit konz. 5 Min. auf 80–90° erhitzen)	meist völlige Entfärbung: keine Rückoxydation möglich	mäßig bis stark entfärbt	meist völlige Entfärbung, keine Rückkehr der Farbe				Farbumschlag, beim Oxydieren Rückkehr der Farbe	Entfärbung nach gelben Farbtönen
Chlorprobe (15 g/l aktives Chlor)	teils schwach, teils auch stark ausgebleicht	meist nur schwach ausgebleicht	meist starkes Ausbleichen		meist nur wenig verändert		keine Veränderung	
Benzol- oder Ätherprobe (Ausführung s. S. 430)	positiv	negativ	positiv	negativ		evtl. schwach positiv	negativ	
Veraschungsprobe	–	–	–	–	Asche enthält Chrom (Nachweis s. S. 406)	**Asche enthält Chrom oder Kobalt, seltener Kupfer oder Eisen**	–	–

den gewöhnlichen Dispersionsfarbstoffen ist aber leicht möglich durch andere Prüfverfahren (Wasser-, Wasch-, Alkohol-, Veraschungsprobe usw.)

Untersuchungsgang nach Bode[1]. Die Untersuchungsprobe wird der Reihe nach ohne Zwischenspülung je 6 bis 8 Min. mit folgenden Lösungsmitteln gekocht:

a) Dest. Wasser,
b) Alkohol,
c) Ammoniak konz. (25% ig) und
d) Ammoniak konz./Alkohol 1 : 1.

Dazuhin wird eine zweite Faserprobe direkt mit Ammoniak konz. (25%ig) und eine dritte 1 Min. mit Pyridin gekocht. Ergebnisse s. Tab. 59.

Tabelle 59. *Färbungen auf Polyamidfasern*

Farbstoffklasse	Wasser	Alkohol	Ammoniak 25% ig	Ammoniak/Alkohol 1 : 1	Ammoniak 25 %ig, direkt	Pyridin	Metallnachweis
Direktfarbstoffe . .	0	0	0	+	0	0	0
Säurefarbstoffe . .	u	++	+	+++	+	++	0
Chromierungsfarbstoffe	0	0	0	+	0	0	Cr
Neutralziehende Metallkomplexfarbstoffe	0	++	0	++	0	0	Cr, Co
Metallhaltige Dispersionsfarbstoffe.	0	+	0	++	0	0	Cr, Co, Fe
Dispersionsfarbstoffe	u	++	+	+++	+	+	0
Leukoküpenfarbstoffester	0	0	0	0	0	++	0
Küpenfarbstoffe .	0	0	0	0	0	++	0
Wasserunlösliche Azofarbstoffe . . .	0	+	0	+	+	++	0
Pigmentfarbstoffe .	0	++	0	0	0	++	0

Zeichenerklärung: 0 nicht oder nur spurenweise angefärbt (bei Metallnachweis = negativ), u unterschiedlich angefärbt, + wenig angefärbt, ++ deutlich angefärbt, +++ stark angefärbt.

Anfärbungsversuche

Mit dem Lösungsmittel, das am meisten Farbstoff ablöst, werden mehrere Faserproben behandelt, die Abziehflotten vereinigt und eingedampft. Den Farbstoffrückstand nimmt man mit heißem Wasser auf, neutralisiert wenn notwendig mit verd. Essigsäure bzw. verd. Ammoniak, und führt die üblichen Färbungsversuche durch (s. S. 291).

Substantive, Säure- und Dispersionsfarbstoffe verhalten sich wie auf S. 292 angegeben.

Saure Chromkomplex- und neutralziehende Metallkomplexfarbstoffe (Chromkomplex-Dispergierfarbstoffe) schmutzen im allgemeinen die Baumwolle und tannierte Baumwolle nur leicht an; die Wolle wird

[1] Bode, A.: Melliand Textilber. **38** (1957) 289.

hingegen schon im neutralen Bad gut angefärbt — vor allem von den neutralziehenden Metallkomplexfarbstoffen —, noch besser aber im essigsauren Bad. Charakteristisch ist auch das Verhalten bei der Benzolprobe und das Vorhandensein von Metallen wie Cr, Co und Fe in der Asche. Die Dispersionsfarbstoffe bilden meist nur mehr oder weniger trübe Lösungen, aus denen neben der Wolle vor allem die Azetatfaser gut angefärbt wird.

Ist der *Farbstoffrückstand wasserunlöslich*, so kann es sich um Küpenfarbstoffe, Leukoküpenfarbstoffester oder Entwicklungsfarbstoffe handeln. Man setzt dem Rückstand etwas Hydrosulfit und verd. Natronlauge zu: *Küpenfarbstoffe* bzw. *Leukoküpenfarbstoffester* gehen in Lösung. Die Lösung färbt Baumwolle an.

Entwicklungsfarbstoffe werden durch die Hydrosulfit/Natronlauge-Behandlung langsam zerstört.

2. Färbungen auf Polyacrylnitrilfasern

Zum Färben von Polyacrylnitrilfasern werden vorzugsweise basische Farbstoffe, seltener Dispersions- und Küpenfarbstoffe verwendet. Bei der Analyse geht man wie bei den Polyamidfasern beschrieben vor und kombiniert die Löslichkeitsprüfungen und chemischen Reaktionen (Zusammenfassung s. Tab. 60) erforderlichenfalls mit Anfärbversuchen. Die ersten 5 Prüfungen der Tab. 60 (Wasser, Alkohol, Eisessig, Ammoniak konz. und Ammoniak konz./Alkohol) sind nach Bode hintereinander und mit der gleichen Faserprobe durchzuführen (jeweils 6 bis 8 Min. kochen), wobei nur nach der Eisessigbehandlung zwischengespült wird.

Sehr charakteristisch für die *basischen Farbstoffe* ist die Benzol- bzw. Ätherprobe. Bei der Säurezugabe bildet sich aus der Carbinolbase der basische Farbstoff zurück. Er löst sich in der wäßrigen Phase, im Gegensatz zum *Dispersionsfarbstoff*, der im Benzol gelöst bleibt.

Anfärbungsversuche

Der Farbstoff wird von mehreren Faserproben durch Kochen mit Eisessig abgezogen. Man vereinigt die Abziehflotten, dampft zur Trockene ein, nimmt den Rückstand mit heißem Wasser auf und führt in dieser Flotte die Färbeversuche durch (s. S. 291).

Basische Farbstoffe: Wolle und tannierte Baumwolle werden angefärbt; Baumwolle und Azetatfasern höchstens leicht angeschmutzt.

Dispersionsfarbstoffe: Wolle und Azetatfasern werden stark angefärbt, Baumwolle und tannierte Baumwolle nur angeschmutzt.

Säurefarbstoffe: Aus essigsaurem Bad wird meist nur die Wolle stärker angefärbt.

Küpenfarbstoffe: Der Farbstoffrückstand löst sich erst bei Zusatz von etwas Natronlauge und Hydrosulfit. Baumwolle wird in dieser Flotte angefärbt.

Tabelle 60. *Färbungen auf Polyacrylnitrilfasern*

Prüfverfahren	Säurefarbstoffe (Cuproionen-Verfahren)	basische Farbstoffe (Astrazon-, Deorlin-farbstoffe usw.)	Dispersions-farbstoffe	Küpenfarbstoffe bzw. Leukoküpen-farbstoffester
Wasser	++	0 bis +	0 bis +	0
Alkohol	+	0 bis +	+	0
Eisessig	+	+	+++	+
Ammoniak konz. (25% ig)	+++	0 bis +	+	0
Ammoniak konz./Alkohol (1 : 1)	+	0 bis +	0 bis +	0
Pyridin	++	+++	++	++
Paraffinprobe	0	0	+	+
Blinde Küpe (30 ml/l NaOH 38° Bé + 40 g/l Hydrosulfit konz., mindestens 5 Min. auf 80—90 °C erhitzen)	schwache bis starke Entfärbung, meist keine Rückoxydation möglich	meist starke Entfärbung, beim Ansäuern bildet sich oft Farbstoff zurück	meist starke Entfärbung, keine Farbstoffrückbildung	Farbumschlag, Farbton kehrt bei Oxydation zurück
Chlorprobe (15 g/l aktives Chlor)	meist schwache Entfärbung	meist starke Entfärbung	meist starke Entfärbung	keine Entfärbung
Benzol- oder Ätherprobe (Durchführung s. S. 430)	negativ	stark positiv	meist stark positiv	negativ
Veraschungsprobe	Kupfernachweis positiv	0	0 (bei Metallkomplexfarbstoff Cr, Co, Fe oder Cu)	0

Es bedeuten: 0 Lösung nicht oder nur spurenweise angefärbt (bei Veraschungsprobe = negativ), + wenig angefärbt, ++ deutlich angefärbt, +++ stark angefärbt

3. Färbungen auf Polyesterfasern

Die Polyesterfaser ist schwer anfärbbar. Um das Eindiffundieren des Farbstoffs zu erleichtern, wird der Färbeprozeß vielfach bei hoher Temperatur (HT-Verfahren) und unter Zusatz von Quellmitteln (Carrier) durchgeführt. Neben ausgesuchten Dispersionsfarbstoffen (vorwiegend helle bis mittlere Farbtöne) kommen noch wasserunlösliche Azofarbstoffe (besonders für dunkle Töne) und Küpenfarbstoffe in Frage. Zusammenstellung der Löslichkeitsprüfungen und chemischen Reaktionen siehe Tab. 61. Die ersten fünf Prüfungen sind wie bei der Polyacryl-

Tabelle 61. *Färbungen auf Polyesterfasern*

Prüfverfahren	Dispersions-farbstoffe	unlösliche Azofarb-stoffe (z. B. Intramin-farbstoffe)	Küpenfarbstoffe (z. B. Polyestren-farbstoffe)
Wasser	+	0	0
Alkohol	++	+	0
Eisessig	+++	+++	+
Ammoniak konz. (25% ig)	0	0 bis +	0
Ammoniak konz./ Alkohol (1 : 1)	0	+	0
Pyridin	++	+++	+
Blinde Küpe (30 ml/l NaOH 38 °C Bé + 40 g/l Hydrosulfit konz., mindestens 5 Min. auf 80—90 °C erhitzen)	meist starke, bleibende Entfärbung	meist bleibende Entfärbung nach gelben Farbtönen	Farbumschlag, bei Oxydation Rückkehr der Farbe
Chlorprobe (15 g/l aktives Chlor)	meist starke Entfärbung	keine Veränderung	keine Veränderung
Benzol- oder Ätherprobe (Durchführung s. S. 430)	positiv	negativ	negativ

Es bedeuten: 0 Lösung nicht oder nur spurenweise angefärbt, + wenig angefärbt, ++ deutlich angefärbt, +++ stark angefärbt.

nitrilfaser beschrieben hintereinander und mit derselben Probe durchzuführen.

Anfärbungsversuche

Der Farbstoff wird von mehreren Faserproben durch Kochen mit Eisessig abgezogen. Man vereinigt die Abziehflotten, dampft zur Trockene ein, nimmt den Rückstand mit heißem Wasser auf und führt mit dieser Flotte die Färbeversuche durch (s. S. 291).

Dispersionsfarbstoffe: Wolle und Azetatfasern werden stark angefärbt, Baumwolle wird nur angeschmutzt.

Unlösliche Azofarbstoffe (Entwicklungsfarbstoffe): Eindampfrückstand läßt sich in heißem Wasser nicht dispergieren; keine Anfärbung der Faserproben.

Küpenfarbstoffe: Der Eindampfrückstand löst sich erst bei Zusatz von etwas Natronlauge und Hydrosulfit. Baumwolle wird in dieser Flotte angefärbt.

4. Färbungen auf Polyvinylchloridfasern

Infolge der geringen Quellbarkeit und des Fehlens funktioneller Gruppen zeigen die PVC-Fasern nur eine sehr geringe Anfärbbarkeit. In der Praxis werden fast nur ausgesuchte Dispersionsfarbstoffe verwendet, meist unter Zusatz von Carriern.

Bei der Untersuchung der Färbungen geht man wie bei der Polyacrynitril- und Polyesterfaser beschrieben vor und kocht die Faserprobe der Reihe nach mit den in der Tab. 62 angegebenen Lösungsmitteln.

Tabelle 62. *Färbungen auf PVC-Fasern*

Farbstoffklasse	Wasser	Alkohol	Eisessig	Ammoniak konz. (25% ig)	Ammoniak konz. Alkohol (1 : 1)	Benzolprobe
Dispersionsfarbstoffe. . .	0	++	+++	0	0	positiv

Bedeutung der Kurzzeichen s. Tab. 61.

Das *Abziehen* der Farbstoffe und *Wiederauffärben* erfolgt wie bei den Färbungen auf Polyesterfasern.

Literatur über Färbungsuntersuchungen

Bode, A.: Die Untersuchung von Farbstoffen auf der Faser. Melliand Textilber **38** (1957) 289—296.
Hofmann, L.: Nachweis von Farbstoffen in Substanz und auf der Faser. Spinner und Weber **78** (1960) 104—109, 182—187.
Dierkes, G., u. H. Brocher: „Nachweis von Farbstoffklassen auf Textilien." Melliand Textilber. **44** (1963) 387.
Bode, A.: Die Erkennung von Remazol-Farbstoffen auf der Faser. Melliand Textilber. **40** (1959) 1304/05.
Jordinson, F., u. R. Lockwood: Identifizierung von Reaktivfarbstoffen auf Zellulosefasern. J. Soc. Dyers and Col. **78** (1962) H. 3, 122—125.
Thumm, O., u. J. Benz: Die Analyse von Reaktivfärbungen auf Cellulosefasern. **19** (1965) 286—294.
Brubaker, C. H.: Der Nachweis der Farbstoffklassen auf gefärbten nativen und synthetischen Fasern. Z. ges. Textilind. **60** (1958) 939ff. (Aus Amer. Dyest. Rep. **47** (1958) 9—17.

Sonderprüfmethoden

Bestimmung der Knitterbeständigkeit

Als Maß für die Knitterbeständigkeit gilt der Winkel (*Knitterwinkel* oder *Knittererholungswinkel*), der sich nach einer bestimmten Zeit einstellt, wenn man einen um 180° umgelegten Stoffstreifen nach vorheriger Belastung wieder entlastet.

Zur Bestimmung des Knittererholungswinkels ist die nachstehende Arbeitsvorschrift (DIN 53890) zu empfehlen.

Durchführung: Aus dem zu prüfenden Gewebe werden Streifen von 50 mm Länge und 20 mm Breite fadengerade ausgeschnitten, und zwar je 10 Streifen in Kett- und in Schußrichtung. Die Streifen werden dann 1 Std. bei 50 °C getrocknet und anschließend mindestens 6 Tage im Normalklima (20 ± 2 °C und 65 ± 2% relative Luftfeuchtigkeit) ausgelegt.

Die in dieser Weise vorbereiteten Streifen werden darauf an ihrer Schmalseite fadengerade um 180° umgelegt (s. Abb. 50). Der umgelegte Teil wird mit einem Objektträger abgedeckt und mit einem Gewicht von 1 kg so belastet, daß die ganze Belastung nur auf dem umgelegten Streifenteil ruht. Die Länge des umgelegten Streifens soll 10 mm betragen.

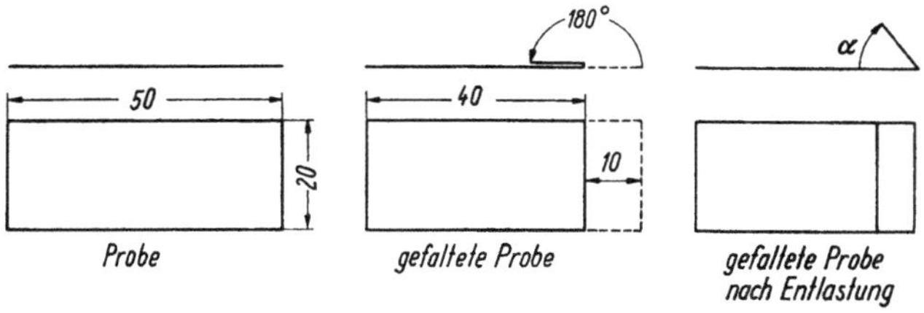

Abb. 50. Knittererholungswinkel (Maße in mm)

Um ein Aneinanderhaften zu vermeiden, wird zwischen die beiden aufeinanderliegenden Gewebeteile eine dünne Metallfolie (Aluminiumpapier aus Zigarettenpackung) gelegt.

Nach einer Belastungszeit von 1 Std. werden Gewicht und Objektträger abgenommen, wodurch sich zwischen den beiden Stoffflächen ein Winkel bildet, der mit zunehmender Erholungszeit immer größer wird. Dieser Knitterwinkel wird nach 5 und nach 60 Min. mit einem Winkelmesser gemessen.

Für jede Bestimmung sind 10 Proben in Kett- und 10 Proben in Schußrichtung erforderlich, wobei jeweils 5 Proben nach der einen und 5 Proben nach der anderen Stoffseite gefaltet werden. Angegeben werden die Mittelwerte aus den Messungen für die Erholungsdauer von 5 und von 60 Min.

Anmerkung: Vorbereitungsarbeiten und Messungen sind in einem klimatisierten Raum durchzuführen. Die Meßstelle ist gegen Luftbewegungen abzuschirmen.

Naßknitterwinkel. Führt man die Messungen nicht mit dem trockenen, sondern dem nassen Gewebe durch, so erhält man den *Naßknitterwinkel.* Nach der Vorschrift des Gütezeichenverbandes Textilveredlung e. V. wird hierzu wie folgt verfahren:

Eine Gewebeprobe von 10×20 mm wird in eine 0,2%ige Lösung von Nekal BX bis zum Untersinken eingelegt, dann mit einer Pinzette auf eine Glasplatte gebracht und unter Zwischenlegung einer Aluminiumfolie auf Quadrat gefaltet. Man deckt mit einem Objektträger ab und belastet genau 3 Min. mit einem 500 g-Gewicht. Darauf wird entlastet und nach 3 Min. der Knitterwinkel gemessen.

Koch- und Waschbeständigkeit des Effekts. Zur Prüfung der Koch- und Waschbeständigkeit knitterfrei ausgerüsteter Waren wird der Knitterwinkel auch nach dem Waschen gemessen, und zwar wird bei

Kochwaschartikeln eine Heißwäsche nach dem Dahlemer Verfahren (s. w. u.) durchgeführt.

Feinwaschartikel, z. B. Blusen- und Kleiderstoffe, werden bei 40 °C und einem Flottenverhältnis von 1 : 50 mit 2 g/l Feinwaschmittel 10 Min. lang behandelt (Probe nur leicht durchdrücken und schwenken, aber nicht reiben oder bürsten).

Nach der Wäsche wird die Untersuchungsprobe warm und kalt gespült, tropfnaß zum Trocknen aufgehängt, dann bei 150 °C glatt gebügelt und schließlich wie oben beschrieben der Knittererholungswinkel gemessen.

Bestimmung der Krumpfechtheit (Maßänderung)

Unter Maßänderung versteht man die beim Waschen oder feuchten Bügeln eintretende Längenänderung eines Gewebes in Kett- und Schußrichtung. Diese Änderung wird in % angegeben, bezogen auf die ursprüngliche Länge, und zwar mit negativem Vorzeichen, wenn eine Verkürzung (Krumpfung, Schrumpfung) und mit positivem Vorzeichen, wenn eine Längung eingetreten ist.

Zur Bestimmung der Maßänderung wird bei Geweben aus pflanzlichen Fasern (Wäschestoffe u. dgl.) die Koch- evtl. auch die Maschinenwäsche und bei Wollstoffen teils die Bügelprobe (z. B. Wolltuche) und teils das Fein-Waschverfahren durchgeführt. Das letztere eignet sich auch zur Prüfung der Synthetiks und ihren Mischungen. Zur Prüfung des Fixiereffekts bei synthetischen Fasern wird die Probe nur mit reinem Wasser abgekocht (siehe unter d).

Probenvorbereitung: Aus dem zu prüfenden Gewebe wird ein Abschnitt von mindestens 60 × 60 cm fadengerade herausgeschnitten. Der Abstand vom Stückanfang oder Stückende soll mindestens 1 m betragen. Die Probe darf vor der Messung nicht geknittert oder gefaltet werden.

Auf dem entnommenen Gewebeabschnitt werden in Kett- und Schußrichtung fadengerade Meßstrecken von 50 cm gekennzeichnet (waschechte Tinte oder eingenähte, waschechte Fadenstücke), und zwar jeweils 5 cm von den Schnittkanten entfernt.

Soll eine größere Probe, z. B. über die ganze Gewebebreite, geprüft werden, so sind die 50 cm langen Meßstrecken über die ganze Fläche verteilt anzuordnen, wobei der Abstand zu den Schnittkanten mindestens 5 cm und zu den Webkanten mindestens 10 cm betragen muß.

Vor dem genauen Messen der Abstände zwischen den Meßmarken ist der Gewebeabschnitt mindestens 12 Std. spannungslos im Normalklima (20 ± 2 °C, 65 ± 2% relative Luftfeuchtigkeit) auszulegen. Die Messung geschieht im Klimaraum, und zwar auf 1 mm genau, wobei der Abschnitt auf eine glatte, ebene Fläche gelegt wird.

a) Koch-Waschverfahren (DIN 53892)[1]. Die wie oben beschrieben vorbereitete und gemessene Versuchsprobe wird zunächst bei einem Flottenverhältnis von 1 : 50 5 Min. lang in weichem Wasser (nicht mehr

[1] Früher Dahlemer Verfahren.

als 4° dH) von 40 °C bewegt und dann mit der Hand ausgedrückt (nicht auswringen!) Hierdurch soll ein Teil der wasserlöslichen Appretur entfernt werden.

Für die Kochwäsche wird eine Waschlauge bereitet, die im Liter 2 g calc. Soda und 5 g alkalifreie Seifenflocken mit 85% Fettsäuregehalt enthält. Die Probe wird bei einem Flottenverhältnis von 1 : 30 in diese Waschlauge eingelegt, die Waschlauge in 20 bis 30 Min. zum Kochen gebracht und 30 Min. lang bei 95 ± 2 °C gehalten, wobei mehrmals umgerührt und die Probe mit einem Holzstampfer kräftig durchgedrückt wird.

Nach Ablauf der Waschdauer nimmt man die Probe mit einem Holzstab heraus, läßt die Waschlauge ablaufen und spült dreimal je 5 Min. mit jeweils frischem, weichem Wasser von 40 °C bei einem Flottenverhältnis von mindestens 1 : 50. Dabei wird die Probe nach jedem Spülgang herausgenommen und nach dem Ablaufen der Flotte mit der Hand ausgedrückt.

Anschließend an das Spülen wird die Probe durch Einrollen in ein Baumwolltuch oder Abdrücken mit Fließpapier vom überschüssigen Wasser befreit, dann durch Auslegen an der Luft getrocknet, durch Bespritzen mit einer Wassermenge, die einem Viertel des Probengewichtes entspricht, aus einer fein verteilenden Spritzdüse befeuchtet, zum Ausgleich der Feuchtigkeit zusammengerollt (nicht gefaltet!), nach mindestens 30 Min. ausgerollt, glattgestrichen und mit einer flachen Bügelpresse gepreßt.

Der Preßdruck soll 30 bis 40 g/cm² und die Temperatur für Gewebe aus pflanzlichen Faserstoffen und Seide 150 ± 15 °C, bei wärmeempfindlichen Fasern, wie Azetatfasern, Perlon u. a., aber 120 °C betragen.

Die Preßdauer richtet sich nach der Art des Gewebes. Sie ist so einzustellen, daß die Probe beim darauffolgenden Auslegen im Normalklima noch Feuchtigkeit aufnimmt. Nach mindestens 12stündigem Auslegen wird dann wieder gemessen. Auswertung der Meßdaten siehe weiter unten.

b) Maschinen-Waschverfahren. Es wird eine Trommel-Waschmaschine mit Heizvorrichtung, Thermometer und Wasserstandsanzeiger verwendet, die folgenden Anforderungen entspricht:

Trommeldurchmesser	50 bis 60 cm
Trommellänge	35 bis 50 cm
Zahl der Mitnehmer	3
Umfangsgeschwindigkeit	50 bis 60 m/min
(Drehrichtung nach 5 bis 10 Umdrehungen wechselnd)	

Die Trommel wird mit 1 bis 1,5 kg der vorbereiteten und gemessenen Proben gefüllt. Erreichen die vorhandenen Proben dieses Gewicht nicht, so wird eine entsprechende Menge anderer Gewebestücke, z. B. Handtücher, beigefügt. Dabei werden die Proben und die anderen Gewebestücke einzeln, leicht zusammengeballt, in die Trommel geworfen.

Die Waschmaschine wird dann je nach der eingefüllten Gewebemenge bis zu einer Höhe von $^1/_5$ bis $^1/_3$ des Trommeldurchmessers mit weichem Wasser von höchstens 4° dH und einer solchen Temperatur gefüllt, daß die Wasserfüllung in längstens 10 Min. auf Siedetemperatur gebracht werden kann.

Mit der Zugabe von 2 g calc. Soda und 2 bis 5 g Seifenflocken je Liter Flotte und dem Einschalten der Waschmaschine beginnt der Waschversuch. Die Seifenmenge soll so bemessen sein, daß die Flotte während des Waschens einen etwa 2 bis 10 cm hohen Schaum bildet. Sollten dazu 5 g Seife nicht genügen, so wird weitere Seife zugegeben. Die Konzentration der Seifenlösung muß dann aber im Prüfbericht angegeben werden.

Das Waschen dauert ohne Unterbrechung 40 Min. Innerhalb der ersten 10 Min. soll die Temperatur auf 95 °C gesteigert und danach 30 Min. lang auf 80 bis 95 °C gehalten werden. Dann wird die Waschflotte, ohne die Maschine anzuhalten, abgelassen und die Trommel bis zu einem Drittel ihrer Höhe mit weichem Wasser gefüllt, das auf 60 °C erwärmt und nach 5 Min. (45 Min. vom Waschbeginn an gerechnet) wieder abgelassen wird. Daran schließt sich ein gleicher Spülgang von 10 Min. Dauer (bis 55 Min. nach Waschbeginn) an. Zum Schluß soll die Maschine noch 5 Min. ohne Wasser laufen und 60 Min nach Versuchsbeginn abgestellt werden.

Die feuchten Proben werden nach dem Spülen in einen Zentrifugenkorb gelegt und geschleudert. Die Schleuderdauer ist vorher so einzustellen, daß Baumwollgewebe bei gleicher Zentrifugenfüllung noch etwa 50 bis 60% Feuchtigkeit (bezogen auf den lufttrockenen Zustand) enthalten. Bei dicht eingestellten, dicken Geweben können bis zu 100% Restfeuchtigkeit notwendig sein, damit sie sich vor dem Pressen glattlegen lassen. Die geschleuderten Proben werden unmittelbar danach ungetrocknet in eine Flachtischpresse gebracht, deren Bügelplatte eine Temperatur von 150 ± 15 °C hat, und unter einem Druck von 30 bis 40 g/cm² so weit trocken gepreßt, daß sie beim nachherigen Auslegen im Normalklima (mindestens 12 Std.) noch Feuchtigkeit aufnehmen. Abschließend wird gemessen. Auswertung s. S. 450.

Anmerkung: Das Maschinen-Waschverfahren wird nur für Baumwoll- und Leinengewebe empfohlen.

c) Fein-Waschverfahren. Die wie eingangs beschrieben vorbereitete und gemessene Versuchsprobe wird zur Entfernung wasserlöslicher Appretur in 40 °C warmem weichem Wasser ($<4°$ dH) bei einem Flottenverhältnis von 1 : 50 5 Min. lang bewegt und dann von Hand ausgedrückt (nicht auswringen!).

Für die Feinwäsche wird dann die Probe bei einem Flottenverhältnis von 1 : 30 und einer Temperatur von 40 ± 2 °C 15 Min. lang in die Waschlauge (3 g/l alkalifreie Seifenflocken mit einem Fettsäuregehalt von etwa 85%) eingelegt und dabei 10mal in etwa gleichen Zeitabständen mit der Hand ausgedrückt.

Darauf wird die Probe herausgenommen, leicht ausgedrückt, aber nicht ausgewrungen, und 4 mal je 3 Min. lang in weichem Wasser von 40 °C bei einem Flottenverhältnis von mindestens 1 : 50 unter jedesmaligem Erneuern des Wassers gespült.

Nach dem Spülen wird die Probe wie beim Koch-Waschverfahren getrocknet, wieder befeuchtet, gepreßt, im Normalklima ausgelegt und gemessen. Auswertung siehe weiter unten.

d) Abkochung mit dest. Wasser. Dieses Verfahren dient zur Prüfung des Fixiereffekts bei synthetischen Faserstoffen sowie der Maßänderung bei flammenhemmend ausgerüsteten Geweben für Schutzkleidung.

Für die Prüfung wird eine 60×60 cm (mindestens 40×60 cm) große flache Schale aus korrosionsbeständigem Werkstoff (z. B. emailliertem Stahlblech oder nichtrostendem Stahl) mit dest. Wasser gefüllt und der Inhalt zum Kochen erhitzt. Darauf wird die wie oben vorbereitet und gemessene Versuchsprobe flach eingelegt. Falls nur eine 40×60 cm große Schale zur Verfügung steht oder die Probe für die vorhandene Schale zu groß ist (besonders bei Proben über die volle Gewebebreite, darf die Probe locker auf die halbe Breite zusammengelegt werden. Neigt die Probe zum Schwimmen, so wird sie mit einem nichtrostenden Drahtnetz, das an den Ecken mit Fußstützen versehen ist, etwa 1 cm unter der Wasseroberfläche gehalten.

Nach dem Einlegen der Probe wird das Wasser eine halbe Stunde lang im schwachen Sieden gehalten. Darauf nimmt man die Probe aus der Schale heraus, läßt abtropfen, entfernt das anhaftende Wasser durch Abdrücken zwischen Fließpapier oder Einrollen in trockene Tücher und legt die Probe vor dem Messen auf einer flachen Unterlage zum Trocknen im Normalklima aus. Auswertung der Meßdaten s. S. 450.

Bei Geweben aus synthetischen Fasern ist es im allgemeinen nicht erforderlich, die Proben durch Pressen zu glätten. Wird trotzdem gepreßt, dann nur bei einer Temperatur von 120 °C. Der Preßdruck bleibt unverändert (30 bis 40 g/cm^2).

Bei flammenhemmend ausgerüsteten Geweben für Schutzkleidung wird die Probe nach dem Trocknen an der Luft wie beim Koch-Waschverfahren wieder mit Wasser befeuchtet, gepreßt und im Normalklima ausgelegt.

e) Bügelprobe. Die Bügelprobe kommt vorzugsweise für Oberstoffe aus Wolle und Wollmischgespinsten in Frage. Die Prüfung wird nach DIN 53801 auf dem SPUHRschen Bügelprobengerät durchgeführt.

Versuchsbedingungen:
Größe der Bügelfläche: 60×20 cm
Feuchtigkeitsgehalt des doppelt aufgelegten baumwollenen Bügellappens (Gewicht 130 bis 150 g/m^2) etwa 150%
Temperatur der Heizplatte: 220 °C
Bügeldruck: 42 g/cm^2
Bügeldauer: 15 Sek.

Aus den mittleren Abmessungen der Probenlänge bzw. -breite vor und nach dem Bügeln wird dann wie unter a) beschrieben, die Maßänderung berechnet.

Die Messungen sind grundsätzlich, auch bei ganzen Stücken, nach längerem Ruhenlassen der Ware im spannungslosen Zustand auszuführen. Die Versuchsprobe wird dabei auf einer glatten Unterlage ausgebreitet und mit der Hand leicht glattgestrichen. Bei einer Länge des Probeabschnitts bis zu 1 m sind drei Messungen — jeweils in Kett- und Schußrichtung — erforderlich, bei größeren Längen genügen zwei.

Vereinfachtes Verfahren (Handbügelprobe)

Auf dem zu prüfenden Stoff wird fadengerade ein Abschnitt von möglichst 1 × 1 m abgemessen und angezeichnet. Dann legt man ein die ganze Fläche bedeckendes, feuchtes Baumwollgewebe (Feuchtigkeitsgehalt 150%) darüber und bügelt durch Aufsetzen von 1 oder 2 Bügeleisen (Gewicht 6 bis 7 kg) so lange, bis die Probe nur noch ganz schwach dampft. Die Bügeleisen sind dabei durch Abheben zu versetzen (nicht gleiten!). Die Temperatur des Bügeleisens soll etwa 200 °C betragen. (Prüfung durch Schmelzkörper: Schmelzpunkt von Anthrazen 201 °C, von Natriumchlorat 248 °C). Nach dem Auskühlen und Ruhen auf glatter Holzunterlage wird gemessen und die Maßänderung wie angegeben berechnet.

Auswertung der Meßdaten

Die Maßänderung wird aus den Meßstrecken, jeweils für Kette und Schuß getrennt, wie folgt berechnet:

$$\text{Maßänderung in \%} = \frac{(a - b)}{a} \cdot 100$$

Es bedeuten:

a Meßstrecke vor der Behandlung
b Meßstrecke nach der Behandlung
Bei mehreren Messungen wird stets der Mittelwert angegeben.

Beispiel:

Meßstrecke in Kettrichtung vor der Kochwäsche (a) . . . . 50,2 cm
Meßstrecke in Kettrichtung nach der Kochwäsche (b) . . . . 45,1 cm

$$\text{Maßänderung} = \frac{50{,}2 - 45{,}1}{50{,}2} \cdot 100 = \underline{\underline{10{,}2\%}}$$

Da das Gewebe in der Kettrichtung schrumpfte, wird der errechnete Wert mit negativem Vorzeichen angegeben, also Maßänderung = —10,2%.
In analoger Weise wird auch in der Schußrichtung verfahren.

Bestimmung des Wasserrückhaltevermögens[1]

Grundlagen: Unter dem Wasserrückhaltevermögen (früher fälschlich als Quellwert bezeichnet) versteht man die vom Fasermaterial nach dem Netzen und anschließenden Abschleudern zurückgehaltene Menge Wasser. Diese Wassermenge wird in % angegeben, bezogen auf das absolut trockene Fasermaterial (= *Wasserrückhaltevermögen*), evtl. auch das lufttrockene Fasermaterial (= *Bezugs-Wasserrückhaltevermögen*).

Probenvorbereitung: Für jeden Versuch werden 4 Proben von je etwa 0,4 g vorbereitet. Garne werden in 10 mm lange Stücke zerschnitten, Gewebe und Maschenwaren in die Fäden aufgelöst und eben-

[1] Im wesentlichen nach DIN 53814. Es handelt sich dabei um eine Weiterentwicklung des Verfahrens zur Bestimmung des Quellwertes von Reyon und Zellwolle (Fa Chem Fa 1). Durchführung des letzteren s. 9. Auflage dieses Buches.

falls zerschnitten. Anschließend werden die Proben im Normalklima (20 ± 2 °C und 65 ± 2% relative Luftfeuchtigkeit) ausgelegt. Die Auslegezeit beträgt 24 Std., bei Schwergeweben mindestens 72 Std.

Geräte

Schleudergefäße gemäß Abb. 51. Die am Boden der Schleudergefäße befindliche angerauhte Glaskugel soll beim Schleudern das Fasermaterial zurückhalten, während das Wasser hindurchgeschleudert wird. Schleudergefäße und dazu gehörende Schliffstopfen sind so zu kennzeichnen, daß keine Verwechslung möglich ist.

Haltegefäße (s. Abb. 51) aus Metall. Sie dienen zur Aufnahme der Schleudergefäße beim Zentrifugieren und außerdem zum Sammeln des abgeschleuderten Wassers.

Zentrifuge. Die Zentrifuge soll mindestens 4 Einsätze haben und am Schwerpunkt der Probe eine Beschleunigung von 8000 bis 10000 m/sec² (Soll-Schleuderwert) ermöglichen.

Steckbrett zum Stellen der Schleudergefäße und Einfüllen des dest. Wassers.

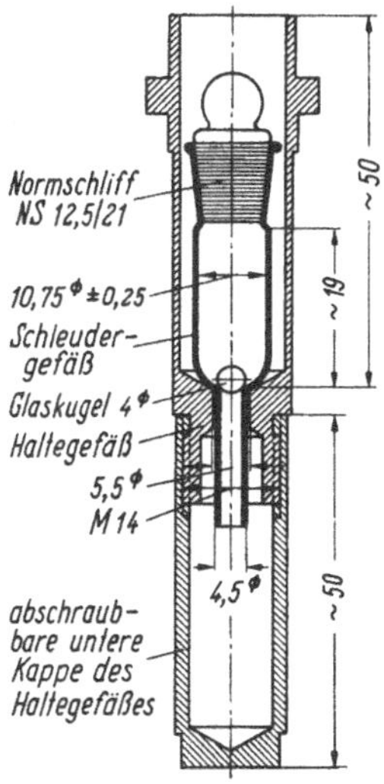

Abb. 51. Apparatur zur Bestimmung des Wasserrückhaltevermögens

Durchführung: Die 4 klimatisierten Proben werden in je ein vorher gewogenes Schleudergefäß gegeben und auf 0,001 g genau abgewogen (= Gewicht der lufttrockenen Probe G_{lutro}). Darauf stellt man die Gefäße auf das Steckbrett und füllt sie durch Zulauf von unten mit dest. Wasser von 20 ± 2 °C, dem 1 g/l Netzmittel (z. B. Nekal BX) zugesetzt wurde. Die Netzdauer beträgt 2 Std. Dabei soll die Versuchsprobe stets ganz in Wasser eingetaucht sein. Evtl. zwischen dem Fasergut vorhandene Luftblasen sind durch Evakuieren zu entfernen.

Nach beendetem Netzen werden die Schleudergefäße mit den dazu gehörenden Schliffstopfen verschlossen, in die Haltegefäße eingesetzt, 20 Min. beim Soll-Schleuderwert zentrifugiert und die Proben mit aufgesetztem Schliffstopfen gewogen (= Feuchtgewicht G_f). Das Anlaufen der Zentrifuge auf den Soll-Schleuderwert und das Auslaufen bis zur Ruhe sollen jeweils 15 Sek. betragen.

Nach dem Wägen werden die Proben in den Schleudergefäßen (Stopfen abnehmen) bei 105 ± 2 °C bis zur Gewichtskonstanz getrocknet und nach $^1/_2$stündigem Abkühlen im Exsikkator mit aufgesetztem Schliffstopfen wieder gewogen (= Gewicht der abs. trockenen Probe G_{atro}).

Auswertung

$$\text{Wasserrückhaltevermögen in \%} = \frac{G_f - G_{\text{atro}}}{G_{\text{atro}}} \cdot 100$$

$$\text{Bezugs-Wasserrückhaltevermögen in \%} = \frac{G_f - G_{\text{lutro}}}{G_{\text{lutro}}} \cdot 100$$

Angegeben wird jeweils der Mittelwert aus den 4 Messungen, und zwar auf 0,1% genau.

Bestimmung des Filzvermögens von loser Wolle und Kammzug[1]
(Aachener Filztest)

Grundlagen: Die zu untersuchende Wolle wird in einem kleinen Gefäß mit der 50fachen Menge Wasser auf einer Schüttelmaschine geschüttelt. Dabei verfilzt die Probe so sehr, daß kompakte, runde Kugeln entstehen. Je größer das Filzvermögen der Wolle, um so kleiner ist der Durchmesser dieser Kugeln.

Meßgeräte

Schüttelmaschine der Fa. Desaga, Heidelberg. Das Besondere an dieser Maschine ist, daß sie ein dreidimensionales Schütteln erlaubt.

Schüttelgefäße aus Stahl, Größe 150 ml.

Durchführung: 1 g der gleichmäßig zerzupften Wolle und 50 ml dest. Wasser werden in das Schüttelgefäß gebracht und anschließend mit 150 U/min 30 oder 60 Min. lang geschüttelt. Der Durchmesser der Filzkugel wird dann mit einer Mikrometerschraube gemessen.

In Angleichung an die Arbeitsbedingungen späterer Veredlungsprozesse kann der Filztest auch mit Wasser von verschiedenen pH-Werten oder mit Waschlaugen durchgeführt werden. Schweißwolle muß vor Ausführung des Testes immer schonend gewaschen werden.

Bestimmung des Mercerisationsgrades

1. Mikroskopische Bestimmung. Die Untersuchungsprobe wird in die Einzelfasern aufgelöst und dann unter dem Mikroskop im Längsbild oder Querschnitt die Zahl der merzerisierten und nicht mercerisierten Fasern festgestellt.

$$\text{Mercerisationsgrad in } \% = \frac{\text{Anzahl der mercerisierten Fasern}}{\text{Gesamtzahl an Fasern}} \cdot 100$$

2. Barytzahl[2]. Man behandelt 1 Probe der mercerisierten und 1 Probe der nicht mercerisierten Baumwolle mit einer $Ba(OH)_2$-Lösung und bestimmt den Verbrauch an Barytlösung durch Titration mit n/10-HCl. Je höher der Mercerisationsgrad, um so größer ist der Verbrauch an $Ba(OH)_2$-Lösung und um so größer auch die Barytzahl.

Begriffsdefinition: Unter der Barytzahl versteht man das Verhältnis zwischen der von der mercerisierten und der von der nicht mercerisierten Baumwolle verbrauchten Menge $Ba(OH)_2$-Lösung.

Reagenzien

$Ba(OH)_2$-Lösung: Die Lösung soll etwa 0,25 normal, d. h. annähernd gesättigt sein. Hierzu wiegt man 39,5 g $Ba(OH)_2 \cdot 8\,H_2O$ ab und löst in dest. Wasser zu 1 l auf. Die Lösung muß völlig klar sein und ist nötigenfalls zu filtrieren.

Probenvorbereitung: Die Untersuchungsprobe wird 15 Min. in einer Lösung von 1% Waschmittel + 0,2% Soda calc. gekocht und anschließend 1 Std. mit dest. Wasser gespült.

---

[1] Blankenburg, G.: Wirkerei- und Strickereitechnik **14** (1964) 467.

[2] Am. Dyest. Rep. **47** (1958) 943. Tentative Test Method 31—1958.

Bei *stärkehaltigem Fasermaterial* (Prüfung durch Betupfen mit Jod/Jodkalium-Lösung) muß die Stärke vor der Behandlung abgelöst werden, d. h. dem Abkochprozeß eine enzymatische Behandlung (s. S. 329) vorausgehen.

Fetthaltiges Fasermaterial ist außerdem — am besten vor dem Abkochen — 15 Min. mit Tetrachlorkohlenstoff zu extrahieren.

Nach erfolgter Reinigung wird die Probe bei 50 °C getrocknet und dann mindestens 48 Std. im Klimaraum ausgelegt.

Durchführung: $2 \pm 0{,}001$ g der im Klimaraum konditionierten Untersuchungsprobe werden in einem 100 ml-Erlenmeyerkolben mit 30 ml der 0,25 n-$Ba(OH)_2$-Lösung übergossen. Der Kolben wird sofort verschlossen und bei gelegentlichem Umschütteln 1 Std. stehengelassen. Darauf werden 10 ml entnommen und nach Zugabe von 2 Tropfen Phenolphthaleinlösung mit 0,1 n-Salzsäure titriert. In gleicher Weise titriert man auch noch 10 ml der angesetzten Barytlösung.

Auswertung: Die Barytzahl (BZ) ergibt sich aus folgender Gleichung:

$$\text{Barytzahl} = \frac{a - b}{a - c} \cdot 100$$

Hierin bedeuten:

a Verbrauch an ml n/10-HCl für 10 ml der angesetzten $Ba(OH)_2$-Lösung.
b Verbrauch an ml n/10-HCl für 10 ml $Ba(OH)_2$-Lösung bei der merceris. Probe.
c Verbrauch an ml n/10-HCl für 10 ml $Ba(OH)_2$-Lösung bei der nicht mercerisierten Probe.

Zur Beurteilung: Gut mercerisierte Garne haben Barytzahlen zwischen 150 und 160, gut mercerisierte Gewebe zwischen 120 und 150.

Bestimmung der Schädigung von Textilien durch zurückgehaltenes Chlor (Scorchtest)[1]

Grundlagen: Das zu untersuchende Gewebe wird mit Natriumhypochloritlösung behandelt und nach dem Spülen und Auswaschen zwischen zwei Metallplatten erhitzt. Hält das Gewebe Chlor zurück, so tritt beim Erhitzen (= Scorchen) eine der Chloraufnahme entsprechende Faserschädigung ein. Angegeben wird der Festigkeitsverlust in %, bezogen auf die nicht gescorchte Probe.

Zweck und Anwendungsbereich: Das Chlorrückhaltevermögen (Chlorretention) ist beim Behandeln mit hypochlorithaltigen Wasch- oder Bleichmitteln von Bedeutung. Es kann sich bei längerem Lagern oder Erhitzen (Bügeln), vor allem bei mit Kunstharz ausgerüsteten Waren, nachteilig bemerkbar machen.

Der Scorchtest ist für alle Faserstoffe anwendbar, sofern sie nicht durch das Erhitzen allein schon wesentlich geschädigt werden.

Prüfgeräte und Reagenzien

a) *Scorch-Tester*[2]: Zwei polierte und über ihre ganze Fläche gut aufliegende Metallplatten — eine davon feststehend, die andere beweglich — von je etwa 15 cm

[1] Im wesentlichen nach AATCC Standard Test Method. 92—1962.

[2] Sehr geeignet ist der Scorch-Tester der Atlas Electric Devices Co., 4114 North Ravenswood Avenue, Chicago 13, Illinois, der bei uns von der Fa. Brabender Technologie KG, Duisburg-Wanheimerort, Adolf-Wagner-Str. 1—5, bezogen werden kann.

Länge und 2,5 cm Breite, die getrennt auf eine Temperatur von 185 ± 1 °C erhitzt werden können. Die bewegliche Platte muß auf die feststehende einen Druck von 9 ± 0,5 p/cm² ausüben.

b) *Natriumhypochloritlösung:* Lösung von 2,5 ± 0,02 g/l aktivem Chlor und einem p_H von 9,5 ± 0,1. Man geht aus von der handelsüblichen Natronbleichlauge mit etwa 150 bis 160 g/l aktivem Chlor (Stammlösung). Der Gehalt an aktivem Chlor wird jodometrisch bestimmt (s. S. 133).

Ansatz: Zu 900 ml dest. Wasser gibt man so viel ml Stammlösung, daß nach dem Auffüllen mit dest. Wasser zu 1 l die Lösung 2,5 ± 0,02 g/l aktives Chlor enthält. Der p_H-Wert der Lösung — gemessen mit der Glaselektrode — soll bei 9,5 ± 0,1 liegen. Die genaue Einstellung geschieht mit Natriumhydrogenkarbonat (Herabsetzung) oder Natriumkarbonat (Erhöhung des p_H).

Probenahme und Probenvorbereitung: Aus dem zu untersuchenden Gewebe wird ein Abschnitt von 35 cm in Kett- und 20 cm in Schußrichtung herausgeschnitten. Normalerweise wird nur in Kettrichtung geprüft. Soll ausnahmsweise in Schußrichtung geprüft werden, so ist umgekehrt zu verfahren (35 cm in Schußrichtung, 20 cm in Kettrichtung).

Durchführung: Der zu prüfende Gewebeabschnitt wird zur *Durchnetzung* in einem 800 ml-Becherglas bei einem Flottenverhältnis von 1 : 50 3 Min. mit dest. Wasser von 70 ± 3 °C behandelt und dabei alle 30 Sek. mit Hilfe eines Glasstabes 5 mal im Kreis bewegt. Darauf quetscht man auf etwa 75% ab (Laborfoulard, Quetsche oder Handwringmaschine) und läßt auf Raumtemperatur abkühlen.

Chlorierung: Der genetzte Gewebeabschnitt wird in einem 800 ml-Becherglas bei einer Temperatur von 25 ± 1 °C und einem Flottenverhältnis von 1 : 50 15 Min. in eine Natriumhypochloritlösung (2,5 ± 0,02 g/l akt. Chlor, p_H 9,5 ± 0,1) eingelegt. Alle 60 Sek. wird die Probe wie oben beschrieben mit dem Glasstab bewegt, dann herausgenommen und auf etwa 75% faltenfrei abgequetscht.

Spülen, Trocknen: Nach der Chlorierung wird die Versuchsprobe in einem 800 ml-Becherglas bei einem Flottenverhältnis von 1 : 50 2 Min. mit dest. Wasser von 20 bis 30 °C gespült, wobei man auch wieder alle 30 Sek. umrührt und am Schluß auf etwa 75% abquetscht. Der Spülgang ist noch 5 mal mit jeweils frischem dest. Wasser zu wiederholen und dabei jedesmal auch die Abquetschwalze nachzuspülen. Abschließend wird der Gewebeabschnitt an einer Wäscheleine aufgehängt und an der Luft (keine direkte Sonneneinwirkung) getrocknet.

Hitzetest: Aus dem getrockneten Gewebeabschnitt werden 5 Streifen von 30 cm Länge und 3 cm Breite herausgeschnitten und diese durch beidseitiges Entfernen der Kettfäden auf eine Breite von genau 2,5 cm gebracht. Die Streifen werden dann in der Mitte so durchgeschnitten, daß man jeweils 2 Streifen von 15 × 2,5 cm erhält, von denen einer zum Hitzetest verwendet wird. Alle 10 Streifen werden dann 24 ± 2 Std. klimatisiert (65 ± 2% relat. Luftfeuchtigkeit, 20 ± 2 °C).

Die fünf zur Erhitzung vorgesehenen Streifen werden darauf, einer nach dem anderen, bei dem oben angegebenen Druck 30 Sek. zwischen den auf 185 ± 1 °C gehaltenen Metallplatten erhitzt. Die Streifen sind dabei so einzulegen, daß sie mit den Platten ein rechtwinkliges Kreuz mit gleich langen Balken bilden. Nach dem Erhitzen werden die Streifen nochmals 24 Std. klimatisiert.

Bestimmung der Reißfestigkeit: Von allen 10 Streifen wird bei einer Einspannlänge von 6 cm und einer Abzugsgeschwindigkeit von 60 mm pro Min. die Reißfestigkeit bestimmt. Dabei soll das erhitzte Quadrat des Prüfstreifens zu den beiden Einspannbacken genau den gleichen Abstand aufweisen.

Auswertung

$$\text{Festigkeitsverlust in } \% = \frac{R_{Cl} - R_{Cls}}{R_{Cl}} \cdot 100$$

Es bedeuten:

R_{Cl} Reißfestigkeit (Mittelwert) der fünf nur gechlorten Prüfstreifen
R_{Cls} Reißfestigkeit (Mittelwert) der fünf gechlorten und erhitzten Prüfstreifen

Bemerkungen. Soll nur der schädigende Einfluß der Hypochloritbehandlung, also *ohne das Erhitzen*, festgestellt werden, so wird der Festigkeitsverlust wie folgt berechnet:

$$\text{Festigkeitsverlust in } \% = \frac{R - R_{Cl}}{R} \cdot 100$$

Es bedeuten:

R Reißfestigkeit (Mittelwert) der nicht gechlorten Streifen
R_{Cl} Reißfestigkeit (Mittelwert) der gechlorten Streifen

Hitzeempfindliche Faserstoffe. Bei Verdacht auf Faserstoffe, die durch die Hitzebehandlung allein schon einen Festigkeitsrückgang erleiden, wird der Gewebeabschnitt nicht mit der Hypochloritlösung, sondern dest. Wasser behandelt. Die Berechnung des bei der Erhitzung eintretenden Festigkeitsverlustes geschieht nach:

$$\text{Festigkeitsverlust in } \% = \frac{R_W - R_{WS}}{R_W} \cdot 100$$

Es bedeuten:

R_W Reißfestigkeit (Mittelwert) der wasserbehandelten aber nicht erhitzten Prüfstreifen
R_{WS} Reißfestigkeit (Mittelwert) der wasserbehandelten und erhitzten Prüfstreifen

Sollte sich bei dieser Prüfung ein Festigkeitsverlust von über 5% ergeben, so ist die Auswertung des Scorch-Testes fraglich. Der bei den nicht gechlorten Prüfstreifen durch das Erhitzen eintretende Festigkeitsverlust ist auf jeden Fall von dem bei den gechlorten und erhitzten Prüfstreifen gefundenen Festigkeitsverlust abzuziehen.

Bestimmung der wasserabweisenden Eigenschaften

Zur Prüfung der wasserabweisenden Ausrüstung sind schon eine ganze Reihe von Verfahren vorgeschlagen worden. In der Hauptsache handelt es sich um drei große Gruppen, und zwar

a) Wasserdruckproben (Muldenprobe, Trichterprobe, Wasserdruckprüfung nach SCHOPPER u. a.).

Prinzip: Man läßt das Wasser unter einem bestimmten Druck auf das Prüfgewebe einwirken und bestimmt die Zeit bis zum Hindurchtreten des ersten Wassertropfens oder mißt die in einer bestimmten Zeit hindurchgelaufene Wassermenge.

b) Beregnungsprüfungen (Spray-Test, Beregnung nach MECHEELS, BUNDESMANN u. a.).

Prinzip: Das Prüfgewebe wird eine Zeitlang beregnet — bei einigen Verfahren unter gleichzeitiger Reibung des Gewebes auf der Rückseite — und die prozentuale Wasseraufnahme und die durchgelaufene Wassermenge bestimmt.

c) Tauchprüfungen (Eßlinger Verfahren, Verfahren nach ARNOLD, BECKER u. a.).

Prinzip: Das Prüfgewebe wird in Wasser eingetaucht und dann ebenfalls die prozentuale Wasseraufnahme ermittelt.

Zur Prüfung, ob eine wasserabweisende Ausrüstung vorliegt, eignen sich die Mulden- und die Trichterprobe.

Muldenprobe. Der Gewebeabschnitt (50×50 cm) wird in einen Rahmen so eingespannt, daß eine Mulde entsteht. Diese füllt man 7,5 cm hoch mit Wasser und läßt 24 Std. einwirken. In dieser Zeit darf kein Wasser hindurchdringen.

Trichterprobe. Man legt einen kreisrunden Abschnitt des Gewebes (Durchmesser 13 cm) wie ein Faltenfilter zusammen, gibt es in einen Glastrichter und füllt 300 ml Wasser ein. In 24 Std. darf kein Wasser hindurchtreten.

Für quantitative Messungen sind diese Verfahren insofern weniger geeignet, als man bei der modernen Wasserabweisend-Ausrüstung kein völlig wasserdichtes Gewebe anstrebt, wie z. B. bei einer Gummierung oder Kunstharzbeschichtung, sondern die Gewebeporen absichtlich offenhält, um einen Ausgleich der Körperausdünstung nach außen zu ermöglichen. Die Beregnungs- und Tauchprüfungen werden daher in diesen Fällen meist vorgezogen. Nachstehend sind einige der wichtigsten Verfahren angeführt.

1. Beregnungsprüfung nach Bundesmann[1]. Die Gewebeprobe wird bei dieser Prüfung während der Beregnung auf der Rückseite einer Reibung ausgesetzt.

Durchführung: Aus dem zu prüfenden Gewebe schneidet man 4 kreisrunde Abschnitte (Durchmesser 14 cm) heraus und legt diese mindestens 24 Std. im Normalklima (20 ± 2 °C und 65 ± 2% relat. Luftfeuchtigkeit) aus. Die Abschnitte werden dann auf 0,01 g genau abgewogen, auf die Prüfgefäße aufgespannt, 5 oder 10 Min. beregnet, wieder ausgespannt, zur Entfernung des überschüssigen Wassers von Hand ausgeschleudert und anschließend nochmals gewogen. Man berechnet die prozentuale Wasseraufnahme und mißt gleichzeitig die bei der Beregnung durch das Gewebe gelaufene Wassermenge. Der besondere Vorteil dieses Verfahrens besteht darin, daß man 4 Proben auf einmal prüfen und unter völlig gleichen Bedingungen miteinander vergleichen kann.

Der Beregnungsapparat „Pfersee“ (System Dr. BUNDESMANN) wird von der Fa. Ehrhardt & Leimer, Augsburg, geliefert.

Anmerkung: Beim Ausschleudern von Hand wird die Probe am Rand mit 2 Fingern gehalten und 5mal mit gestrecktem Arm ausgeschleudert, dann an der gegenüberliegenden Stelle ebenso festgehalten und wieder 5mal ausgeschleudert.

Die Reproduzierbarkeit der Meßwerte kann beträchtlich erhöht werden, wenn das Ausschleudern nicht von Hand, sondern mit Hilfe einer Schleuderscheibe[2] durchgeführt wird.

---

[1] BUNDESMANN: Melliand Textilber. **16** (1935) 128.

[2] BUNDESMANN, H.: Melliand Textilber. **45** (1964) 802. Die Schleuderscheibe wird ebenfalls von der Fa. Ehrhardt & Leimer, Augsburg, geliefert.

Die Beregnungsprüfung DIN-Entwurf 53888 ähnelt der Prüfung nach Bundesmann. Außer der von der Probe aufgenommenen und der hindurchgelaufenen Wassermenge wird zur Beurteilung auch noch der Wasser-Abperleffekt herangezogen. Dabei wurden folgende Stufen festgelegt.

Stufe A: Kleine Tropfen perlen lebhaft ab
Stufe B: Ausbildung größerer Tropfen
Stufe C: Tropfen bleiben stellenweise auf dem Gewebe hängen
Stufe D: Gewebe wird teilweise angenetzt
Stufe E: Gewebe wird auf der gesamten Fläche an- bzw. durchgenetzt.

2. Spray-Test[1]. Die Gewebeprobe (20 × 20 cm) wird nach dem Auslegen im Normalklima in einen Rahmen eingespannt und dann unter einem Winkel von 45° 1 Min. lang beregnet (Regenmenge 500 ± 3 ml/Min.; mittlere Tropfenfallhöhe 60 ± 3 mm; trichterförmige Brause mit 19 Löchern von 0,7 mm Durchmesser). Der Prüfling wird dann wieder aus dem Rahmen herausgenommen und zwischen zwei schnellsaugenden Filterpapierblättern durch einmaliges Darüberrollen eines Metallzylinders mit einem Druck von 50 g/cm vom anhaftenden, überschüssigen Wasser befreit. Anschließend schneidet oder stanzt man aus der so behandelten Probe einen Abschnitt von etwa 10 × 10 cm heraus, wiegt diesen ab, trocknet bei 105 bis 110 °C bis zur Gewichtskonstanz und wiegt nochmals. Die Differenz, bezogen auf das Trockengewicht, ergibt den *absoluten Wassergehalt*. Er wird in % angegeben.

Soll außerdem auch die *Wasseraufnahme* bestimmt werden, so wird die akklimatisierte Probe gewogen, dann bei 105 bis 110 °C getrocknet und nochmals gewogen. Anschließend wird wie oben weiterverfahren. Die Wasseraufnahme ergibt sich aus der Differenz zwischen den prozentualen, absoluten Wassergehalten der beregneten und der lufttrockenen (akklimatisierten) Gewebeproben.

3. Tauchprüfung[2]. Eine lufttrockene Gewebeprobe von 7,5 × 7,5 cm wird abgewogen und dann unter Belastung mit einem 100 g-Gewicht 3 Min.[3] in dest. Wasser von 20 °C eingetaucht. Die Wasserhöhe über der Versuchsprobe soll 10 cm betragen. Durch öfteres Anheben ist dafür zu sorgen, daß die unter dem Gewebe befindlichen Luftblasen entfernt werden. Anschließend wird der Prüfling zwischen 2 Bogen Filtrierpapier in einer Wringmaschine mit Gummiwalzen abgequetscht und dann gewogen. Berechnet wird die prozentuale Wasseraufnahme, bezogen auf das lufttrockene Gewebe.

Wenn der Abquetschdruck der Walzen bei den Messungen immer gleichgehalten wird und die Prüflinge immer an derselben Stelle und mit etwa gleicher Geschwindigkeit durchlaufen, resultieren sehr gleichmäßige Werte. Die Streuung beträgt ± 10%. Es sollen mindestens 10 Messungen durchgeführt werden.

---

[1] Schweizer Normvorschrift 98576 (Anlehnung an den Spray-Test nach ASTM D 583-40 T).

[2] Arnold, H.: Melliand Textilber. **33** (1952) 322.

[3] Beim Eßlinger Tauchverfahren arbeitet man mit 10 bis 30 Sek.

Bestimmung der Widerstandsfähigkeit gegen Pilze und Bakterien (Verrottungs- und Fäulnisbeständigkeit)

1. Eingrabmethode. (Erdfaulversuch.) Die Untersuchungsprobe wird in feuchte Gartenerde (sehr geeignet ist eine Mischung aus gleichen Teilen Humus, verrottetem Laub und Sand) eingegraben. Nach einer Einwirkungszeit von 2, 4, 8 usw. Wochen bestimmt man die Reißfestigkeit. Zum Vergleich zieht man die nicht ausgerüstete Ware mit heran und gräbt diese ebenfalls mit ein.

Nach DIN-Entwurf 53933 werden 100 mm lange (Kettrichtung) und 10 bis 20 mm breite Gewebestreifen senkrecht in die in besonderen Erdfaulkästen befindliche Versuchserde eingegraben, wobei 10 bis 20 mm noch aus der Erde herausragen sollen. Die Erdfaulkästen werden dann bei 29 ± 1 °C in einer mit Feuchtigkeit gesättigten Atmosphäre gelagert. Der Feuchtigkeitsgehalt der Versuchserde soll 20 bis 40% betragen. Nach Ablauf der Versuchsdauer (normalerweise 2 Wochen, bei Faulstreifen für Zelte evtl. 4 Wochen) werden die Streifen aus der Erde herausgenommen, kurz unter fließendem Wasser abgespült, an der Luft getrocknet und dann noch 2 bis 3 Tage (Schwergewebe mindestens 4 Tage) im Normalklima (20 ± 2 °C und 65 ± 2% relat. Luftfeuchtigkeit) ausgelegt.

Abschließend wird die Reißfestigkeit gemessen und der Festigkeitsabfall, bezogen auf die Festigkeit des Ausgangsgewebes, berechnet.

2. Bewuchsversuch. Nach DIN-Entwurf 53931 werden die Untersuchungsproben 14 Tage auf einen mit Schimmelpilzen beimpften Nährboden gelegt und dann durch Augenschein festgestellt, ob und in welchem Umfang die Probe von den Pilzen bewachsen wurde.

Nach DIN-Entwurf 53932 wird in gleicher Weise verfahren, aber nach Ablauf der Versuchsdauer von den Proben der Reißfestigkeitsabfall bestimmt.

Nach der VTL-Vorschrift 8305-011 wird anstelle des biologischen Testes geprüft, ob die für den einzelnen Artikel zur fäulnishemmenden Imprägnierung vorgeschriebene Wirkstoffmenge (Kupfer-8-Oxychinolat, Pentachlorphenol usw.) im fertigen Stoff, der vor der Bestimmung 24 Std. gewässert wird, auch enthalten ist.

Bestimmung der Flammfestigkeit

Zur Bestimmung der Flammfestigkeit (Entflammbarkeit) läßt man auf das zu prüfende Gewebe eine Flamme einwirken und stellt dann fest, wie lange das Gewebe nach Wegnahme der Flamme noch mit sichtbarer Flamme weiterbrennt (Brenndauer, Brennzeit oder Nachflammzeit) und wie lange es außerdem nach dem Verlöschen der Flamme noch nachglimmt (Glimmdauer, Nachglimmzeit). Teilweise wird zur Beurteilung des Effektes auch die *Größe des eingebrannten Loches* und die *Einreißlänge* an dem verkohlten Gewebeteil mit herangezogen. Nachstehend sind einige für vegetabilische Faserstoffe geeignete Verfahren wiedergegeben. Sie können sinngemäß auch auf andere Faserstoffe übertragen werden.

1. Vertikal-Bunsenbrenner-Test[1]

a) Brenndauer und Glimmdauer. Aus dem zu prüfenden Gewebe werden 20 Streifen (10 in Kett- und 10 in Schußrichtung) in Größe von jeweils etwa 5 × 30 cm herausgeschnitten und dann 24 Std. bei 20 °C und 65% relativer Luftfeuchtigkeit ausgelegt. Der einzelne Streifen wird daraufhin in einen Rahmen eingespannt, der nach unten, also zur Flamme hin, offen ist und dann über einem gewöhnlichen Bunsenbrenner (Rohrdurchmesser 9,5 mm) vertikal so aufgehängt, daß der Abstand der unteren Gewebekante vom oberen Rand des Bunsenbrenners genau 2 cm beträgt. Man nimmt den Brenner wieder weg, entzündet das Gas und stellt so ein, daß man eine 4 cm hohe, leuchtende Flamme erhält. Diese Flamme bringt man in die Mitte der unteren Gewebekante, so daß das Gewebe nunmehr 2 cm in die Flamme eintaucht, läßt eine gewisse Zeit (Prüfzeit) einwirken und bestimmt dann die Brenndauer und die Glimmdauer.

Da die Entflammbarkeit eines Gewebes vom Warengewicht abhängt, werden folgende Prüfzeiten empfohlen:

Warengewicht		bis 100 g/m^2:	4 Sek.
Warengewicht	von 100	bis 200 g/m^2:	6 Sek.
Warengewicht	von 200	bis 300 g/m^2:	8 Sek.
Warengewicht	von 300	bis 500 g/m^2:	10 Sek.
Warengewicht	von 500	bis 750 g/m^2:	12 Sek.
Warengewicht	von 750	bis 1000 g/m^2:	14 Sek.

Bei Segeltuchen beträgt die Prüfzeit im allgemeinen 12 Sek. Alle Messungen sollen in einem Raum ohne Zugluft durchgeführt werden.

b) Einreißlänge. Nach Feststellung der Nachglimmzeit wird der Gewebestreifen wieder aus dem Rahmen herausgenommen und mit Hilfe einer Klammer (angekohlte Stelle des Gewebes nach unten) vertikal aufgehängt. Darauf bringt man rechts und links der Einbrennstelle, etwa 6 mm vom äußeren Rand entfernt, vorsichtig und ohne Zug je ein kleines Häkchen an und befestigt an einem von den beiden ein Gewicht, und zwar

bei einem Gewebe bis 510 g/m^2 rund 227 g,
bei einem Gewebe von 510 bis 780 g/m^2 rund 340 g und
bei einem Gewebe über 780 g/m^2 rund 454 g.

Durch langsames Hochheben des nicht belasteten Häkchens wird das Prüfmuster im verkohlten Teil eingerissen. Man hebt so weit hoch, bis die Gewebefestigkeit das belastende Gewicht übersteigt und mißt dann die Länge des entstandenen Risses.

Nach den genannten amerikanischen Vorschriften darf die Nachflammzeit bei Segeltuchen vor und nach einer Bewitterung nicht mehr als 2 Sek. betragen. Als Grenzwert der durchschnittlichen Einreißlänge (bei 10 Messungen) werden 89 mm, als maximaler Einzelwert 114 mm gefordert.

[1] In Anlehnung an die amerikanischen Prüfvorschriften CCC-T-191a-V1 und CCC-D-746-E7-F2. Siehe auch K. Quehl: Melliand Textilber. **34** (1953) 69 und **35** (1954) 434, sowie H. J. Reese: Textil-Praxis **10** (1955) 375 und W. Rudolf: Melliand Textilber. **36** (1955) 75.

Nach DIN 53906 (Bestimmung der Entflammbarkeit von Textilien mit *senkrecht* aufgespannten Proben) wird die Versuchsprobe auf einen Hängebügel aufgespannt und in einem Brennkasten aus Stahlblech der Wirkung der Flamme ausgesetzt. Bei der Bestimmung der Einreißlänge werden folgende Belastungen vorgeschlagen:

Flächengewicht des Gewebes bis 200 g/m²	50 g
Flächengewicht des Gewebes von 200—450 g/m²	100 g
Flächengewicht des Gewebes von 450—750 g/m²	150 g
Flächengewicht des Gewebes über 750 g/m²	200 g

Die Belastung soll nicht größer sein als die Hälfte der Reißfestigkeit des einzelnen Kett- bzw. Schußfadens.

2. Horizontaltest

Bei lose eingestellten Geweben (Tarnnetze, Gardinen u. dgl.) wird der Horizontaltest vielfach dem Vertikal-Bunsenbrenner-Test vorgezogen. Die Gewebeabschnitte in Größe von 25 × 15 cm werden nach vorherigem 24stündigem Auslegen im Normalklima auf einen kleinen Holzrahmen aufgenadelt. Genau unter der Mitte des horizontal gelegten Prüfabschnittes läßt man aus einer kleinen Kupferschale (lichte Weite etwa 17 mm; Abstand des oberen Randes der Schale vom Gewebe etwa 76 mm) 0,3 ml absoluten Alkohol abbrennen und bestimmt die Brenndauer, die Glimmdauer und nach Entfernung der verkohlten Gewebeteile die Größe des entstandenen Loches (größter und kleinster Durchmesser in mm).

Nach DIN 53907 (Bestimmung der Entflammbarkeit von offenen Textilien mit *waagerecht* aufgespannten Proben) geschieht das Anbrennen wieder in einem besonderen Brennkasten aus Stahlblech.

Nach der amerikanischen Vorschrift MIL-C-765A darf bei Tarnnetzen der Durchmesser des eingebrannten Loches vor der Bewitterung nicht mehr als 63,5 mm und nach 300 Std. Bewitterung nicht mehr als 76,2 mm betragen.

Nach einer anderen amerikanischen Vorschrift (No. T-1669-5. Jan. 1943-F 2) wird der Gewebeabschnitt nicht horizontal, sondern unter einem Winkel von 45° der Alkoholflamme ausgesetzt. Der senkrechte Abstand des nächstgelegenen Punktes der Kupferschale zum Prüfabschnitt beträgt dabei etwa 25 mm. Erlaubte Maße des eingebrannten Loches bei Tarnnetzen aus Baumwolle:

Vor der Bewitterung:	70 × 89 mm
nach 300 Std. Bewitterung:	89 × 114 mm

Die angegebenen Prüfmethoden können selbstverständlich in verschiedener Hinsicht (Art, Höhe und Umfang der Flamme, Prüfzeit, Abstand der Flamme vom Gewebe usw.) variiert und — wenn notwendig — etwas mehr der Gewebeart, dem Fasermaterial und dem Verwendungszweck bzw. den in der Praxis gestellten Anforderungen angepaßt werden. Die Vergleichsprüfungen sind dann aber unter denselben Bedingungen durchzuführen.

Farbechtheitsbestimmungen

Unter *Farbechtheit* versteht man die Widerstandsfähigkeit von Färbungen und Drucken gegenüber Einwirkungen, denen sie bei der Ausrüstung und vor allem im späteren Gebrauch ausgesetzt sind.

Die bei den verschiedenen Behandlungen eintretenden Veränderungen hinsichtlich Farbtiefe und des Anblutens von Begleitgewebe werden durch Vergleich mit dem „*Graumaßstab*" bewertet. Bei der Bestimmung der Lichtechtheit erfolgt die Beurteilung auch durch Vergleich mit gleichzeitig belichteten Typfärbungen („*Lichtechtheitsmaßstab*").

Nachstehend sind im Anschluß an die Ausführungen über den Graumaßstab und seine Handhabung die wichtigsten Farbechtheitsbestimmungen[1] wiedergegeben, und zwar die Bestimmung der Licht-, Wasser-, Wasch-, Schweiß- und Reibechtheit. Im übrigen sei auf die DIN-Vorschriften verwiesen.

Der Graumaßstab zur Bewertung der Farbänderung[2]

Der Graumaßstab besteht aus 5 Paaren grauer Farbplättchen oder Gewebeabschnitten, die sich in der Farbtiefe deutlich unterscheiden. Die Unterschiede entsprechen den Echtheitsnoten der Tab. 63.

Anwendung des Graumaßstabes: Ein Abschnitt des ursprünglichen, also unbehandelten Probestücks und die behandelte Probe werden nebeneinander auf eine ebene Unterlage gelegt, und zwar so, daß die Fadenlagen in der gleichen Weise ausgerichtet sind. Der Graumaßstab wird daneben auf die Unterlage gelegt. Diese Unterlage soll gleichmäßig grau und etwas dunkler als Stufe 5 des Graumaßstabes für die Bewertung der Farbänderung sein.

Tabelle 63. (*Graumaßstab für die Farbänderung*)

Farbunterschiede in N.B.S.-Einheiten[3]	Echtheitsnote
0	5
1,5	4
3	3
6	2
12	1

Die Bewertung wird bei Tageslicht, welches von Norden einfallen soll, oder bei künstlicher Beleuchtung mit einer gleichwertigen Lichtquelle (Beleuchtungsstärke mindestens 540 Lux) durchgeführt. Das Licht soll auf die Flächen im Winkel von etwa 45° einfallen. Man betrachtet die zu beurteilenden Farbunterschiede annähernd senkrecht zu den Oberflächen. Der wahrgenommene Farbunterschied zwischen der unbehandelten und der behandelten (geprüften) Untersuchungsprobe wird mit den Kontraststufen des Graumaßstabes verglichen. Als Echtheitsnote wird diejenige Stufe des Graumaßstabes festgestellt, die mit

[1] Jeweils nur kurze Auszüge aus den entsprechenden DIN-Vorschriften bzw. ISO-Empfehlungen. Alle Normblätter sowie die Grau- und Lichtechtheitsmaßstäbe können von der Beuth-Vertrieb GmbH, Berlin W 15 und Köln bezogen werden.

[2] DIN 54001 bzw. ISO-Empfehlungen R 105-1959 „Prüfung der Farbechtheit von Textilien".

[3] N.B.S. = National Bureau of Standards, USA.

diesem Unterschied übereinstimmt. Liegt der Unterschied zwischen zwei Stufen des Maßstabes, so werden Zwischennoten gegeben, z. B. 3 bis 4. Die Echtheitsnote 5 wird nur dann gegeben, wenn zwischen der unbehandelten und der behandelten Probe kein Unterschied zu erkennen ist.

Neben der Änderung der Farbtiefe nach dem Graumaßstab können erforderlichenfalls noch Angaben betreffs einer Änderung der Farbnuance und der Reinheit gemacht werden, z. B. die Probe wurde blauer, röter, trüber, stumpfer usw.

Der Graumaßstab zur Bewertung des Anblutens[1]

Unter „*Anbluten*" versteht man das Anfärben des Begleitgewebes bei der Prüfung, wobei es gleichgültig ist, ob der Farbstoff nur mechanisch übertragen wird oder der bei der Prüfung von der Untersuchungsprobe abgelöste Farbstoff auf das Begleitgewebe regelrecht aufzieht.

Der Graumaßstab zur Bewertung des Anblutens besteht aus einem Paar weißer und vier Paaren grauer und weißer Plättchen oder Gewebeabschnitten. Die Unterschiede der Grautöne in der Helligkeit entsprechen den Echtheitsnoten der Tab. 64.

Anwendung des Maßstabes, Bewertung: Ein Abschnitt des ursprünglichen, unbehandelten Begleitgewebes und das zur Prüfung verwendete Begleitgewebe werden nebeneinander gelegt und mit den Kontraststufen des Graumaßstabes verglichen. Angegeben wird die Echtheitsstufe des Maßstabes, die mit dem Unterschied zwischen dem nicht behandelten und dem angebluteten Begleitgewebe übereinstimmt. Näheres zur Durchführung s. w. o.

Tabelle 64. (*Graumaßstab für das Anbluten*)

Farbunterschiede in N.B.S.-Einheiten	Echtheitsnote
0	5
4	4
8	3
16	2
32	1

Bestimmung der Lichtechtheit von Färbungen und Drucken mit Tageslicht[2]

Unter *Lichtechtheit* versteht man die Widerstandsfähigkeit von Färbungen und Drucken gegenüber der Einwirkung von Tageslicht.

Grundlagen: Die Untersuchungsprobe wird zusammen mit 8 Typfärbungen (Lichtechtheitsmaßstab) dem Tageslicht ausgesetzt. Die Echtheit wird bewertet, indem man das Ausbleichen der Probe mit dem der Typfärbungen vergleicht.

In gleicher Weise erfolgt auch die Bewertung von Farbstoffen. Die Farbstoffe werden zu diesem Zweck unter festgelegten Bedingungen in bestimmter Farbtiefe ausgefärbt und dann die Färbungen geprüft.

Lichtechtheitsmaßstab: Der Lichtechtheitsmaßstab besteht aus einer Skala von blauen, in ihrer Lichtechtheit abgestuften Typfär-

[1] DIN 54002.
[2] DIN 54 003 bzw. ISO-Empfehlung R 105-1959.

bungen. Diese Skala ist ein von klimatischen Einflüssen praktisch unabhängiger absoluter Maßstab, mit dem helle, mittlere oder dunkle Färbungen bzw. Drucke jedes Farbtons, gleichgültig auf welchem Fasermaterial, miteinander verglichen werden können.

Die Lichtechtheit wird in Zahlen ausgedrückt, welche diesen 8 Typfärbungen entsprechen. Es bedeuten:

1 = sehr gering	5 = gut
2 = gering	6 = sehr gut
3 = mäßig	7 = vorzüglich
4 = ziemlich gut	8 = hervorragend

Der Lichtechtheitsmaßstab wird auf glattem Wollstoff (Flächengewicht ~ 200 g/m²) mit folgenden Farbstoffen hergestellt. (Tab. 65).

Tabelle 65. *Lichtechtheitsmaßstab*

Lichtechtheitstyp	Farbstoff
1	Acilanbrillantblau FFR (Bayer)
2	Acilanbrillantblau FFB (Bayer)
	Supranolcyanin 6 B (Bayer) oder
3	Benzylcyanin 6 B (Ciba) oder
	Coomassie Brilliant Blue R (ICI)
4	Supraminblau EG (Bayer)
	Solway Blue RN (ICI) oder
5	Acilanechtblau RX (Bayer) oder
	Alizarinlichtblau R (Sandoz)
6	Alizarinlichtblau 4 GL (Sandoz)
	Soledon Blue 4 BC Powder (ICI) oder
7	Indigosol 04 B (Durand) oder
	Anthrasol 04 B (Hoechst)
8	Indigosolblau AGG (Durand) oder
	Anthrasolblau AGG (Hoechst)

Die Färbungen für Typ 7 und 8 werden dekatiert.

Belichtungseinrichtung: Die Belichtung erfolgt am besten in einem Belichtungskasten, in dem die Prüflinge vor Nässe geschützt sind. Der Belichtungskasten soll gut durchlüftet und mit Fensterglas, das Licht mit einer Wellenlänge von 370 bis 380 mμ zu etwa 90% durchläßt und unterhalb 310 bis 320 mμ völlig undurchlässig ist, bedeckt sein. Der Abstand der Proben vom Fensterglas soll mindestens 5 cm betragen. Der Belichtungskasten wird nach Süden gerichtet und in einem Winkel zur Horizontalen aufgestellt, der gleich dem Breitengrad des jeweiligen Ortes ist. Es ist darauf zu achten, daß kein Schatten auf die Proben fällt (Fensterkreuz) und auch keine aggressiven Gase oder Dämpfe einwirken können.

Zum Abdecken der Proben wird ein lichtundurchlässiger Karton von mindestens 0,5 mm Dicke verwendet.

Probenvorbereitung: Aus *flächigen Textilien* werden Abschnitte von mindestens 6 × 1 cm entnommen und an den schmalen Seiten auf Karton befestigt. Dies gilt besonders dann, wenn die Probe abschnittsweise verschieden lang belichtet werden soll. *Garne* können dicht auf

Karton aufgewickelt oder zu einem Trikot verarbeitet werden. *Lose Fasern* werden zu einem Vlies geformt.

Untersuchungsprobe und Typfärbungen sollen etwa gleich breit sein.

Durchführung der Belichtung: Eine oder mehrere Proben werden zusammen mit den Typen des Lichtechtheitsmaßstabes wie angeben so lange belichtet, bis eine Bewertung der Lichtechtheit jeder Probe im Vergleich zum Maßstab möglich ist. Dies wird dadurch erreicht, daß man Proben und Typen während der Prüfung abschnittsweise mit lichtundurchlässigem Karton bedeckt, wodurch verschieden stark veränderte Belichtungsabschnitte erhalten werden.

Sobald eine Änderung der Farbe des Prüflings wahrgenommen werden kann, wird der Typ des Lichtechtheitsmaßstabes, der eine ähnliche Änderung zeigt, vermerkt (Schwellenwert = first break). Dann wird die Belichtung so lange fortgesetzt, bis ausreichende Kontraste (Stufe 3 oder 4 des Graumaßstabes) eine endgültige Bewertung zulassen. Der Prüfling erhält die Note des Lichtechtheitstyps, der eine ähnliche Farbänderung bzw. einen ähnlichen Kontrast zwischen belichtetem und unbelichtetem Teil der Färbung zeigt.

Belichtung mit künstlichem Licht

Da das Arbeiten mit Tageslicht ziemlich viel Zeit in Anspruch nimmt, wird das Belichten vielfach auch mit künstlichem Licht durchgeführt. Nach DIN 54004 verwendet man hierzu ein gefiltertes Xenonbogenlicht. Die Farbtemperatur der Xenonbogenlampe soll zwischen 5000 und 7000 °K liegen.

Zwischen der Lichtquelle und den zu belichtenden Prüflingen muß ein Filter angebracht werden, das die ultraviolette Strahlung des Xenonbrenners etwas herabsetzt. Man verwendet dazu Fensterglas, das bei 370 bis 380 mμ eine Durchlässigkeit von etwa 90% besitzt und unterhalb von 310 bis 320 mμ völlig undurchlässig ist.

Die Belichtung geschieht in einem gut durchlüfteten Raum, dessen Lufttemperatur 35 °C nicht übersteigt. Größe der Prüflinge: mindestens $1 \times 4{,}5$ cm. Probenvorbereitung, Durchführung der Belichtung, Bewertung usw. sind ähnlich wie bei der Belichtung mit Tageslicht.

Zu beachten ist, daß bei manchen Farbstoffen die künstliche und die Tageslichtbelichtung nicht die gleichen Farbänderungen hervorrufen.

Bestimmung der Wasserechtheit von Färbungen und Drucken[1]

Unter *Wasserechtheit* versteht man die Widerstandsfähigkeit gefärbter oder bedruckter Textilien gegen eine kurze (leichte Beanspruchung) oder längere (schwere Beanspruchung) Einwirkung von Wasser.

Grundlagen: Die Untersuchungsprobe wird zusammen mit ungefärbten Begleitgeweben in Wasser genetzt. Man gießt das überschüssige Wasser ab und belastet den Prüfling zwischen Glas- oder Kunststoff-

[1] Nach DIN 54005 und 54006 bzw. die ISO-Empfehlung R 105 Prüfung der Farbechtheit von Textilien.

platten. Probe und Begleitgewebe werden dann getrennt getrocknet und die Änderung der Farbtiefe sowie das Anbluten des Begleitgewebes mit Hilfe der Graumaßstäbe bewertet.

Probenvorbereitung: Aus *flächigen Textilien* werden Proben von mindestens 10 × 4 cm entnommen, zwischen zwei Begleitgewebe derselben Größe gelegt und an einer Seite alles miteinander vernäht.

Garne werden vorher zu einem Trikot verarbeitet, aus dem man ebenfalls Proben von mindestens 10 × 4 cm entnimmt. *Lose Fasern* werden zu einem Vlies geformt. Das Gewichtsverhältnis der Probe zu den beiden Begleitgeweben soll etwa 1 : 1 : 1 sein.

Begleitgewebe: Von den beiden Begleitgeweben besteht das eine aus der gleichen Faserart wie die Untersuchungsprobe; das andere wird nach der Tab. 66 ausgewählt.

Tabelle 66

Untersuchungsprobe	Begleitgewebe
Baumwolle	Wolle
Wolle	Baumwolle
Naturseide	Baumwolle
Leinen	Wolle
Viskose- oder Kupferfaser	Wolle
Azetatfaser	Viskosefaser
Polyamidfaser	Wolle oder Viskosefaser
Polyesterfaser	Wolle
Polyacrylnitrilfaser	Wolle

Durchführung der Prüfung

a) *Leichte Beanspruchung:* Der in die Begleitgewebe eingenähte Prüfling wird bei Raumtemperatur mit dest. Wasser völlig genetzt. Das überschüssige Wasser wird abgegossen und der Prüfling zwischen zwei Glas- oder Kunstoffplatten (11,5 × 6 cm) mit einem Gewicht von 4,5 kg 1 Std. lang bei einer Temperatur von 20 ± 2 °C belastet. Untersuchungsprobe und Begleitgewebe werden darauf voneinander getrennt und in warmer Luft hängend bei höchstens 60 °C getrocknet. Die Bewertung geschieht mit den beiden Graumaßstäben.

b) *Schwere Beanspruchung:* Man verfährt wie unter a) beschrieben, belastet die Probe aber 4 Std. im Trockenschrank bei 37 ± 2 °C. Steht kein Trockenschrank zur Verfügung, so wird 16 Std. bei 20 ± 2 °C belastet. Das Belastungsgewicht beträgt jeweils 5 kg. Wenn die Probenfläche mehr als 10% von den 40 cm^2 abweicht, ist die Belastung so zu ändern, daß der vorgeschriebene Druck von etwa 125 g/cm^2 erreicht wird.

Bestimmung der Waschechtheit von Färbungen und Drucken[1]

Unter der *Waschechtheit* versteht man die Widerstandsfähigkeit gefärbter oder bedruckter Textilien gegen die Einwirkung der Haushalts- oder Industriewäsche.

[1] Jeweils Auszüge aus den angegebenen DIN-Vorschriften, die auch von der ISO empfohlen werden.

Grundlagen: Die Untersuchungsprobe wird in ungefärbte Begleitgewebe eingenäht, in der Waschlauge behandelt und nach dem Spülen und Trocknen die Farbänderung sowie das Anbluten des Begleitgewebes mit Hilfe der Graumaßstäbe bewertet.

Da die Arbeitsbedingungen bei der Wäsche stets dem Fasermaterial und auch dem Verwendungszweck der Ware angepaßt werden müssen, sind zur Prüfung der Waschechtheit mehrere Intensitätsstufen vorgesehen (Handwäsche und 5 mechanische Wäschen).

Probenvorbereitung: Aus *flächigen Textilien* wird eine Probe von mindestens 10×4 cm entnommen, zwischen die beiden Begleitgewebe gleicher Größe gelegt und allseitig vernäht.

Garne werden zu einem Trikot verarbeitet, aus dem man ebenfalls Proben von mindestens 10×4 cm entnimmt, *lose Fasern* zu einem Vlies geformt. Das Gewichtsverhältnis der Probe zu den Begleitgeweben soll etwa 1 : 1 : 1 sein.

Begleitgewebe: Von den beiden Begleitgeweben besteht das eine aus der gleichen Faserart wie die Untersuchungsprobe; das andere wird nach Tab. 67 ausgewählt.

Tabelle 67

Untersuchungsprobe	Begleitgewebe
Baumwolle	Wolle
Wolle	Baumwolle
Naturseide	Baumwolle
Leinen	Wolle
Viskose- oder Kupferfaser	Wolle
Azetatfaser	Viskosefaser
Polyamidfaser	Wolle oder Viskosefaser
Polyesterfaser	Wolle
Polyacrylnitrilfaser	Wolle

Waschflotte: Verwendet wird eine Seifenlösung von 5 g/l Seife in dest. Wasser. Die Seife darf höchstens 5% Wasser enthalten und soll folgende, auf das Trockengewicht bezogene Zusammensetzung haben:

Freies Alkali (berechnet als Na_2CO_3)	höchstens	0,3%
freies Alkali (berechnet als NaOH)	höchstens	0,1%
Gesamtfettsäuren (Natriumsalz)	mindestens	85 %
Titer der freien Fettsäuren	höchstens	30 °C
Jodzahl	höchstens	50.

Durchführung der Wäsche

1. Handwäsche bei 40 °C (DIN 54009): Der in die Begleitgewebe eingenähte Prüfling wird in einem 500 ml-Becherglas 30 Min. lang bei 40 ± 2 °C in der Waschlauge behandelt (Flottenverhältnis 1 : 50) und dabei auf seiner ganzen Fläche alle 2 Min. mit einem Stampfer (breitgedrückter Glasstab) gegen den Boden des Becherglases gepreßt. Danach wird der Prüfling zweimal mit kaltem dest. Wasser und dann 10 Min. lang in kaltem, fließendem Leitungswasser gespült, gut ausgequetscht und nach dem Auftrennen der Nähte an einer kurzen Seite und den beiden

Längsseiten in warmer Luft hängend bei höchstens 60 °C so getrocknet, daß sich die Einzelteile nur an der Nahtstelle berühren.

Abschließend wird durch Vergleich mit den Graumaßstäben (s. w. o.) die Echtheitsnote festgestellt.

Anmerkung: Die Handwäsche kann auch in einem geschlossenen Behälter durchgeführt werden, den man entweder von Hand oder mechanisch bewegt. Im letzteren Falle ist die Behandlungsdauer — wenn notwendig auch das Flottenverhältnis — so zu wählen, daß das Ergebnis der Prüfung dem der Prüfung von Hand entspricht.

2. Mechanische Wäschen. Als mechanisches Waschgerät eignet sich ein Wasserbad, in welchem auf einer waagerecht angeordneten Achse, die mit 40 ± 2 U/Min. umläuft, Behälter aus Glas oder nichtrostendem Stahl mit je etwa 500 ml Inhalt befestigt sind. Die Temperatur des Wasserbades wird durch einen Thermostaten geregelt.

a) *Mechanische Wäsche* 40 °C (Waschprüfung 1 nach DIN 54014): Der in die Begleitgewebe eingenähte Prüfling wird in den Behälter des Waschgerätes gelegt und dann so viel Seifenlösung von 40 ± 2 °C hinzugefügt, daß sich ein Flottenverhältnis von 1 : 50 ergibt. Der Prüfling wird 30 Min. lang bei 40 ± 2 °C behandelt und dann wie bei der Handwäsche beschrieben gespült, getrocknet und bewertet.

b) *Mechanische Wäsche* 50 °C (Waschprüfung 2 nach DIN 54013): Durchführung wie Waschprüfung 1, aber Waschtemperatur 50 ± 2 °C und Behandlungsdauer 45 Min.

c) *Mechanische Wäsche* 60 °C (Waschprüfung 3 nach DIN 54010): Durchführung wie Waschprüfung 1, aber

Waschflotte von 5 g/l Seife + 2 g/l Soda calc.,
Waschtemperatur 60 ± 2 °C,
Behandlungsdauer 30 Min.

Als Begleitgewebe verwendet man nach DIN 54010 bei der Polyester- und Polyacrylnitrilfaser jeweils Wolle oder Baumwolle.

d) *Mechanische Wäsche* 95 °C, 30 Min. (Waschprüfung 4 nach DIN 54011): Durchführung wie Waschprüfung 1 aber

Waschflotte von 5 g/l Seife + 2 g/l Soda calc.,
Waschtemperatur 95 ± 2 °C,
Behandlungsdauer 30 Min.

Für Textilien aus Wolle und Naturseide kommt die Waschprüfung 4 nicht in Frage. Als Begleitgewebe verwendet man nach DIN 54011 bei der Polyamid-, Polyester- und Polyacrylnitrilfaser jeweils Gewebe aus Viskosefasern oder Baumwolle.

e) *Mechanische Wäsche* 95 °C, 4 Std. (Waschprüfung 5 nach DIN 54012): Durchführung wie Waschprüfung 4, aber Behandlungsdauer 4 Std. Die Waschprüfung 5 ist für Textilien aus Wolle, Naturseide und $2^1/_2$-Azetatfasern nicht geeignet. Bei der Triazetatfaser verwendet man ein Begleitgewebe aus Viskosefasern, bei der Polyamid-, Polyester- und Polyacrylnitrilfaser jeweils aus Viskosefasern oder Baumwolle.

Bestimmung der Peroxyd-Waschechtheit von Färbungen und Drucken[1]

Unter der *Peroxyd-Waschechtheit* versteht man die Widerstandsfähigkeit gefärbter oder bedruckter Textilien gegen die Einwirkung von Waschlaugen, die aktiven Sauerstoff (sog. selbsttätige Waschmittel) enthalten.

Grundlagen: Die Untersuchungsprobe wird in ungefärbte Begleitgewebe eingenäht und dann in einer Waschlauge behandelt, die außer Seife und Soda auch noch Natriumperborat enthält. Die Bewertung der Farbänderung und des Anblutens des Begleitgewebes geschieht mit Hilfe der Graumaßstäbe. Für Wolle und Naturseide kommt dieses Prüfverfahren nicht in Frage.

Prüfgeräte: Als mechanisches Waschgerät wird das *Launderometer* der AATCC[2] verwendet. Es kann aber auch jedes andere Waschgerät benutzt werden, das zu den gleichen Ergebnissen führt, z. B. das *Waschrad* der Society of Dyers and Colourists[3] und die „*Prexa*"-Maschine[4].

Waschflotte: Die Flotte enthält in 1 Ltr. dest. Wasser

5 g Seife (Anforderungen siehe unter Bestimmung der Waschechtheit)
2 g Soda calc.
0,8 g Natriumperborat ($NaBO_2 \cdot H_2O_2 \cdot 3\,H_2O$)
0,15 g krist. Magnesiumchlorid ($MgCl_2 \cdot 6\,H_2O$) und
1,2 g Natriumsilikat (Wasserglas mit ungefähr 26 Gew.-% SiO_2 und 10 Gew.-% Na_2O).

Begleitgewebe: Von den beiden Begleitgeweben besteht das eine aus der gleichen Faserart wie die Untersuchungsprobe; das andere wird nach Tab. 68 ausgewählt.

Tabelle 68

Untersuchungsprobe	Begleitgewebe
Baumwolle	Viskosefaser
Viskose- oder Kupferfaser	Baumwolle
Leinen	Viskosefaser
Azetatfaser	Viskosefaser oder Baumwolle
Polyamidfaser	Viskosefaser oder Baumwolle
Polyesterfaser	Viskosefaser oder Baumwolle
Polyacrylnitrilfaser	Viskosefaser oder Baumwolle

Probenvorbereitung: Siehe Bestimmung der Waschechtheit.

Durchführung: Der in die Begleitgewebe eingenähte Prüfling wird zusammen mit 10 Kugeln aus nichtrostendem Stahl (Durchmesser etwa 0,6 cm) in den Behälter des Waschgeräts gebracht und so viel 60 ± 2 °C warme Waschlauge hinzugefügt, daß sich ein Flottenver-

[1] Nach DIN 54015.
[2] Bezugsquelle: Atlas Electric Devices Co., Chicago, USA.
[3] Bezugsquelle: The Calico Printers ASS. Ltd. Manchester 1.
[4] Bezugsquelle: Wullschleger & Schwarz, Basel, Unterer Heuberg 2.

hältnis von 1 : 50 ergibt. Dann wird innerhalb von 10 Min. auf 95 ± 2 °C erwärmt und der Prüfling 20 Min. lang bei dieser Temperatur behandelt.

Darauf wird der Prüfling zweimal in kaltem dest. Wasser und dann noch 10 Min. lang in kaltem, fließendem Leitungswasser gespült, gut ausgequetscht und nach dem Auftrennen der Nähte an einer kurzen Seite und den beiden Längsseiten in warmer Luft hängend bei höchstens 60 °C so getrocknet, daß sich die Einzelteile nur an der Nahtstelle berühren.

Die Bewertung erfolgt wie üblich durch Vergleich mit den Graumaßstäben.

Bestimmung der Schweißechtheit von Färbungen und Drucken[1]

Unter der *Schweißechtheit* versteht man die Widerstandsfähigkeit gefärbter oder bedruckter Textilien gegen die Einwirkung des menschlichen Schweißes.

Bei der individuell bedingten, großen Verschiedenheit des Schweißes ist es nicht möglich, ein allgemein gültiges Prüfverfahren aufzustellen. Mit dem hier beschriebenen Verfahren erhält man jedoch Ergebnisse, die in den meisten Fällen der praktischen Beanspruchung entsprechen.

Grundlagen: Die an einer Seite in die ungefärbten Begleitgewebe eingenähten Untersuchungsproben werden mit einer alkalischen bzw. sauren, Histidin enthaltenden Prüflösung behandelt und dann mit einem Gewicht belastet. Nach dem Trocknen werden die Farbänderung und das Anbluten des Begleitgewebes mit den Graumaßstäben verglichen.

Reagenzien

Prüflösung I (alkal. Lösung):
0,5 g/l L-Histidinmonohydrochlorid ($C_6H_9O_2N_3 \cdot HCl \cdot H_2O$),
5 g/l Natriumchlorid und
5 g/l Dinatriumhydrogenphosphat ($Na_2HPO_4 \cdot 12\,H_2O$).
Die Lösung wird mit n/10-Natronlauge auf den pH-Wert 8,0 eingestellt.

Prüflösung II (saure Lösung):
0,5 g/l L-Histidinmonohydrochlorid ($C_6H_9O_2N_3 \cdot HCl \cdot H_2O$),
5 g/l Natriumchlorid und
2,2 g/l Natriumdihydrogenphosphat ($NaH_2PO_4 \cdot 2\,H_2O$).
Die Lösung wird mit n/10-Natronlauge auf den p_H-Wert 5,5 eingestellt.
Beide Prüflösungen müssen stets frisch zubereitet werden.

Begleitgewebe: Von den beiden Begleitgeweben (Größe 10 × 4 cm) besteht das eine aus der gleichen Faserart wie die Untersuchungsprobe; das andere wird nach Tab. 69 ausgewählt.

Probenvorbereitung: Für jede Prüfung werden zwei Prüflinge benötigt. Aus *flächigen Textilien* werden Proben von 10 × 4 cm ent-

[1] Nach DIN 54020. Das gleiche Verfahren ist auch von der ISO, Technisches Komitee 38 „Textilien“ angenommen.

nommen[1], zwischen die beiden Begleitgewebe gelegt und an einer Seite die Gewebe miteinander vernäht.

Garne werden zu einem Trikot verarbeitet, aus dem man ebenfalls Proben von 10 × 4 cm entnimmt. Man kann sie auch flach in paralleler Lage zwischen die Begleitgewebe legen und an zwei gegenüberliegenden Seiten so vernähen, daß die Garnenden gut befestigt sind.

Lose Fasern werden zu einem Vlies geformt. Das Gewichtsverhältnis der Untersuchungsprobe zu den Begleitgeweben sollte bei den Garnen und losen Fasern etwa 1 : 1 : 1 sein.

Durchführung der Prüfung: Je ein Prüfling wird in den Prüflösungen I bzw. II gründlich genetzt und dann 30 Min. lang im Flottenverhältnis 1 : 50 bei Raumtemperatur behandelt. Dabei werden die Prüflinge von Zeit zu Zeit in der Prüflösung bewegt und ausgepreßt, um eine gleichmäßige Durchdringung zu gewährleisten. Dann wird die Prüflösung abgegossen. Die Prüflinge werden, nachdem die überschüssige

Tabelle 69

Untersuchungsprobe	Begleitgewebe
Baumwolle	Wolle
Wolle	Baumwolle
Naturseide	Baumwolle
Leinen	Wolle
Viskose- oder Kupferfaser	Wolle
Azetatfaser	Viskosefaser
Polyamidfaser	Wolle oder Viskosefaser
Polyesterfaser	Wolle oder Baumwolle
Polyacrylnitrilfaser	Wolle oder Baumwolle

Prüflösung durch Abstreifen zwischen zwei Glasstäben entfernt wurde, einzeln zwischen zwei Glas- oder Kunstoffplatten (11,5 × 6 cm) mit einem Gewicht von 5 kg[2] vier Std. lang bei 37 ± 2 °C (Trockenschrank) belastet. Abschließend werden Prüflinge und Begleitgewebe in warmer Luft hängend bei höchstens 60 °C so getrocknet, daß sich die Einzelteile nur an einer Nahtstelle berühren.

Die Bewertung der Farbänderung und des Anblutens der Begleitgewebe erfolgt durch Vergleich mit den Graumaßstäben (s. S. 461).

Bemerkungen: Um mehrere Prüflinge gleichzeitig prüfen zu können, wird als Gerät das „Perspirometer" der American Association of Textile Chemists and Colorists mit 11,5 × 6 cm großen Glasplatten empfohlen. Es kann jedoch auch jede andere Prüfeinrichtung verwendet werden, die gleiche Ergebnisse bringt, z. B. der „Hydrotest". Dieser besteht aus einem Rahmenbehälter aus nichtrostendem Stahl, in den ein 5 kg schwerer Stempel mit einer Grundfläche von 11,5 × 6 cm eingepaßt

[1] Nach ISO: 6 × 6 cm, auch Begleitgewebe.
[2] Werden Prüflinge von 6 × 6 cm verwendet, so ist mit 4,5 kg zu belasten.

ist; ferner aus gleich großen Plexiglasplatten von 0,15 cm Dicke. Bis zu 10 Prüflinge können, jeweils durch eine Platte getrennt, gleichzeitig geprüft werden.

Wenn die Probenfläche um mehr als 10% von 40 cm² abweicht, ist die Belastung so zu ändern, daß der vorgeschriebene Druck von etwa 125 g/cm² auf den Prüfling ausgeübt wird.

Bestimmung der Reibechtheit von Färbungen und Drucken[1]

Unter *Reibechtheit* versteht man die Widerstandsfähigkeit gefärbter oder bedruckter Textilien gegen das Abreiben und Anschmutzen anderer Textilien im Gebrauch.

Grundlagen: Die Untersuchungsprobe wird einmal mit einem trockenen und einmal mit einem nassen, ungefärbten Baumwollgewebe gerieben. Das Anbluten des Reibgewebes wird mit dem hiefür vorgesehenen Graumaßstab bewertet.

Prüfgeräte: Die Prüfung wird auf dem „Crockmeter"[2] (Beschreibung siehe Jahrbuch der AATCC 1944, S. 192) vorgenommen. An dessen Stelle kann auch der Reibechtheitsprüfer nach KRAIS[3] s. Mschr. ges. Textilind. **48** (1933) 105 sowie Textilforschg. **15** (1933) 33 verwendet werden. Hierbei ist aber darauf zu achten, daß das Gerät auf den gleichen Druck wie das Crockmeter (etwa 400 g/cm²) eingestellt wird.

Zur Prüfung von Garnen und losen Fasern verwendet man zweckmäßig das Reibgerät nach RUF[4] (s. Textil-Praxis **12** (1954) 1165).

Reibgewebe[2]: Ungefärbter, gebleichter Baumwollnessel in Größe von etwa 5 × 5 cm, frei von Schlichte und Appretur.

Probenvorbereitung: Aus *flächigen Textilien* werden je zwei Abschnitte von mindestens 14 × 5 cm für jedes der beiden Prüfverfahren entnommen, und zwar der eine in Kett- und der andere in Schußrichtung.

Garne werden zu einem Trikot verarbeitet, aus dem man ebenfalls Proben von mindestens 14 × 5 cm entnimmt. Man kann sie aber auch flach in paralleler Lage auf einen ebenso großen Karton in dessen Längsrichtung aufwickeln.

Lose Fasern werden zu einem in ungepreßtem Zustand mindestens 1 cm dicken Vlies gekämmt und dann gepreßt. Man entnimmt aus dem Vlies Proben von mindestens 14 × 5 cm und befestigt sie auf gleich großen Kartonabschnitten.

Durchführung der Prüfung

a) Reibechtheit trocken: Man bespannt den Zapfen des Reibgerätes mit dem trockenen Reibgewebe und reibt in gerader Richtung auf der

---

[1] Nach DIN 54021 bzw. der ISO-Empfehlung Nr. 117 „Prüfung der Farbechtheit von Textilien".

[2] Bezugsquellen: a) Walter Thoma, Rheinfelden/Baden, Wehrstraße 6; b) Gebrüder Hofmann, Rheinfelden/Schweiz; c) American Association of Textile Chemists and Colorists, Lowell-Massachusetts, USA.

[3] Bezugsquelle: Hugo Keyl, Dresden N 6, Großenhainer Straße 29.

[4] Bezugsquelle: Schröder KG, Weinheim/Bergstraße, Bahnhofstraße 16.

trockenen Probe über eine Strecke von 10 cm in 10 Sek. 10 mal hin und her. Die Belastung des Zapfens soll beim Crockmeter 900 g, entsprechend einem Druck von 400 g/cm^2, betragen. Kett- und Schußrichtung werden getrennt geprüft. Die Bewertung erfolgt mit dem Graumaßstab für das Anbluten (s. S. 462). Eine Anschmutzung durch Faserabrieb und durch nicht zur Färbung gehörige Fremdkörper wird nicht berücksichtigt.

b) Reibechtheit naß: Man verfährt wie unter a), verwendet aber ein nasses, auf 100% Feuchtigkeit abgequetschtes Reibgewebe. Vor der Bewertung des Anblutens werden die Reibgewebe bei Raumtemperatur getrocknet.

Als Annäherungsprüfung ist auch die übliche *Handprobe* möglich: Man reibt auf der trockenen Untersuchungsprobe mit einem über den Zeigefinger gespannten, weißen Baumwollappen kräftig 10 mal hin und her. Die Reiblänge beträgt etwa 10 cm.

Anhang

Tabelle 70. *Atomgewichte.* (Stand 1962, bezogen auf $^{12}C = 12$)

Element	Symbol	Atomgewicht	Element	Symbol	Atomgewicht
Aluminium . .	Al	26,9815	Molybdän. . .	Mo	95,94
Antimon . . .	Sb	121,75	Natrium . . .	Na	22,99
Arsen.	As	74,922	Nickel	Ni	58,71
Barium	Ba	137,34	Phosphor. . .	P	30,974
Blei	Pb	207,19	Platin	Pt	195,09
Bor	B	10,811	Quecksilber. .	Hg	200,59
Brom.	Br	79,909	Sauerstoff . .	O	15,999
Cadmium . . .	Cd	112,40	Schwefel . . .	S	32,064
Calcium. . . .	Ca	40,08	Selen.	Se	78,96
Chlor	Cl	35,453	Silber	Ag	107,870
Chrom	Cr	51,996	Silicium . . .	Si	28,086
Eisen.	Fe	55,847	Stickstoff. . .	N	14,007
Fluor.	F	18,998	Strontium . .	Sr	87,62
Gold	Au	196,967	Tellur	Te	127,60
Jod.	J	126,904	Titan	Ti	47,90
Kalium	K	39,102	Vanadium . .	V	50,942
Kobalt	Co	58,933	Wasserstoff. .	H	1,008
Kohlenstoff . .	C	12,000	Wismut . . .	Bi	208,98
Kupfer	Cu	63,54	Wolfram . .	W	183,85
Magnesium . .	Mg	24,312	Zink	Zn	65,37
Mangan. . . .	Mn	54,938	Zinn	Sn	118,69

Thermometerskalen

(C = Celsius, F = Fahrenheit)

Zur Umrechnung von

°C in °F multipliziert man mit 9, dividiert durch 5 und addiert 32.
°F in °C subtrahiert man 32, multipliziert mit 5 und dividiert durch 9.

Beispiele:

$$20\,°C \text{ entsprechen } \frac{20 \cdot 9}{5} + 32 = 36 + 32 = 68\,°F.$$

$$68\,°F \text{ entsprechen } (68 - 32) \cdot \frac{5}{9} = \frac{36 \cdot 5}{9} = 20\,°C.$$

Sachverzeichnis

GPSR Compliance

The European Union's (EU) General Product Safety Regulation (GPSR) is a set of rules that requires consumer products to be safe and our obligations to ensure this.

If you have any concerns about our products, you can contact us on ProductSafety@springernature.com

In case Publisher is established outside the EU, the EU authorized representative is:

Springer Nature Customer Service Center GmbH
Europaplatz 3
69115 Heidelberg, Germany

Batch number: 10682323

Printed by Printforce, the Netherlands